ÉTUDES SYNTHÉTIQUES

DE

GÉOLOGIE EXPÉRIMENTALE

20 251. — PARIS, TYPOGRAPHIE A. LAHURE
Rue de Fleurus 9,

ÉTUDES SYNTHÉTIQUES

DE

GÉOLOGIE EXPÉRIMENTALE

PAR

A. DAUBRÉE

MEMBRE DE L'INSTITUT
INSPECTEUR GÉNÉRAL DES MINES, DIRECTEUR DE L'ÉCOLE NATIONALE DES MINES
PROFESSEUR DE GÉOLOGIE AU MUSÉUM D'HISTOIRE NATURELLE

PARIS

DUNOD, ÉDITEUR

LIBRAIRE DES CORPS DES PONTS ET CHAUSSÉES, DES MINES ET DES TÉLÉGRAPHES
49, QUAI DES GRANDS-AUGUSTINS, 49

—

1879

AVANT-PROPOS

Des questions diverses de géologie ont été abordées par l'expérimentation, dans une série de Mémoires que j'ai publiés depuis une trentaine d'années et qui sont épars dans diverses publications scientifiques. Tout en reconnaissant combien sont incomplètes ces recherches, simples jalons posés sur une voie certainement féconde, je les réunis aujourd'hui en les coordonnant. Quoique portant sur des sujets fort différents, ces études se dirigent vers un but unique ; elles tendent à introduire l'expérimentation synthétique dans la géologie, c'est-à-dire à constituer la *Géologie expérimentale*[1].

La première partie de ce volume montre les résultats d'expériences destinées à expliquer divers *phénomènes géologiques*, les uns chimiques et physiques, les autres mécaniques. Les premiers se rattachent à l'histoire des dépôts métallifères, à celle des roches cristallines, métamorphiques et éruptives, ainsi qu'au mécanisme des volcans. Dans les phé-

---

1. J'ai déjà publié, en 1847, sous le titre de *Rapport sur les progrès de la Géologie expérimentale*, un volume qui présente, sous une forme très sommaire, quelques-uns des résultats obtenus à cette époque.

nomènes de la seconde catégorie figurent la formation des galets, du sable et du limon, ainsi que d'autres effets de trituration et de transport; le mécanisme des déformations et des cassures terrestres, telles que les failles et les joints congénères; l'origine de la schistosité des roches, les déformations de fossiles et certains traits de la structure des chaînes de montagnes associés à la schistosité; enfin, la chaleur qui a dû se développer dans les roches par les actions mécaniques.

Les météorites qui nous parviennent des espaces célestes offrent de telles ressemblances avec diverses masses terrestres, qu'elles se rattachent, par des liens d'une intimité surprenante, à l'histoire de notre globe. Elles constituent une sorte de trait d'union entre la géologie et l'astronomie, et leur étude forme un chapitre important de l'histoire de l'univers que l'on peut qualifier de *Géologie sidérale*. Leur ressemblance avec certaines roches d'origine profonde, qui avait été établie par de nombreux caractères, ainsi qu'au moyen d'expériences les faisant dériver les unes des autres par une simple action réductrice, a été clairement démontrée par la découverte faite au Gröenland de masses qu'on avait d'abord supposées d'origine extra-terrestre, mais que depuis on a reconnues provenir des régions profondes de notre planète. Il a donc paru convenable de résumer, dans la seconde partie de cet ouvrage, sous le titre d'*Application de la méthode expérimentale à divers phénomènes cosmologiques*, les expériences qui ont été faites, pour rendre compte de la constitution des météorites, ainsi que des caractères essentiels des bolides qui nous les apportent. De même que les problèmes relatifs à la géologie, ces questions ont été étudiées expérimentalement, au double point de vue de la chimie et de la mécanique.

Je n'ai pas craint, en présence de résultats expérimentaux, de sortir quelquefois du domaine des faits rigoureusement démontrés pour en tirer des déductions qui, peut-être, paraîtront trop hardies. C'est que dans les sciences, particulièrement dans la géologie, une hypothèse, en systématisant les faits, et en provoquant des controverses, suscite de nouvelles observations, et peut contribuer, d'une manière très féconde, au progrès de nos connaissances. C'est ainsi que les hypothèses de Léopold de Buch sur l'origine de la dolomie et sur le rôle du mélaphyre dans la chaîne des Alpes, quoique non vérifiées, ont vivement éveillé l'attention, il y a un demi-siècle, et déterminé une évolution rapide dans des questions importantes de la géologie. L'histoire des sciences montre qu'il ne faut pas être trop sévère pour les hypothèses nées d'un rapprochement attentif des faits et qu'il est équitable de les juger, non en elles-mêmes, mais par les résultats auxquels elles ont conduit.

A. D.

ÉTUDES

SUR LA

GÉOLOGIE EXPÉRIMENTALE

INTRODUCTION [1]

Pendant une longue série de siècles, l'imagination a engendré bien des systèmes sur la manière dont se sont formées les parties externes de notre globe, et même sur les circonstances dans lesquelles il est sorti du chaos. Mais, on ne s'appuyait que sur quelques notions isolées et fort incomplètes et ces inventions méritent à peine d'être citées, même pour mémoire.

C'est seulement vers la fin du siècle dernier que l'on comprit qu'avant tout, il fallait observer attentivement la nature des masses qui constituent l'écorce terrestre, leur mode d'agencement, ainsi que les débris des êtres organisés

---

[1] Cette Introduction reproduit en partie une conférence que j'ai faite à Londres, au palais de South-Kensington, en mai 1876. (*Science Conferences. Geology*, 1876, p. 277.)

si divers qui y sont enfouis. L'ère de la géologie, comme science d'observation et d'induction, ne remonte guère qu'à environ un siècle. C'est, en effet, en 1777 que Pallas publiait ses observations sur les montagnes ; en 1779 que paraissaient les premiers volumes, où Saussure consignait sur les Alpes des études qui seront toujours consultées avec fruit ; vers 1780 que les cours de Werner, à l'école de Freyberg, acquirent une grande renommée, et commencèrent à former des élèves fervents qui reportaient dans leurs pays la doctrine du maître ; en 1785 que Hutton publiait à Édimbourg la première édition de son ouvrage sur la théorie de la terre (*Theory of the Earth*), où ses persévérantes explorations dans les montagnes de l'Écosse et son génie d'induction le conduisaient à des vues judicieuses et profondes.

La marche extraordinairement rapide de la géologie date de la fin du siècle dernier, de cette époque, non moins mémorable dans l'histoire des sciences physiques, où les conjectures sur la formation de la terre et les hypothèses prématurées disparurent devant une observation attentive et sévère. Depuis lors, les progrès de la géologie sont tels qu'aucune autre science n'a peut-être révélé, en un si court espace de temps, plus de faits considérables et inattendus.

L'observation seule, appuyée sur l'induction qui permet souvent de la généraliser, fournit aux géologues un guide sûr pour l'explication de certaines questions importantes.

Ainsi, quand on rencontre de toutes parts, dans l'intérieur des continents, des masses minérales ou roches offrant de grandes ressemblances avec les sédiments qui se forment aujourd'hui dans le bassin de l'Océan, on est autorisé à les considérer eux-mêmes comme d'anciens dépôts de la mer, qui se sont superposés peu à peu, pendant des périodes de très-longue durée. Les sables et les cailloux qu'elles renferment le témoignent, et, plus clairement encore, les myriades de débris animaux et végétaux qui les constituent souvent en totalité. Il en est de même de leur disposition en couches, c'est-à-dire en grandes plaques, minces par rapport à leur étendue, et qui sont superposées sur de grandes épaisseurs. De plus, on est arrivé à classer chronologiquement ces dépôts successivement accumulés pendant de longues périodes géologiques, et par suite, à assigner les âges relatifs des séries d'êtres organisés qui sont comme les médailles de ces anciennes époques.

En beaucoup de lieux, des roches dépourvues de débris organisés et principalement formées de silicates, s'élèvent sous forme de masses irrégulières, coupant des formations de toutes sortes : leurs allures démontrent qu'elles ont été poussées de bas en haut, à travers des masses préexistantes, d'une manière plus ou moins analogue aux laves actuelles.

On peut s'autoriser tout aussi sûrement du contournement des couches dans les chaînes de montagnes, pour conclure que ces couches n'occupent plus la position dans laquelle elles furent déposées. Tantôt, sous l'action de bossellements généraux, ces anciens sédiments se sont élevés au-dessus du niveau de la mer, en conservant à peu près leur horizontalité première, comme dans le nord de la France. Tantôt, les couches ont été fortement ployées et redressées, par des actions d'une grande énergie, ainsi qu'on le constate surtout dans les chaînes de montagnes, par exemple dans le Jura et dans les Alpes. L'étude attentive de toutes leurs inflexions a donné de plus la preuve que ces couches ont, en général, cédé à des pressions et à des refoulements latéraux, dont on peut définir géométriquement les effets.

C'est aussi par l'observation que l'on a reconnu le mode de formation des filons métallifères qui sont dus, comme l'avait si bien pressenti Descartes, au remplissage de nombreuses fissures ou failles, par des émanations venant de la profondeur.

Le même mode d'investigation a encore fait acquérir la preuve des transformations chimiques, physiques et minéralogiques comprises sous le nom de métamorphisme.

Voilà quelques-unes des conséquences importantes et certaines où la méthode d'observation a pu conduire par elle seule.

L'étude détaillée des roches faites dans le cabinet, étude pour laquelle les procédés optiques sont devenus d'un puissant secours, apportent aussi un complément très-utile à l'exploration des mêmes roches, en grand et sur le terrain.

Je laisse ici de côté tout ce qui concerne l'histoire des êtres organisés fossiles, quelque élevé que soit leur intérêt à divers titres, pour rester dans le domaine inorganique de la géologie, lequel ouvre lui-même de bien vastes horizons.

En résumé, c'est l'observation des faits naturels, accompagnée du raisonnement ou de l'induction, qui a principalement constitué les connaissances que nous possédons aujourd'hui, non-seulement sur la constitution de l'écorce terrestre, mais aussi, sur beaucoup de parties de son histoire : son rôle est incontestablement fondamental dans la géologie [1].

Cependant, la méthode d'observation, suffisante pour conduire à des conclusions générales, ne peut souvent fournir des notions certaines ou une véritable démonstration, lors même qu'elle s'appuie sur une investigation exacte, approfondie et poursuivie dans les contrées les plus distantes. Elle ne peut, d'ailleurs, faire bien comprendre et préciser toutes les circonstances des phénomènes.

---

[1] Dans certains cas, jusqu'à présent assez rares, tel que le mode de la propagation de la chaleur interne, le calcul a pu venir en aide à l'observation.

Heureusement l'observation trouve un auxiliaire : c'est l'expérimentation, fondement général des sciences physiques. Cette méthode qui n'a pas encore pris en géologie le rôle qui doit lui appartenir peut s'appliquer, comme on le verra, à des phénomènes d'ordres très-divers, les uns chimiques ou physiques, les autres purement mécaniques.

Quelle que soit son utilité, l'expérimentation n'a pas toujours ici la même valeur. Quand il s'agit de phénomènes mécaniques, son rôle est généralement moindre que dans les phénomènes chimiques ou physiques ; car les appareils et les forces que nous pouvons mettre en jeu sont toujours bornés ; ils ne peuvent imiter les phénomènes géologiques qu'en les rapetissant à l'échelle de nos moyens d'action.

Néanmoins, on peut aborder ainsi beaucoup de questions, sinon pour les résoudre complétement, au moins pour les éclairer et en préparer la solution.

Cette opinion, quelque fondée qu'elle nous paraisse, n'est pas encore partagée par tous les géologues. Plusieurs d'entre eux, se méprenant sans doute sur le rôle de l'expérimentation, veulent l'exclure du domaine de la géologie [1].

Parmi les objections qu'on oppose à l'introduction de la méthode expérimentale en géologie, on se bornera à en citer une. Elle consiste en ce qu'un même résultat naturel peut avoir été produit par des causes différentes. Par exemple, s'il s'agit de la formation d'un minéral, il est possible qu'une même espèce ait été formée, dans ses divers gisements, à la faveur de circonstances très-différentes. Par suite, il ne serait pas très-utile de connaître les conditions dans lesquelles les phénomènes naturels pourraient être imités artificiellement.

En supposant que cette objection soit fondée en ce qui

<hr>

[1] *Bulletin de la Société de Géologie*, 5ᵉ série, t. V, p. 158, 1877.

concerne certains minéraux isolés, tels que la pyrite de fer ou le quartz, elle n'a plus, à beaucoup près, la même valeur, dès qu'on veut l'appliquer aux roches elles-mêmes, par exemple au granite.

D'ailleurs, si la nature a employé des procédés très-divers pour arriver au même but, on peut aussi, en variant soi-même les moyens que l'on met en œuvre, chercher à définir nettement les conditions compatibles ou incompatibles avec chaque phénomène, de manière à les circonscrire dans des limites de plus en plus resserrées et à rétrécir ainsi le champ des hypothèses.

L'opinion exclusive de ceux qui ne veulent faire usage que de l'observation pure et simple semble être le résultat d'un malentendu. Les arguments développés contre l'expérimentation pourraient à la rigueur se comprendre, s'il s'agissait de remplacer l'observation par l'expérience. Or, est-il besoin de dire que, pour ceux mêmes qui s'occupent d'expérimentation, l'observation est la base de toutes les connaissances géologiques? Ces deux méthodes d'investigation, loin de se nuire, se portent un mutuel secours.

En effet, grâce au nombre et au zèle de ceux qui cultivent la géologie sur tous les points du globe, les données fournies par des observations directes surabondent, et, cependant, il y a beaucoup de faits dont cette quantité énorme d'observations n'a pu encore dissiper l'obscurité; de sorte qu'il semble que, n'ayant plus rien à attendre d'une méthode, ce soit à l'autre, à l'expérimentation, que l'on ait à demander la lumière.

Par exemple, on a poursuivi minutieusement tous les caractères de la roche qui forme le soubassement général des terrains stratifiés, le granite, tant dans ses gisements et ses allures que dans sa constitution minérale. L'analyse de nombreuses variétés, et l'examen microscopique de tranches minces ont été très-utiles. Cependant de longues dissertations et des hypothèses sur l'origine du granite ont lieu depuis longtemps; des discussions à ce sujet continuent à se produire chaque jour, et malgré tous ces efforts, on commence à peine à soupçonner le mode de formation de cette roche, d'ailleurs si intéressante pour les premiers âges du globe.

Il est probable que c'est seulement l'expérience synthétique qui arrivera à élucider ce problème fondamental. Le jour où l'on saura reproduire les trois éléments constituants du granite, le quartz, le feldspath et le mica, non-seulement séparés, mais associés entre eux et cristallisés, tels que cette roche les montre dans toutes les régions du globe, en un mot, le jour où on aura de toutes pièces fait du granite, marquera une conquête considérable, aussi bien dans l'expérimentation que dans la connaissance de l'histoire du globe terrestre. Espérons que ce moment n'est pas très-éloigné.

Quand il s'agit de comprendre le mode de formation des roches de toutes sortes, stratifiées ou éruptives, on consulte aussi très-utilement les phénomènes contemporains qui ne sont que la continuation des anciens phénomènes. C'est ce qu'a si bien montré Hutton. Les actions qui se passent actuellement à la surface du globe sont, en effet, comparables à des expériences qui se prolongent sous nos yeux.

Toutefois cette étude est loin de pouvoir remplacer l'expérimentation mise en jeu par la main de l'homme. Si cette dernière ne peut agir que sur des proportions restreintes, elle offre en échange l'avantage de pouvoir faire naître les faits, de les tenir sous les regards, et d'en faire varier sciemment les conditions : elle est donc très-utile, même comme complément de l'étude des phénomènes contemporains. C'est l'observation *active*, à la suite de l'observation *passive*[1].

---

[1] Suivant deux expressions de Sir John Herschel.

Entre l'induction fournie par le raisonnement et le fait démontré par l'expérience, il n'y a pas moins de distance qu'entre le récit sommaire d'un événement et la vue prolongée et attentive de ce même événement avec la possibilité d'interroger les acteurs qui y prennent part. En effet, lorsque l'observation s'arrête totalement et reste impuissante, l'expérimentation s'empare du phénomène, en dirige et en fait varier à son gré la production; elle discute ainsi les conditions du problème et pénètre dans la question d'une manière intime et profonde.

Pour être utile et concluante, l'expérimentation géologique doit être maniée par celui même qui a observé sur le terrain, qui a étudié toutes les circonstances du problème à éclairer, et qui s'est ainsi inspiré sur les causes possibles du phénomène ; car, comme l'a nettement formulé l'un des maîtres de la science, M. Chevreul, l'expérimentation ne vient qu'à la suite de l'observation directe, *a posteriori*, pour servir de contrôle à l'induction.

C'est dire que c'est aux géologues eux-mêmes à entrer dans cette voie.

Par exemple, dans la synthèse des minéraux, ce qui importe, ce n'est pas seulement de reproduire telle ou telle espèce minérale, mais d'arriver à ce résultat par des méthodes qui paraissent conformes à celles que la nature a mises en œuvre. Ce n'est qu'après que Gay-Lussac eut observé au Vésuve les cristaux de fer oligiste, déposés sur la surface des laves, qu'il put en démontrer la formation par une expérience de laboratoire. A cet égard, Hall peut servir de modèle; quand on lit ses beaux mémoires, on voit combien ce savant possédait personnellement toutes les données de l'observation qu'il a soumises ensuite à des expériences judicieuses.

L'expérimentation, armée de ses procédés les plus ingénieux, a été nécessaire pour conduire à l'intelligence des phénomènes les plus rapprochés de nous et dont nous sommes témoins à chaque instant. En ce qui concerne la pesanteur de l'air, la mesure prise, à l'instigation de Pascal, de la hauteur de la colonne mercurielle au sommet du Puy-de-Dôme, était nécessaire, même après le fait signalé par Torricelli, pour établir une démonstration définitive. L'expérience par laquelle Franklin parvint à charger une bouteille de Leyde en la mettant en communication avec des nuages, par l'intermédiaire d'un cerf-volant, était capitale, bien que l'abbé Nollet eût déjà fait ressortir avec beaucoup de perspicacité les analogies de l'électricité et de la foudre. Combien, à plus forte raison, ne devons-nous pas être forcés de recourir à l'expérimentation, quand il s'agit de faits géologiques, dont les plus importants ne se répètent plus de nos jours, du moins sous nos yeux, et ont laissé, pour témoins uniques, un résultat final ne conservant plus aucune trace des actions intermédiaires qui l'ont produit.

Depuis l'époque de Galilée, la méthode expérimentale a été admirablement féconde pour l'esprit humain, et l'a conduit aux résultats les plus importants et les plus inattendus. C'est cette méthode expérimentale qui doit aussi pénétrer de plus en plus dans les investigations des géologues. Bien qu'elle ne soit encore qu'à son début, les résultats auxquels elle a déjà conduit font entrevoir quelle sera sa fécondité. A part l'histoire des êtres organisés fossiles, les phénomènes qui forment l'objet de cette science sont, en effet, mécaniques, physiques ou chimiques. Quelque reculée que puisse être la période de l'histoire de notre planète à laquelle ils se rapportent, ces phénomènes appartiennent bien, par conséquent, au domaine des sciences dites *expérimentales*.

Après avoir été, pendant longtemps, tout à fait hypothétique, l'étude de la terre est entrée, à la fin du siècle dernier, dans une voie positive où elle a pris constamment pour guide l'observation des faits et l'induction. Elle paraît aborder une troisième période où elle s'éclairera, dans les phénomènes de tout ordre, par l'expérimentation synthétique. Elle aura ainsi subi des phases analogues à celles que la physique et la chimie ont traversées pour parvenir à plusieurs principes qui sont incontestables, parce qu'ils ont été établis et contrôlés par des expériences positives. Tout en conservant toujours comme fondement l'observation et le raisonnement, la géologie doit aussi devenir expérimentale; elle s'éclairera alors, suivant le mot de Bacon, *sous le fer et le feu de l'expérience.*

PREMIÈRE PARTIE

APPLICATION DE LA MÉTHODE EXPÉRIMENTALE A L'ÉTUDE DE DIVERS PHÉNOMÈNES GÉOLOGIQUES

PREMIÈRE SECTION

PHÉNOMÈNES CHIMIQUES ET PHYSIQUES

Aperçu historique.

Conformément aux principes généraux qui viennent d'être établis, quand on recherche quel a été le mode de formation des minéraux dans leurs principaux gisements et celui des roches dont ils font partie, on doit, avant tout, examiner la manière d'être et les associations de ces minéraux.

Cette étude amène ordinairement à certaines déductions sur les circonstances générales qui ont présidé à la formation de ces minéraux et de ces roches.

Ainsi, quand nous trouvons des minéraux disséminés dans des roches sédimentaires et fossilifères, qui n'ont subi aucune altération sensible dans leur composition minéralogique, ni dans leur structure, tout porte à conclure qu'ils n'ont pu cristalliser à la suite d'une fusion. C'est alors à la voie aqueuse qu'on est conduit à les attribuer. Lorsque, par exemple, nous voyons dans les couches supérieures de la craie blanche des silex qui empâtent des fossiles et qui renferment, en outre, des géodes de quartz parfaitement cristallisé, il est impossible d'admettre que ce quartz a été formé par voie sèche, non plus que le quartz, en partie cristallisé, des couches de Champigny près Paris, ou celui qui s'est substitué à des polypiers et à des débris fossiles enfouis dans des couches sédimentaires. Une conclusion semblable s'applique aux rognons de pyrite de fer, si fréquents dans la craie, ainsi qu'à bien d'autres minéraux des terrains stratifiés.

Au contraire, si l'on se trouve en présence de l'une de ces masses qui ont été poussées de bas en haut, au milieu de roches préexistantes, comme les basaltes, les trachytes, les porphyres, les granites ; si l'on observe que ces masses sont constituées par des silicates anhydres et cristallisés qui y ont visiblement pris naissance, et présentent ainsi dans leur composition minéralogique des analogies avec celle des laves des volcans, après que celles-ci sont solidifiées, on arrive à cette conclusion probable, que les minéraux qui font partie de ces roches ont été formés eux-mêmes à une température plus ou moins élevée.

La nature et le mode d'association des minéraux entre eux sont aussi très-utiles à étudier quand on recherche leur mode de formation. Si, par exemple, des cristaux d'une substance infusible et fixe comme le quartz se sont implantés sur des cristaux d'une substance très-fusible ou volatile, telle que la galène ou le cinabre, il faut bien faire intervenir un agent autre que la chaleur pour expliquer la formation de ces substances. Dans chaque cas particulier, il importe de consulter, relativement à l'origine d'un minéral ou d'une roche, certains témoins naturels qui sont comparables à ce que dans la pratique on appelle des pièces d'essai.

Cependant pour diriger le géologue et le minéralogiste vers une conclusion motivée, l'observation des faits, tels que la nature nous les présente, ne peut suffire. Les aperçus auxquels ils conduisent sont nécessairement assez vagues et ne parviennent pas à préciser les circonstances du mode de formation que l'on recherche.

Il faut alors, à la suite de l'observation directe, pour la fixer et la compléter, appliquer la méthode qui vient d'être exposée, et faire intervenir l'expérimentation synthétique, c'est-à-dire chercher à produire artificiellement les espèces minérales que l'on veut étudier.

L'importance que la synthèse des minéraux présente pour la géologie est donc évidente. Seule, elle peut apprendre, si ce n'est avec certitude, au moins avec beaucoup de probabilité, les conditions de formation des minéraux et des roches.

La reproduction de ces espèces intéresse aussi à un haut degré, et à un tout autre point de vue, le minéralogiste, qui parvient ainsi à connaître les types d'espèces, bien purs et exempts de ces mélanges accidentels qui troublent si fréquemment la constitution des minéraux et empêchent d'en établir la formule, c'est-à-dire la véritable composition.

Il n'y a pas d'ailleurs à insister sur l'utilité pratique que présenterait la reproduction de certains minéraux remarquables par leurs propriétés physiques, comme les pierres gemmes.

Si l'on n'est entré que récemment dans cette voie, cela tient sans doute en partie aux difficultés contre lesquelles on vient se heurter, dès que l'on tente d'y pénétrer.

La distance entre certains minéraux et les composés les plus analogues que fournissent les laboratoires est telle, en effet, que l'on a cru pendant longtemps, impossible de reproduire les principales espèces. Pour ne prendre que l'exemple le plus commun, le *cristal de roche* ou *le quartz cristallisé* diffère complétement, quant à l'aspect et aux caractères physiques, de cette *silice amorphe* et pulvérulente, la seule que les laboratoires sachent fournir. La différence entre ces deux états de l'acide silicique n'est guère moindre que celle qui existe entre le diamant et le noir de fumée.

Aussi, naguère encore, supposait-on que des laps de temps immenses ou certaines actions occultes avaient nécessairement présidé à la formation des minéraux, et leur imitation paraissait impossible.

Beaucoup d'expériences ne produisent que des cristaux très-petits et même microscopiques; mais, s'ils n'ont rien qui puisse attirer le regard, ils ne présentent pas un intérêt théorique moindre que s'ils atteignaient un plus fort volume. Pour en obtenir de plus gros, il faudrait seulement avoir à sa disposition, comme a dit Daubenton, des circonstances qui n'ont pas fait défaut dans la nature: du temps, du repos et de l'espace.

Déjà Leibnitz avait profondément apprécié toute l'utilité de l'expérience pour l'explication de la formation des terrains, et il avait comparé, autant qu'il était alors possible de le faire, les produits de la nature à ceux des laboratoires.

« Il fera, selon nous, une œuvre importante, celui qui comparera soigneusement les produits tirés du sein de la terre, avec les produits des laboratoires; car alors brilleront à nos yeux les rapports frappants qui existent entre les produits de la nature et ceux de l'art. Bien que l'auteur inépuisable des choses ait en son pouvoir des moyens divers d'effectuer ce qu'il veut, il se plaît néanmoins dans la constance au milieu de la variété de ses œuvres; et c'est déjà un grand pas vers la connaissance des choses que d'avoir trouvé seule=

ment un moyen de les produire. La nature n'est qu'un art plus en grand[1]. » De Saussure disait plus tard : « les lois générales du monde physique n'agissent-elles pas sur nos laboratoires de même que dans les souterrains des montagnes ? »

Vers l'époque où paraissait la *Protogæa* de Leibnitz[1] Buffon, qui a porté ses grandes vues sur toutes les branches des sciences naturelles et qui partout, on doit le rappeler pour sa gloire comme pour l'exemple, a cherché à les contrôler par l'expérimentation, avait rigoureusement constaté, par des essais directs, que le granite et les principales roches cristallisées sont fusibles et vitrescibles. Se basant sur le fait qui vient d'être rappelé, il pensait que de grandes masses de verre naturel avaient pu acquérir leur état cristallin à la suite d'un recuit plus ou moins long[2].

De son côté, Spallanzani (1792) exécuta une longue série d'expériences sur la fusion des laves, soit dans des creusets, soit dans des fours de verreries pour détruire des préjugés qui régnaient alors sur la cause de la chaleur des laves. L'exactitude et le génie de l'observation de l'illustre professeur de Pavie se manifesta dans ses études sur la nature et l'origine des rochers volcaniques, aussi bien que dans ses

---

[1] *Protogæa*, traduction française de M. le docteur Bertrand Saint-Germain, § 9.

Leibnitz donna un aperçu de la dissertation nommée *Protogæa* dans les *Acta Eruditorum* au mois de janvier 1693; mais ce n'est que trente-trois ans après sa mort, en 1749, l'année même ou Buffon fit paraître les trois premiers volumes de l'*Histoire naturelle* que la *Protogæa* parut en entier.

[2] *Histoire naturelle des minéraux : substances vitreuses des granits.* Buffon avait, en outre, bien remarqué que le feldspath est beaucoup plus fusible que les deux autres éléments du granite. Leibnitz, il est vrai, avait déjà dit que la terre et les pierres soumises au feu donnent du verre; que le verre n'est que la base des pierres (*Protogée*, § 3); mais il confondait ici toutes les roches, y compris le calcaire, le silex et le sable, et il y a loin de cet aperçu vague aux premières expériences précises que fit Buffon. On peut, en outre, rappeler ici ses essais sur le refroidissement de sphères de diverses dimensions, les unes en métal, les autres en grès ou en marbre, pour se représenter les conditions de refroidissement du globe terrestre. Newton avait déjà exprimé l'intention de faire des expériences de ce genre. M. Bischof a exécuté, dans un but semblable, une série intéressante d'observations sur la fusion et le refroidissement de sphères en basalte. (*Die Waermelehre des innen Erdkœrpers*, 1837, p. 443 et 505.)

brillantes découvertes sur l'économie animale, et il doit être compté parmi ceux qui ont introduit dans la géologie la méthode expérimentale.

C'est particulièrement sir James Hall qui a eu le mérite de poser plusieurs jalons importants dans la voie qui nous occupe. Il avait pour but de soumettre au contrôle certaines vues de Hutton, dont il était à la fois l'élève et l'ami; il a ainsi contribué, pour sa part, à faire entrer définitivement dans la science ce que ces vues contenaient de juste.

Dans les longues discussions qui eurent lieu, surtout vers la fin du siècle dernier, sur l'origine de certaines roches, les adeptes de Werner prenaient un de leurs arguments dans l'état pierreux du basalte et d'autres roches, supposant que ces roches seraient restées vitreuses, au moins en partie, si elles avaient été formées par voie de fusion. Hall voulut voir si les faits se passent comme le prétendaient les adversaires de Hutton, son maître. Or, en fondant les roches des environs d'Édimbourg, il reconnut, comme l'avait d'ailleurs pressenti Buffon, que certains silicates, au lieu d'être vitreux, peuvent, à la faveur d'un refroidissement lent, devenir cristallins, et prendre un aspect pierreux, semblable à celui des roches éruptives. Ces expériences, qui furent continuées par d'autres savants, apprirent en outre qu'une masse vitreuse peut cristalliser sans passer par la fusion.

Les divers procédés qui ont été mis en usage jusqu'à présent, pour imiter les minéraux, peuvent se partager en deux groupes suivant qu'ils participent de la *voie sèche* ou de la *voie humide*, d'après les dénominations adoptées en chimie.

En ce qui concerne la voie sèche, elle a été depuis longtemps mise à profit par l'examen des silicates qui sortent en abondance, à l'état de fusion, des fourneaux métallurgiques.

Conformément à l'idée de Leibnitz, dès 1816, M. le professeur Haussmann utilisa ce genre d'observations pour l'intelligence des phénomènes géologiques.

Bientôt, en 1823, Mitscherlich reconnut que le péridot, le pyroxène et d'autres espèces minérales cristallisent accidentellement dans les scories d'usine. C'était le digne complément de son travail, sur la relation, entre la forme des cristaux et leur composition chimique, qui venait de marquer d'une manière éclatante, dans la minéralogie et la chimie.

D'un autre côté, et à la même époque, Berthier, dont les recherches ont rendu de si éminents services à la métallurgie, ainsi qu'à la minéralogie, guidé par la vue des cristaux accidentels des usines, fut conduit à faire des expériences directes, par la voie sèche, suivant des procédés très-divers. C'est dans cette même année 1823 qu'en fondant la silice avec différentes bases en proportions définies, ce savant a obtenu des combinaisons cristallines identiques à celles de la nature, notamment le pyroxène, espèce dont le produit artificiel avait à la fois la composition et la forme cristalline. C'était un premier pas fait dans la synthèse directe des minéraux.

Pour se rendre compte aujourd'hui de l'intérêt qu'avait ce résultat, il faut se rappeler qu'à cette époque encore, après des débats prolongés depuis près d'un demi-siècle, l'origine ignée du basalte n'était pas admise par tous les géologues; que certains arguments de l'école de Werner sur ce sujet avaient encore du crédit, malgré les observations judicieuses de Desmarets qui remontaient à plus de cinquante ans[1]; enfin que le nom de *pyroxène* lui-même avait été formé par Haüy dans le sens de « *étranger au feu.* »

Jusqu'alors on n'avait fait cristalliser que des minéraux

---

[1] *Mémoire de l'Académie française,* 1768.

fusibles; or, il existe beaucoup de minéraux tout à fait infusibles dans nos foyers et qui se trouvent en cristaux fort
nets; à ce nombre appartiennent nos principales pierres
gemmes, entre autres le corindon, le spinelle et la cymo-
phane. Leur reproduction paraissait inabordable.

C'est Ébelmen, le successeur de Berthier, dont la carrière,
prématurément interrompue, fut marquée par une série de
travaux du cachet d'originalité et d'élégance propre au
génie, qui a ouvert cette voie féconde par une méthode sans
précédent et des plus simples.

Si nous mentionnons ces premiers exemples d'application
de la voie sèche, c'est pour rappeler que des procédés
très-divers ont probablement été mis en œuvre dans la
nature pour la formation des minéraux. C'est un simple
avertissement pour ne pas donner aux idées une direction
exclusive.

Les substances solubles dans l'eau sont tout à fait exceptionnelles dans l'écorce terrestre, on ne peut en citer qu'un
très-petit nombre d'espèces, parmi lesquelles le sel gemme
occupe, sans comparaison, la plus large place. On comprend
facilement qu'il en soit ainsi, quand on se reporte au mode
de formation de ces substances et à l'abondance de l'eau
qui circule de toutes parts, à travers les roches.

Or, les combinaisons insolubles sont difficiles à réaliser
par la voie humide, tant qu'on reste dans les procédés ordinaires des laboratoires. Personne n'ignore que beaucoup de
substances s'obtiennent à l'état cristallisé par évaporation du
liquide où ils sont dissous. L'eau pure, le dissolvant le plus
ordinaire, n'est pas le seul que l'on puisse employer. A
l'aide de la présence de l'acide carbonique, l'eau dissout des
corps, tels que le carbonate de chaux, qu'elle n'attaque pas
sensiblement à l'état de pureté. D'un autre côté, on rencontre de toutes parts, dans l'écorce terrestre, des minéraux

sous forme de cristaux, parfois très-volumineux, tels que le quartz, la fluorine, la pyrite de fer, dans des circonstances où ces minéraux ont été produits par la voie humide, quoique ces substances soient réputées tout à fait insolubles dans l'eau. Des difficultés de même ordre que celles qui s'offraient, quand on cherchait à obtenir par voie sèche des corps infusibles, ont longtemps fait croire aussi que la voie humide était impuissante à reproduire, à l'état de cristaux, les minéraux insolubles.

La propriété que l'on connaît depuis longtemps, pour le plomb et l'argent de se précipiter, à l'état cristallisé, de leurs dissolutions salines, et à former des groupes connus sous les noms d'arbre de Saturne et d'arbre de Diane, a reçu une extension considérable par les travaux de M. Becquerel. Dès ses premières expériences qui remontent à 1823, ce savant a excité la surprise en reproduisant des espèces, comme le cuivre oxydulé et la pyrite, rappelant tout à fait les substances naturelles.

C'est surtout, à une température supérieure à 100 degrés, et par conséquent sous pression, que l'eau a donné à l'expérience les résultats les plus intéressants pour l'histoire des espèces minérales et pour celle des roches. Les premières expériences géologiques sous pression furent exécutées en 1805 par Hall, lorsqu'il parvint à faire cristalliser la craie sous l'influence combinée de la chaleur et de la pression.

L'expérience faite par Haidinger relativement à la formation de la dolomie marque une étape nouvelle dans la synthèse des minéraux, car elle a inauguré l'emploi de l'eau sous pression. Elle avait pour but de soumettre au contrôle l'hypothèse célèbre de l'origine métamorphique de la dolomie telle que l'avait présentée Léopold de Buch.

Pour donner une idée de la valeur de la méthode expérimentale dans les questions géologiques, je citerai encore combien elle a été utile à l'histoire exacte des filons métallifères. L'observation attentive de leurs formes générales et de leur disposition par rapport aux accidents généraux du sol avait fait reconnaître dans les filons des produits d'émanations, qui se sont élevées des régions profondes vers la surface, en incrustant des fentes ou failles d'une étendue considérable. L'observation avait aussi reconnu que les nombreux minéraux qui sont accumulés dans les filons, quelquefois au nombre de vingt ou trente espèces, ne paraissent pas y avoir été apportés, comme on l'avait supposé, ni à l'état de volatilisation, ni à l'état de fusion, à la manière des roches éruptives auxquelles ils sont souvent associés.

En 1847, Élie de Beaumont, dans un travail où ressort admirablement à chaque page le génie d'observation et de comparaison de l'auteur, concluait[1], par de nombreuses analogies, que les filons appartenant à une très-nombreuse catégorie ont été remplis par l'incrustation d'anciennes sources thermales, aujourd'hui taries. Mais il manquait à ce principe la sanction de l'expérience ; car jusqu'alors, la voie humide avait été impuissante à reproduire les minéraux constitutifs des filons ; ainsi, quand on voyait la silice se séparer de l'eau, c'était à l'état d'opale, c'est-à-dire à un état hydraté bien différent de celui de l'acide silicique ou quartz qui abonde dans les filons.

C'est cette lacune que Sénarmont a remplie de la manière la plus heureuse[2]. Il est en effet parvenu à produire toutes les espèces caractéristiques de ces gîtes minéraux, et cela, en employant l'acide carbonique, les carbonates, l'hydrogène

---

[1] Émanations volcaniques et métallifères (*Bulletin de la Société géologique de France*, 2ᵉ série, t. IV, p. 1249. 1847).

[2] Expériences sur la formation artificielle, par voie humide, de quelques espèces minérales qui ont pu se former dans les sources thermales, sous l'action combinée de la chaleur et de la pression (*Annales de chimie et de physique*, t. XXVIII, p. 693). — Expériences sur la formation de quelques minéraux par voie humide dans les gîtes métallifères concrétionnés (*Même Recueil*, t. XXXII. 1851).

sulfuré et les sulfures alcalins, c'est-à-dire les substances les plus répandues dans les sources thermales actuelles : ce sont les mêmes qui paraissent s'être rencontrées ordinaire- ment dans les eaux-mères où s'est produite la cristallisation des filons. Il opérait d'ailleurs à des températures supé- rieures à 100° et sous pression, conditions qui se sont réalisées fréquemment dans de tels canaux communiquant avec des régions très-profondes, mais qu'il n'était pas facile d'imiter artificiellement.

Pour supporter les pressions très-fortes qui correspondent à des températures de 200° à 500°, il fallait des tubes en verre fort épais ; beaucoup d'entre eux ne résistaient pas et donnaient lieu à des explosions violentes, quoiqu'ils ne renfermassent que peu d'eau ; mais ceux des tubes qui résis- taient fournissaient des résultats très-instructifs.

Quant aux deux liquides qui devaient réagir l'un sur l'autre et qui souvent étaient des polysulfures mélangés à des bicarbonates en proportions variables, des artifices ingé- nieux permettaient de ne les mettre en présence qu'au mo- ment opportun et dans un tube déjà fermé; ces tubes en verre vert, de la nature la moins attaquable par l'eau, étaient chauffés dans une usine à gaz, au milieu de la pous- sière recouvrant le dôme des cornues.

Le quartz tenait la première place parmi les minéraux à imiter. Car, dans les laboratoires, on n'avait obtenu, dans l'eau, que des dépôts de silice gélatineuse qui, desséchés et calcinés, donnent, comme nous l'avons déjà vu, une poudre blanche tout à fait dépourvue de cristallisation. Or, on sait que la silice gélatineuse est faiblement soluble dans l'eau contenant de l'acide carbonique et, plus encore, dans l'eau mélangée d'acide chlorhydrique : ce dernier mélange pouvait être facilement obtenu par la décomposition du chlorure de silicium dans l'eau. La dissolution d'acide silicique étant chauffée vers 200° ou 300°, et pendant une cinquantaine d'heures, abandonna du quartz en cristaux microscopiques, il est vrai, mais ayant tous les caractères de celui de la nature : insoluble dans toutes les menstrues, sauf l'acide fluorhydrique, jouissant de la double réfraction et en prismes bipyramidés.

Ces exemples suffisent pour faire apprécier l'utilité de l'expérimentation. J'ai montré ailleurs[1] la part que d'autres savants, notamment MM. Gaudin, Haidinger, Morlot, Wœhler, Gustave Rose, Frémy, Kuhlmann, Henri Sainte-Claire Deville, Caron, Hautefeuille, Debray, Lechartier, ont prise à ces études, non moins utiles à la géologie qu'à la minéralogie et à la chimie. Parmi les progrès qui ont été faits dans ces derniers temps, il convient de mentionner la production artificielle du feldspath et de l'albite, dont on est redevable à M. Hautefeuille.

Des espèces minérales cristallisées se sont parfois produites dans le bassin de sources thermales où se trouvaient réalisées certaines conditions artificielles, telles que la présence de maçonneries construites dans un but de captage. Lorsque des minéraux se sont ainsi formés, au milieu de circonstances parfaitement définies, ils fournissent une démonstration, comparable pour sa valeur à celle que l'on tirerait d'expériences de laboratoire. A la suite d'espèces artificiellement produites, on est donc autorisé à signaler de tels cas de formation contemporaine des minéraux.

---

[1] Études et expériences synthétiques sur le métamorphisme (*Mémoires des savants étrangers à l'Académie des sciences*, t. XVII, et *Annales des mines*, 5ᵉ série, t. XVI, 1859.)
Rapport sur les progrès de la géologie expérimentale. Paris, 1867.

CHAPITRE PREMIER

APPLICATION DE LA MÉTHODE EXPÉRIMENTALE A L'HISTOIRE DES DÉPOTS MÉTALLIFÈRES

Aperçu sur les gîtes métallifères.

Prise dans sa constitution générale, l'écorce terrestre présente des masses béaucoup moins variées que ne le ferait supposer le grand nombre d'espèces minérales qui y sont connues. Les roches qui la constituent, stratifiées, éruptives ou cristallines, renferment essentiellement, comme métaux, le potassium, le sodium, le calcium, le magnésium, l'aluminium, ainsi que le manganèse et le fer; les métaux usuels, tels que le plomb, l'argent ou l'or, ne s'y rencontrent pas comme parties constitutives. Ces derniers métaux, ou plutôt leurs combinaisons, sont réparties dans l'écorce terrestre d'une manière irrégulière et accidentelle, sous forme d'accumulations, le plus souvent de dimensions très-restreintes, auxquelles on a donné le nom de *dépôts métallifères* ou de *gîtes métallifères*. Ce ne sont, pour ainsi dire, que des infiniment petits, comparés à l'ensemble de l'écorce terrestre.

Quelque faibles que soient leurs dimensions, les dépôts métallifères offrent un intérêt tout spécial, d'abord pour le minéralogiste, qui y trouve des espèces nombreuses et bien cristallisées; puis, pour le géologue, qui y voit l'une des manifestations les plus remarquables de l'activité interne du globe. Ils se rattachent, en effet, aux exhalaisons volcaniques et aux sources thermales, phénomènes dont ils sont des représentants fort instructifs pour les anciennes périodes.

Au milieu de l'extrême variété de formes que présentent

les gîtes métallifères, on peut en distinguer quelques types principaux, parmi lesquels celui de *filon* est particulièrement remarquable, tant par sa fréquence que par sa régularité.

Tout en étant intimement soudés aux masses encaissantes, les filons s'en distinguent par leur composition, qui contraste, en général, aussi bien avec celle des roches cristallines qu'avec celle des roches stratifiées. Les substances de nature complexe qui les constituent ont été distinguées par les mineurs, en deux catégories : les minerais et les gangues.

Dans les minerais, c'est-à-dire dans les substances susceptibles d'être exploitées, les métaux sont quelquefois à l'état natif : tels sont l'or, l'argent et le cuivre. Le plus souvent, ils sont combinés à l'état de sulfures, soit simples, comme ceux de plomb, d'antimoine, de mercure, d'argent, de cuivre, de fer (galène, stibine, cinabre, argyrose, chalkosine, pyrite), soit à l'état de sulfures multiples, comme l'argent rouge ou le cuivre gris. Quelques métaux sont à l'état d'oxyde : tels sont l'étain et le fer (cassitérite et oligiste). Parmi les autres combinaisons où les métaux usuels sont engagés dans les filons, mais qui y sont plus rares, il faut citer des séléniures, des tellurures, des arséniures, ainsi que des chlorures, des phosphates et des arséniates.

Par opposition à la dénomination de minerai, on a donné, d'après une étymologie allemande, le nom de gangue aux substances qui ne sont pas mises à profit. Parmi les gangues, qui sont ordinairement de nature pierreuse, les principales sont : le quartz qui est très-fréquent et qui, dans tous les pays, est même la matrice à peu près unique de l'or et du minerai d'étain ou cassitérite; des carbonates, comme la calcite, la dolomie, la sidérose; le sulfate de baryte ou barytine; le fluorure de calcium (chaux fluatée ou spath fluor). Il faut ajouter que les fragments des roches encaissantes, très-souvent et très-abondamment empâtées par les minerais, sont comptés aussi comme gangues, ainsi que les argiles qui leur sont associées.

On peut remarquer que la distinction entre les minerais et les gangues a quelque chose d'artificiel et d'arbitraire; par exemple le carbonate de fer, qui compte dans cette dernière catégorie, lorsqu'il est en faible quantité, devient, au contraire, un minerai très-utile, lorsqu'il est abondant.

Les gangues prédominent ordinairement par leur masse, sur les minerais; ainsi il y a des filons de quartz où l'or est exploité, bien que ce métal puisse n'en représenter en poids qu'une proportion bien inférieure à un millième. D'autres filons formés, à peu près entièrement, par une ou plusieurs de ces gangues, quartz, barytine ou fluorine, doivent être assimilés aux filons métallifères proprement dits, quant à leur mode de formation.

Par leur complexité ainsi que par leur nature minéralogique, les filons se distinguent donc des roches. Des substances, fort différentes dans leur nature chimique, sont associées entre elles, de manière à montrer qu'elles ont été formées dans les mêmes conditions; c'est là un des traits remarquables de ces dépôts. Ce qui n'est pas moins digne d'être signalé, c'est la tendance de toutes ces substances à se présenter en cristaux; ainsi le carbonate de chaux, qui est si abondant dans les terrains stratifiés, est loin d'y présenter cette richesse et cette netteté de formes cristallines que les filons métallifères de Derbyshire, du Hartz et d'autres contrées fournissent aux collections.

Si après avoir examiné les filons en eux-mêmes, on les considère dans leur distribution générale, on ne tarde pas à reconnaître que de vastes régions, telles que le nord de la France, où les couches sont restées horizontales et peu accidentées, en sont dépourvues. Ils ne se rencontrent que dans des régions disloquées, et souvent à proximité de certaines roches éruptives, trachytes, porphyres ou granite. Les divers filons qui traversent une même contrée constituent ordinairement des groupes naturels, ou systèmes, liés à la fois par le parallélisme et certaines analogies de composition.

Les failles, qui coupent en si grand nombre l'écorce terrestre ont subi des destinées différentes. Beaucoup d'entre elles, le plus grand nombre, sont restées vides, ou plutôt ont été remplies par des fragments et autres débris provenant de leurs parois; d'autres ont reçu des injections de roches éruptives, basaltes, porphyres, etc., d'autres enfin ont servi de canaux à des émanations volatiles et à des sources thermales, dont les incrustations ont formé les filons métallifères.

Les travaux des mines ont fait connaître des faits nombreux, non moins utiles à la théorie qu'à l'exploitation, sur la répartition des substances minérales dans les filons, et en général, sur leur histoire.

A côté des filons-failles, il existe des gîtes métallifères qui s'en rapprochent par leur mode de remplissage. Au lieu de s'être moulés dans des fentes régulières, ces épanchements ont pris des formes irrégulières et extrêmement diverses : on peut les désigner collectivement sous le nom *d'amas intercalés*, ou *discordants*, ou *filoniens*; tantôt ils sont juxtaposés à des roches éruptives, comme s'ils étaient venus à leur suite; tantôt ils sont enchâssés dans les terrains stratifiés.

D'un autre côté, dans la série des terrains stratifiés se rencontrent çà et là des *couches métallifères* disposées parallèlement aux couches pierreuses qui les avoisinent; elles diffèrent donc des filons, puisqu'elles se sont formées en même temps que les couches pierreuses auxquelles elles sont associées, ou plutôt dans l'ordre qu'indique le mode de superposition. Quelque différentes que soient les apparences des filons et des couches, divers faits, et notamment certains passages graduels des uns aux autres, montrent que leurs procédés de formation ne sont pas très-différents.

Les couches métallifères offrent un grand intérêt, d'une part, pour la connaissance d'une nombreuse classe de filons dont elles démontrent l'origine aqueuse; d'autre part, pour les terrains stratifiés, dans la formation desquels elles révèlent clairement l'intervention de l'activité interne du globe.

Enfin les *dépôts de transport* qui se sont produits de toutes parts à la surface du globe, à la suite de démolitions considérables, renferment souvent des minerais métalliques. Dans des lavages naturels auxquels ces matériaux ont été soumis, sous l'action d'eau en mouvement, ces minerais, arrachés à des gîtes métallifères préexistants, ont été concentrés, par suite de leur plus forte densité, dans certaines places où ils sont devenus exploitables. Tel est le cas, pour le fer, l'or, le platine, aussi bien que pour le diamant et diverses pierres gemmes.

Un gîte métallifère ne peut être plus ancien que les roches qui l'encaissent ; mais il peut être beaucoup plus récent. Ces dernières fournissent donc seulement une limite inférieure de l'âge de ce gîte. On peut trouver des documents plus précis dans la relation qu'ils présentent parfois avec des couches métallifères de même nature ou avec des roches éruptives qui traversent la contrée. En rapprochant les données qu'on possède à ce sujet, on voit que les émanations sont d'âges très-différents; qu'elles se sont prolongées pendant des périodes successives, mais souvent en changeant de nature. C'est ainsi qu'en Cornouailles et en Devonshire, à la suite de l'étain est arrivé le cuivre, puis le plomb. Contrairement à ce qu'on croyait autrefois, des gîtes très-nombreux et très-importants ne remontent pas au delà de l'époque tertiaire ; tels sont beaucoup de ceux des Alpes, de l'Algérie et ceux qui fournissent l'or en Transylvanie, dans l'ouest des États-Unis et ailleurs.

Les gîtes métallifères de toutes sortes se présentent, en général, dans l'écorce terrestre, comme adventifs, c'est-à-dire comme y ayant été apportés d'une manière accidentelle. Dans le plus grand nombre des cas, si ce n'est dans tous, on reconnaît de plus que les substances qui les caractérisent sont arrivées, dans leur position actuelle, de bas en haut, à proximité de roches éruptives ou de fractures profondes ; c'est comme une sorte de quintessence, telle qu'il en sort de certains orifices volcaniques. La situation profonde que les métaux occupaient, avant qu'un mouvement ascensionnel les apportât vers leur gisement actuel, est tout à fait d'accord avec ce que nous savons de la forte densité des régions profondes du globe.

Au lieu de considérer les gîtes métallifères au point de vue des formes qu'ils affectent, on peut les considérer d'après leur composition minéralogique.

A ce dernier point de vue, ils se partagent, comme l'a fait voir M. Élie de Beaumont, en deux classes : les gîtes d'étain ou stannifères et les gîtes sulfurés ou plombifères [1]. Ces deux grands groupes se rapportent à deux classes de roches éruptives dont la composition chimique présente des différences correspondantes.

Nous examinerons successivement les études qui se rapportent à ces deux grands groupes ; nous terminerons en examinant une question qui se rapporte au platine natif dont le gisement présente des caractères spéciaux.

§ 1. — AMAS STANNIFÈRES.

Les gîtes d'étain ou gîtes stannifères contrastent avec les gîtes plombifères ou gîtes sulfurés, non-seulement par la

---

[1] *Bulletin de la Société géologique de France*, 2ᵉ série, t. IV, p. 1286. 1847.

nature de leur minerai, qui est un oxyde, mais aussi par celle de leurs gangues. Ils constituent un type d'autant plus digne d'intérêt qu'ils rappellent, dans leur mode de formation, les circonstances dans lesquelles a cristallisé le granite.

Tantôt les dépôts stannifères se présentent en filons proprement dits, tantôt en amas : c'est ce dernier type qui a été l'objet d'un examen spécial, comme étant particulièrement caractérisé.

De nombreux gîtes d'oxyde de titane peuvent être rapportés à ce même groupe.

Caractères généraux des amas stannifères; hypothèse relative à leur mode de formation. — L'étude comparative de la plupart des amas stannifères connus en Europe, a d'abord amené à certains faits généraux, concernant leur constitution, et par suite, à des déductions relatives à leur origine [1]. Tels sont notamment ceux de Geyer, Zinnwald, Altenberg, Auersberg, Schneckenstein en Saxe, ainsi que ceux de Carclaze et du mont Saint-Michel en Cornouailles.

Chaque amas se compose d'un assemblage de veines ou de petits filons où le minerai est particulièrement concentré; mais la roche encaissante renferme aussi quelquefois l'oxyde d'étain en mélange intime. Les petits filons ont une certaine régularité d'allure et, dans un grand nombre de cas, ils sont à peu près rectilignes.

On ajoutera que ces amas sont en général situés près du contact d'une autre roche; il est rare qu'ils s'éloignent de plus de 500 mètres de la jonction des deux terrains.

Dans tous les amas, les petits filons sont essentiellement composés de quartz; l'existence du quartz se lie tellement à

---

[1] Mémoire sur le gisement, la constitution et l'origine des amas de minerai d'étain. *Annales des mines*, 5ᵉ série, t. XX, p. 65. 1841.

la présence de l'oxyde d'étain, que quand les roches encaissantes sont imprégnées de minerai, elles deviennent habituellement quartzeuses, comme cela se voit, par exemple, à Geyer et à Altenberg.

L'oxyde d'étain se trouve disséminé au milieu du quartz avec plusieurs minerais métalliques, parmi lesquels il faut mentionner particulièrement le wolfram (tungstate de fer et de manganèse) et la pyrite arsenicale ou mispickel.

Après le quartz, qui prédomine toujours beaucoup, l'étain a pour cortége habituel certains minerais qui sont étrangers aux filons ordinaires. Ce sont principalement: des silicates fluorifères et borifères, certains micas riches en fluor et le lépidolite (Altenberg, Zinnwald, Montebras) ; la topaze et la pycnite (Altenberg, Geyer, Ehrenfriedersdorf, en Saxe, Schlackenvald, et Zinnwald, en Bohême, Mont Saint-Michel et Sainte-Agnès en Cornouailles, etc.); la tourmaline, qui est particulièrement abondante dans beaucoup d'amas et qui renferme en outre du bore; comme autre silicate borifère, l'axinite, qui abonde dans certains amas de Cornouailles. L'apatite ou fluophosphate de chaux y est également fréquente. Ce minéral peut être accompagné comme à Montebras (Creuse) d'autres phosphates (amblygonite, wawellite, turquoise, chalkolite). Ainsi, les corps qui, a différents états de combinaison, forment le cortége caractéristique de l'étain sont: le silicium, puis, en proportion beaucoup moindre, le fluor, et le bore engagés dans des silicates; enfin, dans la plupart, le phosphore et l'arsenic.

Des associations semblables se retrouvent dans beaucoup d'autres lieux. Ainsi, en France, à La Villeder (Morbihan) et à Piriac (Loire-Inférieure), la tourmaline est disséminée avec abondance dans le voisinage des gîtes d'étain.

Les filons granitiques de Finbo, près Fahlun, qui renferment de l'oxyde d'étain avec de l'acide tantalique, contiennent aussi de la topaze, du spath fluor et divers fluorures de cérium et d'yttria.

Dans les célèbres mines de topaze et d'émeraude d'Adun-Tschilon, sur la frontière chinoise de la Sibérie, on trouve quelquefois de l'oxyde d'étain avec du wolfram et du mica analogue à celui de Zinnwald. Les cristaux d'oxyde d'étain du Groënland qui existent dans les collections de minéralogie proviennent de la même localité que le cryolithe, florure double d'aluminium et de sodium.

Comme l'a fait remarquer M. le docteur Charles T. Jackson, les filons d'étain de Jackson dans le New-Hampshire confirment la généralité des faits que j'avais annoncés. (*Report of American geologists* 1845, p. 546.)

Il en est de même des filons d'étain découverts récemment dans la Nouvelle-Galles du Sud ; outre le wolfram et le béryl, ils contiennent, en effet, d'après M. le professeur Liverdsige, et souvent en abondance, de la topaze et de la tourmaline.

Le mémoire qui appelait ainsi, pour la première fois, l'attention sur la généralité des caractères de ces associations concluait, en outre, que les veines qui constituent les divers amas stannifères sont, en général, des fentes remplies postérieurement à l'existence et probablement même à la consolidation de la roche encaissante, de même que les filons proprement dits. C'est un fait qui avait été souvent révoqué en doute, à cause de la manière intime dont ces petits filons sont soudés dans la roche encaissante ; mais l'allure de ces veines paraît prouver qu'elles ne sont pas contemporaines des masses qu'elles traversent. On les voit, en effet, couper, sans s'interrompre et même sans être déviées, des roches qui diffèrent par leur nature et par leur âge. Les divers gîtes de Saxe et de Cornouailles apportent des exemples de cette postériorité.

D'ailleurs si le minerai d'étain, au lieu d'être de formation plus récente que les roches qui le renferment, en était une sécrétion contemporaine comme, par exemple, paraît être le fer titané disséminé au milieu des basaltes, on ne concevrait pas comment il se trouve subordonné à ces roches dont l'âge et même le mode d'origine sont différents. En Cornouailles et en Saxe, le phyllade, le micaschiste et le gneiss, aussi bien que le granite et le porphyre feldspathique, renferment des amas stannifères.

L'étain étant postérieur à l'existence de la roche qui encaisse les filons de ce minerai, on peut être surpris que des roches actuellement très-compactes soient souvent imprégnées d'oxyde d'étain en particules extrêmement fines. Je me bornerai à rappeler que le long des filons d'Ehrenfriedersdor et de Marienberg, en Saxe, dont la postériorité relative ne fait doute pour personne, le gneiss, quoique actuellement très-compacte, est également imprégné d'oxyde d'étain jusqu'à une distance de quelques mètres des filons et quelquefois avec assez de richesse pour que la roche soit exploitée avec le filon lui-même.

Toutefois, malgré leur analogie avec les filons proprement dits, les petits filons et veines des amas stannifères cités plus haut en diffèrent généralement, dans leur allure, par moins de régularité et moins d'étendue. Les fissures, à l'ouverture desquelles se rattache leur origine, ne paraissent pas, comme celles des filons proprement dits, se lier à de grands accidents du sol ; beaucoup d'entre elles peuvent n'être que de simples fissures de retrait.

L'association constante, soit dans les mêmes gisements, soit dans un même minéral, de substances qui se ressemblent par l'ensemble de leurs propriétés chimiques, n'a rien de surprenant. Tels sont les groupes, si constants dans la nature, du fer et du manganèse, du cobalt et du nickel, du molybdène et du tungstène, du soufre, du sélénium et du tellure, etc. Tous les corps que nous ne savons séparer artificiellement qu'à l'aide d'un petit nombre de procédés et avec de grandes précautions, ont pu traverser toutes les réactions qui ont précédé leur état actuel d'équilibre, sans rencontrer des agents qui les aient désunis.

Mais dans les contrées les plus distantes les unes des autres, du Cornouailles et de la Bohême, jusqu'au Groënland, à l'extrémité orientale de la Sibérie et au sud de l'Asie, (Banca), ainsi que dans l'Amérique du Nord, nous trouvons des associations, non moins habituelles, entre des corps qui diffèrent beaucoup par leurs propriétés : la réunion si ordinaire du fluor avec le silicium, le bore, le phosphore et l'arsenic, avec l'étain et le tungstène, ne peut s'expliquer par l'analogie chimique de ces divers corps.

En faisant remarquer la présence habituelle de combinaisons fluorifères, le mémoire précité montre en outre, particulièrement pour Altenberg et Zinnwald, que le développement de cet ensemble de minéraux fluorés paraît avoir accompagné l'arrivée même du minerai d'étain. Cette seule coïncidence suffirait pour faire penser que le fluor, agent si

énergique, a joué un rôle dans la formation des amas stannifères.

Le fluor, actuellement si peu en évidence qu'on l'avait
passé jusqu'alors sous silence dans toutes les descriptions
de gîtes d'étain, pourrait avoir été un agent, à la fois moteur
et minéralisateur, tout aussi actif que l'ont été le soufre ou
les combinaisons sulfurées dans la plupart des autres gîtes
métallifères.

Il est difficile de préciser la nature des réactions, vraisemblablement très-complexes, qui ont précédé l'état actuel
et qui ont eu lieu dans des circonstances aujourd'hui effacées; nous n'en connaissons que le terme final ou résidu.
Le problème est d'autant plus embarrassant que les principaux minéraux qui sont résultés de ces réactions, tels que
les fluosilicates et les borosilicates, forment un genre de composés, que nous ne savons pas encore faire naître artificiellement. J'ai cependant émis à ce sujet l'hypothèse suivante,
qui s'appuie sur les relations de gisements signalés plus
haut :

Le fluorure d'étain étant une combinaison stable à des
températures élevées, le métal serait arrivé des profondeurs où se trouve sans doute le réservoir général des
métaux, au moins en partie, à l'état de fluorure.

Dans tous les gîtes qui renferment la tourmaline, silicate
contenant bore et fluor, ce minéral a une connexion évidente
avec l'oxyde d'étain et avec les autres composés fluorés. Ainsi
le terrain schisteux de la contrée d'Eybenstock n'est riche
en tourmaline que dans le district de l'Auersberg, qui est traversé par de nombreux filons d'étain, et de plus, on y reconnaît que le développement de la tourmaline a été provoqué à
la suite de l'arrivée du minerai d'étain. La roche à topaze,
de Schneckenstein provient vraisemblablement d'un remaniement du terrain schisteux, dans lequel se sont formés

simultanément la topaze et la tourmaline, en même temps qu'il y a pénétré un peu d'étain. Enfin les amas stannifères du Cornouailles, quel que soit le terrain qui les encaisse, granite, schiste de transition ou porphyre, renferment très-généralement de la tourmaline, qui est aussi contemporaine de la formation de l'oxyde d'étain. Le bore ayant une grande affinité pour le fluor, et formant avec lui une combinaison indécomposable par la chaleur et très-volatile, le transport de ces corps correspondrait à l'arrivée de fluorure de bore.

En dehors des gisements d'étain, le fluor et le bore sont fréquemment associés, non-seulement dans la tourmaline, mais dans divers minéraux juxtaposés qui renferment ces deux corps. A Penig, en Saxe, le granite passe tout à coup, sur un espace très-restreint, de la variété commune à un granite géodique, tout à la fois riche en tourmaline et en lépidolite, qui, accidentellement, renferme de l'apatite. A Chanteloube (Haute-Vienne), on trouve ensemble, dans le granite, la tourmaline, le lépidolite, l'apatite, le fer arsenical et différents autres minéraux. Beaucoup d'autres localités fournissent des exemples de la même association.

Le silicium qui abonde, à l'état de silice ou quartz, dans les gites d'étain se comporte avec le fluor d'une manière analogue au bore, et peut-être s'est-il produit de l'acide fluosilicique. L'apatite cristallisée est une substance accidentelle très-fréquente dans les gîtes à fluosilicates, et à borosilicates en général. Son association avec ce genre de composés et la présence simultanée du fluor et du phosphore dans le même minéral a fait supposer que le phosphore a passé aussi par l'état de fluorure.

. Cet ensemble de fluorures aurait formé comme le germe ou l'état embryonnaire du dépôt; et leur composition minéralogique actuelle paraîtrait résulter, en général, d'une élaboration subséquente des roches avoisinantes par ces composés. Ce sont des réactions que nous sommes dans l'impuissance d'analyser; mais nous avons reconnu pour chacun des gîtes de Geyer, d'Altenberg, de Zinnwald, de l'Auersberg et du Cornouailles, que ces variations remar-

quables, telles que l'amas de picnite d'Altenberg, exclusivement circonscrites dans le voisinage des filons stannifères,
se présentent comme un effet de remaniement de la roche,
survenu lors de l'arrivée de l'étain et des substances qui
l'accompagnaient. De même que l'étain a quelquefois pénétré
sur quelques mètres, à partir des veines, dans l'intérieur de
la roche, le fluor et le bore ont pu aussi y être introduits
profondément et transformer les roches préexistantes
sur de grandes étendues, notamment à Altenberg et
à Zinnwald; à Geyer et au Mont-Saint-Michel, les altérations sont, au contraire, restreintes au voisinage des
veines. Il n'y aurait dans ces remaniements rien que
d'assez analogue à la manière dont l'alunite, par exemple,
a été formée aux dépens du trachyte, dans plusieurs localités.

Les quantités de fluor, de bore, d'étain et des autres substances renfermées dans un même stockwerk, sont difficiles à évaluer, même
approximativement. Autant qu'on peut en juger par un simple aperçu,
la quantité de fluor actuellement fixée dans le mica et les autres fluosilicates semble en général moindre que la proportion de ce corps nécessaire pour saturer les éléments qu'il aurait transportés à l'état de
combinaison, selon l'hypothèse précédente. Mais cette disproportion, qui
n'est peut-être pas très-considérable à Zinnwald ou à Altenberg, n'est
pas une objection grave : car une partie du fluor mis en jeu dans ces
réactions peut avoir été éliminée à l'état de combinaison volatile ou
soluble. C'est ainsi que les dépôts de fer spéculaire des volcans ne renferment plus de traces du chlore auquel, comme l'a montré Gay-Lussac,
ils doivent leur origine.

On comprendrait ainsi comment des substances qui se
ressemblent aussi peu que le fluor, le bore, le phosphore
ou l'étain, se trouvent si communément réunies. Enfin,
les réactions subséquentes subies par les roches encaissantes sous l'influence des corps introduits, et probablement
de la vapeur d'eau, dont le rôle est fréquent, du chlore et

peut-être d'autres agents, expliqueraient la nature minéralogique toute particulière de ces réseaux de veines ou
stockwerks, essentiellement quartzeux, et du passage ordinairement graduel des veines ou des filons à la roche
encaissante. Ce qu'il y a de certain, c'est que ces masses
formées de quartz, de silicates fluorifères et borifères, dont
l'hyalomicte et l'hyalotourmalite présentent les types les
plus communs, et qui sont des résultats de l'arrivée de
l'étain, comme on l'a vu plus haut, ne se retrouvent pas
dans les autres dépôts métallifères, dont les éléments électro-
négatifs sont le plus ordinairement le soufre, le sélénium,
le tellure ou l'arsenic.

Telle est la manière dont, il y a près de quarante ans,
je cherchais à rendre compte des traits les plus caractéristiques que présentent les amas de minerai d'étain.

A l'appui des explications qui viennent d'être énoncées, il convient de
rappeler l'oxyde d'étain, sous la forme de cristaux de feldspath, que l'on
a trouvé dans la mine de Huelcoath près Saint-Agnès-Beacon, dans le
Cornouailles, et que possèdent toutes les collections de minéralogie.
Dans cette épigénie remarquable, le quartz accompagne l'oxyde d'étain,
comme si le même agent avait servi, à la fois, de véhicule à l'étain et
d'agent destructeur du feldspath.

La substitution de la tourmaline au feldspath dans quelques régions
granitiques où abonde la tourmaline est un fait du même genre, dont on
peut conclure : d'abord que la tourmaline, comme l'oxyde d'étain, a, sur
certains points au moins, cristallisé postérieurement à la consolidation
du granite, et même du porphyre ; ensuite que l'élément caractéristique
de la tourmaline, le bore, est arrivé dans les cristaux avec un agent
capable de décomposer le feldspath. Ces deux réactions nous ramè-
nent naturellement au fluor comme compagnon du bore et de l'étain
dans ces épigénies. Déjà on avait songé à attribuer un rôle à l'acide
hydrofluorique, mais dans un phénomène tout différent de celui qui vient
de nous occuper : Léopold de Buch, dans sa description du Harz [1], avait
émis l'opinion que le kaolin des environs de Halle, en Prusse, devait son
origine à l'intervention de l'acide hydrofluorique dans le porphyre dont

____

[1] *Mineralogisches Taschenbuch.* 1824.

dérive ce kaolin, et il en voyait une preuve dans l'abondance des petits cristaux de spath fluor au milieu de la masse décomposée.

. Pour montrer que les faits et les observations théoriques dont il vient d'être question avaient un caractère de nouveauté lorsqu'ils ont été émis, qu'il soit permis de signaler le rapport très-favorable qui fut fait à l'Académie des sciences sur ce travail par une commission composée de MM. Berthier, Élie de Beaumont et Dufrénoy, rapporteur[1] :

« M. Daubrée a visité la plupart des gisements de l'Europe, et les conclusions remarquables qu'il tire de leur comparaison méritent toute l'attention des géologues et des chimistes.

« Cette analogie d'origine entre les amas et filons de minerai d'étain forme la partie vraiment nouvelle du travail, et conduit M. Daubrée a leur attribuer une origine commune.

« M. Daubrée est le premier qui ait donné au fluor une puissance pour ainsi dire créatrice.

« Vos Commissaires espèrent que les détails dans lesquels ils sont entrés sur le mémoire de M. Daubrée vous prouveront qu'indépendamment des considérations théoriques ingénieuses auxquelles il conduit, le travail de M. Daubrée renferme un grand nombre de faits bien observés et de rapprochements nouveaux et judicieux. »

La production artificielle de l'oxyde d'étain vient appuyer expérimentalement l'hypothèse émise sur son mode de formation. — Dans le but de contrôler l'explication à laquelle l'étude générale des amas stannifères avait conduit, relativement à leur origine, j'ai eu recours à l'expérience[2]; seulement, au lieu d'opérer sur le fluorure, dont la préparation exigeait

---

[1] *Comptes rendus de l'Académie des sciences*, t. XIII, p. 834, 1841.

[2] Recherches sur la production artificielle de quelques espèces minérales cristallines, particulièrement de l'oxyde d'étain, de l'oxyde de titane et du quartz. Observations sur l'origine des filons titanifères des Alpes. *Annales des mines*, 4ᵉ série, t. XVI, p. 29, 1849

des appareils qui n'étaient pas à ma disposition, je me suis servi de chlorure.

Si l'on fait passer dans un tube de porcelaine chauffé au rouge-blanc, deux courants, l'un de vapeur de perchlorure d'étain, l'autre de vapeur d'eau (fig. 1), la décomposition mutuelle en acide stannique et en acide hydrochlorique se fait avec la plus grande facilité. L'intérieur du tube de porcelaine, vers l'extrémité par laquelle arrivent les deux courants de vapeur, se tapisse de petits cristaux très-éclatants d'oxyde d'étain. La partie centrale, qui est fortement chauffée, est dépourvue de tout dépôt; à

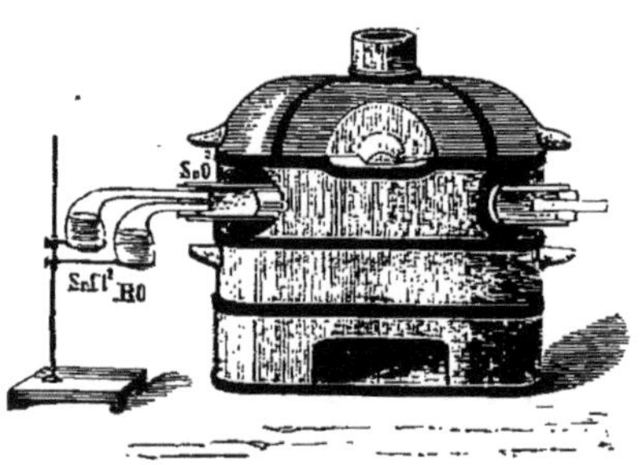

Fig. 1. — Expérience réalisant la production artificielle de la cassitérite, par la réaction mutuelle du bichlorure d'étain et de la vapeur d'eau.

l'autre extrémité du tube par laquelle sortent les vapeurs, il se trouve seulement de l'oxyde d'étain amorphe; ce dépôt amorphe se fait surtout abondamment dans le tube en verre qui est adapté à la suite du tube en porcelaine.

J'ai varié l'expérience précédente en faisant arriver le perchlorure d'étain dissous dans un courant d'acide carbonique bien sec, au lieu de vaporiser ce corps par l'action de la chaleur seule. Cette fois encore l'entrée du tube s'est recouverte de cristaux fort nets d'oxyde d'étain. Mais au lieu de très-petits cristaux isolés comme dans le premier cas, on a obtenu des agglomérations arrondies, de la grosseur d'une forte tête d'épingle, qui étaient hérissées de cristaux facilement observables à la loupe.

L'appareil a aussi été modifié, comme l'indique la figure 2, en plaçant à l'opposé l'un de l'autre les deux cornues renfermant le bichlorure d'étain et l'eau, de telle sorte que les vapeurs qui s'en exhalaient vinssent aboutir dans un creuset placé au centre du fourneau.

Les cristaux d'oxyde d'étain obtenus dans ces expériences sont tantôt incolores et transparents, tantôt colorés en brun souvent verdâtre ; ces teintes diverses sont associées dans un même groupe et se produisent simultanément. Les cris-

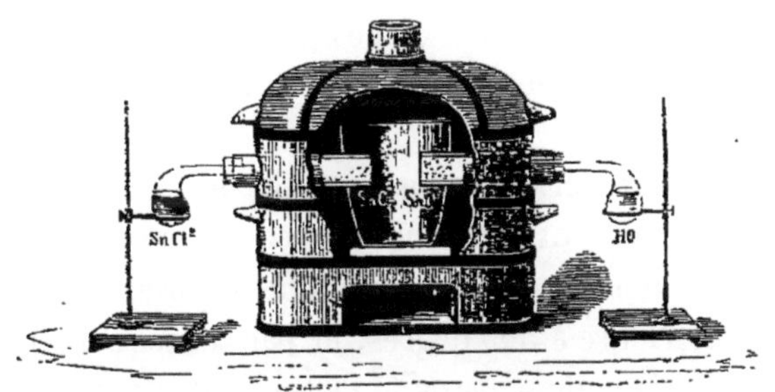

Fig. 2. — Autre disposition de l'expérience précédente.

taux sont doués de l'éclat adamantin que l'on connaît aux échantillons naturels. Leur dureté est telle qu'ils rayent le verre avec facilité. Par ces deux derniers caractères, ils se rapprochent tout à fait de l'étain oxydé de la nature.

De même que ceux de la nature, les cristaux artificiels sont infusibles au chalumeau ; quand ils sont chauds, ils prennent une nuance jaune-serin, et, par le refroidissement ils redeviennent incolores. Avec addition de soude, on obtient facilement un globule d'étain. Ils sont inattaquables par les acides. Leur densité a été trouvée de 6,72. Quoique très-petits, les cristaux obtenus ont des faces et des arêtes parfaitement nettes ; mais ils sont enchevêtrés les uns dans les autres, de manière qu'on ne peut bien établir leur forme. Sur certains d'entre eux on voit des pyramides carrées, dont quelques-unes portent, sur les arêtes, des troncatures inclinées.

On peut observer que le dépôt cristallin se fait à peu près uniformément sur toute la périphérie du tube, dans une même section transversale. Cela n'a pas lieu quand un dépôt se fait par voie mécanique ; ainsi, si on insuffle dans le tube de la silice en poudre impalpable, cette silice se dépose surtout à la partie inférieure du tube, tandis que l'action de la pesanteur se fait à peine sentir sur le dépôt formé par voie chimique. Une disposition comparable s'observe dans les filons métallifères et dans d'autres gisements naturels.

Ce qui caractérise encore ces dépôts formés chimiquement, c'est leur extrême adhérence aux parois des tubes ; les cristaux d'oxyde d'étain, quoique déposés à une température inférieure à 300 degrés, et par conséquent beaucoup au-dessous de celle à laquelle ils seraient susceptibles de se ramollir, se fixent très-fortement aux parois du tube de porcelaine ; l'adhérence est telle que l'on peut à peine les enlever en grattant, avec force, à l'aide d'une lame d'acier. Si le tube, au lieu d'être formé d'une substance compacte, comme la porcelaine, était poreux comme la plupart des roches, on verrait l'oxyde d'étain y pénétrer, ainsi qu'il est arrivé à certains minéraux métalliques, et surtout à l'oxyde d'étain naturel, qui se sont infiltrés avec une grande facilité des filons dans les roches encaissantes. Les mineurs savent, en effet, que la roche adjacente aux filons d'étain est en général assez riche pour être exploitable, et souvent même avec plus d'avantage que le filon lui-même.

Caractères de gisement des oxydes de titane, particulièrement dans les Alpes : hypothèse sur leur mode de formation. — Plusieurs régions des Alpes, particulièrement le massif du Saint-Gothard et l'Oisans, sont connues par les beaux cristaux de rutile, d'anatase et de brookite qu'elles fournissent.

Au Saint-Gothard, les oxydes de titane se rencontrent dans des veines ou petits filons, qui contiennent en outre du quartz en cristaux très-nets et très-limpides; du feldspath orthose, de la variété connue sous le nom d'adulaire; du feldspath albite, désigné sous le nom de péricline; de la chlorite; cette dernière, tantôt imprègne, tantôt saupoudre les minéraux qui viennent d'être désignés. Le fer oligiste et le sphène sont fréquents dans les filons dont il s'agit; on y trouve aussi l'apatite[1], le mica, le spath fluor, la tourmaline, l'axinite, une variété de fer titané voisine de la crichtonite, la chaux carbonatée, la dolomie, le fer spathique, l'aragonite; enfin, diverses zéolithes, telles que la stilbite, la heulandite, la prehnite, la chabasie, la mésotype et la laumonite.

Les petits filons dont il s'agit, et que pour abréger nous désignons sous le nom de *filons titanifères*, traversent le micaschiste, le gneiss et les autres variétés de roches schisteuses cristallines qui dominent dans cette partie des Alpes. Ils se retrouvent avec les mêmes caractères, nonseulement dans tout le massif du Saint-Gothard, mais aussi dans les chaînons qui s'y rattachent, tels que la vallée de Tawetsch, dans les Grisons, et les vallées de Binnen et de Saas, dans le haut Valais. Des filons titanifères se rencontrent du Medelsthal à la vallée de Saas d'une part; de l'autre, du val Maggia à Guttannen et au glacier de Triften, dans la vallée de l'Aar, c'est-à-dire que les deux principales dimensions du district sont au moins 40 kilomètres sur 90.

C'est avec des caractères de gisements semblables que les oxydes de

---

[1] M. Wiser, de Zurich, a publié dans le *Jahrbuch für Mineralogie von Leonhard und Bronn*, une série d'articles sur les minéraux de la Suisse, où les particularités de ces minéraux sont exposées avec beaucoup de détails.

titane se retrouvent dans les Alpes de l'Oisans. Le groupe de petits filons dans lesquels on trouve le rutile, l'anatase et la brookite contient très-fréquemment de l'épidote, du quartz, de l'albite, de la chlorite; il renferme en outre de l'axinite, de l'asbeste, de la prehnite, de la chrichtonite. Les filons titanifères de l'Oisans traversent le schiste amphibolique [1], le gneiss et les diverses variétés de protogine.

D'autres parties des Alpes renferment le titane à peu près dans les mêmes conditions que le Saint-Gothard et l'Oisans; tels sont le massif du Mont-Blanc et la vallée d'Aoste, le Tyrol, les Alpes autrichiennes dans le pays au-dessus de l'Enns, et Pfitsch dans le Pinzgau.

Au Saint-Gothard comme dans l'Oisans, les petits filons titanifères n'ont pas le caractère de sécrétions qui seraient sorties des parois des roches encaissantes; les minéraux qui les composent sont très-probablement venus tapisser des fissures préexistantes, de même qu'il est arrivé pour les filons métallifères proprement dits; ce fait se reconnaît souvent sur de simples échantillons de collection, où l'on voit l'axinite, l'anatase et d'autres minéraux des filons implantés très-nettement sur les parois des fentes qui traversent la roche schisteuse, roche dont ces minéraux diffèrent d'ailleurs par leur composition chimique. Fréquemment, les fentes n'ont été qu'incomplétement remplies, et alors, dans les cavités, se trouvent les plus beaux cristaux.

Cependant, le caractère de postériorité n'est pas toujours discernable dans tous les détails de ces petits filons, parce que les minéraux introduits dans ces fissures ont quelquefois pénétré la pâte même de la roche à laquelle ils se sont incorporés.

Les allures des filons métallifères du Saint-Gothard et de l'Oisans rappellent donc, a plusieurs égards, les petits filons stannifères du mont Saint-Michel en Cornouailles, qui renferment, dans une gangue quartzeuze, de l'oxyde d'étain, du mica, de la topaze, de l'apatite, du wolfram, de l'émeraude et de l'argent rouge; ou bien encore les veines à topaze de Schneckenstein en Saxe. Malgré leur incorporation intime à la roche encaissante, les filons stannifères de ces localités paraissent résulter, comme on l'a vu plus haut, d'un remplissage, et sont par conséquent postérieurs à la roche qui les renferme.

[1] Elie de Beaumont. Faits pour servir à l'histoire des montagnes de l'Oisans. *Annales des mines*, 5ᵉ série, t. V, p. 3, 1834.

La production artificielle de l'oxyde de titane cristallisé vient appuyer expérimentalement l'hypothèse émise sur son mode de formation. — En ce qui concerne le titane, l'étude des gisements dont il vient d'être question me fit penser que, dans certaines contrées, l'acide titanique, c'est-à-dire le rutile, l'anatase et la brookite, ont été produits dans des circonstances du même genre que celles auxquelles doit naissance l'oxyde d'étain des amas stannifères; je fus ainsi conduit à faire sur le titane des expériences semblables aux précédentes.

De même que le perchlorure d'étain, le perchlorure de titane était amené dans un tube de porcelaine chauffé au rouge, conjointement avec la vapeur d'eau. Dans une première expérience, le perchlorure fut vaporisé par la chaleur; dans une seconde, par la seule action de l'acide carbonique bien desséché; dans une troisième expérience, la vaporisation fut déterminée à la fois par la chaleur et par l'acide carbonique.

Par ces trois manières de procéder, j'ai obtenu à l'entrée du tube de porcelaine de l'acide titanique, soit en petits grains cristallins, soit en mamelons hérissés de pointements cristallins parfaitement nets, mais de dimension microscopique.

Les cristaux se sont déposés en masses cristallines à l'entrée du tube de porcelaine; la partie moyenne, qui était la plus chaude, en était dépourvue; à l'autre extrémité du tube était un dépôt de la substance; mais à l'état amorphe.

L'opération relative au chlorure de titane exige plus de précautions que celle qui se fait sur le chlorure d'étain, parce que les tubes de dégagement ont une tendance à s'obstruer d'acide titanique.

En résumé, nous fûmes portés par des faits de nature

différente, tant d'après l'étude de gisements que par l'ex-périence directe, à conclure que le rutile, l'anatase et la brookite, que renferment les petits filons du Saint-Gothard et de l'Oisans ont pu être formés par la décomposition de fluorure de titane, auquel se trouvaient associés des fluorures de bore et de phosphore, ainsi que des chlo-rures des mêmes corps. De ces divers composés qui sont volatils et indécomposables par la chaleur seule, mais qui, sous la pression atmosphérique ordinaire sont instan-tanément décomposés par la vapeur d'eau, il est résulté des substances fixes qui tapissent aujourd'hui les filons titanifères.

Ce mode de formation n'est pas applicable à tous les miné-raux renfermés dans les filons titanifères. La formation de plusieurs d'entre eux peut se rapporter aux considérations qui suivent :

Nous voyons chaque jour des vapeurs volcaniques modifier les roches qu'elles traversent; de la décomposition mutuelle de ces roches et des vapeurs résultent de nouveaux minéraux, tels que le gypse, l'alunite, etc. De même, dans mon Mémoire sur les amas stannifères [1], j'ai fait voir que le mica, le lépidolite, la topaze, l'axinite, la tourmaline, et peut-être une partie du quartz, qui se trouvent dans ces amas, n'ont pas été apportés tout formés des profondeurs, mais que ces minéraux paraissent être des épigénies formées par la décomposition des roches encaissantes, sous l'influence de vapeurs contenant du fluor et du bore. Cette observation est aussi applicable aux filons titanifères, particulièrement pour l'axinite et la tourmaline.

Il faut en outre observer que des substances qui sont fixes dans les circonstances ordinaires, peuvent être transportées par des courants de gaz et de vapeur à un état moléculaire voisin de celui de dissolution. On a des preuves de ce fait dans les ateliers métallurgiques; le zinc sulfuré, réputé infusible forme, à la partie supérieure des fourneaux à manche où la température n'est pas extrêmement élevée, des agglomérations de cristaux parfaitement nets. Aucune expérience ne met mieux ce fait en

----

[1] Mémoire cité, p. 108.

évidence que le dépôt de cristaux de feldspath qui est venu tapisser la partie supérieure des fourneaux à cuivre de Sangershausen [1] ; leur formation paraît aussi se lier à la présence de la fluorine employée dans le lit de fusion.

D'autres gisements de titane paraissent devoir se rapprocher de ceux des Alpes.

Ainsi dans les amas stannifères de Schlackenwald et de Schœnefeld en Bohême, le rutile se trouve avec l'oxyde d'étain dans du quartz, accompagné de quatre composés fluorés, le mica, la topaze, le spath fluor et l'apatite.

Au Brésil, à Capao-de-Lane et à Boa-Vista, la topaze se trouve dans une masse talqueuse ou chloritique qui est subordonnée au schiste talqueux. Cette roche métamorphique contient des nids d'argile lithomarge avec du quartz cristallisé, de la topaze, de l'euclase, du rutile, du fer oligiste et du fer titané, c'est-à-dire que, dans cet autre hémisphère, le rutile est accompagné, comme dans les Alpes, de quartz, de fer oligiste et de silicates fluorés.

Cependant, je suis loin de vouloir étendre les conclusions que je viens d'établir à tous les gisements de rutile. De nombreux exemples apprennent en effet que le même minéral, tel que le quartz, la pyrite de fer, a pu prendre naissance dans des circonstances différentes. Entre le rutile disséminé dans les roches granitoïdes et celui des filons des Alpes, il y a la même distance qu'entre les échantillons de quartz, de feldspath et de sphène qui sont aussi disséminés dans les mêmes roches granitiques, et les cristaux plus purs des mêmes corps qui tapissent les veines dont nous venons de nous occuper ; il y a une différence non-seulement de gisement, mais aussi d'aspect, qui correspond probablement à un mode de formation différent.

Du reste, le fluorure de titane, dont nous trouvons des résidus à peu près certains dans divers gisements, n'a pas toujours été décomposé. La warwickite, qui est un fluorure double de titane et de fer, se trouve dans un calcaire grenu à Warwick, dans l'État de New-York ; le fluorure, après avoir pénétré dans le calcaire, a sans doute été soustrait à l'action de la vapeur d'eau, ou à l'agent qui l'a décomposé presque partout ailleurs.

Déjà l'étude des amas de minerai d'étain nous avait conduit à reconnaître dans ces gîtes une intervention originelle des fluorures et des chlorures. Les deux conclusions semblables auxquelles nous sommes amenés par l'étude de contrées et de gîtes tout à fait différents se corro-

---

[1] *Annales des mines*, 5ᵉ série, t. VII, p. 503 ; Jahrbuch von Leonhard und Bronn, 1835, p. 51.

borent mutuellement ; car les chlorures et les fluorures de titane et d'étain ont une grande ressemblance.

En résumé, des amas de titane et d'étain, qui, par la fixité de leurs principaux minéraux, semblent éloigner toute idée de sublimation, sont cependant tout à fait comparables aux dépôts de chlorures volatils, qui se dégagent aujourd'hui des bouches volcaniques. Ainsi se trouve vérifiée, par un nouveau cas, l'assimilation établie par M. Élie de Beaumont [1] entre les gîtes métallifères et les émanations volcaniques à la manière du *sel ammoniac*. De même qu'aujourd'hui il se sublime autour des orifices volcaniques des chlorures dont les uns, comme les chlorures ammonique et sodique, se déposent sans altération, dont d'autres, comme le chlorure de fer, sont décomposés par la vapeur d'eau, de même aussi, dans les anciennes périodes, il s'est dégagé de certaines fissures des fluorures de nature variée, de la décomposition desquels nous trouvons divers résidus. Le fluor a d'ailleurs été reconnu dans les produits volcaniques modernes.

Comme autre rapprochement avec les phénomènes actuels, observons que l'un des centres de ces fumaroles fluorifères, celui de l'Oisans, si connu par les minéraux qu'il renferme, est précisément au milieu d'une sorte de cratère de soulèvement [2]. En parlant des substances gazeuses qui ont dû se dégager, au moment où les masses de gneiss ont été redressées, M. Elie de Beaumont dit que les gaz et vapeurs se sont probablement fait jour vers le centre du cirque, plutôt que sur les bords du système qui est entouré, presque de toutes parts, de couches secondaires non altérées.

Les petits dépôts de fer oligiste qui accompagnent les oxydes de titane presque partout, ceux qui sont souvent associés aux gîtes d'étain, par exemple à Altenberg en Saxe, et dans la paroisse de Saint-Just en Cornouailles, établissent un rapprochement entre les gîtes de titane et d'étain et certains amas plus volumineux de fer oligiste qui pourraient être dus aussi à la décomposition du chlorure ou du fluorure de fer. C'est d'ailleurs une conséquence à laquelle conduit la ressemblance de ces minerais avec le fer spéculaire des volcans. En décomposant le perchlorure de fer par la vapeur d'eau, dans un tube de porcelaine, j'ai obtenu du fer oligiste en morceaux confusément cristallins qui ressemblent, à s'y méprendre, à certaines variétés de minerai de l'amas de Framont. Il est très-probable que beaucoup des gîtes de fer oligiste qui, dans différentes contrées, avoisinent les granites, les porphyres et d'autres

---

[1] Note sur les émanations volcaniques et métallifères. *Bulletin de la Société géologique*, 2ᵉ série, t. IV, p. 1249.

[2] Elie de Beaumont. Faits pour servir à l'histoire des montagnes de l'Oisans, *Annales des mines*, 3ᵉ série, t. V, p. 31.

roches éruptives sont dus à des sublimations comparables à celles des volcans. Tel est peut-être le cas, par exemple, pour les amas de Framont et de l'île d'Elbe; et aussi pour les petits filons de fer oligiste, avec quartz cristallisé, qui sont encaissés, soit dans le granite, comme au Brézouard, dans les Vosges, soit dans le porphyre feldspathique quartzifère, comme au Champ-du-Feu.

Dans l'art de la teinture, on fixe l'acide stannique en appliquant sur le tissu le chlorure d'étain, puis en passant le tissu à la vapeur d'eau; cette fixation industrielle de l'acide stannique à chaud, par double décomposition, n'est qu'une variante du procédé souvent employé par la nature, soit pour remplir certaines classes de filons, soit pour faire pénétrer différents corps intimement dans les roches, au moyen des vapeurs de fluorures et de chlorures, puis pour *fixer* ces corps sous forme de composés tout à fait stables, souvent non volatils et infusibles. Les oxydes d'étain, de titane, le fer oligiste, le quartz et beaucoup d'autres minéraux sont le produit d'une *dualité d'action* qui se manifeste partout dans les productions du monde organique, et dont on a aussi de très-nombreux exemples dans la formation de la croûte terrestre, entre autres dans la formation des minéraux des filons métallifères.

Le chlore n'a pas été fixé sous forme de composé insoluble et stable dans le voisinage du fer oligiste des volcans qu'il a produit : il a disparu sans laisser de traces, ainsi qu'il est arrivé à la plupart des composés très-solubles ou très-volatils, qui ont servi d'intermédiaires à la formation des espèces minérales. Aussi si l'on n'avait étudié que les parties des émanations volcaniques qui ont pu traverser des siècles sans être dissoutes et emportées par l'action de l'eau, c'est-à-dire si l'on n'avait pas observé l'abondant dégagement de chlorures solubles, dont une partie vient former des croûtes superficielles dans une position semblable à celle du fer oligiste, on serait sans doute encore, relativement à l'origine du fer spéculaire, tout aussi incertain qu'on l'a été jusqu'à présent sur le mode de précipitation des oxydes de titane et qu'on l'a été longtemps sur la formation des amas stannifères. On ignorerait même que de ces orifices naturels, d'où il s'est souvent exhalé d'énormes quantités de chlorures et d'acide chlorhydrique, il est jamais sorti des composés quelconques du chlore, puisque ces composés n'ont laissé aucun vestige stable.

Cependant, plus heureux que pour les dépôts de fer oligiste des volcans, nous trouvons encore dans les petits filons titanifères des Alpes divers vestiges de l'un des radicaux générateurs. En effet, dans le massif du Saint-Gothard et dans l'Oisans, en même temps que les trois espèces d'acide titanique, le rutile, l'anatase et la brookite, il s'est déposé dans les mêmes fissures ou dans les fissures voisines des fluorures (spath fluor qui est fréquent) [1], des silicates fluorés (mica riche en fluor), des fluo-phosphates (apatite) [2], enfin des silicates borés (axinite [3], tourmaline [4]) ; ces derniers composés, ainsi que je l'ai montré à l'occasion des amas stannifères, accompagnent fréquemment les silicates fluorés.

La proportion relative de fluor et de chlore varie dans les différentes apatites ; d'après les analyses de Gustave Rose, la quantité de fluor est à son maximum dans les apatites du Saint-Gothard et des filons d'étain d'Ehrenfriedersdorf [5], tandis que la proportion du chlore y est à peine notable ; l'apatite du Saint-Gothard ne renferme en effet que 0 002 d'acide hydrochlorique. Le fluor était donc présent lors de la formation des minéraux des filons stannifères et titanifères, mais le chlore n'était pas absent.

D'ailleurs la présence de silicates hydratés cristallisés, comme la chlorite et diverses espèces de zéolithes, sert à constater que l'eau est aussi intervenue dans le remplissage des filons titanifères.

Le mémoire où sont consignées les recherches sur la production artificielle de l'oxyde d'étain et de l'oxyde de titane, avec des considérations sur l'origine des filons titanifères des Alpes a, sur le rapport de MM. Elie de Beaumont et Dufrenoy, reçu de l'Académie des sciences l'honneur de l'insertion dans le Recueil des savants étrangers [6].

Production artificielle de l'apatite et d'une combinaison analogue à la topaze. — Comme on vient de le voir, l'expérience appuyait d'une manière satisfaisante l'idée théorique qui faisait dériver certains gîtes stannifères et titanifères de la décomposition de chlorures et de fluorures.

---

[1] Au val Maggia (Tessin), le spath fluor est en beaux cristaux octaédriques tout à fait hyalins et mélangés intimement au quartz, à l'adulaire, au mica et à la chlorite. On trouve encore le spath fluor, d'après M. Wiser, au mont Errena près Faccia, au Spitzenberg, au Grimsel, au Thierberg, près du glacier de Triften (canton de Berne), dans le val de Tawetsch, dans la vallée d'Usern (canton d'Uri), etc.

[2] L'apatite se trouve à la Fibia, à Sella, non loin de l'Hospice, dans la vallée de Tawetsch, etc.

[3] L'axinite se trouve fréquemment non-seulement dans les filons de l'Oisans, mais aussi, d'après M. Wiser, dans différents points du massif de Saint-Gothard, où elle est souvent tout à fait pénétrée et entourée de chlorite, entre autres dans la vallée d'Ursern, le val de Medels (Grisons), etc.

[4] Vallée de Binnen.

[5] Rammelsberg. Handwœrterbuch des chemischen Theils der Mineralogie, t. I, p. 35.

[6] *Comptes rendus de l'Académie des sciences*, t. XXX, p. 583, 1850.

L'apatite, fort rare dans les filons de plomb, de cuivre, d'argent, d'or, de cobalt et de la plupart des métaux, est au contraire très-habituelle dans les gîtes de minerai d'étain, comme on peut l'observer dans l'Erzgebirge, à Geyer, à Ehrenfriedersdorf, à Zinnwald, à Schlackenwald, et Schœnfeld, ainsi qu'en Cornouailles, par exemple, au mont Saint-Michel, à Bottalack et à Sainte-Agnès. Guidé par la généralité du fait, j'ajoutais dans mon premier Mémoire que l'apatite pourrait aussi devoir son origine à l'arrivée du fluorure ou du chlorure de phosphore.

Il était d'autant plus intéressant de vérifier expérimentalement cette seconde assertion, qui était uniquement fondée sur l'étude des gisements, qu'à l'époque dont il s'agit, l'apatite n'avait pu être encore obtenue dans les laboratoires, même à l'état amorphe. Or, cette fois encore, si on réalise par l'expérience les conditions que la seule étude géologique a suggérées, on obtient avec la plus grande facilité de l'apatite artificielle.

Il suffit pour cela de faire passer sur de la chaux caustique, soumise à la chaleur du rouge sombre dans un tube de porcelaine, un courant de vapeur de perchlorure de phosphore. Ce dernier corps est complétement absorbé par la chaux qui le décompose avec rapidité, ainsi que nous allons l'indiquer avec quelques détails [1].

Dans une première expérience, de la chaux caustique pure fut placée dans des nacelles de porcelaine, que l'on introduisit dans un tube également en porcelaine, après avoir pesé exactement le contenu de chacune d'elles, qui était de 12 grammes. A l'une des extrémités du tube était adaptée une

---

[1] *Comptes rendus de l'Académie des sciences*, t. XXXII, p. 684. 1859. *Annales des mines*, 4e série, t. XIX, p. 669. 1851.

Je me fais un devoir de consigner ici que feu de M. le docteur Roucher, avec une extrême obligeance, avait bien voulu m'aider dans l'exécution des expériences relatives à la reproduction de l'apatite et de la topaze.

cornue remplie de chlorure de phosphore ; l'autre extrémité était munie d'un tube effilé. Après avoir chauffé le tube au rouge sombre, on fit passer la vapeur de perchlorure de phosphore.

Le chlorure de phosphore fut immédiatement absorbé en totalité ; car il n'en parvenait aucune trace à l'autre extrémité du tube. Au bout de quelques minutes d'absorption, l'intérieur du tube, qui était sombre, s'illumina tout à coup de l'incandescence la plus vive ; ce qui montrait que la température produite par la réaction était très-élevée. Cette incandescence éblouissante se manifesta successivement

Fig. 5. — Expérience réalisant la production artificielle de l'apatite, par la réaction du perchlorure de phosphore sur la chaux caustique.

dans la première nacelle, c'est-à-dire dans celle qui était a plus rapprochée du chlorure de phosphore, puis dans la seconde, et enfin dans la troisième. Au moment même où l'incandescence de cette dernière cessa, un épais courant de perchlorure de phosphore s'écoula par l'autre extrémité du tube, ce qui annonçait que la décomposition ne se faisait plus ; l'expérience fut donc arrêtée. Chaque nacelle avait absorbé des poids variables de 41 à 48 p. 100 de son poids de chlorure de phosphore.

Le contenu de l'intérieur des nacelles était parfaitement fondu, mais non homogène. Traité par l'eau il abandonnait, non-seulement du chlorure calcique, mais de la chaux libre qui se faisait immédiatement reconnaître à sa réaction fortement alcaline. D'après la présence de la chaux libre, il était probable que l'attaque n'avait pas été complète, et que l'absorption n'avait cessé que parce que le contenu de chaque nacelle s'était fondu, à la suite de la température développée pendant la première partie de la réaction.

On réduisit donc en poussière le résidu de cette première attaque, et on le plaça de nouveau sur des nacelles, qui furent introduites dans le tube de porcelaine. Comme la substance avait absorbé de l'eau pendant la pulvérisation, ce qui tenait principalement à la présence du chlorure de calcium, on la chauffa avec précaution au rouge naissant dans le tube de porcelaine lui-même, en évitant de la faire fondre, et on pesa encore chaque nacelle, afin de pouvoir constater ultérieurement l'absorption du chlorure de phosphore. Effectivement, il y eut encore absorption. La substance qui, dans la première expérience, avait fixé 60,4 p. 100 de chlorure de phosphore, absorba encore 24,2 p. 100 de son poids dans la seconde expérience. La chaux avait donc absorbé en totalité 94,55 p. 100 de son poids de chlorure de phosphore.

Cette fois l'eau de lavage du résidu de l'attaque n'avait plus une réaction alcaline; cette eau ne renfermait en dissolution que du chlorure de calcium.

Quant au résidu insoluble, on le lava avec le plus grand soin à l'eau bouillante, afin d'en séparer tout le chlorure calcique. Ce résidu consistait principalement en phosphate de chaux; mais il renfermait du chlore.

Afin d'être certain que du chlore ne pouvait pas se trouver dans le résidu de l'attaque, à l'état d'oxychlorure insoluble, on lava aussi la substance avec l'acide acétique concentré et bouillant (l'acide cristallisé étendu d'environ son poids d'eau) qui ne dissout pas l'apatite naturelle. Le résidu du traitement, dissous dans l'acide nitrique pur, manifestait encore par le nitrate d'argent la présence d'une forte proportion de chlore. Le chlore qui ne pouvait se trouver dans la substance à l'état de chlorure de calcium libre, ni à l'état d'oxychlorure, y était donc combiné à l'état de chlorophosphate, de même que dans l'apatite naturelle.

Après ces essais qualificatifs qui démontraient qu'il y avait eu formation d'un composé au moins analogue à l'apatite, la substance insoluble dans l'eau et dans l'acide acétique bouillant fut analysée quantitativement suivant le procédé indiqué par M. Rammelsberg. Une portion de la substance fut dissoute dans l'acide chlorhydrique; puis on y ajouta de l'acide sulfurique avec environ quatre fois son volume d'alcool fort; après une digestion de douze heures, on sépara par filtration le sulfate de chaux qu'on lava à l'alcool : du poids de ce sulfate de chaux calciné on déduisit la chaux. La dissolution filtrée fut évaporée à siccité et fortement chauffée, mais non rougie, de manière à la débarrasser des substances autres que l'acide phosphorique, sans perdre de ce dernier corps. A l'acide phosphorique, qui fut introduit dans un petit creuset à l'avance, on ajouta un poids connu de protoxyde de plomb fraîchement préparé; l'augmentation de poids, après calcination au rouge, donna l'acide phosphorique. Le chlore fut dosé dans une autre portion de la substance. Les résultats de cette double analyse furent, déduction faite d'un résidu de 2,8 p. 100 de silice, qui dérivait sans doute de l'attaque de la nacelle :

Chaux 53,49
Acide phosphorique. . . . 40,32
Chlore. 7,11
                       ______
                       100,92

Ce qui correspond rigoureusement à la formule

$$Ca\ Cl + {}^{3}(3CaO^{3}PhO^{5})$$

qui est celle de l'apatite.

L'absorption en chlorure de phosphore correspond d'ailleurs exactement à celle qu'indique le calcul.

On recommença l'expérience qui vient d'être exposée sur une moindre quantité de chaux, seulement 5 grammes ; puis on fit passer la vapeur de perchlorure de phosphore avec beaucoup de lenteur, de manière à éviter l'incandescence, à la suite de laquelle la fusion ralentit considérablement l'absorption, si elle ne l'arrête pas tout à fait. Cette fois, on obtint une absorption de 64 p. 100, c'est-à-dire que la décomposition était plus avancée que dans la première opération ; mais elle n'était pas encore complète.

Quoi qu'il en soit, si l'on veut se borner à préparer de l'apatite artificielle, il est inutile de pulvériser la substance et de l'attaquer de nouveau. Il suffit de laver le produit du premier traitement par l'eau et par l'acide acétique bouillant. Le résultat est de l'apatite.

Si, au lieu d'opérer sur de la chaux caustique, on emploie de la chaux éteinte sur laquelle on fasse passer le chlorure de phosphore à une température un peu inférieure au rouge sombre, lorsqu'elle renferme encore de l'eau, on obtient aussi de l'apatite.

Enfin la craie ou chaux carbonate naturelle, chauffée dans les mêmes conditions, a donné également de l'apatite, comme on devait le supposer.

L'apatite artificielle bien lavée a un aspect grenu et cristallin. En effet, si on l'examine au microscope, on reconnaît que la substance est cristallisée ; sa forme est celle d'un prisme droit hexagonal, terminé par deux bases, sans aucune modification ; tantôt ce prisme est très-allongé, tantôt il est très-court. Ainsi la forme cristalline de l'apatite artificielle est la même que celle de l'apatite naturelle.

La densité de l'apatite artificielle a été trouvée 2,98 ; cette densité est par conséquent un peu plus faible que celle de l'apatite naturelle, dont la valeur ne descend pas au-dessous de 3,16. La différence résulte sans doute de ce que cette dernière renferme toujours, au lieu de chlorure de calcium seul, comme l'apatite artificielle, du fluorure de calcium en proportion prédominante. Or, ce dernier a une densité de 3,14, tandis que celle du chlorure de calcium n'est en moyenne que de 2,10.

L'apatite artificielle, de même que l'apatite naturelle, n'est fusible au chalumeau qu'avec une grande difficulté, et elle est complétement infusible au rouge sombre, température à laquelle on chauffait le tube ; mais la décomposition chimique a considérablement élevé la température de la masse. D'ailleurs il faut observer qu'un milieu aussi fusible que le chlorure calcique a dû faciliter la cristallisation, et enfin, que toute substance à l'état naissant paraît avoir tendance particulière à cristalliser.

En résumé, si un courant de perchlorure de phosphore passe sur de la chaux ou du carbonate de chaux chauffé au rouge naissant, il se forme, à la suite d'une réaction des plus énergiques, du chlorure de calcium et du phosphate de chaux tribasique. Une partie du chlorure de calcium reste libre ; une autre partie se combine au phosphate de chaux et donne un chlorophosphate insoluble dans l'eau, qui a la composition et la forme cristalline de l'apatite naturelle.

Depuis le beau travail publié par M. G. Rose en 1827, on sait que l'apatite renferme à la fois le fluor et le chlore, qui s'y substituent l'un à l'autre, à la manière des corps isomorphes. La difficulté d'obtenir du fluorure de phosphore m'a engagé à employer seulement le chlorure de ce corps. Les analogies entre les fluorures et les chlorures sont telles que les résultats obtenus sur les uns peuvent être étendus aux autres.

Dans les réactions qui viennent d'être signalées, il avait été remarqué que les nacelles et les parois des tubes étaient plus ou moins attaqués, au rouge, par l'action du chlorure de phosphore. En outre, on avait observé qu'il se dégage du tube placé à la suite de l'appareil un liquide jaune, facilement condensable, qui est rapidement décomposé par l'eau avec dépôt de gelée siliceuse.

D'après cela, il était très-probable que du chlorure de silicium s'était formé aux dépens du tube ou des nacelles de porcelaine. Afin de reconnaître plus sûrement cette réaction, on a placé dans un tube de porcelaine deux nacelles, aussi en porcelaine, avec de l'acide silicique calciné; l'une de ces nacelles renfermait $6^g,85$ et l'autre $5^g,95$ de silice. Après avoir chauffé le tout au rouge blanc, on fit passer un courant de chlorure de phosphore pendant une heure et demie. Peu d'instants après que la vapeur de chlorure de phosphore était en contact avec la silice, on vit se condenser un liquide dont le volume augmenta rapidement.

Quand l'opération fut arrêtée, la nacelle placée en amont par rapport au courant avait perdu 52 p. 100 de son poids, tandis que la seconde nacelle placée à l'aval n'avait perdu que 4 p. 100. Il s'était condensé dans le ballon $21^g,80$ d'un liquide incolore contenant du chlorure de silicium et du chlorure de phosphore; les proportions n'en ont pas été étudiées.

La silice qui reste dans les nacelles n'est plus pure; traitée par l'eau bouillante, elle donne à celle-ci une réaction acide au papier de tournesol. Cette eau produit par le nitrate d'argent un précipité insoluble dans l'acide nitrique, et elle renferme de l'acide hydrochlorique; évaporée, elle laisse un dépôt poisseux qui a tous les caractères de l'acide phosphorique, et, en outre, une quantité très-notable d'acide silicique. La partie insoluble forme plus des 0,7 de tout le résidu.

Cette réaction produit donc très-facilement, et dès le rouge sombre, du chlorure de silicium.

Si les vapeurs de chlorure ou de fluorure d'étain qui paraissent avoir formé les amas stannifères ont été accompagnées de chlorure de phosphore, celui-ci, rencontrant de la chaux qui peut-être était engagée dans les roches encaissantes, a dû former de l'apatite accompagnée de spath fluor. Une confirmation remarquable de cette hypothèse résulte, non pas seulement de l'expérience de laboratoire, mais de la présence du spath fluor qui, en général, s'est produit dans ces gîtes stannifères, ainsi qu'on l'observe à Ehrenfriedersdorf, à Pobershau près de Marienberg, à Zinnwald, à Schlackenwald, à Altenberg. L'apatite de ces localités se trouve souvent encore engagée dans le spath fluor.

Quand l'apatite est en partie chlorifère, le chlorure de calcium qui aurait dû se former, d'après l'hypothèse précédente, a disparu, comme il est arrivé à toutes les substances solubles. Quelquefois, le spath fluor lui-même, qui a tous les caractères d'un dépôt aqueux, a pu être aussi transporté à quelque distance du point où il a pris naissance.

Dans diverses contrées, l'apatite se rencontre parfois disséminée dans des calcaires cristallins, au milieu desquels elle a évidemment pris naissance. Dans un certain nombre de ces gisements, l'apatite est accompagnée de spath fluor, par exemple dans plusieurs localités des États-Unis, entre autres à Lockport, et à Pargas en Finlande, où se trouve en outre la chondrodite; enfin dans le calcaire des bords du lac Baïkal.

Dans plusieurs régions du massif de Saint-Gothard et des vallées de Maggia et de Tawestsch, l'apatite n'est pas accompagnée de spath fluor, mais de fer oligiste, d'anatase et de brokite, minéraux dont l'origine, d'après des expériences antérieures, paraît aussi se lier à l'arrivée des chlorures ou des fluorures.

A Jumilla, dans la province de Murcie, l'apatite, accompagnée de fer oligiste spéculaire, tapisse les boursouflures d'une roche volcanique bien caractérisée; les cristaux d'apatite sont parsemés de beaucoup de lamelles de fer oligiste. On trouve donc ici deux minéraux, dont chacun peut être produit artificiellement par décomposition de chlorures et de fluorures volatils.

Postérieurement aux expériences dont il vient d'être rendu compte, l'apatite a été obtenue par d'autres procédés.

Dans des recherches d'un très-haut intérêt, M. Forchhammer a montré avec quelle facilité ce composé se forme, dès que du phosphate tribasique de chaux, même en très-faible quantité, se trouve en présence du chlorure de sodium fondu [1] : il a proposé cette réaction comme un moyen à la fois commode et exact de reconnaître la première substance, lors même qu'elle ne se rencontre que par traces comme il arrive dans un grand nombre de roches. L'éminent savant danois mettait ainsi à profit le procédé fécond imaginé par Ebelmen, consistant dans l'évaporation, à haute température, du dissolvant de la substance. D'un autre côté, MM. Henri Sainte-Claire Deville et Caron[2] ont reproduit ce même minéral, en fondant du phosphate de chaux avec du chlorure de calcium, dans un creuset de charbon.

Produit de l'action du fluorure de silicium sur l'alumine. — D'après les considérations théoriques que j'ai exposées, dans le Mémoire sur les amas stannifères cité plus haut, relativement à l'origine de la topaze, j'ai été conduit à essayer de former ce minéral par un procédé analogue à celui qui avait fourni l'apatite.

[1] *Bulletin de l'Académie de Copenhague*, 1853. Wœhler. *Annalen der Chem.*, 1854, t. XIV.

[2] *Comptes rendus de l'Académie des sciences*, t. XLVII, p. 985. 1858.

De l'alumine bien pure calcinée et portée au rouge blanc, a été soumise à l'action d'un courant de fluorure de silicium. Après une attaque de deux heures, l'alumine a augmenté considérablement de poids, en même temps que son volume s'est beaucoup réduit. Dans plusieurs opérations, on a obtenu des augmentations de poids de 46, de 57 et de 68 p. 100. L'alumine qui avait absorbé cette dernière proportion de fluorure de silicium a été chauffée de nouveau, pendant deux heures, dans un courant de fluorure de silicium ; comme la substance n'augmentait plus que de 5,81 p. 100 de son poids primitif, on put croire que la réaction était à peu près complète. L'augmentation totale de poids dans ces opérations a été de 74,17 p. 100.

Le produit traité par l'eau bouillante ne lui abandonne que des traces d'une matière soluble, qui paraît être de la silice.

Une certaine quantité de la substance ainsi obtenue, par la réaction du fluorure de silicium sur l'alumine, fut placée dans une capsule de porcelaine et arrosée d'acide sulfurique concentré en grand excès. Le tout fut recouvert d'un verre de montre et chauffé jusqu'à formation d'abondantes vapeurs d'acide sulfurique. Le verre fut faiblement dépoli, dès le commencement de l'opération ; mais deux autres verres de montre placés après le premier ne subirent pas la moindre trace d'altération. Ainsi il ne se dégage de la substance dont il s'agit, par l'action de l'acide sulfurique concentré et bouillant, que des traces de fluor.

5 décigrammes de la même substance furent chauffés au rouge dans un creuset de platine, avec quatre fois son poids de carbonate de potasse pur, puis, après cette attaque, traités comme précédemment. Cette fois, il se dégagea des vapeurs qui attaquèrent fortement le verre. Il importe d'ajouter, comme différence importante avec le cas précé-

dent, que ces vapeurs se sont dégagées d'autant plus que la réaction était poussée davantage.

D'après ces deux essais, il est incontestable que le produit examiné renferme du fluor, et de plus, que ce fluor est engagé dans un état de combinaison que n'attaque pas l'acide sulfurique concentré et bouillant. Les indices de fluor qui ont été trouvés dans la première expérience paraissent être dus à des traces de fluorure (de silicium ou d'aluminium) interposé dans le produit principal. Ainsi le composé que l'on obtient par la réaction au rouge blanc du fluorure de silicium sur l'alumine est inattaquable par l'acide sulfurique concentré. Par ce seul caractère, le composé dont il s'agit présente de la ressemblance avec la topaze, dont il contient les quatre éléments.

Pour analyser ce produit, on en a fondu 0^g,96 avec quatre fois ce poids de carbonate de potasse pendant plus d'une heure. Pour le reste de l'opération, on a suivi la méthode indiquée par M. Rammelsberg[1]. On a obtenu 0^g,126 de fluorure de calcium, 0^g,52 d'alumine et 0^g,357 de silice. Les résultats de cette analyse correspondent à :

Alumine	55, 99
Silice	58, 11
Fluor	6, 52
	98, 42

On a omis d'ajouter de la silice à la substance quand on l'a fondue avec le carbonate de potasse, comme le recommande M. Forchhammer, pour faire passer tout le fluor à l'état de fluorure alcalin; la proportion de fluor que l'on a trouvé est donc probablement trop faible. Les circonstances

[1] Ouvrage cité plus haut, p. 122.

ne m'ont pas permis de recommencer cette opération. Malgré le déficit de l'analyse, qui ne peut être considérée que comme une approximation, en ce qui concerne la teneur en fluor, on peut observer que, par le rapport trouvé entre la silice et l'alumine, le produit artificiel a une composition voisine de la topaze.

Si, dans la réaction de l'alumine sur le fluorure de silicium, il y avait absorption complète des deux éléments de ce dernier corps, on obtiendrait un composé qui contiendrait, pour une même quantité d'alumine, beaucoup plus de fluor et d'autant moins de silice que n'en renferme le produit obtenu; cette différence force à conclure qu'une partie du fluor du fluorure de silicium a été ainsi éliminée.

La densité de la combinaison artificielle est de 3,47; elle est donc la même que celle de la topaze naturelle qui est de 3,49.

Il n'était pas sans intérêt de voir si la présence de l'eau influe sur le produit de la réaction du fluorure de silicium sur l'alumine; afin d'avoir de l'eau en présence des deux éléments dont il s'agit, à une température assez élevée, j'ai choisi l'hydrate d'alumine naturel, connu sous le nom de diaspore, qui ne perd son eau que très-difficilement. 9,47 grammes de diaspore de l'Oural ont été chauffés très-graduellement au-dessous du rouge sombre, en présence d'un courant de fluorure de silicium. Il y a eu augmentation de poids; le produit qui s'est formé renferme aussi le fluor à un état de combinaison, dont il n'est pas dégagé par l'acide sulfurique concentré et bouillant.

Les gîtes stannifères de diverses contrées renferment la topaze, parmi leurs gangues; tels sont : en Saxe, les dépôts d'Altenberg, de Geyer, d'Ehrenfriedersdorf; en Bohême, ceux de Schœnfeld, de Schlackenwald et de Zinnwald; en Cornouailles, les gîtes du mont Saint-Michel, de Sainte Agnès et de Trevannance; en Sibérie, la localité d'Adun-Tschilon, célèbre à la fois par les topazes et les émeraudes qui y accompagnent l'oxyde d'étain ; enfin en Australie, dans la Nouvelle-Galles du Sud, la topaze, qui forme parfois seule, d'après M. Liversidge, la gangue de l'oxyde d'étain.

Parmi les caractères qui différencient les gîtes stannifères des filons des autres métaux, tels que le plomb, le cuivre, l'argent, le zinc, le plomb, filons que M. Élie de Beaumont a désignés, pour abréger, sous le nom de *filons plombifères* ou *filons concrétionnés* [1], il faut citer en première ligne la présence fréquente, dans les premiers, de la topaze et de l'apatite [2], tandis que ces deux minéraux fluorés paraissent manquer dans les gîtes plombifères. Or, d'après les expériences précédentes, la topaze prend naissance par la réaction du fluorure de silicium sur l'alumine et l'apatite se forme dans la décomposition du chlorure ou du fluorure de phosphore par la chaux ; dans des expériences antérieures, j'avais obtenu l'oxyde d'étain cristallisé par la décomposition du perchlorure d'étain. Toutes ces réactions sont venues successivement confirmer la théorie des amas stannifères, telle que je l'avais proposée dix années antérieurement.

Application du rôle minéralisateur du fluor, du bore et du phosphore, par M. Élie de Beaumont, pour expliquer la cristallisation du granite. — En faisant sur les amas stannifères les études dont il vient d'être question, j'avais supposé que le rôle du fluor et de ses compagnons, ainsi que celui du chlore, n'a sans doute pas été réduit aux étroites limites des gîtes d'étain et de titane. Cette idée avait été déduite des conditions géologiques et de la constitution minérale des roches, qui sont caractérisées par les oxydes de ces deux métaux.

Six années plus tard, et avant même que l'expérience vînt la contrôler, elle eut la faveur d'être adoptée par M. Élie de Beaumont dans son travail classique sur *les émanations volcaniques et métallifères*. Cet illustre savant s'en servit, comme d'un point de départ, pour chercher à expliquer les conditions problématiques dans lesquelles a cristallisé le granite.

[1] *Bulletin de la Société géologique de France*, 2ᵉ série, t. IV, p. 1249.
[2] Même Mémoire, p. 1315.

« Comme complément de l'idée lumineuse de M. Daubrée, dit M. Élie de Beaumont, je serais porté à conclure que le composé volatil renfermé dans le granite, avant sa consolidation, contenait non-seulement de l'eau, du chlore, du soufre, comme la matière qui se dégage des laves lorsqu'elles se refroidissent, mais encore du fluor, du phosphore et du bore, ce qui lui donnait beaucoup plus d'activité et la faculté d'agir sur beaucoup de corps, sur lesquels la matière volatile contenue dans les laves de l'Etna n'a qu'une action comparativement insignifiante. »

Propriétés minéralisatrices de l'acide fluorhydrique, clairement démontrées plus tard par les expériences de M. Henri Sainte-Claire Deville et de M. Hautefeuille. — D'un autre côté, de nombreuses séries d'expériences ont confirmé pleinement l'importance, comme agent minéralisateur, du fluor et de ses compagnons, ainsi que du chlore, à laquelle l'induction géologique avait d'abord seul conduit. Dix-sept années plus tard, MM. Henri Sainte-Claire Deville et Caron produisaient le corindon, à l'aide de fluorures métalliques volatils réagissant sur des composés oxydés [1]. C'est également à l'aide du fluorure de titane, qu'il décomposait par la vapeur d'eau, à une température d'environ 900 degrés, que M. Hautefeuille reproduisait ensuite l'oxyde de titane sous les trois formes qu'on lui connaît dans la nature, celles du rutile, de la brookite et de l'anatase et avec tous les caractères de chacune de ces espèces minérales [2]. De plus, sous l'influence de l'acide fluorhydrique humide, il transformait l'alumine chauffée, en corindon cristallisé, avec dégagement d'acide fluorhydrique. Cette dernière expérience n'était d'ailleurs qu'une extension de celle qu'avait imaginée deux ans aupa-

---

[1] *Comptes rendus de l'Académie des sciences*, t. XLVI, p. 764. 1858.
[2] *Études sur la reproduction des minéraux titanifères.* Thèse 1865. *Comptes rendus* t. LVII, p. 648, 1865.

ravant M. Henri Sainte-Claire Deville, en se servant de l'acide chlorhydrique pour faire cristalliser l'oxyde d'étain [1].

Dans des recherches importantes exécutées en commun avec M. Feil, M. Frémy vient encore de montrer d'une manière heureuse la fécondité de l'emploi des fluorures pour l'imitation artificielle de divers minéraux, y compris des silicates cristallisés.

Si, en présence des beaux produits obtenus par ces savants chimistes, je n'ai pas craint d'exposer plus haut les résultats de mes propres expériences, c'est que ceux-ci, obtenus par un géologue, faisant une excursion un peu en dehors de son domaine habituel, avait au moins le mérite d'être à peu près les premiers essais dans une voie qui devait devenir féconde.

Procédé analogue tenté pour faire cristalliser l'acide silicique. —Le résultat des expériences faites sur la cristallisation des oxydes d'étain et de titane devait conduire à faire le même essai sur le chlorure silicique, qui se rapproche beaucoup des chlorures titanique et stannique. Le chlorure silicique et le fluorure silicique ont été en effet traités par les mêmes procédés que les chlorures d'étain et de titane.

Du chlorure silicique, vaporisé à froid par un courant d'acide carbonique, ayant été amené dans un tube de porcelaine chauffé au rouge, la partie antérieure du tube s'est recouverte de silice à cassure vitreuse, dont la surface mamelonnée rappelait, en petit, la configuration d'une eau agitée par le vent; dans ce dépôt siliceux, il se trouvait des écailles minces, hérissées de faces cristallines, mais de dimensions microscopiques.

Le fluorure silicique que j'ai aussi soumis à la réaction de

[1] Sur un nouveau mode de reproduction du fer oligiste et de quelques oxydes de la nature. *Comptes rendus*, t. LII, p. 1264, 1861.
Reproduction de l'étain oxydé et du rutile. *Comptes rendus*, t. LIII. p. 161. 1861.

la vapeur d'eau dans un tube chauffé au rouge blanc, a fourni un enduit de silice à texture fibreuse; par son aspect, cette silice ressemble à celle que l'on trouve parfois adhérente à des masses de fer métallique formées près du creuset de hauts fourneaux.

APPENDICE.

Connexion de certains gîtes de kaolin avec les amas stannifères; exemple fourni par des exploitations antiques de l'Allier: confirmation des vues précédemment exposées. — L'étude géologique qui a été résumée plus haut m'avait fait également supposer que la décomposition de la roche granitique, à laquelle est due l'origine du kaolin exploité aux environs de Saint-Austell, se rattache aux actions chimiques qui ont présidé à la formation des gîtes stannifères. En effet, les massifs de granit décomposé de cette localité, sont exclusivement restreints aux régions traversées par les filons quartzeux qui renferment toujours de la tourmaline, et quelquefois, comme à Carclaze, de l'oxyde d'étain. Ce qu'il y a de certain, c'est que le kaolin de Saint-Austell ne résulte pas d'une décomposition lente et journalière du feldspath, comme il peut être arrivé dans d'autres cas, ainsi que l'a montré M. Fournet. Il présente la date précise de son origine, en même temps que l'indice de l'agent décomposant, dans les nombreux cristaux de feldspath décomposé auxquels sont venus se substituer des aiguilles de tourmaline. Toutefois cette hypothèse, applicable aussi au kaolin de l'Auersberg et à celui de Zinnwald ne saurait être générale pour tous les amas de kaolin, qui, probablement, résultent de plusieurs procédés de décomposition.

Depuis que cette connexité entre certains gîtes de kaolin a été signalée, elle a été confirmée en Cornouailles et ailleurs; c'est ce qui est exprimé dans un mémoire de M. l'inspecteur des mines, Le Neve Foster [1]; puis dans une monographie récemment publiée sur le kaolin du Cornouailles et du Devonshire par M. H. Colins[2] : « les parties décomposées sont toujours associées, dit-il, à des veines de tourmaline noire et à d'autres minéraux renfermant du fluor ; l'étain est aussi fréquemment en connexion avec le kaolin. Le fluor paraît avoir été un agent de décomposition. » M. Collins annonce avoir attaqué du granite par l'acide fluorhydrique et en avoir ainsi obtenu du kaolin.

Des faits analogues paraissent se rencontrer ailleurs, dans la province de Zamora, et jusque dans la presqu'île de Banca, d'après les études de M. Verbeek. Je me bornerai à en mentionner ici une confirmation inattendue que j'ai rencontrée en France, trente ans après que le premier mémoire avait été publié [3].

On met à profit, dans le département de l'Allier, un gisement de kaolin remarquable, tant par lui-même que par une exploitation qui remonte à une époque immémoriale, et dont on trouve de nombreux indices à la surface du sol.

Le gîte de kaolin dont il s'agit, connu d'abord dans la commune d'Échassières, a été ensuite découvert et poursuivi dans celle de La Lizolle, où il est très-activement exploité. Le kaolin s'étend aussi dans la commune de Coutansouze.

Ce kaolin provient de la décomposition, sur place, d'une roche granitique intercalée au milieu de schistes cristallins, micaschistes et gneiss [4]. La roche originaire consistait en une sorte de pegmatite ; on y distingue encore des paillettes de mica argentin, donnant les réactions de la lithine.

---

[1] *Transact. of the geolog. Society of Cornwall*, t. IX, 1876.
[2] The china clay and chinastone of Devon and Cornwall. *Crookes Journal of sciences*, 1877, p. 503.
[3] *Comptes rendus*, t. LXVIII, p. 1135, 1869.
[4] Boulanger. *Statistique de l'Allier*, p. 68 et 77

Le quartz hyalin est en grains irréguliers et dépourvu de faces cristallines, ainsi qu'il se trouve en général dans le granite. La proportion de quartz, dans la roche à kaolin dont il s'agit, est remarquablement forte: d'après plusieurs essais faits par lévigation, elle dépasse 50 et atteint même 80 pour 100 du poids total.

Ce quartz, examiné au microscope, après avoir été coupé en tranches très-minces, suivant le procédé si habilement employé par M. H. Clifton Sorby, présente des cavités très-nombreuses, mais excessivement petites, dans chacune desquelles on reconnaît la présence d'un liquide [1].

Des filons quartzeux, en assez grand nombre, traversent le gîte de kaolin, tant dans la forêt des Collettes, qu'à La Bosse, commune d'Échassières; il en est dont l'épaisseur atteint un mètre. Ces filons sont, en général, orientés parallèlement entre eux, suivant une direction qui est moyennement N. 25 E. à S. 25 O [2].

Le quartz qui les constitue n'est pas laiteux, comme il arrive fréquemment pour les filons qui sont encaissés dans le granite, mais hyalin, et parfois en cristaux nets et volumineux, qui tapissent de nombreuses géodes. Çà et là, ce quartz présente des empreintes en forme de table, telles que celles qui résulteraient de la disparition de cristaux lamellaires de barytine. L'oxyde de manganèse se montre fréquemment aussi, formant des enduits noirs dans les fissures du quartz.

A peine connu il y a une vingtaine d'années, le kaolin de La Lizolle fournit une extraction considérable. Les procédés mécaniques de lavage du Cornwall y ont été habile-

---

[1] La dimension de chacune de ces cavités n'excède pas $0^{mm},007$ et, pour la plupart, se rapproche de $0^{mm},005$. Leur extrême petitesse est en quelque sorte compensée par leur grand nombre; car il est des parties où l'on en a compté quatorze dans la surface de $0^{mm},001$.

[2] Il existe dans les gîtes d'étain de Montebras (Creuse) des filons croiseurs de cette même direction.

ment établis, de manière à donner au travail une grande célérité. Ce kaolin ne sert pas seulement à l'industrie céramique (porcelaine et faïence); il est aussi employé dans les papeteries, dans la préparation du sulfate d'alumine et pour celles du bleu d'outremer. Les résidus quartzeux et micacés, provenant du lavage, sont mis eux-mêmes à profit pour la fabrication de briques réfractaires.

Dans les résidus les plus lourds du lavage, on remarque des grains noirs et peu cohérents, qui consistent en oxyde de manganèse. Ce minéral est disséminé dans cette roche à kaolin, à peu près comme dans le kaolin d'Itsatsou, près Cambo, département des Basses-Pyrénées. Toutefois, dans les échantillons que j'ai essayés, les grains ne sont qu'en proportion très-faible, $0^{gr},5$ à 1 gramme par kilogramme; ils pourraient donc passer inaperçus, si leurs caractères physiques ne les faisaient pas facilement reconnaître.

En outre, dans quelques parties du gîte, le kaolin laisse, au lavage, des grains noirs, plus durs que les premiers et qui sont principalement formés de cassitérite ou étain oxydé. Ce minéral ne s'y trouve aussi qu'en quantité très-faible; un échantillon en a fourni $0^{gr},1$ par kilogramme $(0^{k},0001)$. Plusieurs autres parties du gîte n'en ont pas donné en quantité sensible. D'après l'examen qu'en a fait M. Stanislas Meunier, la cassitérite de La Lizolle renferme du tantale ou du niobium en quantité très-sensible.

Comme autres substances mélangées au kaolin, on peut citer des sels solubles, chlorure de sodium et sulfates alcalins, qu'il cède à l'eau bouillante.

Ce que j'avais annoncé tout d'abord a été complétement vérifié par des analyses de M. l'ingénieur des mines de Gouvenain, qui a reconnu la présence de l'oxyde d'étain dans toutes les matières minérales en rapport avec le kaolin, jusque dans le quartz et dans l'amphibole trémolite, « comme si les substances corrosives, auxquelles est due la décomposition sur place de la roche feldspathique, avaient été chargées d'étain, qui a pu ainsi se répandre partout, et laisser sur tous les points les traces de son passage [1]. »

Cette découverte de la cassitérite montre que la région du plateau central de la France, déjà reconnue comme stannifère dans la Haute-Vienne, dans la Creuse et même dans la Corrèze, s'étend jusque dans le département de l'Allier. La Lizolle est à 65 kilomètres de distance du gîte d'étain de Montebras (Creuse) et à 150 kilomètres de celui de Vaulry (Haute-Vienne).

En parcourant la forêt des Collettes qui recouvre les gîtes de kaolin, dont il vient d'être question, on remarque dans le sol de nombreuses cavités, visiblement pratiquées de main d'homme, à côté desquelles s'élèvent des monceaux de débris, ressemblant parfois à des *tumuli*. L'époque à laquelle doivent remonter ces anciens travaux est certainement très-reculée, à en juger d'après les débris de poteries excessivement grossières qu'on a récemment rencontrés dans ce sol remanié.

Beaucoup de cavités, telles qu'elles se présentent aujourd'hui, sont sensiblement circulaires, peu profondes, et ont un diamètre variable, de 20 à 50 mètres, et davantage.

Il en est qui présentent une autre forme. Ainsi, au mois de septembre 1868, les excavations pratiquées pour l'exploitation du kaolin firent reconnaître cinq tranchées parallèles, longues de plus de 40 mètres. Ces dernières peuvent avoir servi autrefois à des lavages, et, ce qui confirme dans cette dernière supposition, c'est que non loin de là, on a trouvé de nombreux résidus de bois, à peu près complétement décomposés, mais surtout reconnaissables à

---

[1] *Comptes rendus de l'Académie des sciences*, t. LXXIV, p. 1032, 1874.

l'empreinte brune qu'ils avaient laissée dans le sol. Ces bois,
sur lesquels M. Nony, directeur des travaux, a attiré mon
attention, étaient disposés, les uns verticalement, les
autres horizontalement, à la manière de barrages. A côté,
se trouvaient des détritus très-grossiers, renfermant des
débris qnartzeux, comme ceux qui proviendraient d'un
lavage.

Les vestiges d'excavations dont il s'agit, parfois disposés
suivant certains alignements, s'étendent sur une superficie
considérable qu'on ne peut évaluer à moins de 200 hectares.

Quel était l'objet de ces anciens travaux?

Ce ne pouvait être le kaolin. Non-seulement on n'aperçoit aucun produit ancien qui aurait été fabriqué avec cette
substance; mais, ce qui est plus concluant, ces anciennes
fouilles, au moins dans la partie où j'ai pu les observer,
s'arrêtent avant d'arriver jusqu'au gîte de kaolin lui-même.

Elles ont été pratiquées dans un dépôt de transport,
peut-être quaternaire, qui est superposé au granite à kaolin,
et qui le recouvre sur une épaisseur de 1^m,50 à 4 mètres.
Ce dépôt consiste en un limon sableux jaunâtre, bariolé de
blanc, dans lequel sont disséminés de nombreux fragments
quartzeux.

En examinant attentivement ces fragments de quartz,
j'en ai reconnu plusieurs qui contiennent de petits grains
d'étain oxydé. Un autre échantillon, dans lequel ce minerai est également disséminé en quantité très-sensible,
consiste en une variété d'hyalomicte ou de greisen, tout à fait
semblable à celle que l'on connaît aux mines de Montebras,
sous le nom de *Roche-Verte*.

Ainsi ce n'est pas seulement la roche à kaolin qui est
stannifère, mais aussi le dépôt qui la recouvre; les débris
de minerai, après avoir été enlevés à la roche sous-jacente
et aux filons métallifères qui la traversent, se sont concen-

trés çà et là, dans ces matériaux de transport, par suite de lavages naturels.

C'est le minerai d'étain appartenant aux alluvions anciennes qui, selon toute apparence, avait attiré l'attention des anciens.

Une meule circulaire en granite, de $0^m,40$ de diamètre, rencontrée aussi dans le sol superficiel, leur servait sans doute dans la préparation mécanique à laquelle ils soumettaient le minerai.

Comme confirmation, j'ajouterai que ces antiques excavations de l'Allier présentent la plus grande analogie avec celles qui ont été reconnues, en 1859, dans la Creuse, à Montebras, par M. Mallard, ingénieur en chef des mines[1], et qui là, comme sur quelques points de la Haute-Vienne, avaient pour but l'exploitation de l'étain.

Ce minerai d'étain, dépourvu de l'état métallique, est disséminé en grains fort petits et très-peu nombreux dans des gangues pierreuses, ainsi qu'on peut le voir sur un échantillon d'hyalomicte que j'ai déposé au Muséum. Il est si peu apparent, qu'il pourrait échapper à l'œil de plus d'un minéralogiste de notre époque. Ces fragments stannifères ne se rencontrent eux-mêmes, au moins maintenant, qu'en très-petit nombre, au milieu de cailloux et de sables dans lesquels ils sont noyés, et on en ignorerait certainement l'existence aujourd'hui dans cette localité, si l'exploitation du kaolin n'avait pas fourni l'occasion d'entailler le sol sur une grande étendue et de l'examiner avec une attention toute particulière.

Le fait de la découverte et de l'exploitation de l'étain, qui vient d'être reconnu comme des plus probables, nous

---

[1] *Sociétés des Sciences naturelles de la Creuse*, 1859. — *Annales des mines*, 6ᵉ série, t. X, 1866, p. 521.

apporte donc un nouvel exemple, et des plus remarquables, de la perspicacité tout à fait surprenante avec laquelle nos ancêtres, à une époque extrèmement reculée, savaient se diriger dans la recherche des mines et dans leur exploitation [1].

§ 2. GITES SULFURÉS DITS PLOMBIFÈRES.

Notre but n'est pas d'exposer complétement ici combien l'expérimentation a jeté de lumière sur l'histoire des filons métallifères, appartenant au type le plus commun, que l'on qualifie quelquefois de *sulfurés*, de *concrétionnés* ou de *plombifères*, parce qu'il comprend les filons de plomb. S'il en était ainsi, il faudrait avant tout rappeler la belle série d'expériences dont on est redevable à Sénarmont. Mais il s'agit seulement ici des résultats que j'ai eu occasion d'observer sur ce sujet : ils se rapportent à des produits contemporains, formés dans des sources thermales, tant à Bourbonne-les-Bains que dans quelques autres localités.

La genèse des minéraux, qui intéresse à un haut degré la partie théorique de la minéralogie et de la géologie, ainsi que diverses applications de ces sciences, reçoit d'utiles éclaircissements de l'étude des circonstances sous lesquelles se produisent actuellement des combinaisons identiques à celles qui se sont formées autrefois dans l'écorce terrestre. Les sources thermales fournissent des documents précieux à cet égard : ce sont des laboratoires où des espèces minérales variées continuent à s'élaborer et à se déposer chaque jour, comme elles le faisaient déjà dans les périodes qui nous ont précédés. A mesure qu'on étudie plus complétement leurs opérations, la part très-considérable qui leur appartient, dans

---

[1] J'ai donné d'autres preuves de cette clairvoyance dans un *Aperçu historique sur l'exploitation des métaux dans la Gaule* (*Revue archéologique*. 1867).

beaucoup de formations des anciennes époques, devient plus manifeste et plus précise.

Toutefois, ce n'est pas en général dans le bassin même des sources qu'on rencontre des faits de cette nature. Pour les observer, il est nécessaire de pénétrer plus profondément, loin de l'action oxydante de l'atmosphère, dans les canaux d'ascension ou d'examiner ce qui s'est passé dans les pores des roches. Aussi n'est-ce que dans de rares occasions qu'il est possible de constater les faits les plus instructifs et les plus analogues à ceux que nous présentent les filons métallifères et diverses roches anciennes.

Ce sont des circonstances de ce genre qu'ont fait découvrir des travaux de captage exécutés sur les sources thermales de diverses localités. Les fouilles dont les sources de Bourbonne-les-Bains ont été l'objet, en décembre 1874 et dans les premiers mois de 1875, ont été particulièrement instructives et par suite vont nous servir particulièrement comme exemple. Il convient d'abord de décrire la position qu'occupent, dans le bassin de ces sources, la plupart des minéraux de formation contemporaine, ou ce que l'on peut appeler leur gisement.

Gisement de minéraux de formation contemporaine dans le bassin des sources thermales de Bourbonne et autres. Les sources thermales de Bourbonne jaillissent du grès bigarré, ou, plus exactement, des argiles bariolées qui forment la partie supérieure de cet étage et supportent le muschelkalk. Elles prennent naissance à proximité de failles, en rapport avec les fractures qui ont ouvert la vallée et laissé d'autres traces dans cette partie de la France. L'apparition inattendue de pointements granitiques, au milieu du grès bigarré, à Châtillon-sur-Saône, à moins de 10 kilomètres de distance, paraît en connexion avec l'origine de ces sources. C'est un trait remarquable de ressemblance avec le gisement des sources thermales du versant sud-ouest des Vosges, notamment à Plombières et à Bains, celles du nord-est de la Forêt-Noire, particulièrement à Wildbad en Wurtemberg, celles de diverses localités de la France (Bourbon-l'Archambault) et d'autres pays.

A part des sources anciennement connues et qui s'élevaient naturellement jusqu'à la surface du sol, il en est d'autres qui ont été provoquées par des sondages [1].

La température de ces sources varie de 58 à 66 degrés, suivant les parties où on l'observe, et s'élève à 68 degrés centigrades sur le principal point d'émergence ou *griffon*, qu'un sondage a récemment atteint.

Quant à leur composition chimique, je me bornerai à rappeler que les substances en dissolution qui y prédominent sont des chlorures et des sulfates à bases d'alcalis, de chaux et de magnésie, accompagnées de bromures et de carbonates de chaux et de fer, de silicate alcalin et de traces d'arsenic et de manganèse. On y a aussi reconnu la présence de l'ammoniaque, de l'iode, du bore, du cuivre, de la lithine, de la strontiane, du cæsium et du rubidium, ces deux derniers corps en proportions dosables. Le poids total du résidu de l'évaporation est de 7 à 8 grammes par litre.

Bien que l'analyse n'y ait pas signalé la présence de sulfures en quantité notable, il s'exhale des sondages, particulièrement de ceux qui sont tubés en bois et surtout du sondage n° 12, des traces d'hydrogène sulfuré, gaz qui se trahit par son odeur et son action sur le papier préparé à l'acétate de plomb; du soufre sublimé a même été recueilli à la

---

[1] Pour plus de détails sur la nature et le gisement des sources thermales de Bourbonne, on peut consulter le travail que M. Drouot, inspecteur général des mines, a publié sur cette localité. *Annales des mines*, 1re série, t. II, 1863.

partie supérieure de la trappe de l'un de ces sondages[1]. Le gaz qui s'échappe en bouillonnant est principalement formé d'azote, avec de petites quantités d'oxygène ; de l'acide carbonique y a été parfois signalé, mais non par tous les observateurs.

Disposition du puisard romain ; conditions dans lesquelles les minéraux de nouvelle formation y ont été rencontrés. Dans le but de pratiquer un sondage dans le puits antique, dit *puisard romain*, qui a été autrefois établi sur la principale source de Bourbonne et qui est situé dans l'établissement civil, il fallait en mettre le fond à sec. On y est parvenu, en décembre 1874, grâce au jeu de pompes puissantes, ce que l'abondant jaillissement de la source avait empêché de faire lors des travaux exécutés antérieurement, en 1785 et en 1857.

C'est dans la partie inférieure de ce puits, ainsi devenue accessible, qu'ont été reconnus les principaux faits qui vont être décrits ; aussi convient-il d'en signaler d'abord la disposition avec quelques détails.

Le fond du puisard dont il s'agit (*fig.* 4) est situé à 7^m,80 au-dessous du pavé des bains civils. En y arrivant, on rencontra d'abord une boue argileuse noirâtre (*b*) renfermant des débris de bois bruni et passé à l'état de lignite, ainsi que des milliers de noisettes, des glands, et quelques noyaux de fruits. Sous cette couche, qui avait 50 centimètres d'épaisseur, était un sable gris (*s*) épais de 15 centimètres, auquel succédait, sur 10 centimètres d'épaisseur, une boue noirâtre (*b'*) semblable à celle de la couche supérieure.

Après avoir déposé sur la chaussée trois ou quatre mètres cubes de la boue (*b'*), on y aperçut quelques médailles ; aussitôt on la soumit avec soin au lavage sur un tamis, opération qui amena la découverte de plus de 4700 mé-

---

[1] Celui de la fontaine de la place. A. Chevallier, *Journal de chimie médicale de pharmacie et de toxicologie*, 5ᵉ série, t. II, p. 560.

dailles, la plupart de bronze ou de laiton, d'autres d'argent ou d'or [1].

Les quatres pièces d'or étaient aux effigies de Néron, Adrien, Faustine jeune, femme de Marc-Aurèle, et Honorius.

Fig. 4. — Puits établi sur les principaux griffons de la source de Bourbonne. — Le puisard romain, auquel a été superposé le puits actuel, repose sur un pilotis P enfoncé dans des couches argileuses a, et sur une couche horizontale de béton B. Les parois verticales du puits antique sont formées de quatre enceintes de pierre de taille C, de béton B et de moellons M. G parois du puits moderne, en grès bigarré. b, s, b', b'', couches sableuses ou argileuses dans lesquelle osnt été découvertes les principales minéralisations contemporaines. S colonne de sable, dont un sondage a fait connaître l'existence. — Echelle $\frac{1}{120}$

Parmi les pièces d'argent, il y en avait un certain nombre de gauloises, parmi lesquelles une vingtaine du type *Durnaco*, au revers *Auscro ;* une du chef gaulois

---

[1] Sur ce nombre il y en avait :

	kilogr.
En or, 4, d'un poids total de. . . , ...	0,025
En argent, 265 d'un poids total de.	0,625
En bronze, 4468 d'un poids total de.	20,800
Total.	21,450

Germanus, fils d'*Indutillus*, une avec la légende *Solima*[*riaca*]. Des monnaies consulaires et surtout des monnaies impériales formaient le reste. Ces dernières sont pour la plupart, des premiers règnes ; il en est cependant qui descendent à l'époque du Bas-Empire.

Les monnaies de bronze, grand, moyen, et petit modules appartiennent aussi à des époques très-différentes ; on en remarque d'Auguste, de Vespasien, de Faustine, de Domitien, de Trajan, d'Antonin, de Marc-Aurèle, de Lucille, de Commode, de Constant et de Magnence. Les effigies de ces pièces correspondent à un long laps de temps ; mais elles peuvent être restées en circulation et par conséquent, avoir été jetées dans le puisard, longtemps après avoir été frappées. Il convient toutefois de signaler la très-grande prédominance de trois types du règne d'Auguste. Des pièces de petit module, *Cæsar imp.*, au revers *Augustus divi f.*, y abondaient, les unes avec l'aigle, les autres avec le taureau cornupète : ces deux premiers types sont représentés par plus de 1 270 pièces. Puis les pièces de moyen module, et bien connues, portant les deux têtes d'Auguste et d'Agrippa, et au revers le crocodile et le palmier, avec la légende *Col nem.*, étaient représentées dans le total qui précède par 696. Beaucoup d'entres elles avaient été coupées en deux parties, et plus de 600 de ces moitiés ont été recueillies.

Outre les pièces déterminables, il y en a beaucoup, environ 1 600, dont l'action érosive de l'eau thermale a rendu le relief tout à fait indistinct.

A ces médailles étaient associés des objets variés, tels que statuettes en bronze [1], épingles et bagues en or pâle allié de beaucoup d'argent (electrum), débris de cadres en plomb,

---

[1] Dont l'une paraît représenter un homme blessé à la jambe, et l'autre une tête de serpent.

des grains de colliers en succin, une plaque de lignite jayet taillée rectangulairement, etc.

Au-dessous du niveau où abondaient les médailles se trouvait une quatrième couche (*b"*) (*fig.* 4) qui, sans frapper tout d'abord autant l'attention que la découverte archéologique, n'est certes pas moins remarquable. Cette couche, de 5 centimètres environ, est formée de fragments pierreux, principalement de grès grisâtre, avec quelques silex. Au lieu d'être restés isolés, ces fragments étaient plus ou moins solidement cimentés par des substances à éclat métallique et très-nettement cristallisées. Parmi les menus morceaux

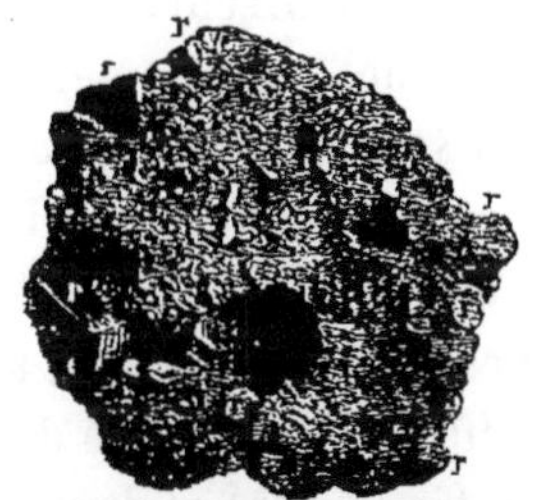

Fig. 5. — Agglutination de fragments de roche et de grains de sable par des minéraux de formation contemporaine; elle rappelle grossièrement la forme de la médaille, en partie dissoute, qui en a formé le centre. — Grandeur naturelle.

de grès retirés du puisard, il en est un certain nombre qui présentent des empreintes de cubes, plus ou moins déformés, telles que certaines couches du trias en renferment en divers pays et dont la forme paraît résulter d'un moulage de cristaux cubiques de sel gemme, par le sable, lorsque la roche était en voie de formation.

Ce conglomérat renfermait également de très-nombreuses médailles, des centaines et même très-probablement des milliers ; mais beaucoup avaient disparu, souvent en laissant leur empreinte, pour donner naissance aux substances cristallisées dont il va être question. Parfois ces minéraux de formation nouvelle, ont agglutiné le sable quartzeux qui enveloppait la médaille, de manière à présenter la forme d'un sphéroïde aplati, rappelant dans son ensemble celle de certains oursins (*fig.* 5).

On put alors reconnaître que le puits qui servait de réceptacle à l'eau minérale avait été établi avec le discernement et l'habileté dont de nombreux travaux analogues, exécutés sur beaucoup de points de la Gaule et ailleurs, par les Romains, apportent la preuve (*fig.* 4, page 75). Le mur rectangulaire qui en forme les parois, et dans l'intérieur duquel la source devait s'élever et rester isolée, était construit avec les plus grandes précautions. Ce mur, qui repose sur pilotis, n'a pas moins de $1^m,56$ d'épaisseur. Il se compose de quatre parties juxtaposées qui sont, en commençant par l'intérieur, composées comme il suit : 1° pierres de taille C (calcaire oolithique), épaisseur $0^m,50$; 2° béton B, $0^m,40$; 3° pierres de taille C (calcaire oolithique), $0^m,50$; 4° grès, moellons et briques M, $0^m,33$. Des galeries antiques, aboutissant au fond de ce puits, ont conduit elles-mêmes à d'autres découvertes.

Des sondages exécutés en 1858 et dans les années suivantes avaient rencontré, dans le voisinage du puits, les argiles bariolées qui recouvrent le grès bigarré proprement dit, et supportent le calcaire de muschelkalk. Il est à remarquer qu'au lieu d'atteindre immédiatement ces argiles, le sondage de 1874 traverse d'abord du sable S, jusqu'à 52 mètres au-dessous du sol, c'est-à-dire sur 22 mètres de profondeur. Ce sable paraît enclavé au milieu des argiles, en forme d'entonnoir ou de colonne, s'amincissant vers le bas. On a ensuite percé les argiles jusqu'à la rencontre du grès bigarré proprement dit, et l'on s'est arrêté à $55^m,45$ de la surface. L'eau minérale surgit à travers le sable, qu'elle a en partie entraîné avec elle jusque dans le puisard.

La couche cimentée, siége des principales réactions chimiques, était interrompue au centre de ce puisard, sur 20 à

50 centimètres de diamètre, sans doute à cause de la force ascensionnelle de l'eau, qui a même corrodé une partie du béton établi dans le voisinage de la colonne ascendante.

C'est également dans les matériaux à travers lesquels jaillissent les sources thermales que les minéraux de formation contemporaine ont été rencontrés à Plombières, à Bagnère-de-Bigorre et à Bourbon-l'Archambault, lorsqu'on exécutait des fouilles dans le bassin d'où s'élèvent ces sources.

Espèces minérales de formation contemporaine, reconnues dans les sources de Bourbonne-les-Bains et de quelques autres localités. Dans le seul puits de Bourbonne et à ses abords, il s'est formé une nombreuse série d'espèces minérales, par l'action de l'eau thermale sur le bronze, le plomb, le fer ou d'autres substances qu'elles rencontraient; nous allons les passer succinctement en revue, en les groupant d'après leur nature chimique[1].

Minéraux formés aux dépens du bronze. Ces minéraux très-nombreux dérivent du cuivre, sauf un seul auquel l'étain a donné naissance.

Un clou en bronze, rencontré à $5^m,50$ de profondeur, présente de la cuprite en octaèdres, avec du cuivre métallique qui paraît résulter d'une décomposition du bronze et qui ressemble au cuivre natif.

Une tête en bronze doré, d'un beau style, a été trouvée à $4^m,50$ de profondeur, à proximité des escaliers des piscines, et près d'une niche en briques ayant 5 mètres de hauteur. La dorure de cette tête, qu'on peut attribuer à la déesse *Damona*, a été appliquée sous forme d'une feuille d'or dont il reste encore des vestiges. Dans son intérieur,

---

[1] Tous les faits qui suivent, relativement au gisement des minéraux de formation contemporaine à Bourbonne, sont extraits d'un mémoire intitulé : *Formation contemporaine de diverses espèces minérales cristallisées dans la source thermale de Bourbonne-les-Bains, Annales des mines,* 6ᵉ série, t. VIII, p. 433. 1875. J'ai coordonné dans ce mémoire des communications faites à l'Académie des sciences (*Comptes rendus,* t. LXXX, p. 461 et 604, et t. LXXXI, p. 182, 854 et 1008), en ajoutant des faits observés depuis lors, en visitant la localité.

au milieu d'une masse effervescente aux acides formée de carbonate de chaux, on distingue beaucoup de petits cristaux rouges, dont les caractères sont ceux de la cuprite. A sa surface externe, la même tête offre une poudre noire qui donne les réactions du cuivre et de l'étain, et qui paraît résulter d'une oxydation.

Dans un tuyau de bronze, dont il sera question plus loin comme servant de raccordement avec les tuyaux de plomb, on distingue, de même que dans la tête de bronze, des cristaux octaédriques à poussière rouge brunâtre, donnant

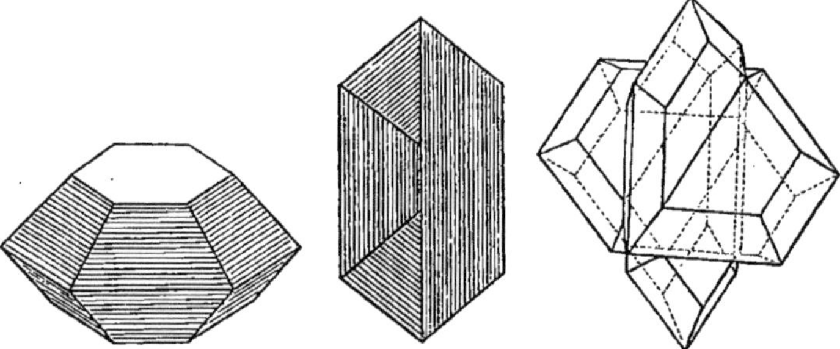

Fig. 6, 7 et 8. — Cristaux de chalkosine contemporaine, rencontrés à Bourbonne et à Plombières. Echelle d'environ 40 fois.

avec le borax la réaction du cuivre et consistant en cuprite. Ces cristaux sont associés à une matière noire pulvérulente, produisant les réactions de l'oxyde noir de cuivre, et paraissant une variété terreuse de mélaconise.

De la chalkosine ou cuivre sulfuré est en cristaux très-nets, qui ont la forme de tables hexagonales bordées de biseaux dans tout leur pourtour (*fig.* 6). Ces cristaux sont parfois maclés, suivant les dispositions fréquentes dans les cristaux naturels (*fig.* 7 et 8). Ils sont comparables à ceux de Redruth en Cornouailles, connus dans toutes les collections pour la netteté de leurs formes et leur éclat.

Un enduit bleuâtre, dans lequel on distingue au micros-

cope des lamelles hexagonales, offre les caractères d'un sulfure naturel de cuivre, plus riche en soufre, comme la covel-
line.

A part le cuivre sulfuré qui avait été obtenu par M. Becquerel dans des réactions lentes, des cristaux très-nets de
cette substance avaient été rencontrés à Plombières, dans
des conditions analogues à celles des thermes de Bourbonne,
et implantés sur un robinet romain en bronze qui était
plongé dans l'eau minérale[1]. Ces derniers offrent également
les macles des cristaux du Cornouailles.

La chalkopyrite, ou cuivre pyriteux, n'est pas seulement
reconnaissable à sa couleur jaune caractéristique, mais
encore à sa forme cristalline en octaèdres; elle s'est aussi
déposée sous la forme mamelonnée.

D'autres parties, fortement irisées, affectent la forme
d'octaèdre régulier, et de cube à faces un peu courbes; ils
appartiennent certainement à la philippsite ou cuivre
panaché dont ils offrent toutes les particularités.

Quelques médailles romaines extraites des sources de
Bagnères-de-Bigorre, étaient transformées en une substance
offrant aussi les caractères de la chalkopyrite, mais sans
cristallisation déterminable[2].

Quant à la philippsite de formation moderne, elle n'avait
pas encore été signalée en cristaux bien caractérisés, comme
celle de Bourbonne. Cette dernière rivalise avec la philippsite des anciens gisements, qui n'a pas ordinairement des
formes plus nettes.

Les cristaux qui se sont formés avec le plus d'abondance ont la forme de tétraèdres réguliers bordés d'un

[1] Observations sur le métamorphisme et recherches expérimentales, sur quelques
agents qui ont pu le produire. *Annales des mines*, 5e série, t. XII, p. 294, 1859; *Comptes
rendus*, t. XLV, p. 792.

[2] Formation contemporaine de la pyrite cuivreuse, sous l'action des eaux thermales à
Bagnères-de-Bigorre. *Bull. de la Société géologique*, 2e série, t. XIX, p. 529, 1862.

biseau, $\frac{1}{2}(a^2)$; (*fig.* 9). Les faces des tétraèdres, au lieu d'être unies, présentent parfois des indices de facettes arrondies et indéterminables. Non-seulement ces cristaux ont la forme du cuivre gris, mais ils en ont l'éclat et les autres caractères. Ils rappellent complétement, par l'ensemble de leur aspect, la tennantite de Cornouailles.

L'analyse d'un échantillon cristallisé, séparé autant que possible du cuivre pyriteux qui y adhérait assez fortement, a été faite au bureau d'essais de l'École des Mines ; la faible

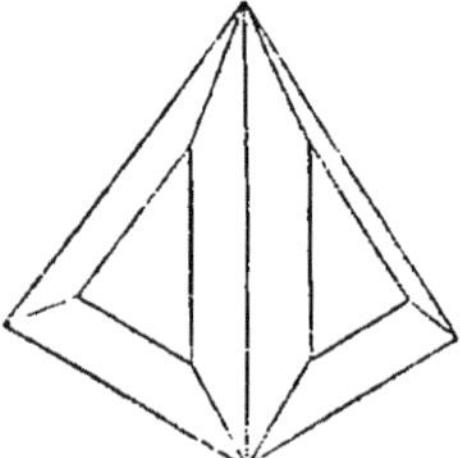

Fig. 9. — Forme cristalline dominante dans le cuivre gris formé à Bourbonne.

quantité de matière dont on pouvait disposer n'a permis que d'y doser les corps suivants :

Soufre	23,44
Antimoine	26,60
Arsenic	traces faibles.
Cuivre	43,20
Fer	4,00
Nickel	traces notables.
Etain	traces notables.
Total	97,24

La densité de la substance a été trouvée de 5,157.

C'est donc un cuivre gris antimonial ou tétraédrite (panabase) ; il représente un type à peu près exempt d'arsenic.

La tétraédrite s'est formée, soit en cristaux isolés, soit en croûtes cristallines; l'une de ces croûtes atteint de 2 à 3 millimètres d'épaisseur.

Les quatre espèces qui viennent d'être signalées sont souvent réunies dans un seul échantillon.

Un tuyau de bronze présente à son intérieur un enduit vert qui donne les réactions du cuivre et du chlore, et qui consiste en oxychlorure de cuivre ou atacamite.

Les deux oxydes de cuivre, dont il a été question plus haut, comme déposés dans un tuyau de bronze sont accompagnés d'une substance amorphe, verte, à cassure conchoïdale, translucide, fragile, à poussière blanc verdâtre, devenant noire à la flamme oxydante, donnant au chalumeau les réactions du cuivre avec un squelette de silice, et décomposable par l'acide chlorhydrique avec de la silice gélatineuse comme résidu; c'est donc de la chrysocole.

Les carbonates de cuivre, qui se forment très-fréquemment, même à froid, sont très-rares dans ces parties du bassin soustraites aux influences oxydantes de l'air atmosphérique.

Parmi les modifications qu'ont subies les médailles de bronze, dans les réactions auxquelles sont dus ces nouveaux composés, il est une épigénie qui ne doit pas être passée sous silence. Tout en ayant perdu la netteté de son relief, la médaille a souvent conservé sa forme générale. Tandis que son intérieur montre encore l'éclat et la couleur du bronze, sa partie externe se compose d'une couche blanche, d'apparence terreuse, que l'examen chimique a fait reconnaître comme consistant en oxyde d'étain, faiblement coloré en vert par des traces de sels cuivreux.

Il s'est donc produit dans ces pièces un véritable départ, en raison de la différence des affinités chimiques des métaux qui les composaient : le cuivre est entré dans des combinaisons sulfurées, tandis que l'étain s'y est refusé et a passé à l'état d'oxyde.

Minéraux auxquels l'attaque du plomb a donné naissance. Sur
un encroûtement de phosgénite, espèce dont il va être
question, est un enduit métallique, d'un gris bleuâtre, qui
n'est autre chose que de la galène, offrant en quelques
points de très-petits cristaux.

D'après la disposition des substances ainsi associées, la

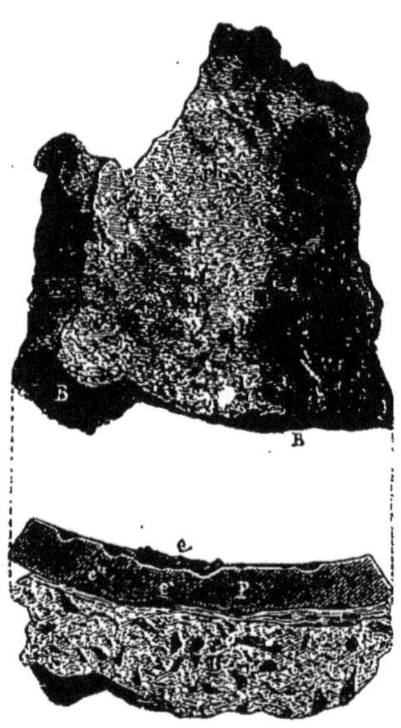

Fig. 10. — Tuyau de plomb P, sur lequel s'est déposée la phosgénite *ph* en cristaux. Ce tuyau,
enchâssé dans du béton B, présente des érosions profondes *e'e''*, tant à l'intérieur qu'à l'extérieur. — Grandeur naturelle.

galène paraît résulter de la décomposition de la phosgénite,
sous l'influence combinée des matières organiques réductrices et du gypse qui l'avoisine ou des eaux sulfatées qui
déposaient ce gypse.

Des enduits de galène ont aussi été trouvés sur des tuyaux
de plomb.

De l'oxyde de plomb ou litharge, en paillettes orangées et

translucides, s'est déposé dans beaucoup de ces fissures. Le même fait s'est produit à Plombières.

On sait que la cérusite se forme fréquemment, même à froid.

Des cristaux blancs, d'un état adamantin, enveloppent un tuyau horizontal de plomb, perforé, comme on le verra plus loin, sur une épaisseur variable, allant jusqu'à 8 ou 10 millimètres (*fig.* 10). Ces cristaux donnent à la fois les réactions du plomb, de l'acide carbonique et du chlore. Leur forme est celle d'un prisme à huit pans, dont tous les angles sont égaux. Ils présentent la forme primitive h^1, avec une troncature sur les arêtes verticales h^2; ils ont un clivage parallèle à la base du prisme. La croix noire qu'ils montrent sous l'action de la lumière polarisée, indique qu'ils sont doués de la double réfraction à un axe. Ces cristaux offrent donc les caractères chimiques et cristallographiques de la phosgénite.

Un tuyau de plomb vertical, trouvé à la source militaire n° 2, et marqué du nom de *Cinnamus*, entoure un tuyau de cuivre à peine altéré. Sa surface extérieure est également recouverte d'une couche de phosgénite cristallisée, dont l'épaisseur est de 2 à 3 millimètres.

La phosgénite qui a été rencontrée sous forme de grands cristaux, en Derbyshire (à Crawford, près Matlok), en Écosse, en Haute Silésie et en Sardaigne[1] est une espèce rare. Cependant elle s'est produite ici en abondance, probablement sous l'influence du carbonate de chaux du béton.

Un anneau de fer scellé au plomb, près des piscines en marbre, a été trouvé dans une dalle de grès qui devait servir de regard à un canal de vidange, à en juger par une tringle en fer qu'on a introduite jusqu'à 1^m,50 de profondeur. Ce scelle-

---

[1] Les formes de cette espèce ont été examinées par de Kokscharow. *Bulletin de l'Académie de Saint-Pétersbourg.* t. IX, p. 251, 1865.

ment montre des cristaux incolores, transparents, en tables rectangulaires avec biseaux, qui ne sont autres que l'anglésite.

A ces cristaux d'anglésite sont associés des cristaux gris, à éclat gras, de forme cubique et qu'on prendrait pour de la galène; cependant ils ne présentent pas les clivages de cette substance; leur poussière est grisâtre; ils donnent les réactions du chlore et de l'acide carbonique, en même temps que du plomb; ils paraissent avoir la composition de la phosgénite. Au lieu d'être microscopiques, ces cubes, qui ont probablement appartenu à de la galène avant l'épigénie, ont environ 1 millimètre de côté.

Il n'est pas rare dans les gîtes métallifères de trouver également des minéraux oxydés de plomb, cérusite, anglésite ou pyromorphite, qui se sont substitués à la galène [1]. C'est l'effet d'une action semblable à celle dont on vient de signaler l'effet contemporain.

D'ailleurs, l'association de la galène à l'anglésite rappelle celle que l'on connaît dans certaines localités, par exemple à Pallières, département du Gard, où ces deux substances sont mélangées intimement et accompagnées de pyrite.

Minéraux fournis par le fer. Parmi les minéraux fournis par le fer, il en est un, la pyrite, qui, à raison de son abondance dans l'écorce terrestre, mérite une attention spéciale.

On sait que la pyrite de fer, sans former habituellement de grandes masses dans l'écorce terrestre, y est extrêmement répandue et qu'elle est disséminée dans des roches nombreuses et d'origines diverses, stratifiées, éruptives ou métamorphiques.

Cependant ce n'est que bien rarement qu'on surprend aujourd'hui cette espèce minérale en voie de formation.

---

[1] Sainte-Marie en Alsace, Leadhills en Ecosse, Mies en Bohême. Blum, *Pseudomorphosen*, t. I, p. 51, 181 et 184.

Il est vrai qu'il se produit de toutes parts du sulfure de fer, par exemple, sous le pavé de Paris et dans la vase de la Bièvre, comme M. Chevreul l'a montré depuis longtemps [1]; mais c'est un sulfure noir, sans éclat métallique, décomposable par l'acide chlorhydrique et, par conséquent, bien différent du bisulfure ou pyrite, caractérisé par sa couleur jaune de laiton, son éclat métallique et sa résistance aux acides non oxydants. On ne peut non plus regarder, comme étant de la pyrite, du sulfure de fer qui a été signalé pour se former actuellement, dans d'autres circonstances, par exemple, celui observé par Berthier sur une ancre retirée de la Seine [2]. Les troncs d'arbres recueillis à marée basse sur la plage de Cherbourg, et qui proviennent de forêts enfouies depuis les temps historiques, contiennent également du sulfure, qui se trahit bientôt par des efflorescences de sulfate de fer; mais on ne peut y distinguer la pyrite proprement dite. Il en est ainsi dans la tourbe, même lorsque le sulfure de fer s'y trouve en assez grande abondance pour qu'il soit l'objet d'une exploitation [3].

Toutefois il est des localités où la formation contemporaine de la pyrite a été reconnue avec certitude dans les eaux minérales, telles sont : Aix-la-Chapelle [4], Burgbrohl [5], Bourbon-Lancy [6], Bourbon-l'Archambault [7], Saint-Nectaire [8].

[1] *Comptes rendus*, t, XXXVI, p. 555; 1853.
[2] *Annales des Mines*, 5ᵉ série, t. XIII, p. 664.
[3] Von Dechen, *Nutzbaren mineralien im Deutschen Reiche*, p. 253 et 685.
[4] Observations de M. Noggerath qui remonte à 1831 : *Schweigger Journal*, t. XLIX, p. 260.
Dès 1826, M. Longchamp a annoncé que la pyrite se forme actuellement à Chaudes-Aigues (Cantal), *Annales de chimie et de physique*, t. XXXII, p. 260. D'après ce que j'ai vu en étudiant les lieux, il serait possible que cette observation s'appliquât à de la pyrite contenue dans le filon par lequel jaillissent les sources thermales, laquelle peut s'être produite antérieurement à l'époque actuelle.
[5] Signalé presque en même temps par E. Bischof *Lehrbuch der chemische Geologie*, t. I, p. 557,
[6] Un échantillon a été offert à la collection minéralogique des mines par M. l'Inspecteur général des mines François.
[7] Observé par M. de Gouvenain, ingénieu en chef des mines (*Comptes rendusr*, t. LXXX, p. 1297.
[8] Lecoq. *Eaux minérales*, p. 296.

Dans ces diverses localités, la pyrite a été rencontrée, à l'occasion de fouilles exécutées dans le bassin pour des travaux de captage, et seulement en très-petite quantité, formant en général des enduits minces sur des fragments de roche.

A Bourbonne, la pyrite n'a pas été observée au milieu des divers sulfures cuivreux et cristallisés qui se sont déposés autour des médailles romaines; mais elle s'est produite à peu de distance de ces incrustations et dans deux parties différentes du sous-sol.

D'abord dans un sondage pratiqué sur le point même d'émergence de la source, la sonde a ramené de petits galets et des grains de quartz, ainsi que des fragments anguleux de grès bigarré. Quelques-uns de ces grains ou fragments quartzeux sont enveloppés de pyrite de fer. Cette substance s'est déposée à leur surface, tantôt comme un enduit jaune, brillant et amorphe, tantôt en croûtes éminemment cristallines, dans lesquelles on aperçoit de nombreuses faces triangulaires; la pyrite, au lieu d'être répartie uniformément, y forme quelquefois des traînées allongées.

Ce qui montre bien que cette pyrite est de formation contemporaine, c'est qu'elle s'est appliquée, exactement avec les mêmes caractères, sur quelques-uns des silex taillés de main d'homme, en forme de couteau, et rencontrés au fond du puisard romain avec d'autres objets antiques.

Cette pyrite, par la manière dont elle s'est déposée, rappelle tout à fait celle qui a été rencontrée dans le bassin de plusieurs sources thermales que l'on a eu occasion de fouiller, notamment dans celles d'Aix-la-Chapelle et de Bourbon-Lancy. C'est visiblement, de même que les sulfures cuivreux associés aux médailles, un dépôt formé par l'eau minérale sur son trajet. La source de Bourbonne renferme du fer : aussi l'oxyde de fer, naturellement mélangé

aux argiles, peut avoir passé à l'état de sulfure, par suite de
la réduction des sulfates tenus en dissolution.

En outre, le sable quartzeux accumulé au-dessous du puisard et rapporté également par la sonde a été soumis à un
lavage, de manière à en séparer les parties les plus lourdes.
On y a distingué alors d'innombrables grains de pyrite
cristallisée, ayant un diamètre de moins d'un quart de
millimètre. Quelques-uns de ces grains ont des formes
irrégulières et paraissent être des débris d'enduits semblables à ceux qui viennent d'être signalés; d'autres sont
arrondis, comme des réductions en miniature des rognons

Fig. 11. — Production de pyrite cristallisée dans un carrelage romain à Bourbonne. Ce carrelage C, superposé à du béton B, est au-dessous d'un ancien canal de conduite d'eau. —
Échelle de $\frac{1}{25}$.

de pyrite que l'on rencontre dans divers terrains. Quelques-
uns enfin paraissent cubiques.

Secondement, en visitant attentivement les briques d'un
carrelage romain établi au-dessous d'un canal de conduite
d'eau (*fig.* 11), j'y ai également reconnu la présence de la
pyrite.

Ce minéral s'est produit au milieu de la chaux qui enveloppe chaque brique; il se présente en globules d'un jaune
de laiton, terminés par des faces cristallines; mais ces
faces sont si petites que l'on n'a pu acquérir la certitude
qu'elles appartiennent à la pyrite cubique et non à la mar-

casite. Toutefois, leur belle couleur jaune et leur inaltérabilité rendent la première supposition la plus probable.

Des cristaux de calcite d'une limpidité rare et montrant la forme d'un rhomboèdre très-aigu, se sont formés, avec la pyrite, dans de petites géodes.

Il est remarquable que les boursoufflures des briques du carrelage dont il s'agit renferment des noyaux de calcite cristalline, ainsi que des enduits de zéolithes. Ebelmen a montré comment la réaction du sulfate de chaux sur l'oxyde de fer, en présence des matières organiques, peut produire du bisulfure de fer et du carbonate de chaux avec dégagement d'acide carbonique. La présence de la calcite, intimement associée à la pyrite, dans le carrelage de Bourbonne, correspond peut-être à une réaction analogue.

Par sa dissémination dans la chaux, la pyrite du carrelage rappelle la manière d'être de la même espèce minérale à l'intérieur de beaucoup de roches de formation ancienne, entre autres celle qui imprègne des calcaires de divers âges, par exemple ceux de l'époque carbonifère (marbre dit *petit granite*), ou jurassique, ainsi que les schistes alunifères et les combustibles.

A ces exemples j'en ajouterai deux autres, qui contribuent à éclairer sur les conditions diverses, dans lesquelles la pyrite de fer peut ou a pu se produire.

Les sources thermales de Hamman-Meskoutine, près de Constantine, bien connues par leur haute température, qui atteint 95 degrès, par leur abondance, enfin par le développement et la forme singulière des incrustations qu'elles continuent à édifier encore chaque jour en forme de cônes, ont aussi donné naissance à des pisolithes comparables aux dragées de Carlsbad ou de Tivoli.

Certains de ces pisolithes sont enveloppés de pyrite et même, quand on les casse, on reconnaît, dans quelques-uns d'entre eux, parmi les couches concentriques blanchâtres et très minces qui les constituent, des pellicules également formées de pyrite (*fig.* 12). Le centre de ces grains est ordinairement un fragment de calcaire cristallin et lamelleux qui a servi de centre aux concrétions.

D'après les renseignements que je dois à l'obligeance de M. Tissot, ingénieur des mines, ces pisolithes pyriteux, qui sont rares, paraissent s'être formés dans les canaux d'ascension des sources thermales; ils seraient donc ramenés au jour par la force ascensionnelle de l'eau, c'est-à-dire à peu près comme les grains pyriteux de Bourbonne-les-Bains dont il vient d'être question. Quoique formé à une température élevée, le carbonate de chaux qui les accompagne est à l'état

Fig. 12. — Pisolithe contemporain à couches concentriques de pyrite *p y* et de carbonate de chaux; Hamman-Meskoutine. — Deux fois grandeur naturelle.

de calcite et non d'aragonite; car il ne décrépite pas au chalumeau.

Le dernier exemple de formation contemporaine de pyrite que j'ai à signaler ne correspond plus à l'action des sources thermales, mais à celui de l'eau de mer, mélangée d'eau douce.

De la pyrite a été en effet rencontrée récemment en Angleterre, dans l'intérieur d'une pièce de bois du yacht royal *Osborne*. Elle forme, dans une fissure de ce bois, un enduit mince, doué d'une belle couleur jaune et d'un vif éclat métallique. J'en dois l'échantillon à l'obligeance de M. John Percy, professeur à l'École des Mines de Londres, et bien connu par ses importants ouvrages relatifs à la métallurgie. M. Weston, chimiste de l'Amirauté, à l'Arsenal de Portsmouth, a bien voulu me fournir des renseignements sur ce fait qu'il a observé le premier. Le navire *Osborne*, construit à l'Arsenal de Pembrocke, a été expédié, avant qu'il eût stationné dans l'eau, à celui de Portsmouth, où on devait l'achever. On reconnut alors nécessaire de lui donner plus d'épaisseur, et c'est en préparant, dans ce but, une pièce de bois située près de la quille, qu'on y aperçut une cavité tapissée de pyrite. Avant d'être employée, cette pièce de bois avait, selon l'usage, séjourné quelque temps dans une *fosse* ou *parc* à Pembrocke ou peut-être à Portsmouth ; dans l'une ou l'autre localité, ces bassins sont situés entre les niveaux de haute et de basse marée et reçoivent un mélange d'eau de mer et d'eau douce. Il est à ajouter que celui de Portsmouth reçoit deux égouts et qu'il y a probablement quelque chose d'analogue dans celui de Pembrocke. Il ne paraît donc pas impossible que les égouts apportent dans certaines parties de ces bassins, au moins accidentellement, à part des substances réductrices et sulfurées [1], une température un peu supérieure à celle que la mer possède à un état normal.

Il est à ajouter que la surface du bois sur laquelle s'est appliquée la pyrite est fortement noircie, de manière à ressembler à une substance ulmique, et témoigne ainsi de l'action réductrice opérée par la substance végétale.

Commè mode de formation actuelle de la pyrite, il en est un qui est bien digne d'attention et qui cependant est ordinairement passé sous silence dans les ouvrages de géologie : c'est celui qu'a signalé M. Bunsen dans son important travail sur l'Islande [2]. Comme l'a parfaitement montré cet éminent savant, la pyrite de fer se produit en plusieurs localités

[1] La formation du sulfure de fer dans une marne bleuâtre d'alluvion récente de l'Océan près Saint-Malo, a été signalée par MM. Durocher et Malaguti ; mais, d'après l'indication de ces savants, le sulfure était décomposé par les acides et ne présentait pas d'éclat métallique. Il ne paraît donc pas que ce fût réellement de la pyrite.

[2] *Poggendorff's Annalen*, t. LXXXIII, p. 197 à 272 ; 1851. Traduction du Mémoire dans les *Annales de Chimie et de physique*, 3ᵉ série, t. XXXVII, p. 276 à 281 ; 1855.

de ce pays, sous l'influence de fumerolles chargées d'hydrogène sulfuré; ces substances gazeuses réagissent sur le fer
contenu dans les roches silicatées, à travers lesquelles elles
s'infiltrent et qu'elles attaquent particulièrement la palagonite et les roches pyroxéniques. Dans ce cas, la pyrite a cristallisé très-nettement, en innombrables petits cristaux de
forme cubique. Elle est associée à du sulfate et à du carbonate
de chaux, dont la base a été également enlevée à la roche
silicatée et quelquefois mélangée de soufre en excès [1].

Quoique formée par voie humide, la pyrite du carrelage
romain de Bourbonne a de l'analogie avec la pyrite engendrée par les fumerolles d'Islande, quant au mode de dissémination dans la roche où elle a pris naissance.

A côté de ces exemples de la formation actuelle de la pyrite
dans la nature, il ne faut pas oublier qu'elle a été produite artificiellement, par M. Becquerel, puis par de Sénarmont, avec les minéraux caractéristiques des filons métallifères.

Quelque variées que soient les circonstances où la pyrite est
actuellement saisie en voie de formation, on ne peut, en général, observer ces circonstances qu'à la condition de pénétrer
dans les roches à une certaine profondeur, jusqu'à des parties
soustraites à l'oxygène de l'atmosphère. Cela explique pourquoi la production contemporaine de cette espèce minérale
ne se constate que rarement, en comparaison des innombrables gisements qu'on en rencontre dans les roches de
formation ancienne. Toutefois, il est probable que la pyrite
se produit fréquemment encore à une certaine profondeur,
par exemple au-dessous des points où, comme dans les
lagonis de la Toscane, nous voyons se former, à la surface
du sol, du sulfate de chaux sous l'influence d'exhalaisons

[1] M. Johnstrup, professeur à l'Université de Copenhague, répondant à une prière que
je lui avais adressée, a bien voulu m'envoyer des échantillons de cette pyrite contemporaine d'Islande, avec une obligeance dont je tiens à le remercier.

d'hydrogène sulfuré. De même, à Hamman-Meskoutine, la pyrite de fer qui vient d'être mentionnée, se forme en même temps que les dépôts calcaires du bassin des sources, dans lesquels le soufre ne se montre plus qu'à l'état de sulfate de chaux, mélangé parfois de soufre natif.

La limonite, dont la production est si fréquente à la température ordinaire, a pris naissance aussi dans l'eau thermale.

A Bourbon-l'Archambault, la pyrite, produite aux dépens d'une barre de fer qui a disparu et sur laquelle elle s'est moulée, est accompagnée d'un autre minéral, dont la formation ne mérite pas moins d'intérêt : c'est le fer carbonaté spathique ou sidérose, qui forme, à l'intérieur du tube de pyrite, un dépôt de moins d'un millimètre d'épaisseur[1]. La sidérose est en masses cristallines, hérissées de cristaux d'un gris jaunâtre, transparents, biréfringents, ayant tout à fait l'aspect de certaines variétés de sidérose des anciennes périodes. Une association semblable de la sidérose et la pyrite de fer est fréquente dans la nature.

Le carbonate de fer, dont Gustave Bischof a observé la formation dans les bassins des sources carbonatées gazeuses de la vallée de Brohl[2], n'était pas cristallisé. D'un autre côté, on sait que de Sénarmont, dans ses belles expériences sur la formation artificielle, par voie humide, de diverses espèces minérales, a obtenu la sidérose cristallisée[3] par plusieurs réactions, telles que la précipitation du sulfate de fer par du carbonate de soude ; mais c'était sous pression et à une température d'environ 150 degrés. Or à Bourbon-l'Archambault, il a suffi d'une température de 52 degrés pour que la sidérose cristallisée prît naissance.

[1] *Comptes rendus de l'Académie des sciences*, t. LXXX, p. 1501.
[2] *Lehrbuch der chemischen Geologie*, t. I, p. 457.
[3] *Comptes rendus*, t. XXVIII, p. 694; 1849.

Dans diverses parties du béton, la chaux attire l'œil par une couleur bleue; c'est constamment autour de menus débris de bois que la substance de cette couleur s'est déposée, sous forme d'enduits très-minces et pulvérulents. L'absence de soufre qui y a été constatée au chalumeau montre qu'elle diffère de la lazulite : c'est de la vivianite, dont le phosphore a visiblement été fourni par le bois. Cette association de la vivianite avec des végétaux en décomposition se rencontre fréquemment dans les dépôts tourbeux et ailleurs.

Sur un autre point, ce sont des débris de dents (de chèvre ou de bœuf), qui se sont enveloppées d'un enduit mince et fortement adhérent de vivianite.

Le fer qui se trouvait immergé dans l'eau thermale de Bourbonne ne s'est pas transformé en une rouille ordinaire. Comme exemple de l'action de l'eau thermale sur ce métal, je mentionnerai une ferrure en bois qui y était plongée depuis dix ans seulement. Un essai chimique fait sur le produit de l'oxydation de cette ferrure a montré qu'il contient de la silice, faisant gelée sous l'influence des acides (3,50 p. 100), et qui par conséquent était combinée au peroxyde de fer.

En même temps que le fer a été attaqué par l'eau, le bois qui y était enchâssé a pris une teinte ocreuse, et s'est imprégné de substances inorganiques, particulièrement de peroxyde de fer, mélangé aussi de silicate, ainsi que de carbonate de chaux, et peut-être de carbonate de protoxyde de fer.

Des échantillons analysés au bureau d'essais de l'École des mines ont donné les résultats ci-après, auxquels on a joint la composition d'un bois rencontré à Plombières, dans des parties baignées par l'eau thermale, à proximité d'une ferrure; ce dernier bois est beaucoup plus riche en limonite que les autres.

Bois ferrugineux de Bourbonne-les-Bains et de Plombières.

	BOIS ferrugineux de la source de Bourbonne-les-Bains.	ROUILLE de Bourbonne-les-Bains.	BOIS ferrugineux recueilli dans l'eau thermale de Plombières.
Acide carbonique	1,80	—	traces
Acide chlorhydrique.	traces	0,50	traces
Acide sulfurique	traces	0,07	2,40
Silice	5,00	5,50	4,60
Fer métallique (par barreau aimanté).	—	14,00	—
Peroxyde de fer	10,00	66,00	57,50
Protoxyde de fer	2,00	—	—
Chaux.	5,00	1,20	4,60
Magnésie	0,60	0,50	2,60
Eau et bois	79,60	14,50	28,50
	100,00	99,67	100,00

L'exemple de l'affinité de l'acide silicique pour le fer a
son analogue à Plombières, où le fer, en s'oxydant dans
l'eau thermale, a produit également un silicate hydraté[1].

Minéraux à base de chaux. Dans les boursouflures des
briques qui ont été soumises à l'action de l'eau minérale à
Bourbonne et à Plombières, on rencontre çà et là du carbonate de chaux, à l'état de calcite. Parmi les formes qu'affecte cette espèce, il convient de mentionner celle de
prisme hexagonaux réguliers, terminés par un rhomboèdre,
probablement le rhomboèdre primitif. Ces cristaux sont
complétement limpides et incolores.

En outre, dans le dallage de Bourbonne dont il a été
question plus haut, à l'occasion de la pyrite qui s'y est for-

---

[1] Une substance vitreuse à teinte translucide, d'un rouge foncé comme la goethite, et
donnant une gelée sous l'action des acides, qui a été rencontrée à Plombières, ressemble
à la mélanosidérite récemment décrite par M. Cooke. *Proceedings of American Acad.
of Arts and Sciences.* 1875, t. XVIII ; *Leonhards Jahrbuch.* 1875, p. 651.

méc, la calcite est en masses cristallines, remplissant totalement les cavités de la brique; elle s'y présente, comme dans beaucoup de roches amygdaloïdes (toadstones, variolites du Drac). On sait d'ailleurs que dans bien des contrées, comme aux environs d'Oberstein et au lac Supérieur, des roches amygdaloïdes renferment, à la fois et sur des points voisins, des zéolithes et du carbonate de chaux; c'est un trait de plus de ressemblance entre les actions qui y ont développé ces divers minéraux et celles qui les ont formés dans les briques de Bourbonne comme on le verra plus loin.

Comme complément de l'histoire de la formation des minéraux contemporains formés aux dépens du cuivre et aux dépens du plomb, je ferai connaître des effets d'érosion subis par ces métaux.

Mode d'attaque de cuivre rouge par l'eau thermale. Des tubes verticaux en cuivre rouge servaient à l'ascension de l'eau du forage n° 10. Un chapeau percé de trous, en tête d'arrosoir, qui termine ces tubes à leur partie supérieure, était partiellement émergé; de plus, le niveau de l'eau qui le mouillait était variable à chaque instant, par suite du dégagement de bulles de gaz qui le faisaient alternativement monter et descendre. Sur la partie où ils étaient complétement immergés dans l'eau thermale, ces tubes ne s'altéraient aucunement, non plus que dans la partie habituellement sèche; mais la zone de 9 centimètres de hauteur, qui était successivement mouillée et exposée à l'air, s'attaquait graduellement; il a suffi de l'espace de trois ans pour que la feuille se dissolvît complétement.

Un fait analogue s'est produit au sondage n° 12, ou fontaine-chaude, mais ici, sur un tube horizontal et de disposition différente (*fig.* 15). Dans ce sondage le niveau de l'eau était variable aussi, mais à plus longs intervalles, parce que cette source artésienne, en dehors de la saison balnéaire, devait donner de l'eau, non plus à l'établissement, mais aux habitants.

Quelle est la cause de cette dissolution du cuivre? Les pellicules noires très-minces, dont le métal se recouvre préalablement, ne renferment pas de traces de soufre. Ce n'est donc pas à l'état de sulfure que le cuivre disparaît, ainsi qu'on pouvait d'ailleurs le supposer, puisque l'action de l'atmosphère intervient. L'enduit dont il s'agit paraît être

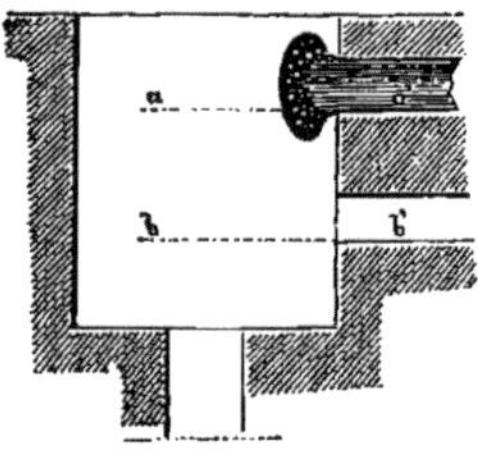

Fig. 15. — Corrosion d'un tuyau de cuivre soumis, d'une manière intermittente, à l'eau minérale, dont le niveau oscille de $a\,a'$ à $b\,b'$. La partie du tuyau, située au-dessous du niveau supérieur $a\,a'$, se dissout graduellement. — Échelle de $\frac{1}{25}$

de l'oxyde noir du même métal. Cet oxyde, produit par l'action de l'humidité et de l'oxygène atmosphérique, disparaît peu à peu, emporté par l'eau thermale, soit à l'état de dissolution, à la faveur des diverses substances minérales que renferme cette eau, soit entraîné mécaniquement à raison de sa friabilité.

Tuyaux de plomb immergés dans l'eau thermale. Des tuyaux de plomb ont été rencontrés en grand nombre dans les galeries des Romains, et dans le voisinage de somptueuses piscines en marbre blanc. Ces tuyaux, dont la section est celle d'une poire, sont formés d'une feuille repliée sur elle-même, puis soudée au plomb, suivant le procédé alors en usage (*fig.* 14). Il est de ces tuyaux[1] qui sont disposés horizontalement et qui portent l'inscription *cocillus f.* (*fig.* 17). Leur longueur atteint 2^m,40. Les brides n'étaient pas employées alors, comme elles le sont aujour-

Fig. 14. — Coupes transversales de tuyaux en plomb de l'époque romaine, faisant voir leur mode de fabrication. — Échelle $\frac{1}{4}$

d'hui, pour l'assemblage des tuyaux : ils étaient emmanchés l'un dans l'autre, puis soudés. De plus, ils étaient enveloppés d'une couche de béton B de 15 centimètres d'épaisseur, et ainsi disposés entre deux pierres de taille G convenablement évidées (*fig.* 15).

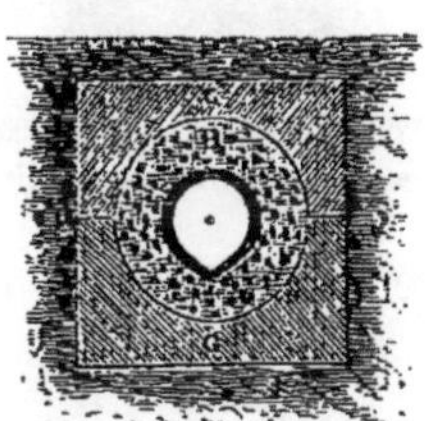

Fig. 15. — Tuyau horizontal de plomb enchâssé dans du béton B, lui-même compris entre deux blocs de grès bigarré G : constructions romaines de Bourbonne-les-Bains. — Échelle $\frac{5}{100}$

D'autres tuyaux de plomb placés verticalement ont été trouvés dans un puits à l'intérieur de l'établissement militaire (source n° 2) (*fig.* 16).

Au lieu d'être soudés comme les tuyaux horizontaux,

---

[1] Rencontrés dans la partie des fouilles située au sud du nouveau puisard, et à 5 mètres de profondeur.

ces tuyaux étaient réunis par des emmanchements en bronze, qui servaient de brides. Une soudure *s* était appliquée à la jonction du plomb et du bronze, ainsi que sur la séparation des deux tuyaux en bronze. Ces deux derniers avaient été probablement tournés et alésés, puis étamés, comme on le fait encore aujourd'hui, afin de donner de l'adhérence à la soudure; la pellicule d'étain appliquée

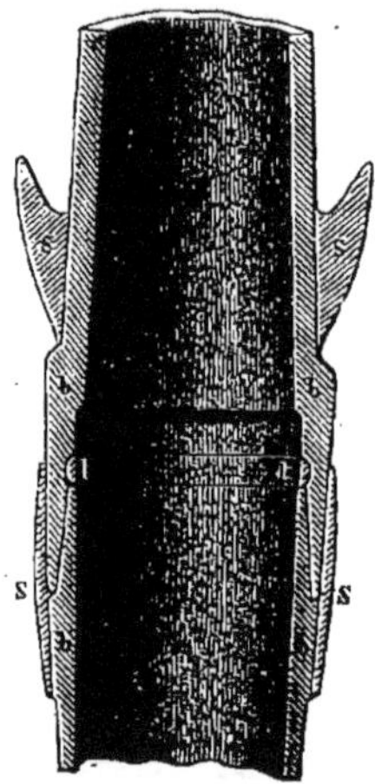

Fig. 16. — Emmanchement en bronze *b* servant à l'assemblage des tuyaux de plomb verticaux dans les constructions romaines ; *s* soudure, *t* bague intérieure en plomb. — Échelle de $\frac{1}{4}$

dans ce but est encore bien visible. Une bague en plomb *t*, placée à l'intérieur, dans une cavité réservée, et soudée à l'avance, avait été mattée par force, dans l'ajustage du tuyau, par un emmanchement conique qui était ajusté avec beaucoup d'exactitude[1].

A part les minéraux auxquels ils ont donné naissance, ces tuyaux en plomb offrent des preuves évidentes de l'action énergique que l'eau minérale a exercée sur eux.

---

[1] L'intérieur du tuyau de plomb présente des rainures qui paraissent résulter du frottement qu'il a subi de la part des tuyaux de bronze. Les dimensions des tuyaux de bronze sont : diamètre intérieur 0^m,08 à 0^m,10, et épaisseur 13 millimètres environ.

L'un des tuyaux horizontaux (*cocillus*), provenant des piscines découvertes dans la chambre des nouvelles pompes de l'établissement civil, était enveloppé de béton (*fig.* 17). Il a été fortement rongé, de l'intérieur à l'extérieur, sous forme de cavité arrondies, à peu près hémisphériques, et parfois assez profondes pour avoir amené une perforation complète, quoique l'épaisseur du tuyau approche d'un centimètre. La surface extérieure de ce même tuyau a été elle-même rongée, mais moins profondément, de l'extérieur à l'intérieur, probablement après que l'eau thermale, n'ayant plus son cours dans le tuyau, s'était épanchée au dehors.

Fig. 17. — Tuyau de plomb, de fabrication romaine, ayant servi pour la conduite de l'eau thermale, qui y a produit de fortes érosions. — Échelle $\frac{1}{2}$

On s'est souvent occupé des altérations que l'eau peut faire subir au plomb des tuyaux de conduite. On voit par la forme et par la profondeur de ces cavités, combien l'action a été énergique, dans le cas d'une eau thermale et minéralisée comme celle de Bourbonne; car ces perforations paraissent remonter à l'antiquité.

Les feuilles de ces tuyaux se sont divisées par des fissures de retrait, perpendiculairement à leur surface principale, sans perdre leur ductilité. Il en est de même à Plombières, et c'est un fait qui a d'ailleurs été observé encore dans d'autres circonstances[1].

---

[1] On a essayé, en Angleterre, de transporter l'acide sulfurique dans des vases en plomb montés dans du bois. D'après les échantillons qui m'ont été montrés par M. le professeur Percy, le plomb, au bout de quelques jours, présentait un retrait du même genre; on a dû renoncer à ce procédé de transport.

Sur la jonction des deux tuyaux en bronze qui sont juxtaposés bout à bout, se trouve, sous un manchon de plomb, un enduit épais d'une substance noirâtre qui paraît avoir été appliquée pour servir de soudure; toutefois, dans le cours des siècles, cette soudure a probablement subi une modification sous l'influence de l'eau thermale.

L'analyse de cette soudure, qui a été faite au bureau d'essais de l'École des mines, a donné les résultats suivants sur 100 parties :

Étain.	5,00
Cuivre.	6,00
Plomb.	68,60
Antimoine.	absence.
Fer.	1,50
Soufre.	15,50
Résidu argileux.	4,50
	99,10

Dans l'action de l'eau thermale sur cette soudure, comme dans la formation de la galène aux dépens du plomb, on trouve un exemple de la tendance des métaux à se sulfurer dans une eau thermale, lors même que celle-ci ne renferme que des sulfates, sans sulfure à l'état normal.

D'autres faits se rattachent aux actions chimiques auxquelles est due la formation des minéraux dont il vient d'être question. Il n'est pas hors de propos de les signaler. Telles sont la minéralisation ou fossilisation de débris organiques végétaux et animaux, et les érosions remarquables produites dans le fond du puisard sur des pierres de taille en calcaire.

Minéralisation ou fossilisation des débris organiques végétaux et animaux. — D'après ce qui vient d'être exposé sur les changements que les eaux thermales ont fait subir à diverses substances inorganiques, métaux et maçonneries, il n'y a pas à s'étonner qu'elles aient agi aussi sur des corps organisés qui y étaient plongés.

Tels sont particulièrement dés pilotis, rencontrés dans les fouilles de l'établissement civil, à l'angle sud-ouest du puisard romain (*fig.* 18). Les pilotis *p* servaient de fondation à un petit canal de 50 centimètres de largeur, construit en calcaire oolithique, qui amenait de l'eau douce venant du sud : ils étaient fichés, à 10 ou 15 centimètres de distance l'un de l'autre, dans une couche d'argile apparte-

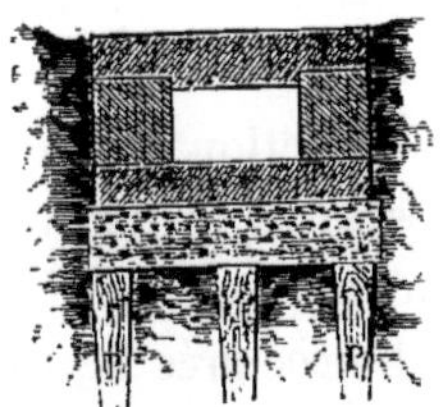

Fig. 18. — Pilotis romains P, dont le tissu est incrusté par de la calcite :
ils servaient de fondation à un canal.

nant à l'étage supérieur du grès bigarré ; leur partie supérieure était de 8 mètres au-dessous de la surface actuelle du sol.

Tout en ayant très-distinctement conservé leur texture, ces bois sont devenus durs et lourds, par suite de la matière minérale qu'ils ont absorbée. Celle-ci, qui n'est autre que du carbonate de chaux, y est très-inégalement répartie, ainsi qu'on peut s'en convaincre à la première vue. A côté de faisceaux fibreux blanchâtres, à peine altérés dans leur aspect, ressemblant à du bois desséché et faisant à peine effervescence, il en est qui sont tellement chargés de carbonate de chaux, que leur texture originelle est devenue méconnaissable, au moins à première vue. Dans l'échantillon que je possède, la partie voisine de l'écorce et l'écorce elle-même se distinguent du reste de la tige par l'absence du carbonate de chaux, comme on le constate facilement à l'aide d'un acide.

Des tranches minces de ce bois minéralisé ont été coupées suivant des directions transversales et radiales, puis examinées au microscope. L'action de ces plaques sur la lumière polarisée montre que la calcite dont elles se composent est, pour la plus grande partie, transparente et cristalline. Au milieu de la calcite lamellaire se dessine un réseau de parties généralement opaques, offrant de la manière la plus nette la configuration du tissu végétal : les cellules, les vaisseaux et les rayons médullaires y sont parfaitement reconnaissables.

D'ailleurs, soumis à l'action de l'acide chlorhydrique, ce débris végétal ne laisse qu'un faible résidu qui, dans le fragment que j'ai examiné, n'est que de 3,1 p. 100 du poids total, c'est-à-dire qu'il a absorbé près de 97 p. 100 de son poids de carbonate de chaux. Le résidu, d'une teinte pâle, conserve encore la texture ligneuse du végétal, au moins aussi nettement que les parties du même bois qui ne sont pas minéralisées.

Ainsi la substance originelle du bois a, en partie, disparu pour faire place au carbonate de chaux, et la partie qui s'est conservée, sans passer à l'état de pourriture et sans perdre sa texture, s'est remplie du même sel, jusque dans les moindres interstices de ses cellules, qui paraissent avoir été distendues par cette imprégnation.

M. Renault, attaché au Muséum et connu par ses intéressantes recherches sur les végétaux fossiles, a bien voulu préparer diverses sections de ces bois fossiles, et en faire l'examen ; il y a reconnu l'essence du hêtre.

Quant à d'autres pilotis qui supportent les murs du puisard romain, au milieu duquel jaillit la source thermale, à une température de plus de 67°, les parties qu'on en a détachées sont toutes différentes de celles dont il vient d'être question : au lieu d'être minéralisées, elles sont devenues noirâtres et ressemblent à certains lignites.

Ces circonstances, relatives à la fossilisation contemporaine de végétaux, paraissaient mériter d'être signalées, quoiqu'on connaisse déjà divers exemples actuels d'imprégnation de bois par du carbonate de chaux, notamment celui qui a été rencontré dans un aqueduc romain, à Eilsen, par M. Cotta, et décrit par M. Stockes, et d'autres cas signalés par M. le professeur Gœppert.

Ces faits ne sont d'ailleurs que la continuation de ceux qu'on rencontre dans les couches des anciennes périodes, où la fossilisation des bois par le carbonate de chaux n'est pas rare, par exemple dans le lias de nombreuses localités et dans le calcaire jurassique de Solenhofen en Bavière [1].

Des cornes de bœuf ont été rencontrées dans les mêmes substructions de Bourbonne, à une profondeur $4^m,50$ (près des vestiges d'un temple). Ces cornes, ou plutôt leurs axes osseux, ont été imprégnés aussi de carbonate de chaux, comme l'annonce d'ailleurs leur densité, qui est supérieure à celle des os ordinaires. Quand on en examine au microscope une plaque mince, on voit que ce minéral a rempli partiellement les cavités et a formé, dans les plus grandes, des géodes tapissées de cristaux de calcite. Ces os renferment encore de la matière organique ; car ils noircissent au feu, mais sans exhaler aucune odeur annonçant une matière azotée.

Comme exemple d'un mode de minéralisation produit dans le même milieu, mais sous l'action d'autres agents, je rappellerai le bois ferrugineux, imprégné d'oxyde de fer hydraté, qui a été mentionné plus haut (page 95), parmi

---

[1] Gœppert, *Genres des plantes fossiles*, 1844. — Schimper, *Paléontologie végétale*, p. 44.

les combinaisons formées aux dépens du fer. Par son aspect ce bois, que M. Renault a reconnu appartenir à l'essence de conifères, probablement au sapin, offre de la ressemblance avec certains végétaux ferrugineux des terrains stratifiés plus ou moins anciens, particulièrement avec les débris de conifères que j'ai reconnus autrefois au milieu du minerai de fer pisolithique de l'Alsace [1]. En outre, le bois est imprégné d'une substance transparente incolore, agissant fortement sur la lumière polarisée, qui n'est autre que de la calcite.

La formation des zéolithes dans les boursouflures et dans les pores des briques des bétons romains, à Bourbonne-les-Bains comme à Plombières, montre comment, dans certaines circonstances, les substances pierreuses peuvent agir sur les dissolutions qui les traversent, pour former et fixer divers composés.

L'action analogue et non moins énergique des tissus organiques ressort des faits qui viennent d'être exposés.

En effet, aucune incrustation calcaire n'a été signalée à proximité des bois calcarifiés dont il vient d'être question. C'est bien la matière ligneuse qui, par une sorte de sélection, a attiré et concentré dans ses cellules le carbonate de chaux. Sur d'autres points elle a agi de même, en attirant et en produisant des bois ferrugineux. Le rôle de l'affinité capillaire, sur lequel M. Chevreul a si justement appelé l'attention par de profondes observations, ressort clairement aussi du mode de minéralisation des débris organiques dans les couches stratifiées de tous les âges, par exemple, des bois silicifiés qui, très-fréquemment, ne sont avoisinés par aucun dépôt siliceux.

On vient de voir que dans le sous-sol de Bourbonne,

____

[1] *Comptes rendus*, t. XXI, p. 550 ; 1845.

comme dans les anciennes roches, la tendance de la matière
végétale à se minéraliser est loin de se manifester uniformément, même quand on ne considère que des points
très-voisins, comme divers pilotis contigus ou les différentes
parties d'une même pièce de bois. Comme autre exemple de
contraste, j'ajouterai qu'à Plombières et à Bourbonne la
chaux du béton romain où se sont formées les zéolithes renferme de menus fragments de bois. Ces débris végétaux sont
fréquemment enveloppés de cristaux du silicate hydraté,
appartenant à l'espèce chabasie, qui se sont fixés à leur surface avec une préférence marquée. Cependant ces mêmes
bois, d'une teinte blanchâtre, ne sont pas notablement imprégnés de matières minérales.

**Erosions remarquables produites dans le fond du puisard sur
des pierres de taille en calcaire.** Après avoir examiné les dépôts formés par l'eau thermale, il convient de mentionner
des érosions remarquables qu'elles ont fait subir à des
pierres de taille, dans les murs du puisard romain. Ces
pierres de taille consistent en calcaire de l'étage de la grande
oolithe et paraissent provenir des carrières de Chalvraines
(Haute-Marne), qui sont situées à 30 kilomètres de distance[1].

Quoique cette pierre ait été choisie, comme celles que
les Romains ont employées en général, dans la qualité la
plus résistante, elle a subi des érosions profondes et si
irrégulières qu'il est difficile de les décrire ou de les représenter par un dessin. Toutefois, la *fig.* 19 en donne
une idée, que l'on peut compléter à l'aide des petits échantillons que j'ai rapportés et déposés dans la collection de
l'École des mines.

Ce que l'on remarque au milieu de ces formes déchi-

---

[1] Peut-être aussi de Roche-sur-Vannon, commune de Dampierre-sur-Salon (Haute-
Saône).

quetées, c'est qu'elles sont évidemment dues à des perforations qui ont été produites *de bas en haut*. Les joints de ces grandes pierres de taille étaient soigneusement établis ; cependant l'eau minérale en a profité pour se frayer graduellement un chemin entre les blocs. Elle a particulièrement travaillé le long des joints verticaux et a fini ainsi par creuser, à proximité de ces joints, des espèces de cheminées se rétrécissant dans leur partie supérieure, dont la

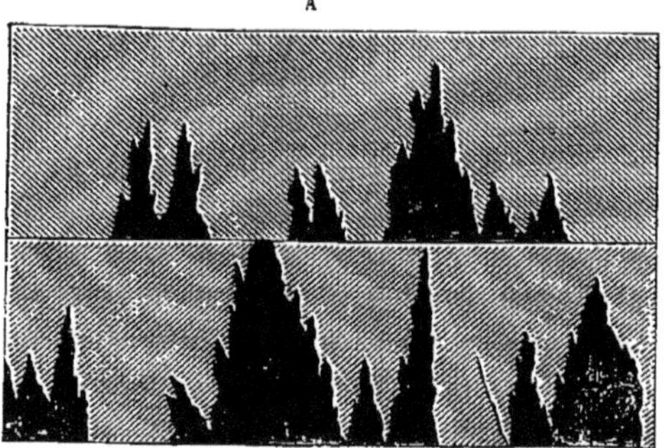

Fig. 19. — Érosions produites par l'eau thermale, sur le calcaire du revêtement intérieur du puits : A aspect de la paroi intérieure du puits pour un observateur placé dans l'axe ; B vue transversale de la paroi. — Échelle de $\frac{1}{20}$

hauteur atteint parfois 60 centimètres, épaisseur de la pierre de taille [1].

Le béton du fond du même puisard a été lui-même profondément rongé.

Il est à remarquer que des colonnes antiques du même calcaire, plongées dans la même eau et à quelque distance du puisard, ne présentent aucune cavité du même genre.

L'eau de Bourbonne est chargée de sels neutres ; l'acide carbonique, qui a été observé par quelques observateurs, y est très-peu abondant. Son action chimique paraît donc avoir été très-favorisée par le mouvement d'ascension ra-

____
[1] Telles sont celles qui sont déposées dans le jardin de l'établissement.

pide dont elle est animée, au voisinage de son principal orifice d'émergence [1].

Par l'ensemble et par les particularités de leurs formes, les érosions dont il vient d'être question ressemblent à celles qui se sont autrefois formées, de toutes parts, dans les calcaires de tous les âges, souvent sous formes de *puits naturels*. Beaucoup d'amas de calamine, de minerai de fer et autres gîtes métallifères, lorsqu'ils sont enclavés dans des calcaires, remplissent des cavités du même genre; on peut aussi en rapprocher les épanouissements que présentent les filons métalliques dans les parois calcaires. Bien des puits naturels et d'autres anfractuosités ont certainement été creusées de haut en bas; mais nous trouvons ici un exemple contemporain de perforations naturelles et parfaitement caractérisées qui ont été opérées en sens inverse, c'est-à-dire de bas en haut.

Nature des sables au travers desquels jaillit la source principale. — Ainsi qu'on l'a dit plus haut, le sondage exécuté dans l'établissement civil a rencontré une sorte de colonne de sable qu'il a traversée, jusqu'à 32 mètres, c'est-à-dire sur 22 mètres de profondeur. Puis, après avoir traversé des argiles rouges de l'étage du grès bigarré, il est entré dans le grès bigarré lui-même.

Ce sable, essentiellement quartzeux, examiné à une forte loupe ou au microscope, se montre formé en grande partie de grains de quartz cristallins ou cristallisés. On y rencontre aussi de petits fragments arrondis de quartz appartenant à diverses variétés, hyalin, grenu et saccharoïde : les uns sont incolores, les autres roses ou rouges et traversés par des veinules de jaspe; quelques-uns renferment des cristaux de quartz en géodes, d'autres en présentent à leur surface, sous forme de druses.

Ce sable est associé à de nombreux fragments anguleux de grès bigarré blanchâtre; quelques fragments de grès présentent des empreintes de cristaux cuboïdes, tels que ceux qui ont été mentionnés plus haut, comme associés aux médailles; de la pyrite s'est déposée sur quelques-uns des fragments de grès ou de quartz.

En lavant le sable pour y chercher les parties plus denses qui peuvent

---

[1] Au-dessus du trop-plein du puisard romain, on remarquait peu d'érosions, de même qu'à 5 mètres au-dessous de ce trop-plein, tandis qu'elles étaient très-prononcées dans l'espace intermédiaire.

s'y trouver, on arrive à un résidu peu abondant, où l'on distingue facilement, à l'aide du microscope, des grains de pyrite, comme on l'a dit précédemment, ainsi que d'autres grains noirs et attirables consistant en fer oxydulé magnétique. Parmi les grains incolores, il en est qui n'ont pas la forme du quartz, mais celles de prismes carrés, terminés par des pyramides carrées reposant sur les arêtes du prisme; ils paraissent avoir la forme du zircon.

M. Terreil, aide de chimie au Museum, a bien voulu examiner chimiquement ce sable; il a reconnu qu'il est en totalité attaqué par le fluorhydrate d'ammoniaque.

Parmi les substances rencontrées dans ce sable, il se trouve aussi une substance blanche, grasse au toucher, de nature organique, qui a été l'objet d'un examen spécial de M. Chevreul.

Une [matière grasse semblable avait d'ailleurs été rencontrée dans les échancrures des pierres de taille de calcaire oolithique, dont les parois du puisard sont construites; elle y formait quelques petites stalactites.

Le sable de la colonne d'ascension de la source, dont il s'agit, diffère des sables que l'on rencontre à la surface du sol, aux environs de Bourbonne, par exemple dans la rivière de la Borne et qui provient en partie de la désagrégation du grès liasque.

Ce sable ressemble beaucoup plus à celui qui constitue le grès bigarré, et le grès des Vosges, roche dans laquelle beaucoup de grains sont éminemment cristallins et même cristallisés [1].

Quant aux diverses variétés de quartz hyalin, qui sont représentées dans ce même sable par des fragments, on les rencontre en place dans plusieurs étages du trias, et par exemple, dans le muschelkalk, près de la partie où ses couches s'appuient sur le granite, à Bussières-les-Belmont, ainsi que dans les terrains de transport du voisinage [2].

Observation. — Des minéraux de la famille des silicides, particulièrement de la calcédoine, de l'opale et des zéolithes, ont été rencontrés dans les sources thermales de Plombières, de Bourbonne et d'autres localités, avec les minéraux qui précèdent. Quelquefois, malgré la différence de nature, ces combinaisons se rencontrent aussi dans les gîtes métallifères, juxtaposées aux combinaisons sulfurées des métaux,

---

[1] *Recherches expérimentales sur la formation des galets, du sable et du limon,* *Annales des mines,* 5e série, t. XII, p. 554; 1857.

[2] Notamment dans les matériaux qui servent d'entretien au vieux chemin de Coiffy.

de même qu'à Bourbonne. Toutefois les zéolithes offrent une intérêt particulier pour l'histoire des roches éruptives, et des roches métamorphiques ; aussi ce qui concerne ces espèces est placé dans le chapitre suivant.

Ressemblance frappante de la minéralisation contemporaine avec celle des anciennes Périodes. — Dès qu'on jette un coup d'œil sur les minéraux contemporains dont il a été question plus haut, on est frappé de la ressemblance que, dans leur disposition générale, ils présentent avec ceux qui abondent dans les gîtes métallifères des anciennes époques. Ainsi, par la manière dont ils se sont précipités au milieu des fragments pierreux, ils rappellent bien les brèches à ciment métalliques, si fréquentes dans les filons ; ils ressemblent également au poudingue, avec galène, du grès bigarré du Bleyberg près Commern, en Prusse et, mieux encore, en raison de leurs nombreux débris végétaux, aux poudingues et grès cuprifères exploités dans le pays de Perm, en Russie.

Le contraste observé dans ces cristallisations (page 85) entre la manière d'être des composés de cuivre et celle de l'étain rend bien compte d'un trait caractéristique du gisement de ce dernier métal qui, on le sait, s'est toujours déposé à l'état d'oxyde, lors même qu'à côté de lui, dans le même filon, et parfois à une très-faible distance, il s'est formé des combinaisons sulfurées, comme le mispickel.

Quant à l'antimoine, malgré ses analogies avec l'étain, il s'est comporté autrement : car, de même que dans les gîtes métallifères, il s'est ici associé de préférence au soufre.

Mode de formation des minéraux qui précèdent. — Pour expliquer la formation des minéraux sulfurés, au milieu de la boue, sous l'influence de l'eau minérale qui la traverse sans cesse, on est amené à admettre que les sulfates en dissolution, sous l'influence des matières végétales qui étaient en présence, se sont en partie réduits à l'état de sulfures. Cette sorte de réduction, dont on connaît bien d'autres exemples, paraît être aidée, conformément à la loi de Berthollet, par la nature insoluble des sulfures métalliques qui en sont le produit.

Il est remarquable que, au milieu de ces circonstances fortuites, le sulfure complexe désigné sous le nom de tétraédrite se soit isolé avec une netteté si parfaite, appelant l'antimoine et les autres éléments, comme par une sélection et en vertu de lois d'équilibre. Ce minéral, ainsi que la chalkopyrite, la philippsite et la chalkosine, produits les uns à côté des autres, dans des circonstances de composition et de température probablement assez analogues, apportent des exemples de la grande tendance de certaines combinaisons naturelles à se former, même au moyen de substances qui se rencontrent dans des proportions indéfinies.

La présence de l'antimoine, élément essentiel de la tétraédrite, est de nature à surprendre, car ce métal, dont on a reconnu des traces dans les sources minérales de diverses localités, n'a pas été signalé, au moins jusqu'à présent, dans celles de Bourbonne-les-Bains.

C'est donc vraisemblablement aux objets enfouis dans le puisard que ce métal a été emprunté. Les Romains, sans connaître l'antimoine métallique, employaient plusieurs de ses combinaisons, par exemple le sulfure, pour peindre le contour des yeux. Aucune substance, visiblement antimoniale, n'a été mentionnée parmi les objets découverts dans les boues du puisard; mais cet antimoine peut avoir été fourni par certaines médailles. On peut le supposer, d'après les nombreuses analyses de bronze antique, dont on est redevable à M. de Fellenberg; quelques-unes y mentionnent l'an-

timoine (dans la proportion de 0,001 à 0,006). La présence
de l'antimoine dans quelques minerais de cuivre, et notamment dans le cuivre gris, rend compte de ce mélange, aussi
bien que de l'existence du cobalt et du nickel et d'autres métaux accidentels dans les mêmes bronzes antiques.

Dans le but de rechercher plus exactement d'où pourrait
provenir l'antimoine qui a servi à former des cristaux de
cuivre gris antimonial ou tétraédrite, dans le puisard ro-
màin des thermes de Bourbonne, on a soumis à l'analyse
chimique trois médailles, l'une de bronze (*a*), qui était incrustée de cette substance, une autre en bronze du voisinage de la première et non incrustée (*b*), et une troisième
en laiton (*c*). Les résultats, qui ont été obtenus au bureau
d'essais de l'École des Mines, sont les suivants :

Échantillons de bronze et de laiton antiques.

	(*a*)	(*b*)	(*c*)
Cuivre.	79,00	75,86	81,40
Etain..	10,50	6,60	0,60
Plomb.	9,60	16,16	1,84
Fer	0,50	0,60	0,50
Antimoine..	absence.	absence.	absence.
Zinc.	»	»	15,34
	99,60	99,22	99,68

On a donc constaté l'absence de l'antimoine et, en même
temps, une forte proportion de plomb, qui, dans l'un des
deux bronzes, s'élève à 16 p. 100.

Le même bureau d'essais a aussi procédé à l'examen d'un
échantillon de plomb, partiellement oxydé et passé à l'état
de carbonate et de sulfate, qui se trouvait dans le voisinage ;
on n'y a pas non plus trouvé d'antimoine, mais on y a constaté 10,40 p. 100 d'étain ; ce dernier métal y avait probable-

ment été ajouté artificiellement. Voici les résultats de ces deux analyses :

Échantillon de plomb partiellement oxydé.

PARTIE MÉTALLIQUE.		PARTIE OXYDÉE.	
Etain.	10,40	Oxyde d'étain	2,60
Plomb	85,00	Oxyde de plomb.	54,00
Fer	2,05	Acide carbonique	4,00
Cuivre	0.60	Acide sulfurique	10,00
Antimoine.	absence	Argile empâtée.	26,00
		Chaux.	traces
		Oxyde de fer.	2,50
		Antimoine	absence
	98,05		98,90

J'ajouterai que, dans un autre échantillon de plomb, l'argent a été reconnu, comme il arrive d'ordinaire dans les plombs antiques, n'être que dans une très-faible proportion (0,0004). On sait que le procédé de séparation de l'argent du plomb par la coupellation, était connu dès une antiquité très-reculée, ainsi que l'attestent certains passages de la Bible et des coupelles découvertes aux mines du Laurium.

La pyrite cuivreuse, bien que souvent recouverte par le cuivre gris, s'est aussi superposée à sa surface, en enduits minces, comme il est arrivé parfois dans les filons. L'ordre de succession des diverses espèces ne paraît donc pas avoir été constant dans la source de Bourbonne.

Toutes les causes d'actions électro-chimiques étaient réunies au milieu de ces nombreuses pièces, de métaux différents, qui étaient enfermées dans de l'argile et, en même temps, baignées par des eaux chargées de dissolutions salines.

L'ensemble de ces actions s'est produit depuis environ seize siècles; mais chacun des dépôts, considéré isolément, peut avoir exigé beaucoup moins de temps pour se former; car les actions paraissent s'être déplacées avec le temps.

c'est-à-dire avoir cessé sur certains points pour se porter sur d'autres.

Les pièces de bronze et de laiton ont, en général, été attaquées par l'eau minérale, mais d'une manière très-inégale. Quelques-unes ont conservé assez nettement leur relief et même leurs légendes, tandis que d'autres sont tout à fait corrodées ; il en est même qui ont été dissoutes assez profondément pour qu'elles soient percées et réduites à des lambeaux minces et déchiquetés. On reconnaît enfin que des centaines de médailles ont complétement disparu, ne laissant que leur empreinte, au milieu des combinaisons sulfurées produites à leurs dépens. Ces différences très-grandes dans le mode d'altération paraissent correspondre, non-seulement aux natures diverses des alliages, mais aussi aux situations variées que les médailles occupaient dans l'espèce d'appareil électro-chimique dont elles faisaient partie. Celles qui sont aujourd'hui empâtées dans la brèche à sulfures métalliques ont été particulièrement attaquées, ainsi d'ailleurs que pouvait le faire supposer l'abondance des produits formés à leurs dépens.

Au recensement des médailles disséminées dans la boue du puisard, qui a été donné plus haut, il faut par conséquent en ajouter un très-grand nombre d'autres, certainement au delà d'un millier, qui étaient empâtées dans le conglomérat. Quoiqu'elles aient entièrement disparu, elles sont encore représentées par leurs empreintes ou par des encroûtements cristallisés en forme de rognons ovoïdes et aplatis, qui se sont produits autour d'elles, et qui ont été signalés plus haut (*fig.* 5, p. 77).

Les médailles d'argent, même celles qui sont disséminées dans la brèche à sulfures métalliques, n'ont pas été en général attaquées comme celles de bronze ; leur relief est encore très-reconnaissable, à moins, toutefois, qu'il ne soit accidentellement incrusté de sulfures produits par le bronze dans le voisinage. Cela explique comment l'argent, dont on connaît l'affinité pour le soufre, n'a pas été rencontré, à l'état de sulfure, parmi les combinaisons métalliques qui nous occupent. On ne l'y a pas non plus trouvé à l'état de chlorure, comme aurait pu le faire d'abord supposer l'abondance des chlorures solubles contenus dans les eaux ambiantes.

On sait que la galène se reproduit facilement par voie sèche. D'un autre côté, elle est du nombre des minéraux sulfurés que de Sénarmont a imités par voie humide, dans de l'eau chauffée environ à 250 degrés ; mais à Bourbonne, c'est à une température beaucoup moins élevée qu'on voit cette espèce se produire, avec son éclat métallique et sa teinte bleuâtre habituelle.

L'intérieur des deux tuyaux de plomb, dont il vient d'être question, ne présente que des érosions et pas de dépôts : ces derniers se sont portés au dehors. La phosgénite a également pénétré dans l'intérieur du béton enveloppant le tuyau, et particulièrement dans les vacuoles qui y abondent (*fig.* 10, p. 84). Il s'y est formé un enduit noir de galène et de gypse, semblable à celui qui a été mentionné plus haut. Quelques cristaux très-petits de galène se sont également déposés sur la phosgénite qui tapisse ces cavités. Enfin le même minéral s'est produit sur une soudure de manchons de plomb avec des tuyaux de bronze (*fig.* 16, p. 100).

Plusieurs des faits qui viennent d'être exposés montrent combien est grande la tendance des sulfures métalliques à se former, même dans des eaux qui ne renferment pas ce genre de combinaison à l'état normal, et par la réduction des sulfates qu'elles tiennent en dissolution. Une tendance si caractérisée explique comment les minéraux les plus nombreux des filons appartiennent à la famille des sulfures.

Le nombre des espèces cristallisées ou bien définies, qui se sont formées dans le fond du puisard romain, n'est pas moindre que vingt-quatre, sans compter celles qui, étant restées à l'état amorphe, sont indéterminées. Toutes ces espèces ont pris naissance les unes à côté des autres, dans un espace très-restreint, d'une capacité de quelques mètres cubes.

L'action des eaux thermales est, en effet, loin d'être uniforme ; elle varie non-seulement suivant leur nature propre, mais aussi suivant celle des matériaux qu'elles rencontrent dans leur trajet, et qu'elles peuvent mettre en œuvre, conjointement avec les substances qu'elles tiennent en dissolution. C'est ainsi que dans le tissu du béton, où elles ont engendré des zéolithes, elles ont agi tout autrement que sur les substances métalliques.

Ces combinaisons ainsi accumulées et groupées rappellent, non-seulement par leur nature, mais par les caractères de leurs associations, la richesse en espèces nettement cristallisées que l'on observe dans les gîtes métallifères. Ceux du Banat, par exemple, présentent également la juxtaposition immédiate d'espèces aussi différentes que les sulfures métalliques, d'une part, et, d'autre part, les silicates hydratés de la famille des zéolithes.

Lorsqu'on cherche à introduire la méthode expérimentale dans la reproduction et l'étude des phénomènes géologiques, on rencontre, entre autres difficultés, la brièveté de l'existence de l'homme, si courte en comparaison des longs laps de temps qui ont été mis à contribution dans la formation de l'écorce terrestre. Heureusement des faits, tels que ceux dont il s'agit, viennent suppléer à cette impuissance en constituant de véritables expériences de démonstration, poursuivies pendant vingt fois la durée de la vie humaine.

Grâce à cette durée, nous surprenons le mécanisme indirect par lequel une eau, minéralisée par les sels neutres les plus communs, peut réaliser la synthèse des associations minérales naturelles. Le même fait nous fournit une preuve nouvelle de l'intervention des sources minérales dans le remplissage des filons métallifères de la catégorie la plus nombreuse, ainsi que dans d'autres dépôts des anciennes périodes.

Dans l'exemple de la transformation du bronze que nous avons sous les yeux, il semble que la nature, revendiquant ses droits sur ce que l'industrie humaine avait enlevé à son domaine, se soit plu, par l'intermédiaire de l'eau minérale, à reprendre son bien et à reconstituer exactement tous les minerais de cuivre et d'étain que l'exploitation du mineur lui avait ravis, et d'où les fourneaux du métallurgiste avaient laborieusement extrait les deux métaux constitutifs du bronze.

A Bourbonne, comme à Plombières, c'est très-près de la surface, à moins de huit mètres, que se sont produites des élaborations aussi instructives et si différentes de ce que nous sommes habitués à voir dans nos laboratoires. Il leur a suffi pour cela d'une température bien peu élevée, comparativement à celle qui règne plus profondément. D'ailleurs les fortes pressions, dont des expériences spéciales ont fait reconnaître la puissance, notamment dans la décomposition et la reconstitution des silicates, sont à peine intervenues dans ces deux exemples. De quelles actions ne serions-nous pas témoins, s'il nous était possible de descendre plus avant dans les cassures des roches qui servent de canaux d'ascension aux sources thermales! Quoique des obstacles s'opposent à la réalisation de ce vœu, nous constatons chaque jour plus clairement combien doit être important le rôle de l'eau, qui imbibe ou traverse les roches, dans toutes les parties de la croûte du globe, et surtout dans les régions où la chaleur terrestre, en atteignant un degré élevé, lui fait acquérir des propriétés de minéralisation particulièrement énergiques.

APPENDICE.

Production artificielle de la hausmannite. En décomposant le protochlorure de manganèse par la vapeur d'eau à la chaleur rouge, on obtient l'oxyde rouge de manganèse en petits octaèdres qui ont la forme de la hausmannite [1].

§ 5. — GITES DE PLATINE.

Expériences sur l'imitation artificielle du platine magnéti-polaire. On sait que certains échantillons de platine natif, non-seulement agissent sur l'aiguille aimantée, mais encore sont magnéti-polaires à la manière de véritables aimants.

Berzélius, dans un mémoire sur la composition des minerais de platine [2], a signalé cette propriété pour quelques-unes des pépites de Nichne-Tagilsk (Oural) qu'il a soumises à l'analyse [3].

Les sables aurifères de l'Oural laissent, à la fin des lavages qu'on leur fait subir, un résidu dans lequel l'or est associé à des substances ferrugineuses. Pour en séparer ces dernières, du moins en partie, on se sert d'un fort aimant d'oxyde de fer magnétique naturel, provenant de la mine de Blagodat. Or, après que cet aimant n'agit plus aucunement, un aimant de platine natif peut encore soutirer des grains ferrugineux en quantité très-notable. Telle est l'observation intéressante qu'a fait M. de Kokscharow, en 1866, lors d'un voyage dans l'Oural, en concluant que le magnétisme polaire des aimants de platine surpasse beaucoup en intensité celui des aimants ordinaires de fer oxydulé que la nature présente [4].

Diverses analyses ont appris que les grains de platine doués du magné-

---

[1] *Annales des mines*, 5e série, t. I, p. 124; 1852.

[2] *Poggendorf's Annalen*, t. XIII, p. 564; 1828.

[3] Une pépite magnéti-polaire du poids de 5k825 est en la possession de S. A. I. le duc Nicolas de Leuchtenverg.

[4] *Bulletin de l'Académie impériale de Saint-Pétersbourg*, t. VIII, 1866; — *Materialen der Mineralogie Russlands*, t. V, p, 180.

tisme sont toujours alliés à une quantité de fer très-notable (12 à 19)[1]. Breithaupt ayant remarqué que la densité de ces grains ferreux est très-insensiblement inférieure à celle du platine ordinaire, a proposé, dès 1826, d'en faire une espèce distincte, sous le nom de *Eisenplatin*. Après avoir mentionné le magnétisme polaire des pépites de Nichne-Tagilsk, Gustave Rose ajoutait que leur teneur en fer ne paraît pas suffire pour rendre compte de cette propriété, et il supposait que l'iridium qu'elles renferment pourrait y contribuer [2].

M. Jaunez Sponville a eu l'obligeance de me rapporter quelques échantillons magnéti-polaires de platine recueillis aux exploitations qu'il dirige dans l'Oural près de Nischne-Tagilsk. La pépite principale, du poids de 12 grammes, présente trois axes et six pôles dont on peut reconnaître la situation, soit au moyen de l'action qu'ils exercent sur l'aiguille aimantée, soit en examinant les figures qu'ils font naître dans de la limaille de fer répandue sur une feuille de papier, selon la portion de la pépite qu'on en approche. Les plus petits grains ne pèsent que 0g,35 à 0g,3J ; deux autres pèsent environ 0g,2. Ils sont hérissés de cristaux mal formés dont la configuration rappelle celle du cube; ils ressemblent à ceux que l'on trouve quelquefois engagés au milieu du fer chromé.

On pouvait se demander si de l'oxyde magnétique disséminé dans le platine natif ne pouvait pas être la cause de cette polarité. La pépite principale ayant été polie de manière à présenter une face très-miroitante, on traita cette dernière par l'acide chlorhydrique concentré, qui fut sans action à froid et même à chaud. Le même échantillon étant soumis ensuite à une chaleur rouge, on voit apparaître sur la face polie des irisations très-vives : des zones de couleurs fort différentes et séparées par des contours tout à fait nets sont disposées concentriquement autour des cavités de l'échantillon, ainsi que des petits grains étrangers qui y sont

---

[1] Dans les nombreuses analyses de minerais de platine que MM. H. Sainte-Claire et Debray ont publiées à l'occasion de leurs belles recherches sur ce métal (*Annales de chimie et de physique*, 5e série, t. LVI), ces savants n'ont pas trouvé un contenu en fer dépassant 12 p. 100. D'après ces analyses, comme d'après celles que l'on doit à Berzélius, à Osann, à M. de Muchin, les minerais de Nichne-Tagilsk se distinguent par leur forte teneur en fer. M. de Muchin annonce y avoir trouvé jusqu'à 17,13 et même 18,93 dans des grains noirs préalablement traités par l'acide (de Koksckarow, ouvrage précité, t. V. p. 186).

[2] Gustave Rose. *Reise nach Ural*. t. II, p. 589. Swanberg paraît avoir eu la même opinion (*Rammelsberg Handwoerterbuch der Mineralogie*, 2e édition. p. 11.)

disséminés. Ces bandes, en annonçant que la substance est loin d'être homogène, montrent en outre de quelle manière les divers alliages s'y sont répartis. Mais on n'y remarque rien qui manifeste une structure cristalline, comparable à celle que révèlent si nettement les figures de Widmanstaetten sur les fers d'origine météoritique. L'eau régale, en attaquant cette surface polie, y fait apparaître, en saillie, de petits grains d'un gris d'acier, qui restent inattaqués, comme le ferait de l'osmiure d'iridium. Enfin, l'action du bisulfate de potasse en fusion a servi à poursuivre cette sorte d'analyse immédiate et à faire reconnaître l'hétérogénéité qui règne dans la constitution intime des pépites.

Les pépites de platine étant des alliages très-complexes des métaux qui appartiennent au groupe du platine et de plusieurs autres, il convenait, pour se rendre compte de la cause de leur polarité magnétique, de procéder par la synthèse. C'est ce que j'ai fait, en recourant au procédé de MM. Henri Sainte-Claire Deville et Debray, et en profitant de l'installation si bien organisée au Conservatoire des arts et métiers pour la fusion du platine, grâce à l'extrême obligeance de M. Tresca, et à celle de M. Gustave Tresca, auquel je suis redevable d'un concours aussi habile qu'empressé.

Avant de former directement des alliages, j'ai désiré voir si, après la fusion, un aimant de platine conserve sa propriété magnéti-polaire. Une pépite de cette nature étant fondue dans un creuset de chaux, sous l'action d'un chalumeau alimenté simultanément par le gaz d'éclairage et par l'oxygène, on voit, pendant que le métal est en pleine liquéfaction, en jaillir des étincelles dues, au moins en partie, à la combustion d'une partie de son fer. En même temps, à la surface du bain incandescent, apparaît une pellicule opaque qui s'y meut rapidement, rappelant exactement ce qui arrive dans la coupellation de l'argent; mais, au lieu de l'oxyde de plomb, c'est de l'oxyde de fer qui se produit ici, et qui, après le refroidissement, forme une croûte cristalline sur une partie du bouton métallique. Le culot obtenu, après une fusion prolongée pendant une minute environ, était encore magnétique, mais plus faiblement que l'échantillon primitif, et il ne présentait plus de polarité; il a toutefois repris cette dernière propriété sous l'action d'un électro-aimant. L'élimination d'une partie notable du fer allié au platine, par suite de l'oxydation, suffit pour expliquer le changement observé à la suite de la fusion.

En vue du but qu'il s'agissait d'atteindre, on a fondu du platine avec un quart de son poids de fer (24 grammes de platine et 6 grammes de fer). Pour cela, le platine étant en pleine fusion, on y a ajouté du fil de fer très-doux[1], qui avait préalablement été réuni et tordu, comme une sorte de corde, afin d'éviter, à cette haute température, des pertes considérables par l'action de l'oxygène. Aussitôt que ce fil pénètre dans le platine fondu, il est instantanément dissous, en donnant lieu, comme dans le cas précédent, d'une part à des étincelles, de l'autre à une scorification, lors même que la substance ne reste en fusion qu'une fraction de minute. Sans aucune autre préparation que celle qui vient d'être indiquée, on obtient, après refroidissement et au sortir même du creuset, un bouton manifestant un magnétisme polaire très-prononcé.

Dans le désir de l'étirer sous forme de barreau, j'ai essayé de le faire forger; mais l'opération n'a pu réussir, ni à froid, ni à chaud : l'alliage s'est brisé sous le marteau en fragments grenus, à peu près comme le font les pépites naturelles de composition analogue.

---

[1] Fil de bobine électro-magnétique.

Le magnétisme polaire s'est également manifesté dans chacun des fragments ainsi obtenus. Ces premiers résultats apprenaient que la seule présence du fer, en proportion convenable, suffit pour rendre compte de la polarité du platine natif.

Afin d'obtenir l'alliage magnéti-polaire sous une forme allongée, comparable à celle d'un barreau aimanté, on a entaillé dans de la chaux, avec un couteau bien tranchant, une rainure présentant la forme d'un prisme à base de trapèze, disposé horizontalement. Après moins d'une minute de fusion dans cette rainure, pendant laquelle se sont reproduits les faits d'oxydation précédemment indiqués, on a obtenu un barreau qui agissait non-seulement sur l'aiguille aimantée, mais aussi présentait des pôles énergiques de nom contraire, lesquels ont persisté après que le barreau a été dégagé de l'enduit scoriacé et magnétique dont il était recouvert. Ces pôles étaient au nombre de quatre; deux pôles contraires se manifestèrent vers chacune des extrémités du barreau.

Ce second alliage se comporte, sous le marteau, de même que le premier. L'état moléculaire de l'un et de l'autre se rapproche de celui des pépites magnéti-polaires. Leur dureté est voisine de celle de l'apatite, mais un peu inférieure.

Dans la fusion dont il vient d'être question, non-seulement du fer s'était partiellement oxydé, mais un peu de platine avait probablement disparu en petites grenailles. Aussi, au lieu de calculer le fer allié par l'augmentation de poids, était-il plus sûr de recourir à un dosage direct. L'analyse qui a été faite au bureau d'essais de l'École des mines, sur le produit de la première opération, a donné :

Fer.	16,87
Platine.	83,05
Total.	99,92

La densité est de 15,66 pour le premier alliage obtenu et de 15,70 pour le second : la composition de ce dernier doit donc être voisine de celle qui vient d'être donnée[1]. Par leur proportion de fer et par leur densité, ces divers alliages se rapprochent beaucoup des pépites magnéti-polaires naturelles, malgré la présence des métaux étrangers que celles-ci renferment[2].

En ce qui concerne la manière dont le platine natif ferrifère s'est produit autrefois dans la nature, il est à remarquer que beaucoup de roches contenant de l'oxyde de fer auront pu fournir ce métal au platine, par une réduction partielle, et cela peut être sans que la température ait pu atteindre un degré aussi élevé que celui de la fusion de ces métaux.

Après avoir reproduit le platine magnéti-polaire, semblable à celui que présente la nature, il convenait de voir comment se comportent des alliages d'une teneur plus considérable en fer.

Des alliages de platine, riches en fer, ont déjà été préparés, il y a longtemps, par Faraday et Stodart; mais ces savants ont passé sous silence la manière dont les alliages qu'ils ont obtenus agissent sur le barreau aimanté.

Un alliage où j'avais introduit, sur 100 parties, 99 de fer et 1 de platine, après une fusion complète, tout en étant fortement magnétique, n'a pas donné de trace de polarité, même après avoir été étiré en barreau. Deux autres alliages de platine contenant, l'un 75 de fer, l'autre 50 p. 100 du même métal, se sont comportés à peu près de même[3].

J'ajouterai qu'un des alliages formés par Berthier contient

<hr>

[1] Pour un troisième échantillon de platine magnéti-polaire obtenu artificiellement, on a trouvé une densité de 14,94.

[2] Dans des grains magnétiques de Nischne-Tagilsk, M. de Muchin a trouvé 17,15 pour 100 dans les grains de teinte noirâtre, et 15,88 pour ceux de teinte plus blanche. De Kokscharow, ouvrage précité, t. V, p. 179-188.

[3] Pour ces trois fusions au creuset, j'ai eu recours à l'obligeance de M. le lieutenant-colonel d'artillerie Caron.

un équivalent de chacun des deux métaux, c'est-à-dire 78,4 de platine et 21,6 de fer. J'ai constaté que cet alliage, encore conservé au laboratoire de l'École des mines, bien qu'imparfaitement fondu, est également magnéti-polaire.

Ainsi, quelque prononcé que soit le pouvoir magnétique du fer, les alliages où ce métal prédomine n'ont pas acquis la polarité, dans les mêmes conditions que les alliages obtenus avec une moindre proportion de fer. D'un autre côté, il résulte des nombreuses analyses que l'on possède que le platine natif, renfermant seulement une faible quantité de fer, n'est pas magnéti-polaire.

La propriété remarquable dont il s'agit paraît correspondre à certaines proportions de fer qui ne sont pas considérables.

On sait que les minéraux dits *magnétiques*, c'est-à-dire qui attirent les deux pôles de l'aiguille aimantée, peuvent, à la suite de diverses opérations, devenir magnéti-polaires. M. Delesse a fait, il y a longtemps, des expériences de ce genre, pour des minéraux variés[1]. En ce qui concerne le platine, M. Edmond Becquerel a montré qu'il suffit de traces de fer pour que ce métal, sous l'influence de pôles énergiques, acquiert aussi la propriété magnétique[2].

Mais, d'après les expériences que je signale aujourd'hui, la polarité magnétique apparaît immédiatement, d'une manière très-prononcée, dans l'alliage, au moment où il sort du creuset suffisamment refroidi, et cela, sans passer par aucune opération spéciale, par aucune *touche*. Si l'on compare ce fait à ce que l'on sait de l'acier fondu dans les mêmes circonstances, on est conduit à admettre que le platine allié de fer, dans des proportions convenables, devient exceptionnellement susceptible d'acquérir, en quelques instants, l'état magnéti-polaire. C'est une sensibilité que ne possèdent ni le fer, ni l'acier.

[1] *Annales de chimie et de physique*, 3e série, t. XXXII, p. 110; 1851.
[2] *Annales de chimie et de physique*, 3e série, t. XXV.

Cet état magnéti-polaire ne peut s'acquérir que sous une forte induction magnétique, qu'il était très-naturel d'attribuer à l'influence du globe.

Pour contrôler cette explication et voir quelle est la part de l'action inductrice du globe sur la situation des pôles qui prennent ainsi naissance, j'ai repris la dernière expérience,

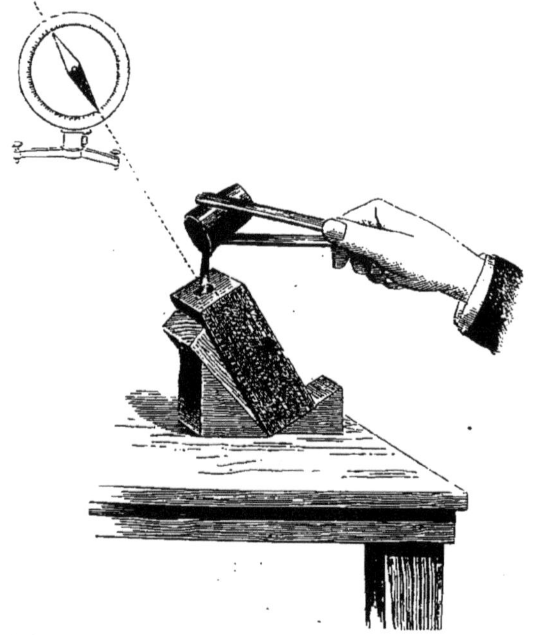

Fig. 20. — Coulée d'un barreau de platine dans une lingotière prismatique, orientée parallèlement. — L'aiguille magnétique

c'est-à-dire que j'ai coulé un barreau magnétique de platine, mais, cette fois, en disposant ce barreau, pendant la fusion, exactement dans le plan du méridien magnétique (*fig.* 20). Dès qu'il a été solidifié, il a, de plus, été placé, encore très-chaud, parallèlement à l'aiguille d'inclinaison, jusqu'à son refroidissement complet qui, en raison de sa petite dimension (15 grammes), a eu lieu en moins de 10 minutes.

J'ai alors reconnu que le barreau présente, vers ses deux extrémités, deux pôles qui agissent très-énergiquement et qui sont disposés exactement comme ceux de l'aiguille aimantée, c'est-à-dire que l'extrémité tournée vers le nord magnétique repousse fortement le pôle nord de l'aiguille aimantée, et inversement attire le pôle sud de cette même aiguille.

Il convenait de s'assurer que cette position des pôles n'est pas fortuite. A cet effet, j'ai chauffé au rouge ce même barreau, mais en lui donnant une position diamétralement inverse de celle sous laquelle il avait acquis ses pôles. Le barreau acquiert alors des pôles aussi énergiques que les premiers, mais exactement renversés. Ces renversements successifs de pôles paraissent pouvoir être ainsi indéfiniment reproduits.

Ces faits sont analogues à celui qu'a signalé M. Sidot, dans d'ingénieuses expériences [1], où il a produit l'oxyde et le sulfure de fer magnétique. Ils confirment l'influence que l'action générale du globe doit avoir eue sur la disposition des pôles dans les divers minéraux et roches magnétiques, au moment où ces roches se sont formées, importance qu'il possède encore à tout instant.

Le fait qui vient d'être reconnu paraît mériter d'être étudié au moyen d'un plus grand nombre d'expériences, notamment en ce qui concerne les circonstances dans lesquelles naissent les pôles, ainsi que le magnétisme spécifique de divers alliages de platine et de fer, comparativement à des aimants naturels ou artificiels. Les résultats pourraient offrir de l'intérêt au point de vue de la théorie. Peut-être aussi, ces résultats seraient-ils susceptibles d'application, dans les cas où l'on désirerait une grande inaltérabilité dans les aiguilles ou barreaux aimantés : des aiguilles fines que j'ai fait décou-

---

[1] Recherches sur la polarité magnétique de la pyrite de fer et de l'oxyde correspondant préparés artificiellement. *Comptes rendus*, t. LXVII, p. 175; 1868.

per dans un lingot de platine fonctionnent comme les aiguilles aimantées en acier.

Expériences tendant à rendre compte de la relation du platine natif avec le fer chromé qui l'enveloppe. Un des compagnons les plus intimes du platine dans sa gangue, le fer chromé, mérite l'attention.

On sait que dans la contrée de Nichne-Tagilsk, ce minéral est très-fréquemment et très-abondamment associé au platine ; non-seulement il se présente en cristaux et en grains dans les alluvions platinifères, mais aussi il incruste souvent les pépites. Dans certains cas, le platine lui-même est disséminé au milieu de morceaux plus ou moins volumineux de fer chromé. Alors, comme l'a remarqué Gustave Rose, le platine est ordinairement anguleux et même cristallisé[1] : c'est ce que montrent aussi les échantillons que j'ai reçus.

Quelle que soit la différence de leur constitution chimique, une association aussi constante de ces deux minéraux n'est sans doute pas fortuite ; elle paraît être significative, comme je vais essayer de le montrer, et servir de témoin à des réactions par lesquelles a passé originairement la gangue du platine.

Quand on fond, au contact de l'air, du platine allié à du fer, on voit, comme il a été rappelé plus haut, le fer s'oxyder avec rapidité et se transformer, en étincelant, en une scorie magnétique. Après une sorte d'affinage, le platine reste comme un noyau, dans la scorie formée aux dépens du fer qui lui était primitivement allié, à peu près suivant la disposition où il se présente dans les pépites naturelles de platine qui sont incrustées de fer chromé.

Les échantillons naturels offrent une autre analogie avec ces produits d'expériences ; car le platine qui est ainsi associé au fer chromé paraît se distinguer du platine des autres

<hr>

[1] *Reise nach Ural*, t. II, p. 386. — De Kokscharow, *Materialen zur Mineralogie Russlands*, t. V, p. 579.

gisements, par la forte proportion de fer auquel il est allié. C'est seulement dans cette association que le platine, riche en fer et doué du magnétisme polaire, paraît avoir été rencontré, au moins jusqu'à présent.

Le chrome étant, comme le fer, très-oxydable, on est porté à se rendre compte de cette relation entre le platine et le fer chromé en supposant que les trois corps, platine, fer et chrome, étaient originairement à l'état métallique; puis, qu'en présence d'une certaine quantité d'oxygène et à une température élevée, il s'est produit un départ des métaux les plus oxydables. Toutefois, malgré la rapidité avec laquelle le fer s'oxyde dans ces circonstances, une partie très-notable en serait restée à l'état métallique; la scorification aurait été incomplète. Cela conduirait à supposer, soit que l'oxygène était en quantité insuffisante, soit que cet oxygène n'a agi que pendant un temps très-court.

Dans le but de contrôler expérimentalement cette supposition, j'ai de nouveau eu recours au puissant procédé de coupellation dans la chaux, dont on est redevable à MM. H. Sainte-Claire Deville et Debray : à du platine en fusion, j'ai ajouté un alliage de fer et de chrome. Le fer et le chrome sont passés à l'état d'oxydes, mais sans toutefois que ces oxydes aient formé une combinaison, comme dans le fer chromé; car ils sont restés solubles dans les acides. On n'a pas mieux réussi en opérant sur un alliage des trois métaux (platine, 10; fer, 3; chrome, 2) que l'on a soumis au chalumeau oxhydrique, en n'oxydant que très-lentement et en maintenant la substance à l'état pâteux. Çà et là se montrent des cristaux transparents et verdâtres qui sont peut-être du chromite de chaux; quelques-uns des grains de platine sont magnétiques.

Les formes sous lesquelles le platine s'est isolé au milieu de la scorie oxydée dans la première expérience méritent d'être signalées. Parmi des grains dont la forme tuberculeuse rappelle celle des pépites naturelles, il en est qui offrent à leur surface une réticulation dentritique, suivant deux directions perpendiculaires; d'autres, enfin, sont hérissés de petits cristaux cubiques. Ce dernier fait est à rapprocher de cette circonstance, que le platine engagé dans le fer chromé est souvent cristallisé.

On pouvait encore expliquer l'association des métaux aux combinaisons oxydées par une hypothèse inverse de la scorification, c'est-à-dire en supposant que du platine, s'étant trouvé en présence du fer chromé et d'un réductif, aurait pris, à cette combinaison, du fer pour lequel il a une forte affinité. Mais on a fondu à plusieurs reprises, dans un creuset brasqué et avec un mélange de charbon, du fer chromé et du platine, sans que ce dernier ait annoncé, par un état magnétique, la présence du fer. Le résultat a été également négatif quand du péridot a été ajouté, comme fondant et comme pouvant lui-même fournir du fer dans ces conditions. Cette seconde supposition paraît donc avoir moins de fondement que la première.

Ainsi, l'association du platine et du fer chromé se présente comme si, dans les masses profondes dont provient le platine, il s'était autrefois produit une scorification partielle.

———

CHAPITRE II

APPLICATION DE LA MÉTHODE EXPÉRIMENTALE
A L'ÉTUDE DES ROCHES MÉTAMORPHIQUES
ET DES ROCHES ÉRUPTIVES

Une des premières et des plus importantes questions que la géologie ait été appelée à résoudre, c'est de reconnaître quelle est, dans la formation du revêtement solide du globe, la part qu'il faut faire à l'action aqueuse et celle qu'on doit attribuer à l'action ignée.

Des masses très-développées dans toutes les parties des continents ont été reconnues être incontestablement des sédiments des anciennes mers. Elles sont caractérisées, comme telles, par les sables et les cailloux qu'elles renferment, par les fossiles qui y abondent, ainsi que par la disposition en couches ou strates qu'elles présentent et qui les a fait désigner sous le nom de *stratifiées*.

D'autres roches, au contraire, ont été poussées, des régions profondes vers la surface, aux diverses époques de l'histoire du globe, et présentent une certaine analogie avec les laves des volcans actuels, d'où leur dénomination de roches *éruptives*.

En outre, depuis qu'on a étudié les divers terrains, on en a trouvé partout qui présentent manifestement l'empreinte d'une double origine, rappelant à la fois ceux des deux premières catégories. Est-ce au moment même où ils se formèrent que ces terrains ambigus ont acquis leur double caractère, ou bien, l'un de ces caractères est-il consécutif à l'autre? et, dans ce dernier cas, comment se rendre compte d'une parcille succession d'effets? Tels sont les sujets dont l'étude se rattache aux roches dites *métamorphiques* et constitue, dans sa plus grande généralité, la partie de la géologie que l'on a appelée *métamorphisme*.

Les premières idées sur le métamorphisme ne sont guère plus anciennes que ce siècle. Elles ont apparu à l'époque où régnaient les doctrines établies sur les principes de Werner : elles constituent le trait caractéristique de l'École écossaise, fondée par le génie de Hutton.

A peine Hutton avait-il émis sur la transformation des roches un ensemble d'idées qui devaient faire époque dans la science que son plus éminent disciple, James Hall, cherchait dans l'expérimentation un contrôle à la doctrine nouvelle.

La présence de couches de calcaire cristallin dans les terrains, que le chef de l'École écossaise considérait comme des roches sédimentaires transformées par la chaleur, donnait lieu à l'objection, que, dans de semblables conditions, ce calcaire aurait dû perdre son acide carbonique et se changer en chaux caustique. Or, à la suite d'expériences qui lui furent suggérées, dès 1790, par Hutton, comme il le déclare, Hall parvint à ce résultat inattendu, que la craie, chauffée dans un vase hermétiquement clos, peut se ramollir sans se décomposer ; elle prend alors un grain cristallin et se transforme en marbre. Cette expérience, devenue classique, fut le premier exemple démontrant combien il faut tenirr compte de la pression dans les phénomènes géologiques [1]. Elle fut reproduite avec divers appareils, et quoiqu'elle paraisse fort simple, sa réalisation complète n'exigea pas moins de trois ans.

Dans ses belles expériences, de Sénarmont n'avait eu pou

---

[1] Account of a series of experiments showing the effects of compression in modifying e action of the heat. Lu le 3 juin 1805. *Edimb. Phil. Trans.*, t. VI, 1812.

but que les minéraux des filons métallifères : aucune étude n'avait été faite pour tenter de reproduire, dans l'eau suréchauffée, des silicates cristallisés, tels qu'il s'en présente de toutes parts, notamment dans les terrains métamorphiques et même dans le granite, où l'observation faisait également soupçonner l'importance de l'action aqueuse. C'est ce qui a servi d'objectif à d'autres expériences.

Avant d'en exposer les résultats, il convient de montrer comment, d'après de nombreux faits observés dans l'écorce terrestre, la chaleur propre du globe doit avoir eu des auxiliaires, au premier rang desquels il faut placer l'eau.

§ 1. FAITS ACQUIS DONT L'ENSEMBLE CONSTITUE LE MÉTAMORPHISME[1]

Métamorphisme de juxtaposition [2]. — Quand une roche a fait éruption des profondeurs, les couches qu'elle traverse ont en général été modifiées dans son voisinage.

Quelquefois cette modification des roches encaissantes est réduite à une lisière très-mince, de quelques millimètres, et les changements produits sur cette faible épaisseur sont même peu prononcés [3]. Dans d'autres cas, et particulièrement quand la roche qui a percé est de nature granitique, l'étendue de la zone modifiée, aussi bien que les change-

[1] On croit devoir avertir que cette rédaction des faits acquis a été conservée telle qu'elle a été écrite en 1859 comme introduction aux résultats d'expériences; par conséquent, divers mémoires écrits postérieurement à cette époque n'y sont pas mentionnés.

[2] J'ai cru devoir me servir de cette dénomination, au lieu de celle de métamorphisme de *contact* que l'on emploie ordinairement, parce que les modifications auxquelles elle s'applique s'étendent quelquefois beaucoup au delà du contact des roches. Le mot de *local* ne paraît d'ailleurs pas assez caractéristique.

[3] Comme exemple, je me bornerai à citer beaucoup de filons de basalte qui coupent le terrain jurassique de l'Alpe du Wurtemberg. Le granite lui-même n'a pas toujours modifié le schiste, lors même qu'il a été assez fluide pour y être injecté en filons, comme dans les Vosges, près de Wesserling. Ed. Collomb. *Bulletin de la Société géologique,* t. IV, p. 1446.

ments plus complets qui y ont été opérés, dénotent une action beaucoup plus énergique.

Non-seulement l'étendue de la zone modifiée varie suivant la nature de la roche éruptive, mais pour une même roche, et dans une même contrée, cette étendue présente, d'un point à l'autre, de grandes différences[1]. Près du granite, elle est souvent de quelques centaines de mètres et va exceptionnellement à 5000 mètres : par exemple, aux environs de Christiania, cette bordure est moyennement de 560 mètres ; dans les Pyrénées, elle atteint jusqu'à 1500 mètres, avec des effets parfaitement caractérisés[2]. On remarque que la transformation s'est, en général, propagée plus loin dans les angles rentrants formés par la roche éruptive que vis-à-vis des parties saillantes (Champ-du-Feu dans les Vosges[3], environs de Christiania).

Quant à la nature des modifications subies par les roches encaissantes, elles sont tellement variées qu'il est difficile de les résumer[4].

Quelquefois il ne s'est fait qu'un nouvel arrangement moléculaire : ainsi le calcaire est devenu saccharoïde, comme le marbre statuaire ; ailleurs ce sont des grès qui sont changés en quartzite (île de Sky).

[1] La craie du nord-est de l'Irlande n'est aucunement modifiée auprès de certains filons de basalte ; elle est au contraire devenue cristalline près de ceux qui sont plus puissants ; dans ce dernier cas, la modification s'étend rarement au delà de 5 mètres. La même roche forme des filons dans l'île de Sky, en Écosse ; le lias est modifié près de quelques-uns d'entre eux, tandis qu'il ne l'est nullement près d'autres, sans qu'on puisse se rendre compte de la cause de cette différence. (Oenhausen et Von Dechen. *Karstens Archiv.*, t. I, 2ᵉ série, p. 99). Les roches du terrain de transition des Vosges, dans lesquelles le granite a pénétré en filons, présentent des différences bien plus grandes encore : tantôt la modification est insensible, comme dans la vallée de Wesserling ; tantôt elle est fortement prononcée, comme à Andlau et à Barr.

[2] D'après Durocher.

[3] Le terrain de transition est modifié d'une manière beaucoup plus complète et sur plus d'étendue, dans le haut de la vallée de Barr que dans les vallées de Villé et d'Andlau ; cela paraît résulter de ce qu'au lieu de border simplement le granite, il forme dans la première localité une longue bande qui est comme encastrée au milieu du granite et de la syénite. *Description géologique du Bas-Rhin*, p. 54.

[4] Dans son travail sur le métamorphisme de contact, M. Delesse en a rapproché et examiné de nombreux exemples. *Annales des mines*, 5ᵉ série, t. XII, p. 89.

Les combustibles minéraux se sont généralement modifiés en perdant une partie de leurs éléments constitutifs [1]. C'est ainsi que le lignite a été changé en houille, en anthracite et parfois même en graphite (graphite exploité à Omenak au Groënland, dans le terrain tertiaire, terrain où il est également connu à Java). La houille est quelquefois passée aussi à l'un de ces deux derniers états (graphite d'Écosse, graphite et anthracite de Worcester près Boston, États-Unis). Plus rarement la houille et le lignite se sont transformés en une sorte de coke [2]. Du bitume, accidentellement isolé de ces combustibles, s'est fixé dans des roches plus ou moins voisines.

Le plus souvent, il s'est développé de nouvelles combinaisons cristallines, soit avec les éléments qui préexistaient dans la roche, soit avec le concours d'éléments nouveaux qui y ont été introduits, soit enfin par l'élimination de quelques-uns de ceux qui s'y trouvaient.

Parmi les minéraux qui se sont le plus fréquemment formés dans les schistes argileux, on peut citer : la mâcle o u chiastolithe, la staurotide, le disthène, le mica qui est souvent en paillettes très-petites et appartient à deux espèces, les feldspaths orthose et tricliniques, l'amphibole qui est quelquefois assez abondante pour constituer un schiste amphibolique [3], la tourmaline [4], etc. Ces minéraux se rencontrent en général dans le voisinage du granite.

C'est principalement dans les calcaires qu'il s'est développé une grande variété de minéraux, parmi lesquels je mentionnerai : le grenat, l'idocrase, l'amphibole, la wollasto-

---

[1] Ce qui ne les a pas empêchés souvent d'acquérir aussi de nouveaux minéraux, comme les autres roches, par exemple des zéolithes.

[2] Cette dernière transformation, signalée près de roches trappéennes, par exemple dans le pays de Newcastle, n'a pas été observée jusqu'à présent à proximité de roches granitiques.

[3] Environs de Christiania.

[4] Hornfels du Hartz.

nite, l'épidote, la paranthine, le dipyre, la couzeranite, le mica magnésien, la gehlénite, la chondrodite, le spinelle [1], la serpentine, le talc, la chlorite, la terre verte, les zéolithes, certaines argiles, etc. Ces divers minéraux n'appartiennent d'ailleurs pas exclusivement aux seules roches calcaires [2]. Ainsi les zéolithes se rencontrent non-seulement dans des calcaires, mais aussi dans les roches argileuses, les grès, quelquefois même les combustibles minéraux, lorsque ces roches ont été traversées par des éruptions trappéennes [3].

Dans le voisinage de roches éruptives de toute espèce, granite et autres, le quartz s'est souvent accumulé, soit en masses cristallines ou compactes, soit à l'état de jaspe [4]. Cette sorte d'ubiquité appartient encore aux autres minéraux des filons métallifères, tels que les carbonates à base de chaux, de magnésie et de fer, la baryte sulfatée, le spath fluor, le fer oligiste.

Comme exemples de ces actions, dont les variétés sont sans nombre, je rappellerai la localité classique du Hartz, où le schiste avoisinant le granite (hornfels) prend du mica, du feldspath, de la tourmaline, de la chlorite, du grenat ; le Cornouailles où l'on rencontre les effets du même genre [5], les Vosges [6], les Pyrénées, la Bretagne [7], la Norwége, etc.

---

[1] Monzoni, Somma ; calcaire silurien de Sparta, aux États-Unis.

[2] Cependant quelques-uns, comme la wollastonite et la gehlénite, n'ont jusqu'à présent été trouvés que dans le calcaire.

[3] Calcaire tertiaire du conglomérat du Puy de la Piquette, marnes des îles Cyclopes, avec beaux cristaux d'analcime, schistes argileux d'Andreasberg, au Harz, et de l'île d'Anglesey, grès tertiaire de Wildenstein en Véteravie, d'apparence vitrifiée. Des zéolithes se sont même développées aussi dans le granite, près des filons de basalte qui le traversent, par exemple dans l'île d'Arran (Boué. *Essai géologique sur l'Ecosse*, p. 499), et à Haustein dans la Forêt-Noire (Schill. *Neues Jahrbuch*, 1857, p. 56).

[4] Toscane, Grèce, Oural, etc.

Tantôt le quartz a été simplement isolé par la décomposition de silicates préexistants, comme on le verra plus loin ; tantôt il résulte, comme les autres gangues des filons métallifères, d'un *apport* bien manifeste.

[5] De la Bèche. *Geological report on Cornwall*, p. 267.

[6] Daubrée. *Description géologique du Bas-Rhin*, p. 52 et 52.

[7] D'après les mémoires précités de Palassou, de Dufrénoy et de Durocher.

Quelquefois les roches qui avoisinent le granite ou la syénite sont tellement modifiées qu'elles prennent elles-mêmes tout-à-fait les caractères d'une roche éruptive. Ainsi, dans les Vosges, le schiste argileux passe, par degrés, à des pâtes de nature feldspathique, quelquefois porphyroïdes, et à des porphyres verts parsemés de feldspath triclinique et d'amphibole. Des faits semblables ont été observés dans beaucoup d'autres contrées [1].

· On sait en outre que la roche éruptive a souvent subi elle-même des modifications dans le voisinage des roches encaissantes [2].

Les diverses transformations que je viens de signaler forment donc, autour des granites et des autres roches éruptives, comme des auréoles irrégulières. Élie de Beaumont a montré que, suivant que la roche est acide, c'est-à-dire avec excès d'acide silicique, ou qu'elle est basique, les gîtes métallifères en relation avec elle présentent deux types distincts. Il en est de même des auréoles métamorphiques dont il est question, et les observations de M. Delesse ont contribué à le faire reconnaître. Ainsi, d'une part, les zéolithes qui ont si souvent pris naissance près des roches trappéennes n'ont pas été signalées près d'épanchements de granite. D'autre part, cette dernière roche, à l'exclusion de toute autre, a produit certains minéraux, tels que les silicates alumineux connus sous les noms de mâcle et de staurotide, si communs dans les schistes argileux de la Bretagne. Des schistes micacés et feldspathiques enveloppent très-

---

[1] Aux environs de Dublin, d'après la description de M. Scouler, les modifications seraient identiques à ce que l'on a observé dans les Vosges (*Bull. de la soc. géologique de France*, 1re série, t. VII). Beaucoup de porphyres verts pyroxéniques et de jaspes de l'Oural ont été attribués par G. Rose, Roderick Murchison et M. Le Play à un métamorphisme. *Comptes rendus*, t. XIV, p. 857, *Reise nach Ural*, t. II, p. 185.

[2] D'où le nom d'endomorphisme proposé par M. Fournet ; souvent elle est imprégnée d'un silicate hydraté magnésien, d'après M. Delesse.

fréquemment les massifs de granite sur de grandes épaisseurs dans les Pyrénées et ailleurs; on ne connaît rien d'analogue auprès des trapps.

Métamorphisme régional [1].— Je n'entends parler, je le répète, que des massifs schisteux dont l'origine métamorphique est clairement démontrée; il ne s'agit pas ici des gneiss anciens, des micaschistes et autres roches subordonnées, qui sont inférieures aux terrains stratifiés fossilifères.

Des massifs considérables de roches sédimentaires, occupant des pays entiers, montrent souvent un métamorphisme prononcé, lors même qu'il est impossible de découvrir au milieu de ces terrains le moindre affleurement de roches éruptives [2].

Cette modification est facile à constater dans les contrées où elle est assez peu intense pour n'avoir pas fait disparaître en entier le caractère sédimentaire de la roche; tels sont le pays de Galles, le Taunus et les Ardennes. Dans les terrains silurien et dévonien de ce dernier pays, par exemple, les roches sont en partie devenues schisteuses, et, sur de grandes étendues, la chlorite s'est développée entre leurs feuillets en innombrables cristaux microscopiques [3]; le feldspath s'y est glissé aussi quelquefois; de plus, une multitude de veines de quartz, les unes parallèles, les autres obliques aux feuillets, se sont isolés

[1] Le nom de métamorphisme régional que j'ai proposé me paraît plus juste que celui de métamorphisme *normal*, et moins vague que la dénomination de métamorphisme *général*.

[2] La différence dans la nature des combustibles minéraux, lignite, houille, anthracite, qui varient suivant les terrains, peut être considérée comme un premier exemple de métamorphisme opéré loin des roches éruptives et sur des substances peut-être plus impressionnables que les roches pierreuses. C'est ainsi qu'il n'y a que de l'anthracite dans les Alpes et dans les schistes talqueux de la Basse-Loire, et que le terrain éocène de la Toscane renferme une houille véritable (Monte-Bamboli).

[3] L'analyse a fait reconnaître à M. Sauvage l'existence de la chlorite, même dans les variétés de phyllade où l'œil ne la distingue pas. C'est dans les mêmes conditions que se trouve la séricite dans les schistes du Taunus.

dans leur intérieur, et ces veines renferment souvent elles-mêmes les minéraux qui viennent d'être cités ; enfin les grès se sont changés en quartzite. Or, il n'est guère permis d'admettre que des terrains stratifiés et fossilifères aient pu posséder originellement ces caractères minéralogiques ; aussi chacun admet-il qu'en général ils doivent leur nature actuelle à une transformation subie depuis leur dépôt.

Mais, quand le même phénomène se présente dans une phase plus avancée, il faut un examen plus attentif pour le constater, et même on n'y arrive pas toujours avec certitude, parce que le type primitif a été plus ou moins complétement effacé par les actions chimiques postérieures à la formation de la roche sédimentaire. Ainsi, dans les puissants massifs de roches cristallines des Alpes, on trouve, de même que dans les Ardennes, le schiste chloritique avec veines de quartz et souvent de chlorite ; mais il y est en général mieux cristallisé (Zillerthal en Tyrol, Salzbourg). Il est associé à une série d'autres roches schisteuses cristallines, de nature variée, qui alternent entre elles d'une manière irrégulière, notamment le schiste talqueux, les schistes verts, le schiste amphibolique et même certaines diorites schisteuses, quelques variétés de gneiss, le quartzite, des calcaires schisteux et souvent micacés, plus rarement des dolomies et des gypses, parsemés également de minéraux variés (environs d'Airolo). Cependant malgré l'état éminemment cristallin de ces roches, la plupart des géologues qui ont décrit les Alpes les ont considérées comme étant d'origine sédimentaire.

La conclusion que certains terrains cristallins et fort développés, tels que ceux des Alpes, sont métamorphiques, s'appuie sur plusieurs preuves, qui sont, du reste, à peu près du même ordre que celles qui démontrent le métamorphisme opéré dans le voisinage des roches éruptives. Je signalerai les suivantes :

1° L'analogie de composition qui unit certains groupes de roches cristallines aux roches sédimentaires est frappante encore aujourd'hui, malgré les modifications que les premières paraissent avoir subies. On y trouve, en effet, comme dans les roches sédimentaires, des bancs de calcaire, de dolomie, de gypse, de roche quartzeuse ou quartzite, enfin des schistes chloritiques et talqueux qu'il serait souvent impossible de distinguer des roches de même nature, qui sont subordonnées à des terrains siluriens bien caractérisés.

Je rappellerai aussi que la composition élémentaire de certains schistes argileux des terrains de transition est souvent très-sensiblement la même que celle du granite et du gneiss.

2° Une même contrée présente des passages, incontestablement graduels, des roches cristallines aux roches stratifiées fossilifères. Ces transitions insensibles, qui empêchent d'établir une ligne de démarcation entre les roches des deux catégories, et sur lesquelles Werner s'était fondé pour donner le nom de *terrain de transition* (Ueber gangsgebirge) au groupe où elles sont le plus fréquentes, ont été trop souvent décrites pour qu'il soit nécessaire de s'étendre sur ce sujet [1]. Il est toutefois des localités, surtout dans les Alpes, où des roches cristallines sont enchâssées au milieu de roches sédimentaires peu modifiées.

3° On sait que la cristallisation qui s'est opérée à proximité des roches éruptives n'a pas toujours effacé la trace des fossiles. Il en subsiste encore des vestiges bien distincts au

---

[1] Les schistes verts forment, dans diverses régions des Alpes (Grisons, Piémont, etc.), un passage entre les roches évidemment sédimentaires et les roches cristallines (Studer. *Physikalische Geographie*, t. 1, p. 148).

milieu de roches parsemées de silicates cristallins. Il suffit de rappeler le calcaire silurien de la Norwége avec fossiles, qui renferme, à Brevig, de la paranthine et du grenat, et, à Gjellebeck, de l'amphibole avec de l'épidote ; le calcaire jurassique à dipyre, d'Angoumert dans l'Ariége ; les schistes de la Bretagne, si bien décrits par M. de Boblaye, où les mêmes échantillons renferment à la fois des mâcles de plusieurs centimètres de longueur et des orthis, des spirifères et des calymènes ; le calcaire blanc subcristallin avec encrines, découvert par Murchison et de Verneuil dans l'Oural, sur les bords de la rivière Miask, au milieu d'une région de granite, de serpentine et de roches métamorphiques [1] ; enfin, dans les Vosges, la roche amphibolique de Rothau, où les polypiers ont été remplacés, sans être déformés, par des cristaux d'amphibole, de grenat et d'axinite [2].

Dans cette dernière localité, le granite syénitique a pénétré des couches dévoniennes, qui, jusqu'à quelques centaines de mètres du contact, sont entièrement modifiées. Sur certains points, la roche ne consiste plus qu'en un mélange de pyroxène lamellaire, d'épidote et de grenat compacte, avec des mouches de galène. Au milieu de la roche, entièrement formée de silicates de cette nature, j'ai reconnu les empreintes parfaitement conservées de nombreux polypiers [ce sont surtout des *Calamopora spongites* (Goldfuss)] et des flustres. Il y a plus : les cavités mêmes laissées par la disparition partielle du calcaire de ces polypiers sont hérissées de cristaux des mêmes minéraux qui forment la pâte : le plus abondant est l'amphibole noire en cristaux allongés, d'une netteté parfaite, pénétrant parfois dans les cristaux de quartz, comme on l'observe fréquemment dans les Alpes, au milieu de roches ayant perdu toutes traces de fossiles.

[1] *Russia in Europa and the Oural mountains*, t. I, p. 420.
[2] *Annales des mines*, 5ᵉ série, t. XII, p. 518.

Du grenat vert d'herbe fait partie des mêmes géodes, et rappelle tout à fait celui de Monzoni en Tyrol, ou de Drammen en Norwége. Enfin, parmi ces divers minéraux, j'ai reconnu aussi l'axinite en cristaux volumineux, dont la présence n'avait pas encore été signalée dans une roche fossilifère.

Les débris organiques si bien conservés à Rothau méritent d'être considérés comme des monuments classiques du métamorphisme. Ils nous apprennent en effet qu'une roche, incontestablement d'origine sédimentaire, est aujourd'hui formée de silicates anhydres et cristallisés, comme le pyroxène, l'amphibole, le grenat, l'épidote et l'axinite ; et, de plus, que cette roche s'est ainsi profondément transformée, sans se ramollir notablement, puisque les délicatesses de la surface des fossiles y sont bien conservées.

Or, il en est de même pour les massifs de terrains cristallins qui nous occupent ; depuis l'exemple cité par Brochant, de Charpentier, MM. Lardy et Studer ont découvert dans le voisinage du Saint-Gotthard des bélemnites au milieu de schistes micacés avec grenat [1].

La possibilité d'une transformation paraît d'ailleurs démontrée, par les blocs provenant de la Somma, où il y a toutes sortes de passages du calcaire compacte de l'Apennin, avec pétoncles, aux calcaires lamellaires et aux dolomies chargés de silicates cristallisés.

4° Dans les roches où l'état cristallin est encore plus prononcé, alors qu'on n'y aperçoit plus de formes animales, des débris de plantes se sont quelquefois conservés. On rencontre, par exemple, des empreintes végétales dans des roches felspathiques et micacées, si cristallines qu'on pourrait les

---

[1] Particulièrement au col de la Nufenen près Airolo. De Charpentier avait déjà trouvé, en 1822, des bélemnites dans le calcaire prétendu primitif du col de Seigne, (*Cosmos*, t. I, p. 541).

prendre pour des roches éruptives, surtout si on les jugeait sur des échantillons isolés. Tels sont la grauwacke feldspathisée de Thann, les schistes de Bussang dans les Vosges, la *pierre carrée* des bords de la Loire, fréquemment associée à l'anthracite, roches que l'on rapporte au terrain carbonifère inférieur ou terrain anthraxifère.

5° Quand les formes végétales elles-mêmes ne s'y rencontrent plus, ces roches schisteuses cristallines renferment souvent encore des combinaisons charbonneuses qui, selon toute probabilité, sont d'origine organique. C'est ainsi que les schistes micacés d'Airolo, parsemés de grenats et de longs prismes d'amphibole, contiennent encore, d'après l'essai que j'en ai fait, jusqu'à 5 pour 100 de carbone [1] : il en est de même de beaucoup de schistes ardoisiers.

Il résulte de tout ce qui précède, qu'il serait diffile d'établir une distinction nette entre le métamorphisme de juxtaposition et le métamorphisme régional en se fondant seulement sur les caractères minéralogiques : les deux phénomènes diffèrent surtout par leur étendue.

C'est principalement dans les étages inférieurs de la série stratifiée que les effets du métamorphisme régional sont remarquables.

Cependant, le métamorphisme régional n'est pas exclusivement restreint aux terrains les plus anciens, et, d'un autre côté, il ne leur appartient pas nécessairement. Ainsi, d'une part, on trouve des schistes, devenus cristallins, jusque dans les couches à bélemnites, et même jusque dans le terrain nummulitique, comme dans les Grisons. D'autre part, certains dépôts siluriens sont à peine modifiés, même dans leurs couches inférieures, ainsi qu'on le voit en Russie, en Suède, aux États-Unis.

---

[1] Après avoir enlevé par un acide le carbonate de chaux, on a dosé le carbone par l'oxyde de cuivre, comme dans les analyses organiques.

L'état si remarquablement cristallin de beaucoup de terrains paléozoïques ne doit donc pas être attribué exclusivement, ainsi qu'on l'a prétendu, à quelque condition générale qu'aurait présentée le globe à l'époque de leur dépôt, mais bien à des actions particulières qui ont affecté certaines régions préférablement à d'autres.

§ 2. — CHALEUR CONSIDÉRÉE COMME CAUSE DU MÉTAMORPHISME ; SES AUXILIAIRES ET PARTICULIÈREMENT L'EAU

Les effets de la chaleur ne suffisent pas pour expliquer tous les phénomènes du métamorphisme. — Les modifications des terrains compris sous le nom de métamorphiques ont incontestablement eu lieu à une température plus élevée que celle qui règne maintenant à la surface du globe. On peut le conclure, d'abord du seul fait des analogies minéralogiques de ces terrains avec les roches éruptives, et notamment de la présence de nombreux silicates anhydres qui forment un de leurs traits les plus remarquables ; en second lieu, de leur relation évidente avec des dislocations dont le point de départ est toujours dans les régions profondes.

La chaleur propre du globe décroît nécessairement du centre vers la surface, et, par conséquent, les sédiments déposés dans l'Océan, à la température relativement basse qui règne généralement dans ses profondeurs, ont dû, quand ils ont été recouverts ensuite par d'autres couches, acquérir une température plus élevée, en raison de leur plus grand éloignement de la surface de rayonnement [1]. La superpo-

---

[1] Cette remarque est due à M. Babbage. *Lond. Edimb. phil. mag.*, V. 213. John Herschel a fait des observations sur les réactions chimiques qu'ont dû subir les terrains,

sition de remblais puissants, comme le sont certains terrains stratifiés, a pu souvent suffire pour déterminer le réchauffement notable des masses inférieures, postérieurement à leur dépôt, surtout aux époques où l'accroissement de la chaleur, selon la verticale, suivait une loi beaucoup plus rapide qu'aujourd'hui.

On peut ajouter une observation : actuellement que le fond d'une grande partie de l'Océan ne paraît pas dépasser la température de trois ou quatre degrés, par ce fait seul qu'un dépôt sédimentaire serait mis à sec dans les régions tempérées, et que sa surface gagnerait par conséquent quelques degrés de température moyenne, tous les points situés sur une même verticale devraient également augmenter de température.

Ainsi la propagation régulière de la chaleur du globe a pu agir sur des terrains entiers et y produire graduellement la transformation qu'Élie de Beaumont a caractérisée par le nom de *métamorphisme normal*.

A part les effets de cette cause générale et en quelque sorte latente, il est des parties circonscrites où la chaleur s'est portée très-près de la surface, notamment à la suite des roches éruptives. De là, des centres particuliers autour desquels la chaleur interne est venue produire le *métamorphisme accidentel* ou *de juxtaposition*.

Tout en faisant une part aux émanations calorifiques provenant des régions profondes du globe, il est une cause de chaleur plus immédiate et plus générale, qui a dû présider à la transformation des roches et à l'apparition des nouvelles espèces minérales. Elle consiste dans les actions mécaniques

par suite de cette élévation ultérieure de température. (*Leonhards Jahrbuch*, 1858, p. 98, et 1859, p. 347.)

Le fond de la mer étant à une basse température, on ne pouvait admettre le réchauffement des couches sédimentaires dans les termes où l'avait indiqué Hutton.

[1] D'après la remarque de John Herschel. Notice précitée.

mêmes qui ont marqué leurs traces sur de puissants massifs, par des ploiements et des contournements de couches, ainsi que par l'apparition de la texture schisteuse. Les expériences que j'ai faites sur la chaleur qui a pu se développer ainsi dans l'intérieur des roches seront mieux placées dans la seconde section de cet ouvrage, où il sera question des phénomènes mécaniques (chapitre IV).

Enfin, il ne paraît pas douteux que, dans certains cas, ces sédiments se soient modifiés par des actions hydrothermales ou autres, immédiatement après leur formation, c'est-à-dire avant qu'ils fussent profondément enfouis sous d'autres dépts.

Toutefois, des raisons très-puissantes font croire que, dans aucun cas, ce n'est la chaleur seule qui a agi. Lors même que la température fût devenue assez haute dans les roches transformées pour en opérer le ramollissement, ce qui est le plus souvent tout à fait improbable [1], elle serait insuffisante pour rendre compte de la diversité des effets constatés. Les observations suivantes le prouvent :

Si la chaleur interne du globe est la cause des modifications qu'on observe dans des terrains dont la puissance dépasse souvent mille mètres, comment cette action s'est-elle étendue sur une telle épaisseur? Pourquoi, au moins, n'est-elle pas, d'après les lois connues de la propagation de la chaleur et à raison de la faible conductibilité des roches, d'une énergie incomparablement moindre dans les parties éloignées que dans les parties voisines de la surface d'arrivée? C'est pourtant ce qui n'existe pas, et la grandeur, comme l'uniformité des effets produits dans des massifs montagneux entiers, est un phénomène des plus frappants [2].

---

[1] MM. Bischof et Durocher ont insisté sur des arguments de ce genre.

[2] Souvent aussi dans le métamorphisme de juxtaposition, ce n'est pas dans les parties les plus voisines du contact des roches éruptives que les effets ont été le plus énergiques ; M. Durocher a donné divers exemples de ce genre.

De plus, si, laissant de côté les relations d'ensemble, on passe aux faits de détail, on trouve encore, dans le mode d'agencement des minéraux des roches métamorphiques, une foule de circonstances d'association ou de gisement qui empêchent d'admettre pour ces minéraux une origine due à la chaleur seule.

Pour en citer un exemple, je rappellerai le fait si fréquent de la cristallisation de silicates alumineux, comme la chiastolite et la staurotide, au milieu de phyllades fossilifères, et celles du grenat, du pyroxène, du feldspath ou de l'albite, dans des calcaires également d'origine sédimentaire, qui souvent même ne sont pas sensiblement modifiés.

La chaleur, puis la cristallisation qui est la conséquence du refroidissement, peuvent, il est vrai, opérer des départs ou liquations entre les substances qui étaient primitivement dissoutes l'une dans l'autre ; c'est ainsi que le carbone se sépare de la fonte, en cristaux, à l'état de graphite. Mais l'expérience directe ne nous montre rien d'analogue au développement, sous l'action de la chaleur, de cristaux isolés de grenat, de pyroxène, de feldspath, de disthène, dans une gangue calcaire, qui n'a pas même été ramollie, et qui, selon toutes les apparences, n'a été que très-faiblement échauffée [1].

On conçoit que des actions lentes, comme la nature en emploie si souvent pour élaborer les produits minéraux, soient capables de bien des résultats que l'homme est impuissant à imiter ; mais a-t-on le droit de chercher exclusivement dans la durée du temps et dans des causes vagues, pour ainsi dire

---

[1] L'association du graphite à des silicates à base de protoxyde de fer, comme le mica et l'amphibole, ne doit pas avoir pris naissance, comme l'a remarqué M. Bischof, à une température très-élevée (*Géologie*, t. II, p. 60) ; car il en serait résulté une production, au moins partielle, de fer à l'état métallique.

La présence fréquente du graphite dans le calcaire conduit encore M. Bischof à la même conclusion car ces deux corps réagissent l'un sur l'autre à une haute température.

occultes, des explications que rien d'ailleurs ne justifierait?

Un même minéral peut se rencontrer parfaitement isolé et cristallisé au milieu de matrices très-différentes : la tourmaline, le mica, le feldspath, le grenat, l'épidote, par exemple, se présentent souvent avec les mêmes caractères, au milieu du quartz et dans le sein du calcaire ou de la dolomie. Cette indépendance des silicates vis-à-vis de leur gangue paraît aussi annoncer que les minéraux ne sont pas de simples produits de liquation, car des milieux aussi différents n'auraient pas sécrété des composés identiques.

Partout, d'ailleurs, on rencontre dans les roches métamorphiques des minéraux très-inégalement fusibles, qui ont cristallisé dans une succession tout à fait opposée à l'ordre de leur fusibilité.

Des arguments de nature diverse s'opposent donc à ce qu'on admette qu'un métamorphisme, n'ayant pas d'autre cause que la chaleur, ait donné naissance, dans les roches qui l'ont subi, aux minéraux qu'on y rencontre, même quand ces derniers ne paraissent pas contenir de corps simples, étrangers à la composition normale primitive. Cette conclusion est plus démonstrative encore quand on voit, comme au Brésil, le changement d'état des roches coïncider visiblement avec la présence de corps tout spéciaux qui, selon toute probabilité, n'ont pu venir s'y fixer qu'ultérieurement.

L'action de certaines vapeurs, auxiliaires de la chaleur, est encore insuffisante. — Si la chaleur seule a été impuissante à produire les effets dont nous venons de parler, son action, aidée de certains corps gazeux ou faciles à réduire en vapeur, deviendra-t-elle alors capable de suffire à leur explication? C'est l'idée qui s'est naturellement présentée la première à l'esprit, car la nature montrait des vapeurs abondantes et à affinités énergiques, dans les exhalaisons des cratères des volcans ou de leurs laves encore incandescentes. Ces vapeurs et ces gaz sont des composés où dominent les corps électro-négatifs, que les anciens minéralogistes appelaient, comme par instinct, les *minéralisateurs,* savoir : le chlore, le soufre, le carbone; plus rarement le fluor et le bore. Les observations récentes de MM. Boussingault, Bunsen et Charles Deville, ont contribué à bien faire connaître la nature de ces déjections gazeuses ou volatiles.

L'acide carbonique, l'acide sulfhydrique, l'acide sulfurique même, ont pu réagir autrefois sur quelques roches, d'une manière semblable à ce que l'on observe encore aujourd'hui dans certains gisements de gypse et d'alunite, ou dans les roches voisines des volcans des Andes et de Java, qui se réduisent sous leur action en une véritable boue.

La décomposition de vapeurs chlorurées forme, sous nos yeux, le fer oligiste, et a pu donner naissance autrefois, dans beaucoup de gisements, à l'oxyde d'étain et à l'oxyde de titane, comme l'apprennent à la fois l'observation et l'expérience synthétique. C'est d'une manière analogue que la magnésie cristallisée ou périclase, engagée dans les calcaires rejetés de la Somma, a peut-être été produite par la décomposition du chlorure de magnésium par le carbonate de chaux. Cette supposition, que rendait vraisemblable l'abondance des vapeurs chlorurées du volcan actuel, a été corroborée par l'expérience dans laquelle j'ai imité artificiellement ce minéral [1]. Il est remarquable de voir les mêmes corps, qui produisent la périclase aux dépens du calcaire, former, en dissolution et à une température moindre, de la dolomie.

Le rôle qu'ont joué les chlorures à de hautes températures pour produire la cristallisation des minéraux ressort,

---

[1] Recherches sur la production artificielle des minéraux de la famille des silicates et des aluminates par la réaction des vapeurs sur les roches. *Comptes rendus de l'Académie des sciences,* t. XXXIX, p. 135.

d'ailleurs, clairement des recherches plus récentes de MM. Manross, Forchhammer et Henri Deville.

D'autres expériences ont aussi montré que les chlorures de silicium et d'aluminium en réagissant, à l'état de vapeur, sur les bases qui entrent dans la constitution des roches y forment des silicates simples ou multiples analogues à des produits naturels[1]. Or, si le mica exhale encore par la chaleur des fluorures de silicium, de bore et de lithium, osera-t-on affirmer que les pâtes granitiques n'aient pas aussi renfermé, dans l'origine, des chlorures de silicium, de bore et de lithium, bien qu'on ne les trouve pas au milieu des vapeurs qu'on recueille aujourd'hui à proximité des orifices volcaniques ; car ils ne manqueraient pas d'y être décomposés et précipités par la vapeur d'eau avant d'arriver à l'atmosphère ? Ne voit-on pas d'ailleurs encore le chlore fixé en quantités considérables dans certains massifs cristallins, comme la syénite zirconienne de Norwége et la roche de l'Ilmen (miascite), où il est principalement combiné à l'éléolithe, et où il fait partie du cortége du zirconium, du tantale et d'autres éléments rares qui sont presque exclusivement propres à ces roches ?

Quant au fluor et au bore[2], j'ai fait voir qu'ils paraissent avoir concouru à la formation de beaucoup d'amas stannifères[3]. Ils entrent, en effet, dans la constitution de silicates caractéristiques, comme la topaze et la tourmaline, qui y ont été certainement engendrés, en même temps que l'oxyde d'étain[4].

---

[1] *Comptes rendus*, t. XXXIX, p. 153. 1854,

[2] La présence du fluor, déjà reconnue dans diverses roches volcaniques modernes, a été constatée par M. Scacchi dans un dépôt récent de fumarolles du Vésuve. Quant au bore, d'après les énormes quantités qui sortent des *soffioni* de la Toscane et les dépôts notables du cratère de Vulcano, on ne peut guère douter qu'il n'en existe dans beaucoup d'autres localités où il a passé inaperçu jusqu'à ce jour.

[3] Chapitre premier de ce volume, § 1. *Amas stannifères.*

[4] Ce premier rapprochement, établi entre le bore et l'étain, sur des données purement

Ces conclusions sont également applicables à des roches dont l'origine métamorphique est due, selon toute vraisemblance, à des phénomènes analogues. Telle est la roche bien connue de Schneckenstein, en Saxe, où la topaze et la tourmaline paraissent être venues s'insinuer entre les feuillets du schiste, tout en cimentant, concurremment avec le quartz, les nombreux fragments dans lesquels ce schiste avait été concassé. Il en est de même au Brésil, pour des terrains entiers, tels que ceux où abonde la topaze dans la contrée de Villarica, et où l'or et le diamant se sont produits sur de vastes étendues, avec les mêmes minéraux caractéristiques. Ces terrains ne sont en quelque sorte qu'une accumulation, sur un grand espace, des gangues habituelles de l'oxyde d'étain [1].

Il reste d'ailleurs encore fixé dans le granite des quantités assez sensibles de fluor et même de bore pour que l'on puisse admettre que cette roche a pu fournir, avant de se solidifier, des quantités notables de vapeurs où ces corps étaient en combinaison.

Ces idées sur l'intervention du fluor et du bore, qui remontent à trente huit ans, ont encore acquis plus de valeur depuis que M. Henri Deville a fait cristalliser une série de minéraux à l'aide des fluorures, et que, d'autre part, la présence du fluor et du bore a été constatée dans beaucoup d'eaux minérales, et même celle du premier dans l'eau de la mer.

On explique par la chaleur, accompagnée des auxiliaires dont je viens de parler, un plus grand nombre de transformations que par la chaleur seule ; mais, même avec ces

géologiques, a été suivi de la découverte d'une analogie inattendue entre deux corps dont les propriétés chimiques sont si différentes: je veux parler de leur isomorphisme, qui a été démontré par les études de M. Sella.

[1] Je suis d'ailleurs bien loin de penser que ces diverses roches quartzeuses aient été formées sans la présence de l'eau, comme je le montrerai plus loin.

agents, on ne peut se rendre compte de certaines circonstances très-importantes qu'en attribuant aux vapeurs un rôle évidemment bien exagéré. C'est ce que M. Bischof et d'autres savants ont bien fait ressortir par de nombreuses considérations [1].

L'eau doit être considérée comme un agent important de métamorphisme. — Mais dans les exhalaisons volcaniques, il est un corps qui n'a pas tout d'abord fixé l'attention, parce que, sous l'empire des idées anciennes, il semblait tout à fait inerte, surtout en présence des minéraux dont il s'agit d'expliquer la formation. Il n'y existe pas en quantité minime, comme les vapeurs dont nous venons de nous occuper; c'est au contraire le produit à la fois le plus abondant et le plus constant des éruptions, dans toutes les régions du globe. Ce corps, c'est l'eau, et nous verrons qu'un rôle essentiel parait lui être dévolu, dans les phénomènes métamorphiques aussi bien que dans les éruptions des volcans.

La singulière propriété que possèdent les silicates incandescents des laves de retenir pendant fort longtemps, et jusqu'au moment de leur solidification, des quantités d'eau considérables, démontre clairement que l'action de la chaleur n'exclut pas celle de l'eau, et paraît annoncer que cette dernière a même, à ces hautes températures, une certaine affinité pour les silicates.

Nous ne connaissons des masses situées à une certaine profondeur dans notre globe que ce qu'en apportent les volcans; or, ces déjections renferment toutes, sans exception, de l'eau, soit combinée, soit mélangée; nous sommes donc en droit de penser que l'eau joue un rôle tout à fait important

---

[1] Comment, par exemple, admettre une telle origine pour la formation de cristaux de feldspath, d'albite ou de grenat dans des couches régulières, qui sont souvent à peine modifiées?

dans les principaux phénomènes qui émanent des profondeurs. Des motifs concluants ont déjà fait attribuer à l'eau des actions puissantes, telles que la formation de beaucoup de filons métallifères et une influence sur la cristallisation des roches éruptives elles-mêmes, y compris le granite.

A la vérité, les laves les plus chaudes et les plus chargées d'eau, ainsi que les basaltes et les trachytes, ne modifient pas les roches sur des épaisseurs notables ; mais cela peut tenir à ce que, dès qu'elles passent à la simple pression atmosphérique, l'eau s'échappe en se réduisant à l'état de vapeur.

Les nombreux blocs de calcaire venus des foyers volcaniques dans les tufs de la Somma nous montrent en effet, dans leurs géodes tapissées de minéraux si variés et si bien cristallisés, ce que subissent des roches, lorsqu'elles sont exposées à l'action permanente de certains agents, sous la pression, sans laquelle quelques-uns de ces agents ne sauraient acquérir toute leur énergie, ni d'autres même subsister.

Quelque chose de tout à fait comparable est offert par le petit massif basaltique de Kaiserstuhl dans le grand-duché de Bade [1]. Un lambeau de calcaire, arraché par le basalte aux terrains qu'il a traversés, à été modifié par lui de la manière la plus intime. Ce calcaire, devenu tout à fait lamellaire, renferme des cristaux de fer oxydulé titanifère, de pyrite de fer, de mica magnésien, de perowskite, de pyrochlore et de quartz ; j'y ai également reconnu d'innombrables aiguilles d'apatite. Le privilége, si exceptionnel parmi les roches en contact avec les basaltes, qui caractérise le calcaire du Kaiserstuhl me paraît résulter de son gise-

---

[1] *Annales des mines,* 5ᵉ série, t. XII, p. 522. — Il en est encore de même des schistes devenus micacés, que Mitscherlich a observés dans les produits volcaniques de l'Eifel (Naumann. *Géognosie,* t. I, p. 791).

ment. Ce calcaire est en effet situé au fond d'une sorte de cirque. Avant que la dernière dislocation subie par le massif mît le calcaire au jour, il était soumis, à une certaine profondeur, et, par conséquent, sous pression, à l'action des eaux chaudes dont le basalte était lui-même imbibé et qui ont aussi déposé des minéraux dans ses innombrables boursouflures.

De même que la roche du Kaiserstuhl, le calcaire si riche en minéraux variés de la Somma et celui du Latium a été élaboré dans des régions plus ou moins profondes. Quand les couches qui fermaient hermétiquement le lieu où se passaient ces réactions chimiques ont donné, en se brisant, issue aux agents qui les produisaient, ces réactions ont cessé d'avoir lieu.

Or, quelle différence d'actions existe-t-il, dans le cas qui nous occupe, entre ce qui se passe à la surface et ce qui se passe dans les régions profondes ? Pas d'autre, selon toute apparence, que celle qui est due à la différence des pressions.

Ajoutons, d'ailleurs, que si la vapeur d'eau très-chaude, pas plus que l'eau liquide jusqu'à son point d'ébullition, ne peut arriver, dans les expériences ordinaires, à produire des silicates, tels que ceux que nous offrent les terrains métamorphiques, c'est qu'il manque pour cela quelque chose d'essentiel, et tout annonce que ce qui manque, c'est la pression.

§ 5. — Expériences sur l'action exercée par l'eau suréchauffée dans la formation des silicates.

Nous venons de voir comment on peut, à bon droit, soupçonner le concours de la chaleur, de l'eau et de la pression.

comme capable de produire les principaux phénomènes du métamorphisme. Il ne restait qu'à se placer dans des conditions aussi voisines que possible de celles dans lesquelles la nature paraît avoir agi, et à examiner si l'on obtiendrait la reproduction des minéraux caractéristiques.

Tel est le but d'une série d'expériences que j'ai entreprises et dont je vais rendre compte.

Procédé d'expérimentation. — En comptant même pour rien les dangers d'explosion qui sont souvent d'une violence tout à fait surprenante, les difficultés d'expérimentation m'ont empêché de multiplier ces résultats comme il eût été désirable ; cependant, les faits déjà reconnus sont concluants et montrent la fécondité de cette voie d'expérimentation.

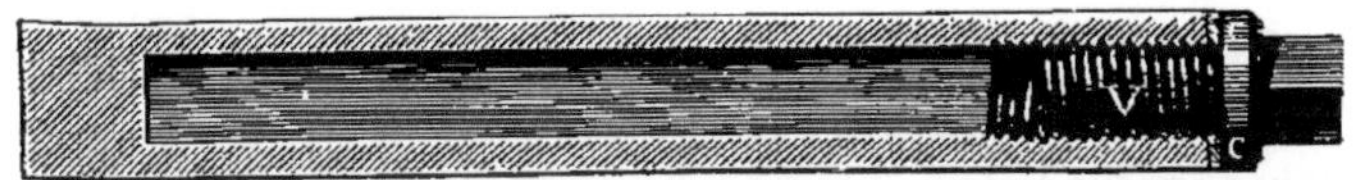

Fig. 21. — Tube en fer, employé aux expériences dans l'eau suréchauffée. Section longitudinale montrant le bouchon à vis V, au moyen duquel la fermeture hermétique est obtenue.—C. Rondelle de cuivre. — Échelle de $\frac{1}{8}$.

La difficulté principale consiste à trouver des parois et des fermetures qui résistent assez longtemps à l'énorme tension acquise par la vapeur d'eau, quand la température s'élève vers le rouge sombre [1]. L'eau et les matières qui doivent réagir sont placées dans un tube en verre que l'on scelle ensuite. On introduit ce tube en verre dans un tube en fer, à parois très-épaisses, qui est clos à la forge à l'une de ses extrémités (fig. 21). L'autre extrémité est souvent fermée au moyen d'un long bouchon à vis, muni d'une tête carrée qu'on peut serrer fortement en la tournant avec une clef. Entre la tête de la vis. qui doit être exécutée avec beaucoup

[1] Il paraît hors de propos d'expliquer quels procédés j'ai tenté pour obtenir des fermetures autoclaves : je me borne à indiquer celles qui ont enfin réussi.

de précision, et le rebord du tube, est placée une rondelle en cuivre bien pur ; elle est assez mince pour s'écraser, lors de la fermeture, par la pression du rebord, et s'incruster dans des rainures pratiquées à cet effet. Cependant, pour fermer la seconde extrémité, j'ai adopté plus tard, de préférence, un autre procédé : j'y rapportais à la forge un fort bouchon de fer F (fig. 22), qui arrive à faire corps avec le canon, si la soudure a été habilement opérée. Il faut, pour réussir, un ouvrier très-adroit ; car il est essentiel que la plus grande

Fig. 22. — Autre mode de fermeture du tube de fer, obtenue par un bouchon uni et cylindrique F, soudé à la forge. — Échelle de $\frac{1}{5}$.

partie du canon reste froide, afin que l'eau intérieure, en se vaporisant, ne contrarie pas l'opération.

Pour contre-balancer, dans l'intérieur du tube de verre, la tension de la vapeur qui pourrait le faire éclater, on verse de l'eau extérieurement à ce tube, entre ses parois et celles du tube de fer qui lui sert d'enveloppe. De cette manière, l'effort principal est reporté sur ce dernier tube, qui présente beaucoup plus de résistance.

Ces appareils étaient couchés sur le dôme ou sur les carreaux d'un four à cornues d'usine à gaz, en contact avec une maçonnerie qui est au rouge sombre, et enfouis sous une couche épaisse de sable.

Des tubes d'un diamètre intérieur de 21 millimètres et d'une épaisseur de 11 millimètres, fabriqués avec du fer d'excellente qualité, font quelquefois explosion ; ils se déchirent suivant une de leurs génératrices en D (fig. 23 et 24), et sont alors projetés en l'air avec un bruit comparable à celui d'un coup de canon. Si le fer n'avait point de défaut, et que l'on estimât qu'il conserve vers 400° la même ténacité qu'à froid, de telles déchirures supposeraient une pression intérieure de plus de 1000 atmosphères.

Il est à remarquer qu'avant d'éclater, le tube se bombe sous forme d'une ampoule A, de 5 à 6 centimètres de longueur (fig .25, 24 et 25),

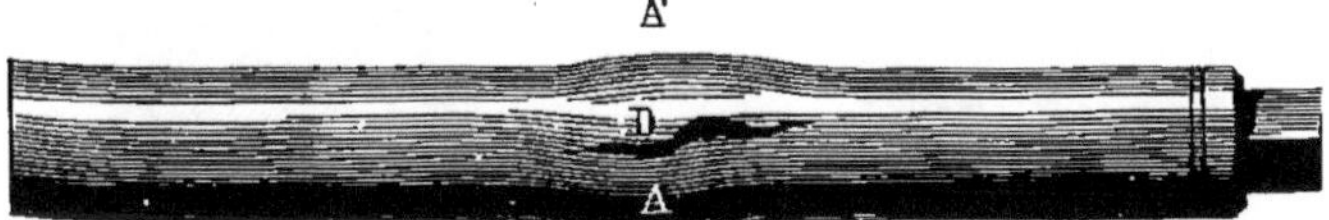

Fig. 23.— Résultat de l'explosion d'un tube à vis. — AA'. Ampoule.— D. Déchirure. — Échelle de $\frac{1}{5}$

et c'est au milieu de cette ampoule que s'ouvre la boutonnière D (fig. 23 et 24.), de façon à rappeler tout à fait le relief de la gibbosité de l'Etna, avec l'échancrure centrale du Val del Bove, dont l'origine a

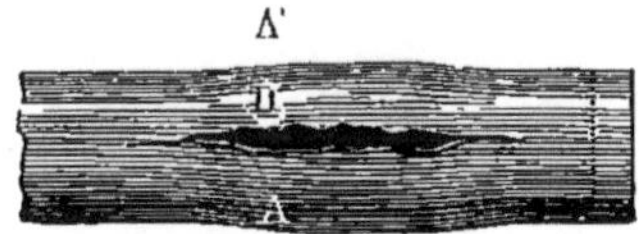

Fig. 24. — Résultat de l'explosion d'un tube fermé à la forge. — AA'. Ampoule. — D. Déchirure. — Échelle de $\frac{1}{5}$.

été attribuée par de Buch et Élie de Beaumont à une force expansive du même genre.

Un thermomètre à mercure, plongé dans le sable à proximité des tubes,

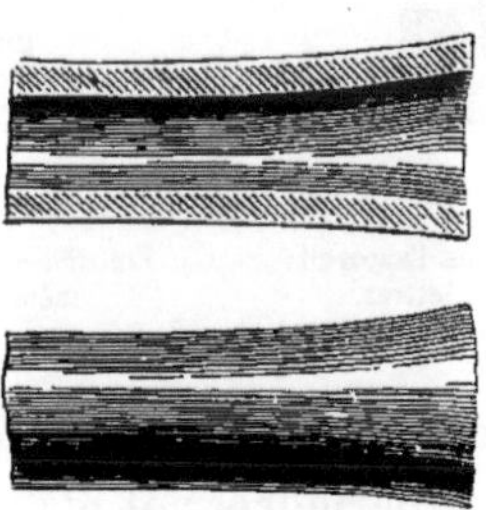

Fig. 25. — Aspect extérieur et coupe longitudinale de l'ampoule qui précède l'explosion du tube de fer employé aux expériences dans l'eau suréchauffée.

y atteint rapidement sa limite; des fragments anguleux de zinc s'y ramollissent; la température à laquelle les tubes restent exposés, pendant plusieurs semaines, est donc au moins de 400 degrés. On les retire graduellement afin de les refroidir avec beaucoup de lenteur.

Un tube en cuivre rouge (fig. 26, 27, 28 et 29), avec un couvercle à vis également en cuivre rouge, que maintient

Fig. 26. — Mode de fermeture d'un tube de cuivre rouge, construit pour l'exécution d'expériences dans l'eau surchauffée. — *Tc.* Tube de cuivre très-résistant. — *Bc.* Bouchon de cuivre fermant à vis. — *F* Bride de fer. — *V.* Vis de pression. — Échelle de $\frac{1}{8}$.

Fig. 27. — Coupe longitudinale de l'appareil; même signification des lettres que dans la figure précédente.

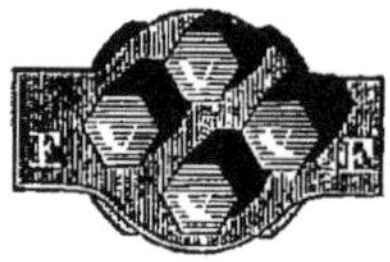

Fig. 28. — Vue en dessus de l'appareil; même signification des lettres.

Fig. 29. — Vue en dessous de l'appareil; même signification des lettres.

solidement une bride en fer **F**, munie de vis, a été construit pour continuer les expériences; il n'a pas encore été utilisé.

Principaux résultats des expériences. — A une température qui est au-dessous du rouge naissant, l'eau réagit très-énergiquement sur certains silicates.

Transformation du verre en un silicate hydraté, avec produc-

tion de quartz cristallisé. — Le verre ordinaire donne, au bout de quelques jours, deux et souvent trois produits distincts :

1° Une masse blanche tout à fait opaque qui résulte d'une transformation complète : elle est poreuse, happant à la langue et aurait l'aspect du kaolin, si elle ne présentait une structure fibreuse très-prononcée.

La simple comparaison des épaisseurs d'un tube de verre, avant et après sa décomposition, annonce que, dans cette dernière action, la substance s'est considérablement gonflée. C'est ce que confirme l'examen des densités. Réduit en poudre fine, le verre, modifié, a en effet une densité de 2,49, c'est-à-dire très-voisine de celle du verre ordinaire ; mais les

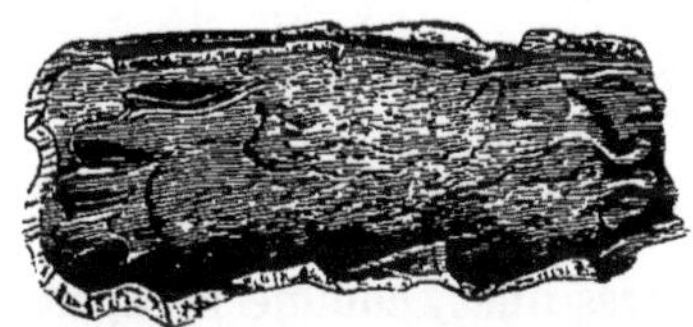

Fig. 30. — Résultats de l'action de l'eau suréchauffée sur un tube de verre, à la surface intérieure duquel il s'est formé une série d'ampoules de formes diverses. — Grandeur naturelle.

fragments de la même substance, pris avec leur volume apparent, ont seulement une densité de 1,89. La substance est donc devenue poreuse et son volume apparent surpasse son volume réel environ du tiers de ce dernier.

Tantôt le tube, en se gonflant, a conservé sa forme générale ; tantôt il s'est séparé en fragments fortement infléchis ; tantôt il s'est couvert d'ampoules (fig. 30) ; tantôt il présente des excoriations à sa surface (fig. 58, 59 et 40) ; tantôt il s'est gauchi et gercé (fig. 31) ; tantôt enfin, il s'est tout à fait désagrégé et réduit en une poussière blanchâtre.

D'un autre côté, dans sa transformation, le verre a généralement acquis une structure éminemment schisteuse (fig. 54). Les feuillets dans lesquels il se clive facilement sont de forme cylindroïde, comme le tube lui-même, et enroulés concentriquement (fig. 32); ils sont si minces qu'on peut quelquefois en distinguer plus de dix dans un millimètre d'épaisseur (fig. 33). Quand le verre est incomplète-

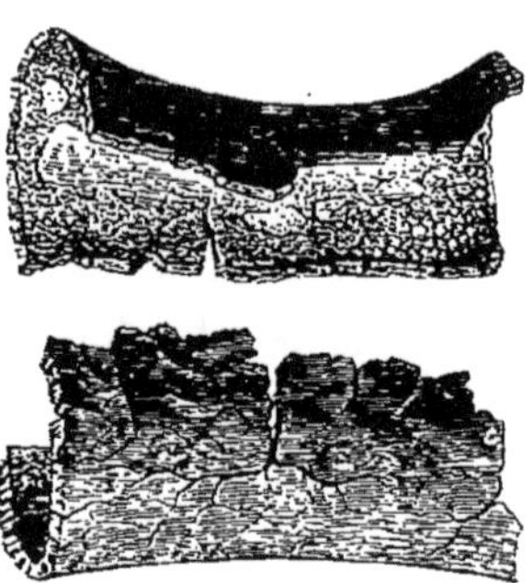

Fig. 31. — Résultat de l'action de l'eau suréchauffée sur un tube de verre cylindrique *avant l'expérience; il est gauchi et gercé. — Grandeur naturelle.*

ment attaqué, le centre, quoique vitreux encore, montre aussi des zones très-fines, comme les agates onyx (fig. 34). Le tout rappelle la structure de certaines roches schisteuses et cristallines.

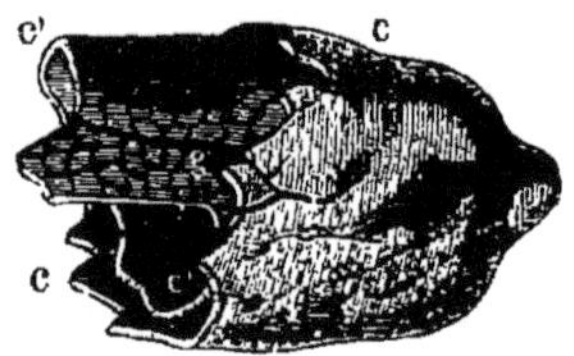

Fig. 32. — Résultat de l'action de l'eau suréchauffée sur l'extrémité d'un tube en verre, qui s'est divisé en couches concentriques *c, c'*. L'une d'elles présente des gerçures de retrait.— Grandeur naturelle.

En tous cas, la modification du verre, dont il est ici question est complétement différente de la dévitrification qui a été étudiée par Réaumur et, plus tard, par M. Dumas et par M. Pelouze [1].

____

[1] *Comptes rendus de l'Académie des sciences*, 1855, t. LX, p. 1321-1327.

Le verre modifié dont nous nous occupons est facilement fusible; il fond en bouillonnant, à la manière des zéolithes : car il s'est hydraté. Il est attaqué par les acides, même à

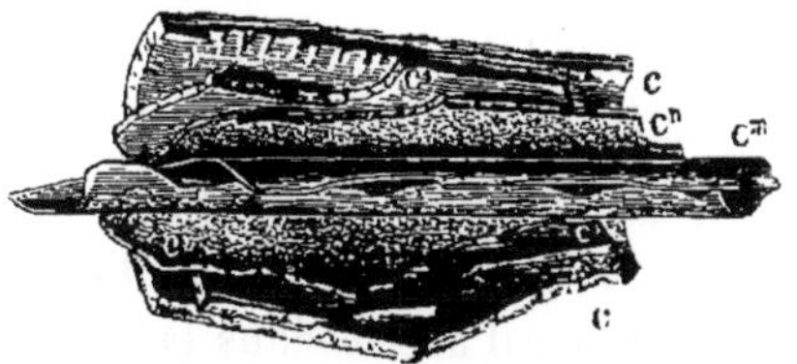

Fig. 55. — Résultat de l'action de l'eau suréchauffée sur un tube de verre qui s'est divisé en feuillets concentriques c, c', c^o, $c^{n'}$, dont les plus minces $c^{n'}$ se sont enroulés à la manière d'une feuille de papier. — Grandeur naturelle.

froid. Sa composition a été trouvée, comme il suit, après un lavage à l'eau bouillante qui en a séparé des parties solubles, une dessiccation à 100 degrés, et déduction faite d'un résidu inattaquable, dont il sera question plus loin :

Silice.	64,5
Chaux	21,9
Magnésie.	1,2
Soude.	6,5
Alumine	1,4
Eau.	4,2
	99,5

La composition du verre primitif a été trouvée ;

Silice.	68,4
Chaux.	12,0
Magnésie	0,5
Soude.	14,7
Alumine.	4,9
	100,5

Pour mieux comparer la composition de ces deux silicates, on peut en rapporter les éléments à la même quantité de chaux :

	Verre ordinaire.	Verre décomposé.
Chaux	100,0	100,0
Silice	525,0	294,0
Soude.	545,0	122,0
Magnésie	2,4	2,7
Alumine.	40,0	6,1
Eau.	»	195,0
	1060,4	719,2

11

En rapprochant ces deux séries de chiffres, on voit que le verre a perdu environ moitié de la silice et un tiers de l'alcali, et que le nouveau silicate a fixé de l'eau. La quantité d'eau indiquée par l'analyse des échantillons est sans doute inférieure à celle qui avait été fixée d'abord; car le tube de fer ayant été, par accident, mis à sec, la substance a été soumise, sous la simple pression atmosphérique, à une assez forte chaleur pour se déshydrater en partie. Quant à l'alumine, elle ne reste pas fixée, comme il arrive dans la décomposition ordinaire des silicates en présence des agents atmosphériques, d'après les belles recherches d'Ebelmen. A la faveur de l'alcali, l'alumine est en partie entraînée, à l'état de dissolution, avec la silice.

Le silicate résultant de la transformation du verre a de l'analogie avec la pectolite, qui se présente aussi en cristaux ou en masses fibreuses.

Ainsi, l'eau pure et convenablement suréchauffée transforme un silicate anhydre, tel que le verre, en un silicate hydraté, de nature zéolithique.

Le verre transformé présente plusieurs variétés d'aspect, qui résultent non-seulement des différences originelles des tubes, mais encore de la nature de la substance qui a été ajoutée à l'eau suréchauffée dans chaque expérience, ainsi que du temps plus ou moins long pendant lequel l'action chimique a duré. On peut y distinguer, au moins, une variété *friable*, ressemblant à du kaolin, et une variété *dure*, beaucoup plus cohérente.

Dans la variété *friable*, la structure en couches concentriques adhérentes et la structure fibreuse se manifestent simultanément; on le constate à l'œil nu, ainsi qu'au microscope.

De plus, la paroi interne en est parfois revêtue d'une croûte transparente, hyaline, incolore, rayant le verre, infusible et agissant très-vivement sur la lumière polarisée ; c'est un dépôt de quartz cristallisé que l'on reconnaît très-bien à l'œil nu (fig. 54) ; il est représenté également sur la coupe microscopique (fig. 44).

Le verre transformé, de la variété *dure*, présente des couches concentriques, de nuance variée, rappelant certains agates-onyx (fig. 55). De même que dans le cas précédent, il s'y est développé des fibres normales aux surfaces.

2° Dans la décomposition du verre, dont le résidu fixe vient d'être décrit, du silicate alcalin s'est dissous en entraînant

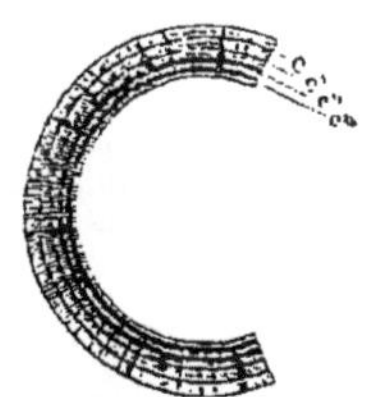

Fig. 54. — Résultat de l'action de l'eau suréchauffée sur un tube de verre, à la surface intérieure duquel il s'est appliqué une incrustation *q* de quartz cristallisé. — Grandeur naturelle.

Fig. 55. — Résultat de l'action de l'eau suréchauffée sur un tube de verre, dans la cassure transversale duquel se montrent plusieurs couches minces et concentriques *c, c', c'' c'''*, reconnaissables à leur différence de couleur. La texture fibreuse y est parfaitement reconnaissable à l'œil nu. — Grandeur naturelle.

de l'alumine. Dans une expérience la partie soluble a donné sur 100 parties : silice 37, soude 63.

L'égalité entre les quantités d'oxygène de la silice et de l'alcali conduit à la formule $Si\,O^2\,2NaO$ ou $Na\,Si$. On voit que ce composé est beaucoup plus basique que le silicate $Na\,Si^3$, qui, d'après les recherches de M. Pelouze, se dissout à froid. La différence, peut-être, vient de ce que le silicate alcalin, d'abord enlevé au verre, se décompose par une action de la chaleur comparable à celle que M. Fremy a constatée [1] ; le quartz cristallisé paraît, en effet, résulter d'une dé-

---

[1] *Comptes rendus de l'Académie*, 1856, t. XLIII. p. 1146.

composition de ce genre, qui se fait peut-être à une température assez voisine de celle de la dissolution.

3° Il se développe ordinairement d'innombrables cristaux
incolores, d'une limpidité parfaite, qui offrent la forme ordinaire bipyramidée du quartz et qui, en effet, ne sont autres

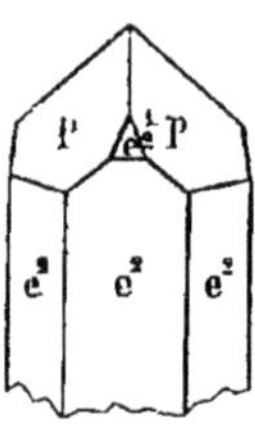

Fig. 36. — Cristal de quartz obtenu dans la décomposition du verre par l'eau suréchauffée ;
les faces du rhomboèdre primitif *p* sont beaucoup plus développées que celles du rhomboèdre
e $\frac{1}{2}$. — Grossissement de 80 diamètres.

que de la silice cristallisée. Certains cristaux ainsi formés
atteignent 2 millimètres au bout d'un mois.

Les faces d'un des deux rhomboèdres prédominent ordi-

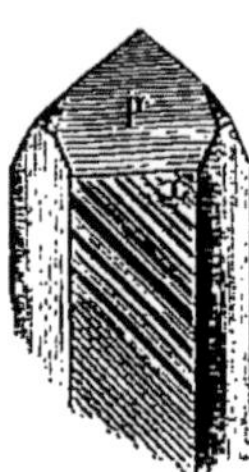

Fig. 37. — Cristal de quartz obtenu dans la décomposition du verre par l'eau suréchauffée. Le
rhomboèdre primitif y prédomine considérablement ; de plus, il présente une face plagièdre
droite, accompagnée d'une série de stries appartenant à la même zone. — Grossissement de
120 diamètres.

nairement beaucoup, comme l'indiquent les figures 36, 57,
58 et 59 ; c'est ce qui se voit aussi dans la nature, par
exemple, sur les améthystes du Brésil : sur certains individus, on voit même les seules faces de ce rhomboèdre.
De même que dans les cristaux naturels, le prisme est

cannelé par des facettes perpendiculairement à la hauteur.

Voici les angles de ce quartz artificiel, donnés par les mesures que M. Hautefeuille a bien voulu en prendre :

Quartz artificiel :		*Quartz, d'après M. Des Cloizeaux :*
e^2 sur e^2	120 environ	120
p sur e^2	141°,41 à 141°,55	111',47
p sur p	94°,55' à 94°,15	94°,15

Si, au lieu d'examiner à un faible grossissement les cristaux de quartz ainsi obtenus, on les soumet à un grossissement d'environ 120 diamètres, on y distingue les facettes

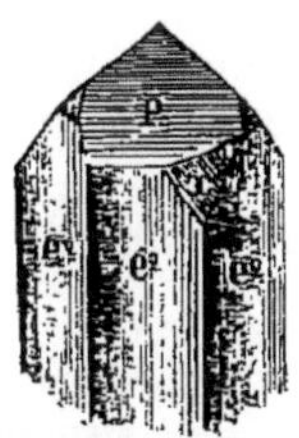

Fig. 38. — Cristal de quartz obtenu dans la décomposition du verre par l'eau suréchauffée. Il montre nettement deux faces plagièdres distinctes et toutes deux droites xy. — Grossissement de 120 diamètres.

dissymétriques bien connues sous le nom de plagièdres. Sur les uns, les plagièdres sont *droits* (fig. 57) ; sur les autres, ils sont *gauches* (fig. 59) ; sur quelques échantillons on voit deux facettes tournées du même côté et d'inclinaison différente (fig. 58). Des stries parallèles se montrent dans les zones des plagièdres.

Ce caractère cristallographique très-remarquable, qui appartient surtout au quartz de certains gisements bien connus des minéralogistes, dans les Alpes, au Brésil, etc., n'a pas été signalé dans les cristaux antérieurement obtenus. Il est possible que ce trait de ressemblance entre les cristaux naturels et les cristaux artificiels corresponde à une certaine similitude dans le mode de formation.

Tantôt les cristaux de quartz sont isolés dans la pâte

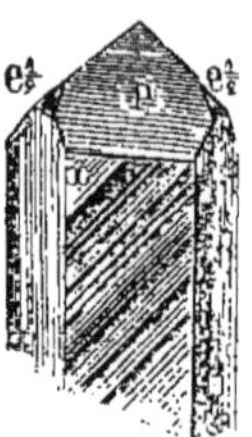

Fig. 59. — Cristal de quartz obtenu dans la décomposition du verre par l'eau suréchauffée. Il se distingue des deux précédents par la situation à gauche de la face plagièdre; il présente une série de stries appartenant à la même zone.— Grossissement de 120 diamètres.

opaque ; tantôt ils sont implantés sur les parois du tube primitif (fig. 54, 40, 41, 42 et 46), ils y forment de véritables

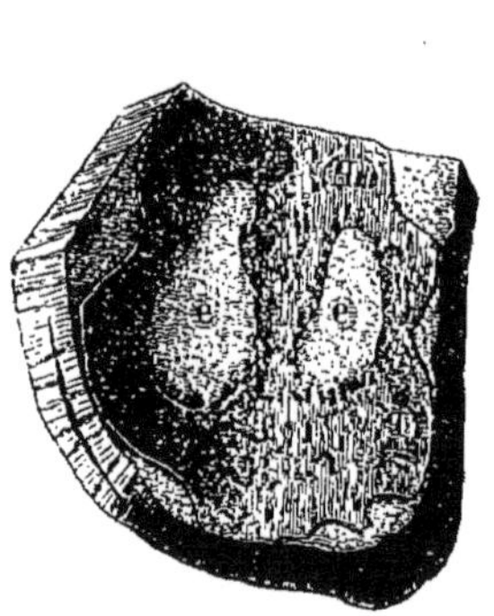

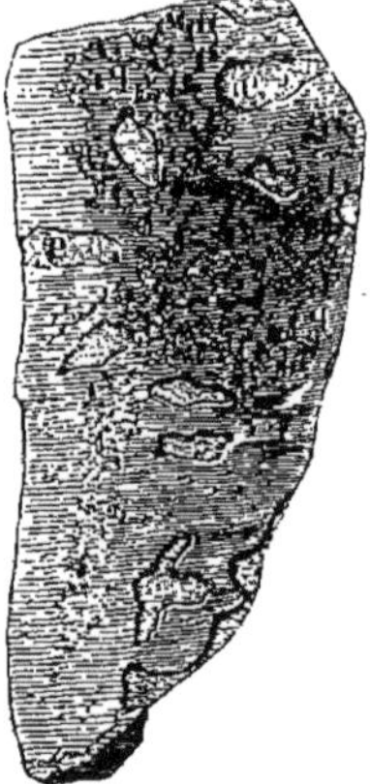

Fig. 40, 41 et 42. — Cristaux de quartz implantés et comme piqués sur les parois de tubes de verre soumis à l'action de l'eau suréchauffée, et formant, tant à l'intérieur qu'à l'extérieur, des géodes et des druses. — q, cristaux de quartz isolés; a, ampoules; e, excoriations. Dans la fig. 40, on voit sur la tranche du verre la structure à la fois fibreuse et concentrique du verre transformé. — Grossissement : 2 à 1.

géodes et des druses, qu'il serait de toute impossibilité de distinguer, à la dimension près, de celles que les roches cristallines et métamorphiques présentent si fréquemment.

Soumis à un acide, le verre transformé se désagrége ; on en isole ainsi : 1° des globules à peu près opaques ; 2° des cristaux aciculaires transparents, infusibles, agissant sur la lumière polarisée, et quelquefois groupés en faisceaux. Ces globules et ces aiguilles résistent à l'action de l'acide concentré et bouillant. Cette analyse immédiate concorde avec le résultat de l'examen microscopique dont il va être question. Ce sont ces mêmes microlithes que représente la figure 43.

En soumettant à l'action du microscope et de la lumière polarisée le verre transformé et réduit en tranches minces, on constate des résultats qui méritent d'être signalés (fig. 43, 44 et 45).

A l'aide d'un grossissement de 500 diamètres, on y reconnaît :

1° Des sphérolithes s presque opaques, jaunâtres, hérissés d'aspérités, qui correspondent peut-être à une cristallisation, ainsi que des concrétions irrégulières (fig. 44 et 45) ;

2° D'innombrables microlithes aciculaires, incolores, dans lesquelles la disposition rayonnée est très-fréquente (fig. 43) ; plus rarement, les aiguilles, au lieu d'être groupées, sont isolées (q') ; elles résistent à l'action de l'acide, comme le ferait le quartz, ou un silicate anhydre ;

3° des cristaux de pyroxène d'un vert foncé (py) (fig. 43), dont il sera question plus loin.

La lumière polarisée y fait aussi reconnaître des globules constitués par des cristaux incolores, dont chacun s'éteint parallèlement à son axe ; ces globules c donnent la croix noire (fig. 43), à la manière de la calcédoine et de certaines zéolithes. Ces sphérolithes atteignent un rayon de 5/10e de millimètre. Leur caractère optique persiste après que la plaque mince a été soumise à l'acide chlorhydrique concentré : on doit donc supposer qu'il est dû, non à une zéolithe

fibreuse, mais à une substance inattaquable, comme la calcédoine.

Sur la fig. 46, qui donne la coupe transversale d'un tube, les

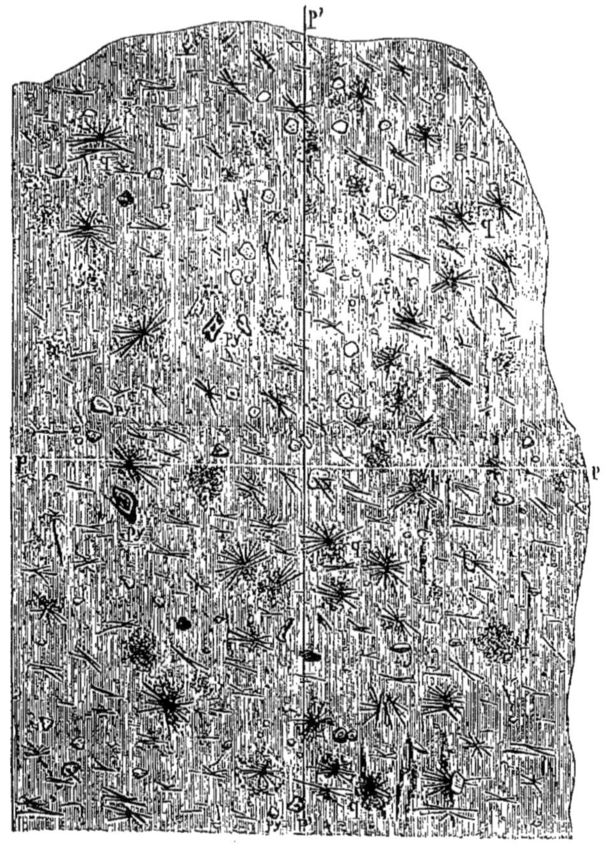

Fig. 45. — Verre transformé; plaque mince observée à la lumière polarisée et montrant :
1° Une série de petits cristaux incolores (microlithes), la plupart avec une disposition rayonnée, quelques-uns isolés *q*; 2° des cristaux verdâtres de pyroxène *py*. On y voit en outre des
globules qui correspondent peut-être à ceux qu'isole l'acide. — *pp*, *p'p'*, plans de polarisation
principaux des nicols. — Grossissement 180 diamètres.

sphérolithes sont représentés par des secteurs sphériques *c'*,
et les structures fibreuses et concentriques, que l'on reconnaît,
même à l'œil nu, y sont représentées avec leurs détails.

Ce qui rend la transformation du verre, qui vient d'être signalée, encore plus remarquable, au point de vue géologique, ainsi que sous le rapport chimique, c'est qu'elle s'obtient par une quantité d'eau très-faible, à peine égale au tiers du poids du verre transformé.

Dans les expériences dont il s'agit, les deux tubes n'étant

Fig. 44. — Verre transformé, observé à la lumière polarisée et montrant des globules s et des concrétions irrégulières s', à peu près opaques, disséminés au milieu de la pâte translucide. Sur le bord de la figure, on voit des globules à croix noire que la figure suivante montre plus complétement. — *pp*, *p'p'*, plans de polarisation principaux des nicols. — Grossissement de 100 diamètres.

pas complétement remplis d'eau, le tube en verre ne peut plonger dans le liquide que par sa partie inférieure, aussi bien à l'intérieur qu'à l'extérieur. Cependant, il est toujours attaqué avec uniformité dans toute son étendue. Ce résultat prouve que, dans les conditions où nous avons opéré, la vapeur d'eau, par suite de la température et de la densité

Fig. 45. — Verre transformé, observé à la lumière polarisée. Il se compose de globules juxtaposés c présentant la croix noire et dont la surface est hérissée d'aspérités. — pp, p'p', plans de polarisation principaux des nicols. — Grossissement de 100 diamètres.

qu'elle acquiert, agit chimiquement comme l'eau liquide. On

Fig. 46. — Verre transformé, observé à la lumière polarisée; coupe transversale présentant une structure à la fois concentrique et fibreuse, normale aux parois, avec des portions de globules c', en formes de secteurs sphériques; Q, enduit de quartz hyalin et cristallisé appliqué sur sa surface interne. — pp et $p'p'$, plans de polarisation principaux des nicols. — Grossissement de 80 diamètres.

entre alors dans un état de choses où la voie humide vient presque se confondre avec la voie sèche.

Peut-être serait-on porté à objecter que certains cristaux préexistaient dans le verre où ils resteraient latents, comme les cristaux d'étain mis en évidence par le moiré métallique après le traitement à l'acide. En effet, c'est aussi en se servant de l'action d'un acide que M. Leydolt[1] a voulu prouver que le verre possède, en général, une structure cristalline, et, en quelque sorte, porphyroïde : après avoir attaqué le verre par l'acide fluorhydrique, on observe sur la face corrodée des formes cristallines.

Je crois pouvoir conclure de mes observations que, dans la plupart des cas au moins, les aiguilles cristallines qui apparaissent après le traitement par l'acide fluorhydrique n'appartiennent pas à la substance vitreuse elle-même, mais au fluosilicate de potasse, qui, si l'action est lente, se dépose à la surface du verre. Les cristaux ainsi formés protégent le verre contre une érosion ultérieure : aussi, quand on lave la surface corrodée, elle paraît couverte de cristallisations ; mais ces cristallisations y ont été décalquées, comme les dessins que l'on réserve par des enduits de cire, dans la gravure sur verre.

Quand le verre, au lieu d'être traité par l'acide fluorhydrique, est attaqué par un séjour, prolongé plusieurs mois, dans l'eau bouillante, comme j'ai eu occasion de le constater sur des tubes indicateurs de chaudières à vapeur, il se produit des érosions très-variées, mais sans indice de cristallisation. Cependant, dans ce dernier mode d'opérer, l'action étant très-lente, les cristaux devraient apparaître bien plus nettement encore que dans le premier cas, si l'opinion dont je parle était fondée.

Un autre fait prouve clairement la validité de mon observation : sur un verre incolore, qui était doublé d'une feuille

____

[1] *Comptes rendus de l'Académie*, t. XXXIV, p. 565, 1852.

mince de verre rouge de cuivre, et dans lequel on avait corrodé les verres des deux couleurs, on pouvait reconnaître sur le bord des entailles que les mêmes aiguilles passaient, sans aucune altération, du verre rouge sur le verre blanc. Elles résultaient donc simplement d'une empreinte extérieure, comme nous l'avons annoncé.

Pour s'assurer que les divers cristaux dont il vient d'être question ne préexistaient pas dans le verre soumis à l'expérience, on a examiné une tranche mince du verre non modifié. Même à l'œil nu, on peut y reconnaître des indices de couches concentriques. La lumière y fait voir aussi des défauts d'homogénéité, par exemple, des fragments anguleux, qui correspondent peut-être à des grains de quartz incomplétement combinés aux bases, ainsi que quelques cristaux allongés; mais on n'y trouve rien d'analogue aux cristaux qui apparaissent, à la suite de l'action de l'eau suréchauffée : ces divers cristaux résultent donc bien d'une transformation ou d'un métamorphisme du verre.

Les roches volcaniques vitreuses, les obsidiennes et les perlithes, soumises à l'action de l'eau suréchauffée, paraissent se comporter d'une manière comparable aux verres artificiels. Mais les résultats obtenus ne sont pas assez nettement caractérisés pour que je croie devoir les mentionner ici.

Avec les fragments d'obsidienne et de perlithe sur lesquels j'ai opéré se trouvaient des morceaux de feldspath vitreux, détachés du trachyte du Drachenfels, et de l'oligoclase de Suède. Ces deux derniers minéraux n'ont subi aucune altération appréciable [1]. On ne peut toutefois affirmer que, si l'eau n'avait pas immédiatement trouvé d'alcali à enlever à l'enveloppe, elle n'en aurait pas pris au feldspath. Des cris-

---

[1] Cependant le feldspath peut se décomposer à froid par la trituration, comme je l'ai montré ailleurs. *Annales des mines*, t. XII, p. 547.

taux de pyroxène n'ont pas davantage changé d'aspect. Il en est à peu près de même de feuilles très-minces de mica potassique de Sibérie : elles ont à peine perdu de leur transparence.

Nous voyons ici une sorte de confirmation de l'expérience précédente sur la stabilité des silicates, qui ont originairement cristallisé dans des conditions peut-être assez voisines de celles où ils se trouvaient de nouveau placés.

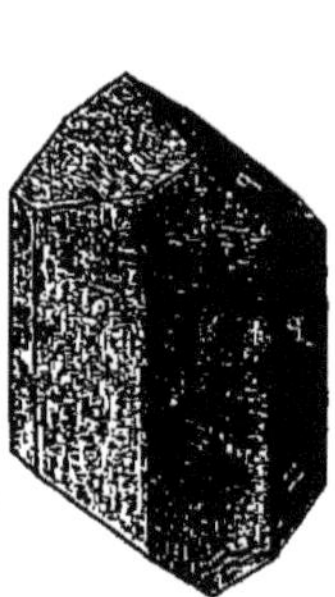
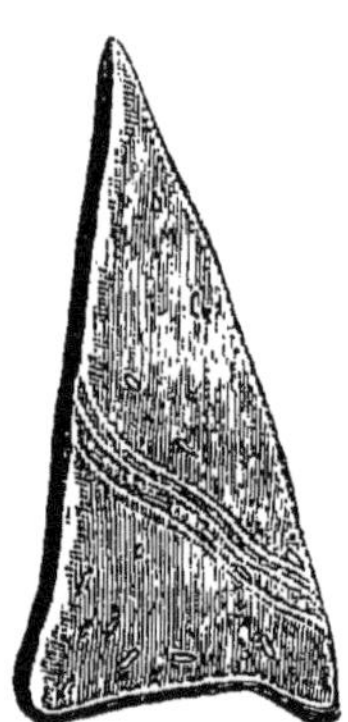

Fig. 47 et 48. — Cristal de pyroxène et fragment de feldspath, à la surface desquels est venu se déposer du quartz cristallisé q, q, q. — Grossissement de 5 fois pour la fig. 47 ; grandeur naturelle pour la fig. 48.

Dans ces dernières expériences, les morceaux de feldspath, de pyroxène et d'obsidienne, ont été complétement enveloppés de cristaux de quartz, à la manière de certains bonbons qui sont incrustés du sucre cristallisé.

Pour examiner, autant du moins que la présence du verre le permettait, comment se comportent, à l'état suréchauffé, les dissolutions naturelles de silicates alcalins, que l'on trouve communément dans les eaux, je me suis servi de l'eau provenant des sources thermales de Plombières, qui est comparativement riche en silicates de potasse et de soude. Cependant, ne pouvant opérer que sur 20 à 50 centimètres cubes, j'ai préalablement concentré cette eau par une évaporation assez rapide pour que l'acide carbonique de l'air n'en décomposât pas sensiblement les silicates, et de manière à la réduire au vingtième de son volume primitif.

Après une expérience qui avait été arrêtée au bout de deux jours seulement, les parois du tube étaient déjà recouvertes d'enduits de silice, sous la forme de quartz cristallisé et aussi de calcédoine. Comme le verre n'était encore altéré qu'à sa surface, ce dépôt devait provenir, au moins presque en totalité, de la décomposition du silicate alcalin contenu dans l'eau de Plombières.

Ainsi, sans l'application d'aucun réactif chimique, sous la seule influence de la chaleur, l'eau tenant en dissolution des silicates alcalins, telle que celle des sources de Plombières, dépose du quartz cristallisé ou cristallin.

Production de silicates anhydres, à l'état cristallisé. — Parmi

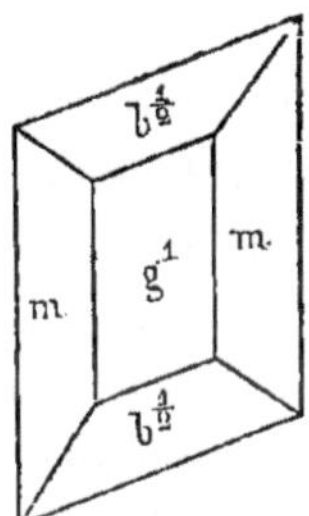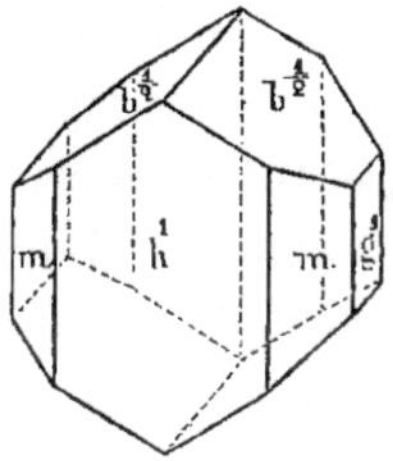

Fig. 49 et 50. — Forme des cristaux de pyroxène diopside, obtenus dans la décomposition du verre par l'eau suréchauffée. La figure 49 le montre de profil, comme il se présente fréquemment. La figure 50 le donne en perspective. — Grossissement: 250 diamètres.

les produits de ces expériences, il en est un qui mérite une attention particulière. A la surface et dans l'intérieur de la masse blanchâtre résultant de la transformation du tube de verre, j'ai obtenu d'innombrables cristaux très-petits, mais de forme parfaitement nette, doués de beaucoup d'éclat et bien transparents ; ils présentent diverses nuances de vert, et beaucoup d'entre eux ont la teinte vert-olive. Leur forme est celle d'un prisme oblique symétrique, dont les bases sont remplacées par deux biseaux; deux des arêtes opposées sont ordinairement tronquées, comme dans le pyroxène que Haüy a nommé homonome (fig. 49 et 50). Ces cristaux rayent sensiblement le verre; ils restent inaltérables en présence de l'acide chlorhydrique concentré et bouillant. Ils fondent au chalumeau en un émail noir. Enfin ils ont la composition du pyroxène à base de chaux et de fer, et, par leur transparence, ils appartiennent à la variété *diopside*.

Ces cristaux sont, les uns isolés, les autres groupés de manière à former de petits globules hérissés de pointements, et plus rarement des incrustations minces. Les uns et les autres rappellent immédiatement par leur aspect les cristaux de diopside les plus connus.

En outre, en examinant au microscope, comme il a été dit plus haut, des tranches minces du verre transformé, j'ai reconnu, à part les globules de calcédoine, des cristaux verdâtres py, ayant la forme caractéristique du pyroxène (fig. 43); ils présentent les faces p, m et g, et la face p étant prédominante. Ces cristaux sont quelquefois terminés assez irrégulièrement, comme s'ils étaient maclés; mais la manière dont ils se comportent à la lumière polarisée montre qu'il n'en est pas ainsi. Comme il arrive souvent dans le pyroxène des roches, on remarque des inclusions, qui n'ont pas l'éclat métallique de la magnétite, mais plutôt l'éclat pierreux (tel que celui de la picotite). Dans l'échantillon observé, les cristaux de pyroxène sont moins nombreux que des sphérolithes; ils se montrent surtout dans les parties où ces derniers sont clair-semés et se rapprochent quelquefois jusqu'à des distances de $1/10^e$ à $1/20^e$ de millimètre.

De l'argile de Klingenberg, près Cologne, que l'on emploie pour faire les creusets de verrerie, étant chauffée dans des tubes en verre, se charge d'une multitude de paillettes blan-

ches, nacrées et douées de l'éclat du mica. Elles sont hexagonales et jouissent d'un axe optique de double réfraction [1].
Elles sont fusibles, indiquent au chalumeau la présence de
la silice. Elles sont attaquables par l'acide chlorhydrique,
qui manifeste les réactions de l'alumine. La trop faible quantité de ces paillettes que j'ai obtenues jusqu'à présent ne
m'a pas permis d'en faire l'analyse quantitative. Il paraît toutefois très-probable que la substance est un mica à un axe
ou une chlorite.

Réduction du bois en anthracite. — Les végétaux fossiles
ayant subi des modifications sous l'influence des mêmes

Fig. 51. — Anthracite, obtenu dans la décomposition du bois, et granulé par l'eau suréchauffée;
la forme de ces globules annonce que la substance a nécessairement passé par un état de ramollissement. Grandeurs naturelles.

agents que les matières pierreuses, il convenait de voir ce
que devient du bois dans l'eau suréchauffée.

Des fragments de bois de sapin se sont transformés en
une masse noire, douée d'un vif éclat, d'une compacité
parfaite ayant, en un mot, l'aspect d'un anthracite pur,
elle est assez dure pour qu'une pointe d'acier la raye difficilement.

Cette sorte d'anthracite, bien qu'infusible, est entièrement
granulée sous forme de globules réguliers de diverses dimensions (fig. 51), d'où il résulte clairement que la substance a
été *fondue* en se transformant. Sa calcination ne donne que
des traces de substances volatiles; la matière ligneuse est
donc arrivée à son dernier degré de décomposition. Ce carbone compacte ne se consume qu'avec une excessive lenteur,
même sous le dard oxydant du chalumeau. Il diffère des

[1] D'après l'examen qu'en a bien voulu faire de Sénarmont.

charbons formés à haute température, en ce qu'il ne conduit pas l'électricité, non plus que le diamant.

Dans ces expériences, il s'est formé aussi des produits liquides et volatils, ressemblant aux bitumes naturels par leur odeur caractéristique.

Les filons d'argent de Kongsberg en Norwége, qui sont encaissés dans le gneiss, renferment de l'anthracite qui présentent la plus grande ressemblance avec l'anthracite artificiel dont il vient d'être question. Il s'est moulé au milieu de la chaux carbonatée et de l'argent natif, sous des formes qui annoncent qu'il a aussi passé par un état de mollesse. L'anthracite découvert en Russie, à Chounga, au nord du lac Onéga, offre aussi le même aspect.

A des températures moindres et dans des conditions d'ailleurs analogues, le bois se transforme en une sorte de lignite ou de houille ; c'est ce qui résulte déjà des expériences de Cagniard de Latour [1].

Ainsi que nous venons de l'exposer, l'eau suréchauffée, vers 500 degrés, devient capable de former, non-seulement le quartz, mais encore de produire et de faire cristalliser des silicates anhydres, tels que le pyroxène diopside. Des combinaisons semblables avaient déjà été produites, il est vrai, par la voie sèche, mais à des températures incomparablement plus élevées que celle où la présence de l'eau permet de les obtenir. Dans ce dernier cas, le point de cristallisation est de beaucoup au-dessous du degré de fusion. C'est la première fois qu'un silicate anhydre et cristallisé a été obtenu au milieu et par l'intermédiaire de l'eau.

En résumé, on reconnaît, par les expériences qui précèdent, que l'eau suréchauffée a une influence très-énergique sur les silicates ; elle en dissout un grand nombre, dé-

[1] *Comptes rendus de l'Académie*, t. XXXII, p. 205.

truit certaines combinaisons à bases multiples, en fait naître
de nouvelles, soit hydratées, soit anhydres; enfin elle fait
cristalliser ces nouveaux silicates bien au-dessous de leur
point de fusion. L'acide silicique mis en liberté dans ces
dédoublements s'isole sous forme de quartz cristallisé.

Des transformations si complètes sont d'ailleurs obtenues
par de très-faibles quantités d'eau. En général on y distingue
cette loi que, vers le rouge naissant, les affinités de la voie
humide acquièrent, en ce qui concerne la production des
silicates, le même caractère que celles de la voie sèche.

On verra comment la formation de silicates anhydres et
cristallisés, par l'intermédiaire de l'eau, trouve son application dans de nombreux phénomènes, tels que ceux du métamorphisme. De même, en voyant le quartz se séparer si
facilement du verre, il est impossible de ne pas reporter sa
pensée sur les veines de quartz qui sillonnent les quarzites
et les phyllades et qui se sont probablement formées, comme
dans l'expérience, aux dépens des roches avoisinantes.

§ 4. MÉTAMORPHISME CONTEMPORAIN; ZÉOLITHES FORMÉES
PAR DES SOURCES THERMALES.

La nature fait elle-même des expériences du genre de
celles que nous n'exécutons qu'avec tant de difficultés ; elle
emploie probablement des procédés analogues à ceux dont
elle s'est servie depuis les temps les plus reculés. Malheu-
reusement ces réactions qui sont particulièrement instructives se produisent dans des régions plus ou moins profondes
et imbibées d'eau thermale, où nous ne pouvons pénétrer
que rarement.

Les Romains ont étendu, autour des points d'émergence

des sources thermales, qu'ils savaient aménager si habilement, une maçonnerie ou béton (blocage), composée de fragments de briques et de pierres (grès ou calcaire), réunis par un ciment de chaux. Dans diverses localités, on a eu occasion d'entailler ces maçonneries antiques qui, depuis des siècles, étaient immergées dans de l'eau minérale, douée d'une température plus ou moins élevée ; et alors, on a reconnu que, dans certaines parties, ces masses avaient subi une action chimique, et par suite, une transformation très-remarquable, tant au point de vue de la chimie et de la minéralogie qu'à celui de la géologie.

Conditions dans lesquelles se sont produits, à Plombières, les zéolithes, l'opale, le quartz calcédoine et d'autres minéraux. — C'est à Plombières (Vosges) que ces faits ont été observés pour la première fois. De plus, l'étendue et la profondeur des entailles momentanément ouvertes, dans cette localité, il y a une vingtaine d'années, ont permis d'y poursuivre les observations d'une manière très-instructive. Aussi, c'est Plombières que nous prendrons ici pour type[1].

Le béton, qui a été appliqué à proximité des sources thermales de Plombières s'étend sur plus de 100 mètres de longueur, avec une épaisseur qui, sur quelques points, atteint 5 mètres (fig. 52 et 53.) Cette nappe de maçonnerie repose parfois sur le granite même *g;* mais en général, elle est séparée de la roche solide par du gravier d'alluvion. L'eau thermale *s* qui jaillissait dans le gravier se trouvait emprisonnée sous le béton, et en sortait par des cheminées verticales en pierre de taille, dans lesquelles elle s'élevait pour s'écouler ensuite vers les piscines : de cette manière

---

[1] Relation des sources thermales de Plombières avec les filons métallifères ; formation contemporaine des zéolithes. *Comptes rendus de l'Académie des sciences*, t. XLVI, p. 1086, 1858.—*Bulletin de la Société géologique de France*, 2ᵉ série, t. XII, 562, 1859.

les infiltrations de la rivière, qui coule dans la même nappe de gravier, étaient isolées de l'eau thermale [1].

Sous l'action prolongée de l'eau minérale qui pénètre continuellement dans le massif de béton, le ciment calcaire et les briques elles-mêmes ont été en partie transformés. Les combinaisons nouvelles qui se sont produites se montrent dans les cavités de la masse, et particulièrement dans les boursoufflures des briques, où elles forment des enduits

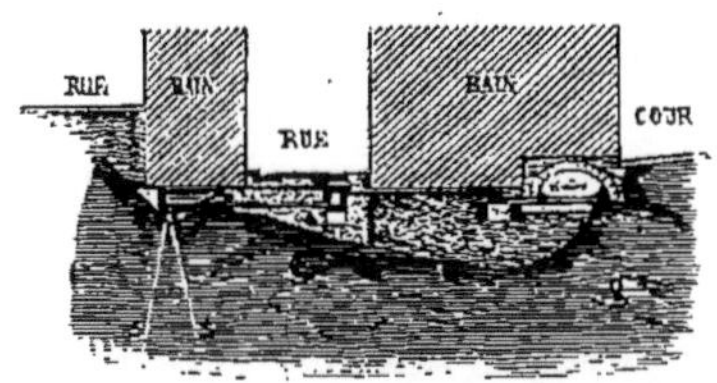

Fig. 52. — Disposition de la maçonnerie à zéolithes sous le sol de Plombières. Coupe transversale. *g* granite du fond de la vallée, duquel jaillissent les sources thermales *s*, *s*; *b*, béton romain qui a servi à les isoler de la rivière voisine; *r*, remblai. Échelle de $\frac{1}{1000}$

mamelonnés et quelquefois cristallisés. L'examen microscopique m'a fait reconnaître que les mêmes espèces minérales se sont aussi formées dans les moindres pores de ces matériaux.

Description des espèces contemporaines recueillies à Plombières. — Les combinaisons les plus remarquables sont des silicates hydratés, de la famille des zéolithes, et de l'acide silicique libre, à divers états.

Dans beaucoup de boursoufflures des briques, il s'est déposé des cristaux incolores, d'une limpidité parfaite, ayant la forme de rhomboèdres voisins du cube. De même que la plupart des

[1] Le granite, que nos fouilles ont mis à nu sur quelques points, présente des surfaces moutonnées, absolument comme celles que l'on connaît dans la partie supérieure de la vallée de la Moselle et d'autres régions des Vosges. Il est remarquable de rencontrer, sous une nappe d'eau très-chaude et qui coule depuis une époque très-reculée, ces surfaces arrondies que l'on doit attribuer à une action glaciaire.

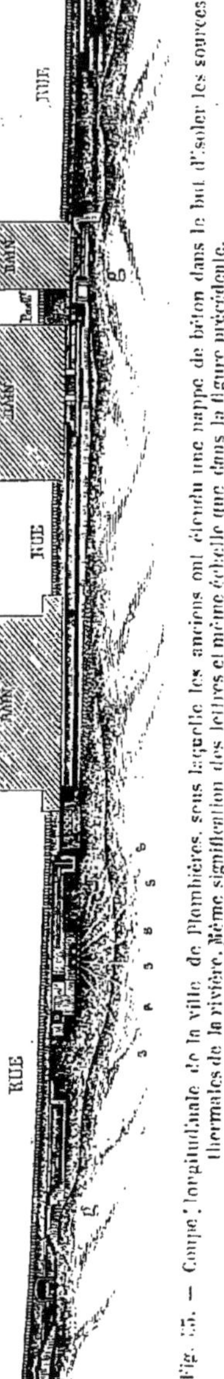

Fig. 53. — Coupe longitudinale de la ville de Plombières, sous laquelle les anciens ont étendu une nappe de béton dans le but d'isoler les sources thermales de la rivière. Même signification des lettres et même échelle que dans la figure précédente.

cristaux de chabasie, ils sont faiblement striés parallèlement aux arêtes (fig. 54); ils en présentent parfois aussi la macle habituelle (fig. 55). La mesure des angles des cristaux ne laisse aucun doute sur leur identité avec ceux de la chabasie; les caractères chimiques sont tout semblables.

Certaines fissures du ciment calcaire, ainsi que les briques, renferment des cristaux parfaitement transparents et incolores; leur forme est celle d'un prisme rectangulaire, surmonté d'un pointement pyramidal qui repose sur ses arêtes (fig. 56). D'après les angles que M. de Sénarmont a bien voulu mesurer, cette autre zéolithe est de l'harmotome à base de chaux ou christianite[1].

D'après M. Des Cloizeaux, la christianite de Plombières paraît identique à celle de Marburg et à la philippsite de la Somma. Ses cristaux seraient des pénétrations en croix de deux individus qui ne laissent entre eux aucun angle rentrant. Le plan des axes optiques est normal à la base p et à la face g de la forme primitive

[1] En faisant usage des notations de M. Miller, on a pour les angles des normales :

$$g_1 \text{ sur } a = 60^0\ 21'$$
$$a \text{ sur } a' = 59^0\ 18'$$
$$a' \text{ sur } g'_1 = 60^0\ 21'$$
$$g_1 \text{ sur } h_1 = !0$$

(prisme rhombique de 111°15). La bissectrice aiguë positive est parallèle à la petite diagonale de la base.

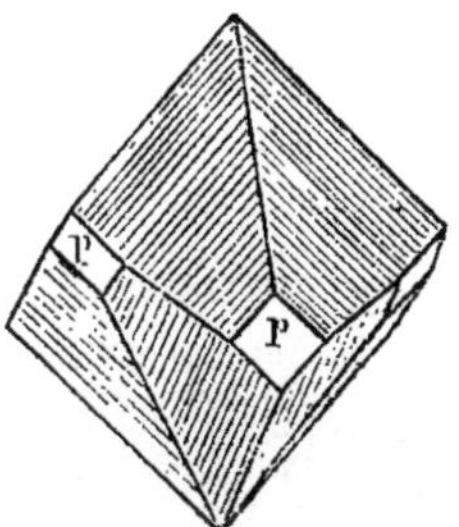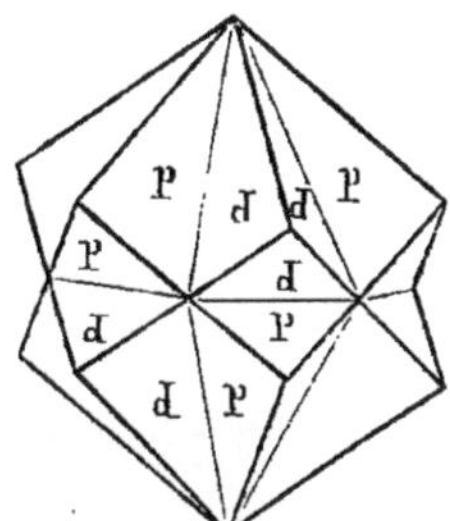

Fig. 54 et 55. — Formes de la chabasie produite par les sources thermales dans la maçonnerie de Plombières. On y voit les stries (fig. 54) et la macle (fig. 55) qui sont habituelles dans la chabasie des époques géologiques. Grossissement : environ 30 fois.

La christianite accompagne ici la chabasie, absolument comme dans les trapps amygdaloïdes de l'Islande [1].

L'examen microscopique de la pâte y a décelé de la méso-

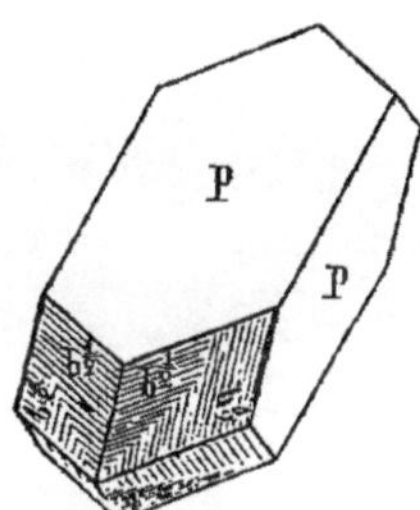

Fig. 56. — Forme de la christianite produite par les sources thermales dans la maçonnerie de Plombières. Comme dans les cristaux des époques géologiques, on y voit les stries, indice de la macle. Grossissement : environ 40 fois.

type bien reconnaissable à sa forme cristalline : elle se montre en prismes terminés par des bases perpendiculaires à l'axe et offrant une disposition radiée ; ces cristaux ont une vive action sur la lumière polarisée (fig. 57). Après l'action de l'acide, ils laissent, comme résidu de l'attaque, des prismes

[1] *Annales des mines.* 4ᵉ série. t. xii. p. 573.

de même forme, mais sans action sur la lumière polarisée, qui sont probablement les squelettes siliceux des premiers cristaux (longueur environ $0^{mm},1$ sur $0^{mm},2$ de largeur). La mésotype se présente exactement avec le même aspect dans les pores de certains basaltes : un échantillon des environs de Donnersberg en Bohême, offre un exemple frappant de cette ressemblance.

Quelques géodes renfermées dans la partie calcaire sont

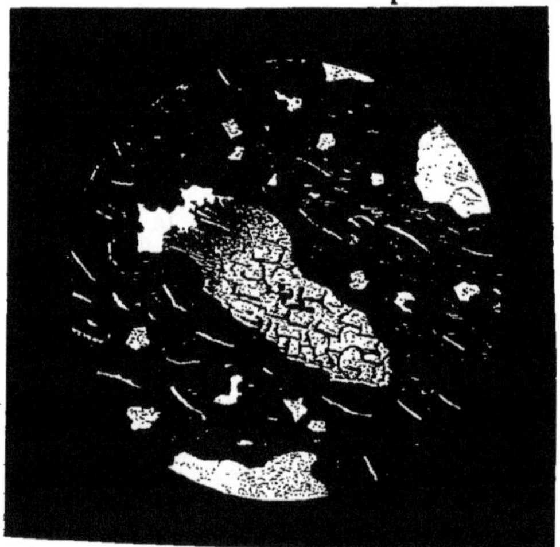

Fig. 57. — Brique zéolithique réduite en tranche mince et montrant la chabasie et la mésotype déposées en géode, dans l'une des cavités, par l'eau thermale de Plombières ; grossissement : 150 diamètres.

intérieurement recouvertes de pointements en pyramide aiguë à base carrée. L'analyse m'a montré que cette substance est un silicate hydraté de potasse et de chaux, dans les proportions qui constituent l'apophyllite. minéral dont elle a d'ailleurs la forme cristalline. Chauffée dans un tube ouvert, elle donne même la réaction du fluor, comme les apophyllites naturelles.

Il s'est formé encore, dans les mêmes briques, d'autres combinaisons de la famille des zéolithes ; mais leur détermination n'a pas encore été faite avec certitude, parce qu'il est très-difficile de les isoler complétement des briques et du béton, et qu'on n'a pu en recueillir, à l'état de pureté, que des quantités insignifiantes pour l'analyse. Je ne les mentionne donc qu'avec réserve.

Les cristaux de chabasie sont fréquemment recouverts de petits globules hérissés de cristaux microscopiques, qui ont tous les caractères de la variété de gismondine, à laquelle on a autrefois donné le nom d'abrazite et qui se trouve abondamment dans les boursoufflures de la roche volcanique de Capo di Bove, près Rome. On rencontre plus rarement des cristaux en aiguilles qui ont l'aspect et les caractères chimiques de la scolézite. Souvent la zéolithe étant amorphe n'est pas susceptible d'être exactement définie.

Les enduits de zéolithes cristallisées sont toujours très-minces ; leur épaisseur est inférieure à un millimètre.

Dans des cavités situées à la partie inférieure de la couche de maçonnerie, et à proximité des points qui reçoivent un jet direct d'eau thermale, il s'est produit assez abondamment des dépôts gélatineux, transparents et incolores. On les a surpris, en voie de précipitation, dans les entailles que l'on ouvrait au milieu des maçonneries imbibées d'eau. En se desséchant à l'air libre, la substance devient, au bout de quelques heures, opaque et d'un blanc de neige. Sa surface mamelonnée, ses couches concentriques, sa cassure fibreuse rappellent tout à fait la structure de la calcédoine, de la malachite, de l'hématite brune et d'autres espèces minérales concrétionnées. Elle fond facilement au chalumeau en bouillonnant ; elle fait gelée avec les acides et présente les caractères d'un silicate. Selon les conditions de température dans lesquelles on la place successivement, elle perd ou elle gagne de l'eau, et paraît présenter des propriétés hygroscopiques, semblables à celles que M. Damour a étudiées dans les zéolithes.

L'analyse a montré que cette substance est un silicate de chaux hydraté; un échantillon, après une dessiccation à 100 degrés, a été trouvé composé de :

Silice.	40,6
Chaux.	34,1
Alumine.	1,3
Eau avec traces d'acide carbonique.	25,2
	99,2

En faisant abstraction de l'alumine qui paraît y former un mélange accidentel, on est conduit à la formule très-simple :

$$CaO, SiO^2 + 2HO.$$

Par ses proportions, cette substance paraît différer du silicate de chaux hydraté nommé okénite, qui a été rencontré dans les roches amygdaloïdes des îles Feroë, de l'Islande et du Groenland[1]. Si elle constitue une espèce nouvelle, on en pourrait rappeler l'origine par le nom de *plombiérite*. C'est comme de la wollastonite hydratée.

Pour contrôler l'analyse que j'en avais faite autrefois, j'indiquerai celle que M. Fouqué a bien voulu faire d'un autre échantillon.

Matière blanche concrétionnée (Plombiérite).

Eau dégagée au-dessous de 120 degrés. $=$	5.83
— — de 120° au rouge vif . $=$	6.69
Acide carbonique	11.26
Silice.	41.89
Chaux	33.30
Magnésie	0.21
Alumine	1.18
Sesquioxyde de fer	traces.
Soude et potasse	0.10
	100.66

[1] La composition de ce dernier minéral est Ca O, 2 Si O² + 2 H O. Quant au silicate dont MM. Rivot et Chatoney admettent l'existence dans les mortiers hydrauliques (*Annales des Mines*, 5ᵉ série, t. IX, p. 591), la composition qu'ils lui assignent est

$$2\, Ca\, O.\, Si\, O^2 + 4\, H\, O.$$

Cette substance traitée par l'eau distillée bouillante fournit une solution alcaline ; mais le titre de cette solution est si faible, que le liquide résultant du lessivage de 2 grammes de matière est neutralisé par une liqueur renfermant moins d'un milligramme d'acide sulfurique monohydraté.

De la silice hydratée et de l'opale sont mélangées en pro-

Fig. 58. — Mamelons d'opale hyalite *o*, déposés par les sources thermales, dans une fissure de la maçonnerie de Plombières. Échelle de $\frac{1}{5}$.

portions variables à ce dépôt gélatineux. Le mélange est même reconnaissable sur quelques grains par l'essai de la dureté et la résistance aux acides ; il rend difficile de préciser une composition quantitative.

Quoiqu'il en soit, nous voyons ici un silicate que l'eau transporte et dépose à la manière de la silice elle-même, et ce fait peut expliquer certains traits du métamorphisme de contact.

Parmi les produits des sources thermales actuelles, il faut

encore rappeler l'halloysite, qui a été déjà signalée plus haut,
comme un produit de décomposition apporté dans les filons.

J'en ai recueilli une variété à Plombières, dans les filons
de quartz et de fluorine à travers lesquels jaillissent les
sources thermales; au milieu des masses foncées de fluorine, l'œil est attiré par une substance d'un blanc de neige,

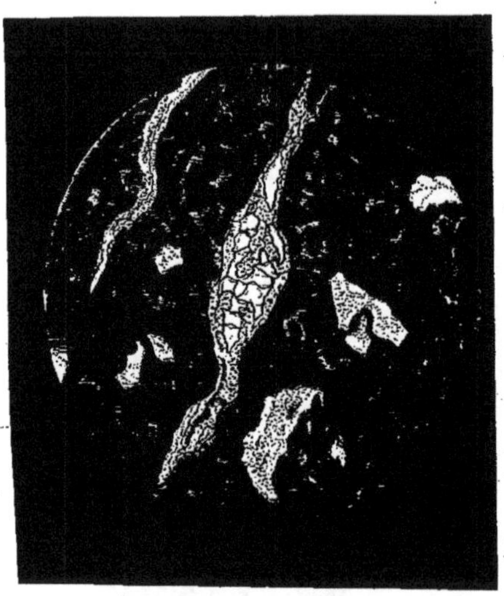

Fig. 59. — Brique zéolithique coupée en tranche mince et montrant l'opale ordinaire et l'hyalite
déposées dans les pores par les eaux thermales de Plombières ; grossissement de 180 diamètres.

d'abord molle et translucide, mais qui devient opaque par
la dessiccation; elle forme des veines de 2 à 3 centimètres
d'épaisseur [1]. Cette substance dont la formation paraît se
continuer aujourd'hui, et qui a reçu le nom de savon minéral, savon de Plombières ou saponite, a été analysée successivement par Berthier [2], et par Nicklès [3]. C'est un silicate
d'alumine hydraté, qui est mélangé de gypse. Il a une grande

[1] Mémoire précité. *Bull. soc. géol. de France* 2e série, t. XVI, p. 393.
[2] *Annales des Mines*. 3e série, t. III, p. 393, 1853.
[3] *Comptes rendus*, t. XXXXVIII, p. 695, 1859.

ressemblance avec l'espèce halloysite et a été rapporté à
la nontronite.

L'opale mamelonnée translucide et incolore, appartenant
à la variété appelée hyalite, se rencontre à Plombières,
associée aux zéolithes et parfois avec abondance. Comme
exemple, je citerai une fissure de la maçonnerie où cette
substance se montre en nombreux mamelons (fig. 58).

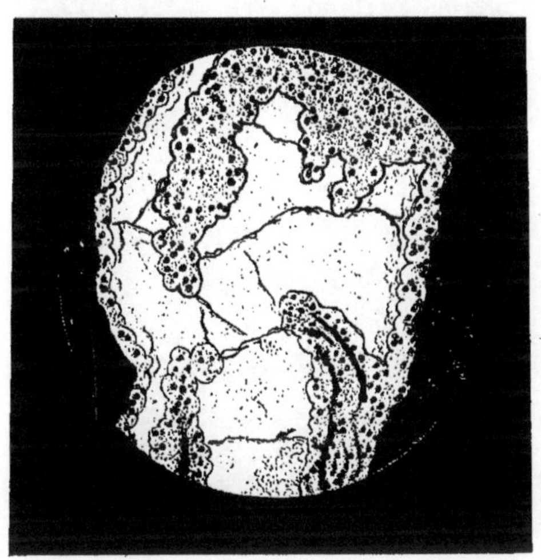

Fig. 60. — Portion de la même brique vue à un grossissement de 600 diamètres.

Dans les pores microscopiques de la roche j'ai également
reconnu l'opale de la variété hyalite, sous forme de globules
très-petits ($0^m,03$), n'ayant qu'une très-faible action sur la
lumière polarisée, comme les substances gommeuses (fig. 59,
60 et 61).

Rappelons, comme analogue, l'opale déposée autrefois par
les eaux de Saint-Nectaire dans des fissures qu'elles ont
aussi incrustées.

Les briques antiques dans le tissu desquelles il s'est
formé des zéolithes à Plombières présentent aussi, parfois

(fig. 62), dans leurs pores, de petits sphérolites fibreux et rayonnés. Ces sphérolites diffèrent de ceux d'opale dont il vient d'être question, par la forte action qu'ils exercent sur la lumière polarisée ; ils donnent une croix noire fixe, lorsqu'on tourne la préparation entre les nicols croisés ; en un mot, ils présentent les caractères optiques de la calcédoine.

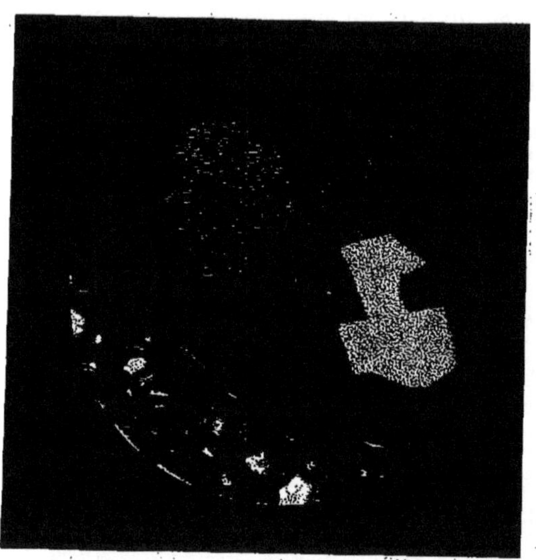

Fig. 61. — Brique zéolithique réduite en tranche mince, montrant l'opale et une zéolithe de forme rhomboédrique (chabasie ?) déposées dans les cavités par l'eau thermale de Plombières. Grossissement de 600 diamètres.

D'ailleurs, les globules dont il s'agit rayent le feldspath et sont inattaquables par les acides[1]. Quelquefois ces globules se sont appliqués sur les parois des cavités et forment une série de demi-sphères contiguës entre elles ; leur diamètre atteint 0m,02.

Dans certains enduits blancs, et quelquefois violacés, qui se sont déposés sur des fragments des roches du béton, j'ai

[1] Ils restent inaltérés en présence de l'acide nitrique, à une température de 60 degrés et au bout de 24 heures.

reconnu de la chaux fluatée pulvérulente et formée de cristaux microscopiques. Elle est souvent avoisinée par l'apophyllite, qui elle-même renferme du fluor.

Beaucoup de cavités contiennent aussi la chaux carbonatée rhomboédrique associée à la chabasie, comme dans les roches volcaniques de l'Irlande. Elle se présente avec

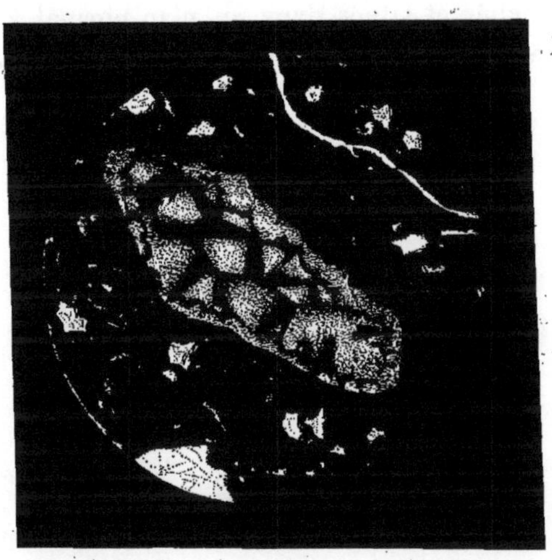

Fig. 62. — Brique zéolithique réduite en tranche mince et montrant la calcédoine et l'hyalite déposées dans l'une des cavités qui en est remplie, par l'eau thermale de Plombières. Grossissement de 130 diamètres [1].

des formes variées; tantôt en scalénoèdre $d\frac{6}{5}$ surmonté du rhomboèdre (fig. 63), tantôt en rhomboèdres.

Des cristaux blancs d'aragonite, en double pyramide à six pans et très-aiguë, rappellent particulièrement les échantillons des gîtes de fer de Framont et de certains basaltes : c'est la variété de forme nommée apotome par Haüy, avec le biseau e^1. Plus souvent, l'aragonite est en cristaux acicu-

---

[1] On remarque dans cette figure et dans la précédente des grains actifs sur la lumière polarisée, qui sont des paillettes de mica et des grains de quartz, qui préexistaient dans la pâte de la brique. Grossissement de 130 diamètres.

laires, incolores ou d'un vert tendre, qui forment de petites houppes à l'intérieur des géodes.

Enfin, parmi les cristaux rencontrés dans le béton calcaire, il en est un en lames blanches nacrées, de forme rhombe; ses angles plans, mesurés à la chambre claire, ont été trouvés de 127 et 62 degrés. Il y a deux axes optiques très-rapprochés et situés dans un plan normal à celui des lames. Cette substance, qui par son aspect, rappelle la

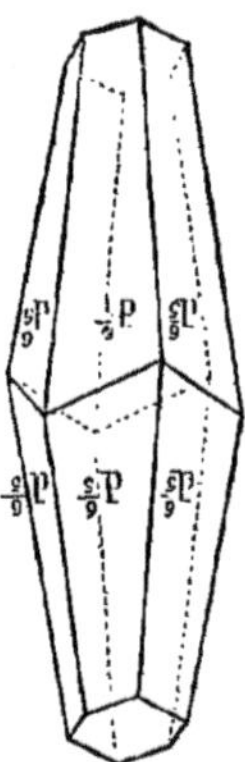

Fig. 65. — Scalénoèdre de calcite déposé par l'eau thermale dans la maçonnerie romaine de Plombières. Echelle d'environ 50 fois.

stilbite, se dissout avec effervescence dans les acides, en y apportant de la chaux et de l'alumine et en laissant un léger résidu de silice gélatineuse; elle est hydratée et infusible. C'est une combinaison qui paraît différer des minéraux connus. L'analyse n'en a pas encore été faite, faute d'une quantité suffisante de substance pure.

Examen microscopique et chimique de la pâte des briques zéolithiques. — Pour compléter l'énumération précédente, il convient de dire ce qu'apprend l'examen de la pâte des briques zéolithiques.

La pâte de ces briques a subi une transformation que j'ai

constatée, tant à l'aide du microscope, qu'au moyen de l'analyse chimique. Elle s'est incrustée, souvent jusque dans ses moindres pores, de diverses substances, dont la présence, au point de vue de la formation de certaines roches, n'est pas moins instructive que celle des géodes de plus grande dimension dont il vient d'être question.

En général le changement survenu dans une brique s'annonce, à la première vue, par la différence qu'elle offre,

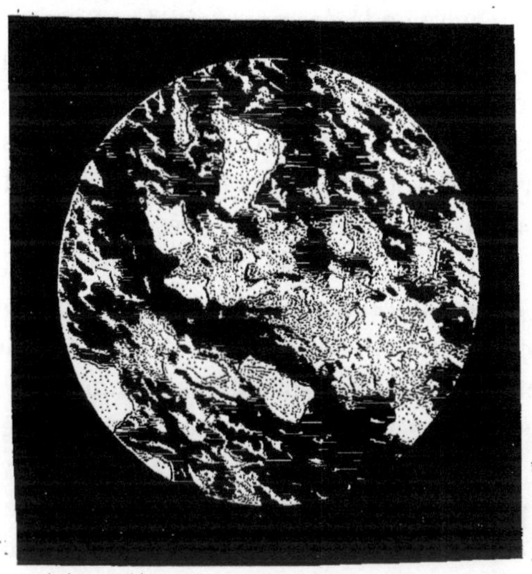

Fig. 64. — Brique romaine de Plombières, réduite en tranche mince, ne présentant aucun minéral déposé par l'eau thermale. La structure fluidale y est caractérisée. Grossissement de 130 diamètres.

avec les briques de la même époque qui n'ont pas été soumises à l'eau thermale, et que l'on peut encore retrouver en grand nombre à la surface du sol. Tandis que ces dernières sont ordinairement mal cuites et friables, les morceaux empâtés dans le béton sont souvent durs, fort compactes et d'une sonorité qui rappelle celle des phonolithes; le marteau en détache des aiguilles minces et tranchantes.

D'après l'examen microscopique, les briques ainsi transformées se sont intimement imprégnées de minéraux variés.

D'abord une brique ordinaire, également de l'époque romaine, mais qui n'a pas été modifiée par l'action de l'eau minérale, a été soumise au microscope, après avoir été réduite en tranches minces : c'était, le terme de comparaison nécessaire pour faire la part des transformations qui nous occupent.

Cette brique se compose d'une matière amorphe, transparente et incolore ou légèrement teintée en jaune, criblée de vacuoles, où sont disséminés d'innombrables granules de silicate ferrugineux, coloré en rouge vif par le peroxyde de fer : on y distingue aussi de très-abondants grains de quartz, la plupart brisés et à contours tout à fait irréguliers, quelquefois aussi des fragments de grès quartzeux. Un cristal isolé de felspath triclinique y a été aperçu. Il s'y trouve aussi de très-nombreuses lamelles minces, incolores, s'éteignant sous les nicols croisés dans la direction de leur longueur et devant être considérés comme des paillettes de mica vues par leur tranche. Le quartz est très-riche en cavités; dans aucune d'entre elles nous n'avons constaté la présence de gouttelettes de liquide, ce qui peut résulter de la haute température à laquelle les briques ont été portées pendant la cuisson. Une disposition fluidale y est presque constante; elle est reconnaissable à l'alignement des granules rouges, des grains de quartz et des paillettes de mica qui s'allongent dans la même direction (fig. 64).

Dans les briques qui ont subi l'influence de l'eau minérale, les vacuoles, au lieu d'être restées vides, comme dans les briques naturelles, sont remplies de matières transparentes et incolores et qui y sont inégalement réparties. Ces dernières substances doivent, par conséquent, être attribuées avec certitude à l'action lente et prolongée de l'eau thermale à laquelle ces briques ont été soumises.

Parmi les substances que j'ai observées dans les pores des briques, outre les zéolithes, l'opale et la calcédoine que j'ai déjà mentionnées, je signalerai les suivantes :

1° A côté des sphérolithes fibreux bien caractérisés, qui offrent les caractères de la calcédoine, il est des globules plus petits ($0^{mm},05$); ils sont souvent disséminés dans une substance incolore, transparente et inactive, qui est l'opale. Ces globules ont une faible action sur la lumière polarisée, comme les substances gommeuses. Souvent alignés le long des parois de la cavité, comme une sorte de broderie (fig. 59 et 60), ils présentent tout à fait les caractères de ceux que l'on rencontre très-fréquemment dans les rhyolithes, par exemple dans ceux de la Hongrie (Telkybania) ou de Nisiros.

Sur un échantillon on a reconnu des globules ressemblant à ceux dont il vient d'être question, mais présentant une teinte jaunâtre plus prononcée (fig. 59 et 60). Ce qui les caractérise, c'est qu'ils sont attaquables, à la température de 50 degrés seulement, par l'acide nitrique ; ils ont les caractères des globules de même aspect, habituels dans les palagonites.

2° Des lames hexagonales à angles arrondis, imbriqués à la manière habituelle de la tridymite et inattaquables aux acides.

3° De la calcite, qui remplit quelquefois entièrement les cavités, avec la forme du rhomboèdre primitif. Un échantillon du basalte précité du Donnersberg, offre exactement la même disposition. La calcite est aussi associée intimement à l'opale et, dans ce dernier cas, elle affecte souvent la forme du rhomboèdre aigu.

Les diverses substances qui viennent d'être signalées

remplissent, partiellement ou en totalité, des cavités microscopiques de formes diverses, tantôt arrondies comme les boursouflures visibles à l'œil nu, tantôt allongées à la manière des gerçures (fig. 59 et 60).

Vers les parois de ces cavités, les substances concrétionnées ont généralement pénétré dans la brique, sur une certaine épaisseur, et forment une espèce de pénombre.

La disposition de ces diverses substances que j'ai examinées avec le concours de M. Fouqué, a été reproduite avec autant d'habileté que d'obligeance par M. Thoulet dans les figures qui précèdent.

La présence, dans les pores des briques, du quartz calcédoine mérite l'attention. L'opale concrétionnée ou hyalite, dont j'avais antérieurement signalé la présence fréquente dans les géodes des briques, se montre aussi, et abondamment, dans les moindres pores de ces mêmes briques. Mais on voit, en outre, que la silice a pu s'y déposer aussi comme calcédoine, c'est-à-dire à l'état anhydre, quoique la température du milieu ait été, au plus, égale à 70 degrés. La production du quartz à une température aussi peu élevée n'avait pas encore été, je crois, signalée.

Voici les résultats que M. Fouqué, qui a bien voulu faire cette analyse, a obtenus sur chacun des deux échantillons de briques zéolithiques :

Brique A. — La matière d'un rouge uniforme, sauf quelques grains de quartz qui y sont disséminés, perd 4, 51 de son poids, quand on la chauffe au bain de sable, à la température d'environ 120 degrés. Puis, fortement calcinée au rouge vif, elle perd 5, 22 p. 100, du poids primitif. Elle ne donne qu'une trace d'effervescence par l'action des acides.

Quand on traite par l'eau distillée bouillante 10 grammes de cette pâte de brique pulvérisée, on obtient une solution alcaline qui neutralise 8 milligrammes d'acide sulfurique monohydraté. La solution ne renferme que des traces de carbonate alcalin et pas de chaux. Traitée par un acide et évaporée à sec, elle donne un résidu insoluble dans les acides ; c'est un silicate de potasse qui rend cette solution alcaline.

Brique B. — Cette matière, douée des mêmes caractères physiques

que la précédente, perd 5,05 p. 100 de son poids, quand on la chauffe
à une température d'environ 120 degrés ; elle perd, en outre, 6 p. 100
après avoir été calcinée au rouge vif. Avec les acides, elle ne donne
qu'une trace douteuse d'effervescence.

10 grammes de cette brique préalablement pulvérisée, soumis à l'action de l'eau distillée bouillante, fournissent une solution alcaline qui
neutralise 9 milligrammes d'acide sulfurique monohydraté. Il n'y a dans
cette solution, ni chaux, ni carbonates alcalins ; et, comme dans le cas
précédent, on a constaté la présence de la silice qui, par conséquent
y est combinée à l'alcali.

10 grammes, de chacune de ces pâtes de briques ont été soumis, pendant un quart d'heure, à l'action de l'acide nitrique bouillant, étendu de
5 fois son volume d'eau. On a ainsi obtenu :

Analyse de deux briques zéolithiques.

	Brique A.	Brique B.
Partie dissoute.....................................	1gr. 397	1gr. 458
Partié non dissoute................................	8gr. 603	8gr. 512
Total............	10gr. 000	10gr. 000

Analyse de la partie dissoute dans chacune des briques.

	Brique A.	Brique B.
Silice..............	19.39	8.85
Alumine	17.53	19.75
Sesquioxyde de fer.................................	5.37	5.95
Chaux..	51.40	60.54
Magnésie...	0.75	0.47
Potasse	5.91	5.07
Soude..	0.53	0.13
Total............	100.000	100.54

Il résulte de ces analyses que des silicates hydratés, à base de chaux et de potasse, et de la nature des zéolithes, se sont graduellement ajoutés à la pâte de la brique, dont ils pénètrent souvent les moindres pores; leur proportion a été trouvée de 13 à 14 pour 100 du poids total.

Cette pénétration de substances étrangères ne s'est pas faite avec uniformité. Un morceau de brique a souvent été transformé à partir de sa surface, sur une certaine épaisseur, et il s'est encadré par des veinules concentriques, à la manière de certains rognons de jaspe. Cette dernière circonstance montre bien clairement que la compacité des fragments résulte d'une modification qu'ils ont subie depuis qu'ils sont enveloppés dans le béton. Des différences chimiques séparent ces parties d'aspect différent.

La partie externe et compacte renferme jusqu'à 8 pour 100 d'eau; aussi décrépite-t-elle très-fortement, lorsqu'on la chauffe au rouge; la partie centrale et poreuse renferme beaucoup moins d'eau (2 à 3 pour 100). Ces deux variétés de briques diffèrent également par leur teneur en chaux et en potasse. Les deux bases sont beaucoup plus abondantes dans la brique compacte que dans la brique poreuse.

La forte proportion de potasse que l'analyse a révélée dans les briques à zéolithes doit être remarquée. On sait que les argiles renferment toujours une certaine quantité de cet alcali; mais il en existe généralement davantage dans les briques de Plombières; de plus, elle s'y trouve à un état où elle est facilement attaquable par les acides faibles, ce qui n'arrive pas à l'alcali contenu dans les argiles. Cet alcali paraît avoir été fixé, au moins en partie, dans la brique, par le silicate alumineux qui en constitue la base et qui l'a extrait du silicate potassique, tenu en solution dans l'eau thermale. Peut-être, est-ce à une action de même genre qu'il faut attribuer la présence de la potasse dans la terre verte, par exemple, dans celle qui s'est substituée aux cristaux de pyroxène, en Tyrol et ailleurs.

Faits analogues obtenus à Luxeuil, à Bourbonne-les-Bains et aux environs d'Oran (Algérie). — La formation contemporaine des silicates cristallisés de la famille des zéolithes, sous l'action d'eaux thermales, n'est pas un fait accidentel, ainsi qu'on aurait pu le croire d'abord. Après avoir signalé cette production actuelle des zéolithes à Plombières (Vosges), j'ai retrouvé le même fait dans l'intérieur des maçonneries romaines, à Luxeuil (Haute-Saône)[1], à Bourbonne-les-Bains (Haute-Marne)[2], et en Algérie[3], aux environs d'Oran.

A Luxeuil le phénomène est identique au précédent et confirme les conclusions que j'avais tirées des faits constatés à Plombières. Seulement, il autorise à abaisser encore la limite de la température à laquelle les silicates peuvent se former et cristalliser; car dans cette localité la température des sources ne dépasse pas 46 degrés.

En dehors des minéraux métalliques qui se sont abondamment produits à Bourbonne, d'autres, de nature très-différente se sont formés dans le béton, et surtout dans les boursouflures, visibles ou microscopiques, des briques[4].

Peu de semaines avant qu'il fût enlevé à la Science, M. Deshayes, professeur au Muséum, a bien voulu me remettre quelques débris de construction romaine, recueillis par lui, il y a une quarantaine d'années, lors de son voyage en Algérie, et qu'il avait oubliés depuis lors, parmi d'autres objets. Ces débris consistent en chaux, cimentant des fragments de briques et formant un béton, tout à fait sem-

---

[1] *Bull. de la Soc. géolog.*, 2ᵉ série, t. XVIII, p. 108, 1860.
[2] *Annales des Mines*, 5ᵉ série, t. VIII, p. 459, 1876.
[3] *Comptes rendus*, t. LXXXIV, p. 157, 1877.
[4] *Mémoire précité, sur Bourbonne*, p. 466 à 468.

blable à celui que les Romains ont fréquemment employé dans leurs constructions, par exemple, dans les thermes de Plombières.

En examinant ces échantillons, je ne tardai pas à reconnaître qu'un certain nombre de cavités de la chaux et de la brique sont revêtues de petits cristaux ne faisant pas effervescence et, par conséquent, ne pouvant être du carbonate de chaux. Ces cristaux sont transparents, incolores et d'une limpidité parfaite. Leurs formes cristallines y ont fait reconnaître, malgré cette uniformité d'aspect, des espèces bien distinctes.

Il est de ces cristaux dont la forme est celle d'un prisme droit à quatre faces, terminé par une pyramide tétragonale, dont les quatre faces reposent sur les arêtes du prisme ; ils offrent la plus grande ressemblance avec le minéral connu sous le nom de christianite ou harmotome calcaire : ils s'en rapprochent également par la valeur numérique de leurs angles. Certains cristaux offrent sur leurs faces des stries croisées, qui décèlent la macle habituelle de cette espèce (fig. 56) ; quelques-uns manifestent cette macle par des angles rentrants.

D'autres cristaux sont terminés en rhomboèdres dont les angles sont voisins de ceux du cube, comme dans la chabasie ; les rhomboèdres sont groupés deux à deux, ou à faces striées, de même qu'il arrive très-fréquemment, dans la nature, pour cette même espèce. Quelques cristaux de chabasie et de christianite dépassent un millimètre et sont par conséquent reconnaissables à l'œil nu.

Dans les mêmes géodes, se rencontre aussi la calcite cristallisée, sous la forme d'un scalénoèdre aigu, dont les angles, terminaux, d'après les mesures prises par M. Des Cloizeaux, sont respectivement de 126°,20′ et de 114°,50′, et correspondent par conséquent à la notation d^{6}_{5}. Tantôt ce scalé-

noèdre est coupé, perpendiculairement à son axe, par une
base (fig. 63), tantôt il est surmonté d'un rhomboèdre obtus.
D'autres cristaux jaunâtres, de forme indéterminée, consistent aussi en calcite.

M. Deshayes, dont la mémoire n'avait pas d'abord conservé l'origine de ces échantillons, a cru ensuite se rappeler
les avoir recueillis en visitant d'anciens thermes situés non
loin d'Oran. D'après les indications de ce savant, je sup-
posais d'abord qu'il s'agissait des Bains-de-la-Reine, situés
sur la route de Merz-el-Kébir et dont la température est
de 47 degrés[1] ; mais les rensignements que j'ai pris auprès
de personnes connaissant parfaitement le pays, n'ont pas
confirmé cette supposition. D'après M. Rocard, les sources
de Merz-el-Kébir, qui ne sont aujourd'hui qu'à un très-faible
niveau au-dessus de la mer, n'auraient émergé que depuis
l'époque romaine, par suite du mouvement d'exhaussement
lent que présente la côte. Cette partie de la province d'Oran
renferme de nombreuses sources thermales que l'on voit
jaillir au pied des falaises, par exemple, celle de Ain-el-Turk,
où l'on a trouvé des vestiges de travaux romains, et celle
des Andalouses[2]. Ce serait probablement de l'une de ces
sources que proviendraient les échantillons dont il s'agit. Il
est toutefois à regretter qu'on ne soit pas renseigné d'une
manière plus précise, au moins quant à présent, et qu'on ne
puisse recueillir d'autres échantillons de cette localité remarquable, dont une circonstance fortuite a révélé l'existence.

Dans le béton des thermes des environs d'Oran, la cha-

---

[1] VILLE, *Recherches sur les eaux, les roches et les gîtes minéraux des provinces
d'Oran et d'Alger*, p. 260. — Analyse de l'eau des Bains-de-la-Reine, par M. le docteur Soucelyer. *Mémoires de Médecine, de Chirurgie et de Pharmacie militaires*, t. LII.

[2] D'après M. Rocard, ces sources correspondent à une nappe qui est située à la base
du terrain tertiaire. Cet ingénieur a constaté, dans les sondages qu'il a exécutés dans cette
région, un accroissement de température très-rapide (1 degré par 19 mètres), quoique
l'on soit dans des couches tertiaires et sans affleurements de roches éruptives.

basie et la christianite se rencontrent, tantôt dans la chaux, tantôt dans les boursouflures des briques.

La chabasie présente une tendance très-marquée à s'associer aux débris de bois qui se trouvent çà et là dans le béton, et qui ont conservé leur tissu, en prenant une teinte blanchâtre. Dès qu'on voit un de ces fragments de bois, on est à peu près sûr de trouver des cristaux de chabasie, soit sur le bois lui-même, soit au milieu de ses fibres. Ce fait, que j'ai constaté également dans les maçonneries romaines de Plombières, a son analogue dans les anciennes périodes et rappelle, par exemple, la mésotype qui a parfois imprégné du bois fossile en Auvergne.

Dans les quatre gisements, dont il vient d'être question, les zéolithes se présentent avec des caractères entièrement semblables, le même aspect et la même disposition. La généralité de cette formation contemporaine en fait de plus en plus ressortir l'intérêt et montre le parti que l'on peut en tirer pour éclairer plusieurs faits de l'histoire des roches éruptives, particulièrement des roches volcaniques altérées, comme on le verra plus loin.

Silicate d'alumine hydraté, de formation contemporaine, observé à Saint-Honoré (Nièvre). — Parmi les nombreuses substances produites ou déposées par les sources thermales actuelles, les silicates d'alumine hydratés paraissent être comparativement rares. Comme, d'ailleurs, la production contemporaine des composés de cette catégorie offre de l'intérêt, au point de vue de l'origine des argiles et des autres combinaisons analogues qui se sont formées dans les anciennes périodes, je mentionnerai aussi celle qui a été rencontrée, il y a quelques années, à Saint-Honoré (Nièvre)[1].

---

[1] Note sur un silicate alumineux hydraté, déposé par la source thermale de

En faisant en 1854, des fouilles dans l'établissement thermal de cette localité, on a rencontré au fond d'un bassin romain, au milieu du béton, une substance blanche, sur laquelle M. le Dʳ Labat avait appelé mon attention et que M. le général marquis d'Espeuilles a bien voulu me communiquer[1].

A première vue, cet échantillon, par sa blancheur, rappelle certaines variétés de craie ou de farine fossile : il happe à la langue; mais il diffère de l'une et de l'autre substance par une cohésion plus grande; il n'a rien d'onctueux au toucher et prend bien le poli.

Le dépôt dont il s'agit présente une cassure feuilletée qui annonce le produit d'une concrétion. La cassure transversale, quand elle a été polie, fait mieux encore ressortir cette texture; on y reconnaît nettement une série de couches faiblement ondulées, minces comme des feuilles de papier, qui diffèrent les unes des autres par leur degré de blancheur, ainsi que par leur éclat. Sur un centimètre d'épaisseur, on compte au moins trente-six de ces alternances bien distinctes, ce qui, pour tout l'échantillon, correspond à plus de deux cents zones successives.

Vue en tranches minces, la substance est translucide et agit sur la lumière polarisée.

Quand on en examine avec attention la cassure, on y distingue une multitude de particules très-fines, foncées et opaques, qui, malgré leur petitesse, se détachent nettement sur le fond blanc, surtout après que la tranche des feuillets a été polie. Ce sont de petits filaments rappelant certaines variétés de gœthite; il y a aussi des grains d'une autre nature qui n'ont pu être convenablement isolés et déterminés.

Saint-Honoré (Nièvre), depuis l'époque romaine. *Comptes rendus*, t. LXXXIII, p. 421, 1876.

[1] Cet échantillon a 50 centimètres sur 22 et 65 millimètres d'épaisseur.

Entre les feuillets, il existe parfois de petits orbicules, arrondis et très-aplatis, à texture radiée et cristalline, agissant sur la lumière polarisée, qui, d'après un essai chimique, paraissent consister en gypse; il est possible que, par son mélange, ce gypse contribue à l'action de la masse sur la lumière polarisée.

D'après une analyse faite au bureau d'essais de l'École des Mines, la composition chimique de la substance a été trouvée de :

Silice.	76,60
Alumine	12,60
Peroxyde de fer	2,30
Chaux	1,80
Magnésie.	traces
Eau . . . . , . .	6,30
	99,60

Un essai de M. Terreil a, de plus, indiqué, sur une autre partie du dépôt, des sels alcalins (chlorures) et des sels organiques.

A raison de sa forme, de sa structure essentiellement concrétionnée et de sa cohésion, il paraît difficile d'admettre que la substance dont il s'agit consiste en un simple dépôt mécanique apporté par l'eau; on doit le considérer comme un précipité formé par voie chimique. La température des sources principales avoisine 31 degrés.

Le silicate de Saint-Honoré diffère considérablement, par la composition, des halloysites et des autres silicates d'alumine hydratés qui ont déjà été signalés, comme produits par différentes sources thermales, notamment à Plombières, à Bourbonne-les-Bains et à Bourbon-l'Archambault.

La forte proportion de silice par rapport à l'alumine et la faible quantité d'eau sont caractéristiques du dépôt de

Saint-Honoré qui, d'ailleurs, n'est probablement pas homogène, mais offre un mélange d'espèces distinctes, même après qu'il a été isolé de l'oxyde de fer, ainsi que des sulfates et chlorures reconnus à l'analyse.

Parmi les silicates d'alumine dont ce dépôt s'éloigne le moins, quant à la composition, sont la pyrophyllite et la pagodite.

Comme autre exemple d'un dépôt récent de silicates produits par des sources minérales, je mentionnerai des fragments du filon quartzeux par lequel jaillit, à Cauterets, la source de Mahoura. Sur des échantillons donnés par M. Jules François, les géodes quartzeuses présentent un enduit nacré argentin, ayant quelque ressemblance avec du talc. M. Terreil a trouvé que ce dépôt consiste en silicate d'alumine avec magnésie, potasse et soude, et qu'il est mélangé de carbonate de chaux et de magnésie.

Mode de formation des zéolithes contemporaines, dans le bassin des sources thermales. — En rencontrant des zéolithes disséminées à l'intérieur des roches volcaniques anciennes, et jusque dans leurs moindres cavités, on avait cru d'abord que ces minéraux se sont formés par ségrégation, dans la masse même de la roche, et qu'elles ont pu retenir leur eau à de hautes températures, sous l'influence de la pression. Plus tard, d'après de nombreuses observations, on fut conduit à admettre que les zéolithes ont été déposées par des infiltrations qui auraient pénétré dans les roches. Cependant, dans les conditions ordinaires des laboratoires, on n'arrivait pas à reproduire, sous forme cristalline, des silicates hydratés; aussi, croyait-on qu'ils se sont formés à une température assez élevée et sous une pression qui ne permettait pas à leur eau de combinaison de se dégager.

Au lieu de conjectures, nous possédons maintenant une

démonstration, pour ainsi dire expérimentale, qui précise bien les circonstances du phénomène.

La maçonnerie romaine, quoique actuellement très-compacte, a donné accès à l'eau thermale, tant par ses pores que par les innombrables cavités de toutes dimensions qu'elle renferme. L'eau qui l'imbibait constamment était forcée, par la pression, d'y circuler ; le massif de maçonnerie était ainsi, non-seulement baigné, mais encore traversé par l'eau minérale. Il y avait un *courant*, très-lent, il est vrai, mais continu. Un renouvellement incessant permet à l'eau qui ne renferme que des traces de matières salines d'accumuler des dépôts en quantité notable. Des actions très-faibles se multiplient ainsi, avec l'aide du temps. C'est une circonstance qui manque dans la plupart des expériences tentées pour imiter la nature, mais dont l'importance, comme application à divers phénomènes géologiques, sera facilement comprise.

A la faveur de l'alcali que cette eau renferme, elle réagit graduellement sur certaines des substances qu'elle traverse, et peut-être même, sans qu'il y ait toujours véritable dissolution, mais par une sorte de cémentation ; elle y engendre alors des silicates doubles hydratés qui appartiennent au groupe des zéolithes. La réunion de ces deux circonstances : circulation de l'eau et réaction chimique, est la condition de ces formations modernes.

Pour que les silicates se forment et cristallisent, il n'est pas besoin, à beaucoup près, d'une chaleur aussi élevée qu'on l'a supposé ; une température voisine de 50 degrés suffit, au moins pour certains d'entre eux. Les zéolithes ont par conséquent pu souvent se produire dans les roches, sous la simple pression atmosphérique et jusqu'à la surface du sol. Il est remarquable de voir ces silicates cristalliser très-nettement, par voie aqueuse,

à une température où ils sont réputés insolubles dans
l'eau.

Toutes les roches ne se prêtent pas également au
développement des zéolithes. Ainsi, du granite tout à fait
friable s'est trouvé soumis, dans la maçonnerie, aux mêmes
conditions que la brique, sans qu'il se soit comporté comme
cette dernière substance. De même, dans la nature, on n'a
pas signalé de zéolithes formées aux dépens de la pâte même
des granites, ni de celle des porphyres à base de feldspath
orthose : cependant ces porphyres sont souvent boursouflés
et renferment des concrétions siliceuses, comme il s'en est
quelquefois formé, dans d'autres roches, avec les zéolithes.

Mes expériences montrent des contrastes du même genre ;
ainsi, au milieu de l'eau suréchauffée, j'ai constaté que du
pyroxène augite et du feldspath orthose restent tout à fait
sans altération, tandis que les silicates de la nature des
verres ordinaires, chauffés dans le même tube, en présence
de l'eau, se transforment rapidement en silicates hydratés,
tels que les zéolithes.

Les deux substances où les zéolithes se sont si facilement
développées à Plombières sont la chaux et la brique. Toutes
deux sont précisément de la nature de celles qui entrent
dans la fabrication des mortiers hydrauliques. Il est très-
possible que la connaissance des composés, parfaitement
définis et cristallisés, que nous voyons s'y former par l'action
de l'eau, contribue à mieux faire connaître la nature des
combinaisons des matériaux hydrauliques, et notamment,
les réactions qui se font, par voie humide, entre la chaux
et la pouzzolane.

§ 5. DÉDUCTIONS CONCERNANT LES INCRUSTATIONS ZÉOLITHIQUES ET SILI-
CEUSES QUI SE SONT PRODUITES, FRÉQUEMMENT ET EN ABONDANCE, DANS
LES ROCHES AMYGDALOÏDES ET DANS LA PLUPART DES ROCHES VOLCA-
NIQUES ALTÉRÉES.

La généralité de la formation contemporaine des zéolithes par les eaux thermales montre le parti que l'on peut tirer de cette étude, dans le but d'éclaircir plusieurs faits de l'histoire des roches amygdaloïdes et de la plupart des roches volcaniques altérées.

L'ensemble des minéraux disséminés dans les innombrables cellules de la maçonnerie, les zéolithes, l'opale, l'aragonite, constituent une association qui forme fréquemment l'apanage de certaines roches éruptives.

Il y a plus : toute la manière d'être de ces minéraux contemporains, rappelle, dans les moindres circonstances, leur disposition dans les nappes de basalte et de trapp douées de la structure amygdaloïde. Si ce n'était la différence de couleur, il serait même très-possible de confondre les parties de béton chargées de zéolithes avec des tufs basaltiques où se sont formés les même minéraux ; les briques, avec leurs boursouflures et leurs druses, imitent d'une manière surprenante les roches amygdaloïdes.

Une telle identité dans les résultats décèle incontestablement de grandes analogies d'origine.

Beaucoup de roches d'origine éruptive se sont, en effet, boursouflées dans la dernière période de leur refroidissement. Ces roches, ainsi que les brèches ou tufs dont elles sont accompagnées, ont reçu des infiltrations. L'eau pouvait provenir soit de vapeurs condensées, soit de sources ordinaires, soit d'une simple infiltration des eaux atmosphériques, soit enfin de l'action directe de nappes d'eau douce ou marines, sous lesquelles les roches ont dû quelquefois s'épancher. Dans ces trois derniers cas, en pénétrant dans l'intérieur de la roche, avant qu'elle fût complétement refroidie, l'eau se trouvait nécessairement échauffée, et, en se mouvant lentement sur certains silicates, elle pouvait réagir, comme dans les maçonneries de Plombières.

Il est d'ailleurs possible que l'eau pure suffise souvent pour produire des zéolithes. Les roches volcaniques en effet renferment déjà des alcalis parmi leurs bases. Échauffée en présence de certains de ces silicates, l'eau peut devenir bientôt minérale, comme M. Bunsen l'a reconnu pour la roche d'Islande nommée palagonite. L'action énergique qu'exerce l'eau sur le verre à des températures élevées, en lui enlevant du silicate alcalin, appuie aussi cette dernière supposition.

Il convient de rappeler d'abord, d'une manière sommaire, les conditions dans lesquelles se présentent les zéolithes, et les minéraux connexes dans les boursouflures des roches amygdaloïdes, ainsi que dans la pâte même de ces roches. En rapprochant ensuite ces faits de ceux qu'ont révélés l'examen des masses zéolithiques contemporaines, non pas seulement dans les cavités des maçonneries qui sont visibles à l'œil nu, mais aussi dans les parties d'apparence compacte, les traits de ressemblance les plus significatifs apparaîtront d'eux-mêmes.

Importance, dans diverses roches, des zéolithes et des minéraux connexes. — Dans les contrées les plus distantes, les silicates du groupe des zéolithes se rencontrent dans des roches dites amygdaloïdes, avec une uniformité de caractères remarquée par tous les minéralogistes. Ces traits multiples de ressemblance s'étendent même à des massifs d'âges très-différents, tels que les mélaphyres et les diabases des terrains silurien, permien, triasique, et les basaltes de la période tertiaire.

Partout, les caractères de ces minéraux permettent de conclure que les zéolithes se sont développées dans des boursouflures et autres cavités de la roche, postérieurement à sa consolidation. Les représentants les plus répandus de cette famille, la stilbite, la heulandite, la chabasie, la mésotype, l'analcime, la christianite, se trouvent réunis, non-seulement dans le même massif de roches, mais souvent aussi dans une même cavité, suivant un ordre de succession parfois très-reconnaissable.

Aux zéolithes sont associées d'autres espèces minérales, qui paraissent s'être développées dans des conditions peu différentes. En tête de ces minéraux connexes se placent le quartz (agate, calcédoine et quartz cristallisé), l'opale, diverses variétés de chlorite, la terre verte, la lithomarge, la stéatite, la datholite et l'épidote; puis un certain nombre de carbonates : la calcite, l'aragonite, la sidérose ; enfin, comme substances plus rares, la vivianite, la barytine, la célestine, la fluorine, le cuivre natif, etc.

Parmi les localités où les zéolithes et les minéraux connexes ont été rencontrés, nous rappellerons :

1° Comme masses basaltiques : l'Auvergne ; le Siebengebirge, la Vétéravie, le Kaiserstuhl, dans le grand-duché de Bade ; le Mittelgebirge, en Bohême ; le Vicentin et les environs de Rome ; les îles Cyclopes, voisines de la Sicile ; la région nord-est de l'Irlande ; quelques points de l'Écosse et des îles situées à l'ouest de cette partie de la Grande-Bretagne ; les Féroë, l'Islande, une partie du Groënland ; certaines régions de l'Inde et de l'Australie, etc.

2° Comme roches plus anciennes dépendant des mélaphyres et des diabases : le Tyrol méridional, particulièrement la vallée de Fassa ; le Palatinat, aux environs d'Oberstein et d'Idar ; les Vosges méridionales, près de Giromagny ; le

Nassau (schaalstein) ; le Hartz (blaetterstein) ; la Thuringe ; l'Isère (variolite ou spilite du Drac) ; les environs du Lac-Supérieur ; la Nouvelle-Écosse et le Connecticut ; l'Afrique centrale, etc.

Les zéolithes et les principaux minéraux connexes ne doivent pas être seulement considérés comme des accidents restreints.

D'abord, les noyaux que ces substances constituent, représentent, en raison de leur volume et de leur nombre, quelquefois une fraction considérable de la roche. C'est ainsi qu'à l'île de Skye, la stilbite forme parfois des nids de $1^m,50$ à $1^m,50$ et arrive à faire une partie considérable de la masse [1]. Il en est de même aux îles Cyclopes, où abonde l'analcime, sous forme de noyaux et de veines [2] ; dans le Mittelgebirge [3], en Islande et dans bien d'autres localités.

De plus, sans être en noyaux aussi volumineux, ces mêmes minéraux sont tellement abondants dans certaines parties de la roche qu'ils en forment une proportion importante. La vue seule y décèle parfois la présence des zéolithes, non moins sûrement que l'analyse chimique. Ainsi, en Vétéravie [4], les cavités diminuent graduellement, et la roche compacte, à laquelle on arrive, renferme encore de la chabasie et de la christianite, de même que les noyaux les plus apparents. D'ailleurs, les zéolithes se reconnaissent également dans les tranches minces de ces roches, lorsqu'on les examine au microscope (basalte du Donnersberg et autres localités de la Bohême).

Les minéraux connexes des zéolithes peuvent, de même que ces dernières, acquérir aussi une grande importance dans la constitution de la roche.

[1] Boué. Écosse, p. 238 et 245.
[2] D'après M. Sartorius de Waltershausen.
[3] Reuss. Umgebungen von Teplitz, p. 175.
[4] Tasche. Geologische Karte von Hessen. Schotten. p. 52 à 57.

Les carbonates de chaux, de magnésie et de fer sont fréquents dans la pâte des roches éruptives. Il y a longtemps que M. Boussingault remarquait que, dans la région des Andes qu'il a explorée si utilement pour la science, les roches cristallines font effervescence, à peu d'exceptions près. Il en est de même des spilites du Drac, dont la pâte, réduite en poudre fine, cède quelquefois au delà de 10 pour 100 à un acide faible ; de la chaux se dissout alors, avec un peu de magnésie et de fer[1]. A Obercassel, près Bonn, la sidérose ne se montre pas seulement dans les géodes du basalte, mais aussi dans la pâte où il est associé à une forte proportion de zéolithes. D'autres basaltes, du Siebengebirge, de la Vétéravie et de diverses localités, annoncent des mélanges semblables de carbonates avec des zéolithes[2].

La chlorite et la terre verte, que l'analyse et le microscope s'accordent pour signaler comme mélangées à la pâte de diverses roches basiques, paraissent y résulter d'une décomposition. Certains minéraux, particulièrement l'amphibole et le pyroxène, ainsi transformés en substance chloritique, ont souvent conservé leur forme cristalline. Cette chlorite a la même origine que celle qui occupe les vacuoles des parties amygdaloïdes, avec les zéolithes et les carbonates. Tel est le cas, pour le spilite du Drac, dont la pâte est intimement mélangée de terre verte et de chlorite, ainsi que de carbonate de chaux. De même, l'hypérite amygdaloïde du Nassau renferme une forte proportion des deux mêmes minéraux, plus d'un cinquième de son poids de chacun d'eux[3]. Le mélaphyre du Lac-Supérieur présente un exemple de la même association[4].

[1] Gueymard. *Annales des Mines*, 4e série, t. XVIII, p. 41. Lory, Géologie du Dauphiné, p. 156.
[2] Von Dechen, Siebengebirge. 2e édit., p. 149. — Des Hessen Geologische Karte. — Explication. — Schotten, p. 52 à 57. — Alsfeld, p. 21. — Lauterbach, p. 64.
[3] Ludwig. Texte explicatif de la section de Gladenbach, p. 105, 108.
[4] Un échantillon a donné 10 pour 100 de delessite.

La présence de l'eau, dans la proportion de 3 à 4 pour 100 et au delà, est tout à fait habituelle dans les roches mélangées de carbonates qui nous occupent[1].

Lumière jetée sur l'histoire de ces roches par l'étude des maçonneries zéolithiques. — Dans leurs incrustations microscopiques, comme dans celles qui sont visibles à l'œil nu, les briques zéolithiques offrent des ressemblances frappantes avec des roches volcaniques très-répandues.

Ainsi qu'on l'a vu précédemment, la substance zéolithique imprégnant cette pâte atteint 13 ou 14 pour cent du poids total, comme dans certaines roches naturelles.

En ce qui concerne les infiltrations siliceuses, elles se rencontrent dans beaucoup de roches volcaniques, d'une teneur intermédiaire en silice, comme on le voit en Auvergne, à Santorin, à Aden, aux îles Saint-Paul et à Amsterdam[2]. Dans les roches volcaniques dites acides, ces infiltrations sont quelquefois très-abondantes, au point que ces roches deviennent, peu à peu, essentiellement quartzeuses, et passent à de véritables meulières. On connaît des exemples de telles silicifications dans les tufs trachytiques de la Hongrie, notamment aux environs de Tokai et de Hlinik, où les roches trachytiques, parfois kaolinisées, sont entremêlées de quartz de diverses variétés, silex, améthyste, etc. (porphyre meulière de Beudant, hydroquartzite de Szabo), ainsi que d'opale (opale noble qui y est exploitée pour la bijouterie, ménilite, klebschiefer[3].) Des faits analogues se montrent dans l'île de Milo, où les meulières, l'opale et la silice gélatineuse sont associées à la cimolite et à l'alunite[4].

---

[1] La pâte du mélaphyre d'Oberstein renferme 3 pour 100 d'eau, d'après M. Delesse, *Annales des Mines*, 4ᵉ série, t. XVI, p. 511.

[2] Pour ces trois dernières contrées, d'après M. Vélain.

[3] Szabo. Trachyt und Rhyolith der umgebung Tokay. — Naumann. Geognosie, t. I, p. 718.

[4] D'après M. Virlet et M. Sauvage.

En résumé, ce n'est pas seulement dans les boursouflures des briques, visibles à l'œil nu, qu'il s'est produit, sous l'action de l'eau thermale, des zéolithes et d'autres minéraux ; mais aussi dans les parties compactes et dans les moindres interstices perceptibles à la loupe ou au microscope.

Les briques ainsi transformées présentent une grande ressemblance avec certaines roches volcaniques altérées, massives ou à l'état de tuf, quant à la nature des substances déposées et à leur disposition. Les produits siliceux des briques rappellent les roches acides, tandis que les zéolithes et les globules de palagonite de ces mêmes briques rappellent tout à fait les roches basiques. Ces ressemblances s'étendent jusqu'aux moindres particularités, au point de tromper un minéralogiste exercé, lors même qu'il recourrait à l'emploi du microscope, s'il n'était averti par les caractères ordinaires de la brique.

De pareils traits de similitude et même d'identité autorisent évidemment à faire un rapprochement, quant au mode de formation.

Or, les circonstances dans lesquelles a eu lieu cette formation contemporaine de zéolithes, accompagnées d'opale, de calcédoine et de carbonates, nous sont parfaitement connues. Nous avons en quelque sorte sous les yeux une expérience des plus instructives, instituées depuis une longue série de siècles. C'est, on peut le dire, une véritable démonstration expérimentale de faits importants dans l'histoire des roches éruptives et particulièrement des roches volcaniques altérées. Il s'agit ici de types, divers et très-répandus, de roches volcaniques, contenant des zéolithes, de l'opale, de la calcédoine et d'autres variétés de quartz, de la terre verte, des carbonates, et caractérisés par la présence de l'un ou de l'autre de ces groupes de minéraux.

Quand nous parlons de l'eau thermale, nous n'excluons

pas les émanations de vapeur à haute température, telle que l'on en connaît dans les laves actuelles; mais on ne doit pas oublier qu'une eau de 40 à 70 degrés et à peine minéralisée, comme celle de Plombières, a produit des minéraux variés et abondants.

En dehors des roches volcaniques ainsi transformées, dont il vient d'être question, j'ajouterai qu'il en est d'autres, où la transformation paraît s'être faite sous les mêmes influences, mais d'une manière encore plus complète. Telle est la palagonite qui, comme on le sait, est un tuf volcanique très-hydraté, dans lequel des concrétions, d'apparence spéciale, remplacent les cristaux de la roche primitive. Il en est probablement ainsi pour la serpentine qui paraît aussi résulter, dans la plupart des cas, de la transformation de roches à base de péridot. L'hydratation des roches perlitiques, où des concrétions hydratées incrustent des fissures enroulées, provient peut-être d'un phénomène analogue. Ces dernières roches peuvent être considérées comme des états plus ou moins avancés d'un même mode d'altération, sous des influences aqueuses.

Faits actuels imitant l'association des zéolithes aux gîtes métallifères. — Les zéolithes n'appartiennent pas seulement aux roches éruptives; il s'en rencontre également dans certains gîtes métallifères, tels que les filons d'Andreasberg au Harz, de Kongsberg en Norwége et les amas filoniens du Banat. Une association très-remarquable de ce genre se montre dans les gîtes de cuivre du Lac-Supérieur, où le cuivre gris, par exemple, est souvent disséminé dans la prehnite et quelquefois même remplacé par ce minéral.

Ici les minéraux métalliques se sont souvent enchevêtrés au milieu des zéolithes, de manière à montrer que les uns et les autres se sont produits, à peu près, dans les mêmes circonstances.

L'association intime entre des combinaisons de nature aussi différente s'explique par ce que nous voyons à Bourbonne, où les zéolithes se sont déposées, dans une même eau, à côté du cuivre gris, du cuivre pyriteux et d'autres combinaisons habituelles aux gîtes métallifères.

Zéolithes dans les terrains stratifiés. — Les zéolithes ne sont pas nécessairement limitées aux roches éruptives ou aux filons. Depuis longtemps on connaît la mésotype et la stilbite dans les calcaires d'eau douce de l'Auvergne, et l'apophyllite a été signalée par Haidinger dans les calcaires fossifères de l'Écosse[1]. D'après M. Sismonda, la chabasie s'est développée en rognons cristallins dans le grès tertiaire supérieur des environs de Crevacuore, dans le voisinage des mélaphyres[2]. M. Delesse a constaté, par l'analyse, la présence de silicates hydratés de nature zéolithique, dans de nombreuses roches stratifiées, qui ont été modifiées par des masses trappéennes[3]. L'exemple de la maçonnerie de Plombières s'applique également à la production des zéolithes dans les terrains sédimentaires.

§ 6. Déductions des expériences et des observations qui précèdent en ce qui concerne les roches éruptives et les roches métamorphiques.

Les divers résultats qui ont été exposés dans les § 3 et 4 permettent de se rendre compte de certains faits de l'histoire

[1] *Taschenbuch für Mineralogie*, 1828, p. 642.
[2] *Bull. de la Soc. géol. de France*, 1re série, t. IX, p. 229.
[3] *Études sur le métamorphisme. (Annales des Mines, 5e sér., t. XII, p. 89.)*

des roches silicatées, en général, tant éruptives que métamorphiques.

Cristallisation des roches éruptives. — Quel que soit l'état moléculaire de l'eau dans les laves, elle intervient peut-être à la surface et surtout dans les régions profondes, pour les faire passer à l'état cristallin, à peu près comme, dans les expériences de laboratoire, pour déposer le pyroxène en cristaux parfaits. Ainsi, dans l'un comme dans l'autre cas, l'eau paraît favoriser le départ de substances qui resteraient mélangées, et permet la cristallisation des silicates à une température bien inférieure à leurs points de fusion.

C'est peut-être encore par l'influence de cette sorte d'eau-mère que les mêmes silicates cristallisent dans une succession, qui est souvent opposée à leur ordre relatif de fusibilité. On sait, par exemple, que l'amphigène, silicate d'alumine et de potasse, qui est infusible, s'est développé, dans les laves de l'Italie, en cristaux souvent très-volumineux, qui empâtent de nombreux cristaux de pyroxène, substance dont on connaît la fusibilité.

Ces anomalies apparentes se présentent d'une manière encore plus frappante dans le granite, qui diffère de tous les produits de fusion sèche que nous connaissons, et l'on a cherché à s'en rendre compte par diverses conjectures. On l'explique à peu près de la même manière ; seulement dans le granite l'action de l'eau paraît, d'après les ingénieuses remarques d'Élie de Beaumont, avoir été, encore plus que dans les laves, aidée par quelques auxiliaires, tels que des chlorures et des fluorures. Dans les porphyres feldspathiques quartzifères, l'eau a pu suffire seule pour donner naissance aux cristaux bipyramidés qui caractérisent cette roche.

La remarquable association de silicates anhydres et de silicates hydratés que présente le basalte, le phonolithe et d'autres roches, n'a plus rien de surprenant, après les expériences dont je viens de rendre compte. Car dans la même opération et dans le même tube, j'ai obtenu, outre le quartz, des cristaux de pyroxène disséminés au milieu d'une zéolithe, c'est-à-dire simultanément deux éléments constitutifs du basalte.

Une autre difficulté s'offrait, quand on considérait, d'une part, l'état de mollesse ou même de fluidité de certaines roches éruptives, et d'autre part, leur faible chaleur primitive, bien établie par diverses circonstances. Cette difficulté est encore levée quand on considère ce qui s'est passé dans les mêmes expériences. Des tubes en verre parfaitement réguliers ont été retrouvés, après l'opération, gauchis, déformés, couverts d'ampoules, de manière à prouver qu'ils ont subi un véritable ramollissement. Il y a plus : quelquefois le tube a en quelque façon disparu ; il s'est transformé en une sorte de boue, présentant probablement une grande analogie, tant comme consistance que comme composition, avec l'état originaire de certaines roches éruptives.

Rôle possible du foisonnement dans la poussée des roches éruptives. — Ajoutons encore que l'eau a eu sans doute son influence, même dans les actions mécaniques auxquelles est due la sortie des roches éruptives. En effet, dans la relation de mes expériences, j'ai insisté à dessein sur l'augmentation de volume qu'a pris le verre transformé en zéolithe par l'action de l'eau ; on doit en conclure, d'une manière extrêmement probable, qu'au moment de leur hydratation, certaines roches ont éprouvé un phénomène de foisonnement, analogue à celui dont on a de nombreux exemples naturels, par exemple lors du changement de l'anhydrite en gypse. Ce foisonnement n'a-t-il pas suffi, dans bien des cas, à donner naissance à la poussée et à l'éruption des roches? Ce serait particulièrement le cas des phonolithes et des basaltes, ainsi que des serpentines.

Mode d'action possible de l'eau, même en très-faible quantité, dans les phénomènes métamorphiques. — Quand on voit l'importance du rôle de l'eau dans les phénomènes que je viens de passer en revue, n'est-on pas conduit à lui attribuer aussi, à plus forte raison, un rôle essentiel dans les actions métamorphiques, surtout si l'on considère la grande étendue et la remarquable uniformité de ces actions?

Avant d'examiner ce dernier rôle de l'eau, il semble naturel de voir jusqu'à quel point sa présence a été possible dans les roches.

Remarquons d'abord qu'il résulte des expériences déjà citées, qu'il ne faut qu'une quantité d'eau très-minime pour produire, dans des conditions de pression et de température convenables, des changements extrêmement prononcés. On ne peut, en effet, voir sans étonnement qu'une transformation aussi complète, dans l'état chimique et physique du verre, soit obtenue par une quantité d'eau égale environ au tiers de son poids.

Ceci fait comprendre que l'eau de constitution de certaines roches, telles, par exemple, que les argiles, ait suffi pour déterminer le métamorphisme, lorsque la température est venue lui donner le pouvoir de réagir sur les éléments auxquels elle était associée.

Quant aux roches qui ne renferment pas d'eau de constitution, remarquons d'abord qu'aucune n'est dépourvue d'une certaine quantité d'eau, dite *eau de carrière*. On ne comprendrait pas que cette eau fût logée autrement que dans les pores de la roche. Toutes les roches sont donc poreuses et ce qui se passe dans la coloration artificielle de l'agate prouve que les pierres en apparence les plus compactes sont pénétrables par un liquide, en vertu de la seule force de la capillarité.

On ne saurait nier que si l'eau parvient à s'insinuer, à l'aide de crevasses, dans le revêtement solide du globe, à une profondeur seulement égale à celle de la mer, elle y acquière une pression de plusieurs centaines d'atmosphères, à l'aide de laquelle elle pénètre plus facilement peut-être dans les pores les plus ténus des roches, surtout à la température qu'elle possède à une semblable profondeur. Cette action est sans doute aidée par la capillarité, dans des limites dont nous ne pouvons avoir aucune idée.

Du reste, les roches fussent-elles tout à fait imperméables, dès que l'eau est douée de la faculté d'attaquer leur surface, il ne faut plus que du temps pour que son action se propage de proche en proche à des distances considérables. En effet, dans les tubes retirés prématurément, j'ai constaté que l'attaque avait lieu par couches successives, de telle sorte qu'il existait, au milieu de l'épaisseur du verre, une partie transparente et tout à fait inaltérée.

Ainsi, que l'eau des roches soit de constitution ou de pénétration, nous sommes en droit, dès que la température vient à s'élever convenablement, d'en attendre des actions comparables à celles qui se sont produites dans nos expériences, aussi bien que dans les roches éruptives.

Rapprochement des données acquises à Plombières avec différents faits du métamorphisme. — On a dit avec raison qu'il est peu de substances insolubles, lorsque les dissolvants circulent par millions de litres. Cependant il ne faudrait pas conclure de là que les minéraux insolubles, formés par l'eau dans le sein des roches, y ont été purement et simplement déposés par elle, à la suite d'une action séculaire.

Un des faits les plus nouveaux et les plus intéressants que révèle ce qui se passe dans les maçonneries antiques, dont il a été question plus haut, c'est qu'en général une petite partie seulement des éléments constitutifs des minéraux qui s'y sont développés est apportée par l'eau. Les autres éléments préexistaient dans la roche : paraissant obéir à une tendance énergique à la cristallisation, ils saisissent en quelque sorte les premiers au passage, selon leurs affinités, et le minéral est, pour ainsi dire, formé sur place.

Dans les filons métallifères, au contraire, presque tout ce qui a été déposé dans le canal de circulation de la source paraît étranger à la roche formant ses parois. Ce sont donc des effets très-différents de la même cause, et leur réunion sur un même point, à Plombières et à Bourbonne, ne laisse plus de doute sur cette commune origine.

Il y a une analogie frappante entre la production des silicates cristallisés du béton qui a été soumis à l'action séculaire de l'eau thermale et la formation des silicates qui se trouvent dans une foule de roches métamorphiques ; tels sont la wernérite, le grenat, le feldspath, le pyroxène dans des calcaires souvent à peine modifiés ; la mâcle ou la staurotide dans des schistes argileux. La production du mica dans les roches n'est pas plus difficile à comprendre que celle de l'apophyllite du béton de Plombières, qui est aussi un silicate fluorifère.

Qu'une dislocation vienne à faire naître un groupe de sources thermales, n'est-il pas probable que la plupart des terrains traversés par ces sources subiront une action, dont ce qui s'est passé à Plombières donne une idée? Cette action s'étendant de proche en proche, avec l'aide du temps, occasionnerait le métamorphisme sur des zones d'une assez grande étendue.

A Plombières, avant que la vallée, en s'échancrant, donnât issue aux sources, l'eau thermale arrivait déjà de la profondeur[1], et si elle parvenait à la surface, ce n'était sans doute que par une sorte de transsudation peu apparente. En s'épanchant dans les couches inférieures du grès bigarré qui sont en contact avec le granite, elle y déposait du jaspe, du quartz cristallisé et divers autres produits. Ainsi des eaux circulant à l'intérieur peuvent causer une action métamorphique très-énergique, sans que leur existence se trahisse à la surface par des sources thermales. Il est possible que dans bien des cas, la silification des polypiers et des bois de certaines couches, dans d'autres, la précipitation du quartz cristallisé, tel que celui qu'on trouve dans le bassin tertiaire de Paris, la silicification complète de quelques couches primitivement calcaires[2], n'aient pas une autre origine.

Il a suffi d'une eau tiède et à peine minéralisée pour transformer cette maçonnerie et y faire naître des silicates hydratés et cristallisés. Les effets ne seraient-ils pas bien plus considérables encore si l'eau, fortement suréchauffée et cependant retenue par la pression des masses supérieures, circulait lentement à travers certaines roches, comme elle le fait dans le béton de Plombières, et réagissait sur elles avec la haute température qui convient à la formation des silicates anhydres ?

Développement de silicates anhydres dans les calcaires, les phyllades, etc. — En rapprochant les résultats obtenus par

---

[1] Voir le mémoire sur Plombières cité plus haut. *Annales des Mines*, 5ᵉ série, t. XIII, p. 232, et *Bulletin de la Société géologique de France*, 2ᵉ série, t. XVI, p. 562.

[2] Comme les couches de muschelkalk silicifié qui bordent la faille limite des Vosges, à Orschwiller et Truttenhausen. Daubrée. *Description géologique du Bas-Rhin*, p. 325 et 326.

les expériences dans l'eau suréchauffée des données acquises par l'examen des phénomènes contemporains causés par l'eau thermale, on peut expliquer la majeure partie des faits du métamorphisme ; je n'ajouterai que quelques exemples à ceux dont j'ai parlé plus haut.

Tel est le développement bien connu du pyroxène et de l'amphibole dans les calcaires secondaires des îles Hébrides ou des Pyrénées. Je mentionnerai aussi la production déjà citée de minéraux très-variés dans les blocs de calcaire de la Somma, dont les géodes sont incrustées de diopside, de mica et d'autres substances.

Un des phénomènes fréquents dans les roches métamorphiques, c'est le développement du feldspath dans leur masse. Parmi les nombreux faits de ce genre, je rappellerai les terrains schisteux qui avoisinent le granite (Bretagne, Saxe, etc.) et même les masses schisteuses près desquelles on n'aperçoit aucune roche éruptive (Taunus, Ardennes, etc.). Dans le terrain carbonifère des Vosges, à Thann, par exemple, des couches bien régulières de grauwake sont parsemées de cristaux de feldspath qui se sont isolés d'une pâte pétrosiliceuse ; les nombreux végétaux fossiles que renferme la roche empêchent, d'ailleurs, de la considérer comme un porphyre. Des calcaires et des dolomies signalés déjà par Brochant, et que Brongniart a nommés calciphyre feldspathique, offrent des particularités analogues : des cristaux d'albite fort nets y sont développés. On ne doit pas perdre de vue qu'ici, comme dans d'autres cas du même genre, le calcaire, en se modifiant ainsi, n'a pas toujours échangé sa compacité primitive contre l'état cristallin.

Parmi les associations si fréquentes des silicates anhydres aux silicates hydratés, je me bornerai à rappeler les roches chloritiques qui forment la gangue de la tourmaline, de l'amphibole, du pyroxène, etc. Les cristaux de feldspath adulaire qui sont pénétrés de chlorite (Pfitsch, en Tyrol), quelquefois même de stilbite (Sella, au Saint-Gothard), apprennent que les silicates anhydres ont pu même quelquefois cristalliser avec ou après les silicates hydratés [1].

Isolement du quartz dans les roches silicatées diverses et particulièrement dans les phyllades et dans les quartzites. — Dans les roches silicatées, le quartz s'est isolé sous des formes très-

Fig. 65. — Quartz *q* en veines à structure symétrique, et en géodes, secrété dans les joints d'un quartzite phylladifère et noirâtre et schistoïde, avec taches vraisemblablement anthraciteuses de Fumay (Ardennes). — Échelle de $\frac{1}{2}$.

variées. Dans les roches schisteuses, il présente, suivant les cas, des dispositions différentes. Tantôt il forme des veines ou des lames très-minces, logées parallèlement entre les feuillets, comme dans les micaschistes, les schistes chloritiques et talqueux, les leptynites, les phyllades, etc. Ailleurs,

---

[1] Bien que la chlorite n'ait pas encore été imitée, on peut croire, d'après ses analogies chimiques avec les zéolithes, aussi bien que par sa fréquence dans des terrains qui n'ont subi qu'un commencement de modification, comme les terrains schisteux de l'Ardenne, qu'elle a pu se former à une température assez peu élevée.

il constitue des veines qui coupent nettement les feuillets, tout en se rattachant à eux. Cette seconde disposition est des plus fréquentes dans les quartzites (fig. 65) et dans les phyllades (fig. 66). Quelquefois enfin le quartz constitue des masses considérables à l'état grenu, telles que les roches (itacolumites) qui, au Brésil, sont associées à l'or et au diamant.

Dans la plupart de ces cas, le quartz paraît être un produit de la décomposition de silicates, de même que dans mes

Fig. 66. — Quartz q sécrété en veines dans les joints d'un phyllade de Charleville (Ardennes), appartenant au terrain dévonien. — Échelle de $\frac{1}{4}$.

expériences. Ces expériences font voir, en effet, d'une manière particulièrement claire, que le quartz a été fourni aux veines par une sorte d'exsudation de la roche encaissante, aussi bien que le calcaire dans les marbres veinés. Ainsi, le quartz qui, sous tant de formes, fait partie des roches éruptives et des roches métamorphiques, doit être considéré de même que celui des filons, comme un témoin habituel de la voie humide.

15

Sables cristallisés. — A ces mêmes expériences, qui font naître, si facilement, le quartz cristallisé dans l'eau agissant à chaud sur les silicates, se rattache la production des *sables cristallisés*, en réservant ce nom à ceux dont chaque grain est un cristal complet, un fragment de cristal ou une druse globulaire de cristaux.

L'un des meilleurs exemples que l'on puisse citer de sables cristallisés est la formation du grès des Vosges et celle du grès bigarré.

Depuis longtemps, M. Élie de Beaumont a signalé, dans le premier, des grains à facettes cristallines [1]. Le plus souvent, ce sont des globules hérissés de nombreux pointements [2]. On y trouve aussi des cristaux complets, aussi nets que les *hyacinthes de Compostelle*. Les arêtes des cristaux sont vives et sans trace d'usure.

Aucune roche connue ne produirait un pareil sable par sa désagrégation [3]. D'ailleurs, dans les mêmes couches sableuses, on trouve continuellement des galets partiellement incrustés de quartz cristallisé; ce quartz est, ordinairement, accumulé à leur surface supérieure, tandis que leur partie inférieure est restée lisse.

La présence du sable cristallisé n'est point accidentelle. Quoiqu'elle ne se rencontre pas dans beaucoup de formations géologiques, elle tient, dans quelques-unes d'entre elles, une place importante. Ainsi, on en rencontre presque partout des exemples dans la chaîne des Vosges, en France, et dans le Palatinat, ainsi que dans la Forêt-Noire. M. Hoffmann signale un grès semblable aux environs de Eisleben et

---

[1] Observations géologiques sur les différentes formations qui séparent la formation houillère de celle du lias, *Annales des mines*, 2ᵉ série, t. I, p. 406.

[2] *Description géologique du Bas-Rhin*, p. 90.

[3] Les grains du quartz, souvent en cristaux complets, qui sont disséminés dans le porphyre feldspathique, diffèrent par leur forme et leurs caractères physiques des sables cristallisés du grès des Vosges; ce dernier ne peut donc provenir de la démolition du porphyre.

M. Gutberlet le long des montagnes du Rhön, près Fulda ; le grès bigarré de Commern, si abondamment imprégné de galène, est souvent presque entièrement cristallisé. Ce dépôt chimique se retrouve donc disséminé partout, dans une formation de l'Europe centrale qui n'occupe pas moins de 150,000 kilomètres carrés, et atteint parfois une épaisseur de 400 mètres.

La silice, en dissolution dans les eaux, peut sans doute en être précipitée par des réactions diverses que nous connaîtrons un jour ; mais une précipitation, à la fois aussi étendue et aussi exceptionnelle que celle du grès des Vosges, doit se lier à des phénomènes géologiques particuliers.

On sait que, pendant la période permienne, il s'est épanché dans la mer de puissantes nappes de porphyre feldspathique. Dans une grande partie de son étendue, ce porphyre, contemporain du grès rouge, est à l'état terreux, ce qui lui a valu en Allemagne le nom de *thonporphyr*. Les cristaux de feldspath et la pâte feldspathique elle-même sont en effet réduits à l'état de kaolin. Selon toute probabilité, la décomposition, qui a privé le porphyre de silicate alcalin, a eu lieu avant que la roche fût complétement refroidie Cette solution de silicate alcalin, produite aux dépens de la roche, a pu, en s'épanchant dans la mer, y précipiter du quartz, exactement comme dans les expériences où j'ai produit le quartz en cristaux, au moyen du silicate emprunté au verre ou à l'eau de Plombières.

Une autre observation est tout à fait à l'appui de l'explication que je viens d'émettre. J'ai, en effet, constaté dans les Vosges que les couches arénacées antérieures au porphyre ne renferment pas de sables cristallisés, tandis que le caractère cristallin est éminemment prononcé dans les couches du grès des Vosges qui sont superposées aux épanchements porphyriques. La date à laquelle le sable cristallisé a commencé à se former ici ne paraît donc pas douteuse ; elle coïncide bien avec l'apparition du porphyre.

D'autres contrées nous montrent une semblable relation des sables cristallisés avec les porphyres. M. Crosnier, en effet, a cité un terrain de grès et de sables parfaitement cristallisés au Pérou, où ils se trouvent encore associés à des tufs porphyriques [1].

Ainsi, la formation de certains grands horizons de sables cristallisés paraît bien être en relation intime avec des dislocations du sol, des épanchements de roche éruptive ou des filons. L'arrivée des minéraux métallifères, dans la couche de schiste cuivreux sur toute la largeur de l'Allemagne, dans les grès de la principauté de Waldeck où l'on exploite également le cuivre, enfin la pénétration de la galène dans le grès bigarré des environs de Commern, semblent être des phénomènes en connexion avec celui dont nous venons de nous occuper ; ils se lient en même temps aussi au remplissage des filons.

Je n'affirme pas, toutefois, que l'existence d'un sable ou d'un grès cristallisé ait forcément pour cause le voisinage d'un porphyre ou d'une roche éruptive. Il ne faut pas, quand il s'agit de faits aussi complexes que les phénomènes géologiques, généraliser prématurément. On trouve dans les terrains tertiaires du bassin de Paris et de l'Allemagne des gisements de sable parfaitement cristallisé, dont chaque grain présente, soit une double pyramide hexagonale, soit une druse de cristaux, sans qu'on puisse préciser les phénomènes d'éruption auxquels ils doivent être immédiatement attribués.

Le quartz de certains sables a entraîné, en se déposant, et en mélange intime, du peroxyde de fer qui fournit une no-

___

[1] *Annales des Mines*, 5ᵉ série, t. II, p. 5 et 74.

tion sur la température à laquelle les sables se sont formés. Dans le grès des Vosges, dont chaque grain est coloré en rose, la précipitation du quartz s'est faite dans les conditions de température où le peroxyde de fer devient anhydre. Il s'est, au contraire, précipité à l'état d'hydrate dans les sables tertiaires des environs de Düsseldorf ; son quartz est en effet teint en jaune d'ocre, aussi bien que dans les gîtes de minerai de fer pisolithique de Saint-Pancré et d'Aumetz (Lorraine). La température de la formation de ces derniers sables était donc nécessairement peu élevée. Nous n'avons pas, d'ailleurs, besoin de rappeler les fossiles animaux, les bois, les silex que l'on rencontre, tapissés de quartz, dans toutes les formations géologiques, et dans des conditions où il est impossible de supposer une forte élévation de température.

Le sable précipité par voie chimique n'est pas nécessairement cristallisé. Dans les géodes quartzeuses du calcaire grossier qui abondent particulièrement dans les couches dites *caillasses*, on trouve des globules de calcédoine, parfaitement arrondis et à couches concentriques, qui ont été formés chimiquement, tout aussi bien que les petits cristaux qui les accompagnent et auxquels ils passent, quelquefois, par des aspects intermédiaires. Ils rappellent les globules de geysérite, observés par M. Des Cloizeaux dans les sources bouillantes de l'Islande. Certains sables, formés de grains calcédonieux, à surface brillante, et n'agissant pas sur la lumière polarisée, peuvent donc être des précipités chimiques. J'en ai reconnu de ce genre dans les couches du minerai de fer oolithique du lias supérieur des environs de Longwy (Meurthe-et-Moselle). Il en existe aussi dans les sables du grès vert [1], où une autre partie de la silice s'est combinée dans la glauconie.

[1] M. Schafhäutl a déjà fait cette observation pour certains sables de grès vert des Alpes bavaroises (*Jahrbuch für Mineralogie*, 1846, p. 648).

Au point de vue de l'origine chimique de certains sables, les géodes des caillasses parisiennes sont fort instructives. Car, outre le quatz en cristaux nets et isolés, et les globules calcédonieux, ces géodes contiennent du quartz à l'état *grenu*. Ce dernier, qui a été évidemment déposé avec les deux premières variétés de quartz, se pulvérise sous une faible pression et produit ainsi des grains anguleux et de forme irrégulière. Cette triple association démontre que certains sables formés de quartz hyalin, lors même que leur grains ne sont pas terminés par des faces cristallines, ont pu être précipités directement, dans les mêmes conditions que le quartz en cristaux complets.

J'ajouterai qu'en soumettant, dans l'eau distillée, ces grains de sable des caillasses à un frottement mutuel et prolongé, pour chercher à les arrondir, on a constaté que la liqueur, rendue limpide par filtration, donne après évaporation un dépôt de silice gélatineuse.

Quelquefois encore, la silice a formé un précipité amorphe et pulvérulent. La silice soluble dans la potasse, que M. Sauvage a observée dans le grès vert ou gaize des Ardennes, et que l'on a retrouvée en bien d'autres lieux, en est un exemple [1].

Observations générales. — On peut conclure de ce qui se passe dans les expériences d'eau suréchauffée, comme de l'exemple des calcaires si chargés de minéraux, qui ont été rejetés des profondeurs de la Somma, que la température et la pression paraissent indispensables à la production d'un métamorphisme énergique. D'un autre côté, un métamorphisme intense s'est développé quelquefois près de la surface, comme au Brésil, où les schistes cristallins et gemmifères s'étendent sur plus de 1200 kilomètres de longueur. Il semble y avoir contradiction entre ces deux faits. Toutefois, lorsque de l'eau suréchauffée est poussée des profondeurs vers la surface, à travers les pores ou les fissures à peine ouvertes d'une roche, il faut bien remarquer que les lois de la pression hydrostatique

---

[1] *Statistique des Ardennes*, p. 359.

ne lui sont pas applicables, comme elles le seraient, si l'eau remontait librement dans une crevasse. On comprend facilement que, dans le premier cas, sa pression, et par conséquent sa température, puissent se conserver, en quelque sorte, comme en vases clos, jusqu'à quelques mètres de la surface.

Il est donc possible que beaucoup d'actions, telles que la cristallisation du granite, celle de certains amas stannifères qui renferment les mêmes minéraux que les roches du Brésil, aient eu lieu sous pression, bien qu'à une très-faible profondeur.

Peut-être divers minéraux par exemple, les silicates anhydres, ne se produisent-ils facilement dans l'eau qu'à des températures déterminées. Une chaleur trop élevée, aussi bien qu'un manque de chaleur, nuit à leur formation. C'est peut-être parce que dans plusieurs régions des Alpes, telles que les Grisons, les parties supérieures présentaient seules la température convenable, que le métamorphisme et les minéraux variés, qui sont en quelque sorte ses témoins, s'y sont produits plutôt que dans les couches situées plus bas et dont on peut suivre la coupe dans d'immenses déchirures [1]. Ce fait serait analogue à la condensation, dans les couches superficielles des montagnes volcaniques et des laves, du sel ammoniac, de divers chlorures, du soufre et du fer oligiste, ou à l'enrichissement bien connu de nombreux filons dans leur région supérieure.

Les roches éruptives présentent une grande analogie de composition avec les roches métamorphiques; beaucoup de minéraux sont en effet communs aux unes et aux autres.

C'est ainsi que les éléments du granite, feldspath, mica et quartz, se trouvent souvent dans les couches qu'il a traversées et où ils sont comme extravasés [2]. Quand le granite et la syénite ont empâté des fragments de roches préexistantes, ils se les sont même en quelque sorte assimilés, comme je l'ai montré ailleurs [3]. On trouve un exemple non moins remarquable de cette analogie, dans les masses de calcaire compacte de la Somma, dans l'intérieur desquelles l'amphigène, la sodalite, l'anorthite, ont cristallisé, tout aussi bien que dans les laves qui les avoisinaient. Le calcaire du Kaiserstuhl, avec son fer oxydulé titanifère, son pyrochlore, sa perowskite et son apatite, manifeste bien aussi son lien de parenté avec la roche doléritique qui lui a fourni les principaux éléments de ces minéraux.

---

[1] Ce fait, qui résulte d'observations inédites et anciennes d'Élie de Beaumont, a été signalé aussi par Roderick Murchison.

[2] D'après de nombreuses observations d'Élie de Beaumont, de de la Bêche, de MM. Gruner, Naumann et de beaucoup d'autres.

[3] Observations sur le métamorphisme. *Annales des mines*, 5ᵉ série, t. XII, p. 319.

C'est sur cette ressemblance de composition, parfois frappante, qu'on s'est souvent appuyé pour conclure que les minéraux des roches métamorphiques ont été produits par voie sèche.

Je retournerai le raisonnement en disant que, si des composés, tels que le feldspath, le mica, le quartz, l'amphigène, le pyroxène, etc., se rencontrent dans des roches stratifiées, dans des conditions où ils n'ont pu y être formés que par l'intervention de l'eau, on peut regarder comme probable que l'eau a agi aussi dans la cristallisation des roches éruptives elles-mêmes, conclusion à laquelle nous avons été amenés précédemment par d'autres considérations.

S'il fallait émettre une hypothèse sur cette singulière association de l'eau à des roches éruptives douées d'une haute température, on serait porté à considérer ces masses hydratées comme une solution très-épaisse de silicates, comme le produit d'une sorte de fusion aqueuse rendue persistante par la pression.

Quand ces silicates ont cristallisé, leur eau mère, accompagnée de substances variées[1], s'en est dégagée, en conservant parfois une température et une pression assez considérables pour pénétrer dans les roches encaissantes et les modifier profondément. De là résultent, peut-être, les analogies qui ont été signalées plus haut entre la roche éruptive et la roche traversée.

Ainsi, pour résumer et suivre jusqu'au bout le rôle qu'on est amené à attribuer à l'eau dans les roches éruptives, je dirai qu'on peut lui reconnaître trois actions principales, qu'elle exerce sous trois états :

1° En arrivant combinée à ces roches dont elle cause, concurremment avec la chaleur, l'état de mollesse ;

2° En se dégageant de ces roches, à mesure de leur consolidation, traversant et métamorphisant les roches voisines ;

3° En s'échappant parfois jusqu'à la surface du sol, soit à l'état de vapeur, soit sous forme de sources thermales[2].

Remarquons toutefois que l'extravasement de minéraux tout formés, dont j'ai parlé plus haut, n'est sans doute qu'une apparence, et que le feldspath et le mica qui avoisinent le granite se sont plus probablement formés, sur place, en empruntant, aussi bien qu'à Plombières, une partie de leurs éléments au milieu dans lequel ils se développaient.

C'est ici le lieu de dire, en deux mots, la singulière destinée du pyroxène. Les cristaux de pyroxène, si fréquemment disséminés dans les

---

[1] Comme les chlorures des laves.

[2] Ce sont là ces sources, dont les filons métallifères et d'autres dépôts voisins des roches éruptives attestent fréquemment l'existence. Elles ont dû, avec le temps, diminuer de température et de volume et même se tarir, quand les masses d'où elles naissaient sont arrivées à leur dernier état de consolidation et de refroidissement.

laves, avaient été autrefois considérés comme détachés d'une roche préexistante, et pour mieux exprimer l'idée, déjà émise par Dolomieu, qu'ils n'ont pas été formés dans les roches volcaniques qui les renferment, mais qu'ils y ont été simplement empâtés, Haüy donna au pyroxène son nom, dans le sens d'*étranger au feu*[1]. Plus tard, on admit qu'il avait, au contraire, cristallisé dans les laves, surtout depuis les expériences de Berthier et Mitscherlich, et on le considéra comme le produit type et exclusif de la voie sèche. N'est-il pas étrange de voir que, par sa grande tendance à se former dans l'eau suréchauffée, ce soit le pyroxène qui paraisse aujourd'hui le premier, parmi les produits les mieux caractérisés de cette nouvelle voie ?

En résumé, quand il s'agit d'expliquer l'origine et la formation des silicates dans beaucoup des roches, ce n'est pas à la voie sèche, mais bien à la voie hydrothermale, qu'il faut recourir le plus souvent. Cette assertion s'appuie sur les considérations qui suivent :

1° La formation par voie humide a lieu à des températures incomparablement plus basses que le point de fusion ; c'est une condition dont on reconnaît la nécessité dans bien des cas.

2° Les silicates hydratés se montrent dans la nature, souvent associés à des silicates anhydres, d'une manière telle qu'ils paraissent s'être formés dans des conditions analogues (zéolithes dans le schiste chloritique, avec tourmaline et feldspath, etc., comme dans les Alpes) ; dans ces cas, leur formation s'explique difficilement par la voie sèche, tandis que les expériences ont montré qu'elles se produisent facilement par voie humide.

3° Le quartz est excessivement abondant dans la nature. Or, dès que l'eau suréchauffée est en contact avec un grand nombre de silicates, solubles ou insolubles, nous voyons une partie de la silice s'isoler et devenir un véritable quartz

---

[1] « Le nom de pyroxène avertit que les cristaux des laves ne sont pas dans leur lieu natal. » *Minéralogie de Haüy*, 1re édition, t. III, p. 90.

cristallin, qui ne ressemble en rien à la substance vitreuse produite par la fusion du quartz.

On se rappelle, en effet, que la silice, soit fondue, soit obtenue par la décomposition des silicates, n'a aucune des propriétés du quartz; qu'elle n'est ni aussi dense, ni aussi réfringente, ni aussi dure, ni aussi réfractaire aux réactifs alcalins[1]. Il est possible que cette différence de propriétés soit la cause de la décomposition facile des silicates vitreux: les menstrues en attaquent la silice sous sa modification soluble; puis, sans qu'il soit besoin peut-être que les circonstances changent, ils la précipitent sous la modification correspondant au quartz insoluble, ne servant alors, pour ainsi dire, qu'à faire passer la silice, par une sorte d'évolution continue, d'un état moléculaire à l'état moléculaire opposé[2].

4° Enfin, au lieu de masses uniformes, comme la fusion en produit en général, nous voyons, dans les produits de la voie humide, des mélanges de substances cristallisées différentes, dont le mode d'enchevêtrement est tout à fait indépendant, de même que dans la plupart des roches, de leurs degrés relatifs de fusibilité.

---

[1] M. Henri Rose a publié un mémoire sur ce sujet. Ueber die verschiedene Zustände der Kieselsäure. *Pogg. Annalen*, 1859.

[2] L'acide stannique présente quelque chose de semblable, quand on voit l'une de ses modifications (acide stannique proprement dit) passer par la simple action de la chaleur à l'autre état de modification (acide métastannique) et se séparer ainsi de certains dissolvants.

CHAPITRE III

APPLICATION DE LA MÉTHODE EXPÉRIMENTALE A L'HISTOIRE DES PHÉNOMÈNES VOLCANIQUES

EXPÉRIENCES SUR LA POSSIBILITÉ D'UNE INFILTRATION CAPILLAIRE
AU TRAVERS DES MATIÈRES POREUSES,
MALGRÉ UNE FORTE CONTRE-PRESSION DE VAPEUR.

Considérations géologiques qui ont conduit à faire ces recherches expérimentales. — Chaque jour, dans les grands phénomènes qui sont pour nous la principale manifestation de l'activité interne du globe, on voit se dégager, de la profondeur, des quantités énormes d'eau à l'état de vapeur.

On peut se demander si ces pertes incessantes ne seraient pas réparées, au moins partiellement, par une alimentation partant de la surface, et, s'il en est ainsi, par quel procédé s'opéreraient les infiltrations.

Il serait difficile de comprendre que cette alimentation se produisît par des fissures libres ; car l'eau, une fois réduite en vapeur, devrait toujours faire retour par les fissures mêmes qui l'auraient amenée à l'état liquide, sans avoir besoin de se constituer des cheminées de remonte spéciales. Ceci s'applique tout particulièrement au mécanisme des volcans, où la vapeur interne possède une tension assez considérable pour pousser des colonnes de lave, environ trois fois plus denses que l'eau, jusqu'à de grandes hauteurs au-dessus du niveau des mers. Il n'y aurait qu'un moyen de rendre l'explication admissible, ce serait de supposer que la fissure d'alimentation, après avoir fonctionné, vient à se refermer, à s'obstruer, pour se rouvrir plus tard, et que ce mécanisme se reproduit toujours de même pour chaque éruption. Mais c'est là un jeu intermittent, difficile à admettre dans la nature.

J'ai donc été conduit à rechercher si l'eau ne pourrait pas s'introduire, par un autre moyen, dans les réservoirs profonds et chauds qui la débitent de diverses manières, et je me suis demandé si elle ne se servirait pas pour cela de la *porosité* et de la *capillarité* des roches.

Les ingénieuses expériences de M. Jamin ont montré l'influence considérable de la capillarité sur les conditions de l'équilibre qui s'établit, par l'intermédiaire d'un corps poreux, entre deux pressions opposées.

Mais, dans ces expériences, la température reste la même dans toute l'étendue des canaux capillaires. Il m'a paru important, au point de vue de l'hypothèse que je viens d'énoncer, de rechercher ce qui arriverait, si la température était très-élevée, dans une partie du parcours capillaire; de manière à réduire le liquide en vapeur, et à le faire ainsi passer à un état où il dût probablement se soustraire aux lois en vertu desquelles il s'était infiltré[1].

Expériences. — Dans l'appareil que j'ai construit à cet effet (fig. 67), la roche à soumettre aux expériences est taillée sous forme d'une plaque circulaire *r*, de 2 centimètres d'épaisseur sur 16 centimètres de diamètre, et parfaitement dressée sur les deux faces planes. Cette plaque forme le fond d'un petit récipient *e* en partie rempli d'eau et en communication directe avec l'air libre. D'autre part, elle est superposée à une chambre bien close *v*, de 2 centimètres de pro-

---

[1] Comptes-rendus, t. LII, p. 125, 1861. *Bulletin de la Société géologique,* 2ᵉ série, t. XVIII.

fondeur, destinée à recevoir la vapeur. Chacun de ces deux compartiments principaux de l'appareil est terminé par un collet de 5 centimètres de largeur ; le disque est pincé fortement entre les deux collets, qui sont munis de garnitures, et que traversent les boulons b, répartis vers le bord extérieur. Ainsi, le récipient à eau ne peut absolument communiquer avec la chambre inférieure qu'à travers l'épaisseur de la plaque de pierre.

A cette chambre, est adapté un tube de cuivre t, aboutissant à un manomètre à mercure à air libre m. Le même tube porte un robinet o qui peut le faire aussi communiquer avec l'air extérieur.

Tout l'appareil, y compris le manomètre, est disposé dans une caisse rectangulaire de tôle $cccc$; des supports s, mauvais conducteurs du calorique (tels que du charbon), l'élèvent de 5 à 6 centimètres au-dessus du fond de la boîte. Le couvercle de celle-ci est percé de trois trous donnant passage, l'un au tube de cuivre du récipient à eau, l'autre au tube de verre du manomètre, le troisième à la tige d'un thermomètre à mercure qui indique la température de l'air intérieur de la caisse.

La roche qui a servi à obtenir les résultats dont je vais rendre compte est le grès bigarré à grain fin et serré, que l'on emploie à Strasbourg pour les constructions.

Pour faire l'expérience, on verse de l'eau dans le récipient supérieur, et on ouvre le robinet de communication entre la chambre inférieure et l'atmosphère. La caisse est placée sur un foyer dont on règle l'action, de manière à élever à 160 degrés environ la température de l'air qu'elle contient. Cette chaleur ayant été maintenue environ une heure et demie, on est certain que toutes les parties de l'appareil ont acquis la température de la caisse, et que, par conséquent, l'humidité contenue accidentellement dans la chambre inférieure et dans la cuvette du manomètre en a été chassée, en même temps que l'air de ces mêmes parties se dilatait librement. On ferme alors le robinet et on observe bientôt, par l'ascension de la colonne manométrique, que de la vapeur d'eau s'accumule dans la chambre inférieure. A la température de 160 degrés, cette colonne atteint graduellement une hauteur d'environ 68 centimètres, ce qui correspond à peu près à 1,9 atmosphères.

Si alors on ouvre imperceptiblement le robinet, de

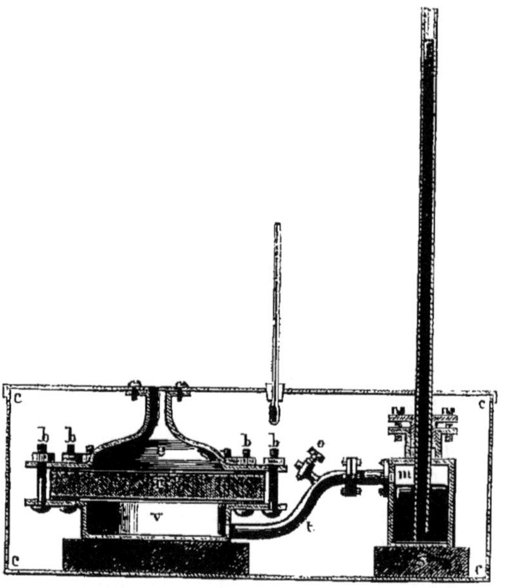

Fig. 67. — Appareil pour démontrer l'infiltration capillaire de l'eau à travers les pores des roches, malgré une forte contre-pression de vapeur. — *r*, plaque circulaire de grès constituant le fond d'un récipient *e* en partie rempli d'eau; *v*, chambre close où pénètre la vapeur et communiquant par le tube *t* avec la chambre *m* d'un manomètre à mercure et à air libre; *o*, robinet qui permet d'établir la communication avec l'air extérieur; *b b b b*, boulons qui maintiennent les fermetures hermétiques; *c c c c*, caisse rectangulaire en tôle, où l'appareil est renfermé, et munie d'un thermomètre; *s s*, supports en charbon. — Echelle de $\frac{1}{6}$.

manière à lâcher un peu de vapeur et à faire descendre la colonne de plusieurs centimètres, puis qu'on le ferme de nouveau, la pression primitive ne tarde pas à reparaître, et le fait se reproduit autant de fois qu'on opère cette manœuvre [1]. Il y a donc là une véritable alimentation, et elle ne peut provenir que de l'eau du récipient qui a traversé la pierre, malgré la contre-pression de la chambre à vapeur.

Il faut remarquer que l'eau du récipient ne tarde pas à entrer en ébullition et, par suite, à s'échapper en partie dans l'atmosphère ; on doit donc disposer un petit réservoir laissant tomber l'eau goutte à goutte, de façon à réparer les pertes.

L'eau a traversé les pores de la roche par l'action de la capillarité ; ceci n'a rien de nouveau. Elle l'a fait malgré une certaine contre-pression de vapeur ; c'est ce que pouvaient faire pressentir les expériences de M. Jamin. Mais une chose importante à constater ici, c'est que la marche de l'eau dans la roche atteint, par l'action de la chaleur, des proportions tout autres et incomparablement plus grandes que celle qui a lieu par l'imbibition et la transsudation simples. On comprend, du reste, que la surface inférieure du disque étant sans cesse desséchée par la chaleur qu'elle reçoit, il en résulte, par suite de la tendance au rétablissement de l'équilibre d'humidité dans la roche, une sorte d'appel des molécules d'eau qui saturent les parties voisines de la surface supérieure.

S'il en est ainsi, on est conduit à se demander pourquoi la pression s'arrête à une limite si faible, quand on la compare à la haute température que l'on emploie. Ceci provient de ce que la surface supérieure du disque ne pouvant dépasser 100 degrés, baignée qu'elle est par l'eau liquide, sa surface inférieure ne peut acquérir, dans les conditions de l'expérience, plus de 115 degrés, température à laquelle correspond la pression obtenue [2].

---

[1] La nécessité d'éviter les moindres condensations a empêché d'obtenir un écoulement de vapeur sous une pression déterminée, en se servant des dispositions ordinaires.

[2] Un fait à remarquer, c'est que, si l'on fait l'expérience inverse, que l'on mette de

Cette facilité avec laquelle la chaleur traverse la pierre imbibée d'eau est rendue frappante par le fait suivant : si, le manomètre marquant sa hauteur limite 685 millimètres, on vient à ajouter une petite quantité d'eau froide dans le récipient, la colonne tombe, en moins d'une minute et demie, de 40 ou 50 centimètres, et ce mouvement ne tarde pas à se manifester plus de vingt secondes après l'admission de l'eau [1].

Aussi, si l'on vient à laisser manquer d'eau le récipient, la surface inférieure du disque devient libre de prendre la température de l'enceinte, et on voit alors la colonne manométrique monter avec une grande rapidité jusqu'à 2 mètres. La force avec laquelle le mercure, parvenu à cette hauteur, s'est épanché hors du tube, montre que la pression était loin d'avoir auparavant atteint sa limite.

Afin de rester dans des pressions moins élevées et, par conséquent, plus faciles à mesurer, j'ai fait une autre série d'expériences dans lesquelles l'enceinte était maintenue à 120 degrés seulement. Dans ce cas, la chambre à vapeur a pu conserver une température de 107 degrés; en même temps, le manomètre marquait une hauteur de 195 millimètres, pression qui correspond à la vapeur saturée à cette température. Puis, lorsque le récipient est venu à manquer d'eau, la colonne manométrique est montée jusqu'à 725 millimètres, pression correspondant ainsi à la température de 120 degrés que la chambre inférieure avait pu acquérir.

En résumé, l'absorption de l'eau à travers les pores de la roche chauffée s'opère, lors même que l'eau vaporisée, ayant

l'eau dans la chambre inférieure, laissant la capacité supérieure à sec, et que l'on chauffe l'appareil, la vapeur, douée d'une pression de plusieurs atmosphères, qui se produit alors, ne paraît pas s'échapper dans l'atmosphère à travers le disque.

[1] A la vérité, la température de la chambre inférieure ne s'abaisse pas seulement par la réfrigération qui se fait à travers la pierre, mais encore, dans une certaine proportion, par celle qui se propage par les boulons.

acquis une forte tension par son emprisonnement, tendrait, par sa contre-pression, à faire obstacle à l'arrivée ultérieure du liquide. La différence de pression sur les deux parois de la plaque, loin de refouler le liquide, ne l'empêche pas de marcher avec rapidité de la région relativement froide à la région relativement chaude, en vertu d'une sorte d'appel capillaire, favorisé d'ailleurs par l'évaporation rapide et le desséchement de la paroi chaude de la roche.

Dans les conditions de l'expérience, et avec un disque de grès de 2 centimètres d'épaisseur, la chambre inférieure n'a acquis qu'un excès de température de 15 degrés sur le récipient qui, étant soumis à la simple pression atmosphérique, n'a pu posséder au delà de la température de l'ébullition de l'eau, et qui, par conséquent, exerce une action réfrigérante. Les effets de l'appareil grandiront sans doute, dès qu'on augmentera l'épaisseur de la plaque poreuse interposée, et qu'on pourra ainsi faire acquérir à la vapeur une température plus élevée; c'est ce qui pourra faire l'objet d'expériences ultérieures.

Celles que je viens de décrire me semblent toutefois déjà suffire pour jeter quelque jour sur certains phénomènes géologiques.

Applications géologiques possibles. — Deux hypothèses principales ont été proposées pour expliquer l'origine de l'eau qui se dégage par torrents de tous les volcans, et qui est à la fois, comme nous l'avons dit précédemment, le produit le plus abondant et le plus constant de leurs déjections. L'une suppose l'eau *originaire*, et en quelque sorte de constitution initiale, dans les régions profondes qui doivent par conséquent s'en appauvrir chaque jour; l'autre suppose l'eau *adventive*, et la fait venir de la surface par des crevasses.

Ces deux hypothèses présentent, l'une et l'autre, des difficultés.

Dans la première, le trait si frappant de la distribution des volcans, leur proximité de la mer, dans un très-grand nombre de cas, reste sans explication bien satisfaisante, lors même qu'on se rapporte à celle qui a été présentée par Humboldt[1].

J'ai rappelé plus haut l'objection qui s'élève contre l'infiltration par des fissures étendues.

On sait que la plupart des roches sont assez poreuses pour se laisser journellement pénétrer par l'eau, ainsi que le témoigne l'*eau* dite *de carrière* qu'elles renferment, en général, dans la nature[2]. Le grès qui a servi à ces premières expériences, quoiqu'à grain fin et serré, peut absorber 6,9 pour 100 de son poids d'eau; les interstices forment donc environ 17,2 pour 100 de son volume.

Le granite qui forme le fondement des terrains sédimentaires est ordinairement, il est vrai, très-peu perméable; mais il est traversé, en beaucoup de lieux, par des injections de roches éruptives. Or, parmi ces dernières, il en est qui, comme les trachytes, sont si poreuses[3], qu'elles pourraient être tout particulièrement soupçonnées d'établir une communication capillaire permanente entre l'eau de la surface et les masses chaudes qui servent de base à ces sortes de colonnes souterraines.

Supposons une cavité séparée des eaux de la surface, marines ou continentales, par des roches qui ne soient pas tout à fait imperméables; admettons, en outre, que cette

---

[1] *Cosmos,* traduction française, t. IV, p. 481.

[2] M. le professeur Bischof a, depuis longtemps, appelé l'attention sur la pénétrabilité des roches par l'eau. *Lehrbuch der chemischen und physichen Geologie,* t. I, p. 255 et suivantes.

[3] J'ai constaté que le trachyte du Drachenfels, même quand il est exempt de toute boursouflure apparente, peut absorber 3,7 pour 100 de son poids d'eau : ses interstices représentent par conséquent environ 9,6 de son volume.

cavité soit à une profondeur assez grande pour que sa température soit très-élevée : les conditions principales de notre expérience ne se trouveraient-elles pas reproduites? De la vapeur s'accumulerait donc dans cette cavité, et sa tension pourrait devenir bien supérieure à la pression hydrostatique d'une colonne liquide qui remonterait jusqu'à la surface des mers ou des eaux d'alimentation. Et, si l'on est parvenu à mettre en quelque sorte en balance, par l'interposition d'une épaisseur de roche de 2 centimètres seulement, les pressions de deux colonnes, l'une de 2 centimètres d'eau à peine, l'autre de 60 centimètres de mercure, c'est-à-dire de plus de 500 fois supérieure à la première, on ne trouvera plus guère de difficulté à admettre que l'eau descendante devienne la cause du refoulement de laves trois fois plus denses qu'elle, et de leur ascension jusqu'à un niveau bien supérieur au sien.

D'après les résultats de l'expérience, l'eau pourrait donc être forcée par la capillarité, agissant concurremment avec la pesanteur, à pénétrer, malgré des contre-pressions intérieures très-fortes, des régions superficielles et froides du globe jusqu'aux régions profondes et chaudes, où, à raison de la température et de la pression qu'elle aurait acquises, elle deviendrait capable de produire de grands effets mécaniques et chimiques. Les expériences dont je viens de rendre compte toucheraient peut-être, comme on voit, aux points fondamentaux du mécanisme de phénomènes attribués généralement au développement des vapeurs dans l'intérieur du globe, tels que les volcans, les tremblements de terre, la formation de certaines sources thermales, le remplissage des filons métallifères. Des actions de même genre auraient pu aussi intervenir dans divers cas du métamorphisme des roches.

Quant à la manière dont l'eau s'échapperait des régions

profondes où elle serait ainsi accumulée, il n'y aurait à modifier en rien l'idée, généralement reçue, qu'elle profite, pour remonter, des grandes lignes de fracture de l'écorce terrestre, comme l'attestent les longues files bien connues de volcans, que Léopold de Buch a signalées à l'attention [1].

Ces phénomènes naturels viennent d'être considérés dans le cas le plus général; mais il n'est pas nécessaire d'admettre que l'eau d'infiltration doive toujours, pour leur donner naissance, pénétrer jusqu'aux grandes profondeurs. On peut, en effet, remarquer qu'il est des parties de l'écorce du globe où la chaleur interne paraît se porter beaucoup plus près de la surface que dans d'autres. Tel est le cas pour la Toscane, par exemple, si riche en jets de vapeur, en sources thermales, en effets de métamorphisme récents, et où d'ailleurs le thermomètre lui-même accuse, dans certaines mines, un accroissement de température exceptionnellement rapide. Un pareil rapprochement des masses chaudes les rend bien plus accessibles aux eaux d'infiltration. C'est peut-être par l'effet de semblables conditions de proximité de la chaleur interne, due à des épanchements récents de basalte et de trachyte, que le pays de l'Eifel a été, à la suite de ces épanchements, le théâtre de manifestations volcaniques de nature variée [2] : formation de cônes de scories, avec cratère et coulée de laves; effondrements circulaires très-remarquables, que l'on a nommés *cratères d'explosion;* enfin déjections scoriacées, connues sous le nom de *trass,* qui couvrent une partie du pays [3], et qui restent

---

[1] Voir aussi Élie de Beaumont, *Notice sur les systèmes de montagnes,* p. 1110 et 226.

[2] Aussi bien dans l'Eifel même que dans la région adjacente, y compris le Siebengebirge.

[3] Von Seynhausen, *Erlauterungen zu der geognostischen Karte der Umgebung des Laachersees,* 1847.

Von Dechen, *Siebengebirge,* p. 240.

également des témoins de l'abondance de l'eau dans cette dernière phase de l'activité interne. La petite dimension des cratères d'explosion de l'Eifel doit d'ailleurs faire supposer que l'effort qui a produit ces sortes d'entonnoirs n'a pu partir d'une profondeur considérable [1]. Les volcans de l'Auvergne pourraient bien se rattacher, par une filiation semblable, aux masses de basalte et de trachyte antérieurement épanchées sur la surface du plateau central de la France. L'apparition du volcan de Jorullo, sur le plateau du Mexique, loin des deux océans et au pied d'escarpements basaltiques, serait encore un exemple à assimiler aux premiers.

En Auvergne, comme dans l'Eifel, les phénomènes volcaniques ont été éphémères, c'est-à-dire qu'ils ne se sont pas renouvelés un grand nombre de fois par les mêmes canaux. Les volcans actuels, qui, pour la plupart, constituent des communications permanentes avec l'atmosphère, sont également tous établis sur d'anciens épanchements de roches basaltiques et trachytiques, auxquelles ils succèdent. Peut-être pour cette dernière phase d'éruptions, caractérisée surtout par l'abondance du dégagement de vapeur d'eau, le siége de l'activité volcanique ne serait-il plus dans les profondeurs considérables où les masses fondues gisent à leur état normal, mais dans une région, bien moins éloignée de la surface, où elles stationneraient, en ne perdant qu'avec une extrême lenteur la chaleur qu'elles possédaient quand elles sont arrivées à cette dernière étape.

Mais je ne veux pas rester davantage dans un domaine où l'appui de l'observation fait nécessairement défaut, et où l'on est réduit à des conjectures.

---

[1] Le lac de Laach, avec son auréole de tufs volcaniques, est le plus grand d'entre eux ; ceux de Meerfeld, Pulvermaar et Immenrath, n'ont que quelques centaines de mètres de diamètre. *Cosmos*, t. IV, p. 265 à 272.

En résumé, sans exclure l'eau originaire et en quelque sorte de constitution initiale, que l'on suppose généralement incorporée aux masses intérieures et fondues, je serais porté à conclure, de l'expérience qui fait l'objet de ce chapitre, que l'eau de la surface pourrait, sous l'action combinée de la capillarité et de la chaleur, descendre jusque dans des parties profondes du globe. Ces parties seraient ainsi établies dans un état journalier de recette et de dépense, et cela par un procédé des plus simples, mais bien différent du mécanisme du siphon; l'eau de carrière ne serait, dans l'hypothèse, que cette eau d'alimentation surprise dans le commencement de son mouvement de descente.

Un phénomène lent, continu et régulier, donnerait lieu, de temps à autre, par suite de ruptures soudaines d'équilibre, à des manifestations brusques et violentes, telles que les éruptions volcaniques et les tremblements de terre.

DEUXIÈME SECTION

PHÉNOMÈNES MÉCANIQUES

La méthode expérimentale, si pleine d'enseignement, comme on vient de le voir, en ce qui concerne les phénomènes géologiques de nature chimique, n'est pas moins applicable à l'étude des actions mécaniques qui se sont développées durant les diverses périodes de l'histoire de la terre.

Bien qu'ici la disproportion entre nos moyens d'expérience et les faits à reproduire soit plus sensible encore que dans le premier cas, la méthode synthétique a jeté cependant de vives lumières sur des chapitres très-variés de la science.

Non-seulement les phénomènes de trituration et de transport réalisés par la mer, par les cours d'eau et par les glaciers, ont pu être étudiés dans des détails qui échappent à l'observation proprement dite, mais encore la genèse des déformations terrestres, la production des cassures, grandes et petites, qui sillonnent la croûte du globe, le développement de la structure schisteuse si fréquente dans les roches, ont été l'objet d'imitations qui permettent d'en préciser beaucoup de particularités. La méthode expérimentale a également servi à rechercher comment des actions mécaniques ont pu développer dans les roches une chaleur capable de les transformer.

Chacune de ces questions formera le sujet d'un chapitre spécial.

CHAPITRE I

APPLICATION DE LA MÉTHODE EXPÉRIMENTALE A L'HISTOIRE DES PHÉNOMÈNES DE TRITURATION ET DE TRANSPORT

---

§ 1. — FORMATION DES GALETS, DU SABLE ET DU LIMON.

Les questions qui se rattachent à la formation des galets, du sable et du limon, pourraient, au premier abord, paraître tellement simples qu'il était superflu de les soumettre à un examen approfondi; mais les phénomènes qu'on néglige, comme trop connus, sont souvent ceux qui, en réalité, restent le plus longtemps obscurs.

Ainsi, nous foulons de toutes parts sous nos pieds des galets, des sables et du limon; à l'état incohérent ou agglutiné ils occupent un large développement dans la série des terrains stratifiés. Cependant, à part quelques faits généraux, la formation de ces matériaux est loin d'être réellement éclaircie.

Bien que le lit des torrents et des fleuves et surtout le littoral des mers nous offrent continuellement, en activité, le phénomène de l'usure mutuelle des roches en mouvement dans les eaux, l'observation directe ne suffit pas pour en apprécier toutes les circonstances. Nous ne pouvons observer de quelle manière et avec quelle rapidité les fragments anguleux s'arrondissent et diminuent graduellement sous les frottements et les chocs. Les sables et les limons, qui résultent de ces actions incessantes, sont immédiatement triés et emportés par les eaux, sans qu'on puisse en étudier les caractères. D'ailleurs, il serait souvent impossible de distinguer les sables formés journellement de ceux qui préexistaient dans le lit du fleuve ou sur la plage, et qui proviennent, tout simplement, du remaniement d'anciens dépôts.

Il n'est pas toutefois besoin d'un examen bien attentif pour reconnaître que les innombrables variétés de sable appartiennent à plusieurs types distincts; la connaissance des conditions dans lesquelles chacun de ces types s'est produit éclaircirait l'histoire des terrains sédimentaires et la géographie physique des anciennes mers, qui n'ont cessé de travailler à démolir l'écorce solide du globe.

J'ai donc cherché depuis longtemps, à l'aide d'une série d'expériences directes, le moyen de combler les lacunes que présente nécessairement l'observation du phénomène naturel. Lors même qu'on ne l'imiterait pas dans toute sa complexité, on peut certainement en préciser diverses circonstances en les isolant [1].

Mode d'expérimentation. — Les mouvements principaux des galets dans la nature peuvent être reproduits avec assez de fidélité, au point de vue des frottements et des chocs qu'ils subissent, au moyen de quelques appareils mécaniques peu compliqués. L'un des plus faciles à employer consiste en un cylindre horizontal, dans lequel les matériaux sont placés avec de l'eau, et auquel on donne un mouvement de rotation autour de son axe [2] (fig. 70, page 270). La vitesse doit varier à volonté; j'ai adopté, dans la plupart des expé-

---

[1] Recherches expérimentales sur le striage des roches et sur la formation des galets, du sable et du limon. *Comptes rendus de l'Académie des Sciences*, t. XLIV, p. 997. *Annales des Mines*, 5ᵉ série, t. XII.

[2] Il faut un cylindre facile à ouvrir et qui cependant retienne bien l'eau.

riences dont je rends compte, un mouvement de translation de 0^m,80 à 1 mètre par seconde.

Si l'on place dans cet appareil des fragments anguleux de roche, ils se transforment bientôt en galets, en sable et en limon.

J'ai opéré de préférence sur les roches les plus dures et les plus répandues dans les terrains détritiques, sur le granite commun et sur le quartz. Des fragments anguleux de l'une ou de l'autre roche, de la grosseur du poing à celle d'une noisette, étant mis en mouvement dans les conditions dont nous venons de parler, s'arrondissent rapidement. Après un trajet de 25 kilomètres seulement, les angles sont parfaitement arrondis, et les galets obtenus ne peuvent être distingués des galets naturels, ni pour les formes, ni pour l'aspect.

Résultats des expériences. — *Galets.* — Comme il est facile de le comprendre, l'usure se fait avec rapidité, tant qu'elle peut s'attaquer à des contours anguleux, mais elle décroît à mesure que les arêtes s'émoussent davantage. Dès que les fragments sont tout à fait arrondis, ils ne s'amoindrissent plus qu'avec une lenteur excessive, à moins toutefois qu'ils ne se concassent par le choc. Ce dernier cas arrive assez fréquemment aux plus petits, ainsi qu'on le constate facilement, en comptant les galets, à diverses époques de leur parcours.

Par quelques expériences, j'ai constaté que, pour les 25 premiers kilomètres parcourus, des fragments anguleux de granite ont perdu 4/10 de leur poids, tandis que, pour le même parcours, des fragments déjà complétement arrondis n'ont plus perdu que 1/100 à 1/400, c'est-à-dire 4/1000 à 1/1000 par kilomètre [1].

---

[1] On a remarqué, en général, dans les cours d'eau, que les galets vont en décroissant de la source à l'embouchure. Cette diminution n'est pas due seulement à l'usure, comme

Dans d'autres expériences, dont il sera question plus loin, à propos de la décomposition chimique des silicates par les actions mécaniques, j'ai déterminé le degré d'usure des matériaux soumis à la trituration, en le rapportant au kilomètre parcouru.

La quantité de limon produite m'a conduit aux coefficients suivants :

Feldspath en fragments anguleux. . . .	0,003
Feldspath en fragments arrondis. . . .	0,002
Obsidienne.	0,003
Serpentine	0,003
Silex de la craie.	0,0002

L'usure du silex a donc été dix fois moins rapide que celle du feldspath en fragments arrondis.

Limon. — Le principal produit de l'action mutuelle des fragments de roche solide qui s'usent dans le sein des eaux n'est pas du sable, comme on l'a souvent prétendu, mais du limon.

Le limon produit par des matériaux feldspathiques est, en général, impalpable et d'une ténuité telle qu'il reste plusieurs jours en suspension dans l'eau. Il est très-plastique ; par la dessiccation, il se prend en masses si solides qu'on ne peut toujours les briser sans l'aide d'un marteau. Ordinairement, il ressemble beaucoup aux argiles schisteuses du terrain houiller, et quand il provient de la destruction du granite, il est parsemé de petites lamelles de mica, comme

nos expériences le prouvent. J'ai étudié le mécanisme qui l'a produite, au moyen d'une lunette de 2 mètres qui plongeait dans le Rhin, et permettait d'en examiner le fond. On voyait, de temps en temps, du sable et de petits galets entraînés parcourir un trajet de quelques décimètres ; puis un gros galet, ainsi déchaussé, s'ébranlait à son tour ; mais, franchissant seulement quelques centimètres, il se trouvait ainsi en retard sur ceux qui l'avaient devancé. Un tel triage, constamment répété, finirait nécessairement par produire le classement des galets par ordre de grosseur, tel qu'on l'observe dans toutes les vallées.

ces dernières. On ne saurait d'ailleurs distinguer ce résidu de l'usure artificielle des granites de celui qui s'accumule journellement sur une partie du littoral de la Norvége.

La désagrégation mécanique, pour le dire en passant, n'est pas le seul phénomène produit dans mes expériences. En effet, en mettant en mouvement dans de l'eau pure des fragments de granite qui ne présentaient aucun indice d'altération, j'ai constaté qu'après quelques dizaines d'heures cette eau se charge, même à froid, d'une quantité très-notable de silicate de potasse. Après un parcours de 160 kilomètres, 3 kilogrammes de granite ont donné 3,3 grammes de sels solubles, dont ce composé constituait la part principale. C'est un sujet qui sera exposé plus loin, avec détails.

D'un autre côté, le limon de trituration paraît avoir fixé une certaine quantité d'eau, ce qui porterait à conclure que celle-ci est entrée dans quelque combinaison nouvelle comparable aux argiles. Ce qui domine cependant dans cette boue plastique, ce sont les anciens éléments du granite; car elle reste fusible au chalumeau. Elle rappelle complétement, par toutes ses propriétés, certains phyllades ou schistes de transition, dont la composition moyenne est, d'après M. Bischof [1], la même que celle des granites, et qui pourraient bien n'être, pour la plupart, d'après ce qui précède, que de la boue de roches granitiques.

Comme il existe néanmoins des argiles qui présentent d'autres caractères que ces limons feldspathiques, il faut reconnaître une différence entre ces produits du frottement et les argiles infusibles. Ces dernières paraissent résulter d'une décomposition profonde des silicates, comme Ebelmen l'a depuis longtemps démontré.

Sables détritiques. — Outre le limon, il se produit encore,

---

[1] Bischof, *Lehrbuch der chemische Geologie*, t. II.

dans la trituration des roches quartzeuses, du sable proprement dit.

Malgré les chocs violents qui résultent d'une vitesse comparable à celle des vagues les plus rapides, les éléments du granite ordinaire n'éprouvent jamais une simple désagrégation, à moins que le feldspath ne soit en décomposition préalable. Le tout se pulvérise, et le peu de sable qui se forme, en même temps que le limon, est toujours très-fin. Les fragments les plus gros n'ont jamais dépassé le grain des sables de Fontainebleau; leur diamètre n'atteint pas un quart de millimètre.

Les grains de ce sable artificiel ne sont arrondis qu'accidentellement. On reconnaît sous la loupe qu'ils sont entièrement composés de quartz en fragments anguleux, entremêlé de quelques paillettes de mica.

Le feldspath a disparu à peu près entièrement, quoiqu'il domine de beaucoup dans la roche granitique. Il est entièrement passé dans le limon, et cette circonstance s'explique parfaitement par la facilité de ses clivages, et peut-être aussi par la réaction chimique qu'il paraît exercer sur l'eau dans cet état de division extrême.

Il en est de même sur les falaises où une roche granitique altérée est soumise à la trituration des vagues; elle ne fournit qu'un sable quartzeux, pauvre en feldspath.

C'est par le même motif qu'en dehors des grès arkoses qui ont, pour ainsi dire, été formés sur place, les grès à débris feldspathiques sont rares. Cette circonstance peut faire supposer que certains grès quartzeux et micacés, à grains anguleux, sont un produit de la trituration granitique [1].

Puisque des sables grossiers ne résultent pas de la tritura-

---

[1] Dans les mêmes circonstances, le calcaire fournirait uniquement du limon : aussi ne connaît-on guère de sable purement calcaire, à part celui qui provient de la simple désagrégation de certains calcaires, tels que le calcaire oolithique, le calcaire à milliolites, où les globules préexistaient.

tion du granite et des roches quartzeuses, il faut chercher ailleurs leur origine.

Quand les roches, au lieu de se broyer dans le choc mutuel des galets agités par l'eau, s'écrasent sous la pression des glaciers, elles produisent aussi du sable; mais ce sable est composé de débris anguleux et irréguliers de toute grosseur. Il est continuellement entraîné et rejeté par le torrent qui sort du glacier et qui en fait le triage.

Le quartz y prédomine: il y est souvent accompagné de mica (ou de chlorite, dans les Alpes). Mais le feldspath y est aussi d'une extrême rareté; par conséquent, il doit disparaître dans cette opération par des causes du même genre que dans les sables d'origine aqueuse.

Je rappellerai d'ailleurs ici que j'ai obtenu des sables tout à fait comparables par leur irrégularité aux sables des glaciers, quand j'ai, à la manière des glaciers, opéré la trituration des roches par pression et frottement.

Bien que les glaciers occupent une faible partie de la surface du globe, la quantité de débris de toute dimension produite par leur action triturante ne laisse pas que d'être considérable. Ainsi, le seul glacier de l'Aar, qui, avec ses affluents, n'a qu'une surface de 60 kilomètres carrés, fournit par jour, d'après les observations de M. Dollfus-Ausset, 100 mètres cubes de sable, qui est emporté par le torrent [1]. L'*ablation* des vallées par les glaciers paraît donc bien supérieure à celle que produisent la plupart des cours d'eau, à égale superficie du bassin. Aussi les glaciers des régions polaires doivent-ils fournir journellement d'énormes volumes de sable, que les courants provenant de la fusion des glaces vont porter dans toutes les régions de l'Océan, et jusque sous l'équateur. Depuis qu'il existe des glaciers, les mers

---

[1] Collomb, XI. Mémoire sur les glaciers actuels, *Annales des Mines*, 5ᵉ série, t. XI, p. 198.

reçoivent des quantités considérables de sable formé par ce second procédé.

Quand le granite se décompose et se désagrége *sur place*, son quartz s'isole en petits fragments. Ces fragments sont anguleux, de forme tout à fait irrégulière, sans indice de faces cristallines; à cette irrégularité contribuent des tressaillements qui divisent le quartz, même dans les granites vierges.

Toute roche quartzeuse qui se désagrége peut également donner lieu à l'isolement de petits fragments de diverses dimensions.

L'aspect de beaucoup d'arkoses de la Bourgogne, de l'Auvergne et d'autres contrées, participe aux caractères dont nous venons de parler. Le quartz y est anguleux; il est d'ailleurs entremêlé d'une quantité variable de feldspath plus ou moins altéré et de mica. La roche résulte visiblement d'un simple remaniement de l'arène granitique par l'eau, sans chocs ni frottements.

Le quartz des granites n'est pas toujours transparent; quelquefois il est comme enfumé et faiblement translucide, quand on l'examine en gros grains. Ce défaut de transparence du quartz n'est souvent que le résultat des petites fissures qui le traversent; car, réduit en poussière, il devient tout à fait translucide. C'est parce qu'on n'a pas tenu compte de cette circonstance que l'on a souvent été induit en erreur, en croyant que le quartz de certains sables fins, d'une limpidité parfaite, ne pouvait pas provenir de la destruction de roches granitiques [1].

J'ai dit plus haut que, dans la trituration des roches, il se forme des sables fins et anguleux; je me suis convaincu aussi qu'il se produit, dans des conditions spéciales, il est

____

[1] Gerhard, *Abhandlung des berliner Akademie*, années 1816 et 1817.

vrai, quoique assez fréquentes, des sables dont les grains ont été complétement arrondis par un procédé mécanique.

Dans ce cas, chaque grain de sable s'arrondit graduellement sur d'autres grains de même dimension, exactement comme les galets s'arrondissent entre eux. Mais il faut pour cela que ces grains soient tous assez gros pour ne pas entrer en suspension dans l'eau, et cependant assez fins pour suivre le mouvement du liquide.

La dimension des grains qui peuvent flotter dans l'eau très-faiblement agitée paraît être d'environ 1/10 de millimètre de diamètre moyen. Tout sable plus fin sera sans doute anguleux.

D'un autre côté, un courant ou une vague dont la vitesse sera capable d'enlever ou de faire flotter un grain de 110 de millimètre, et qui, par conséquent, respectera sa forme, pourra faire au contraire frotter et user les grains plus volumineux : il les transformera alors lentement en sable arrondi.

J'ai vérifié ces faits par l'expérience. J'ai reconnu, par exemple, qu'avec un diamètre de 5/10 de millimètre, et un mouvement d'un mètre par seconde, le sable peut s'arrondir et perdre par kilomètre environ 1/10,000 de son poids. Cette perte si minime, malgré l'étendue des surfaces frottantes, tient à ce que la pression mutuelle est très-faible, à cause de la petitesse du poids de chaque grain.

Avec une plus grande vitesse, ce sable eût nagé dans l'eau; sa forme eût été respectée, et il n'eût rien perdu de son poids.

Ces circonstances se retrouvent dans la nature, de sorte qu'il arrive de rencontrer, à grosseur égale, des sables arrondis et des sables anguleux. Tout dépend du mouvement du milieu dans lequel ils sont formés.

D'après les observations qui précèdent, les grains de sable balancés par les vagues tendent à une dimension *limite;*

cette dimension minima, pour des matériaux de même densité, dépend de la vitesse de l'eau dans laquelle ils se sont usés. De là ces grès formés de grains arrondis d'une uniformité de grosseur si frappante.

C'est une cause inverse de celle qui assigne une limite supérieure aux pisolithes de calcaire, précipités par les sources thermales de Carlsbad. Ces *dragées*, comme on les appelle, sont d'abord agitées dans le bassin, par suite s'incrustent et grossissent, tant que leur poids ne les condamne pas à l'immobilité.

Il est évident que ces résultats seront modifiés par la densité des matières, puisque, toutes choses égales d'ailleurs, les plus denses tombent au fond, quand les plus légères sont déjà susceptibles de flotter. Mais cette observation n'est pas applicable aux sables les plus répandus dans la mer et dans les terrains stratifiés, où le quartz est le plus souvent seul ; le feldspath, dont il est accidentellement accompagné, a d'ailleurs, à très-peu près, la même pesanteur spécifique.

Il n'en est pas de même des sables des alluvions gemmifères et métallifères, dont les grains sont de densité variée. Dans ces derniers gisements, les matières les plus lourdes, comme le grenat, le fer titané, l'étain oxydé, sont, à dureté égale, plus fortement usées que les matières pierreuses ; il en est de même des menues pépites d'or et de platine.

La dimension des fragments de ces divers minéraux est généralement aussi en relation avec leur degré d'usure, tout aussi bien que dans les sables et les galets quartzeux. Les petits saphirs de Ceylan ont souvent conservé toute la fraîcheur de leurs arêtes, tandis que les gros cristaux des mêmes alluvions sont ordinairement tout à fait frustes.

Les observations que nous venons de faire expliqueront diverses circonstances, en apparence contradictoires, que l'on rencontre, à chaque pas, dans les sables de formation

17

contemporaine et dans ceux des terrains sédimentaires. Les applications qui en dérivent sont maintenant aussi faciles qu'elles sont nombreuses : aussi je crois inutile de m'étendre sur ce sujet.

J'ai constaté, dans mes expériences, que le sable qui provient de la trituration du granite est anguleux, et reste indéfiniment tel.

Il en est de même dans les cours d'eau ; car les sables anguleux, que les glaciers de l'Aar envoient à cette rivière, arrivent à Meyringen, après avoir tourbillonné dans de nombreuses cascades, tout aussi anguleux qu'à leur point de départ. Charriés dans le Rhin, ils ne sont pas arrondis davantage, à 300 kilomètres de distance de cette dernière localité. Pendant les mois de juillet et d'août, époque de la fonte principale des glaces, ils donnent encore aux eaux du fleuve, à la hauteur de Strasbourg, la teinte laiteuse bien connue de tous ceux qui ont observé les torrents sortant des glaciers. En filtrant plusieurs hectolitres de cette eau, j'ai constaté que la cause de sa coloration était, non du limon, mais du sable, en grains anguleux d'environ 1/20 de millimètre, et qui entre pour 2/100,000 du poids total.

Sur une partie des côtes de la Manche, les sables sont formés de silex concassés. On n'y remarque pas de transition, du galet arrondi, de la dimension d'une noisette ou plus gros, au sable anguleux. Tous les intermédiaires disparaissent, brisés sous l'action des vagues, par le choc des plus gros, jusqu'à ce qu'ils aient atteint l'état limite où leurs débris flottants ne peuvent plus recevoir de chocs, ni modifier leur forme par le frottement.

Pareilles circonstances ont dû se produire dans toutes les périodes géologiques, et former l'espèce de triage qui a étalé, sur d'immenses étendues, des sables à grains égaux et toujours anguleux. Il nous suffira de citer, comme exemples, le grès houiller de l'Angleterre et de la Belgique, le grès du lias de l'ouest de l'Europe, le grès des Karpathes, le grès molasse qui borde toute la chaîne des Alpes.

Ainsi, chaque sable porte en lui-même une sorte de signalement de son origine et des conditions premières de sa formation. Son examen peut donc nous offrir un instrument nouveau, pour étudier, plus profondément, les circonstances physiques où se sont déposés les terrains stratifiés à toutes les époques.

2. — APPLICATION DES PHÉMOMÈNES DE TRIAGE PAR LES COURS D'EAU A LA DISTRIBUTION DE L'OR DANS LE LIT DU RHIN [1].

Le Rhin, entre Bâle et Bingen, serpente au milieu d'un large dépôt de gravier qui s'étend sur les deux rives, bien au delà du domaine actuel du fleuve. Les cailloux en sont de nature très-variée.

Chaque jour le fleuve travaille à modifier son lit, en corrodant certaines parties de ses rives : d'où la formation de ces nombreux bancs de gravier et îles, entre lesquels il se partage. Les atterrissements de gravier vont ordinairement se former à quelques centaines de mètres au-dessous de la rive dont la destruction les a fournis (fig. 68), et du côté dont s'éloigne le thalweg. Malgré les travaux qui bordent une partie du cours du fleuve, ces changements journaliers du Rhin sont considérables et quelquefois très-rapides. Depuis les temps historiques, ils se sont opérés dans une zone qui, de Bâle à Vieux-Brisach, a 4 à 5 kilomètres de largeur; entre

---

[1] Mémoire sur la distribution de l'or dans la plaine du Rhin et sur l'extraction de ce métal, *Annales des Mines*, 4ᵉ série, t. X, p. 3, 1846. — *Bulletin de la Société géologique.* 2ᵉ série, t. III, p. 458. — Ce Mémoire a été l'objet d'un Rapport favorable à l'Académie des sciences, *Comptes rendus*, t. XXIII, p. 93.

cette ville et Mannheim, ses excursions se sont faites sur une zone probablement plus large encore.

Le fleuve n'est pas également riche en or dans toute l'étendue de la plaine qui porte son nom. C'est, principalement, à partir de Rhinau et de Wittenweier, c'est-à-dire à environ 100 kilomètres de Bâle, que les exploitations ont toujours été nombreuses, et elles se sont particulièrement concentrées, depuis quelques kilomètres à l'amont de Kehl, jusqu'à Daxland, près Carlsruhe.

Partout où le fleuve ne roule plus de gros gravier, comme entre Spire et Mayence, l'or paraît être extrêmement rare. Le régime du cours du Rhin, considéré entre le lac de Con-

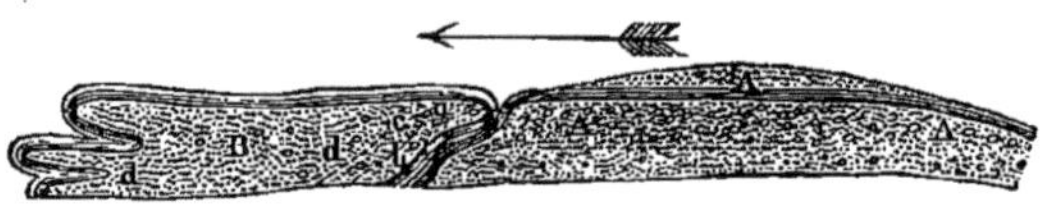

Fig. 68.— Mode de distribution de l'or dans un banc de gravier du Rhin. — A. berge corrodée; B. banc de gravier qui reçoit une partie des matériaux provenant de la partie A', qui a été emportée; *a* et *b*, graviers les plus riches; *c*, gravier de richesse moyenne; *d*, gravier trop pauvre pour être lavé. La flèche indique le sens du courant. — Échelle de $\frac{1}{5000}$

stance et Bingen, régime qui est favorable à la fixation des paillettes d'or, est donc celui de la partie moyenne, où les atterrissements se composent d'un mélange de sable et de gravier.

Il importe de savoir reconnaître, *à priori*, les positions où l'or va se concentrer. Voici les règles, dont j'ai reconnu la généralité, au moyen d'essais directs :

1° Les bancs nommés *Goldgründe*, auxquels l'orpailleur doit particulièrement s'adresser, sont ceux formés à quelque distance à l'aval d'une rive ou d'une île de gravier corrodée par le courant; ces bancs résultent, par conséquent, d'un transport du gravier, tantôt sur quelques mètres seulement, tantôt sur 1 000 mètres de distance ou davantage. C'est dans une zone étroite qui termine les bancs vers l'amont que, pour abréger, on peut appeler leur *tête*, que se trouvent particulièrement accumulées les paillettes, presque toujours au milieu de gros cailloux; toutefois, cette richesse exceptionnelle ne s'étend qu'à une faible profondeur, qui ne dépasse guère 15 centimètres. Ce fait est généralement connu des orpailleurs. La *fig.* 68 montre un cas où ce dépôt riche s'est opéré immédiatement à l'aval de la rive corrodée. Les bancs de petite dimension peuvent être aurifères, aussi bien que les plus étendus.

2° Les digues artificielles entre lesquelles coule le Rhin

Fig. 69.— Profil d'un banc de gravier du Rhin, terminé par un atterrissement dû à un remaniement local. — *a*, *b*, niveau moyen du fleuve; *m*, *n*, *u*, *p*, profil du banc; *p*, atterrissement riche. La flèche indique le sens du courant. — Échelle de $\frac{1}{5000}$

sur une partie de son cours, au-dessous de Kehl, sont entaillées par des coupures, ou *passes*, qui sont destinées à donner passage aux hautes eaux, afin qu'elles aillent déposer des ensablements au delà de ces digues. Les atterrissements ainsi formés derrière les digues, par un courant latéral, renferment aussi des parties riches au milieu du gros gravier.

3° Les bancs qui se forment au milieu du fleuve, loin de leur point de départ, sont, en général, peu riches.

4° Dans les bancs les plus pauvres, dont on essaye la teneur sur un grand nombre de points, on trouve cependant aussi, en dehors des positions qui viennent d'être signalées, des zones étroites et allongées de gravier riche. Ces accumulations restreintes de paillettes métalliques correspondent ordinairement à de petits remaniements faits pendant ou après la formation du banc: ainsi, il n'est pas rare de rencontrer de ces zones riches au pied des talus terminaux qui limitent un banc à l'aval, comme l'indique la *fig.* 69.

5° Jamais je n'ai trouvé la moindre trace d'or dans le sable fin privé de cailloux, que le Rhin dépose encore journellement dans ses crues. On ne rencontre même dans ce sable fin que des traces de fer titané et de quartz rose, comme celui qui accompagne toujours l'or.

Quelle que soit leur position dans le fleuve, les paillettes d'or sont associées à des cailloux, dont la grosseur est, en général, en rapport avec la dimension des paillettes qu'ils accompagnent. Le résidu du lavage du gravier aurifère contient toujours du fer titané, dont la quantité est proportionnelle à la quantité d'or: du quartz rose accompagne aussi les paillettes, ainsi qu'on l'a fait observer plus haut. Mais ces deux substances sont en trop petite quantité pour que la couleur en décèle la présence dans le sable non lavé.

Il convient que l'orpailleur aille, immédiatement après chaque crue, exploiter les bancs aurifères, puisqu'un atterrissement riche peut disparaître dans la crue suivante. Il paraît que, lors même qu'un banc ne serait pas emporté par les hautes eaux, il peut s'appauvrir quand il a été souvent submergé, parce qu'alors, les cailloux étant déchaussés, les paillettes d'or sont emportées au loin.

La présence constante des gros graviers à la surface des bancs résulte probablement de ce que l'eau, en baissant, balaye le gravier menu et le sable. On admet que les îles sont d'autant plus riches que l'eau s'est retirée plus lentement.

La teneur en or des graviers, appartenant aux principaux gisements, a été déterminée avec l'aide d'un laveur que j'ai établi sur chaque point, pour une journée; je pesais les quantités d'or et de fer titané extraites de volumes déterminés de gravier [1].

---

[1] Pour plusieurs de ces mesures, j'ai été aidé par M. Faller, conducteur des Ponts et Chaussées, attaché aux travaux du Rhin.

Plus tard, je me suis aussi contenté d'essais en petit ; car le nombre et la grosseur des paillettes qui restent sur la pelle d'essai donnent une idée très-approximative de la richesse d'un gravier, si on prend la moyenne de quatre à cinq expériences. J'ai constaté que la richesse reconnue ainsi concorde, à très-peu près, avec celle déduite du lavage en grand.

Voici les résultats principaux d'expériences faites sur du gravier du Rhin de différentes richesses (voir le tableau de la page suivante) :

RÉSULTATS d'expériences faites sur la richesse du gravier aurifère du Rhin.

INDICATION des DIVERSES VARIÉTÉS.	SURFACE DU GRAVIER ENLEVÉ pour l'expérience.	PROFONDEUR moyenne de la fouille.	VOLUME DU GRAVIER LAVÉ DANS UNE JOURNÉE de neuf heures.	POIDS du même GRAVIER	QUANTITÉ DE SABLE aurifère propre à l'amalgamation fourni par chaque expérience.	QUANTITÉ D'OR obtenu.	RICHESSE DU GRAVIER. (Rapport du poids de l'or au poids total.)	NOMBRE MOYEN de paillettes indiqué à l'essai sur la pelletée de 4 à 4,50 kilogrammes.	QUANTITÉ D'OR contenu dans un mètre cube	VALEUR de l'or obtenu en neuf heures de travail.	OBSERVATIONS.
	mèt. car.	mètres.	m. cub.	kilogr.	kilogr.	gram.			gram.	francs.	
Première qualité.. .	23,00	0,15	5,45	6210	10,1	3,49	0,000 000 562	70 à 80	1,011	11,129	Le poids du gravier moyen mélangé de sable, près de Strasbourg, doit être évalué à 1800 kilogrammes le mètre cube d'après différentes pesées.
Deuxième qualité.. .	48,00	0.07	3,56	6048	9,5	1,47	0,000 000 245	25 à 50	0,458	4,687	
Troisième qualité. . (Moyenne des sables exploités).	36,00	0,09	3,24	5850	6,9	0,76	0,000 000 132	10 à 12	0,234	2,425	(1) C'est-à-dire trois paillettes sur quatre pelletées; ces paillettes de gravier pauvre sont les plus petites.
Quatrième qualité. . (Minimum habituel). . . .	11,14	0,28	3,09	5562	1,25	0,045	0,000 000 008	3/4 (1)	0,0146	0,143	

Le gravier de première et celui de seconde qualité ont été rencontrés à la tête de bancs littoraux, formés à peu de distance à l'aval de rives corrodées, dans les circonstances qui ont été mentionnées plus haut (page 276, 1°).

Il est rare que la richesse dépasse celle de 0,000 000 562 indiquée en tête du tableau précédent [1], et je crois que nulle part elle n'atteint celle de 0,000 000 7 : ainsi la richesse maxima du gravier du Rhin est au-dessous de 7 dix-millionièmes. Les bancs de cette teneur ne s'étendent pas ordinairement sur plus de 200 à 300 mètres carrés ; leur épaisseur est de 10 à 20 centimètres.

Le sable que l'on exploite habituellement a une richesse moyenne qui varie de 15 à 10 cent-millionièmes, c'est-à-dire qu'elle est le quart ou le cinquième de la richesse maxima.

Enfin, en lavant du gravier pris au hasard dans le lit du Rhin, et considéré par les orpailleurs comme stérile, j'ai reconnu que ce gravier a une teneur d'environ 0,000 000 008 ou 8 billionièmes. Tel est, d'après de nombreux essais, le chiffre qui me paraît devoir être admis pour la richesse moyenne du gravier du Rhin, entre Rhinau et Philippsbourg.

La neuvième colonne du tableau peut servir de tarif pour reconnaître la richesse réelle, en comptant le nombre des paillettes que l'on obtient par un lavage en petit. Il est évident que ce résultat n'est applicable que pour le Rhin, où les paillettes ne diffèrent jamais que très-peu par leur épaisseur, et qu'il faut, en tous cas, avoir assez d'habitude pour tenir compte aussi de leur diamètre moyen.

Les laveurs savent que 12 à 15 paillettes trouvées sur la pelletée de 4^k,5 correspondent à un bénéfice de 1 fr. 50 c. à 1 fr. 75 c. pour leur journée.

Il se trouve ordinairement dans le gravier aurifère beaucoup de cailloux de grosse dimension ; car 40 à 50 pour 100 du volume total de ce gravier restent sur la claie d'osier, dont les bâtons sont espacés de 2 centimètres. La richesse du sable aurifère débarrassé des gros cailloux par le premier triage est donc environ double de celle donnée plus haut (8ᵉ colonne) ; pour la moyenne des sables exploités, cette teneur serait de 0,000 000 264.

Pour fixer les idées sur la distribution des paillettes d'or, je citerai un exemple d'atterrissement où l'on a trouvé des sables de différents degrés de richesse disposés superficiellement vers la tête. Le banc B (*fig.* 68), situé à 2 kilomètres à l'amont de Kehl, avait été déposé à l'extrémité aval de la rive corrodée A, à l'endroit où le thalweg s'en éloigne ; le gravier qui le constitue est descendu moyennement de 350

---

[1] Près de Vieux-Brisach, on a trouvé une veine de gravier d'une richesse de 0,000 000 6.

à 400 mètres, en passant de sa position précédente A' à la position actuelle B. En *a* et en *b* se trouve la principale richesse (c'est le gravier des variétés 1 et 2 du tableau précédent); en *c* est la teneur moyenne du gravier exploité. A 100 ou 150 mètres de son origine, en *d*, le banc n'est plus suffisamment riche pour être lavé.

On reconnaît sur ce même banc combien la richesse varie avec la profondeur : ainsi, dans un endroit où la couche superficielle de gros cailloux, sur une épaisseur de $0^m,15$, donnait 50 paillettes d'or par pelletée, on ne trouvait, immédiatement au-dessous, sur $0^m,04$, que 6 paillettes; et en descendant davantage dans le sable mélangé de gravier, 4 paillettes seulement par pelletée.

Le gravier dont provient l'atterrissement en question ne renfermait que 3 à 4 paillettes par pelletée. Il y a donc eu certaines parties enrichies dans la proportion de 1 à 15, par ce remaniement qu'il a subi sur un trajet d'environ 400 mètres; ailleurs, d'après le tableau précédent, la concentration de l'or s'est encore faite dans un plus grand rapport, dans celui de 8 : 562 ou de 1 à 70. Ces chiffres montrent combien le lavage naturel, opéré par le fleuve, facilite le travail de l'orpailleur.

Quoique la teneur du gravier du Rhin soit comparativement assez faible, la quantité totale d'or enfouie dans le lit du fleuve est considérable.

D'après la richesse moyenne de 8 billionièmes signalée plus haut, un mètre cube de gravier, pesant 1800 kilogrammes, renferme $0^k,0146$ d'or. Entre Rhinau et Philippsbourg, région où la richesse est la plus régulière, la bande aurifère a 125 kilomètres de longueur. En lui supposant seulement une largeur de 4 kilomètres, son contenu en or, pour une tranche d'un mètre de profondeur, est donc de 7.183.2 kilogrammes. Si on admet que la même teneur en or se soutienne seulement sur 5 mètres de profondeur, on a pour la quantité d'or comprise dans le lit du Rhin entre Rhinau et Philippsbourg 35.916 kilogrammes, qui, à raison de 3.189 fr. le kilogramme, représentent une valeur de 114.556.124 francs.

Cet or est ainsi réparti :

Dans le Bas-Rhin, 13.870 kil. ayant une valeur de   44.233.430 fr.
Dans le pays de Bade, 17.958 kil. *id.* 56.267.062
Dans la Bavière rhénane, 4.088 kil. *id.* 13.036.632

Cette quantité d'or est certainement au-dessous de la réalité ; car le gravier aurifère est sans doute au moins deux fois plus large et deux fois plus profond qu'il n'a été admis dans l'évaluation.

En dehors de ces limites, il est plus difficile d'estimer la richesse du bassin du Rhin, à cause de l'irrégularité avec laquelle elle y est distribuée. En supposant une teneur moitié moindre que la précédente, d'une part, entre Istein, point le plus élevé de la plaine où on lave, et Rhinau qui est distant de 81 kilomètres, et de l'autre, entre Philippsbourg et Mannheim, qui sont éloignés de 50 kilomètres; en admettant en outre, pour la bande aurifère, une largeur moyenne de 4 kilomètres et une profondeur de 5 mètres, on arrive aux chiffres de 11 826 kilogrammes pour la première section et de 4580 kilogrammes pour la seconde. La quantité totale d'or contenue dans le Rhin entre Istein et Mannheim, dans un terrain d'une superficie de 956 kilomètres carrés ou de 93,600 hectares et de 5 mètres de profondeur, serait donc au moins de 52,000 kilogrammes.

Cette quantité d'or qui, si elle était extraite du sein des sables, représenterait une valeur de 166 millions de francs, est très-considérable comparée à la faible production de chaque année. Elle est cependant faible, comparée à l'abondance du même métal sur le revers oriental de l'Oural et dans les régions basses de la Sibérie; en effet, elle est seulement égale à 2 fois et demie la production en or de l'Asie boréale en 1843. D'ailleurs la valeur de cet or n'est sans doute que peu supérieure aux frais qu'exigerait son extraction.

On voit que la richesse moyenne des bancs de gravier formés journellement par le fleuve ne doit pas, dans un laps de temps assez long, sensiblement diminuer, par suite de l'exploitation annuelle.

Sur différents points, le gravier alpin est recouvert par le *lœss*, qui s'étend sur une partie de la plaine du Rhin : or, là encore, le gravier est aurifère. Près de Geispolsheim, par exemple, à la gravière du chemin de fer, la couche de sable mélangé de cailloux, qui supporte 3 mètres de lœss, m'a fourni un résidu composé de quelques paillettes d'or, de fer titané, et de sable rose, de composition identique à celui que laisse le gravier exploité dans le fleuve; sa richesse est de 0,000 000 1. Ainsi, l'or a été apporté, en grande partie au moins, dans la plaine du Rhin, avant l'ordre de choses actuel, et même antérieurement au grand charriage alpin qui a formé le lœss; c'est sur cet ancien gravier aurifère que le fleuve travaille journellement à opérer des enrichissements exploitables dans quelques parties de son cours. En outre, il doit descendre, de temps à autre, quelques parcelles métalliques des régions qui en ont fourni autrefois.

Dans le lœss, qui paraît d'origine alpine, comme le gravier aurifère, on n'a pas rencontré d'or.

§ 3. DÉCOMPOSITION CHIMIQUE DES SILICATES, TELS QUE LE FELDSPATH, PAR LES ACTIONS MÉCANIQUES.

A mesure que l'on approfondit davantage ce qui se passe dans l'écorce du globe, on voit s'agrandir le cercle de décompositions et de recompositions successives qui forment en quelque sorte l'activité et comme la vie de la matière inorganique. Les composés, en apparence les plus fixes, subissent cette loi comme les autres, et il est intéressant de connaître les divers procédés qui déterminent ces transformations.

Pour ne parler que de l'une des phases de ce double phénomène, on a reconnu que diverses substances éprouvent, en présence de certaines actions mécaniques, telles que le frottement et la trituration, une décomposition lente et graduelle. Ce fait est particulièrement établi par des observations dont on est redevable à Vauquelin, à M. Chevreul, à M. Becquerel, ainsi qu'à M. Pelouze. J'ai constaté moi-même, dans mes premières expériences, que, dans leur trituration sous l'eau, les roches feldspathiques ne produisent pas seulement des galets, du sable et du limon, mais que leur division mécanique est accompagnée d'une décomposition chimique, qui se décèle par la présence d'une certaine quantité d'alcali dans le liquide où s'opère le mouvement [1].

C'est l'examen de ce fait que j'ai cru devoir reprendre

---

[1] Recherches expérimentales sur le striage des roches, sur la formation des galets, du sable et du limon, et sur la décomposition chimique produite par les agents mécaniques (en extrait dans les *Comptes rendus des séances de l'Académie des sciences*, t. XLIV, p. 997, et *Annales des Mines*, 5ᵉ sér., t. XII, 1857).

d'une manière plus circonstanciée que je n'avais pu d'abord le faire[1].

M. Rolland, directeur général des tabacs, a bien voulu m'autoriser à m'installer pour cela dans les ateliers de la Manufacture des tabacs. J'y ai trouvé d'ailleurs le plus obligeant accueil de la part de M. Schlœsing, ingénieur en chef, directeur de l'École d'application des manufactures nationales, qui a bien voulu m'aider à examiner sur place les différents produits obtenus.

Procédé d'expérimentation. — Comme dans mes expériences antérieures, j'ai fait frotter sur elle-même la substance minérale, en la plaçant, en fragments, avec de l'eau, dans un vase cylindrique doué d'un mouvement de rotation. La vitesse, qui était d'environ 2550 mètres à l'heure, est comparable à celle qu'on rencontre fréquemment dans les cours d'eau. Le poids de l'eau représentait une à deux fois celui de la matière solide.

Les résultats variant suivant la nature du vase et suivant la nature des liquides au sein desquels s'opère la trituration, j'ai dû soumettre la même substance à divers essais, successivement dans des cylindres de grès et de fer, et en présence, soit de l'eau pure, soit de l'eau tenant en dissolution quelques-uns des agents chimiques le plus universellement répandus dans la nature. C'est ainsi que j'ai employé tour à tour, à titre de dissolvant, l'eau distillée et l'eau chargée d'acide carbonique, de sel marin, de chaux, etc.

Le feldspath orthose, sur lequel ont porté les principaux essais, appartenait à une variété des environs de Limoges qui sert, dans nos fabriques de porcelaine, à la production de l'émail ; il ne présentait aucun indice d'altération.

---

[1] Expériences sur les décompositions chimiques provoquées par les actions mécaniques dans divers minéraux, tels que les feldspaths. *Comptes rendus de l'Académie des Sciences*, t. LXIV, p. 997. *Bulletin de la Société géologique*, 2ᵉ sem., t. XXIV, p. 421, 1861.

J'ai d'ailleurs reconnu, par une expérience préalable, que la couverte des vases de grès ne fournit pas d'alcali à l'eau

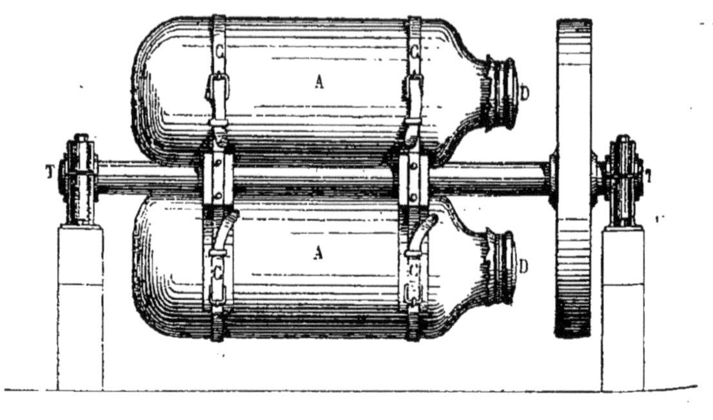

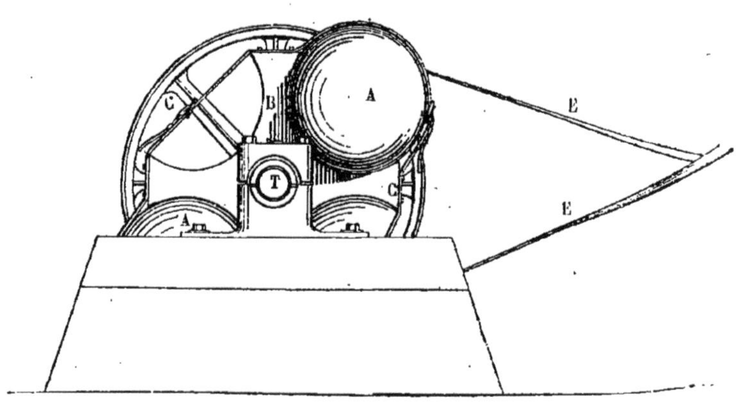

Fig. 70. — Appareil de rotation pour la formation des galets, du sable et du limon, et pour la décomposition des silicates par les actions mécaniques. — A, A, Vases cylindriques en grès ou en fer, fixés solidement sur un arbre tournant T T, au moyen d'une monture en bois, de clavettes et de courroies C, C, C, C ; — B, Fermeture des vases, obtenue par une bonde en liége, que maintient une feuille de caoutchouc ; — E, Courroie qui transmet le mouvement, l'arbre T T. — Echelle de $\frac{1}{12}$.

qui la baigne, puisque du silex, après un parcours de rotation de 190 kilomètres dans ces cylindres, n'avait pas rendu l'eau sensiblement alcaline.

Résultat des expériences. — Passons maintenant brièvement en revue les résultats obtenus :

Feldspath et eau pure. — Le feldspath en fragments, soumis à une longue trituration, en présence de l'eau distillée, et dans des cylindres de grès, subit une décomposition notable, qui est accusée par la présence dans l'eau de silicate de potasse qui la rend alcaline.

Quand on opère dans un cylindre de fer, l'action est, en apparence, plus compliquée. L'eau devient alcaline, comme dans le premier cas, ce qu'il est facile de reconnaître avec le papier rouge de tournesol, mais elle ne renferme plus de silice. Cette différence tient à l'intervention de la matière métallique du vase dans la réaction. Le fer très-divisé, que produit le frottement des fragments pierreux contre les parois, s'oxyde pendant l'expérience, et l'oxyde de fer formé s'empare de la silice du silicate alcalin, à mesure que ce dernier se sépare du feldspath. Il ne reste dans l'eau que de la potasse libre.

Je me suis assuré directement de cette action décomposante de l'hydrate d'oxyde de fer pur sur une dissolution de silicate de soude. La totalité de la silice est promptement soustraite à la liqueur par le composé ferrugineux.

3 kilogrammes de feldspath, après un mouvement prolongé pendant 192 heures, dans un cylindre de fer, et correspondant à un parcours de 460 kilomètres, ont formé pendant ce temps une quantité de limon du poids de $2^{kil},720$. Les 5 litres d'eau dans lesquels s'était opérée la trituration ne renfermaient pas alors moins de $12^{gr},60$ de potasse, soit, par litre, $2^{gr},52$ de cet alcali [1].

---

[1] L'analyse a donné :

Potasse	2,52
Alumine	0,03
Silice	0,02
	2,57

A cette occasion je me fais un plaisir de remercier M. Dengel, préparateur du labora-

On aura une idée de la force alcaline de ce liquide par ce fait, qu'une eau renfermant par litre 2 grammes de potasse ou de soude donne déjà un lessivage assez satisfaisant, sans faire subir au linge aucun danger de détérioration. Qui pourrait dire s'il n'y a pas là le point de départ d'une application industrielle ou agricole?

La quantité de potasse qui entre en dissolution est en rapport avec la quantité de poussière feldspathique que produit le frottement. Elle ne forme que les 3 à 5 millièmes du limon, c'est-à-dire seulement 2 à 3 pour 100 de la quantité totale de potasse renfermée dans cette poussière.

Il suffit d'un mouvement de quelques heures, même dans des conditions de faible vitesse, pour que l'eau, dans laquelle frottent les fragments de feldspath, acquière déjà une réaction très-sensiblement alcaline.

On admet en général que, dans la décomposition des silicates qui renferment de l'alumine avec des bases à 1 équivalent d'oxygène, ces dernières seules sont éliminées, et que l'alumine se concentre en totalité dans le résidu. Il importe de remarquer que, dans les expériences dont je rends compte, la liqueur surnageante renferme toujours, outre la silice et la potasse, une certaine quantité d'alumine qui a suivi l'alcali.

A part ces trois substances, le liquide donne aussi des réactions qui caractérisent des traces de sulfates et de chlorures. La présence de ces sels s'explique par leur interposition fréquente dans les roches feldspathiques. Mais une telle origine ne saurait être admise pour la potasse, l'alumine et la silice.

En effet, et ceci est digne de remarque, si l'on triture le feldspath à sec, on le réduit en poudre impalpable; mais

toire des manufactures nationales, du soin avec lequel il a bien voulu exécuter les diverses analyses qui se rapportent à ce mode de décomposition.

cette poussière sèche ne communique à l'eau, même après un contact prolongé, qu'une réaction à peine alcaline. Il n'en serait pas de même, si le feldspath renfermait de la potasse interposée ou s'il avait subi une décomposition antérieure à l'expérience.

Ce dernier résultat montre également que la trituration seule ne suffit pas à effectuer la décomposition du feldspath, et que l'eau elle-même, agissant ultérieurement sur la poussière feldspathique, ne produit pas non plus d'effet chimique bien sensible. Pour qu'une telle décomposition se produise, il faut que la division mécanique et l'action dissolvante de l'eau s'exercent simultanément, de telle sorte que la force de l'affinité capillaire intervienne, selon les idées et les expressions consacrées par M. Chevreul.

Feldspath et eau salée. — Comme la trituration des roches s'opère non-seulement sur les continents, mais aussi dans la mer, il importait de savoir comment le feldspath se comporte, en se broyant au milieu de l'eau salée. Seulement, au lieu de prendre l'eau de mer, dont la composition est complexe, j'ai employé tout d'abord une solution bien définie, qui renfermait 3 pour 100 de chlorure de sodium.

Toutes les conditions de l'expérience étant les mêmes que précédemment, on n'a pu obtenir, aussi bien dans un vase de fer que dans un vase de grès, qu'une réaction alcaline très-faible et incomparablement moindre que celle qui se manifeste dans l'eau distillée. La présence du chlorure de sodium paraît arrêter la décomposition. La nature du dissolvant exerce donc ici une influence inattendue sur le résultat final.

Il resterait à savoir si les sels de magnésie qui abondent dans l'eau de mer, et si l'eau de la mer elle-même, exercent sur le feldspath une action positive ou négative, et, dans le premier cas, à faire la part des divers principes de l'eau de mer dans la décomposition du feldspath.

18

ı *Feldspath et eau chargée d'acide carbonique.* — L'influence du dissolvant, dans le phénomène qui nous occupe, est encore évidente, quand au sel marin on substitue l'acide carbonique, qui est considéré comme un des agents naturels les plus énergiques de la décomposition des silicates.

2 kilogrammes de cailloux bien arrondis, mis dans 5 litres d'eau saturée d'acide carbonique, ont été soumis à la rotation pendant dix jours dans un vase de grès. L'acide carbonique a été renouvelé une fois pendant l'expérience. Le chemin parcouru étant de 142 kilomètres, on a obtenu 48 grammes de limon, plus $0^{gr},270$ de potasse libre, et $0^{gr},750$ de silice.

La présence de l'acide carbonique dans un vase de nature inattaquable par ce réactif a donc pour effet d'aider puissamment à la décomposition du feldspath.

Dans un vase de fer, les choses se passent tout autrement. Le métal très-divisé, enlevé par le frottement aux parois du cylindre, est d'abord attaqué avec une grande énergie. Il se produit du carbonate de protoxyde de fer que l'on trouve dissous dans l'eau, en même temps que l'on constate un dégagement d'hydrogène dû à la décomposition de l'eau, sous la double influence du métal et de l'acide carbonique. Le gaz atteint même une tension supérieure à celle de l'atmosphère, de telle sorte qu'il produit un sifflement au moment où l'on ouvre le vase. Quant au feldspath, il est également attaqué, mais moins que dans l'eau pure[1]; en sorte que l'eau chargée d'acide carbonique devient beaucoup moins sensiblement alcaline que l'eau distillée. Il semblerait qu'ici le carbonate de protoxyde de fer dissous agisse dans le même sens que le sel marin, pour mettre obstacle à la décomposition du feldspath.

---

[1] En effet, dans ces conditions, on n'a trouvé dans le liquide que le dixième environ de la quantité de potasse obtenue avec l'eau pur

Feldspath et eau de chaux. — La chaux, intervenant dans les mêmes circonstances que le sel marin et l'acide carbonique, tend à faire sortir l'alcali du feldspath.

Feldspath étonné et eau pure. — L'état de la substance soumise à l'essai influe beaucoup sur les phénomènes dont il s'agit.

Ainsi le feldspath, préalablement étonné par une calcination au blanc et devenu friable, fournit une eau très-fortement alcaline[1], en même temps qu'une proportion de limon bien plus abondante que dans les premières expériences.

Obsidienne et amphigène dans l'eau pure. — L'obsidienne, qui représente la matière feldspathique à l'état vitreux, ne donne lieu, dans les mêmes circonstances, qu'à une décomposition beaucoup moins prononcée que le feldspath proprement dit ; l'eau n'acquiert qu'une réaction à peine alcaline.

En opérant sur la roche d'amphigène de la Somma (leucitophyre) grossièrement concassée, la liqueur, après quarante-deux heures et une usure considérable, n'a donné que des traces insignifiantes d'alcali. Ce fait est d'autant plus remarquable que l'amphigène l'emporte sur le feldspath par sa teneur en alcali et par sa nature plus basique.

Faits analogues dus à divers observateurs. — Dans les fabriques de porcelaine, l'eau dans laquelle on broie le feldspath devient assez alcaline pour bleuir le papier de tournesol ; mais, d'après un renseignement que M. Salvétat a bien voulu me donner, pour la manufacture de Sèvres, on n'y a jamais dosé la proportion d'alcali. En visitant l'établissement de Itsassou (Basses-Pyrénées), où M. Gindre cherche depuis long-temps à tirer parti des roches feldspathiques, dans l'intérêt

---

[1] Le résidu de 100 centimètres cubes d'eau a été de 0,071, dont 0,014 de potasse réelle ; la quantité de potasse rapportée au limon était de 0,000,51.

de l'agriculture, j'ai également appris que les eaux de lavage du kaolin lui-même ont une réaction alcaline.

Les résultats de mes expériences ont été aussi confirmés plus tard, en 1868, par M. Haushofer[1], qui, opérant dans des conditions différentes, a obtenu des chiffres moins élevés que ceux auxquels j'étais arrivé (0,0003 à 0,0004 d'alcali). Cette différence s'explique facilement. Avec mon appareil, la quantité d'alcali est très-notable, parce que le liquide, au lieude se renouveler, comme dans le mode opératoire de M. Haushofer, reste le même pendant toute la durée de l'expérience.

Dans la nature, l'eau qui est en contact avec les débris feldspathiques se renouvelle continuellement, et ne peut acquérir, par conséquent, un titre alcalin aussi élevé. Cependant la proportion de potasse qui se dissout ainsi, quelque faible qu'elle soit, ne doit pas être indifférente pour les végétaux qu'elle imbibe directement ou dont elle mouille le sol. L'analyse démontre, en effet, la présence du silicate de potasse dans les eaux qui coulent sur des roches granitiques. C'est ainsi que M. Guéranger a trouvé que de l'eau puisée dans le cours supérieur de la Sarthe en contient $0^{gr},012$ par litre.

D'après MM. Guignet et Telles[2], l'eau de la baie de Rio de Janeiro renferme de la silice et de l'alumine en forte proportion et présente une réaction alcaline, que les auteurs de cet intéressant travail attribuent à la présence de la potasse et de la soude. Ils ont expliqué ces faits en se référant à mes expériences. Comme confirmation, ils ajoutent que cette magnifique baie de Rio, de 38 kilomètres de longueur sur 25 de largeur, reçoit seulement des cours d'eau fort médiocres; que toutes les eaux douces du pays sont presque

[1] *Journal für practische Chemie*, t. CIII, p. 121.
[2] *Comptes Rendus de l'Académie des sciences*, t. LXXXIII, p. 919.

pures; qu'elles contiennent cependant un peu de chaux et de silicates et aluminates alcalins, qui leur donnent une légère réaction alcaline. Une circonstance contribue à rendre ces résultats particulièrement prononcés dans la baie de Rio: nulle part, peut-être, la décomposition des roches feldspathiques et leur transformation en argile ne se manifestent sur une plus grande échelle que dans cette contrée[1]. Tous les géologues qui l'ont visitée ont été surpris de l'étendue de l'altération qui se montre quelquefois sur plus de 100 mètres de profondeur. En outre, aucun fleuve de quelque importance ne vient diluer ou emporter les sels qui ont été apportés dans cette nappe d'eau.

A l'ordre des faits dont il s'agit se rattachent, par leur objet, des études de M. de Gasparin, et les résultats obtenus par M. Truchot sur du granite, du trachyte et d'autres roches analogues qu'il a soumises à l'action de l'eau chargée d'acide carbonique.

Ressemblance du limon feldspathique artificiel avec certaines roches réputées argileuses, telles que les argilolithes et les phyllades. — Le limon obtenu comme on vient de le voir est d'une telle ténuité, qu'il rend le liquide opalin et ne s'en sépare pas, même après un repos de plusieurs jours. Il rend la filtration excessivement lente et traverse les filtres. A l'état mouillé, il jouit d'une certaine plasticité et ressemble à de l'argile à pâte courte; mais, une fois desséché, il s'en distingue en ce qu'il devient pulvérulent. L'examen chimique prouve que ce limon est à peu près anhydre, qu'il résiste à l'action des acides et des alcalis, et qu'il est resté fusible; ce n'est donc qu'une boue feldspathique.

On trouve dans les terrains stratifiés, à divers étages et

---

[1] Liais, *Géologie du Brésil*, p. 2 et suivantes. — *Annales des mines*, 7ᵉ sér., t. VIII, p. 698.

dans beaucoup de contrées, des substances désignées sous le nom d'*argiles fusibles* ou d'*argilolithes*, qui présentent de grandes ressemblances avec ce limon feldspathique; il en est de même des phyllades ou schistes argileux, qui renferment souvent de 6 à 7 pour 100 de potasse.

Une partie des éléments constituants de ces roches sédimentaires, dont la composition élémentaire se rapproche d'ailleurs, en général, de celle des roches granitiques, paraît donc provenir, non de la décomposition, mais de la simple trituration de roches feldspathiques ou silicatées.

M. Vogel a trouvé, pour la composition d'une boue noire qui s'accumule dans les trous du lit d'un glacier, une composition qui la rapproche du feldspath, mais avec moins d'alcali et de silice[1] ; cette boue est analogue aussi aux limons feldspathiques obtenus artificiellement par la trituration, dont il a été question plus haut.

Observation générale. — On savait, par les recherches de Berthier et de Forchhammer sur les kaolins, et surtout par les belles études d'Ebelmen, que les minéraux silicatés qui renferment de la potasse, comme le feldspath, abandonnent une partie de leur alcali à l'état soluble, lorsqu'ils se décomposent spontanément sur place.

Les faits qui précèdent montrent que derrière le fait, en apparence si simple, de la division mécanique des roches par le frottement et la trituration, se cache une action chimique lente et graduelle, assez énergique pour décomposer un minéral résistant à l'action des acides et des plus stables que nous connaissions. On se trouve ainsi en présence d'une nouvelle cause d'élimination de la potasse, qui est tenue comme en réserve dans divers silicates, et du passage con-

---

[1] *Mémoires de l'Académie de Munich*, t. VIII, p. 829, 1860.

tinuel de cet alcali à l'état de dissolution dans les eaux qui se meuvent à la surface des continents, et par l'intermédiaire desquelles il peut être absorbé par les végétaux. Des frottements s'opèrent en effet de toutes parts, notamment dans le lit des torrents et des fleuves, où les galets roulent sans cesse les uns sur les autres, ainsi que sous la pression des nappes mobiles d'eau solidifiée par la congélation, qui constituent les glaciers.

§ 4. STRIAGE DES ROCHES ; APPLICATION AU PHÉNOMÈNE ERRATIQUE.

Des étendues assez considérables de la surface du globe, telles que la Scandinavie et l'Amérique boréale, doivent les derniers traits de leur modelé à des frottements énergiques dont les traces sont souvent demeurées gravées, en caractères ineffaçables, à la surface du sol.

Quoique ces effets soient bien connus, j'en rappellerai brièvement ici les points essentiels.

Des sillons et des stries innombrables couvrent toutes les roches assez résistantes pour les conserver. On a vu un même sillon se poursuivre sur 15 mètres et davantage, puis, un autre lui succède. Les parois des sillons portent une multitude de stries, en général parallèles à celle de la cannelure principale, dont la largeur va quelquefois jusqu'à 50 centimètres. C'est surtout sur les surfaces faiblement inclinées que le phénomène se présente avec régularité. Cependant, il arrive que des surfaces verticales montrent des sillons latéraux qui y ont été creusés horizontalement. Quand une partie très-dure, telle qu'un rognon de quartz, se rencontre sur la roche, elle est restée en saillie et a même protégé, en aval, la surface voisine, qui forme un bourrelet allongé dans le sens des stries et vient ensuite se raccorder insensiblement avec la surface striée.

La configuration des proéminences de toute dimension, rochers, collines ou îles, est en général en relation évidente avec la cause qui a tracé les sillons. Ainsi, les collines sont souvent arrondies, cannelées et striées d'un côté, tandis que les formes anguleuses du côté opposé contrastent, de la manière la plus frappante, avec la configuration adoucie du côté frotté. Ce type se reproduit aussi bien sur les aspérités étendues que sur les moindres proéminences.

Quant à la direction des sillons et des stries, elle est en général assez uniforme sur des surfaces faiblement ondulées, telles que la Suède et la Finlande et le nord des États-Unis. Dans les régions montagneuses, comme la Norvége, les Alpes, les Pyrénées, les Vosges, les traces de frottement divergent en général, comme les axes des vallées qui en rayonnent. Dans les Alpes, ces accidents se rencontrent encore à 2,500 mètres d'altitude.

Le phénomène qui nous occupe, comme le transport des blocs erratiques qui s'y rattache, est l'un des plus remarquables de la géologie. D'abord l'objet d'observations de Saussure, de Pallas et de Léopold de Buch, il a particulièrement attiré l'attention pendant ces derniers temps. Malgré ces études, et quoique la période à laquelle appartient le phénomène soit bien rapprochée de nous, son origine a donné lieu à de longues discussions. Des courants boueux chargés de pierres, des glaciers agissant sur de vastes étendues qui en sont aujourd'hui dépourvues, ou enfin des masses de glaces animées d'un mouvement rapide : tels sont les agents moteurs auxquels, à l'époque de mes expériences, les géologues attribuaient le transport des matériaux solides qui ont labouré les roches et les ont couvertes de traits de burin.

Disposition des expériences. — Pour imiter, autant que possible, les conditions de la nature, j'ai fait frotter du sable, des galets et des fragments anguleux de roche sur une autre roche[1]. Ces matériaux étaient pressés par un bloc de bois et pouvaient marcher à des vitesses et sous des pressions variées. La masse à frotter était granitique, c'est-à-dire de la catégorie des roches les plus dures ; les matériaux frot-

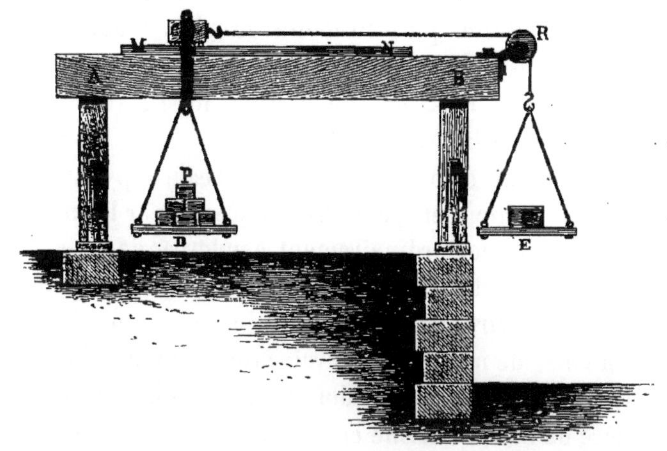

Fig. 71. — Appareil pour étudier le mode de formation des stries sur les roches. — A B, table servant de support à la plaque de roche M N, qu'il s'agit de strier. — C, bloc de bois, à la face inférieure duquel sont enchâssés des fragments pierreux destinés à agir comme burin. — D, plateau fixé au bloc C par un double étrier et déterminant, à l'aide des poids P dont on le charge, la pression plus ou moins grande que le bloc doit exercer sur la roche. — E, plateau relié au bloc mobile par une corde enroulée sur la poulie R, et l'entraînant avec une vitesse réglée par des poids Q. — Echelle de $\frac{1}{25}$.

teurs étaient quartzeux ou feldspathiques, comme ceux qui paraissent avoir été mis en jeu presque partout ; ils étaient donc à peu près de la même dureté que la masse sur laquelle ils devaient agir.

L'appareil (fig. 71) dont j'ai d'abord fait usage a, à peu

[1] Recherches expérimentales sur le striage des roches, dû au phénomène erratique. — *Comptes rendus de l'Académie des sciences*, t. XLIV, p. 997. — *Annales des Mines*, 2ᵉ série, t. XII, 1858.

près, la disposition de celui qui a servi à Coulomb pour déterminer les lois du frottement. La plaque de granite à strier, longue de 80 centimètres et de forme plane, est maintenue horizontalement sur un châssis solidement établi. Les galets sont enchâssés dans un bloc de bois de charme. A ce bloc est fixée une corde qui s'étend horizontalement jusqu'à une poulie de renvoi, et qui supporte à son extrémité un plateau. Selon le poids dont on charge ce plateau, on peut donner au chariot des vitesses plus ou moins grandes. Au-dessous du bloc de bois est d'ailleurs fixé, au moyen d'un étrier, un second plateau en bois, qui est destiné aussi à recevoir des poids et à régler la pression du frotteur.

Cette première disposition, qui exige beaucoup de place et un appareil particulier, peut être remplacée par la machine à raboter la fonte, ordinairement employée dans les ateliers de construction de machines. La plaque de granite, fixée à boulons sur la table de la machine, est entourée d'une auge en bois, de manière à pouvoir être maintenue humide. Les fragments de roche qui doivent strier sont pressés par une pièce de bois, de forme carrée, qui est adaptée au porte-outil. Cette pièce de bois ou *compresseur* entre, à frottement doux, dans un prisme creux en bois, de même forme, qui lui sert comme de gaîne, de telle sorte que les galets frotteurs sont maintenus et ne peuvent se soustraire à la pression. On charge le compresseur, à volonté, au moyen d'un levier. Dans ce second appareil, la plaque à strier est mobile, tandis que le compresseur est fixe ; ce qui est indifférent pour le résultat à atteindre. A l'aide d'une disposition assez simple, la vitesse pouvait varier, dans l'appareil mis en usage, de 1 à 85 centimètres par seconde.

Enfin, pour examiner plus exactement les conditions nécessaires au striage, j'ai encore fait agir des galets isolément, en les enchâssant dans le mandrin d'une machine à aléser ; puis je les pressais par des poids variables. La vitesse du caillou pouvait, à l'aide de diverses combinaisons de roues dentées, varier dans des limites très-étendues.

Avant d'indiquer les résultats obtenus, je m'empresse de remarquer que les valeurs numériques ne sont sans doute pas susceptibles d'une rigueur mathématique, et cela, pour plusieurs motifs. D'abord, il y a nécessairement un certain arbitraire sur la force des stries dont on commence à tenir compte. Elles sont, d'ailleurs, plus ou moins facilement gravées, selon la forme du galet frotteur et selon le poli de la surface. En outre, en supposant connue la pression exercée sur la tête de chaque caillou, la pression correspondante au millimètre de contact est d'autant plus difficile à apprécier que la dimension de cette surface se modifie à chaque instant par l'usure. Enfin, la force d'inertie qui influe au commencement du mouvement est une cause de perturbation sensible, surtout si le trajet n'est pas très-considérable.

Quoi qu'il en soit, il ressort des séries d'expériences qui ont été faites et qui se contrôlent mutuellement des résultats qui méritent d'être signalés.

A l'aide des deux premiers appareils, je suis arrivé à imiter, jusque dans leurs moindres particularités, les surfaces cannelées et striées par le phénomène erratique. Il n'est pas nécessaire pour cela de recourir à des pressions, ni à des vitesses très-considérables.

Les deux éléments, c'est-à-dire la pression exercée sur les galets frotteurs et la vitesse à imprimer à ces galets pour qu'ils *commencent* à buriner des stries bien distinctes, varient en sens inverse l'un de l'autre. J'ai constaté ce fait en faisant varier les vitesses de $0^{mm},0025$ à $2^{m},50$ par seconde, c'est-à-dire dans le rapport de 1 à 1,000,000. Ainsi, par exemple, quand la vitesse est inférieure à $\frac{1}{10}$ de millimètre, la pression exercée sur un caillou arrondi doit être, au moins, de 100 kilogrammes, tandis que le même caillou, avec une vitesse de 40 millimètres, c'est-à-dire 400 fois plus grande, n'a plus besoin que d'une pression de 3 kilogrammes. La vitesse plus ou moins grande d'un coup de rabot paraît avoir des influences semblables sur la force des copeaux qu'il enlève.

Si l'on porte les deux valeurs comme abscisses et comme ordonnées sur deux axes rectangulaires, et que l'on cherche à réunir les points ainsi déterminés, la courbe obtenue rap-

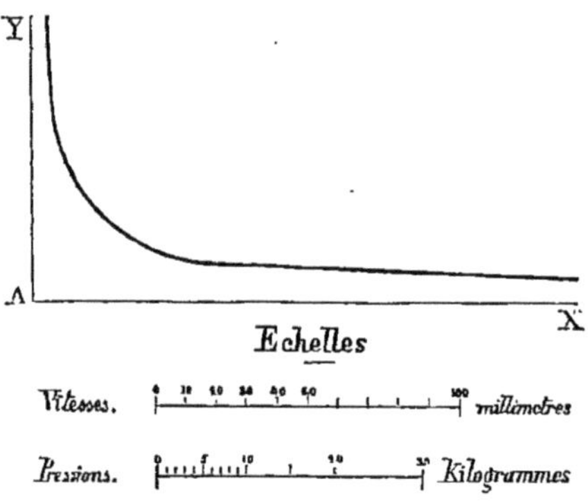

Fig. 72. — Courbe représentant la relation entre les vitesses et les pressions nécessaires pour qu'un caillou commence à buriner des stries bien distinctes sur une surface pierreuse contre laquelle il frotte.

pelle une branche d'hyperbole qui aurait pour asymptotes les axes de coordonnées (fig. 72).

Quand on augmente la vitesse ou la pression, ou ces deux valeurs simultanément, les stries obtenues deviennent plus profondes et plus larges, à moins toutefois que la pression ne soit assez grande pour écraser les fragments. Ainsi la courbe, il faut bien le remarquer, ne représente que les limites inférieures de ces deux éléments.

A chaque instant de leur mouvement, les galets frotteurs subissent eux-mêmes des changements. On les voit s'user avec rapidité et souvent s'écraser sur leurs angles, de telle sorte que, si l'appareil permet aux fragments de tourner sur eux-mêmes, d'anguleux qu'ils étaient d'abord, ils s'arrondissent bientôt. Il suffit souvent d'un parcours de quelques dizaines de mètres pour qu'ils se transforment en véritables galets; il se produit, en outre, du sable de forme anguleuse.

Par suite de cette modification incessante, l'entaille que le fragment de roche sculpte sur la plaque change elle-même continuellement de caractère. Avant d'être fortement émoussé, le galet trace une strie, tandis qu'après s'être aplati ou s'être faiblement déplacé, il creuse un sillon dont le rayon de courbure est en rapport avec la forme du fragment. Ainsi, un même galet produit successivement des stries et des sillons, chacune de ces variétés d'entailles ne pouvant s'étendre sur quelques mètres sans passer de l'une à l'autre. D'ailleurs, de nouveaux fragments suivent les premiers et viennent graver, sur les sillons laissés par leurs devanciers, des stries qui seront effacées à leur tour.

On a souvent attribué les stries à l'action du sable; on voit par l'expérience qu'elles peuvent être tracées par les galets, et qu'elles le sont même bien plus facilement par des fragments d'une certaine grosseur que par le sable proprement dit ; car celui-ci s'écrase bientôt, s'il est maintenu dans le corps pressant avec une fixité suffisante.

Non-seulement des matériaux de même dureté mordent parfaitement l'un sur l'autre, comme nous venons de le voir, mais une roche relativement tendre peut strier une roche plus dure, si elle est soumise à une pression suffisante. Du calcaire lithographique bien pur, doué d'une vitesse de 40 centimètres par seconde et pressé seulement à raison de 35 kilogrammes par millimètre carré, peut nettement strier le granite. Ces stries, tout en étant parfaitement distinctes, sont plus fines que dans le premier cas; la plaque striée prend, en même temps, un certain poli, dû à l'action de la poussière fine qui travaille à côté des fragments anguleux du calcaire.

On voit donc que l'action des matériaux les uns sur les autres ne dépend pas seulement de leur dureté, mais aussi de leur vitesse.

Au lieu de presser sur les cailloux par l'intermédiaire d'une pièce de bois, on peut se servir de la même manière d'un bloc de glace (eau congelée). Bien que la glace soit souvent bulleuse et un peu compressible, elle force, sans s'écraser, les galets à tracer des stries.

Si les galets, au lieu d'être pressés au moyen d'un corps solide, sont soumis *sans intermédiaire* à la pression d'une masse pâteuse, telle que de l'argile humide, l'effet obtenu est tout différent de ceux que nous venons de signaler. Au premier instant où le galet est en contact avec la roche, il peut encore entamer un commencement de strie; mais, n'étant plus forcément maintenu contre l'obstacle à vaincre, il ne prolonge pas son entaille : il est en général immédiatement refoulé à distance, dans l'intérieur de la masse pâteuse, où il reste noyé et inactif; si l'argile est suffisamment délayée, il roule sur la roche sans avoir la force suffisante pour la pénétrer.

Je ne prétends nullement que, dans des conditions autres que celles que j'ai réalisées, on ne produise pas ainsi des stries. Si les galets, au lieu de former un lit mince à la base de la masse pâteuse, étaient accumulés sur une assez grande épaisseur pour se serrer et se caler les uns les autres, peut-être en obtiendrait-on des effets voisins de ceux que produisent les corps solides. Je ne voudrais pas aller au delà des résultats immédiats de mes expériences.

J'ajouterai encore que les stries, dues à l'action immédiate du caillou, sont en général rugueuses et comme déchirées;

mais les poussières fines résultant de la trituration, et les masses molles, telles que la glace, qui viennent superposer leur action, adoucissent et polissent les surfaces primitives : comme dans le travail du marbrier ou du lapidaire, où le dégrossissage est souvent suivi d'un polissage.

Quand des cailloux sont enchâssés dans une masse solide, telle que la glace, de manière à faire saillie, la pression qui s'exerce sur eux peut être égale à une partie très-notable ou même à la totalité du poids de la masse supérieure, selon la manière dont ce dernier poids se répartit sur les points d'appui. C'est ainsi que j'ai observé des stries fort nettes tracées sur un quartz très-dur, par l'action des meules qui servent à broyer le même minéral à la fabrique de cailloutage de Sarreguemines, bien que ces meules n'aient qu'une épaisseur de 28 centimètres (la vitesse des morceaux de quartz qui strient est d'environ $1^m,50$ par seconde). Par le même motif, des blocs de glace, lors même qu'ils sont de faible épaisseur, portant sur la roche par l'intermédiaire de quelques cailloux, peuvent facilement strier cette roche.

CHAPITRE II

APPLICATION DE LA MÉTHODE EXPÉRIMENTALE A L'ÉTUDE
DES DÉFORMATIONS ET DES CASSURES TERRESTRES

L'expérimentation si utile en géologie, relativement à l'étude de phénomènes chimiques ou physiques, n'a pas la même valeur, quand il s'agit de certains phénomènes mécaniques dont l'écorce terrestre porte l'empreinte.

Il est, à la vérité, de ces phénomènes que l'ont est parvenu déjà, comme on l'a vu, à imiter fidèlement, comme la formation des galets, du sable et du limon.

Mais les grandes cassures et les plissements qui se montrent de toutes parts dans la croûte du globe, dans les chaînes de montagnes et ailleurs, sont d'un accès plus difficile à l'expérience, surtout à raison de leurs grandes dimensions. Si l'on veut aborder ces questions, on doit ne pas perdre de vue un seul instant que les conditions de similitude en mécanique sont tout autres qu'en géométrie.

La distinction nette qui existe entre ces deux sortes de similitude, sur lesquelles Galilée a le premier attiré l'attention en recherchant les conditions d'équilibre des poutres droites chargées de poids, a été depuis lors l'objet d'études, notamment de la part de M. Bertrand [1] et de M. Phillips [2].

Il est cependant des cas où en reproduisant, dans de faibles proportions, certains phénomènes mécaniques, et

---

[1] 32ᵉ cahier du *Journal de l'École polytechnique*.

[2] Phillips : 1° Équilibre des corps élastiques semblables ; 2° Mouvement des corps solides élastiques semblables, *Mémoires de l'Académie des Sciences*, t. XXVIII, 1873.

lors même qu'on ne serait pas dans les conditions d'une similitude exacte, on ferait un progrès réel vers leur explication. C'est ce que montre l'expérience classique de James Hall sur le contournement des couches.

Mais, pour les questions d'ordre mécanique, plus que pour toutes autres, le géologue, de même que l'artiste, en face du modèle vivant, ou le dessinateur, en présence de la chambre claire, doit avoir sans cesse dans l'esprit l'ensemble des phénomènes naturels qui forment l'objet de son étude.

§ 1. PLOIEMENTS DE DIVERS TYPES, PAR ACTIONS EXERCÉES DANS PLUSIEURS SENS [1].

Le procédé employé par Hall pour expliquer les contournements des couches, bien qu'il ait été fort utile et qu'il soit devenu classique, ne répond que d'une manière vague à plusieurs questions que l'on est conduit à se poser en présence de la nature. Il m'a paru intéressant de recourir à des dispositions qui permissent de faire varier davantage les relations des forces mises en jeu, et de chercher ainsi à imiter, dans leurs formes, certains modes remarquables de ploiements et de contournements des roches stratifiées.

Disons tout d'abord que les expériences dont il va être question, ne prétendent pas aboutir à une démonstration rigoureuse : elles apportent quelques données, encore en trop petit nombre, qui pourront être consultées dans la recherche des solutions possibles de ces questions compliquées, en attendant que le raisonnement et le calcul sachent les aborder.

---

[1] *Comptes-Rendus de l'Académie des sciences*, t. LXXX, 1878, p. 77, 285 et 728.

Appareil employé; nature des couches soumises aux pressions.
— Outre les pressions horizontales qui se sont exercées avec tant de puissance dans les ploiements dont il s'agit, des forces verticales sont généralement intervenues, les unes poussant de bas en haut, les autres de haut en bas ; ces dernières correspondent au poids des masses solides,

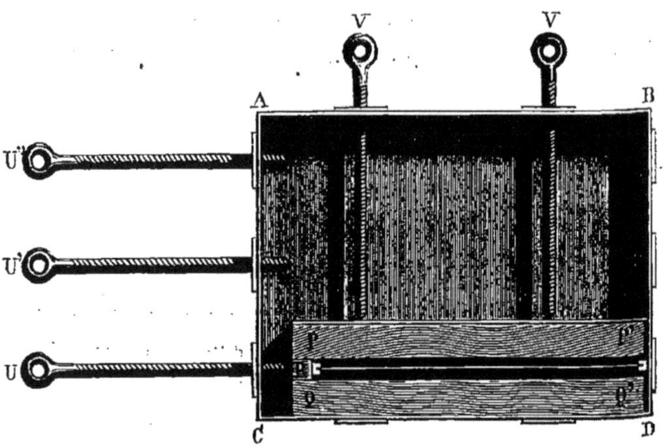

Fig. 73.—Appareil, vu de face, employé pour exercer des pressions sur des couches de nature variée. — A B C D châssis rectangulaire en fer; V V' vis de pression verticales; V V' V" vis de pression horizontales. — P P', Q Q' plaques de pression, dites verticales; R plaques de pression, dites horizontales. — Échelle de ¼.

Fig. 74. — Le même appareil, vu en-dessus; même signification des lettres. — Même échelle.

ainsi qu'à celui des couches fluides qui leur étaient superposées.

L'appareil (fig. 73 et 74) consiste en un châssis en fer, de forme rectangulaire, qui est destiné à recevoir les couches à comprimer. Ces couches sont disposées parallèlement à l'un des grands côtés du châssis, qui porte les écrous de vis servant à produire une pression perpendiculaire aux couches ; un second côté, contigu au premier, porte les écrous de vis qui doivent exercer sur les couches une pression parallèle à leur direction. On peut appeler les premières vis de *pression verticale*, et les secondes vis de *pression horizontale*. Les pressions s'exercent soit sur le plat, soit sur les tranches des couches, par l'intermédiaire de *plaques de pression* en bois ou en fer.

Cette disposition, toute simple qu'elle soit, permet de produire des effets très-variés.

En fermant partiellement le châssis par deux fonds qui le transforment en un parallélépipède rectangle, ou en lui donnant une section circulaire, on se place dans un cas plus général encore ; car, à part les pressions verticales, on peut exercer, dans le plan même des couches, des pressions horizontales suivant deux directions perpendiculaires entre elles.

Pour pouvoir établir une certaine assimilation avec les faits naturels, il importe de choisir convenablement les substances sur lesquelles doivent s'exercer les pressions. Au lieu des feuillets d'argile ou d'étoffe des expériences de Hall, j'ai employé des couches, les unes en métal, zinc, tôle et particulièrement plomb laminé, ayant diverses épaisseurs ; les autres en cire, mélangée de diverses substances, telles que le plâtre, la résine, la térébenthine. En prenant des proportions convenables, on peut obtenir des mélanges de consistances très-différentes, depuis l'état plastique de la cire à modeler jusqu'à l'état cassant de la cire à mouler et au delà. Ces substances étaient employées, soit sous forme de tables épaisses, soit sous forme de feuillets d'épaisseurs diverses et superposés, de manière à rappeler un groupe de couches sédimentaires.

Résultats d'expériences; principaux ploiements et contournements pris comme exemples. Déductions géologiques. — Je vais indiquer succintement les résultats des expériences, en rappelant quelques-uns des types naturels dont ils reproduisent les formes :

1° Des couches homogènes et d'égale épaisseur ont été soumises à des pressions verticales, qui étaient égales sur toute l'étendue des couches. Les pressions horizontales y font naître alors des plis, assez uniformes, dont le nombre et la configuration varient avec les pressions exercées. Après un arc simple, qui se forme d'abord (fig. 75), on fait naître, en continuant à presser, des sinusoïdes qui se succèdent l'une à l'autre, en affectant des inflexions de plus en plus nombreuses, à mesure que les pressions s'accroissent; ainsi, après trois sommets (fig. 76), on en voit apparaître cinq (fig. 77), et ainsi de suite. Ces courbures, avec concavités alternativement dirigées vers le bas et vers le haut, déterminent une série de lignes *synclinales* et *anticlinales*, suivant les termes adoptés par les géologues.

On sait que des configurations de ce genre sont extrê mement fréquentes dans la nature.

2° Cette régularité dans les ploiements cesse, lorsque les pressions verticales ne sont pas uniformément réparties sur toute l'étendue des couches. Si celles-ci peuvent plus facilement céder d'un côté que de l'autre, au lieu d'avoir une sinusoïde régulière, on peut arriver à une disposition où, du côté de la moindre pression, se montrent des plis nombreux et brusques, tandis qu'à l'opposé les couches s'infléchissent à peine (fig. 78 à 80). Sous cette seule condition d'inégalité dans les pressions verticales, il y a dissymétrie dans les ploiements; de plus, cette dissymétrie peut être provoquée indifféremment, soit du côté de la plaque de pression mobile, soit du côté de la résistance fixe.

3° Ce n'est pas seulement la différence dans les pressions

verticales exercées sur les différents points qui influent sur l'intensité des ploiements : des inégalités dans l'épaisseur des couches ont également une influence très-caractérisée.

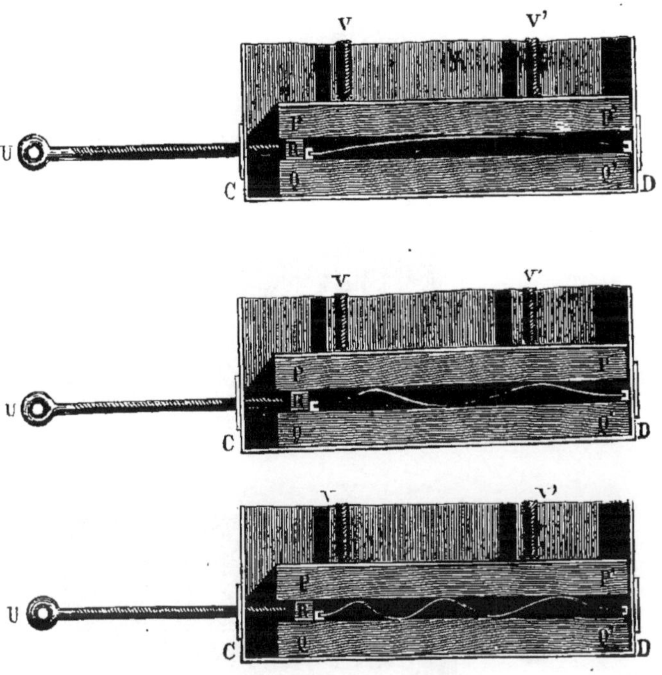

Fig. 75 à 77 — Inflexions d'une couche soumise à des pressions horizontales et verticales. Même signification des lettres que dans la figure 75.
Fig. 75. — Inflexion simple résultant, au début de l'expérience, de pressions relativement faibles.
Fig. 76 — Inflexion à trois plis, résultant de pressions plus fortes et reproduisant la disposition anticlinale et synclinale si fréquente dans les couches naturelles.
Fig. 77. — Inflexion à cinq plis montrant un terme plus avancé de l'expérience, obtenu par des pressions plus fortes.

Si l'on soumet à la pression des feuilles de plomb graduellement amincies d'une extrémité à l'autre, on voit naître des inflexions les unes à la suite des autres ; elles apparaissent

d'abord à la partie faible, et se succèdent vers la partie forte
(fig. 81, 82 et 83). De plus, on constate que les inflexions produites sont de moins en moins prononcées, à mesure qu'on

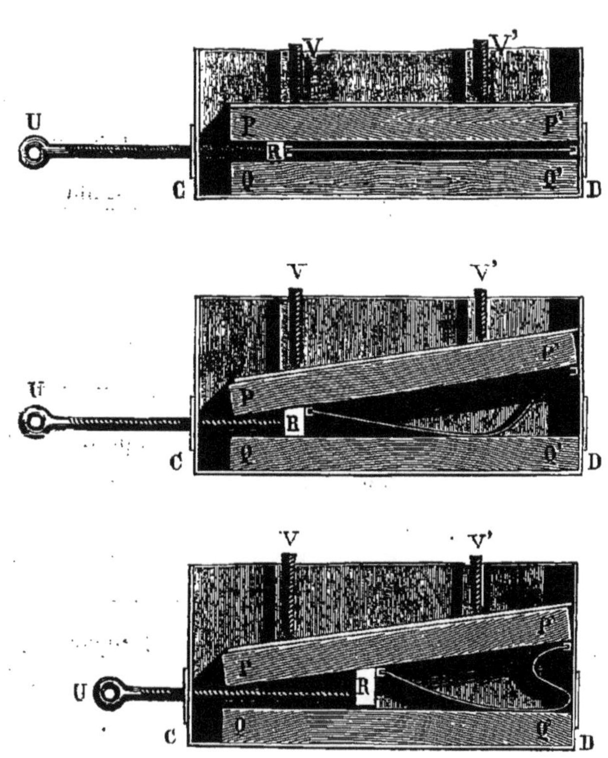

Fig. 78 à 80. — Inflexions dissymétriques d'une couche, soumise à des pressions verticales inégalement réparties dans ses différents points. — Mêmes lettres et même échelle que dans la
figure 73.

Fig. 78. — État initial de l'expérience.

Fig. 79. — Formation d'un double pli sans surplomb, par une pression relativement faible.

Fig. 80. — Formation de deux plis très-prononcés, dans la région où la pression est moindre ;
analogie de forme, avec certaines coupes naturelles où l'on observe le surplomb et le renversement complet des couches.

passe de la partie faible à la partie forte, c'est-à-dire que
leur rayon de courbure va en augmentant dans ce même sens,
comme pour l'expérience précédente. Les choses se passent

avec la même régularité, que la partie faible se trouve du côté de la plaque de pression mobile ou qu'elle avoisine la plaque de résistance.

Si, au lieu de faire décroître graduellement l'épaisseur

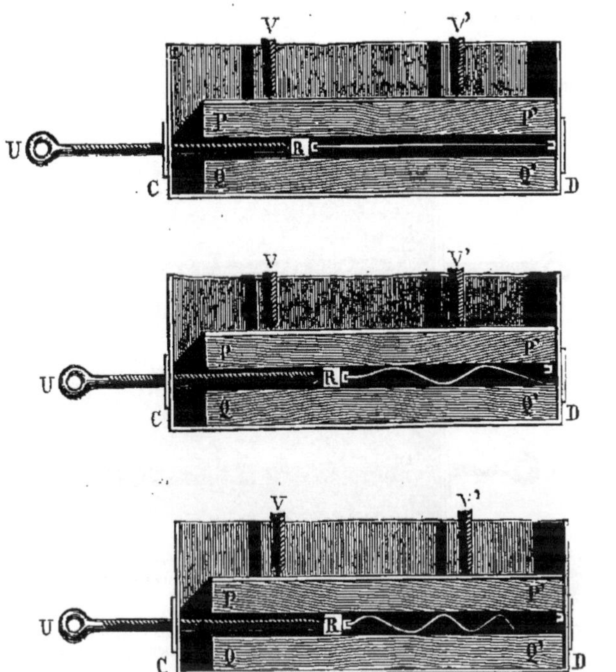

Fig. 81 à 83. — Inflexions dissymétriques d'une couche soumise à des pressions verticales également réparties dans tous les points, mais dont l'épaisseur augmente progressivement de l'une de ses extrémités à l'autre. — Mêmes lettres et même échelle que dans la fig. 73.
Fig. 81. — État initial de l'expérience.
Fig. 82. — Formation de trois plis, dont un très-brusque, dans les régions relativement minces.
Fig. 83. — Formation de quatre plis, par une pression relativement forte.

sur toute la longueur, on place le minimum d'épaisseur sur un point intermédiaire, les portions de moindres résistance se comportent de la même manière que dans le premier cas (fig. 84 et 85). Il est remarquable de voir avec quelle sensibilité la variation d'épaisseur des couches soumises à une pression latérale, comme on vient de le dire, se reflète dans les inflexions qu'elles éprouvent.

4° Dans les expériences de ploiements, surtout dans les cas de dissymétrie pour les pressions verticales ou d'irrégularité dans les épaisseurs, lorsque la pression continue d'agir, on voit des formes sinusoïdales ou serpentantes, *sans surplomb*, se déformer graduellement et passer à des ploie-

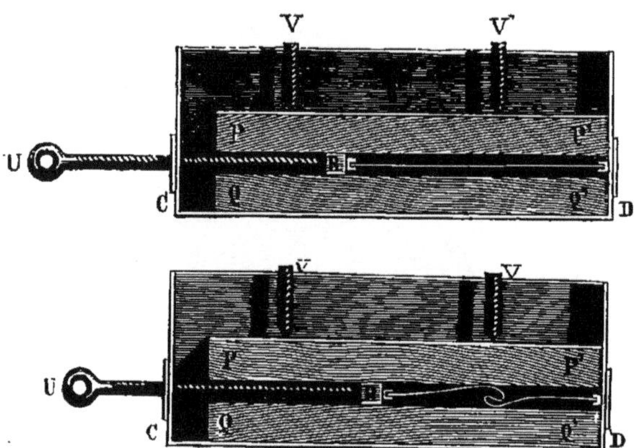

Fig. 84 et 85. — Inflexions inégales d'une couche soumise à des pressions verticales également réparties dans ses différents points, mais offrant un minimum d'épaisseur dans sa partie centrale. — Mêmes lettres et même échelle que dans la fig. 75.
Fig. 84. — État initial de l'expérience.
Fig. 85. — Formation dans la région la moins résistante de deux plis offrant un double renversement et imitant la double boucle de Glärner (glärner Doppelfalte.)

ments avec *renversement* de couches. Le sens de ces renversements varie; la convexité avoisine tantôt le côté de la pression, tantôt le côté de la résistance.

Ces derniers modes de ploiements, avec renversements et contorsions, rappellent tout à fait certains types naturels extrêmement fréquents, notamment les couches dites en C, dont le plan axial[1] se rapproche de la position horizontale,

[1] Les couches en forme de C dans les Alpes (*Bibliothèque de Genève*, 1801). — Le

ainsi que les courbures en U couché, ou en S, suivant les noms qui leur ont été appliqués depuis de Saussure. Les renversements de couches qui accompagnent ces modes de courbures ont depuis longtemps appelé l'attention des observateurs : tantôt ces courbures tournent leurs convexités vers le centre de la chaîne, tantôt, au contraire, elles lui présentent leur ouverture. Tels sont aussi les plis avec inversions (*droits* et *dressants*, en contraste avec les *plats* ou *plateures*), si connus dans le bassin houiller du nord de la France.

5° D'un autre côté, la dissymétrie transversale dans l'ensemble des ploiements d'un même faisceau de couches est un caractère trés-fréquent. L'un des exemples les plus remarquables est fourni par le terrain carbonifère du nord de la France et de la Belgique. Sur toute cette étendue et même au delà, les contournements sont, on le sait, beaucoup plus forts dans la partie méridionale de la bande disloquée que dans la partie septentrionale. Le terrain carbonifère du pays de Galles participe à ce même caractère, comme l'a remarqué Élie de Beaumont[1], en rapportant ces accidents remarquables à un même système. Le massif des Appalaches présente, dans les nombreux ploiements de ses couches et sur de vastes dimensions, une dissymétrie non moins frappante, ainsi qu'il résulte des belles études de MM. Rogers.

Parmi les causes multiples et possibles de dissymétrie, il en est d'abord deux qui ressortent des expériences qui précèdent.

Une troisième serait due à un changement de composition des couches dans le sens horizontal, lequel amènerait une différence dans leur résistance à la flexion, et, par

terme de *plan axial* a été employé par MM. Rogers, dans leurs *Études sur les Appalaches*.

[1] *Systèmes de montagnes*, p. 245.

suite, un effet semblable à celui que cause une différence d'épaisseur.

Enfin, par leur seule inertie, les masses stratifiées n'ont pas dû, comme dans les expériences dont il vient d'être rendu compte, transmettre au loin les pressions qu'elles éprouvaient latéralement.

6° Si la couche, au moment où elle est soumise à la pression, s'appuie contre un plan incliné, elle se courbe en se dirigeant tangentiellement à ce plan incliné, puis s'applique peu à peu contre lui, sur une partie de son étendue. C'est ainsi que le voisinage d'une faille, ou de couches déjà en surplomb, a pu influer sur le plongement des couches voisines et les diriger dans le sens même de l'inclinaison qu'elles rencontraient.

7° L'un des phénomènes les plus remarquables que présentent les Alpes consiste en ce que, dans le voisinage immédiat de la chaîne, les couches de l'étage tertiaire moyen, caractérisé par la molasse et le nagelfluhe, plongent vers le sud, c'est-à-dire vers l'intérieur de cette chaîne. Il en résulte que les couches de cet étage s'inclinent, tantôt sous les couches nummulitiques ou éocènes, tantôt sous les couches crétacées, qui font partie de la chaîne et qui ont également subi une inversion complète. Il ne s'agit pas seulement d'un fait accidentel et local; ce renversement se montre sur une grande longueur. Les couches de la molasse, qui, à leur lisière méridionale, plongent vers le sud, lorsqu'on les suit plus loin des montagnes, plongent vers le nord. La ligne anticlinale des couches tertiaires, dont l'altitude est considérable au Righi et aux environs de Thun, est située, à une distance moyenne d'une dizaine de kilomètres du pied de la chaîne[1]. En divers points, les couches de

---

[1] Studer, *Geologie der Schweiz*, t. II, p. 374 à 389. — *Index der Stratigraphie der Schweiz*, p. 12.

l'étage de la molasse plongent sous les couches les plus anciennes avec une sorte de concordance ; ailleurs, elles viennent buter contre ces couches plus anciennes, par l'intermédiaire d'une faille.

Il est possible d'imiter, dans leurs caractères principaux, les formes de ces renversements, quand on tient compte des données de l'observation, notamment des conditions que la lisière des Alpes pouvait présenter pendant le dépôt de la molasse, d'après M. Studer[1], et de cette circonstance signalée par M. Kaufmann, aux environs de Lucerne, que le renversement, est d'autant plus prononcé que les couches miocènes, contre lesquelles butaient les couches de la chaîne, offraient plus de résistance[2].

8° En ployant les couches, on les voit souvent se disjoindre, suivant les surfaces de stratification, dans certaines de leurs parties. Cette sorte de décollement a son analogue dans la nature : on le remarque surtout lorsque, comme en Derbyshire, des épanchements métallifères ont profité de ces disjonctions pour s'y déposer [*flat works*[3] ; certains *liegende Stœcke.*]

Dans un faisceau de couches d'abord juxtaposées, le parallélisme peut être troublé d'une autre manière par les actions qui les infléchissent, surtout si ces couches, de nature différentes, ne résistent pas de la même manière à la pression. C'est une disposition analogue à celle que présentent la face méridionale des Diablerets[4], vue d'Anzeindaz, et la base de la Dent de Morcles.

---

[1] *Geologie der Schweiz*, t. II, p. 588.

[2] C'est ce qui résulte d'ailleurs clairement des expériences que M. Alphonse Favre a publiées sur ce sujet postérieurement à celles dont il s'agit ici.

[3] Dans la même contrée, les joints ont également servi de réceptacle au minerai de plomb, et ces dernières veines se distinguent des précédentes, sous le nom de *schrins*.

[4] Ce fait a été déjà très-nettement représenté sur la coupe qu'Alexandre Brongniart en a donné en 1823, d'après Élie de Beaumont, alors élève ingénieur des Mines (*Terrain de sédiment du Vicentin*, p. 47).

§ 2. CASSURES IMITANT LES FAILLES ET LES JOINTS CONGÉNÈRES, DANS LEURS FORMES, LEUR PARALLÉLISME ET LEUR RÉPARTITION EN SYSTÈMES ORTHOGONAUX OU CONJUGUÉS.

Aperçu sommaire sur les failles et les joints — Les failles ont fixé tout naturellement l'attention des mineurs depuis que Werner, à la fin du siècle dernier, a démontré que les filons métalliques doivent naissance à leur remplissage. Dans de nombreux districts de filons, elles ont été étudiées dans leurs moindres détails, et elles ont été figurées d'une manière très-instructive, tant dans leur projection horizontale qu'en coupes verticales. En outre, dans les mines de houille, elles arrêtent à chaque instant le champ d'exploitation, à cause du déplacement relatif des couches, qui s'est produit le long de leurs parois ; aussi, dans un grand nombre de bassins houillers, leurs caractères ont-ils été étudiés géométriquement de la manière la plus précise, et il n'en est guère qui n'ait fourni à cet égard des renseignements caractéristiques.

Ici, comme dans d'autres cas, la pratique a fourni des données précieuses à la théorie.

En dehors des exploitations de mines, les failles ont été aussi fort étudiées ; car elles jouent un rôle de premier ordre dans l'écorce terrestre, qu'elles divisent en innombrables compartiments, en sorte de voussoirs ; elles forment comme des linéaments, auxquels se coordonnent les traits du relief terrestre.

Les fissures que l'on a désignées sous le nom de *joints*, quoique de dimension en général moindre que les failles, ont été aussi remarquées depuis longtemps, soit à cause de

leur grand nombre, soit surtout, dans les cas où elles s'entrecoupent, par leurs systèmes parallèles et assez réguliers pour
simuler une cristallisation. Ces dispositions, que l'on a nommées *pseudo-régulières*, à cause de cette ressemblance, se
rencontrent dans des roches de natures variées. Tels sont
particulièrement le quartzite, le grès quartzeux, le phyllade, le calcaire, la houille et le granite, où les parallélépipèdes sont souvent rectangulaires. Il n'est pas rare que les
joints permettent de diviser la roche, en polyèdres très-
petits, de manière à rappeler ce qui arrive dans le clivage
des cristaux proprement dits.

Sans présenter cette disposition en parallélépipèdes, les
joints peuvent offrir une symétrie remarquable : tel est le
cas pour les polyèdres de granite que Ramond rencontra au
sommet du mont Perdu, dont il mesura les angles avec soin,
et qu'il figura comme pouvant être des produits de cristallisation [1].

Ailleurs, ils se coupent sans régularité apparente, mais ils
sont si nombreux que l'on ne peut obtenir de cassure fraî-
che de la roche, lors même qu'on l'a divisée en très-petits
fragments. Tel est, par exemple, le calcaire crétacé dans
une partie de la chaîne des Corbières (Aude).

Chaque jour, le percement du Saint-Gothard fait reconnaître des fissures ou joints, qui sont l'objet des observations
les plus exactes : les plans et coupes à grande échelle, sur
lesquels on les figure, ainsi que les rapports mensuels des
ingénieurs, sont très-instructifs à cet égard.

Dans certaines circonstances, les joints se manifestent avec
de grandes dimensions, et ils peuvent alors jouer un rôle dans
le relief du sol, surtout quand ils ont été élargis par les
actions superficielles. C'est ce qui arrive pour les joints ver-

---

[1] *Voyages au Mont-Perdu*, p. 18, 19, 541 et 542.

ticaux qui traversent le grès des Vosges. Ainsi dans la partie septentrionale de la chaîne, les couches résistantes sont fréquemment, divisées en parallélépipède; de là, les rochers qui font souvent des saillies très-proéminentes, par suite de la disparition des parties voisines. Il en est de même pour le grès crétacé dit *quadersandstein* de la Suisse saxonne (Bastey, etc.) et de la partie adjacente de la Bohême, ainsi que pour les obélisques gigantesques, sous lesquels se présente la dolomie dans le Tyrol méridional.

De même que les failles, les joints ont été très-fréquemment injectés de substances étrangères : calcite, quartz et quelquefois substances métalliques. Les joints de la dolomie du muschelkaltk, à Viesloch, grand duché de Bade, sont incrustés de calamine. Le réseau de veines de divers stockwerks d'étain, notamment ceux de Carglaze en Cornouailles et de Geyer en Saxe, correspondent au remplissage d'une série de joints produits dans les roches granitiques.

Quelque nombreuses que soient les études dont les failles ont été de toutes parts l'objet, tant dans leurs formes que dans leur mode de groupement, la cause de ces grandes fractures est encore inconnue.

Des suppositions vagues ont été émises à leur égard : on les a attribuées, par exemple, à des actions moléculaires exercées sur l'enveloppe externe du globe, par les masses chaudes et pâteuses qui la supportent, et, c'est principalement à cause de cette obscurité que de Boucheporn a été conduit à expliquer leur parallélisme si caractéristique, en les attribuant à des ruptures opérées parallèlement à d'anciens équateurs, que notre planète aurait successivement possédés, dans ses changements d'axes de rotation.

La même ignorance règne sur l'origine des joints. Les explications qu'on a essayé d'en donner peuvent se rapporter à trois : une sorte de cristallisation, un retrait, des actions mécaniques [1].

La première supposition repose surtout sur l'uniformité surprenante qu'offrent souvent les parallélépipèdes, déterminés par les joints et qui les a fait comparer à des cristaux ou plutôt à des clivages cristallins. M. le professeur William King qui, dans un travail très-étendu [2], l'a adoptée récemment, conclut que les causes qui ont formé les joints des roches, sont les mêmes que celles qui ont formé les clivages des cristaux, avec cette différence que dans le cas des joints, les forces dépendaient du magnétisme terrestre, tandis que , pour les clivages des cristaux, c'était une polarité, dont l'action varie suivant les diverses espèces.

Divers géologues ont attribué la formation des joints à un simple retrait, par analogie avec la cause qui a produit les colonnades prismatiques si régulières, que présentent souvent les basaltes et d'autres roches éruptives.

Dans beaucoup de cas naturels, de même que dans des faits artificiels dont nous sommes journellement témoins, on rencontre des fissures produites par un effet de contraction ou de retrait. Ce qui arrive dans les coulées de lave, après le refroidissement, paraît s'être produit autrefois, dans les nappes de basaltes, de trachyte, de porphyre si fréquemment divisées en colonnades prismatiques d'une régularité surprenante. Sans que les roches aient passé par la fusion ou même par une haute température, elles ont pu, dans certains cas, prendre cette structure, comme la présentent certains dépôts sédimentaires, telles que le gypse de Montmartre, lorsqu'il se divise en prismes hexagonaux réguliers,

---

[1] Parmi les publications relatives aux joints, il convient de citer particulièrement celles de MM. Sedgwick, de la Bèche, John Phillips, Haughton, Harkness, Jukes, William King.

[2] *Transactions of the royal Irish Academy*, t. XXV; p. 505. 1875.

des couches minces de grès bigarré de Soultz-les-Bains (Alsace), ou certaines masses de sel gemme. La dessication simple, peut, en effet, amener un retrait de ce genre, à l'instar de ce que l'on observe dans l'amidon desséché.

Mais on ne voit pas aujourd'hui la contraction produire des dispositions régulières semblables à celles dont il s'agit, et notamment, des systèmes de fissures parallèles, conduisant à des parallélépipèdes.

C'est avec plus de fondement qu'on a attribué à des actions mécaniques les joints de la catégorie de ceux qui nous occupent, et dont l'origine est démontrée par les faits suivants :

1°La constance, sur de grandes étendues, de l'orientation de certains systèmes de joints a été déjà constatée par Sedgwick, de la Bêche, John Phillips et, plus tard, par d'autres géologues. De plus, il a été reconnu, en Cornouailles, que ces joints conservent leur direction, en passant du granite dans le schiste ou *killas*, à travers lequel il pénètre.

Après avoir observé ces deux faits, avec la perspicacité qui le caractérisait, de la Bêche conclut cependant que les joints ne peuvent résulter d'un retrait, et il les attribue à des actions polaires, comme on le faisait alors pour la schistosité. Si l'on se reporte à ce que l'on sait aujourd'hui, cette permanence d'orientation dans les joints doit, au contraire, les faire rapprocher des failles, dont l'origine mécanique n'est pas mise en doute.

On sait d'ailleurs que, dans beaucoup de contrées, on voit les joints se rattacher par divers intermédiaires, aux failles proprement dites.

2° La direction des joints dans le Yorkshire a été l'objet d'un grand nombre d'observations d'un autre géologue éminent, John Phillips[1], qui les a rassemblés dans une rose de directions : il en résulte que deux directions prédominent beaucoup par rapport aux autres et que ces deux directions sont perpendiculaires entre elles.

3° Un fait caractéristique est consigné dans un mémoire très-intéressant, sur les joints des environs de Cork, en Irlande, dont on est redevable à M. Harkness : c'est que, dans leur voisinage, les fossiles sont déformés et distordus. Ce caractère a été également signalé dans d'autres localités.

C'est déjà un résultat important que d'être arrivé à considérer les joints comme des effets de ruptures, de même que les failles, qui en diffèrent surtout par leurs dimensions. Toutefois, jusqu'à présent on n'a pu formuler que des conceptions très-vagues sur la cause de ces ruptures. Ainsi, l'auteur du mémoire précité, après avoir dit que le calcaire carbonifère des environs de Cork a été soumis à des forces considérables, qui en ont infléchi et contourné les couches, estime que ces forces ont, en même temps, déterminé certains systèmes de joints et un clivage; cependant, il ajoute que de simples pressions ne peuvent rendre compte de l'ensemble complexe de joints, qui se rencontrent fréquemment dans les calcaires.

4° Il est encore un caractère des joints qu'il convient de ne pas perdre de vue, et qui vient s'ajouter aux considérations précédentes, en faveur de l'origine mécanique des joints.

Lorsque les joints traversent des poudingues ou des conglomérats, on remarque fréquemment qu'en se produisant ils ont coupé en deux, de la manière la plus nette, les cailloux de quartz ou de porphyre qu'ils rencontrent. Ce fait, que j'ai eu occasion de constater très-souvent dans le grès des Vosges, par exemple, dans les escarpements

____

[1] *Illustrations of Yorkshire*, t. II, 1856.

qui forment le sommet du Schneeberg, se retrouve, à chaque pas, dans les blocs de la même roche que l'on rencontre épars dans les *meurgers* des environs de Plombières. Il en est de même dans le conglomérat porphyrique, en forme d'obélisques, qui supporte le vieux château de Baden-Baden. Sur les faces des cailloux ainsi tranchés, on remarque souvent ici, comme au Schneeberg, un enduit de quartz cristallisé. On peut encore citer, comme fait analogue, le conglomérat de l'*Old red* des environs de Waterford (Irlande). Une action énergique, tranchante ou de cisaillement, s'est opérée lors de la formation des joints.

En résumé, le trait caractéristique qui se manifeste dans d'innombrables fissures de l'écorce terrestre, c'est un parallélisme, lequel se reproduit dans les grandes et dans les petites fractures, dans les failles comme dans les joints. Or ce fait fondamental n'avait pas encore pu être reproduit par l'expérience.

Expériences. — L'analogie, qui montre dans les joints une sorte de diminutif des failles, faisait espérer que le problème général pouvait être abordé expérimentalement, bien que ces dernières surfaces de rupture dépassent souvent des dizaines de kilomètres.

Je ne parlerai pas de nombreux essais que j'ai faits pour arriver, par voie de retrait ou de contraction, à obtenir des systèmes de fissures parallèles, parce qu'ils n'ont pas donné de résultats satisfaisants.

Cassures produites sur une croûte mince, par un mouvement ondulatoire. — Un autre procédé, que j'ai également employé, consiste à se servir d'un mouvement ondulatoire, qui brise une plaque très-mince à travers laquelle il se propage. Ainsi, si l'on fait vibrer un vase rectangulaire contenant une dissolution de bicarbonate de chaux, à la surface de laquelle s'est concrété, par décomposition, une pellicule de calcaire, on voit cette sorte de membrane se déchirer. Les ondulations se propagent parallèlement aux petits côtés; il se produit des déchirures, dont les principales ont une tendance à épouser les directions des bords du vase, et, par conséquent, à être perpendiculaires entre elles.

Mais ce résultat, tout en méritant l'attention, n'explique pas les principaux faits géologiques qui viennent d'être rappelés.

Trois autres procédés ont eu pour but de reproduire les cassures terrestres dans leurs caractères principaux, et deux d'entre eux ont même permis d'imiter les failles et leurs joints congénères, dans leurs formes, leur parallélisme et leur répartition en systèmes orthogonaux ou conjugués. Ceux-ci mettent en œuvre une torsion et une déformation par simple pression. Dans l'autre, la cassure est consécutive de ploiements.

Cassures obtenues par torsion. — Ce qui m'a guidé, c'est l'idée préconçue qu'en infléchissant une plaque mince, d'abord plane, de manière à lui donner la forme d'une surface réglée, on arriverait à la briser suivant des lignes droites, qui seraient en rapport avec les génératrices de cette nouvelle surface.

Pour les recherches dont je vais rendre compte, M. Tresca m'a accordé un concours précieux, avec une obligeance pour laquelle je me fais un plaisir et un devoir de lui témoigner ici ma gratitude. Je tiens également à adresser à M. Alfred Tresca, ingénieur civil, l'expression de mes vifs remercîments.

Une plaque de la substance à examiner, en forme de rectangle très-allongé, est saisie par l'un de ses petits côtés, entre deux mâchoires de bois serrées à vis, qui forment comme un étau (fig. 86 et 87); l'autre extrémité est encastrée dans un tourne-à-gauche, où elle est également calée avec une interposition de carton. En faisant mouvoir le tourne-à-gauche autour d'un axe horizontal, on détermine une torsion, qui ne tarde pas à provoquer une rupture.

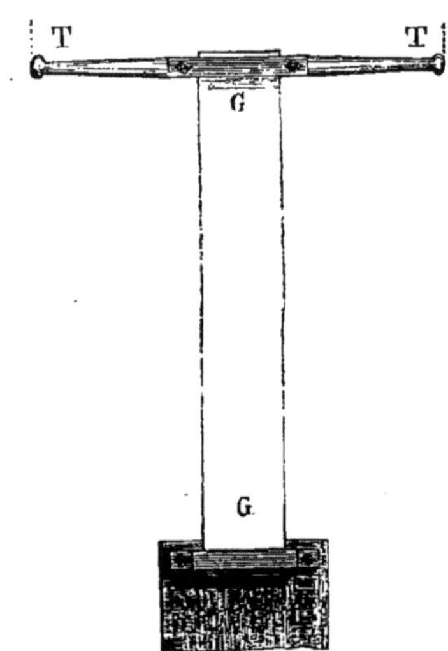

Fig. 86. — Disposition d'une lame de glace, destinée à subir la rupture par torsion. — G G, plaque de glace; E E, étau qui maintient l'extrémité fixe; T T, tourne-à-gauche, dans lequel est maintenue l'autre extrémité de la glace. — Echelle de ⅛.

Une première série d'essais faits sur des plaques de gypse, ayant 12 millimètres d'épaisseur, ont donné un petit nombre de cassures; cependant, dans certains cas, on a

Fig. 87. — Disposition de la même lame vue par sa tranche; même signification des lettres et même échelle que pour la figure précédente.

obtenu des cassures ayant une tendance marquée à être parallèles entre elles, tandis que d'autres leur étaient à peu près perpendiculaires.

Avec les plaques de glace, les essais ont été plus heureux. Ces plaques ont 80 à 90 centimètres de longueur, sur une largeur variant de 35 à 120 millimètres, et une épaisseur de 7 millimètres. Pour chaque expérience, la plaque était enveloppée de papier collé, qui empêchait les fragments produits de se séparer. Sans cette précaution, il eût été bien difficile de constater la disposition des fractures.

Dans chacune de ces plaques rectangulaires de glace, il se produit, en même temps que la rupture, des fissures en grand nombre.

Malgré leurs courbures et inflexions, ces fissures présentent, dans leur ensemble, une disposition dans laquelle on ne tarde pas à distinguer une régularité géométrique (fig. 88). Cette régularité ressort [surtout, si l'on se place à quelque distance de la plaque, ou si, au lieu de considérer une plaque unique, on en considère une série, de manière à prendre en quelque sorte une moyenne de résultats.

La planche I (fig. 1 à 5) représente la disposition des fissures produites dans des lames de glace, par une torsion.

Malgré des irrégularités, on reconnaît immédiatement l'existence de deux systèmes de directions, qui sont également inclinés sur l'axe de torsion. Sur chacun d'eux apparaissent cependant des groupes rayonnés, en éventails aigus, dont les rayons sont respectivement parallèles entre eux.

Tandis que les cassures, pour la plupart, traversent toute la plaque, il en est qui se perdent dans l'intérieur (par exemple, fig. 3).

Certaines de ces fissures s'arrêtent brusquement à des fissures conjuguées, au delà desquelles elles ne se prolongent pas. Dans ce cas, des fissures interrompues forment des séries de tronçons en échelons, disposition très-fréquemment observée dans la nature. La fig. 4 est particulièrement instructive à cet égard.

Les réflexions opérées sur les surfaces des cassures donnent à ces cassures une fausse apparence de sillons, sur les figures

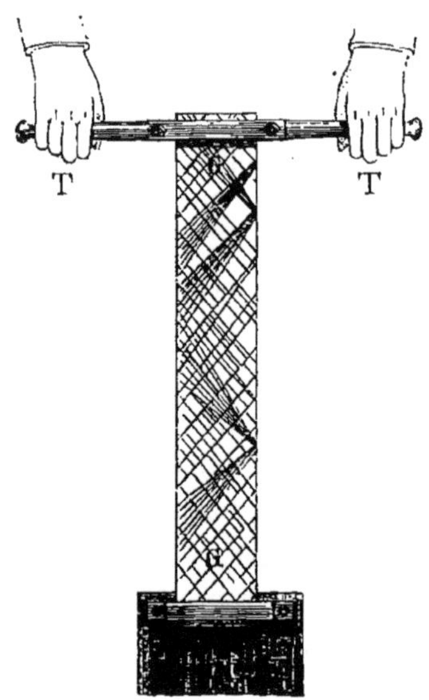

Fig. 88. — Résultat de l'expérience réalisée avec l'appareil précédent. On aperçoit le double système de fissures dont la glace est comme hachée. — Même signification des lettres et même échelle que pour la figure 86.

1 à 4 et plutôt de saillies anguleuses sur la fig. 5, qui n'a pas été orientée comme les quatre premières.

Fig. 89. — Section transversale de l'une des plaques de verre brisées par torsion. — On y voit les plongements, en sens inverse, des cassures; on n'a pu y représenter convenablement leurs inflexions. — Grandeur naturelle.

1° Les fissures dont il s'agit consistent en surfaces gauches, de formes assez variées, dont les traces sur les grandes

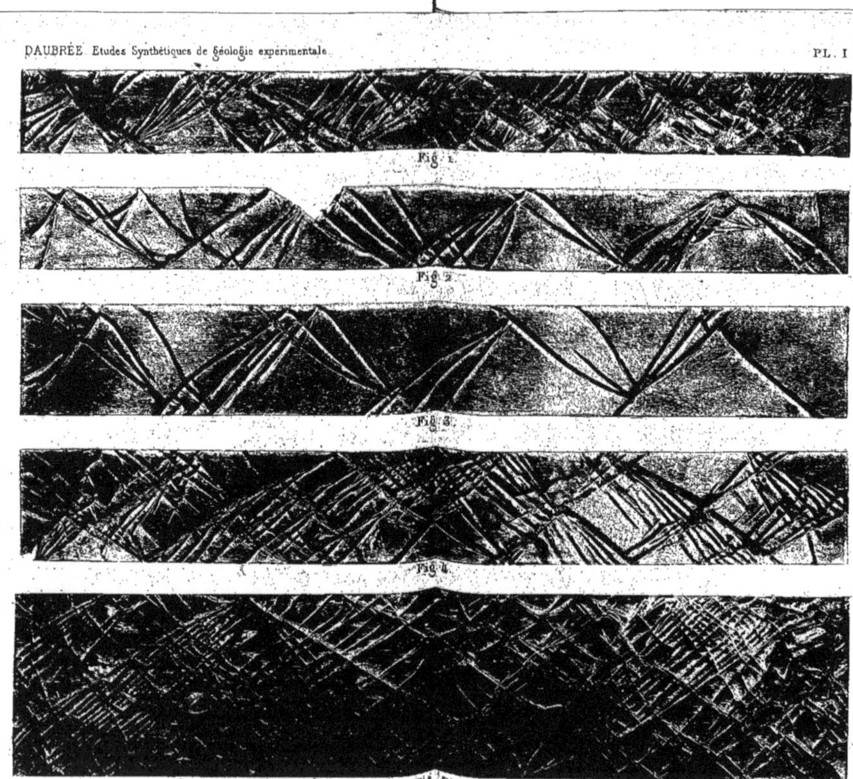

PRODUCTION, PAR TORSION, D'UN RÉSEAU RÉGULIER DE CASSURES.

Echelle de $\frac{1}{6}$.

faces de la plaque, que nous désignerons ici sous le nom d'*affleurements*, s'éloignent peu d'une ligne droite.

Les traces ou affleurements des fissures ont une tendance évidente au parallélisme.

2° De plus, les fissures se groupent suivant deux directions ou systèmes, qui sont également inclinés sur l'axe. Ces deux systèmes, que l'on peut qualifier de *conjugués*, constituent ainsi un réseau, dont les mailles sont plus ou moins serrées, suivant les plaques; on y aperçoit beaucoup de losanges formés par ces croisements.

En général, les deux systèmes conjugués se croisent sous des angles très-ouverts, dont la valeur paraît dépendre des dimensions relatives des deux côtés de la plaque; cet angle, qui est quelquefois voisin de l'angle droit, se réduit, dans d'autres cas, à 70 degrés et au-dessous.

5° Les intersections ou nœuds formés par les fissures principales de ce réseau ont une tendance à se répartir, suivant des droites parallèles aux grands bords de la plaque. Dans les conditions où l'on a opéré, lorsque ces droites ne sont qu'au nombre de deux (planche I, fig. 2 et 5), elles sont ordinairement à une faible distance des bords; lorsqu'elles sont au nombre de trois, l'une d'elles se confond avec la ligne médiane ou neutre, et les deux autres sont symétriques par rapport à elle (particulièrement dans la fig. 4, planche I). Les dessins en zigzag, qui correspondent à chacun de ces deux types, sont très-réguliers.

4° Si l'on considère la surface de chacune de ces fissures, dans la manière dont elle est inclinée sur les grandes faces, on voit que, pour une même fissure, la ligne de plus grande pente, ou *plongement*, est très-variable, et, de plus, varie de sens, c'est-à-dire qu'un observateur couché sur son affleurement verrait l'inclinaison à droite du côté de sa tête et à gauche du côté opposé (pl. I, fig. 4). C'est aussi ce qui arrive souvent dans les failles. L'inclinaison varie également beaucoup ; elle peut atteindre, au moins, 50 degrés, de chaque côté de la verticale[1].

Toutes ces circonstances géométriques se trouvent approximativement représentées, si l'on considère la surface de ces fissurescomme un paraboloïde ou comme un plan gauche.

5° Dans certains groupes de fissures, il est une sorte de parallélisme qui se manifeste non-seulement par leurs traces, mais aussi pour les surfaces elles-mêmes. Un certain nombre de fissures, six ou huit ou davantage, participent à ce parallélisme (pl. I, fig. 4).

6° Sur diverses parties, au lieu d'une fissure unique, il s'est formé un groupe de fissures formant un éventail peu ouvert; on en voit plusieurs partant d'un point unique et comprises sous un angle de moins de 20 degrés.

7° Parmi les fissures dont il vient d'être question, il en est, mais en petit nombre, qui ont déterminé la séparation complète ou une véritable *cassure*. Pour la plupart, il y a encore adhérence : ce sont de simples *fissures* présentant elles-mêmes plusieurs types. Tantôt elles traversent la plaque sur toute sa longueur; tantôt, coupées et déviées par d'autres fissures, elles n'occupent qu'une partie de la plaque (fig. 4 et 5 de la planche I); tantôt l'une de leurs extrémités n'atteint ni les bords, ni une autre fissure, et se perd dans la masse; tantôt ces fissures sont tout à fait *intérieures*, c'est-à-dire qu'elles n'atteignent nulle part la surface de la glace.

Les fissures appartenant à ces divers types et particulièrement les plus courtes et les plus fines, ainsi que les cassures proprement dites, sont soumises aux conditions générales de parallélisme qui viennent d'être énoncées.

---

[1] Près des bords de la plaque, la fissure se rapproche ordinairement de la position normale.

8° De plus, en examinant avec attention ces plaques de glace, on reconnaît parfois à leur surface des lignes droites très-fines, comme des traits de burin, qui sont parallèles aux fissures et souvent plus régulières que ces dernières ; elles correspondent à des *fêlures* extrêmement fines. La réflexion qui s'opère sur leurs parois les fait apercevoir, à peu près comme il arrive dans certains cristaux très-clivables, ou dans les pierres-gemmes, où on les désigne sous le nom de *glaces* (fig. 90). Ce sont des indices d'une sorte de clivage, dont on peut constater directement l'existence par le choc ;

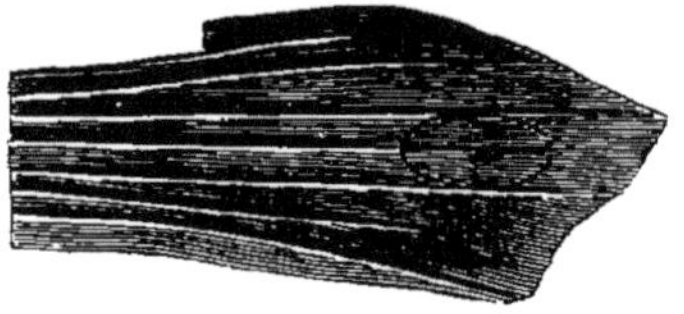

Fig. 90. — Fragment d'une plaque de glace brisée par torsion et montrant des fêlures rudimentaires, qui rappellent le clivage des cristaux naturels. L'ellipse représente, en l'exagérant, la différence de conductibilité thermique, dans le sens des fêlures et dans le sens perpendiculaire. — Grandeur naturelle.

il apparaît alors des faces planes et parallèles, et ordinairement perpendiculaires aux plaques.

Soumises à l'action de la lumière polarisée, ces fêlures *naissantes* présentent sur leurs bords, et surtout vers leur extrémité, des indices d'illumination extrêmement nets et souvent très-énergiques.

Le changement d'état moléculaire, qui s'est produit le long de ces fêlures rudimentaires, est également attesté, non-seulement par les caractères optiques, mais aussi par les caractères calorifiques. D'après l'examen que M. Jannettaz a bien voulu faire de l'une de ces plaques, la conductibilité en est inégale, ainsi que l'exprime l'ellipse de la fig. 90. Toutefois, l'excentricité en est faible ; le rapport des deux axes a été trouvé, pour divers cas, de 1 à 1,02, 1,03, 1,04 et 1,06.

J'ajouterai que, quand on examine attentivement chacune de ces fissures, on y distingue de légères inégalités imitant des stries parallèles que l'on peut comparer à de petits mouvements ondulatoires qui auraient été fixés ou figés. Ces inégalités, qui sont placées vers les bords des cassures, ont tout à fait leurs analogues dans certains quartz du Brésil.

Dans la déformation par torsion, dont on vient de voir les résultats, chaque fibre longitudinale prend la forme d'une hélice et chacune des grandes faces de la plaque, de plane devient gauche. Au moment de la rupture, l'angle de torsion ne dépasse pas 20 degrés.

En dehors des expériences dont il vient d'être rendu compte, j'ai pu constater sur une glace de dimension beaucoup plus grande, ayant $1^m,80$ sur $0^m,70$, une disposition du même genre, mais plus régulière encore (fig. 91). Sur toute son étendue, elle était traversée par des réseaux de deux systèmes conjugués de fentes. Cette glace, qui s'était brisée d'elle-même, avait probablement subi, par suite du mouvement de sa monture, une déformation de même genre que celles dont on vient de voir les résultats.

Déjà Coulomb, puis Savart, avaient étudié expérimentalement les faits relatifs à la torsion ; mais ces savants étaient restés au-dessous de la limite d'élasticité. C'est également dans ces conditions que M. de Saint-Venant a abordé le problème par une savante analyse : aussi, la régularité géométrique des faces de rupture, par l'effet de la torsion, ne paraît-elle pas avoir été observée. Enfin M. Wertheim, dans ses importantes recherches sur l'élasticité, avait étudié la torsion et même la rupture de prisme, sans aborder la question de plaques minces.

Cassures obtenues par une simple pression. — Chaque jour, on soumet, dans un but pratique, des pierres à une forte pression, et on sait comment s'opèrent alors les ruptures.

En général, une pierre taillée en forme de cube a une tendance à se briser suivant des pyramides. Cependant les pierres, dites *dures*[1], peuvent donner des fissures perpendiculaires au plan de pression et souvent à peu près parallèles (fig. 92). Mais le degré de consistance de la masse a beaucoup d'influence sur les résultats.

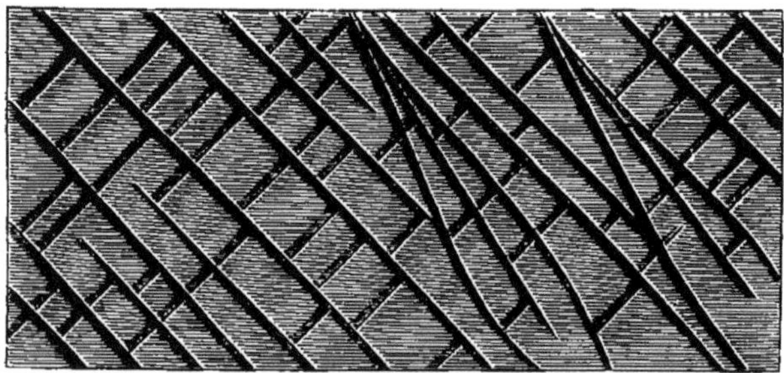

Fig. 91. — Disposition des fissures traversant une glace de grande dimension (1ᵐ,80 sur 0ᵐ72), rompue par accident et probablement par torsion. Comme dans les résultats d'expériences directes, on y reconnaît l'existence de deux systèmes conjugués, celle d'éventails aigus, et l'arrêt brusque de certaines fissures par des fissures plus développées. — Échelle de $\frac{1}{20}$.

Les corps, à la fois cassants et flexibles, dans les cassures qu'ils éprouvent par glissement, me paraissent devoir attirer particulièrement l'attention du géologue.

De même que, lorsqu'il s'agit de produire des ploiements, j'ai expérimenté sur des substances de cette sorte, de manière à me rapprocher le plus possible des phénomènes naturels. C'étaient des mélanges de plâtre et de cire d'abeilles avec une certaine quantité de résine, constituant un mélange analogue à ce que l'on connaît sous le nom de *mastic à mouler*.

---

[1] Le calcaire crétacé de Cruas (Ardèche) est dans ce cas, ainsi que les calcaires carbonifères exploités en Belgique.

Des expériences ont été faites, à l'aide de la presse hydraulique, sur des prismes formés de ce mastic. Ces prismes à
base carrée avaient 14 centimètres de côté et des hauteurs
de 30 et de 53 centimètres[1]. Les plaques de pression B
(fig. 93 et 94) avaient exactement la dimension des bases
de ces prismes, afin qu'à la suite de la rupture, certains
déplacements pussent se produire. Cette précaution, qui permet au mouvement de s'opérer librement et qui importait à
la réussite des expériences, m'a été suggérée par M. Tresca.

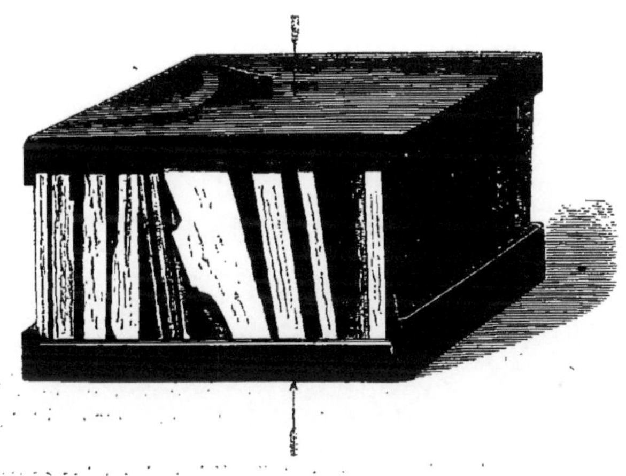

Fig. 92. — Parallélipipède de calcaire réduit par la pression en une série de prismes allongés
et de plaques minces dont les faces sont parallèles au sens de la pression. L'échantillon représenté appartient au calcaire carbonifère de Sorgnies (Belgique). — Échelle de $\frac{1}{4}$.

La planche II représente, à une plus grande échelle que
les figures intercalées dans le texte, et à moitié des dimensions naturelles, les détails de trois des faces d'un prisme,
soumis aux expériences précédentes.

FF montre une fente principale, avec un rejet indiqué, à

---

[1] Ces prismes, fondus avec beaucoup de soin, de manière qu'ils fussent aussi homogènes et aussi exempts de cavités que possible, avaient été régularisés, après la fusion,
par un rabotage, afin que les faces fussent bien rectangulaires.

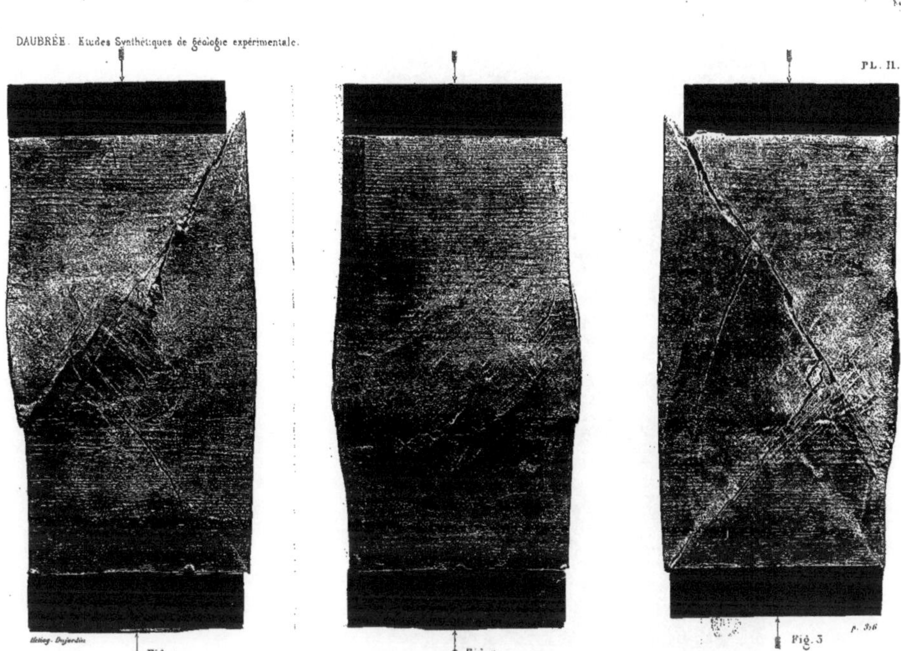

PRODUCTION, PAR UNE SIMPLE PRESSION, D'UN RÉSEAU DE CASSURES À PEU PRÈS RECTANGULAIRES

Échelle de $\frac{1}{3}$

PL. II.

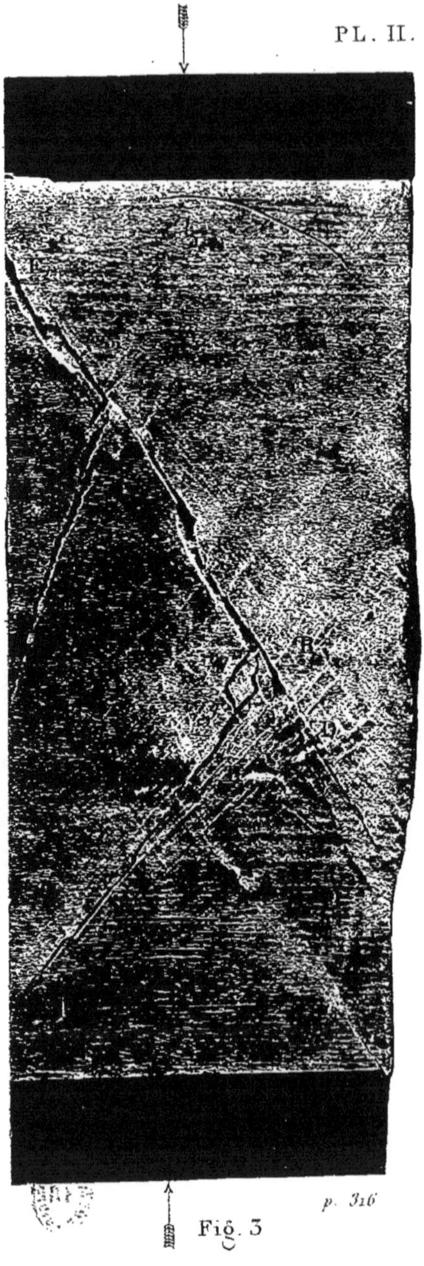

p. 316

Fig. 3

NGULAIRES

la fois, par son relief sur l'arête de gauche et par l'ombre portée O; F', fente rudimentaire parallèle à la précédente; ff, fente conjuguée avec F F; $g\,g'\,g''$, gerçures béantes s'infléchissant brusquement, de manière à présenter trois directions parallèles aux deux systèmes conjugués; R, réseau de cassures fines, à peu près rectangulaires entre elles et dessinant un quadrillé; elles se sont développées sur la partie bombée de la face; D, parties désagrégées par le rapprochement de nombreuses cassures.

1° La pression a bientôt déterminé une fente presque plane, et oblique à cette pression; l'incidence sur la verticale ne s'éloigne pas beaucoup de 45 degrés. Cette fente, partant de l'une des arêtes horizontales supérieures, s'est agrandie graduellement, jusqu'à ce qu'elle eût gagné la face opposée, de manière à détacher un prisme triangulaire. Puis un glissement a commencé à se produire sur le plan incliné qui venait de se former, et cette dénivellation aurait continué, si l'on n'avait pas arrêté l'expérience pour examiner les effets produits. La face de rupture, au lieu d'être tout à fait plane, était ondulée : d'où il résultait, après le rejet, des alternatives de renflement et d'étranglement, comme en présentent la plupart des filons métallifères.

Une seconde cassure (fig. 93), également oblique, et symétriquement placée par rapport à la première, s'est formée à partir de l'arête inférieure, et s'est prolongée jusqu'à sa rencontre avec la précédente.

Quelquefois, de ces fentes principales, se détachent des ramifications ou branches.

2° Outre les fentes principales, une très-nombreuse série de fissures rectilignes et parallèles se manifestent sur chacune des faces, qui s'est légèrement bombée (fig. 93 et 94, et pl. II, fig. 1 à 3) par suite d'un commencement d'écoulement de la substance. Ces fissures n'ont qu'une épaisseur très-faible ; beaucoup ne se décèlent que par des lignes si fines et si régulières qu'on pourrait les croire tracées au burin.

Ces fissures se groupent suivant deux directions, qui sont parallèles aux fentes principales et sont à peu près rectan-

Fig. 95. — Prisme de cire à mouler, soumis à l'action de la presse hydraulique, suivant le sen vertical. — B B, plaques de pression en fer, de même section que le prisme; F F, fente principale avec rejet ; f f, fentes conjuguées avec la précédente; R R, réseau de fissures fines à peu près rectangulaires entre elles, développées sur les portions bombées des quatre faces du prisme. — Échelle de ⅕.

gulaires entre elles (figures précitées). Elles forment un réseau à mailles serrées. Toutes fines qu'elles soient, elles sont fort nettes ; elles sont aussi très-nombreuses ; car on peut en compter de 60 à 70 dans chaque direction, sur une étendue de 90 à 120 millimètres. De plus, en examinant à la loupe, on distingue, au milieu de fissures très-apparentes, des traits plus fins, exactement parallèles aux premiers et non moins réguliers que ceux-ci. Le tout rappelle un quadrillé ou un tissu formé de fils ténus et disposés rectangulairement.

Fig. 94. — Autre prisme de cire à mouler, soumis, comme le précédent, à l'action de la presse hydraulique, suivant le sens vertical. — Mêmes lettres et même échelle que pour la figure précédente.

La masse ainsi fendillée est devenue clivable.

Tandis que les fentes principales sont comparables aux failles, ces fissures plus ou moins fines paraissent devoir être assimilées aux faces de joint et de clivage, si fréquents dans les roches.

Sur certaines parties, la division de la masse se fait en pièces prismatiques et peu adhérentes (pl. II, fig. 1 et 3). Ces parties, désagrégées suivant des alignements généraux, sont ainsi en quelque sorte préparées pour une démolition ultérieure.

Ce réseau de fissures se montre particulièrement sur les parties des faces qui se sont bombées, par suite d'un commencement d'écoulement de la substance : elles résultent des glissements qui ont accompagné les déformations, quelque faibles que soient ces dernières.

3° En outre, la déformation fait naître quelques déchirures béantes ou gerçures, qui se rattachent, par le parallélisme, aux fentes et fissures simultanément produites.

4° Toutes ces fissures de divers ordres se groupent nettement suivant deux systèmes, parallèles aux fentes principales, et, par conséquent, elles sont inclinées d'environ 45 degrés sur la direction de la pression. Ces deux systèmes, qui sont *antiparallèles*, ont une tendance manifeste à être perpendiculaires entre elles, ou orthogonales. Nous les désignerons, comme les cassures obtenues par torsion, sous le nom de systèmes conjugués.

5° Je ne mentionne ici que pour mémoire un système de rides produites normalement à la pression.

L'un des systèmes de cassures peut prédominer beaucoup par rapport à l'autre. Cette prédominance paraît surtout manifeste pour les plus grandes surfaces de rupture.

Les systèmes de fissures, ainsi causées par une pression, offrent des analogies multiples avec celles que produit la torsion. C'est une autre manifestation d'accidents *parallèles*, suivant des systèmes *conjugués* et produits par des glissements moléculaires. Elles apprennent donc que la torsion n'est pas exclusivement nécessaire pour produire des systèmes conjugués de plans de rupture, comparables aux failles et aux joints. Des déformations d'une autre nature et souvent très-faibles ont pu les engendrer dans les roches de toutes sortes. La torsion n'est qu'un cas particulier de déformation, dans lequel les pressions agissent dans un ordre déterminé.

D'un autre côté, les plans de division si rapprochés, dont il vient d'être question, rappellent aussi les faces de glissement qui produisent la schistosité.

Cassures consécutives des ploiements. — Dans des déforma-

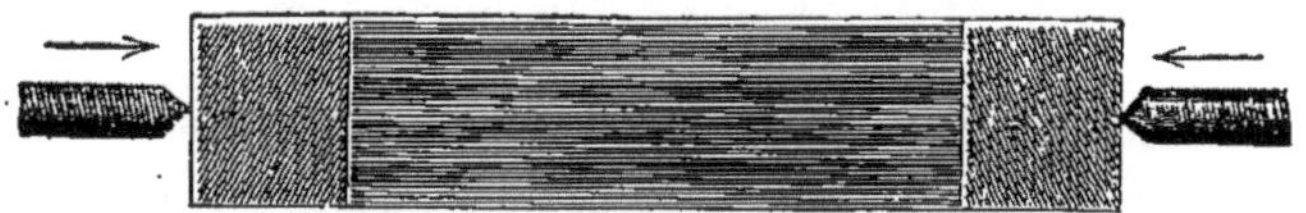

Fig. 95. — Prisme composé d'une série de couches de cire, différemment colorées et soumises à des pressions indiquées par les flèches. État initial d'une expérience, destinée à mettre en évidence la liaison des failles avec le ploiement des couches, telle qu'on l'observe dans la nature. — Échelle de $\frac{1}{2}$.

tions diverses, telles que des ploiements, il peut se produire non-seulement des ruptures par extension, en forme de V,

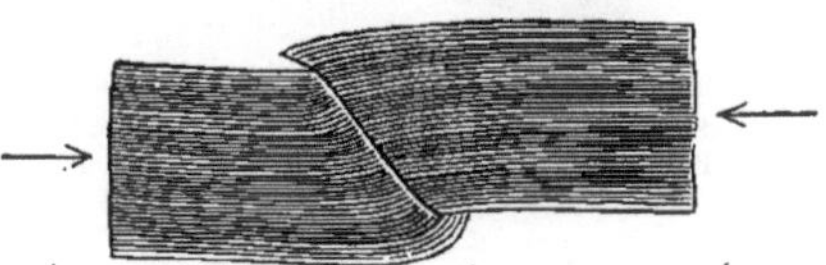

Fig. 96. — Effet d'une pression, relativement modérée, sur le prisme précédent; production d'une fracture avec glissement, consécutive à l'inflexion; elle est inclinée d'environ 45° sur le sens de la pression. — Échelle de $\frac{1}{2}$.

mais aussi des ruptures par glissement. Des prismes, dont la longueur est beaucoup plus grande que la largeur (fig. 95), étant comprimés dans le sens de leur longueur, s'infléchissent pendant quelque temps; puis, au lieu de continuer à fléchir, ils se rompent parfois sous l'action des mêmes pressions, par l'effet d'un glissement moléculaire. La rupture se fait alors suivant un plan, qui est ordinairement oblique sur la surface des couches. De plus, si la pression continue encore,

il peut arriver que les deux parois de la fracture glissent l'une
sur l'autre, et même se strient mutuellement, simulant une

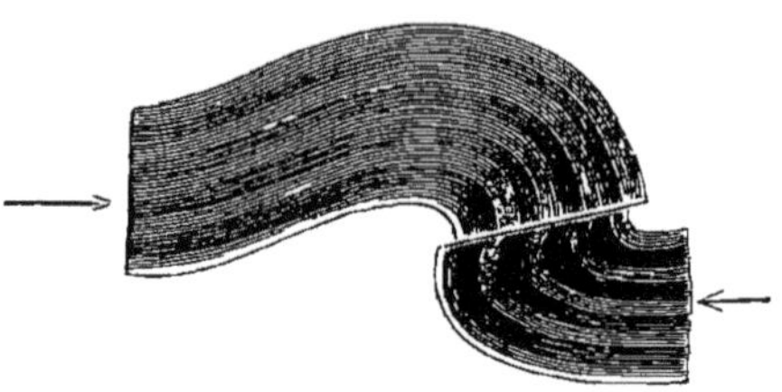

Fig. 97. — Effet d'une pression plus forte sur un prisme semblable; la fracture a été précédée
d'une inflexion plus grande que dans le cas précédent. — Échelle de $\frac{1}{2}$.

faille. Une fois ce mouvement de glissement commencé, il
se poursuit indéfiniment, si la pression qui a causé la face

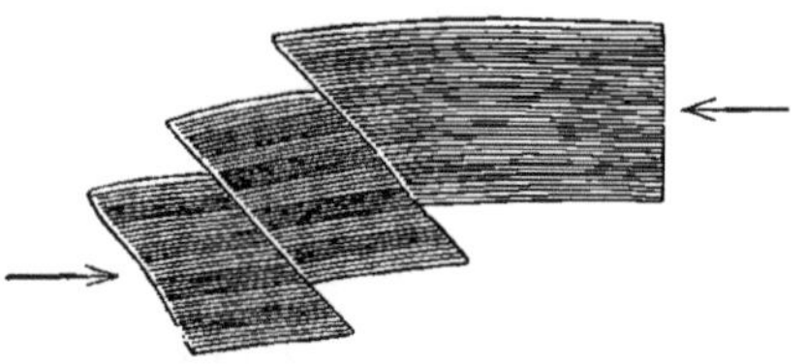

Fig. 98. — Production sur le prisme de la fig. 95 d'un système de deux failles, parallèles entre
elles, également consécutives à l'inflexion. Dans ce cas, le sens du rejet est contraire à l'action
de la pesanteur. — Échelle de $\frac{1}{2}$.

de rupture persiste elle-même. Les figures 96, 97 et 98
représentent les résultats obtenus.

**Déductions des expériences, en ce qui concerne les cassures
souterraines.** — Les résultats des trois séries d'expériences
qui précèdent paraissent trouver diverses applications géologiques, tant dans les cassures souterraines que dans les
effets qui en résultent pour le relief topographique et géographique du sol et peut-être aussi dans les crevasses des
glaciers.

Formes et disposition des failles. — Dans leurs traces horizontales, considérées à des niveaux différents, de même qu'à leurs affleurements, les failles présentent des configurations semblables à celles qui résultent des expériences précitées. Comme exemples, je rappellerai le massif de la Côte-d'Or, dans lequel les failles ont été relevées avec beaucoup de soin, tant en plan qu'en coupes verticales[1]; celles de la Haute-Marne[2], celles qui sont figurées sur diverses feuilles de la carte géologique d'Angleterre, etc.

Grâce aux nombreuses galeries qui les poursuivent en tous sens, quand des minerais les ont remplies, les caractères des failles ont été étudiés d'une manière beaucoup plus complète dans les filons métallifères. On connaît les plans de nombreux champs de fractures, avec filons, tels que ceux de la Saxe (Freyberg, Schneeberg, etc.), du Harz, du Cornouailles, du Derbyshire, du Flintshire, de la Lozère, etc. Les affleurements représentés sur ces plans ressemblent, d'une manière incontestable, dans leur ensemble et même dans plusieurs de leurs particularités, aux fissures artificielles dont il vient d'être question. Il en est de même des failles de nombreux bassins houillers que l'exploitation force à étudier minutieusement. Ainsi les failles présentent souvent des surfaces gauches infléchies, de même que les fissures produites par torsion.

Un caractère de parallélisme se reconnaît, très-généralement, dans des groupes de failles et de filons, non-seulement aux affleurements, mais aussi sur le plongement[3]. C'est tout à fait la même ordonnance que montrent les fentes produites par torsion. De part et d'autre, c'est une tendance manifeste à la régularité et au parallélisme, avec des perturbations dont on comprend facilement les causes.

[1] Par M. Guillebot de Nerville, en 1853.
[2] Par MM. Élie de Beaumont et de Chancourtois, en 1862.
[3] Filons des *Consols* en Cornouailles; ceux du district de Maria Adalbert à Przibram. *Annales des Mines*, 6ᵉ série, t. XV, *Pl. III*, etc.

La forte inclinaison des fissures artificielles sur la normale aux deux grandes faces de la plaque rend bien compte de l'écart, quelquefois considérable, par rapport à la verticalité, que l'on trouve dans les failles.

Formes et disposition des joints. — Le parallélisme se manifeste non moins clairement dans les joints.

Les escarpements verticaux des falaises de la Normandie, qui atteignent une hauteur de 100 mètres et dont le pied est facilement accessible à marée basse, offrent une occasion singulièrement favorable à l'étude des joints. On peut les y suivre, tant dans les formes planes, courbes ou infléchies de chacune d'elles, que dans le mode de groupement.

Au milieu des cassures innombrables qui traversent les roches, il en est qui se distinguent, même à distance, par leur netteté et leur continuité ; elles se poursuivent sur toute la hauteur des falaises (fig. 99).

C'est aux *joints principaux* que se rapportent les observations qui suivent.

Grâce aux démolitions qui se sont produites le long des plans de fractures, les joints ne sont pas visibles seulement sur le plan vertical, mais reconnaissables aussi dans leurs directions et dans leurs formes. En relevant avec soin, à la boussole, tous les joints que l'on peut nettement observer, sur une longueur d'environ 14 kilomètres, du Bourg-d'Ault à Jolibois, près de Mesnil-Val, j'y ai reconnu des directions variées[1], au milieu desquelles il en est deux qui sont prédominantes ; leurs moyennes sont respectivement N. 50° E. et N. 127° E.

Parfois ce réseau se dessine sur la grève même, ou *table-de-roche*, pour l'observateur placé au haut de la falaise, à cause des sillons ou rigoles qui y correspondent (fig. 100).

____

[1] Voir la note de la page 320.

Quant à leurs inclinaisons, ces cassures sont quelquefois verticales : le plus souvent, leur inclinaison sur l'horizon varie de 60 à 65°. La plupart des joints N. O. plongent vers le N. E. La position verticale a été surtout observée dans les cassures N. 50 à 75° E. Il n'est pas rare que

Fig. 99. — Falaises du Tréport, atteignant 100 mètres de hauteur, où l'on voit les effets des joints qui traversent, en grand nombre, les couches crayeuses et prennent deux directions principales ; les joints déterminent l'existence d'accidents, comparés dans le texte à des redans de fortifications.

deux joints se croisent avec des inclinaisons contraires (fig. 101).

Toutes ces cassures se présentent avec les allures que l'on connaît aux failles. Cependant, on constate, en général, lorsque la stratification est bien reconnaissable, qu'elle n'a pas subi de rejets. Les failles sont relativement rares, dans ces mêmes régions.

Çà et là, on peut observer des stries de frottement horizontales, sur les parois des joints, par exemple, entre Mers et le Bourg-d'Ault. Sur les escarpements, on voit aussi, suivant la ligne de plus grande pente, des stries, dues peut-être au frottement des silex, lors d'éboulements.

Ainsi considérés, tant en plan horizontal qu'en coupe verticale, ces joints constituent deux systèmes dont l'ensemble

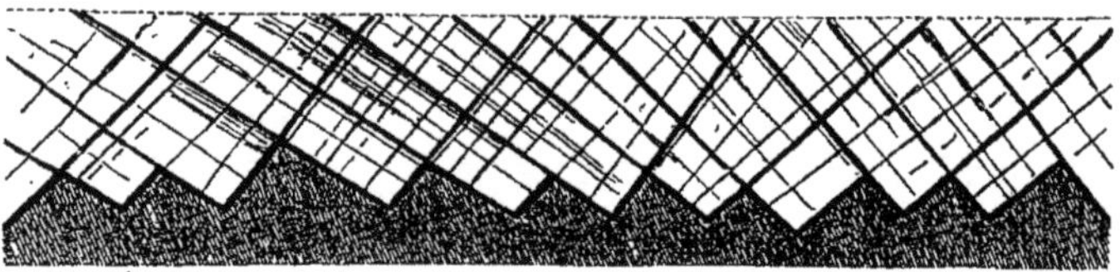

Fig. 100. — Détail en plan de la disposition des joints qui traversent, suivant deux directions principales, la falaise du Tréport, et qui, en servant de guides aux actions érosives, ont déterminé la formation des cavernes. — Échelle de $\frac{1}{2000}$.

donne l'idée d'un réseau. Cette disposition n'a aucune ressemblance avec des cassures opérées par un simple retrait. Au contraire, des liens étroits les rattachent aux failles

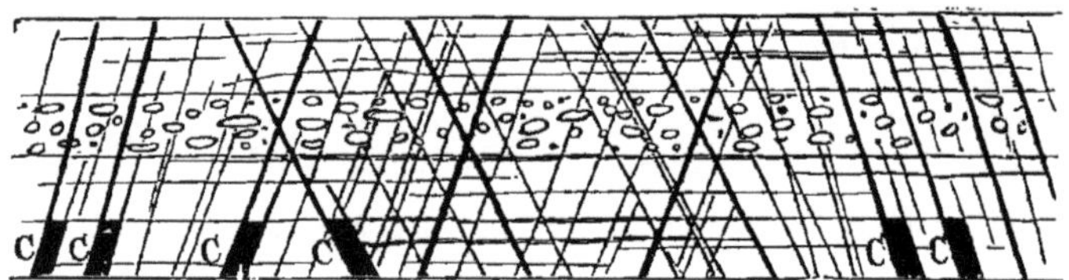

Fig. 101. — Détail en coupe des joints représentés dans la figure précédente. C, C, entrée des cavernes. — Même échelle que pour la figure précédente.

de la même région. D'ailleurs leur agencement, comme on l'a vu sur les fig. 100 et 101, rappelle complétement les cassures que l'on fait naître dans une plaque, en exerçant sur elle une faible torsion. De même que dans les expériences, à côté d'irrégularités considérables dans le détail[1], il y a une tendance générale à un réseau assez régulier. De part et d'au-

---

[1] En s'infléchissant, un même joint peut présenter, à quelques mètres de distance, des différences très-notables de direction qui dépassent parfois 20 degrés.

tre, des formes courbes présentent des caractères du même genre.

Dans la région qui nous occupe, les couches de craie, quoique en apparence horizontales, présentent deux systèmes de ploiements à grandes courbures, qui ont été signalés par divers observateurs, notamment par M. Hébert. Il paraît, dès lors, naturel de supposer que ces ploiements ont entraîné les actions mécaniques, torsions ou autres, qui ont donné naissance à toutes ces cassures, d'autant plus que leurs direc-

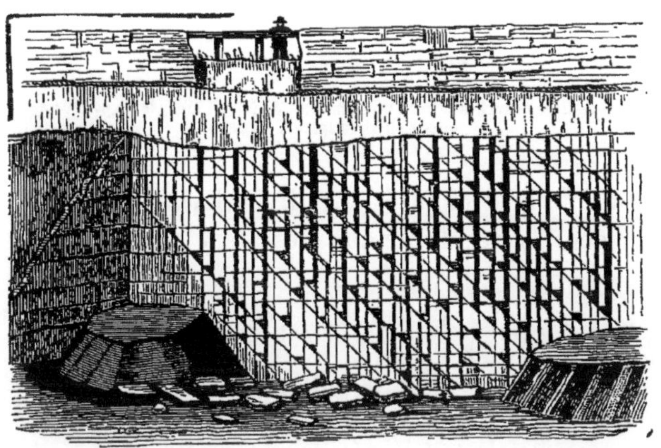

Fig. 102. — Division de roches en polyèdres par quatre systèmes de joints parallèles. Exemple fourni par la carrière de calcaire carbonifère de Ballinure, comté de Cork (Irlande), d'après M. Harkness.

tions générales sont parallèles avec les axes de ces ploiements. Peut-être en est-il ainsi dans les failles bien connues dans la craie de Meudon.

En examinant, dans d'autres contrées, des couches, qui, au lieu d'être restées horizontales, ont été fortement redressées, j'ai également observé, pour les joints qui les traversent, des dispositions analogues aux résultats d'expériences. Exemples: vallée jurassique, dite du Chaudron, près Montreux; vallée de molasse, aux environs de Vevey.

En général, les joints forment deux systèmes, dont l'un correspond à la direction, l'autre à la ligne de [plus grande pente. Ce dernier fait suffirait à montrer que la cause des joints se rattache aux efforts mêmes qui ont produit le redressement de la stratification.

Des figures empruntées au calcaire carbonifère des envi-

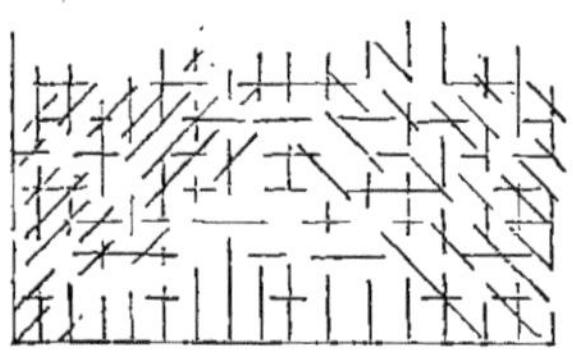

Fig. 103. — Division de roches suivant trois systèmes de joints ; exemple du calcaire carbonifère près de Cork (d'après M. Harkness).

rons de Cork et données par M. Harkness montrent très-clairement la régularité que présentent souvent les joints

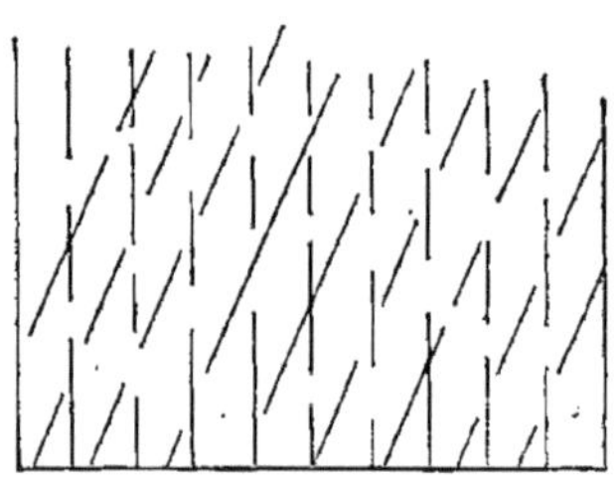

Fig. 104. — Division de roches, suivant deux systèmes de joints; exemple du calcaire carbonifère près de Cork (d'après M. Harkness).

(fig. 102, 103 et 104), régularité telle, qu'on l'a attribuée à un effet de cristallisation.

Les exemples représentés par les fig. 105, 106, 107, 108 et 109, reproduisent des formes *pseudo-régulières*, qui sont extrêmement fréquentes dans des roches très-diverses.

[1] *Quarterly Journal*, t. XV, 1859, p. 86.

Liaison des failles de divers ordres, entre elles et avec les joints. — À la suite des caractères généraux qui rattachent les joints aux failles et qui ont été énumérés plus haut, je pré-

Fig. 105. — Fragment pseudo-régulier de phyllade vert à feuillets inégaux, des environs de Fumay (Ardennes). — Échelle de $\frac{1}{3}$.

ciserai cette corrélation importante, en ajoutant quelques exemples.

Outre les grandes failles qui peuvent être représentées

Fig. 106. — Fragment pseudo-régulier, en forme de prisme droit à base de parallélogramme, de schiste micacé de Pont-Ferron, environs de Vire (Calvados). — Échelle de $\frac{1}{4}$.

sur des cartes et des coupes géologiques, il est d'innombrables petites failles, qui leur sont juxtaposées et qui, évidemment, se sont produites dans les mêmes conditions. Ainsi, quand on perça, à travers les Vosges, le tunnel qui

devait servir à y faire passer le canal et le chemin de fer,
on rencontra, à l'est de Sarrebourg, des couches de grès
bigarré qui sont littéralement *hachées* de fissures verticales (fig. 110); ces fissures sont souvent à moins d'un mètre
d'intervalle, de sorte que leur ensemble présente l'aspect

Fig. 107. — Fragment pseudo-régulier de macline feuilletée; environs de la gorge de Héas
(Pyrénées). — Échelle de ¼.

d'une stratification verticale. Chacune de ces fissures produit
un petit rejet, et offre souvent sur ses parois des surfaces
frottées, parfois même émaillées : elles méritent donc le

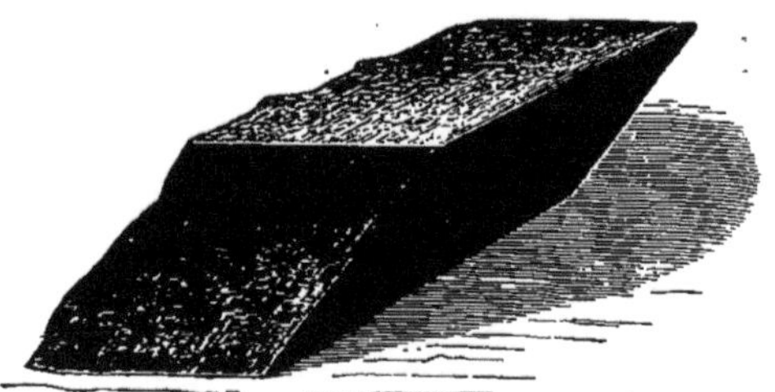

Fig. 108. — Fragment pseudo-régulier, en forme de parallélépipède oblique, de grès anagénite
Échelle de ½.

nom de *failles*. Ces petites failles se rattachent aux failles
considérables qui sillonnent le grès des Vosges, et qui sont
particulièrement caractérisées vers la limite orientale de la
chaîne, où elles produisent des rejets de plusieurs centaines
de mètres, au pied desquels se trouve la plaine d'Alsace[1].

[1] *Description géologique du Bas-Rhin*, p. 590; 1852.

D'autres parties de la chaîne offrent des faits du même genre.

Il en est exactement de même, à proximité du massif de la Côte-d'Or, ainsi que l'ont. également montré les tranchées faites pour le passage du chemin de fer, et particulièrement celles du tunnel de Blaisy [1] (fig. 111); de toutes parts, on voit les couches coupées par une série de plans à peu près

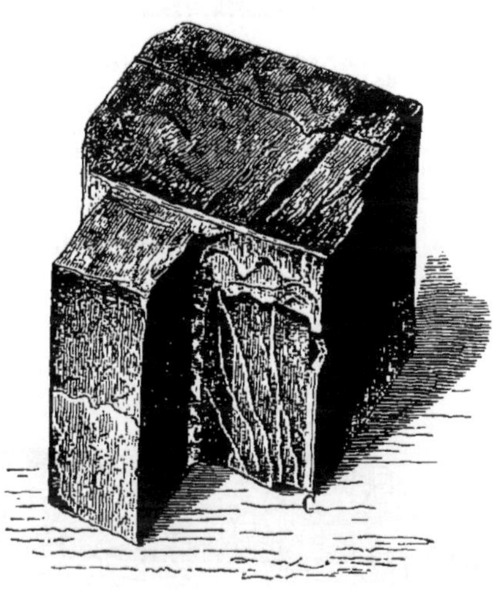

Fig. 109. — Jaspe rouge, des environs de Palerme, en prismes obliques juxtaposés, enveloppés en partie et cimentés par des veinules de calcite C. — Échelle de ½.

verticaux, très-rapprochés et comparables, par leur fréquence et leur régularité, avec les plans de stratification.

Dans les bassins houillers on reconnaît les faits du même genre; ainsi à Gagnières (Gard), chaque faille principale a un cortége de fentes qui lui sont parallèles et qui, sans donner lieu à des rejets, ont en quelque sorte haché le terrain. Du gypse, de la pyrite, de la calcite, se sont infiltrés dans ces fentes secondaires. Dans une partie du pays de Galles, les

---

[1] Coupe publiée par M. l'ingénieur Ruelle.

clivages de la houille (slips) sont orientés parallèlement aux failles[1].

Ces exemples suffisent pour faire comprendre en quoi consistent ces petites failles, qu'on pourrait qualifier de

Fig. 110. — Série de failles très-rapprochées parallèles entre elles, recoupées par le canal de la Marne au Rhin, à la traversée de la chaîne des Vosges, près du souterrain d'Arschwillier et de Hommarting (à 260 mètres au-dessus du niveau de la mer). L'alternance des couches de marne et de grès, qui constituent l'étage de grès bigarré dans cette localité, fait nettement ressortir les innombrables rejets produits par les failles, tout faibles qu'ils soient. — Échelle des distances horizontales $\frac{1}{30.000}$; échelle des hauteurs $\frac{1}{8.000}$, c'est-à-dire 5 fois la précédente.

failles *secondaires* ou *faillules* et qui font cortége aux grandes failles ; les unes et les autres ont été formées dans des conditions semblables.

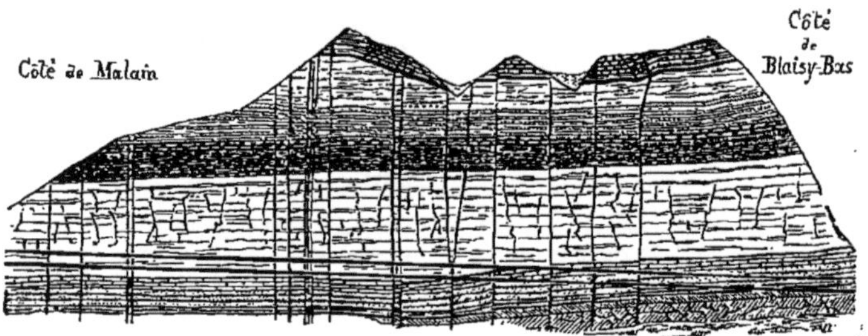

Fig. 111. — Série de failles très-rapprochées hachant les couches jurassiques (oolithe inférieure et lias) recoupées par le tunnel du chemin de fer de Blaisy (Côte-d'Or), et par 19 puits forés pour l'exécution de ce tunnel. — Échelle des longueurs $\frac{1}{50.000}$; échelle des hauteurs $\frac{1}{6.000}$, c'est-à-dire 5 fois plus grandes que les hauteurs. L'inclinaison des couches est de 2 à 5 millimètres par mètre.

Une association du même genre ressort, non moins clairement, de l'étude des filons métallifères. Très-souvent, aux filons métalliques, sont juxtaposées des veines moindres qui

---

[1] Lecorne, *Annales des Mines*, 7ᵉ série, t. XIV, p. 517.

leur sont parallèles, comme on le voit dans le département
du Gard, et notamment dans le Rouergue. Parmi les exemples
sans nombre qu'il serait facile de citer, dans le Derbyshire
et ailleurs, je rappellerai qu'en Cornouailles, comme l'ont
observé De la Bèche et M. Haughton, les filons principaux et
les filons croiseurs sont en relation de parallélisme avec deux
des systèmes de joints qui traversent le pays.

Les transitions qui unissent les failles aux joints sont
telles, qu'on peut être dans le doute sur le nom qu'il convient
de donner à certaines fissures, non accompagnées d'un rejet.
A côté des fentes à rejet, il y en a un grand nombre dans
lesquelles le rejet est à peine sensible. D'autre part, de
très-petites fissures sont parfois accompagnées d'un rejet
fort visible. On peut même le constater sur des échantillons
de collection, par exemple, sur le marbre dit ruiniforme de
Florence.

En résumé, des fissures extrêmement différentes par
leur ordre de grandeur, depuis les grandes failles jusqu'aux
joints, se montrent dans la nature, comme appartenant à
une même famille, comme étant congénères.

De même que les fissures naturelles, les fissures obtenues artificiellement, par l'un ou par l'autre procédé, présentent un parallélisme général, qui s'étend jusqu'aux moindres indices de fêlures, juxtaposées aux fissures principales.
De part et d'autre, on observe souvent des groupes de fissures,
de divers ordres de grandeur, qui ont une tendance marquée
au parallélisme.

Joints rudimentaires, désignés sous le nom de clivages. —
Outre les joints visibles, les ouvriers qui exploitent diverses
natures de pierres remarquent que leur résistance est faible
selon certaines directions qui restent constantes à travers
des massifs étendus, lors même que ces massifs sont formés
de roches différentes. On désigne souvent, sous le nom de

fil ou de *grain*[1], ce *minimum* de cohésion ; on lui a aussi donné le nom de *clivage*, quoiqu'il diffère, par sa cause, du clivage proprement dit des corps cristallisés.

Dans les exploitations d'ardoises, la disposition des joints de

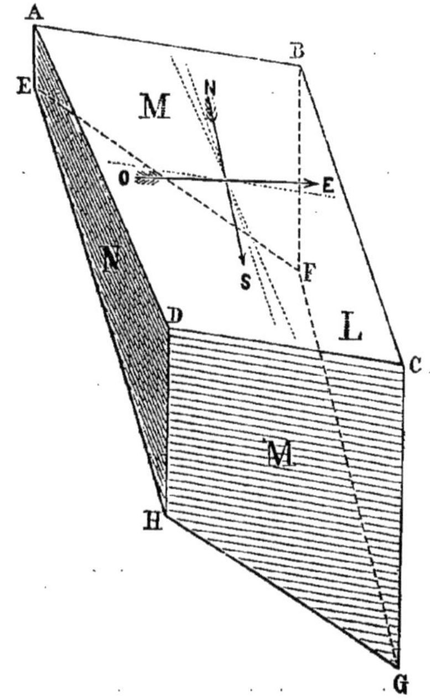

Fig. 112. — Forme constante des blocs que déterminent les systèmes de joints naturels ou délits, qui traversent les ardoises de Pierka, à Rimogne (Ardennes). A, B, C, D, plan du feuillet ; E, F, G, H, joint dit *riflot* plongeant du N. O. au S. E. ; A, D, H, E, joint dit *naye* ; B, C, G, F, joint dit *longrain* ; A, B, E, F et D, C, G, H, joints dits *macrilles*. Les longrains et les macrilles sont sensiblement perpendiculaires au plan du feuillet.

cette sorte a été déterminée d'une manière particulièrement précise, parce que sa connaisance sert de base à la manière même dont on doit découper les feuillets. Dans cette opération, des joints, pour ainsi dire latents, jouent néanmoins

[1] Dans les carrières de marbre de Caunes, les ouvriers distinguent également, outre un système de joints ou *lères*, un plan de rupture nommé *jas* ou *sens* (BRARD, *Minéralogie appliquée.*)

un rôle bien connu des ouvriers, qui leur ont donné des noms et qui en ont déterminé l'orientation avec exactitude. Les fig. 112 et 113 montrent comment ces joints se présentent dans des exploitations appartenant aux Ardennes et aux environs d'Angers. Pour la première, on ajoutera qu'en plaçant la partie supérieure du solide naturel, de manière que la ligne de plus grande pente, qui est à peu près Nord-Sud, soit inclinée à 35 degrés sur l'horizon, et que la direction Ouest-Est soit horizontale, le bloc est orienté et tous les délits sont dans leur position naturelle.

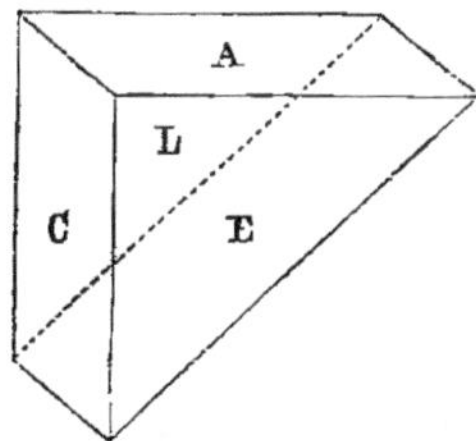

Fig. 113. — Forme constante des blocs que déterminent les quatre systèmes de joints naturels ou délits, qui traversent les ardoises des environs d'Angers. A, joints, dits *assereaux*, horizontaux et par conséquent perpendiculaires à la fissilité qui est verticale ; E, joints, dits *érusses*, atteignant jusqu'à 50 ou 60 mètres, et inclinés à 45 degrés ; ces joints plongent vers l'ouest et donnent lieu, dans les exploitations, à de fréquents accidents causés par les glissements qu'ils provoquent. — C, joints, dits *chefs*, verticaux, souvent très-rapprochés les uns des autres (quelques mètres) et ayant des dimensions comparables à celles des érusses ; L, joints, dits *chauves*, presque verticaux et très-voisins du plan de fissilité.

Ces *minima* de cohésion paraissent dus à la même cause que les joints[1]. Quoique moins apparents, ils ne méritent pas moins l'attention : ils en sont comme un diminutif et pourraient être qualifiés du nom de *joints virtuels*.

Les fêlures, à peine discernables, ressemblant à des plans de clivage, que nous voyons naître à la suite de la torsion, au milieu des fissures, paraissent être ici les analogues de ces clivages naturels des roches.

---

[1] Cela n'empêche pas d'ailleurs que, dans certains cas, des roches où la structure schisteuse n'est encore qu'à l'état rudimentaire puissent aussi avoir un *fil*, ainsi que je l'ai conclu de mes expériences sur la schistosité.

Si, par suite de la transparence des plaques sur lesquelles j'ai opéré, les fêlures les plus fines ne se trahissaient pas par des jeux de lumière et des effets de réfraction, c'est-à-dire si les plaques étaient opaques, comme les ardoises, les fêlures de cette dernière catégorie resteraient invisibles, et, de même que dans les ardoises, elles ne se décèleraient que sous l'action du choc[1].

Tendance des cassures de divers ordres à se grouper en systèmes, dont l'inclinaison mutuelle se rapproche de l'angle droit. — La tendance à se couper sous des angles voisins de l'angle droit, qui se présente dans les cassures des expériences précitées, se montre également dans la nature.

Cette tendance est particulièrement accentuée dans les joints de nombreuses roches, ainsi que l'ont remarqué beaucoup d'observateurs, parmi lesquels on peut citer John Phillips, Thurmann et autres.

Dans un même champ de fractures, les failles présentent aussi des directions très-différentes, et, fréquemment, elles sont à peu près perpendiculaires entre elles, comme dans divers bassins houillers, tels que celui de Blanzy, et dans de nombreux groupes de filons métallifères (Dolcoath en Cornouailles, Vialas dans la Lozère, etc.).

Pour les joints, comme pour les failles, c'est, on le conçoit, quand elles ont été incrustées de minerais métalliques, que les cassures ont été le plus rigoureusement étudiées dans leurs allures.

Cette tendance se reconnaît bien clairement dans les fentes remplies de minerai pisolithique, que l'on exploite dans diverses parties de la Lorraine et du Berry, dans les fentes à phosphates du Quercy, et ailleurs.

---

[1] Dans certaines localités des Ardennes, les cristaux de fer oxydulé, qui imprègnent les ardoises, se sont logés suivant les longrains, et font ainsi ressortir des joints rudimentaires qui, ailleurs, ne sont pas reconnaissables à la vue. C'est comme une réduction des filons métallifères incrustant les failles et les joints proprement dits.

Parmi les nombreux exemples qu'il serait facile de rappeler, je mentionnerai les filons et veines qui sillonnent le calcaire carbonifère du Flintshire[1], et les gîtes stannifères de la Marche et du Limousin[2]. M. J. B. Whitney a observé, dans le Wisconsin[3], des dispositions exactement reproduites par les résultats d'expériences. Dans toute la région des mines de plomb, qui n'a pas moins de 140 kilomètres sur 90, les crevasses métallifères sont, pour chaque district, disposées en deux systèmes rectangulaires entre eux, et dans chacun desquels elles obéissent constamment à la loi de parallélisme.

On a souvent supposé que les failles, qui ont des directions très-différentes, ne sont pas contemporaines. On n'a même pas toujours admis, et M. Harkness lui-même est de cette opinion, que tous les systèmes de joints constituant des réseaux, pussent être synchroniques. Il n'est pas douteux que des cassures se soient produites dans l'écorce terrestre, à des âges très-différents, ou au moins, que les mêmes cassures se soient ouvertes et aient joué à des époques successives. Mais un fait non moins certain résulte des expériences qui précèdent, c'est que, de même que les joints, des failles de directions très-différentes et même perpendiculaires entre elles, peuvent avoir été ouvertes simultanément, par un seul effort. C'est certainement ce qui a eu lieu dans la nature.

Ainsi, à Carlsbad en Bohême, les joints qui coupent, à angle droit, le granit à gros grains, et qui se montrent dans de nombreux rochers (fig. 122, p. 558), sont parallèles à deux systèmes de cassures qui traversent le pays, notamment à de grands filons quartzeux[4]. Une relation semblable se manifeste, comme on l'a dit, en Cornouailles.

[1] Moissenet, *Annales des Mines*, 5ᵉ série, t. XI, p. 591.
[2] Mallard, même recueil, 6ᵉ série, t. X, p. 521.
[3] *Report of the geological Survey of Wisconsin*, t. I, p. 73,
[4] Comme l'a montré M. von Hochstetter.

Ce qui confirme l'assertion qui vient d'être émise, c'est la relation que présentent ces cassures avec les déformations des couches. Par exemple, dans les bassins houillers de la Grand'Combe (Gard), de Saint-Perdoux (Lot) et de Steyerdorf en Banat, deux systèmes de failles, perpendiculaires entre eux, sont respectivement parallèles aux deux axes du bassin, grossièrement elliptique, que l'inflexion a déterminé.

La tendance à l'angle droit peut d'ailleurs être contrariée, dans l'expérience, par plusieurs circonstances, telles que la non-homogénéité de la substance, et la manière inégale dont la pression agit sur des parties du corps, qui paraîtraient dans des conditions identiques. Des perturbations analogues ont eu lieu dans l'écorce terrestre, comme il est facile de le comprendre.

Dans l'une et l'autre circonstance, l'un des systèmes conjugués peut prédominer considérablement, surtout quand il s'agit de grandes cassures.

En grand comme en petit, dans la nature comme dans les résultats d'expérience, nous trouvons des traits frappants de ressemblance dans les cassures, tant pour leur forme que pour leur distribution. De part et d'autre, les traits de régularité, aussi bien que ceux d'irrégularité, se reproduisent dans leurs caractères essentiels.

Intérêt de la bissectrice des cassures conjuguées. — Dans les expériences, les systèmes de cassures ont des directions bien différentes de la pression qui les a produits.

On a souvent cherché, dans une direction de failles ou de joints naturels, la direction de la force qui les avait produits et avec laquelle on supposait celle-ci alignée. D'après les expériences qui précèdent, ce n'est pas dans cette direction unique, mais dans la disposition générale du réseau, dont le système de fissures fait partie, qu'il faut chercher des indices de l'action mécanique, à laquelle les ruptures doivent être rapportées. Ainsi, dans les mines d'Auchy-au-Bois (Pas-de-Calais), la bissectrice des deux systèmes de failles fait avec le méridien le même angle (de 50 degrés) que la série d'affleurements dévoniens, connus au sud du bassin.

Sur nos plaques minces, ce sont aussi les bissectrices des lignes de fracture qui donnent, l'une la ligne neutre, l'autre la direction du plan, dans lequel les glissements se produisent par la torsion.

Cassures orthogonales dans les corps extraterrestres. — Non seulement des fractures, sous forme de joints, se rencontrent, de toutes parts, dans les parties où l'écorce terrestre a été notablement déformée, mais elles se montrent aussi, avec des caractères identiques, dans des corps extraterrestres. C'est ainsi que de véritables surfaces de frottement, polies et striées, comparables aux miroirs des filons, se montrent sur des météorites très-variées, les unes essentiellement métalliques, comme les syssidères d'Atacama, les autres tout à fait lithoïdes, comme les sporadosidères de Pultusk, de Chantonnay, de Girgenti, d'Aumières, etc. Toutefois aucune météorite ne présente un exemple plus caractérisé de joints, véritablement conjugués, que le fer météorique de Sainte-Catherine (Brésil); un craquelé s'y est produit suivant trois systèmes de plans à peu près rectangulaires entre eux[1] (fig. 114 et 115). De la magnétite cristallisée, qui s'est déposée dans ces innombrables fissures, les rend encore plus apparentes sur une surface polie.

Cassures en échelons ou en gradins. — Dans le réseau de fissures qui traverse les plaques de glace, il en est qui se poursuivent, avec continuité, sur toute la largeur de ces plaques. Il est d'autres fissures, au contraire, qui, en cou-

---

[1] *Comptes rendus de l'Académie des sciences*, t. LXXXIV, p. 482 et 1505; et t. LXXXV, p. 1255.

pant les premières, subissent une déviation à la rencontré de chacune d'elles ; de telle sorte que, au lieu de consister en une fracture unique, elles présentent une série d'éléments non continus, mais parallèles, coupant les bandes comprises dans le premier système de fissures et constituant, avec les éléments de celles-ci, l'apparence de gradins ou escaliers (pl. I, fig. 5). Quoique les deux systèmes aient dû se produire dans un temps très-court, cette déviation doit faire supposer que les cassures interrompues ont succédé aux cassures continues. Ainsi, des fissures, qui seraient quali-

Fig. 114 et 115. — Formes des fragments polyédriques, isolés les uns des autres par les joints naturels qui traversent, dans trois directions principales, perpendiculaires entre elles, le fer météorique de Sainte-Catherine (Brésil). — Échelle de $\frac{1}{2}$.

fiées par les géologues de contemporaines, se présentent comme si elles étaient d'âges différents.

Or des dispositions identiques sont très-fréquentes dans la nature. Dans les failles et dans les filons métallifères, on rencontre à chaque instant des fractures, dont on a comparé la disposition à des échelons, gradins, bayonnettes ou chevrons[1]. Contrairement à ce que l'on a quelquefois supposé être une règle, c'est la fracture la plus récente qui a éprouvé une déviation, causée par la plus ancienne.

Rejets. — Les dénivellations réellement causées par les fractures de l'écorce terrestre et par un mouvement relatif

---

[1] Des ressauts, de même apparence, sont connus, depuis longtemps, dans les filons métallifères du Derbyshire, où ils sont manifestement dus à l'inégale résistance des couches de natures diverses, calcaires, schistes, trapps, à travers lesquelles la faille s'est primitivement ouverte

le long des parois des failles sont, comme on le sait, très-fréquentes ; c'est ce caractère qui paraît avoir valu aux failles leur nom.

Dans les déformations produites par une simple pression, les fentes FF (pl. II, fig. 3) avec les inégalités des parois et le rejet qui a suivi leur formation, rappellent tout à fait les failles et les filons métallifères avec leurs renflements et étranglements.

Ces rejets sont variables, non-seulement d'une fente à l'autre, mais encore dans l'étendue d'une même fente ; c'est ce qui est habituel dans les failles.

Influence dans les rejets, non-seulement de la pesanteur, mais de la pression même qui a produit les failles. — Certains géologues ont supposé que les rejets se sont produits postérieurement à l'ouverture des failles et par une cause indépendante de l'origine même de la faille. Les différentes pièces ou voussoirs, dans lesquelles les roches étaient découpées, auraient cédé à l'action de la pesanteur, qui tendait à les faire descendre sur les plans inclinés qui les limitent, conformément à la règle dite de Schmidt. Toutefois les exceptions à cette règle sont nombreuses, même lorsqu'il s'agit de forts rejets : les failles, dites inverses, abondent, par exemple dans le bassin houiller de la Grand'Combe.

Ce qui prouve clairement que le mouvement n'a pas toujours été déterminé par l'action de la pesanteur, c'est que les surfaces polies et striées des parois montrent fréquemment des stries de frottement qui s'écartent beaucoup de la ligne de plus grande pente, et qui, souvent même, sont à peu près horizontales. Ce caractère, que l'on rencontre dans les Vosges, dans les Alpes et ailleurs, se retrouve également dans les miroirs de filons [1].

---

[1] Exemple : à Chemnitz, le filon Colloredo (Zeiller et Henry, *Annales des mines*, 7ᵉ série, t. III, p. 144).

Dans les expériences, la pesanteur n'intervient dans la production des rejets que pour une part insignifiante. Mais il n'en est pas de même dans la nature, où les poids des pièces, isolées par les cassures, étaient énormes. Toutefois il faut tenir compte aussi des forces, qui sont indépendantes de la pesanteur, et qui se rattachent à l'ouverture même des failles. Les mêmes forces qui, après avoir déformé les massifs de roches, y ont produit des glissements moléculaires et des surfaces de fractures, telles que les failles, ont pu continuer à agir encore, postérieurement à ces ruptures, et déterminer des dénivellations, puis de nouvelles plicatures. Ces poussées latérales, auxquelles se rattache l'ouverture de certaines failles, l'auront emporté parfois sur l'action de la pesanteur, particulièrement quand les failles sont peu inclinées par rapport à l'horizon. C'est ainsi qu'on peut se rendre compte de superpositions, qu'on a qualifiées d'anormales et qui sont cependant très-fréquentes. Tel est le recouvrement du terrain crétacé par les roches granitiques, entre Meissen et Zittau, en Saxe, sur une longueur de plus de 120 kilomètres.

Telle est encore la superposition du calcaire carbonifère et des couches dévoniennes sur la partie moyenne du terrain houiller proprement dit, superposition qui a été récemment reconnue dans le nord de la France et en Belgique (fig. 116). Il en résulte ce fait important et inattendu que des puits arrivent au terrain houiller, après avoir traversé des terrains plus anciens, dont la présence avait ôté tout espoir de réussite. La grande faille, dite du Midi, le long de laquelle se produit un énorme refoulement, s'étend des environs de Liége jusqu'à l'extrémité du Pas-de-Calais, et actuellement est reconnue sur plus de 200 kilomètres[1]; son inclinaison par rapport à l'horizon descend au-dessous de

---

[1] Cornet et Briart, *Annales de la Société géologique de Belgique*, t. II, 1875.

15 degrés. Il serait donc possible que cette faille considérable fût une suite des phénomènes de pression qui ont causé les replis multiples des couches, dans la zone méridionale du bassin houiller ; comme si l'effort, quelle qu'en soit la cause, qui a été assez puissant pour ployer, sur plus de 2500 mètres d'épaisseur, les couches des terrains dévoniens et carbonifères, depuis le Pas-de-Calais jusqu'en Westphalie, n'avait pas été épuisé par un si gigantesque travail.

Or les expériences qui précèdent montrent bien comment la dénivellation entre les deux parois de la fente peut avoir

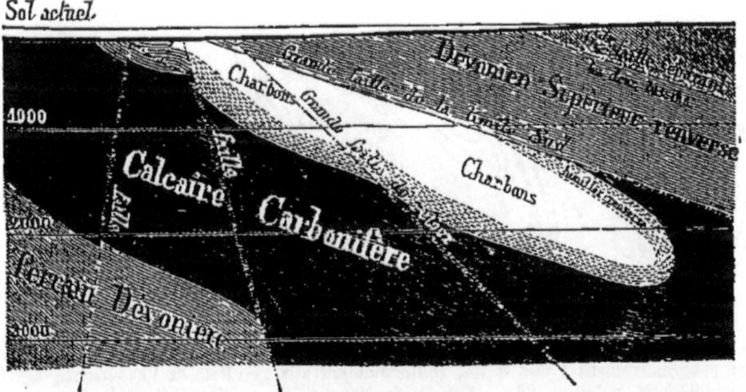

Fig. 116. — Liaison des ploiements aux failles : exemple fourni par le renversement des couches du terrain houiller, du calcaire carbonifère et du terrain dévonien à Auchy-aux-Bois (Pas de Calais). — Coupe verticale, en travers du bassin, par les fosses 1 et 3, à l'échelle de $\frac{1}{80,000}$, d'après M. Breton.

été *produite par la poussée même qui a ouvert cette fente*. En d'autres termes, les fissures et les dénivellations qui les ont suivies peuvent être les conséquences d'une action unique. Il en est au moins ainsi, quand la pesanteur n'intervient pas.

Connexion des efforts qui ont produit des ploiements de couches et des failles. — Les géologues qui ont étudié, dans divers pays, des couches fortement ployées y ont reconnu des failles, qu'ils ont considérées comme consécutives d'inflexions forcées, que ces couches auraient subies, inflexions qui, au delà d'une certaine limite, auraient amené une fracture. Déjà MM. Rogers, à la suite de leur remarquable étude sur la chaîne des Alleghanys, étaient arrivés à cette conclusion. C'est aussi la conséquence à laquelle on est conduit, pour les couches houillères, si énergiquement plissées dans le nord de la France et de la Belgique, et pour certaines couches des Alpes, dont un exemple est représenté par la figure 117. Dans les Alpes de la Savoie et du Dauphiné, M. Lory a reconnu que ces masses montagneuses se divisent en quatre zones et sont séparées par des failles, qui ont préparé le relief des chaînes; une de ces failles, qui commence au massif du mont Blanc et va jusqu'au massif du Pelvoux,

Fig. 117. — Sections orientées parallèlement les unes aux autres et montrant comment un pli passe progressivement à une faille, conformément aux résultats de l'expérience représentée par fig. 96 à 98, p. 521 et 522. — Échelle de $\frac{200}{1}$ à $\frac{1}{100,000}$, d'après M. Heim [1].

a une longueur de plus de 150 kilomètres. De même dans le Jura, les soulèvements en voûte, particulièrement nombreux dans la zone occidentale, sont associés à des failles, qui ont découpé les massifs.

Dans ces exemples et dans bien d'autres qu'il serait facile de citer, les *mêmes efforts*, modifiés parfois dans leur direction et leur intensité, notamment par le déplacement des masses sur lesquelles ils s'exerçaient, paraissent avoir produit, successivement ou alternativement, des ploiements, des failles et des poussées, auxquelles se rattachent les rejets accompagnant ces failles.

[1] Sections empruntées à l'ouvrage intitulé : *Mechanismus der Gebirgsbildung*, 1878.

Ce mécanisme fait comprendre comment des actions, assez énergiques pour ployer des séries de couches, sur des épaisseurs très-considérables, ont pu aussi déterminer des failles, puis des dénivellations énormes.

Les expériences précitées, particulièrement celles qui concernent les cassures consécutives des ploiements (pages 521 et 522), conduisent également à des séries de fissures parallèles, qui se produisent, lorsque, à la suite du ploiement, la limite d'élasticité de la substance a été dépassée.

Failles et cassures diverses dans des couches très-faiblement déformées. — On a vu qu'il suffit d'une faible déformation pour produire de nombreuses fissures : on ne peut dès lors être surpris de trouver des failles, en dehors des pays montagneux, ou fortement disloqués, dans des régions de collines ou de plaines, telles que certaines parties de la Nièvre, le Sancerrois, le nord de la France et le sud-ouest de l'Angleterre, où ces failles se lient aux ploiements généraux que les couches ont subis dans ces mêmes régions. Malgré l'horizontalité que l'on croit y reconnaître, si on les considère sur des points isolés, les couches de ces divers pays ont subi un gauchissement, une torsion, qui suffit pour expliquer l'origine des failles ou cassures qui les traversent.

Pour beaucoup de terrains stratifiés, qui sont à la fois faiblement infléchis et traversés par des failles, l'observation a fait reconnaître, comme très-vraisemblable, que la cause des inflexions et celle de la formation des failles sont connexes. M. Hopkins l'a très-bien constaté dans le pays de Weald, et le soulèvement du pays de Bray paraît avoir produit des effets analogues, jusqu'à des distances considérables.

Il en est de même, et à plus forte raison, pour les joints de glissement, qui se montrent pour ainsi dire partout; d'innombrables couches sont, pour ainsi dire, cisaillées en menus fragments : les couches de craie blanche de la Normandie présentent un exemple de cette dernière circonstance, comme on l'a vu plus haut (p. 524 à 526).

Les cassures naturelles qui se sont produites dans ces circonstances s'expliquent par les expériences où une faible déformation, qu'elle résulte d'une torsion ou d'un autre mode de pression, cause les systèmes de cassures de divers ordres, dont il vient d'être question.

Fréquence probable des effets de torsion dans la nature. — D'après ce qui précède, une ressemblance manifeste rapproche de nombreuses cassures, de divers ordres de grandeurs, qui traversent l'écorce terrestre et les cassures produites sur des plaques minces par une torsion. Dans les unes et dans les autres, on remarque un grand nombre de fentes rectilignes, groupées parallèlement entre elles; de part et d'autre, ces séries de fentes parallèles se groupent en deux ou plusieurs systèmes, orientés suivant des directions différentes, de manière à constituer des réseaux. Cette ressemblance dans les effets peut faire supposer une certaine analogie dans les causes.

Un rapprochement est d'autant plus autorisé que l'on arrive à reconnaître directement que des effets de torsion ont pu et même ont dû se produire dans l'écorce terrestre.

Lamé, dans le chapitre où il a appliqué la théorie mathématique de l'élasticité à l'écorce terrestre, conclut que cette enveloppe, sous la simple action de fortes pressions intérieures, de la pesanteur et des pressions extérieures, peut avoir subi des torsions [1]. A part ces considérations mathématiques, les déformations sans nombre qu'a subies l'écorce terrestre, pendant de très-longues périodes, conduisent à admettre qu'il a dû s'opérer des torsions, dans beaucoup de

---

[1] Car, si l'on considère les forces dans un plan vertical séparant deux massifs, ces forces peuvent être une traction, dans une partie du plan et, dans l'autre, une pression.

ses parties. Les pressions latérales ou horizontales d'une extrême énergie, dont on constate, de toutes parts, les preuves manifestes, n'ont pu sans doute, à moins de circonstances exceptionnelles, s'exercer avec une symétrie telle que les forces contraires, qui étaient en présence, n'aient pas causé de torsions.

Cette conclusion sur la possibilité de torsions fréquentes ressort, d'une manière plus précise, de l'examen des inflexions diverses et des formes tourmentées que l'on a constatées dans plusieurs bassins houillers du centre de la France, où les allures des couches ont été exactement reconnues par les travaux d'exploitation : par exemple, dans les bassins de Saint-Étienne, aux environs de la Ricamarie, où, en quelques points, les ploiements ont fait disparaître le parallélisme des couches; ceux du Creusot, du Montceau et de Monchanin (Saône-et-Loire); ceux de Commentry et de Bezenet (Allier). de Saint-Éloi (Puy-de-Dôme), de Decazeville (Aveyron), du Pas-de-Calais, et bien d'autres, montrent des couches comprises entre des surfaces gauches et sinueuses, souvent très-irrégulières, et des couches de houille, dites en *chapelet;* les renflements de ces couches, séparés les uns des autres par des étranglements ou *serrées*, paraissent déceler les effets d'une torsion. Les exploitations d'ardoises au environs de Fumay par exemple, ont fait reconnaître avec exactitude des ploiements non moins compliqués (fig. 154 et 155, pages 594 et 595).

De toutes parts, même dans les régions où les couches semblent planes, comme le nord de la France, il s'est opéré des gauchissements. Des torsions ont pu se produire dans ces transformations diverses, quelque faibles qu'elles paraissent, et lors même qu'elles auraient été causées par de simples tassements ou porte-à-faux, opérés sous l'action de la pesanteur. Dans ce dernier cas, bien plus que dans celui de dislocations violentes et d'énergiques poussées latérales, le rejet des failles a dû se faire dans le sens de l'action de la pesanteur.

D'ailleurs, sans qu'il y ait à recourir à des suppositions, il est de très-nombreuses failles qui ont conservé l'empreinte d'une torsion, non-seulement dans leurs formes gauches, mais aussi dans les rejets contraires qu'elles ont produits. On y voit, en effet, le rejet varier d'amplitude, pour une même paroi de la faille, lorsqu'on en suit le parcours en direction, et il n'est pas rare que l'une des deux parois ait subi, ici une élévation relative, là un abaissement. Ces failles à rejets contraires, positif et négatif, ont un point intermédiaire ou nœud où le rejet est nul; aussi les mineurs de certaines localités les désignent-ils sous le nom de *failles à charnières*.

Parmi les actions mécaniques de nature très-variée et les écrasements latéraux que l'écorce terrestre a subis de toutes parts, l'expérience nous amène donc à considérer la torsion, comme l'une des causes probables, si ce n'est certaines, d'un mode de fracture qui est très-répandu, notamment dans les joints et dans les failles. C'est une donnée que l'expérimentation apporte à la solution du problème général.

Mouvements brusques qui ont pu résulter des déformations lentes. — Dans les conjectures qui ont été faites sur l'origine des failles, on a supposé, comme l'a fait Naumann[1], qu'elles avaient été élaborées par des actions de très-longue durée. C'est une illusion comparable à celle qui, il n'y a guère plus de vingt ans, faisait croire et dire, dans un ouvrage de géologie des plus répandus, que si l'acide silicique, au lieu de rester à l'état amorphe, comme dans les laboratoires, a pris l'état de quartz, ce ne pouvait être qu'avec le concours d'un temps extrêmement long. Or on sait aujourd'hui qu'il n'en est rien, et qu'il suffit de quelques heures

---

[1] Naumann, *Lehrbuch der Geognosie*, t. III, p. 510.

pour obtenir des cristaux de quartz, qui, il est vrai, sont de petites dimensions. De même, il ressort des expériences, dont il vient d'être rendu compte, un fait général, savoir, que des déformations lentes et des efforts graduels, lorsqu'ils ont suffisamment dépassé la limite d'élasticité des roches sur lesquelles ils s'exercent, peuvent aboutir à des systèmes de fractures produites brusquement, et présentant, avec un caractère de parallélisme évident, d'autres ressemblances avec des cassures naturelles, très-fréquentes dans l'écorce terrestre. Un mouvement brusque explique facilement certains phénomènes, tels que les miroirs de frottement, qui ne se conçoivent guère par des actions lentes, dont l'importance se manifeste, d'ailleurs, de toutes parts, dans l'histoire physique du globe.

De même qu'on l'a fait, après un demi-siècle de discussions, pour les deux doctrines neptunienne et plutonienne, qui faisaient exclusivement intervenir l'eau ou le feu, l'expérience tend à faire admettre que les actions lentes et les actions brusques, loin d'être incompatibles entre elles, ont été solidaires et connexes, les unes ayant amené les autres.

Fissures et glissements obtenus par le choc. — Relativement à la production expérimentale de fissures, il n'est pas hors de propos de rappeler ici les résultats obtenus, il y a 45 ans, par MM. Piobert et Morin, dans leurs études sur la manière dont les projectiles de fonte pénètrent dans des plaques également en fonte. Dans ces conditions il se produit une série de couches coniques et parallèles, qui paraissent avoir glissé successivement les unes sur les autres, à mesure que l'impression sur la plaque faisait des progrès. C'est un exemple, à la fois, de fissures par glissement, produites avec une régularité géométrique, et de rejets, avec surfaces striées, qui ont accompagné la formation de ces arrachements. Des pressions, d'une longue durée et suffisamment énergiques, produiraient peut-être des effets analogues à ceux que les chocs causent, presque toujours, instantanément.

Observation générale. — La corrélation la plus remarquable que présentent les cassures terrestres, petites ou grandes, est un parallélisme qui se reproduit un grand nombre de fois et qui, pour le même champ de fractures, se manifeste suivant une, deux ou plusieurs directions. Ces deux caractères fondamentaux se retrouvent également dans les cassures obtenues artificiellement. Grandes cassures, avec rejets, comme les failles; petites cassures sans rejets apparents, comme les joints; fentes à peine discernables et comparables à un clivage; gerçures béantes[1]; tendance de toutes ces cassures à se grouper sous des angles voisins de l'angle droit: tels sont les modes de ruptures que l'expérimentation fait naître, simultanément et subordonnées les unes aux autres, de la même manière que dans la nature. C'est ainsi que l'expérimentation jette de la lumière sur les liens de solidarité que nous montre la nature, pour des cassures de divers ordres, mais congénères[2].

Des cassures innombrables, se groupant suivant plusieurs systèmes parallèles, peuvent être l'effet d'une pression unique, quelle que soit d'ailleurs la cause de la pression, que cette cause soit l'action de la pesanteur ou une contraction, due à un changement de température.

La multitude de polyèdres, dans lesquels nous voyons une pression unique diviser, simultanément, une même masse, explique les fissures innombrables des roches, en quelque

---

[1] Dans l'expérience, les cassures les plus petites sont les plus régulières; il en est encore de même dans la nature.

[2] Ces expériences ont ramené l'attention sur un sujet déjà étudié par Coulomb. M. de Saint-Venant et M. Maurice Lévy ont cherché à expliquer par le raisonnement le fait que les cassures s'ouvrent sous des incidences égales, par rapport à la direction de la pression et qu'elles tendent à être perpendiculaires. De son côté, M. Potier, postérieurement à nos expériences, a tenté d'en démontrer mathématiquement les résultats. (*Comptes rendus de l'Académie des sciences*, t. LXXXVI, p. 1539, 1878.)

sorte cisaillées, de la même manière que les masses brisées
par torsion ou par pression.

*Convenance de dénominations spéciales pour les divers ordres
de cassures.* — Parmi les cassures, de formes et d'origines
variées, qui traversent en tous sens l'écorce terrestre, il est
certains types qu'il paraît utile de caractériser nettement
et de coordonner.

Il en est qui ont été produites par *retrait ;* telles sont celles
des prismes bien connus dans les roches volcaniques. D'autres sont des plans de *clivage,* qui se rapportent à la schistosité et dont il sera question plus loin.

Mais les plus importantes de ces cassures paraissent dues
à un *glissement* moléculaire et se rattachent à des *pressions,*
dont la cause première doit être cherchée en dehors de la
roche elle-même; ces dernières cassures sout du genre de
celles qui ont laissé leurs énergiques empreintes dans les
ploiements de roches stratifiées, et dont les failles sont les
représentants les plus connus.

Ces cassures des roches, ont, en général, reçu le nom
de *joints,* nom également adopté par les géologues anglais [1],
et dont j'ai dû me servir dans tout ce qui précède. Ce nom,
emprunté à l'architecture, où il désigne les plans, suivant
lesquels on a assemblé les assises d'une construction, paraît
inexact, lorsqu'il s'agit, au contraire, de faces de rupture,
auxquelles le nom de *disjoint* serait mieux adapté. On peut
lui substituer un nom, à la fois plus juste et plus com-
préhensible dans différentes langues. Tel est celui de *diaclase* [2].

Les nombreux faits qui unissent, par une relation intime
et originelle, les joints aux failles, et qui appartiennent éga-

---

[1] En allemand : *Kluft, Riss, Spall, Absonderungsfläche.*

[2] De διά, à travers, marque la division; et de κλάω, briser, diviser; fissure par brisement.

lement au domaine de l'observation et à celui de l'expérience, conduisent à rappeler cette commune origine par une similitude de nom. Celui de *paraclase* [1] exprime que la cassure est accompagnée d'un déplacement. Sans prétendre le substituer à celui de faille, qui est si répandu [2], nous croyons devoir le présenter, pour la double raison d'une symétrie avec le nom de diaclase, et, comme le premier, d'une étymologie rationnelle.

Enfin les diaclases et les paraclases constituent deux grands groupes, dans les cassures qui nous occupent et auxquels convient le nom général de *lithoclase*.

Conséquences des expériences, en ce qui concerne les caractères de divers ordres que présente le relief du sol. — L'influence fondamentale que la constitution géologique exerce sur la configuration de la surface du sol, se manifeste partout, avec plus ou moins d'évidence, soit que l'on considère les grandes masses, dans l'ensemble de leur agencement, soit qu'on analyse les détails de leurs formes. Sans le secours des lumières apportées par la géologie, il est impossible de comprendre les contours et le relief des continents, non plus que beaucoup de leurs caractères topographiques.

Mais, si les différences que les massifs de roches présentent, dans leur nature minéralogique, ainsi que dans leur juxtaposition originaire, ont une large part dans la physionomie de chaque contrée, les actions que ces roches ont subies, *postérieurement* à leur formation, jouent aussi un rôle fort important. Ces actions postérieures, quoique de nature complexe, peuvent se résumer en *cassures* et en *érosions*.

---

[1] De παρά, préposition qui exprime ordinairement obliquité, latéralité ; et de κλάω, briser ; le mot s'applique bien à une fissure, accompagnée de l'abaissement de l'une des parois par rapport à l'autre, comme il arrive dans les failles.

[2] En anglais, *fault* ; en allemand, *Verwerfung, Verwerfungsspalt, Sprung.* etc.

Partout se manifeste la puissance, avec laquelle les agents de la surface, tels que les courants d'eau, les glaciers ou les neiges, ont autrefois exercé leurs démolitions. Dans les chaînes de montagnes, aussi bien que dans les régions de collines ou de plaines, il n'est pas une vallée, pas une proéminence isolée, qui ne présente des traces d'érosions.

Sans être aussi apparentes, au premier coup d'œil, les cassures de divers ordres ou lithoclases, qui traversent, de toutes parts, les roches constitutives de l'écorce terrestre, ne sont pas moins instructives pour l'explication du relief du sol.

Déjà Descartes, après avoir conçu la grande idée que la Terre est un soleil éteint et encroûté à sa surface, en avait conclu, par une intuition qui est le caractère du génie, que les voussoirs de la croûte terrestre, en jouant les uns par rapport aux autres, ont dû y produire des aspérités.

Des observations positives ont, en effet, appris, depuis la fin du siècle dernier, à la suite de Hutton, de Saussure, de Léopold de Buch, d'Élie de Beaumont et d'autres géologues, que l'écorce de notre globe présente d'innombrables lignes de fractures, auxquelles se coordonne son modelé.

Influence bien connue des paraclases sur le relief du sol. — En ce qui concerne les failles proprement dites ou paraclases, l'influence qu'elles peuvent exercer sur le modelé général du sol est bien connue, et le géologue les reconnaît fréquemment aux anomalies qu'elles causent dans le relief.

Souvent les paraclases se traduisent, à la surface, par des saillies brusques et allongées comparables à des falaises. Telles sont celles qui terminent la chaîne des Vosges, du côté de la plaine du Rhin, particulièrement dans la région septentrionale, formée de grès des Vosges, ou celle qui limite l'Alpe du Wurtemberg, etc. Quelquefois aussi les failles donnent lieu à des ressauts, qui, sans être aussi considérables que ceux qui viennent d'être cités, sont cependan très-marqués (Côte-d'Or, où on les a désignés sous le nom de *hérissons*). Ces saillies, de divers ordres de grandeur, sont dues à des rejets plus ou moins considérables, qui ont donné à une des parois de la faille une élévation relative, qui subsiste encore, au moins en partie, lorsque des érosions postérieures ne l'ont pas fait disparaître.

Fréquemment les paraclases s'accusent, non par des saillies, mais, au contraire, par les érosions qu'elles ont provoquées. Il y a longtemps que de la Bèche a montré que, dans la contrée du Black-Down, des failles qui traversent les couches crétacées ont donné naissance à des vallées[1]. En signalant le parallélisme de la Lys, de l'Escaut, de la Dendre, de la Senne, de la Dyle, de la Gette, d'Omalius a supposé aussi que ces lignes étaient le résultat de fractures, comme Dumont l'avait conclu pour la Hesbaye. Bien des terrains houillers, où l'exploitation oblige à suivre et à relever exactement la situation des failles, offrent des coïncidences analogues : tels sont ceux de Saint-Étienne, de Blanzy, de la Grand'Combe et de Bessèges, où les failles s'annoncent par de nombreux *vallats*. Les exemples du même fait sont trop connus pour qu'il y ait lieu d'en citer d'autres. Le nom de *vallées de failles*, adopté par d'Omalius[2], a donc souvent sa justification.

Dans tous les cas dont il vient d'être question, il arrive très-souvent que les érosions tendent à effacer le caractère des cassures originelles, sur lesquelles elles sont en quelque sorte greffées, parce qu'elles leur ont substitué les formes serpentantes qui leur sont propres.

Rôle qu'il convient d'attribuer aux diaclases, dans le relief du sol, soit en petit (rochers isolés, mers de rochers, cavernes), soit en grand (traits fondamentaux du dessin des vallées). — Mais, lors

---

[1] *Considérations théoriques sur la géologie*, p. 131 et 132.
[2] D'Omalius, 7ᵉ édition, p. 194.

même que les lithoclases n'ont produit aucun rejet, c'est-à-dire lorsqu'elles n'appartiennent pas à la catégorie des failles proprement dites ou paraclases, les cassures des roches ou diaclases paraissent avoir joué un rôle très-important dans le modelé du sol.

D'abord, on peut constater le fait sur de petites dimensions et sur des roches diverses, en étudiant les saillies qu'elles forment fréquemment. C'est ainsi qu'on rencontre, à chaque pas, dans le grès des Vosges, des rochers isolés, en forme de parallélipipède et de corniches escarpées, simulant des châteaux forts (fig. 118 et 119). Il en est de même dans le quadersandstein de la Suisse saxonne et de la Bohême, dont la stratification est également horizontale et qui est coupée par des fentes verticales, souvent à peu près rectangulaires entre elles, d'où il est résulté la division en parallélipipèdes qui lui a valu son nom[1] (fig. 120 et 121). Tel est aussi le granite du Cornouailles, celui des environs de Carlsbad (fig. 122) et de beaucoup de contrées.

On peut se convaincre du même fait en examinant les *mers de rochers* (Felsenmeer) qui se rencontrent dans des roches très-cohérentes et de natures diverses : granite (Brocken, Odenwald); grès des Vosges (plateau de Sainte-Odile, Menelstein, Ungersberg); grès bigarré (environs de Plombières, où elles sont connues sous le nom de *meurgers*). L'état fragmentaire et ruiné des hautes cimes paraît être un fait général. Ainsi, les pics pyrénéens consistent, pour la plupart, en monceaux de blocs, souvent désignés sous le nom de *chaos*, de même que la cime du Mont-Perdu[2] que Ramond a si attentivement étudiée dans les formes de ses rochers.

La région plombifère du Wisconsin, dont il a été question plus haut, présente, dans des couches calcaires et par con-

---

[1] Naumann, *Erlaueterungen*, p. 49, 3e cahier.
[2] D'après le comte Killough-Russell.

séquent d'une autre nature, une série d'accidents comparables à ceux dont il vient d'être question : blocs cuboïdes

Fig. 118. — Rochers isolés, déterminés par des joints verticaux qui traversent les couches de grès des Vosges, et simulant des ruines de châteaux-forts. — Ochsenstein près Reinhardsmünster (chaîne des Vosges).

épars (bluffs ou mornes) simulant des ruines, crevasses

Fig. 119. — Rochers isolés et épars, déterminés par les systèmes de joints qui traversent le grès des Vosges, suivant deux directions principales, perpendiculaires entre elles et à la stratification. — Prancey (chaîne des Vosges).

profondes, réseau de vallées à parois à peu près verticales et dont les formes pittoresques frappent tous les voyageurs du

Haut-Mississipi. Dans ces accumulations, les blocs résultant des cassures, une fois désunis, ont souvent été déplacés, soit

Fig. 120. — Rochers isolés les uns des autres, et déterminés par des joints verticaux qui traversent les couches de grès crétacé (quadersandstein) suivant deux directions principales, rectangulaires entr'elles. — La Bastey (Suisse saxonne.)

par la force même qui les avait produits, soit par l'action de la pesanteur, lorsqu'ils se trouvaient sur des pentes.

Fig. 121 — Escarpements divers déterminés par les lithoclases qui ont dirigé et facilité les actions érosives sur les couches à peu près horizontales du grès crétacé (Quadersandstein) du grand Winterberg (Suisse saxonne).

L'influence topographique des diaclases se manifeste très-souvent sur une échelle beaucoup plus grande. Plus on étudie, sur des cartes exactes, le dessin général des vallées et le relief du sol, plus on y reconnaît, de toutes parts, même dans les pays dont les couches sont restées à peu près horizontales, de nombreux traits rectilignes, parallèles et souvent coudés. Or, ce caractère, sur lequel l'un de nos plus savants topographes, M. le colonel du génie Goulier, a appelé l'attention,

Fig. 122. — Rochers isolés, déterminés par trois systèmes de joints qui traversent le granite, l'un horizontal, les deux autres verticaux et dirigés perpendiculairement entr'eux. — Carlsbad.

se montre très-fréquemment en rapport avec les diaclases.

Parmi les exemples qui font ressortir cette corrélation, je mentionnerai les couches crétacées d'une partie du nord de la France que recouvrent des dépôts tertiaires. En examinant attentivement une carte bien faite, particulièrement la carte hydrographique du dépôt des fortifications, si habilement dessinée par M. le commandant Prudent[1], on voit que, sur les val-

---

[1] La planche ci-jointe est la réduction d'un dessin que M. Prudent a eu la bonté d'exécuter lui-même à mon intention.

RÔLE DES LITHOCLASES, COMME CASSURES INITIALES DES VALLÉES

Exemples pris l'un sur une partie du littoral français, l'autre sur une partie du littoral de Jersey.

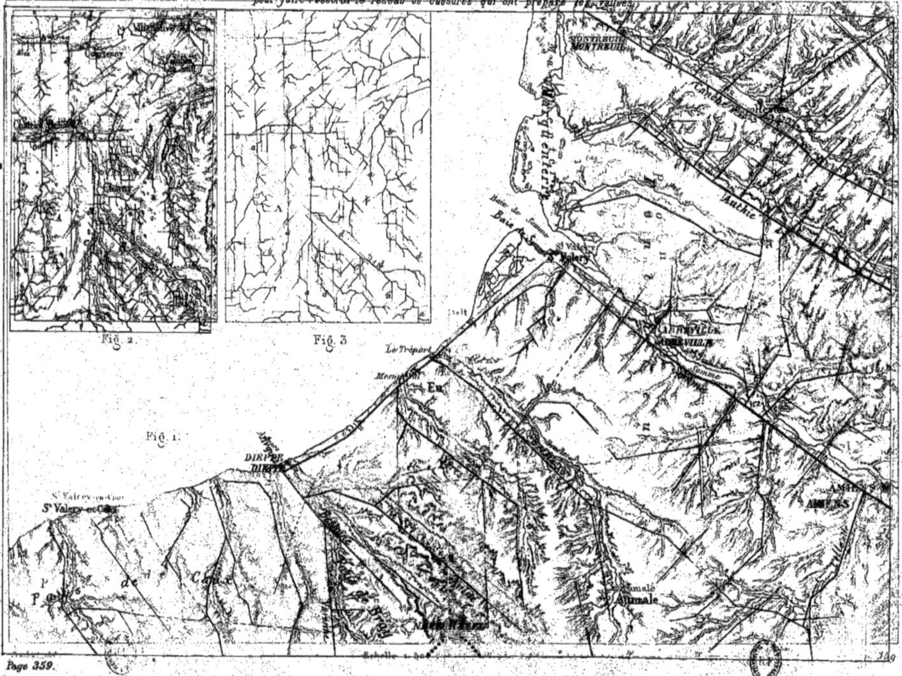

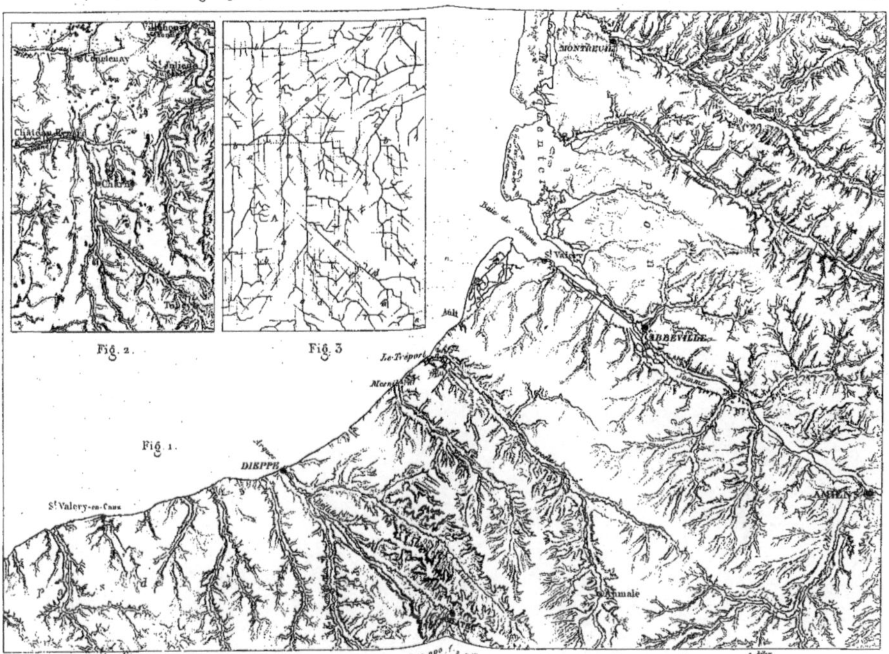

RÔLE DES LITHOCLASES, COMME CASSURES INITIALES DES VALLÉES

Exemples pris, l'un sur une partie du littoral français de la Manche, l'autre aux environs de Joigny (Yonne)

lées principales, s'embranchent un grand nombre de vallons, également rectilignes et parallèles entre eux.

Ainsi, sur la planche III, fig. 1, à l'échelle de $\frac{1}{500\,000}$, on distingue, comme cassures principales, celles qui ont donné naissance à une série de vallées parallèles, dirigées E. S. E. à O. N. O., comme la faille orientale du pays de Bray. Ce sont, à partir du nord, la Canche, l'Authie, la Somme, la Bresle, l'Yères, l'Aulne et la Béthune. Sur ces vallées parallèles s'embranchent de nombreux vallons, dont beaucoup sont également parallèles et se dirigent à peu près O. S. O. à E. N. E., sans être toutefois perpendiculaires aux premières. Exemple, des vallées de la Canche et de la Ternoise à Hesdin (Pas-de-Calais) dont l'angle est environ de 80 degrés [1].

L'orientation moyenne de ces derniers vallons s'accorde avec la direction générale de la falaise, entre les embouchures de la Somme et de l'Arques. On rencontre encore, comme à l'embouchure de l'Authie, la direction E. O. et, d'une manière moins apparente, la direction N. S., qui est celle du littoral, entre l'embouchure de la Somme et la lisière du Boulonnais.

Quelques-unes des lithoclases les plus remarquables, au point de vue de l'ouverture des vallées, ont été marquées sur un diagramme transparent qu'on doit superposer à la carte et qui, pour plus de netteté, n'indique qu'un petit nombre de celles qu'on aurait pu y tracer.

D'un autre côté, on a vu plus haut, page 524, comment les escarpements abruptes des falaises se prêtent bien à l'étude de l'orientation des cassures de toutes sortes qui en divisent les couches. D'après l'étude détaillée que j'en ai faite,

---

[1] Ces caractères géométriques ressortent plus clairement encore sur la carte au $\frac{1}{80\,000}$.

Il convient de faire remarquer ici que par suite d'une inadvertance le nom de Pays de Bray a été écrit trop à l'ouest d'environ 7 kilomètres.

les diaclases *principales* sont soumises à des relations de parallélisme et se répartissent, comme on l'a vu, suivant deux directions prédominantes N. 50° E. et N. 127° E. Or, ces deux directions principales sont également celles qui prédominent dans les vallées et les vallons de la région voisine, même dans les localités où l'on ne connaît pas de failles.

Une autre démonstration non moins claire de l'influence des joints sur les érosions du sol est fournie par les grands escarpements mêmes des falaises. Ceux-ci ne correspondent pas à des failles, comme pourrait le faire supposer leur forme abrupte, mais à de simples diaclases. Les couches qui en forment la base se continuent sans rejet vers la plage qui est à leur pied et qui se montre à nu à marée basse.

C'est encore aux intersections successives de ces systèmes de joints que sont dues ces séries d'angles saillants et rentrants que l'on observe souvent dans la falaise, par exemple entre Tréport et Mesnil-Val, et qui, à distance, rappellent des redans de fortifications (fig. 99 et 100, p. 324 et 326). Souvent aussi les diaclases produisent une sorte de placage parallèle à la face principale de la falaise.

Des actions contemporaines, exercées sur les mêmes falaises, contribuent à faire comprendre l'influence des diaclases sur les érosions. Un peu au-dessus du niveau de la mer, dans les parties battues par les vagues, on observe en effet très-fréquemment des grottes ou couloirs dont les parois sont planes et ressemblent à des entrées de galeries de mines de grande dimension (fig. 101, p. 526); elles résultent d'érosions alignées suivant les parois des joints.

Ailleurs, c'est sur la plage même que l'on observe des sillons dus à une cause analogue. Ces érosions, à peu près rectangulaires, considérées du haut de la falaise, rappellent, comme en miniature, d'une part, les érosions qui ont formé les vallées et les vallons; d'autre part, les poches alignées, où se sont souvent déposés les minerais de fer pisolithiques et d'autres minerais métalliques dans diverses localités.

Dans les couches de craie de l'Angleterre, on trouve des plans de division de même caractère, comme le montrent certains rochers isolés de l'île de Wight[1], ou les prismes mis à nu par un glissement sur la côte de Great Bindon en Devonshire[2].

Un autre exemple de relations du même genre est fourni par la planche III, fig. 2, qui représente, à l'échelle de $\frac{1}{500\,000}$, le plateau de Charny (Aube) et de Courtenay (Loiret), au S. O. de Joigny, formé de couches crétacées, craie moyenne et craie blanche, que recouvrent des couches tertiaires peu cohérentes, argile, sable et terre rouge à silex. Un diagramme, pl. III, fig. 5, fait ressortir la direction des cassures principales et leur continuité est indiquée en plan par des traits pointillés. Il s'y présente des cassures rectilignes parallèles, qui se rapportent à quatre directions principales : N. S. (a, a, a); E. O. (b, b, b); N. O. à S. E. (c, c, c); N. E. à S. O. (d, d, d). Ces cassures se décèlent par la configuration polygonale des vallées, dont les cassures ont été l'origine. Quelques-unes sont discontinues et presque entièrement à sec. L'une d'elles, A, est même sans issue, et les eaux qui s'y rassemblent ne peuvent s'écouler que souterrainement. La discontinuité pourrait faire penser que certaines parties d'une même fissure sont restées béantes, de manière à appeler les eaux et à favoriser leur érosion, tandis que d'autres parties, dans le prolongement des premières, restaient fermées, par la juxtaposition des masses cassées.

Sans sortir du sol de la France, on trouverait des exemples sans nombre de l'influence des diaclases sur la configuration d'un pays.

---

[1] Green. *Geology*, p. 443.
[2] Conybeare and Dawson. *Views of East Devon*. 1840.

Tels sont, dans le bassin tertiaire de Paris, les alignements rectilignes et parallèles des collines gypseuses de Sannois et de Montmorency, d'une part, et de Montmélian et de Dammartin, d'autre part, dirigées à peu près suivant O. N. O à E. S. E. ; direction qui se retrouve sur beaucoup d'autres parties de la même région et se montre avec une régularité frappante dans les environs de Fontainebleau, comme il résulte de la carte du dépôt de la guerre, ainsi que des cartes géologiques [1].

Les vallées qui sillonnent le calcaire jurassique de divers étages, par exemple aux environs de Longwy, de Briey et de Fontenay près Toul (Meurthe-et-Moselle) sont fort instructives à cet égard.

Comme exemple à figurer, on a choisi (planche IV, échelle de $\frac{1}{80000}$ le plateau situé à l'ouest de la Moselle, entre l'Orne et la Fensch, au nord de Briey, comprenant Hayange et Moyeuvre. Cette région présente une série de vallées polygonales, entaillées dans les calcaires de l'oolithe inférieure ; leur origine paraît due, comme les précédentes, à des cassures ou portions de cassures rectilignes, et nous rencontrons ici le cas, particulièrement intéressant, d'effets mixtes dus à la fois aux diaclases et aux paraclases, connues sous les noms de failles de Fontoy et de Hayange [2].

Cette planche est accompagnée, comme la précédente, d'une feuille transparente et pouvant lui être superposée, sur laquelle on a tracé l'esquisse de toutes les lignes de fil-d'eau (thalweg), de manière à mieux en faire saisir les relations mutuelles. Outre ces lignes, qui sont de grosseur progressive, d'amont à l'aval, on a représenté par des hachures horizontales les fonds des vallées de la Fensch et de

---

[1] La petite carte réduite, donnée par M. Belgrand, exprime bien ces traits de parallélisme que l'auteur a attribués à des érosions violentes.

[2] Ces dernières failles ont été signalées par M. Jacquot, *Description géologique de la Moselle*, p. 596.

ESQUISSE DES LIGNES DE FIL-D'EAU (THALWEG) DEVANT ÊTRE SUPERPOSÉE A LA PLANCHE IV,
pour faire ressortir le réseau de cassures qui ont préparé les vallées

DAUBRÉE, ÉTUDES SYNTHÉTIQUE DE GÉOLOGIE EXPÉRIMENTALE

PL. IV.

Page 362.

RÔLE DES LITHOCLASES, COMME CASSURES DE LA FORMATION DES VALLÉES.
Exemple pris dans le plateau de Briey (Meurthe-et-Moselle)

RÔLE DES LITHOCLASES, COMME CASSURES INITIALES DE LA FORMATION DES VALLÉES
Exemple pris dans le plateau situé au N.E. de Briey (Meurthe-et-Moselle)

l'Orne, et par de grosses lignes ponctuées FF et FF', les failles de Hayange et de Fontoy.

On y voit des changements brusques de directions, que des courants capables de creuser ces vallées eussent inévitablement transformées en cirques d'érosions, analogues à ceux qui se présentent dans la vallée de l'Orne, où l'énergie des érosions a modifié, de cette manière, des coudes dus primitivement à des cassures. Très-souvent, des portions presque rectilignes des vallées sont prolongées au delà de coudes C, C, C, C', C" par des vallons entaillés dans les calcaires de l'oolithe inférieure. Leur origine s'explique facilement dans l'hypothèse de cassures qui seraient restées fermées vers l'origine du vallon et qui auraient été béantes en aval. Dans cette hypothèse de cassures, on conçoit bien comment une vallée ABC' ou a c' quitte sa direction première, pour suivre, à angle droit, une cassure C'C" ou c'c", qu'elle abandonne, à son tour, pour reprendre son ancienne direction, selon C"D, ou c"d.

Enfin, signalons cette circonstance que plusieurs vallées, même celles dans lesquelles le topographe a dessiné un ruisseau, sont entièrement privées d'eau, quoique ayant des bassins assez étendus. Cela serait difficilement explicable s'il s'agissait d'une vallée d'érosion, vu la petitesse de l'épaisseur des remblais, qui est accusée par la largeur très-faible du fond plat de ces vallées.

Quelques-unes des lignes de fil-d'eau sont rattachées l'une à l'autre par des traits pointillés, qui expriment avec probabilité les parties des cassures qui, étant restées fermées, n'ont pas été l'origine de vallons ou de vallées. Ces différentes lignes offrent une tendance au parallélisme, et, en particulier, celles qui allant du S.O. au N.E. sont parallèles à la direction générale de la vallée de l'Orne et à un grand nombre d'autres accidents, très-apparents sur le terrain du pays messin.

Il ne paraît pas douteux que beaucoup des courts vallons qui découpent les berges des vallées ne doivent leur origine à des crevasses. Cela paraît extrêmement probable pour ceux qui rencontrent *obliquement* la ligne de fil-d'eau principale. Quant à ceux qui la rencontrent à angle droit, quelques-uns doivent bien provenir de la même cause; mais d'autres, et en grand nombre peut-être, peuvent être le résultat de simples érosions, rendues très-actives par la forte inclinaison des berges sur lesquelles coulaient les eaux. Signalons encore la disposition étoilée des vallons au point S., où se trouve la source volumineuse de la Fensch.

Dans une étude récente sur le département de Meurthe-et-Moselle, M. l'ingénieur des mines Braconnier a fait clairement ressortir l'existence de deux systèmes de cassures, respectivement parallèles entre elles, qui traversent le pays[1]. Ces lignes de cassures se groupent très-régulièrement en deux systèmes, l'un orienté E. 55° N., l'autre N. 57° O.; ces deux systèmes de lignes, inclinées l'une sur l'autre de 92°, partagent ainsi le pays en parallélogrammes. Entre les maîtresses-lignes de rupture profonde qui délimitent les compartiments, il en existe un très-grand nombre d'autres qui courent parallèlement aux premières; mais elles sont superficielles ou s'arrêtent à des profondeurs plus ou moins grandes. Le pays est donc comme un dallage, dont les dalles ont souvent joué les unes indépendamment des autres. Dans ces différents cas, il importe de le répéter, les couches se correspondent, en général, d'un flanc à l'autre de la vallée, sans offrir d'indices de rejet.

Les planches V et VI représentent, également à l'échelle de $\frac{1}{80\,000}$, divers systèmes de cassures que les érosions ont dénaturées sans pouvoir en effacer entièrement le carac-

---

[1] *Description des terrains de Meurthe-et-Moselle*, p. 71, 1879.

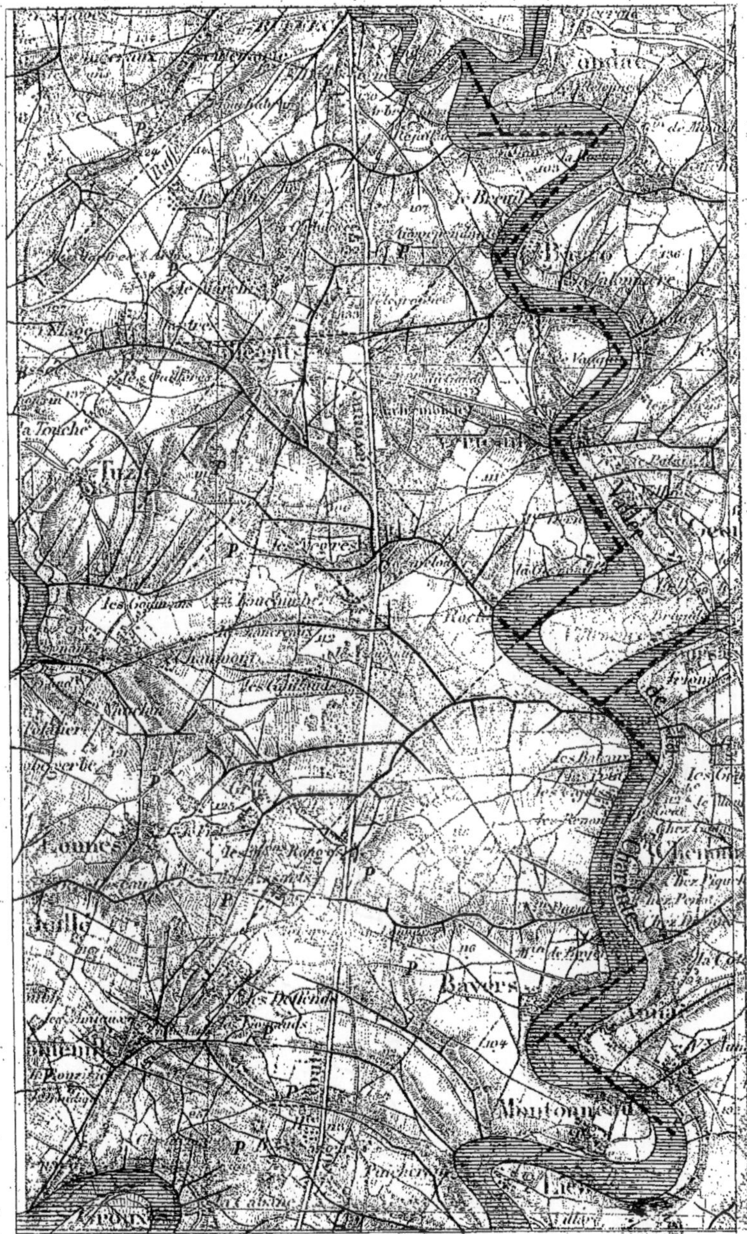

Page 364.

RÔLE DES LITHOCLASES COMME CASSURES INITIALES DE LA FORMATION DES VALLÉES

Exemple pris dans la vallée de la Charente au S. de Ruffec (Charente)

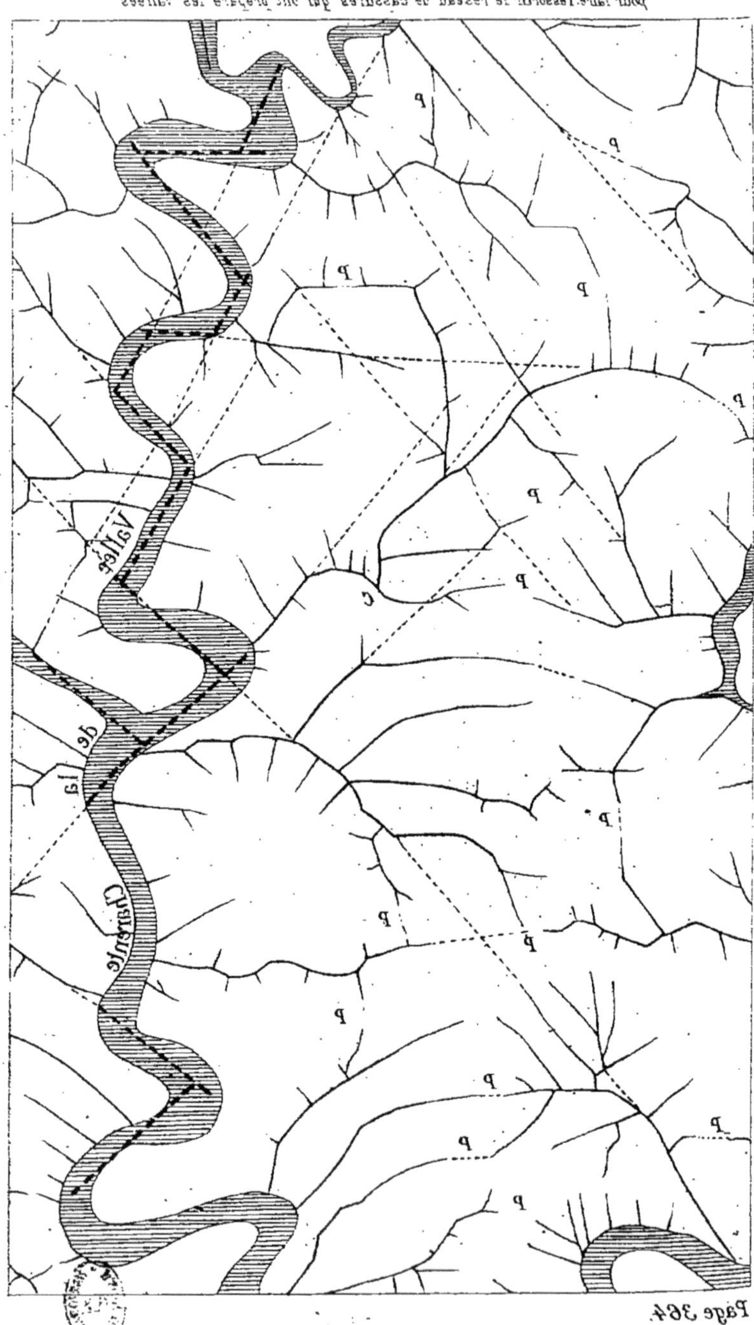

ESQUISSE DES LIGNES DE FIL-D'EAU (THALWEG) DEVANT ÊTRE SUPERPOSÉE A LA PLANCHE V,
pour faire ressortir le réseau de cassures qui ont préparé les vallées

Page 364.

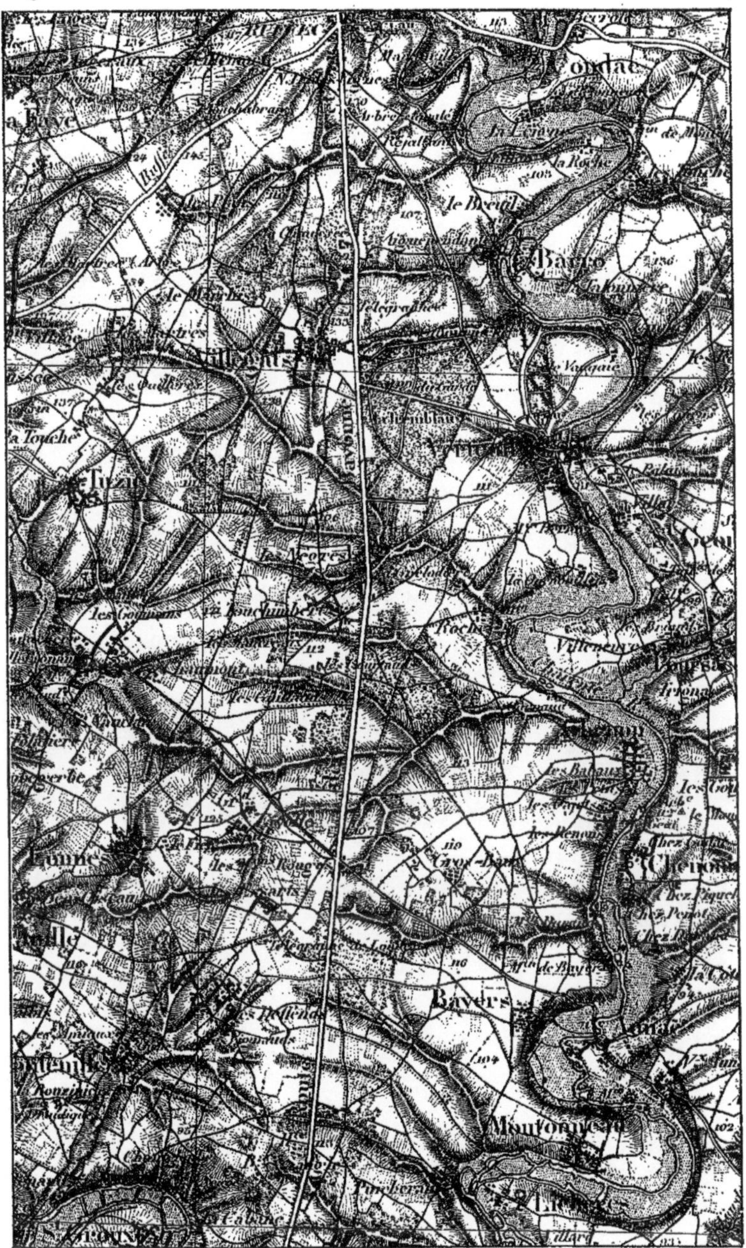

RÔLE DES LITHOCLASES, COMME CASSURES INITIALES DE LA FORMATION DES VALLÉES

Exemple pris dans la vallée de la Charente au S. de Ruffec (Charente)

tère originel. Un diagramme sur papier transparent est superposé à ces deux planches, dans le même but que pour la planche IV.

Sur la planche V est figurée la vallée de la Charente, au sud de Ruffec, dont le sol est formé de calcaire jurassique (oxfordien et corallien) que recouvre un dépôt calcaire incohérent. On distingue, sur les deux rives de la vallée principale, une série de vallées sans eau, correspondant à des cassures d'orientations diverses, N. O. à S. E. et N. E. à S. O.; quelques-unes N. S. et E. O.

Comme indication de fractures ayant donné naissance aux vallons et aux vallées, on y voit quelques coudes brusques, privés des cirques qui eussent été la conséquence du creusement de ces vallons par l'érosion. L'un de ces coudes en C, au centre de la carte, présente surtout un rebroussement caractéristique, qui paraît incompatible avec l'hypothèse d'une érosion. D'autres indications sont fournies par la continuité des directions des vallons, qui s'éloignent, en sens inverses, des points de partage marqués P, P, P.... Cette continuité porte naturellement à croire que ces vallons opposés doivent leur origine à la même cassure. On a tracé des lignes pointillées indiquant des cassures continues, qui probablement ont, dans leurs parties restées béantes, donné naissance à des vallons. Ces lignes se montrent avec un caractère de parallélisme.

Les sinuosités de la vallée de la Charente, par exemple la vallée qui va de Villegats à Chenon, paraissent avoir pour origine quelques-unes de ces cassures, qui ont ultérieurement donné naissance à des cirques d'érosion, et par suite, à une série de méandres. C'est ce qu'expriment les lignes ponctuées disposées en zigzag sur le fond plat de la vallée. Il en est de même, dans bien d'autres vallées, telles que celles de la Seine et de la Marne.

La planche VI est relative à la région située au nord de la Rochefoucauld (Charente), dont le sol, comme dans l'exemple précédent, et d'après la carte de M. Coquand, est formé de calcaire jurassique, principalement de l'oolithe inférieure et de l'oxfordien, que recouvrent des couches tertiaires incohérentes. Parmi les directions diverses qu'affectent les cassures, on y remarque surtout celle qui suit la route nationale de Chasseneuil à Taponnat, cassure qui se prolonge par des vallons au N. E. de la première localité et au S. O. de la seconde. Une autre cassure, parallèle à la précédente, donne naissance à une série de petits vallons discontinus, mais bien alignés, en dehors de la carte, dont l'un passe par les Pins. Beaucoup d'autres cassures, à peu près parallèles à la première, se montrent sur les rives de la Bonnieure.

On a représenté les lignes de fil-d'eau, comme dans la planche V, en supprimant dans leur tracé les formes arrondies qui s'y voient, et en les remplaçant par des lignes polygonales, qui se plient cependant au tracé de la carte. Mieux encore que les précédentes, la planche VI rappelle un réseau de cassures, coordonnées parallèlement à quatre directions qui, deux à deux, sont à peu près perpendiculaires entre elles, ce qui ressort de l'examen des lignes pointillées fines. Les lettres C et P indiquent des accidents, sur lesquels l'attention a déjà été appelée à propos des planches IV et V.

Dans les planches IV, V et VI, on a reproduit les formes des lignes de fil-d'eau, telles qu'on les reconnaît sur la carte au 80 000ᵉ. Ces lignes y présentent souvent des courbures continues, qui semblent être en contradiction avec l'hypothèse de cassures sensiblement rectilignes. Mais, d'après une communication personnelle qu'il a bien voulu me faire, M. le colonel Goulier estime que, dans bien des cas, ces tracés diffèrent de

ESQUISSE DES LIGNES DE FIL-D'EAU (THALWEG) DEVANT ÊTRE SUPERPOSÉE A LA PLANCHE VI,
pour faire ressortir le réseau de cassures qui ont préparé les vallées.

Page 366. LITHOCLASES, COMME CASSURES INITIALES DE LA FORMATION DES VALLÉES.

(Exemple pris dans la Région au N. de la Rochefoucauld (Charente).

ESQUISSE DES LIGNES DE FIL-D'EAU (THALWEG) DEVANT ÊTRE SUPERPOSÉE A LA PLANCHE VI.
pour faire ressortir le réseau de cassures qui ont préparé les vallées

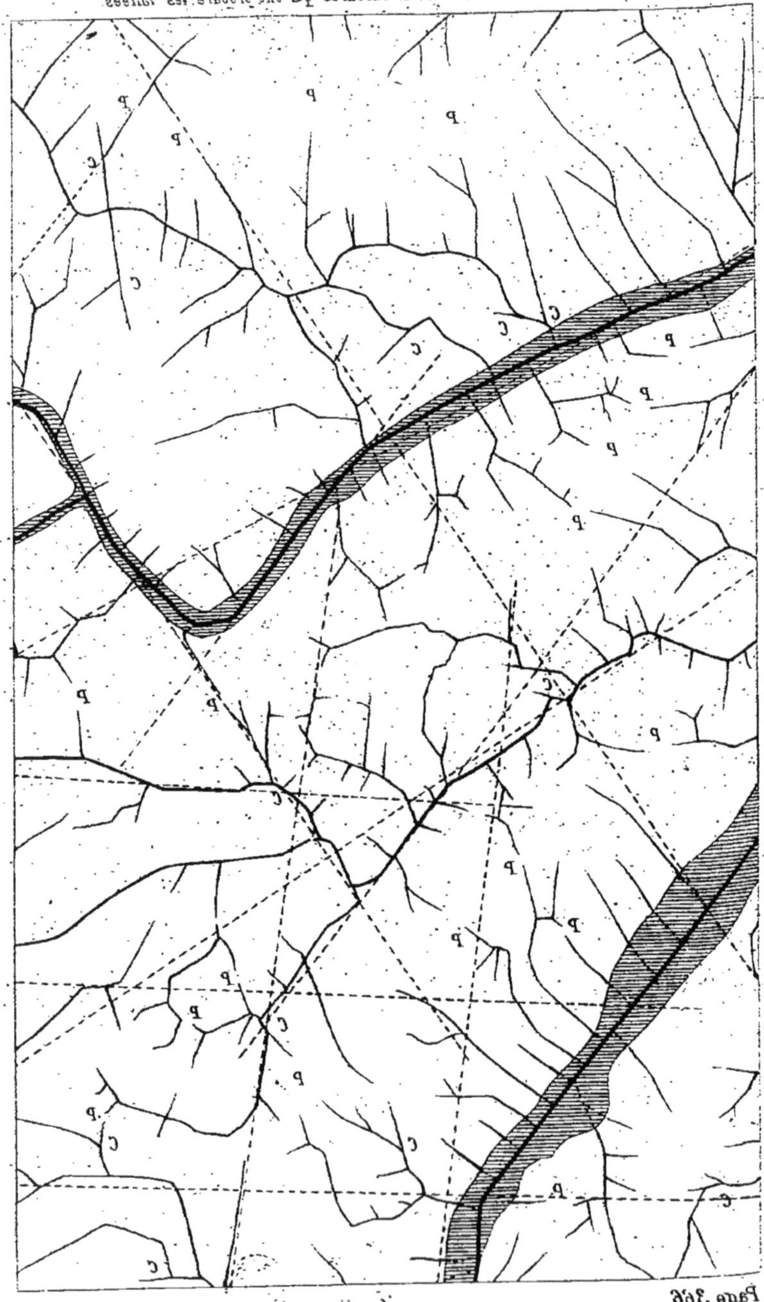

Page 366.

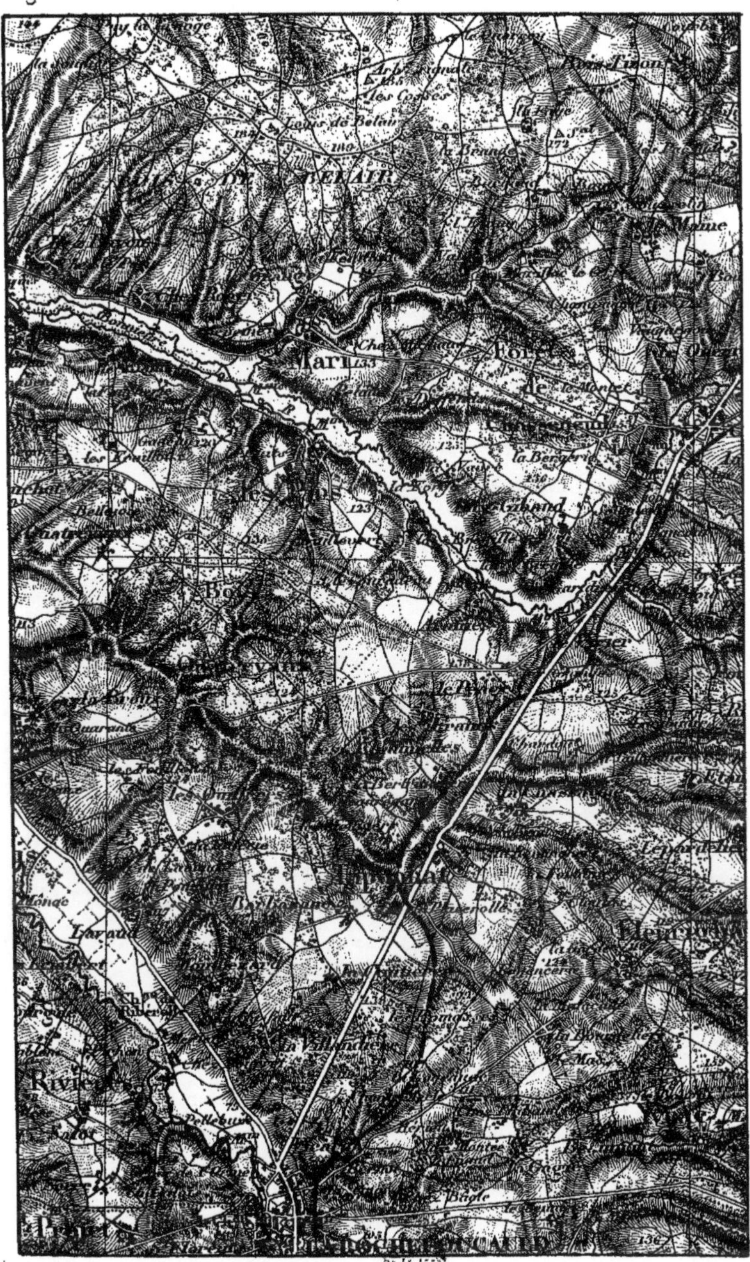

RÔLE DES LITHOCLASES, COMME CASSURES INITIALES DE LA FORMATION DES VALLÉES

Exemple pris dans la Région au N. de la Rochefoucauld (Charente)

ceux que donneraient des cartes levées à plus grande échelle ou avec plus de précision. L'incertitude de leurs formes tient nécessairement, surtout dans les pays boisés, à ce que le figuré du terrain a été fait à vue et à l'échelle de $\frac{1}{40\,000}$ seulement; de plus, les graveurs, en les reproduisant sur le cuivre à l'échelle du 80 000ᵉ, croient généralement devoir en adoucir encore les contours.

Quand on voit les conditions à réaliser pour obtenir expérimentalement des réseaux réguliers de cassures dans des corps réputés homogènes tels que le verre, on ne peut s'étonner de rencontrer, dans les cassures qui traversent les couches si hétérogènes du sol, des irrégularités, analogues à celles que présentent les planches III, IV, V et VI, relatives aux cas les plus ordinaires. Il faut plutôt s'étonner d'y apercevoir une tendance aussi manifeste des cassures à dessiner des réseaux en rapport avec les idées théoriques qui viennent d'être émises.

La carte géologique de Belgique, au $\frac{1}{20\,000}$, avec ses courbes de niveaux, exprime parfaitement la disposition de divers coudes rectangulaires, par exemple sur la feuille d'Hastières.

Dans la partie espagnole du massif du Mont Perdu, d'après la carte que vient d'en faire M. Schrader, les couches crétacées et nummulitiques, tout en étant restées horizontales, ont été soulevées à environ 3000 mètres d'altitude et sont entaillées, sur 1200 à 1500 mètres de profondeur, par des vallées étroites, dont les parois sont à peu près verticales. C'est comme une gigantesque plaque fissurée, dont les brisures coïncident, tant avec les grandes vallées qu'avec les vallons secondaires. Or ces brisures dessinent un système réticulé, surtout parallèlement à trois directions.

Un autre exemple de ce système réticulé se présente dans

les traits d'incision qui, d'après le professeur Kjerulf, dessinent, dans une partie de la Norwége, les côtes, les fiords et les vallées principales.

Lumière jetée par l'expérimentation sur la cause de ces divers traits topographiques. — L'expérimentation fournit des données qui paraissent éclairer très-vivement ces résultats positifs, dus à l'observation des faits naturels.

Dans les expériences sur les fractures on a, en effet, produit des séries de cassures parallèles, qui se groupent en systèmes ayant des orientations différentes, souvent perpendiculaires entre elles. On y voit aussi des formes coudées ou en zigzag prendre naissance, par l'intersection de deux de ces systèmes de cassures. Ce sont donc des dispositions fort analogues à celles que les formes du relief offrent si fréquemment.

Il importe de faire ici deux observations sur ce rapprochement. D'une part, les diaclases n'ont été mises à nu que partiellement, c'est-à-dire sur une faible partie de leurs affleurements. D'autre part, de même que nous l'avons rappelé pour les failles, les agents érosifs ont imprimé leur cachet propre et leurs sinuosités caractéristiques aux régions sur lesquelles ils ont exercé leurs attaques, et cela de la manière suivante : Dès que certaines rigoles ont été excavées, ces rigoles sont devenues des artères principales, qui ont attiré vers elles les eaux qui devaient les creuser bien davantage encore, en obéissant alors à des lois tout autres que celles qui avaient présidé aux cassures. Ce second effet de décapement, souvent même tout à fait prédominant, a fait disparaître le dessin originel des cassures. Pour ce double motif, le caractère des cassures se montre d'une manière fort incomplète et souvent trompeuse. Cependant, çà et là, il se manifeste d'une manière significative. Quoique souvent très-délicats et en faible minorité, au point de pouvoir rester inaperçus, ces traits témoignent de l'influence des cassures.

C'est par les observations qui précèdent que peuvent s'expliquer divers types de formes extrêmement répandus, que des actions érosives des eaux, aussi énergiques qu'on puisse les supposer, ne sauraient expliquer, et qui se rencontrent aussi bien dans les terrains stratifiés, dont les couches sont restées horizontales, que dans les régions disloquées.

Telles sont les séries de traits parallèles, qui se répètent de toutes parts, en se groupant sous plusieurs orientations distinctes, comme nous venons de le voir. Quelques-uns peuvent n'être accusés que par de simples amorces.

A ce système réticulé se rattachent les coudes brusques, souvent rectangulaires, que l'on observe dans une foule de vallées. Le dessin de ces vallées, considéré horizontalement, offre une succession de formes en zig-zag ou en crémaillères, qu'il n'est pas toujours facile de distinguer des formes sinusoïdales que les cours d'eau ont excavées sur les alluvions mobiles, qui en constituent le fond. Les formes coudées ont d'ailleurs leurs analogues dans les chaînes de montagnes, où l'on a, depuis longtemps, remarqué la disposition à peu près orthogonale des vallées, les unes longitudinales, les autres transversales ou formant des *cluses*, ainsi que des coudes brusques, tels que celui du Rhône à Martigny.

Souvent encore plusieurs vallées discontinues s'alignent suivant une même droite, réapparaissant successivement : malgré les proéminences intermédiaires qui séparent ces vallées, elles se présentent comme diverses parties d'une même cassure rectiligne.

Quelque puissamment que les érosions aient agi dans leur creusement, elles n'ont pu ébaucher le premier dessin de ces différents types de forme. Comme on le voit, une telle configuration est l'analogue du réseau de cassures sans rejet, qui sont la conséquence des expériences précitées, cassures qui servent toujours de cortége aux cassures avec rejets, bien moins nombreuses que les premières, et dues également à un glissement moléculaire.

A cause de leur grand nombre, les joints ou diaclases ont contribué puissamment aux érosions, rivalisant ainsi avec les failles ou paraclases, dont elles dépassent même souvent l'importance, dans le modelé.

Dans les cassures obtenues par pression, on a vu que les fentes et les gerçures se multiplient, suivant certains alignements, de manière à isoler de nombreuses pièces prismatiques; les parties ainsi désagrégées seraient dans des conditions particulièrement favorables à une démolition. C'est encore un résultat expérimental qu'il convient de rapprocher des faits naturels qui viennent d'être exposés.

Quelques-unes des expériences précitées reproduisent en outre, dans leurs détails, la configuration des vallées dites de *fracture* ou d'écartement. Il est des vallées qui ne sont que des fissures à peine entr'ouvertes, comme celles de la Tamina, de Trient et de la Viala Mala, en Suisse; du Fiers en Savoie; la perte du Rhône près Bellegarde, les ruz et cluses du Jura, le Rummel près Constantine, les cañons du Colorado[1]. Sans être aussi caractéristiques, un grand nombre d'autres vallées appartiennent au même type; telles sont les vallées abruptes des *causses* jurassiques du midi de la France; celles qui entaillent les couches redressées de la molasse, comme la Vevèze, près Vevey, la vallée du Chaudron, près Montreux, les cañons du Wisconsin. Lorsque les parois de ces vallées portent à peine des traces d'érosions, et que le fond montre la roche vive, au lieu d'avoir été rem-

---

[1] Ce type a été désigné sous le nom générique de *Rofla* par M. Desor.

blayé par des éboulements, on doit croire que ces vallées résultent de cassures qui sont restées béantes.

Les blocs de mastic à mouler soumis à la pression présentent des gerçures qui rappellent bien les vallées dont il sagit. Çà et là, leurs fissures s'infléchissent brusquement, une ou plusieurs fois, et à peu près à angles droits. La disposition coudée résulte de la tendance à épouser successivement l'un et l'autre système de cassures. Ces gerçures apparaissent surtout à la surface des blocs, où la pression était moindre qu'à l'intérieur.

D'ailleurs, des prismes de substance, à la fois flexible et cassante, lorsqu'on les ploie, peuvent, en même temps, se déchirer graduellement. Si la partie convexe, qui se rompt par l'effet d'une extension, est tournée vers le haut, la déchirure va en se rétrécissant vers le bas, tandis que, dans sa projection horizontale, elle présente une configuration serpentante ou en zig-zag. Un prisme de fer se déchire aussi sous cette forme, qui rappelle plus particulièrement les vallées dites de *soulèvement*, dont celle de Pyrmont offre un type classique. Toutes sortes d'intermédiaires lient ces vallées d'écartement à des vallées bien plus évasées, que l'on trouve fréquemment, même en dehors des chaînes de montagnes.

Si l'on opère sur des alternances de couches cassantes et de couches plastiques, on peut imiter d'autres effets naturels, par exemple, les ruptures qui se sont faites, vers la partie culminante des voûtes jurassiques, ainsi que les *crêts* qui les encadrent.

Quand on étudie la constitution d'une contrée, surtout si cette contrée est montagneuse, on s'applique habituellement à en rechercher et à en coordonner les saillies principales, telles que les lignes de faîte. Cependant, les proéminences qui devaient exister originellement ont en général été fortement ébréchées, ou même entièrement démolies. Dans les Alpes et ailleurs, les hautes cimes et les principales aspérités qui restent ne représentent que des lambeaux restreints du massif primitif; ce sont de véritables ruines éparses, qui résultent de démolitions irrégulières et comme accidentelles. Aussi l'intelligence de la structure de la contrée ne trouve-t-elle pas moins de lumières dans la recherche des lignes *intérieures* de fractures, paraclases et diaclases, qui sont, il est vrai, bien moins apparentes, mais qui n'ont pas subi les mêmes causes de destruction.

L'énorme puissance avec laquelle les eaux courantes, les neiges et les glaciers, ont agi sur de vastes régions des continents, particulièrement pendant la période dite quaternaire, est incontestable : son énergie est une cause d'étonnement. Cela explique, sans doute, pourquoi on en a si souvent exagéré les effets. Mais les cassures, produites à la suite des déformations du sol, avaient préparé les érosions considérables et leur avaient frayé une voie ; elles avaient ébauché, en désagrégeant les roches, la maquette du modelé actuel. Pour l'observateur attentif, la disposition première de ces cassures, quoique altérée par l'effet de tels élargissements, ne se décèle pas moins au dehors. Ces caractères attestent la priorité et l'action, en quelque sorte *directrice*, des cassures qui sillonnent le sous-sol. Partout, même dans les pays où les couches ont conservé à peu près leur horizontalité, les formes du sol offrent le reflet d'innombrables cassures internes, qui s'y répercutent en dessins significatifs.

Ainsi, il est incontestable que des traits orographiques de divers ordres trouvent une reproduction assez fidèle dans les cassures obtenues artificiellement, par une action mécanique des plus simples, pression ou torsion, telle qu'il s'en est nécessairement produit bien souvent dans l'écorce terrestre. D'ailleurs, dans les unes

comme dans les autres, dans la nature comme dans les
expériences, à côté d'une tendance manifeste à des formes
similaires, de régularité géométrique, apparaissent des perturbations de même nature. Aussi l'expérimentation paraît-
elle jeter de la lumière, non-seulement sur l'histoire des
failles et des joints, mais aussi sur différents caractères
topographiques et géographiques.

Observations sur les crevasses des glaciers. — Les crevasses qui
traversent les glaciers ne résultent pas toutes d'une cause
unique. Il en est qui se forment perpendiculairement à la
direction du glacier, dans les parties où la pente longitudinale du lit présente des ressauts, qui brisent la glace en éche·
lons. Mais d'autres fissures, extrêmement nombreuses, ne
doivent pas être attribuées à la même cause, et, par exemple,

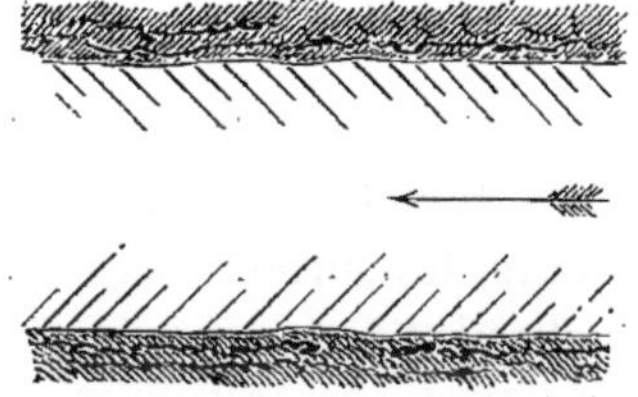

Fig. 123. — Disposition, sur les rives d'un glacier, de deux systèmes de crevasses, également
inclinées sur la ligne médiane, et convergeant vers l'amont du glacier. — Échelle de $\frac{1}{1000}$.

celles qui se succèdent, à peu de distance les unes des autres, en présentant un parallélisme frappant, et qui se groupent en systèmes également inclinés sur l'axe du glacier. C'est
ce que montrent, entre beaucoup d'autres, le glacier de
Gœrner et celui d'Aletsch, tel qu'on l'observe de l'Eggishorn ou de Bellalp (fig. 123). M. Tyndall a rendu compte
d'une manière satisfaisante de cette catégorie de fissures,
en l'attribuant à l'inégalité des vitesses sur les bords et dans
la partie centrale des glaciers.

Cependant, on ne peut s'empêcher de remarquer que ces fissures marginales offrent, dans la disposition générale, une ressemblance intime avec les fentes conjuguées obtenues dans les deux séries d'expériences précitées. Celles-ci, comme on l'a vu, forment des séries parallèles, constituant aussi des systèmes également inclinés, soit sur l'axe de torsion, soit sur celui de la pression. Il est donc très-possible que les fentes des glaciers, dont il vient d'être question, produites dans le mouvement de progression de la masse de glace, résultent d'actions analogues avec celles qui ont été mises expérimentalement en jeu.

§ 3. SURFACES POLIES ET STRIÉES, PAR UN SIMPLE ÉCRASEMENT, DANS L'INTÉRIEUR DES ROCHES.

Surfaces polies et striées observées dans diverses roches, en dehors des failles. — Tous les géologues connaissent, aussi bien que les mineurs, les surfaces polies et striées, souvent très miroitantes et vulgairement nommées *miroirs* (*Spiegel, Rutschflache*), que présentent fréquemment les parois des failles.

Mais l'intérieur des roches présente souvent des surfaces polies et frottées, qui ne sont pas moins caractérisées et qui cependant ne correspondent pas à de véritables failles; car aucun rejet ne s'y observe. Tel est particulièrement le cas pour de nombreuses masses serpentineuses, parmi lesquelles on peut citer le silicate double de nickel et de magnésie, exploité dans la Nouvelle-Calédonie. Des argiles, des marnes et des combustibles minéraux, présentent des surfaces non moins caractéristiques. Comme exemple de ces derniers, je citerai la couche de lignite exploitée dans le terrain tertiaire éocène de Bouxwiller (Alsace)[1]. Cette couche, dans laquelle le combustible charbonneux est mélangé d'une forte proportion d'argile, a ordinairement $1^m,50$ à 2 mètres d'épaisseur. Elle est traversée par une multitude de fissures obliques à la stratification, de directions très diverses, et souvent distantes de quelques centimètres seulement. Les stries, dont les surfaces des fissures sont recouvertes, sont visiblement dues à un frottement de l'une des parois sur l'autre; cependant, le long de ces fissures, il ne s'est produit aucun rejet dans l'ensemble de la stratification, le phénomène intéressant exclusivement la couche ligniteuse, et n'ayant pas impressionné les couches de calcaire superposé. Les stries sont ordinairement dirigées suivant la ligne de plus grande pente de la surface, à laquelle elles appartiennent.

Expériences. — A la suite de mes expériences relatives à la schistosité, j'ai été amené à étudier l'action d'un simple écrasement et à constater qu'en opérant sur des masses de consistance convenable on imite complètement les accidents naturels qui viennent d'être mentionnés.

Ainsi, un pain de savon à la glycérine, de forme de parallélipipède, transparent, après avoir été placé entre deux plaques de métal plus larges que lui, a été écrasé sous l'action de la presse hydraulique. Ce pain (qui avait 0,072 sur 0,05 avec 0,023 de hauteur) s'est très peu allongé, mais s'est beaucoup élargi, par suite du glissement, de deux prismes latéraux, suivant une face inclinée et courbe qui est dirigée dans le sens de la longueur (fig. 124 et 125). Dans ce cas, les différentes surfaces de glissement sont, par leurs in-

---

[1] *Description géologique du Bas-Rhin*. 1852, p. 199.

flexions et par leurs stries (fig. 126), semblables à celles
dont il vient d'être question.

Fig. 124. — Production, par écrasement, de surfaces courbes, polies et striées, à l'intérieur
d'un pain de savon à la glycérine. — Coupe transversale. — A B C D, contour primitif du pain ;
E F G H, contour final ; A K et D L, surfaces courbes, polies et striées. — Échelle de $\frac{1}{2}$.

Un prisme de marne s'est comporté de même.

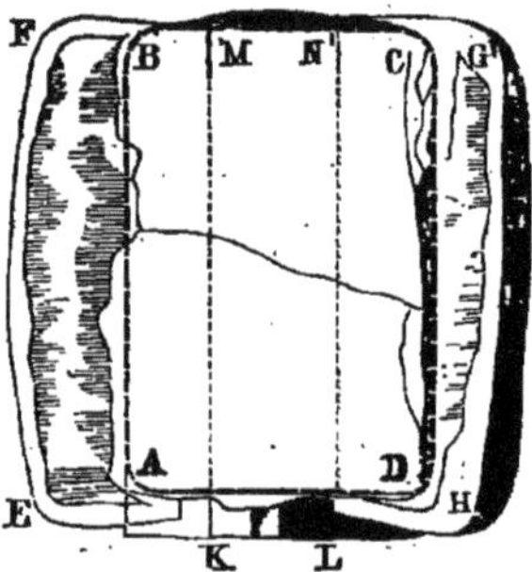

Fig. 125. — Production, par écrasement, de surfaces courbes polies et striées à l'intérieur d'un
pain de savon à la glycérine. — Plan. — ABCD, contour primitif du pain ; EFGH, contour
final ; KM' et LN', traces supérieures des surfaces polies délimitant les trois prismes, dans
lesquels le parallélépipède se trouve réduit. — Échelle de $\frac{1}{2}$.

Déductions. — Ainsi, lorsque des roches ont été soumises

Fig. 126. — Détail de l'une des surfaces courbes, polies et striées, produite par écrasement, à
l'intérieur d'un pain de savon à la glycérine. — Grandeur naturelle.

à des actions mécaniques, les effets produits ont varié suivant le degré de consistance des masses. L'expérience montre que, au lieu de prendre le feuilleté, les roches ont quel-

quefois acquis les surfaces courbes et striées dont il vient d'être question.

Les cassures et les surfaces cannelées, connues sous le nom de *stylolithes*, si fréquentes dans certaines couches calcaires, dans le muschelkalk, par exemple, et qu'autrefois on a considérées comme des vestiges végétaux, paraissent se rattacher à une origine du même genre.

Quant à la cause de l'écrasement, il n'est pas nécessaire de la rechercher dans des déformations de roches ou dans des poussées souterraines. Dans les terrains stratifiés, la charge produite sur une couche de plasticité convenable et le tassement qui en est résulté, par les assises superposées, ont été certainement suffisants, dans bien des cas, pour déterminer le phénomène.

Les conditions nécessaires au succès de l'expérience peuvent donner une idée de la consistance qu'avait la roche, au moment où l'écrasement amenait des effets semblables dans leur intérieur.

Je ferai remarquer ici que des surfaces, naturellement polies et striées, peuvent avoir été produites aussi par des mouvements extrêmement rapides.

Comme on l'a vu plus haut, le tir des boulets sur des blindages en fer en offre un exemple remarquable, lorsque le projectile est animé d'une vitesse de 150 mètres à la seconde ou supérieure. Au moment où le boulet frappe la plaque, la destruction des forces vives donne lieu à des mouvements moléculaires, dont les effets sont souvent d'une régularité très remarquable. Après le choc, le projectile offre, jusqu'à une certaine profondeur, une série d'enveloppes ou de couches coniques parallèles, d'épaisseur sensiblement égales, et qui paraissent avoir glissé, successivement, les unes sur les autres, à mesure que l'impression sur la plaque faisait des progrès. Quant à la plaque, elle a subi des empreintes annulaires, qui sont comme moulées sur les enveloppes de glissement du projectile[1].

C'est peut-être aussi à un écrasement que peuvent être attribuées, dans les roches météoritiques, les surfaces striées par un frottement énergique, qui y sont extrêmement fréquentes et souvent très rapprochées.

§ 4. STRIES PARALLÈLES, QUE PRÉSENTE FRÉQUEMMENT LA SURFACE DES DIAMANTS NOIRS, DE LA VARIÉTÉ *CARBONADO*.

Le diamant confusément cristallisé, *carbonado* ou *diamant noir*, et qui provient de la province de Bahia, au Brésil, se présente en morceaux fragmentaires, ordinairement arrondis par l'usure, dont la surface offre parfois des stries. Ce caractère, que j'avais d'abord reconnu sur un gros échantillon de la collection du Muséum, du poids de 66 grammes, s'est retrouvé sur un certain nombre d'autres échantillons que j'ai rencontrés, en visitant les principaux dépôts de diamants carbonado de Paris[2].

D'après la ressemblance de ces surfaces avec celles que le frottement a fréquemment développées dans l'intérieur des roches, on pourrait penser que de telles surfaces n'avaient pu se produire qu'à la condition que deux fragments de diamant se frottassent mutuellement, et, de plus, qu'ils fussent fortement pressés l'un contre l'autre.

Ces stries alternent parallèlement avec des traits saillants; les uns et les autres sont ordinairement très-fins et n'ont souvent que $\frac{1}{10}$ à $\frac{2}{10}$ de millimètre en largeur.

---

[1] Rapport de M. Poncelet sur un Mémoire de MM. Piobert et Morin — *Mémoires de l'Académie des Sciences*, t. XV, p. 56. 1835.

[2] Stries que présente la surface des diamants *carbonado*; leur imitation, par un frottement artificiel. — *Comptes rendus de l'Académie des Sciences*, t. LXXXIV, p. 1277.

Dans plusieurs échantillons, les stries rappellent, il est vrai, le tissu fibreux de certains végétaux dicotylédones, qui auraient été coupés longitudinalement, ou bien celui du charbon de bois minéral, dit *fusain*, qui est fréquent dans la houille. D'un autre côté, on pourrait assimiler cette disposition à la cassure fibreuse que montrent, en dehors de tout vestige organique, divers minéraux, tels que l'aragonite, l'hématite, etc.

L'examen du gros échantillon de carbonado de la collection du Muséum ne répond à aucune de ces deux assimilations. La manière dont les stries se poursuivent sur des surfaces inclinées entre elles, sous un angle rentrant, rappelle bien plutôt les effets d'un frottement. Il en est de même d'un autre échantillon à surface courbe, sur laquelle se continuent les stries. D'ailleurs, il n'est pas rare que la même surface présente des systèmes de stries parallèles, qui se coupent entre eux.

Des surfaces striées, ressemblant tout à fait à celles du carbonado, sont communes dans les roches : tels sont les miroirs de filons et les surfaces intérieures et frottées très-fréquentes dans les serpentines et dans certaines couches de houille. Cette ressemblance s'étend également aux surfaces fibreuses, connues sous le nom de stylolithes, bien connues dans divers calcaires, dont il vient d'être question [1].

On sait d'ailleurs que, dans les roches météoritiques, les surfaces striées par le frottement sont également très-fréquentes; c'est ainsi que la plupart des échantillons de la chute de Pultusk en présentent.

Pour contrôler la valeur de cette assimilation, j'ai eu recours à l'expérience : M. Roulina s'y est prêté, dans sa tail-

---

[1] Elles ressemblent moins aux stries des surfaces glaciaires.

lerie de diamants, avec une obligeance pour laquelle je me
fais un plaisir de lui adresser mes remercîments[1].

Pour faire frotter, l'un contre l'autre, deux morceaux de
carbonado, on les a cimentés sur les deux pièces opposées
d'une machine à *bruter* (fig. 127), de telle sorte que l'une des
deux pierres, montée sur une pièce mobile et animée d'un
va-et-vient (bruteur), frottât contre l'autre. Bien que la pres-

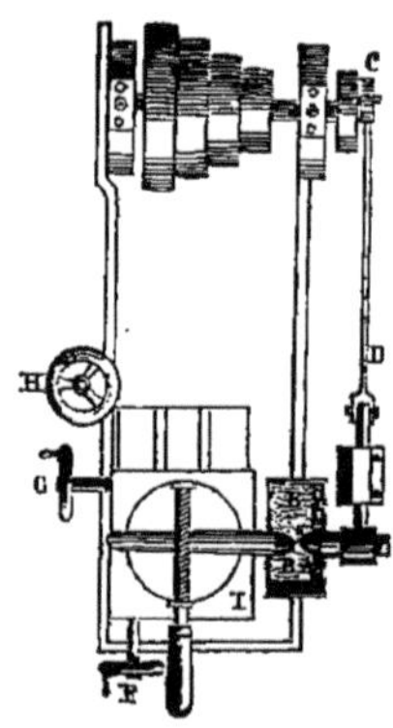

Fig. 127. — Machine à bruter le diamant. Vue en projection horizontale. — A Bruteur
et B Bruté, dans lesquels sont cimentées les deux pierres; le bruteur A reçoit un mouvement de va-et-vient horizontal, donné par l'excentrique C et la bielle D; le bruté B reçoit,
par un rouage caché, un mouvement de va-et-vient, dans le sens vertical. Ces deux mouvements amènent le frottement de l'un des diamants contre l'autre; la poudre tombe dans un
tamis de cuivre E. — A l'aide des manivelles F, G, H, on peut faire marcher dans tous les sens
le bâton portant le bruté fixé sur le chariot I. — Échelle de $\frac{1}{25}$.

sion soit faible, les deux carbonados gravent alors l'un sur
l'autre des stries fines et parallèles, présentant les caractères
de celles de la nature ; il suffit pour cela de quelques secondes.

On peut aussi obtenir des stries, même sans le secours de
la machine, en frottant l'un sur l'autre, avec la main, deux
échantillons, soit de carbonado, soit de diamant, à peu près
comme on le fait dans l'opération ordinaire du brutage, mais
en agissant suivant une direction déterminée.

[1] *Comptes rendus de l'Académie des Sciences*, t. LXXXIV, p. 1277.

Les stries ainsi tracées sont mates et ternes, comme dans le carbonado ; de même qu'on l'observe dans cette substance, certains modes rapides de frottement produisent aussi, à côté des surfaces striées et mates, des surfaces unies, polies et brillantes.

D'ailleurs, sans recourir à des expériences spéciales, on voit se produire dans le diamant des surfaces très-nettement striées, dans l'une des opérations ordinaires de la taille. La petite roue horizontale en fonte, sur laquelle on polit les faces, dans le mouvement rapide dont elle est animée, se strie, sous l'action des inégalités de la face du diamant qui lui est appliquée et contre laquelle elle est pressée. Ces stries, sur la face de la roue, se produisent quelquefois en quelques minutes ; puis, si l'on applique, sur la partie ainsi striée, une face plane de diamant, cette face prend elle-même, presque instantanément, en quelques secondes, la contre-empreinte de ces stries, sous l'action de sa propre poussière. Par réciprocité, la roue rend à la pierre le stigmate qu'elle en avait reçu.

C'est ainsi que, dans la nature, un corps a pu en rayer un autre plus dur, en se servant de la poussière de ce dernier, comme d'un burin.

L'excessive dureté du diamant pouvait paraître une objection à la supposition que les stries du carbonado sont dues au frottement ; on voit qu'il n'en est rien. Malgré son incomparable dureté, le diamant, à l'état de carbonado ou à celui de cristaux, se strie avec facilité, à la manière des roches moins dures, à la condition de frotter sur lui-même ; de plus, comme on l'a vu, une faible pression, telle que celle de la main, suffit pour que ces stries se produisent.

En résumé, on rencontre assez fréquemment sur les fragments naturels de diamant carbonado des surfaces striées qui paraissent résulter de frottements, que d'autres échantillons du même minéral ont autrefois exercés sur ces surfaces. Cela fait supposer que les morceaux dont il s'agit, avant d'être épars et éloignés les uns des autres, comme il le sont aujourd'hui, se sont trouvés en contact, de manière à exercer des pressions mutuelles. C'est ainsi qu'ils ont peut-être frotté entre eux, dans l'intérieur de roches où ils étaient enchâssés, avant qu'ils fussent poussés jusqu'à la surface du sol. C'est un trait à placer dans l'histoire, encore bien incomplète, du diamant.

§ 5. CAILLOUX IMPRESSIONNÉS.

Les poudingues de divers terrains présentent un phénomène qui a, depuis longtemps, attiré l'attention des observateurs. Les galets de toute dimension ont fréquemment reçu les impressions des galets voisins, avec tout autant de netteté que si les premiers avaient été réduits à la consistance de la cire molle. Un même caillou offre souvent jusqu'à une douzaine de ces concavités, dont la profondeur atteint plusieurs millimètres. Si l'on détache avec précaution les cailloux adhérents, on reconnaît facilement que les surfaces convexes et les surfaces concaves emboîtent parfaitement les unes dans les autres.

Ce phénomène, très-fréquent dans le poudingue calcaire, connu sous le nom de *nagelfluhe*, qui occupe une partie de la Suisse et des abords du Jura, a été retrouvé aussi dans d'autres contrées. Ce qu'il y a de très-remarquable, c'est que ces pénétrations ne sont pas exclusivement propres aux galets calcaires ; des poudingues essentiellement quartzeux présentent des empreintes tout à fait semblables. Malgré leur extrême dureté, les galets de quartz se sont impressionnés, tout aussi profondément que ceux du nagelfluhe, ainsi qu'on le constate dans les poudingues subordonnés au grès des Vosges.

Les poudingues quartzeux du terrrain carbonifère des Asturies et ceux du trias de l'Espagne présentent aussi, d'après M. de Verneuil, ce fait parfaitement caractérisé. M. de Dechen l'a signalé dans la Prusse Rhénane, sur des galets quartzeux de Commern qui appartiennent au trias, et dans le poudingue carbonifère d'Eschweiler. Il a été également reconnu dans diverses parties des États-Unis. Ainsi, les *galets impressionnés*, loin d'être des accidents locaux, comme on l'avait d'abord cru, se rencontrent abondamment dans des pays et dans des terrains très-différents.

Le fait qui nous occupe ne peut être vu sans frapper vivement l'attention : aussi a-t-il donné lieu à beaucoup d'interprétations, dont il serait trop long de faire ici l'historique. Je dirai seulement qu'elles conduisent presque toutes à admettre qu'il y a eu nécessairement une très-forte pression exercée par les galets les uns sur les autres, en même temps qu'un ramollissement, et, peut être aussi, un certain mouvement qui aurait favorisé l'usure. La chaleur, l'eau ou divers agents chimiques auraient été les causes du ramollissement.

J'ai cherché à imiter, par l'expérience, l'action chimique qui a pu se produire dans ces circonstances, en même temps que l'action mécanique[1].

Deux sphères calcaires ont été plongées dans de l'eau faiblement acidulée, en même temps qu'elles exerçaient l'une sur l'autre, à leur point de contact, une pression de dix kilogrammes. Elles avaient été enchâssées de manière à rester fixes sous cette pression. Or, au lieu d'un résultat semblable au fait naturel, c'est précisément l'inverse qui s'est produit. Les deux sphères présentaient, en effet, chacune une

---

[1] *Comptes rendus de l'Académie des Sciences*, t. XLIV, p. 825.

saillie très-prononcée, qui correspondait à leur point de contact primitif que l'érosion avait respecté.

Il a donc fallu faire agir le dissolvant d'une tout autre manière. Au lieu d'immerger les sphères dans le liquide, j'ai fait arriver celui-ci, en très-faible quantité, par suintement et par voie capillaire. Quelques billes calcaires suffisent pour faire l'expérience. On les place dans un entonnoir qui laisse continuellement écouler le liquide ; ce dernier dégoutte sans cesse sur les sphères, par une mèche de coton très-fine ; au moment où une gouttelette arrive, elle se porte immédiatement aux points de contact, où elle est retenue par l'effet de la capillarité, et c'est là seulement que le liquide attaque sensiblement les sphères. Si elle sont d'inégales dimensions et qu'elles soient formées de variétés de calcaire légèrement différentes, l'une des deux se dissout de préférence à la voisine. Quand cette expérience s'est suffisamment prolongée, les sphères présentent une pénétration du même genre que celle des galets impressionnés. Par une particularité dont on ne voit pas bien la raison, mais qui est conforme à ce que l'on observe dans la nature, le plus grand rayon de courbure détermine généralement la concavité.

Sans m'étendre sur la nature et l'origine des dissolvants qui ont agi, je me bornerai à remarquer qu'on trouve dans les poudingues à galets impressionnés des preuves de dissolution. Dans les poudingues calcaires, on rencontre fréquemment de la chaux carbonatée cristallisée; dans les poudingues siliceux, la surface des galets présente des enduits de quartz cristallisé, et souvent aussi un moiré comparable au moiré métallique. Il est donc difficile de se refuser à admettre que les agents qui ont pu déposer sur un point ces matières cristallisées n'aient pas dû les dissoudre sur un autre.

§ 6. Expériences sur l'action et la réaction exercées sur un sphéroïde qui se contracte, par une enveloppe adhérente et non contractile.

D'après le relevé de très-nombreuses dislocations, dans les pays les plus divers, les rides de l'écorce terrestre paraissent avoir été produites sous l'influence d'énergiques pressions horizontales, comme l'avait très-judicieusement remarqué James Hall.

Suivant la conception d'Élie de Beaumont[1], cette tendance qu'a manifestée, pendant de longues périodes géologiques, l'écorce terrestre à s'écraser sur elle-même ou à former des *remplis* peut être rattachée au refroidissement séculaire. Dans l'état très-avancé du refroidissement de notre globe et des corps planétaires en général, la température de l'intérieur s'abaisserait d'une quantité beaucoup plus grande que celle de la surface, dont le refroidissement est aujourd'hui presque insensible. Pour compenser la différence des retraits entre la masse interne et la croûte extérieure, il a pu naître des systèmes de forces tendant à disloquer et à rider l'enveloppe.

Expériences. — Les expériences, dont il va être question, n'ont pas la prétention de représenter ces phénomènes. Cependant leurs résultats présentent, dans les apparences extérieures, assez d'analogie avec les rides de l'écorce terrestre pour qu'il ne soit peut-être pas inutile de les signaler.

Chacun connaît les petites sphères ou ballons de caout-

---

[1] *Notice sur le soulèvement des montagnes.* 1852, p. 1227.
Cette idée a été exposée, dès 1833, par M. Élie de Beaumont, dans son cours à l'École des mines.

chouc vulcanisé, qui sont si répandus, depuis que des procédés ingénieux de fabrication les ont mis à la portée de tous. Si une pareille sphère, non recouverte d'un enduit, se contracte, par suite du dégagement de l'air qui y est contenu, il se produit, à la surface, des inégalités, sans régularité apparente, dont la configuration est fortement influencée par le mode même de préparation du ballon, notamment par la manière variable, d'un point à l'autre, dont le sulfure de carbone s'est déposé, lors de la vulcanisation.

Mais il n'en est plus de même dès qu'on applique à la surface de cette sphère un enduit mince d'une substance qui ne soit pas contractile, à la manière du caoutchouc, et qui lui soit tout à fait adhérente. La sphère de caoutchouc, dont la paroi a été fortement distendue, se contracte, à mesure que le gaz intérieur s'en dégage. Or, l'enduit solide et adhérent appliqué à la surface, ne jouissant pas de la même contractilité, tend à conserver ses dimensions premières, et, si son action est relativement assez énergique pour qu'elle se fasse obéir par la sphère contractile, elle la fronce, tout en y provoquant des proéminences.

Une couche mince de couleur a été appliquée sur un ballon de caoutchouc, par un dissolvant, la benzine, de telle sorte que cette couleur fût parfaitement adhérente. Lorsque la sphère se contracte peu à peu, on observe que toute la partie qui a reçu l'enduit de couleur ne tarde pas à se bomber, de manière à former une protubérance. De plus, sur cette protubérance, il se produit des rides nombreuses et très-prononcées, offrant une disposition évidente à la régularité et à un parallélisme, qui est en rapport avec les contours de la surface coloriée. Ces rides tendent à se placer normalement aux courbes limites de l'enduit et, par conséquent, à être parallèles, tant qu'elles sont suffisamment voisines. Ainsi, si l'enduit a la forme d'un fuseau méridien, les rides se dirigent suivant les parallèles (fig.128), et cela, quelle que soit la largeur du fuseau, lors même qu'il atteint 90 degrés. Lorsque cet enduit affecte la forme d'une zone (fig. 129), les rides sont dirigées suivant des méridiens perpendiculaires aux deux bases, même quand la zone a 20 à 50 degrés de largeur. Enfin, lorsqu'on applique la couleur sous des formes quelconques (fig. 150), et, par exemple, en bandes étroites, telles que des lettres majuscules (fig. 151), quelque compliqué que soit le dessin, les rides se placent de manière à satisfaire à la loi de normalité double, énoncée plus haut. Elles sont surtout accentuées vers la ligne qui fait limite avec la partie contractée[1].

Lorsqu'une bande d'enduit est partiellement superposée à une autre[2], la surface commune aux deux bandes offre une proéminence plus sensible. En outre les deux systèmes de rides peuvent se superposer l'un à l'autre, tout en restant distincts, comme il arrive à deux mouvements ondulatoires, partis de directions différentes, que l'on voit se croiser, à la surface d'un liquide.

Les faits qui viennent d'être énoncés montrent combien l'épaisseur de l'enveloppe non contractile peut influer sur l'énergie du froncement et sur les proéminences qui l'accompagnent.

Il y a certaines limites dans les épaisseurs relatives de la couleur et du ballon entre lesquelles il convient de se placer. Si le ballon a trop d'épaisseur, il n'obéit plus à l'action de l'enduit[3].

[1] Ordinairement, on distingue aussi une série de courbes, approximativement parallèles, dont fait partie le contour même de cette portion coloriée et auxquelles les rides sont perpendiculaires. Ces lignes sont dues à ce que la couche de couleur n'est pas uniforme, par suite de l'action inégale exercée par les diverses parties du pinceau, quelque fin qu'il soit : les moindres différences d'épaisseur dans l'enduit se trahissent donc, lors de la contraction, par des inégalités notables de relief.

[2] Par exemple, une couleur appliquée sur une autre, ou sur une couche de gélatine.

[3] Tel est le cas pour les ballons qui sont destinés, non à être remplis d'hydrogène, mais à servir au jeu de paume.

Fig. 128 à 131. — Disposition des rides développées sur un enduit non contractile par la diminution de volume d'un sphéroïde élastique sur lequel on l'avait appliqué. — Echelle de $\frac{1}{5}$.

Fig. 128. — Cas où la matière non contractile est disposée en fuseau méridien ; production de rides suivant des parallèles.

Fig. 129. — Cas où la matière non contractile est disposée en zone. Production des rides
suivant des méridiens perpendiculaires aux deux bases.

Fig. 130. — Cas où la matière non contractile est disposée sous une forme quelconque.
Production de rides constamment perpendiculaires à la courbe du contour.

Fig. 131. — Cas où la matière non contractile est disposée sous forme de lettres majuscules. Production des rides constamment perpendiculaires aux contours, quels
qu'ils soient.

Dans le cas d'une sphère dont la circonférence, d'environ 70 centimètres, s'est à peine réduite de moitié, il s'est montré une série de rides si rapprochées qu'on pouvait en compter au moins vingt sur 50 millimètres de longueur, ce qui fait de $2^{mm},5$ à 5 millimètres de largeur moyenne pour chacune.

Un enduit de cire vierge mélangé de suif a donné lieu aussi à des froncements, mais qui sont moins réguliers que dans les cas précédents; d'autre part, une couche de plâtre, même très mince, se sépare du ballon, sans lui obéir.

Si, après avoir appliqué sur le ballon un enduit de gomme arabique ou de gélatine, on l'enlève partiellement à l'eau bouillante, il se produit des contrastes du même genre que ceux dont il vient d'être question. Parmi les dispositions qui peuvent ainsi se présenter, il en est une qui mérite d'être signalée. C'est celle que provoque un centre de contraction, et il suffit pour cela de l'application du doigt. Il se produit alors, autour de ce centre, des rides divergentes, qui s'étendent suivant de grands cercles, et sur un grand nombre de degrés. Elles rappellent tout à fait l'apparence des configurations, d'origine problématique, connues sous les noms de *cratères rayonnants*, que l'on voit à la surface de la Lune.

En résumé, dans les circonstances dont il vient d'être rendu compte, une sorte d'antagonisme se produit entre la sphère qui se contracte et son enveloppe non contractile. Si cette enveloppe est bien adhérente, elle rachète la diminution du rayon de la sphère, sur laquelle elle est fixée, par un bombement, accompagné de rides régulièrement disposées. C'est l'effet d'une transformation de mouvement, qui rentre dans le domaine de la mécanique moléculaire.

La tendance, qui se manifeste ainsi dans les rides, à prendre la forme d'arc de cercle et à se disposer parallèlement entre elles, présente, au moins dans les apparences, des analogies avec celle des grands traits de relief et de structure du sphéroïde terrestre.

Malgré des différences faciles à constater et quoique la pesanteur n'intervienne pas notablement dans ces expériences, les phénomènes dont il vient d'être question semblent avoir une certaine analogie avec des phénomènes mécaniques qui se sont stéréotypés dans l'écorce terrestre, comme s'il y avait quelque ressemblance dans les causes.

CHAPITRE III

**APPLICATION DE LA MÉTHODE EXPÉRIMENTALE A L'ÉTUDE
DE LA SCHISTOSITÉ DES ROCHES, AUX DÉFORMATIONS DES FOSSILES
ET A CERTAINS TRAITS DE LA STRUCTURE DES CHAINES
DES MONTAGNES**

Des roches, minéralogiquement très-diverses, et fort différentes aussi par leur mode de formation originelle, se présentent avec la texture désignée sous le nom de *schisteuse*[1]. Cette texture, bien connue dans les ardoises, affecte beaucoup de roches stratifiées fossilifères, particulièrement les plus anciennes. Elle est aussi très-développée dans le gneiss et dans la plus grande partie des masses cristallines qui servent de fondement à la série des terrains sédimentaires. Enfin certaines masses, évidemment éruptives, en offrent des exemples. Le développement considérable des masses schisteuses dans l'écorce terrestre n'est pas moins digne d'attention que leur diversité. Il importe donc de rechercher les causes qui ont déterminé cette disposition dans les particules des roches.

La *schistosité* ou *fissilité* a été souvent désignée sous le nom de *clivage*, particulièrement dans les roches stratifiées. Au clivage se rattache, dans les roches cristallisées, un caractère analogue, que l'on a cru devoir désigner sous un nom particulier, celui de *foliation* ou de *lamination*. Les gneiss et les leptynites en offrent les exemples les plus connus.

---

[1] Déjà Vallérius, dans sa classification, avait fait le groupe des *fissilia ;* de Saussure employait le nom expressif de *roches feuilletées.*

Avant de présenter les résultats d'expériences, qui ont eu pour but d'éclairer et de préciser les conditions dans lesquelles cette texture a pris naissance, il convient de rappeler succinctement les faits caractéristiques, auxquels l'observation a conduit sur ce sujet, faits qui ont servi d'objectif aux expériences.

§ 1. FAITS ACQUIS PAR L'OBSERVATION RELATIVEMENT A LA SCHISTOSITÉ.

Clivage dans les roches stratifiées. — Le nom de clivage, qui est emprunté à la cristallographie, représente, en effet, dans les roches, un caractère assez analogue à ceux que possèdent les cristaux. On sait qu'un rhomboèdre de spath d'Islande, parfaitement transparent, n'ayant aucune fissure perceptible à l'œil, se brise très-facilement suivant une série de plans parallèles à ses faces. Cette propriété remarquable est en rapport, comme le démontrent les caractères optiques, avec la différence que présentent les groupements moléculaires, suivant la direction que l'on considère. De même, le bloc de roche dont on doit extraire des ardoises ne possède pas, en général, de fissures préexistantes et visibles, comme celles qui séparent les couches des terrains stratifiés ou des prismes de basalte contigus : on ne peut les distinguer, sur des tranches polies. Mais, soumis à un choc, un échantillon se brise en feuillets minces, suivant une certaine direction, à laquelle correspond un *minimum de cohésion*, à peu près comme il arrive pour certains joints invisibles, mentionnés plus haut (page 333). Ainsi, comme les plans de clivage des cristaux, les plans de clivage des roches ne sont pas toujours, dès l'abord, apparents et sensibles ; ils sont souvent latents ou virtuels.

Toutefois, cette ressemblance du clivage, dans les roches et dans les minéraux, n'empêche pas d'établir une distinction importante. Tandis que, dans un cristal, le clivage est invariablement en rapport géométrique avec les faces, le clivage des roches se poursuit, tantôt en traversant des associations

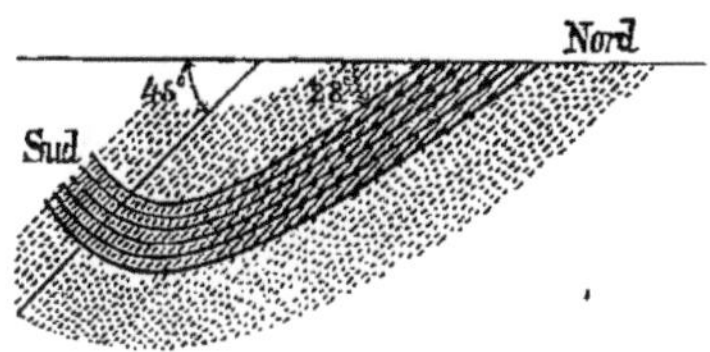

Fig. 152. — Coupe transversale, du nord au sud, de la bande ardoisière de Fumay (Ardennes), relevée d'après les travaux souterrains. Elle montre l'indépendance du feuilleté, par rapport à la stratification et la constance de sa direction, en présence d'inflexions diverses. La stratification est ici décelée avec certitude par la présence de bancs puissants de quartz, entre lesquels la couche de phyllade est enclavée et dans lesquels le feuilleté se poursuit avec moins de netteté. — Échelle de $\frac{1}{11}$.

d'innombrables cristaux, visibles ou microscopiques, tantôt des masses d'apparence amorphe.

Des observations faites dans des contrées très-diverses ont démontré ce fait important, que les plans de clivage

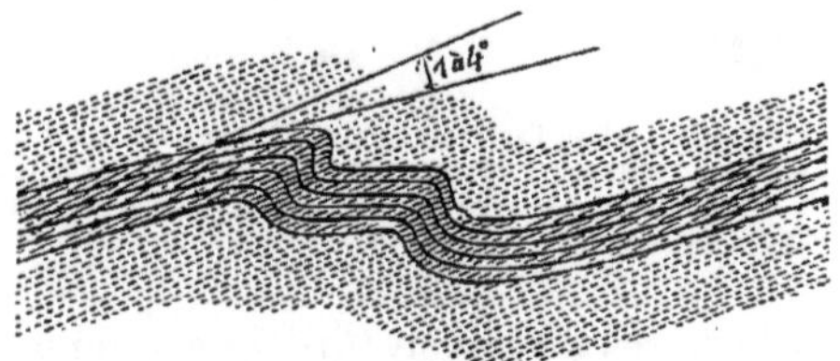

Fig. 153. — Plan souterrain de la bande ardoisière de Fumay, complétant la démonstration déjà fournie par la coupe verticale précédente. — Même échelle.

sont bien distincts des plans de stratification, qui divisent les mêmes massifs de roches. En effet, au lieu de leur être parallèles, ils leur sont fréquemment obliques (fig. 152 et 153). Ce qui est encore plus concluant, c'est que, dans les cas nombreux où les couches ont été ployées et présentent des inclinaisons variées, les plans de clivage se poursuivent, avec régularité, au milieu des inflexions les plus prononcées des couches auxquelles ils appartiennent, en restant toujours parallèles entre eux. C'est, par exemple, ce que l'on observe

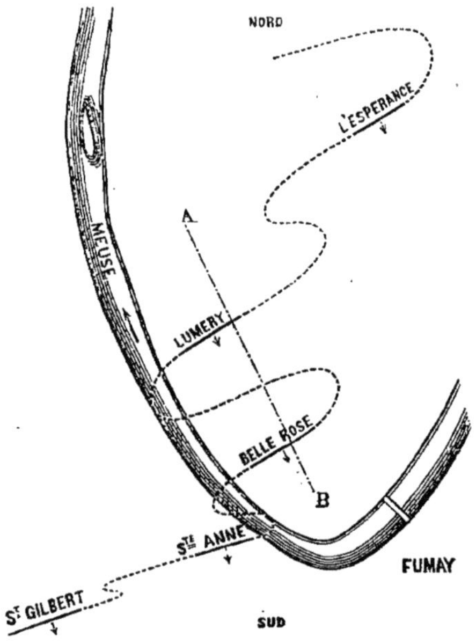

Fig. 134. — Plan souterrain, relevé d'après les travaux de mines, montrant combien les inflexions des couches du terrain ardoisier sont brusques et multipliées, aux environs de Fumay (Ardennes); on le reconnaît dans les ardoisières de l'Espérance, Lumery, Belle Rose, Sainte-Anne et Saint-Gilbert. — Échelle de $\frac{1}{10000}$.

dans les ardoisières de Fumay (Ardennes), où la stratification est accusée par des alternances réitérées de quartzites verdâtres avec le schiste ardoisier violet[1], et qui a subi les inflexions les plus diverses (fig. 132, 133, 134, 135 et 136).

---

[1] Sauvage et Buvignier, *Statistique minéralogique et géologique du département des Ardennes*, p. 123.

Ce fait, qui avait déjà été signalé autrefois par divers observateurs, Voigt, Von Hof, Schmidt, Bakewell, Parrot (1826), a été bien démontré par Sedgwick dans le Pays de Galles, pour un district de 45 kilomètres de longueur sur 12 à 15 kilomètres de largeur, où les couches sont très-ployées (Remarks on the structure of large mineral masses,

Cette indépendance montre, en outre, que les plans de clivage se sont produits, non-seulement après que les couches, où ils se manifestent, s'étaient déposées, mais encore

Fig. 155. — Coupe verticale, suivant AB de la figure précédente, et servant à la compléter, en montrant que les inflexions des terrains à ardoise des environs de Fumay ne sont pas moins brusques dans le sens vertical que dans le sens horizontal. — Échelle de $\frac{1}{20000}$.

lorsque ces couches avaient déjà perdu leur horizontalité première, sous de puissantes étreintes.

Toutefois, dans bien des cas, les plans de clivage se sont

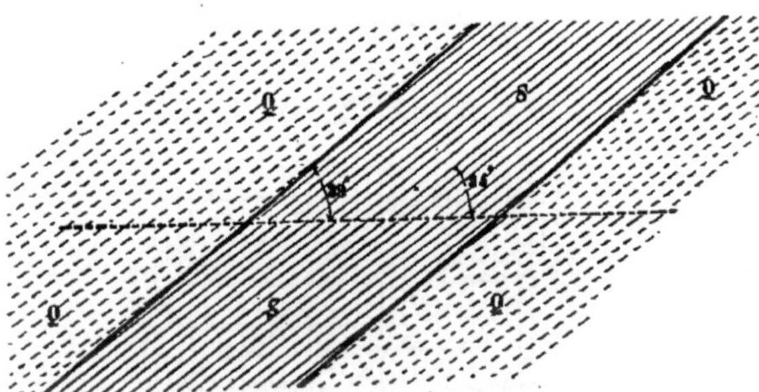

Fig. 136. — Indépendance du feuilleté par rapport à la stratification. Malgré l'apparence de parallélisme, l'angle des feuillets avec les couches est de 5 degrés dans la partie représentée qui appartient à l'ardoisière de Pierka à Rimogne (Ardennes). — SS, Couche d'ardoise; QQ, couches de quartzite entre lesquelles est intercalée l'ardoise. Le feuilleté est représenté par des hachures, pleines dans le schiste, ponctuées dans le quartzite, et qui ne sont pas tout à fait parallèles aux plans de jonction des couches. — Échelle de $\frac{1}{120}$.

produits parallèlement à la stratification[1]. Cette concordance ne prouve aucunement contre la différence d'origine qui vient d'être signalée entre l'un et l'autre mode de divi-

and especially on the chemical changes produced in the aggregation of stratified rocks during different periods after their deposition. *Transactions of the geological Society of London*, 2° sér.; t. III, p. 461; 1855).

[1] Ce parallélisme habituel a été remarqué au Hartz, en Saxe, en Bretagne, en Ecosse, en Devonshire et dans le système du Rhin, par Haussmann, Naumann, Durocher, Macculloch, de la Bèche, Baur et de Dechen.

sion. Comme cas particulier, quoique assez fréquent, l'angle
du plan de clivage avec la stratification, prenant des incli-

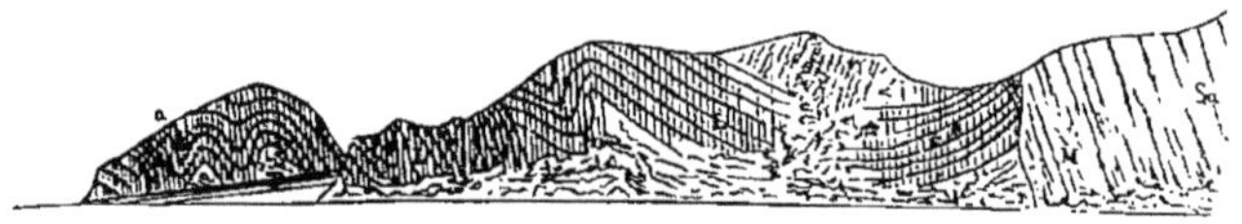

Fig. 137. — Profil de la rive gauche de la vallée de la Romanche, en aval du bourg d'Oisans,
d'après M. Lory, montrant l'indépendance du clivage ardoisier par rapport à la stratification,
qui est extrêmement contournée et passe par toutes les inclinaisons possibles. — L, schistes
argilo-calcaires du lias exploités à la Paute a; M, micaschiste; S, schiste amphibolique. —
Échelle de $\frac{1}{1500}$.

naisons diverses, peut se réduire graduellement à zéro. La
figure 136 présente une disposition des ardoisières de Pierka,

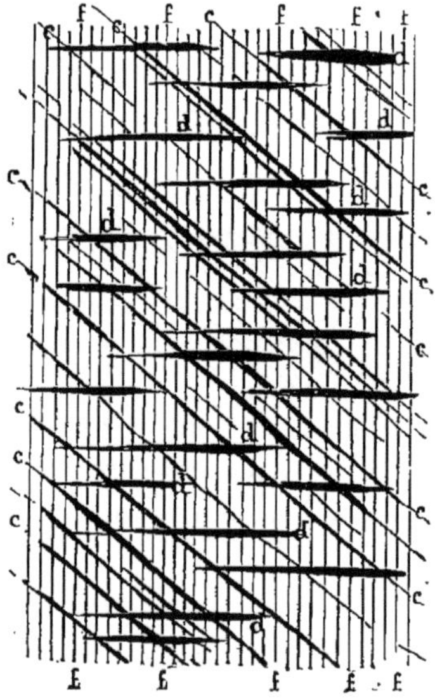

Fig. 138. — Détail de l'ardoisière de la Paute (a de la figure précédente) montrant comment des
systèmes de joints très-nombreux (d) indépendants de la stratification (c) sont perpendiculaires
aux directions des feuillets f, f. — Échelle de $\frac{1}{20}$.

près Rimogne, où l'inclinaison, avant d'arriver à cette limite,
est réduite à 3 degrés seulement.

Enfin on peut remarquer que, même dans les régions schisteuses, les phyllades ne possèdent qu'exceptionnellement une fissilité assez grande pour pouvoir être débités en ardoises. Ainsi, dans les Ardennes, aux environs de Fumay, de Deville, de Rimogne, les zones susceptibles d'être exploitées comme telles n'ont que des dimensions très-limitées.

Quand le feuilleté passe d'une roche dans une roche d'espèce différente, il persiste souvent dans sa situation, mais en présentant une différence d'intensité, et quelquefois en subissant, sur la limite, des inflexions dont la Bèche a montré divers exemples [1].

Ce qui vient d'être signalé, comme l'un des caractères essentiels de la schistosité dans les terrains les plus anciens, se reproduit dans les couches relativement récentes, à la condition toutefois que celles-ci aient également éprouvé des actions mécaniques et des inflexions.

L'exemple représenté par les figures 157 et 158 a été choisi dans les Alpes du Dauphiné et pour les roches appartenant au lias.

Foliation ou lamination dans les roches cristallines. — Un caractère analogue, qui, dans les roches cristallines, a reçu le nom de foliation ou de lamination, est déterminé par la disposition parallèle qu'y affectent les faces homologues des minéraux cristallisés constitutifs. Le parallélisme est particulièrement frappant pour le mica, la chlorite, le talc et les autres minéraux en lamelles ; mais il se manifeste aussi pour des minéraux tabulaires, comme l'orthose et l'oligoclase. Les substances métalliques, telles que l'oligiste, y prennent également part, notamment dans l'itabirite.

Parmi les observations dont la foliation a été l'objet, il

[1] *The geological Observer*, p. 706 ; *Report on the geology of Cornwall*, p. 275.

faut particulièrement signaler celles de Poulett Scrope et Daniel Sharpe [1].

Nous réunirons ici les deux termes de clivage et de foliation sous le nom unique de *schistosité*.

Diversité et abondance des roches feuilletées. — En passant en revue les principales roches où l'on observe la schistosité, on reconnaît combien ces roches sont minéralogiquement variées.

Parmi les roches stratifiées, les schistes argileux ou phyllades, et les nombreuses variétés qui s'y rattachent (schistes à séricite, etc.), sont celles où la structure feuilletée est particulièrement caractérisée. Cette structure, très-fréquente dans les roches fossilifères les plus anciennes, siluriennes et dévoniennes, persiste parfois dans des terrains beaucoup plus récents, lorsque ces terrains ont été soumis à des dislocations. En maintes localités des Alpes, des ardoises sont exploitées dans le terrain carbonifère ainsi que dans le trias de la Maurienne et de la Tarentaise (schiste lustré, calischiste). Des couches jurassiques y sont exploitées, pour ardoises sur beaucoup de points, notamment dans la plupart des communes de l'Oisans, du Valbonnais et du Valgaudemar [2]. C'est à ce même terrain qu'appartiennent les ardoises de Cevins, les plus renommées de la Savoie [3], celles de Petit-Cœur (Tarentaise), de plusieurs parties de l'Ariège [4], et de Marienthal en Hongrie, qui se débitent en feuilles très-minces. Le terrain crétacé fournit des schistes ardoisiers

---

[1] Poulett Scrope a supposé, depuis longtemps, que la foliation, comme le clivage, des schistes à grain fin, est due au glissement de leurs parties cristallines ou semi-cristallines, lorsqu'elles étaient à l'état visqueux (*Considerations on Volcanos;* 1825).

[2] Lory, *Descr. géol. Dauphiné*, p. 99.

[3] Favre, *op. cit.*, t III, p. 186.

[4] Mussy. *Carte géologique et minéralogique du dép. de l'Ariège, Texte explicatif,* p. 261.

dans les Pyrénées, au Caucase, au Vénézuela et à la Terre de
Feu. Enfin des ardoises de qualité supérieure à celles du
lias sont exploitées dans le terrain nummulitique, par
exemple, en Suisse, au Plattenberg près de Glaris; en Dauphiné, dans le Vallouise; en Maurienne, à Montricher et à
Saint-Julien[1]; dans les Basses-Alpes, près de Barcelonnette.

Ces mêmes terrains à phyllades renferment quelquefois
des calcaires où la texture schisteuse est très marquée, surtout lorsque ces calcaires sont impurs. Des calcaires phylladifères (calcschistes) et arénifères, très-développés dans la Maurienne et la Tarentaise, et attribués au terrain triasique, en
offrent des exemples. Le terrain jurassique des Pyrénées en
présente aussi[2]. Des calcaires feuilletés, tels que les cipolins, sont fréquents dans les terrains cristallisés.

C'est dans des conditions semblables de gisement que se
trouvent des quartzites schisteux. Leur feuilleté correspond
à la présence, tantôt du mica, tantôt du talc, tantôt de la
chlorite (itacolumite), tantôt de l'oligiste (itabirite). D'autres minéraux, tels que le disthène et le graphite, peuvent
être également interposés entre les feuillets[3].

On sait combien la schistosité est remarquable dans le
gneiss, qui occupe une si large place, avec le granite, dans
l'assise cristallisée. Cette roche est susceptible de se débiter
en dalles très-minces, comme la variété très-micacée des
environs de Chiavenna, qui sert à couvrir les habitations[4].
Les micaschistes, talcschistes et chloritoschistes, sont bien
connus pour leur structure essentiellement feuilletée.

Dans la roche granitoïde, à laquelle on a donné le nom

---

[1] Lory, *op. cit.*, p. 186 et 544.

[2] Leymerie, *Esquisse géognostique des Pyrénées de la Haute-Garonne*, p. 51.

[3] Exemples : quartzites subordonnés au gneiss aux environs de Freyberg (collection
du Muséum), aux phyllades de la Belgique (d'après Dumont); quartzites feuilletés de la
Norvège (Durocher, *Études sur la structure orographique et la constitution géologique
de la Norvège, de la Suède et de la Finlande*, p. 65).

[4] Échantillon 10. X. 51 de la collection du Muséum.

de leptynite, la structure schisteuse est d'autant plus digne d'attention que le mica y est ordinairement peu abondant. Le quartz y forme d'innombrables feuillets, parfois très-minces, qui traversent la masse feldspathique cristalline, et de nombreux cristaux de grenat sont souvent disposés parallèlement à ces plaques [1].

Des transitions insensibles unissent, dans beaucoup de lieux, le granite au gneiss et au leptynite, c'est-à-dire que le granite devient graduellement feuilleté. Il n'est, pour ainsi dire, pas de contrée granitique qui n'offre des exemples de tels passages. Lors même que rien dans l'aspect du granite n'accuse cette structure, les ouvriers qui ont à le tailler savent y reconnaître certaines directions suivant lesquelles la roche se fend plus facilement que dans d'autres : ils y distinguent un *grain* ou un *fil*, dont ils tirent parti dans leur travail.

La protogine offre aussi la liaison la plus intime avec les roches feuilletées, ainsi que le signalent toutes les descriptions du massif du Mont-Blanc, données depuis de Saussure.

Dans les syénites, les cristaux de feldspath sont souvent disposés parallèlement les uns aux autres, par ses faces homologues, comme dans les Ballons des Vosges et surtout aux environs de Dresde et de Meissen en Saxe [2].

De même, la roche à néphéline ou miascite de l'Ilmen devient graduellement schistoïde.

Comme le mica, l'amphibole, par sa forme en prismes allongés, a coopéré efficacement à donner une structure schistoïde aux roches dont ce minéral fait partie constituante, particulièrement aux amphibolites et aux diorites [3].

---

[1] Exemple, le leptynite de Penig près Dresde.

[2] Dans les grandes carrières exploitées près Plauen, à 50 kilomètres de Dresde, cet alignement est très-net.

[3] Comme exemple pris dans la collection du Muséum, on peut citer les amphibolites schistoïdes de Labassère (Hautes-Pyrénées), du Saint-Gothard, des environs de Hammerfest, de Ceylan, et le diorite schistoïde de la vallée de Héas (Pyrénées).

La structure schisteuse est souvent très-prononcée dans les roches éruptives, où la stratification proprement dite n'a pas eu de part, bien que, d'ailleurs, les minéraux en paillettes, comme le mica, si propres à produire cette structure, y fassent ordinairement défaut. On peut dire qu'elle peut se rencontrer dans toutes les espèces de roches éruptives.

En beaucoup de localités, le porphyre feldspathique montre, d'une manière frappante, la structure dont il s'agit. La disposition veinée ne résulte pas seulement des différences de coloration ; le quartz s'y est souvent séparé, de même que dans le leptynite, sous la forme de feuilles parallèles, de manière à mériter à ce porphyre le nom allemand de *Papier-porphyr*, qui lui a été donné autrefois. Cette propriété a été parfaitement décrite dans le porphyre de Dobritz, près Meissen, en Saxe[1], où le quartz est non-seulement en gros grains isolés, mais aussi en forme de lames, avec des sphérolithes. On peut aussi citer ceux d'Asbach et d'autres localités du Thüringerwald[2], et de la contrée de la Lenne, où, d'après M. de Dechen, il y a parfois un passage complet du porphyre au phyllade[3]. Les eurites connues en Suède, sous le nom de *Hælleflinta*, si souvent rubanées, appartiennent à la même catégorie.

Dans le mélaphyre, comme de Buch l'a reconnu pour celui du Tyrol, les cristaux d'oligoclase sont souvent à peu près alignés[4]. Je ne ferai que mentionner, au même point de vue, la diabase, le gabbro, l'éclogite, l'hypersthénite, la serpentine[5], l'anamésite et la minette (par exemple, celle des Vosges)[6].

---

[1] Naumann, *Lehrbuch der Geognosie*, t. I, p. 617.

[2] Credner, *Thüringerwald*, p. 65.

[3] *Geognostiche Uebersicht des Arnsberg*, p. 75.

[4] Von Richthofen, *Bemerkungen über die Trennung von Melaphyr und Augit-porphyr*, p. 55.

[5] La serpentine et l'euphotide dans les Grisons, d'après M. Studer.

[6] Delesse, Mémoires sur les Roches des Vosges : minette (*Annales des Mines*, 5ᵉ sér., t. X, p. 517), p. 541, 1856. — Daubrée, *Descr. géol. et min. du dép. du Bas-Rhin*, p. 55.

La texture feuilletée a été, depuis longtemps, observée dans les divers types de roches trachytiques, qui sont devenus schistoïdes, rubanés ou tégulaires, par le parallélisme des tables de sanidine. Aux environs du Puy-en-Velay, le trachyte se divise en tables et en dalles que l'on y exploite[1]. Parmi les exemples que l'on pourrait citer, je me bornerai à rappeler ceux des Iles Ponces, sur lesquels Poulett Scrope a appelé l'attention[2], et celui du Drachenfels, près de Bonn[3].

On sait d'ailleurs que les roches trachytiques produites actuellement par les volcans, sous forme de coulées de laves, prennent également la structure schisteuse. A Santorin, d'après M. Fouqué, qui a fait une étude approfondie de cette ile remarquable, il est des laves qui peuvent servir comme dalles, à la manière des micaschistes. Des laves feuilletées, doléritiques et feldspathiques, ont été recueillies par M. Vélain aux îles Saint-Paul et Amsterdam, et par M. Filhol, à l'île Campbell, ainsi qu'il ressort des collections déposées au Muséum par ces jeunes savants. Comme on l'a remarqué depuis longtemps, les cavités vides ou remplies qui se rencontrent dans ces roches sont alignées parallèlement aux feuillets.

Je rappellerai enfin que la structure schistoïde est souvent caractérisée dans le phonolithe (Haute-Loire, Puy-de-Dôme, Islande).

Lors même que le type de texture qui nous occupe n'est pas reconnaissable à l'œil nu, il est très-souvent discernable au microscope. La texture fluidale, dont le rhyolithe et d'autres variétés de trachyte offrent le type, se montre dans

---

[1] Bertrand-Roux, *Description géognostique des environs du Puy-en-Velay*, p. 114-119.
[2] *Trans. Geol. Soc.*, 2e sér., t. II, p. 195.
[3] Vom Rath, *Das Siebengebirge*. Les cristaux sont brisés, ce qui prouve qu'ils étaient formés quand la roche elle-même jouissait encore d'une certaine plasticité.

beaucoup de roches cristallines anciennes, ainsi que l'ont fait voir les études de M. Michel-Lévy relatives à ces derniè- res [1].

D'un autre côté, l'étendue des masses feuilletées dans l'écorce terrestre n'est pas moins digne d'attention que la diversité des roches dans lesquelles se présente le caractère de schistosité. Toutes les parties du globe offrent des exem- ples de leur grand développement. On peut citer à ce titre la France centrale, l'Écosse, la Moravie, la Suède, la Nor- vège, la Finlande, la partie septentrionale des États-Unis, le Canada, une portion considérable de l'Amérique du Sud, notamment le Brésil, certaines parties de la Nouvelle- Zélande, de l'Australie, etc. Partout les roches granitoïdes du groupe du gneiss paraissent former le soubassement des terrains stratifiés : ce que l'on voit de ces roches n'en re- présente donc qu'une faible partie.

C'est surtout quand on pénètre dans l'intérieur des chaînes de montagnes, où des épaisseurs considérables de roches sont souvent mises à nu par des déchirures et des escarpe- ments naturels, qu'on est témoin de l'importance des roches schisteuses cristallines. Tel est le cas pour les nombreux massifs centraux des Alpes, dans l'Oisans, le Piémont, le Salzbourg, etc. Il en est de même des Alpes Scandinaves, de l'Oural et de bien d'autres chaînes appartenant à toutes les parties du globe.

En résumé, si l'on remarque combien les roches feuille- tées abondent de toutes parts dans les terrains paléozoïques et surtout dans les roches cristallines, on peut dire que, dans la partie de l'écorce terrestre accessible à nos investigations,

---

[1] On a vu précédemment qu'en examinant au microscope la texture des briques zéoli- thiques de Plombières, on y reconnait une structure tout à fait analogue à celle des roches fluidales; la consistance plastique qui a donné naissance à cette texture peut donc avoir été produite dans des circonstances diverses.

la texture schisteuse occupe un développement comparable à celui de la stratification, et qu'elle en forme un trait non moins remarquable.

Étirements, déformations (distorsions), manifestés par les fossiles. — Les déformations considérables et variées que présentent les trilobites, les brachiopodes et en général les fossiles renfermés dans les roches schisteuses, sont bien connues[1]. Depuis qu'il a été constaté que ces déformations ou distorsions sont en rapport avec la cause de la fissilité, elles peuvent guider dans la recherche des forces auxquelles les roches elles-mêmes ont été autrefois soumises.

Observées particulièrement dans les roches siluriennes[2] et dévoniennes[3], ces déformations de fossiles se rencontrent également dans les roches moins anciennes qui sont devenues schisteuses : ainsi, elles sont fréquentes dans les couches jurassiques des Alpes[4]. Comme exemples appartenant au terrain crétacé, je citerai des ammonites des Corbières et notamment de l'étang de Leucate[5].

Un second type, non moins fréquent que les changements de courbure, est présenté par les bélemnites de diverses localités des Alpes, qui ont été tronçonnées et dont les segments se sont plus ou moins écartés. Ces faits ont été remarqués depuis bien longtemps, dans quelques parties du massif du Mont-Blanc, particulièrement au Mont-Joli, au Mont-

[1] A la suite des études classiques de Sharpe sur ce sujet, je me fais un plaisir de mentionner ici les ingénieuses mesures de M. Dufet (*Annales de l'École normale supérieure;* 1875).

[2] On connaît les *Calymene* des ardoises siluriennes d'Angers, qui sont extrêmement déformées et d'une manière fort variée; au contraire, comme l'a observé M. Dufet, des Crustacés du même genre (*Calymene Tristani* et *C. Arago*) ont conservé leurs formes à la Hunaudière (Loire-Inférieure), lorsqu'ils étaient empâtés dans des rognons durs qui les ont préservés du laminage.

[3] Ardoisières dévoniennes de Tintagel (Devonshire).

[4] Lory, *Descr. géol. du Dauphiné*, p. 106.

[5] Collection de M. Adrien Paillette déposée au Muséum, nᵒˢ 74 et 73

Lachat (fig. 139) et dans la chaîne des Aiguilles-Rouges, dans le Mayenthal, près Wasen (Uri)[1], ainsi que dans les Alpes bernoises; au Frête de Saille, dans les dolomies oxfordiennes[2]. Une bélemnite qui originairement avait 5 à 7 centimètres de longueur atteint jusqu'à 30 centimètres; les tronçons sont ordinairement disposés suivant une ligne droite. Des bélemnites étirées de la même manière se rencontrent aussi dans

Fig. 139. — Bélemnite étirée et tronçonnée des couches jurassiques du mont Lachat (contre-fort du Mont-Blanc). E, E, E, intervalles compris entre les tronçons et incrustés de calcite et de quartz. — Grandeur naturelle.

les schistes argilo-calcaires, exploités pour ardoises, dans l'Oisans, le Valbonnais, le Valgaudemar et autres localités des Alpes françaises[3].

Toutes ces déformations, tous ces brisements, ont amené à cette induction que la schistosité a été engendrée par des pressions mécaniques, aussi bien que les déformations et étirements de fossiles auxquels elle se rattache[4].

Autres caractères en rapport avec la schistosité. — Les agents qui ont produit le feuilleté ont aussi donné naissance à d'autres caractères.

---

[1] M. Pierre Mérian en a donné une très-bonne description (*Bericht über die Verhandlungen der Naturforschenden Gesellschaft in Basel*, t. VII, p. 55; 1845); — Studer, *Geologie der Schweiz*, t. I, p. 374. — Voir aussi : Alph. Favre, *Recherches géologiques sur les parties de la Savoie, voisines du Mont-Blanc*, t. III, p. 165.

[2] D'après M. Renevier.

[3] D'après M. Lory.

[4] Daniel Sharpe a bien démontré ce fait.

Tel est le *parallélisme linéaire* que l'on constate très-fréquemment dans les gneiss, micaschistes, schistes amphiboliques, quartzites, itabirites, itacolumites, roches à graphite, etc. [1].

Le parallélisme linéaire très-prononcé, que présentent de grandes plaques de gneiss, de la collection spécifique du Muséum, offre une ressemblance frappante avec quelques-uns des produits d'expérience dont il va être question.

Dans des roches qui n'avaient pas les conditions de plasticité convenables pour acquérir la structure feuilletée, les pressions internes ont laissé parfois une empreinte de nature différente, mais non moins significative.

Telle est la structure entrelacée de beaucoup de calcaires avec veines argileuses. Certains marbres de Campan et des marbres griottes présentent aussi des indices évidents du même mode d'action. On peut en observer des exemples du même genre dans les Alpes, sur les calcaires phylladifères de la vallée de Tignes en Tarentaise.

Je rappellerai également, comme autres indices d'étirement, ceux que j'ai observés dans les phyllades et les quartzites de la montagne du Roule, près Cherbourg [2] : ils consistent dans l'aplatissement des nodules de quartz et de pegmatite dans le sens des feuillets, et dans un étirement linéaire de beaucoup de géodes contenant du quartz, du feldspath et de la chlorite, qui ont pris des formes tubulées, de manière à rappeler les cellules étroites et parallèles de certains polypiers.

Les roches sont parfois non-seulement feuilletées, mais aussi finement *plissées* et *fibreuses*. A côté de ce calcaire du

---

[1] Je ne puis que renvoyer aux excellentes observations que Naumann a faites sur ce sujet.

[2] Observations sur la nature des actions métamorphiques qu'ont subies les roches des environs de Cherbourg. *Mémoires de la Société I. des Sciences naturelles de Cherbourg*, t. VIII.

Tyrol, qui a été bien souvent cité comme tel, je me
bornerai à mentionner un phyllade subluisant, à pâte très-
fine, à feuillets constamment ridés, provenant de la vallée
de Tignes, en Tarentaise, ainsi que beaucoup d'autres
schistes analogues, de la même région[1]. Les calcschistes du
terrain jurassique des Pyrénées sont souvent comme filandreux[2]. En Écosse, le calcaire, aussi bien que le phyllade, est
quelquefois fibreux comme du bois[3].

§ 2. EXPÉRIENCES FAITES POUR EXPLIQUER LA SCHISTOSITÉ ET LES CARACTÈRES QUI S'Y RATTACHENT.

Depuis qu'il a été constaté que la schistosité est indépendante de la stratification, la cause d'une disposition géométrique aussi remarquable et aussi générale a été l'objet
de diverses hypothèses. On l'a attribuée, tantôt à des actions
cristallines, tantôt à des effets électriques. La seconde de
ces suppositions s'appuyait surtout sur ce résultat, annoncé
par Robert Fox[4], que l'argile humide, en présence de courants électriques, peut devenir schisteuse. Le magnétisme
terrestre, la chaleur interne, un commencement de cristallisation, ont aussi été invoqués, comme causes de cette
texture[5]. Ces origines, qu'on pourrait qualifier d'occultes,

---

[1] Le mot *Gefältelte* a été employé pour désigner cette texture ou *fibrosité* dont le talc laminaire présente des exemples en Tyrol, au Zillerthal et aux États-Unis.

[2] D'après M. Leymerie.

[3] Macculloch, *Geological classification of Rocks*, p. 125.

[4] *Report of the Cornwall Polytechnical Society*, 1857. M. Robert Hunt a poursuivi ces recherches. *Mémoirs of the Geological Survey of Great Britain*, t. I, p. 455; 1846.

[5] Sedgwick, John Herschel, Lyell (*Elements of geology*), Darwin (*Geological observations on South America*, p. 168). — Boué pense que la chaleur, cause de ce changement de texture, a été apportée par les roches éruptives. — Quenstedt, *Epochen der Natur*, p. 192.

ont cependant été admises par des savants aussi ém inents que de la Bèche [1], Hopkins[2] et Scheerer[3].

Pendant que ces hypothèses se discutaient, un autre caractère, non moins essentiel, était mis en évidence par des observations exactes et nombreuses : c'est que la production du clivage, dans les terrains stratifiés, se montre en rapport, d'une part, avec les actions qui ont déformé les fossiles dans les mêmes couches, d'autre part, avec les axes de redressement et les grandes lignes de dislocation[4]. Selon toute probabilité, ce phénomène devait donc être attribué à des actions mécaniques.

Cette idée, qui paraît aujourd'hui très-simple, a été soumise, par M. Sorby, au contrôle de l'expérimentation[5]. Ce savant, auquel on était déjà redevable d'autres recherches ingénieuses, avait préalablement reconnu, en examinant au microscope la disposition de leurs éléments, que les roches feuilletées ont éprouvé une compression. Puis, en mélangeant des paillettes d'oligiste à de l'argile blanche, et en soumettant le mélange à la compression, il obtint une masse clairement feuilletée.

M. John Tyndall alla plus loin [6] : il produisit une structure feuilletée, tout à fait semblable à celle de l'ardoise, dans certaines substances plastiques, comme la terre de pipe et la cire d'abeilles, en les comprimant et en leur faisant subir une sorte de laminage.

Des expériences que j'ai faites vers la même époque[7], par

---

[1] *Report on the geology of Cornwall*, p. 281 ; de la Bèche pensait que les forces polaires sont en relation avec le magnétisme terrestre.

[2] *On the connexion of geology and terrestrial magnetism*; 1851.

[3] *Archiv für Mineralogie*, par Karsten, t. XVI, p. 109 ; 1842.

[4] Notamment par M. Baur et par M. D. Sharpe.

[5] *The Edinburgh new Philosophical Journal*, t. LV, p. 437 ; 1853 ; *The London, Edinburg and Dublin Philosophical Magazine*, t. XI, p. 20, et t. XII, p. 27, 1856.

[6] *The London, Edinb. and Dubl. Phil. Mag.*, t. XII, p. 35 ; 1856.

[7] *Études et expériences synthétiques sur le Métamorphisme*, p. 111 du mém. in-4°, p. 132 du mém. in-8° ; 1859-60.

d'autres procédés, et dont la figure 140 représente un des résultats, m'ont conduit à une conclusion semblable. Utilisant des presses à balanciers mues par la vapeur, et d'autres moyens énergiques de compression, je reconnus que, pour produire dans l'argile une texture feuilletée, il faut : 1° que la substance puisse éprouver des glissements et s'étendre par un commencement de laminage ; 2° que la masse comprimée soit douée d'un degré particulier de plasticité : trop sèche,

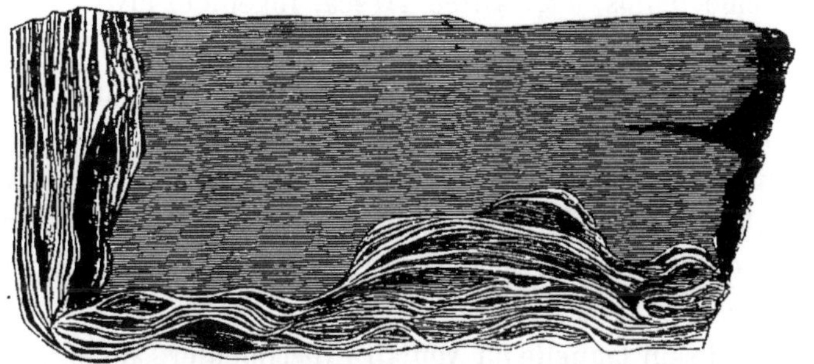

Fig. 140. — Production de la structure schisteuse dans une argile de Villy-en-Trode (Aube), soumise à l'action de la machine à emboutir. — Grandeur naturelle.

elle se brise ; trop molle, elle se lamine, sans que les feuillets puissent s'isoler.

D'un autre côté, le même sujet était abordé théoriquement, par des considérations empruntées à la physique mathématique et à la théorie de l'élasticité, notamment par MM. Hopkins [1], Laugel [2], et le professeur Haughton [3].

Les belles recherches expérimentales de M. Tresca [4] ont ouvert un horizon nouveau sur la connaissance des mouvements intérieurs, qui se produisent, lorsque des corps solides se trouvent soumis à des pressions assez énergiques pour les

[1] *The Edinb. new Phil. Journal*, t. XLV ; 1848.
[2] *Bull. Soc. géol.*, 2e série, t. XII, p. 365 ; 1855.
[3] *The London, Edinb. and Dubl. Phil. Mag.*, t. XII, p. 198 ; 1856.
[4] *Mémoires des Savants étrangers*, t. XVIII, p. 733, t. XX, p. 75 ; 1872.

déformer et les forcer à *s'écouler*, suivant l'expression hardie et juste employée par ce savant. Dans le désir de revenir à l'examen expérimental de l'importante question de la schistosité et de quelques faits qui se rattachent à cette texture, j'ai demandé à M. Tresca de recourir à sa connaissance approfondie du sujet, et il a bien voulu m'accorder son concours de la manière la plus efficace, pour satisfaire au programme que je m'étais proposé. En lui témoignant ici l'expression de mes vifs remercîments, je tiens à l'offrir, en même temps, à M. Alfred Tresca, ingénieur civil.

Les nouvelles expériences dont il va être rendu compte ont été exécutées, pour la plupart, avec la presse hydraulique qui a servi aux principales recherches de M. Tresca sur l'écoulement des solides[1] (fig. 141). L'effort pouvait s'y élever jusqu'à 100,000 kilogrammes de pression totale exercée sur les plaques ; mais on est toujours resté notablement au-dessous de cette force.

L'argile sur laquelle on voulait expérimenter, après avoir été amenée à un degré de consistance convenable par la dessiccation, était placée entre des parois verticales de formes cylindriques ou prismatiques. Par suite de la pression qu'un piston exerçait sur elle, cette argile était forcée de s'écouler, de bas en haut, sous la forme d'un jet, entre les bords d'une ouverture de section moindre, pratiquée dans une matrice métallique, ainsi que dans le sommier supérieur de la presse.

On a fait successivement varier, dans leur forme et dans leur disposition, l'argile soumise à la pression et l'orifice par lequel elle s'écoulait.

1° Dans une première série d'expériences, le cylindre était circulaire et l'orifice, également circulaire, était concentrique au cylindre. Les deux diamètres étaient de 10 et

[1] Mémoire précité, t. XVIII, p. 746.

de 2 centimètres, c'est-à-dire dans le rapport de 5 à 1 ; les sections et, par conséquent, la vitesse du piston et celle du jet, étaient dans celui de 25 à 1.

En se servant d'argile plastique de Montereau, mélangée de sable quartzeux, on a obtenu une texture fibreuse des mieux caractérisées (fig. 142). De l'argile, que l'on avait mélangée

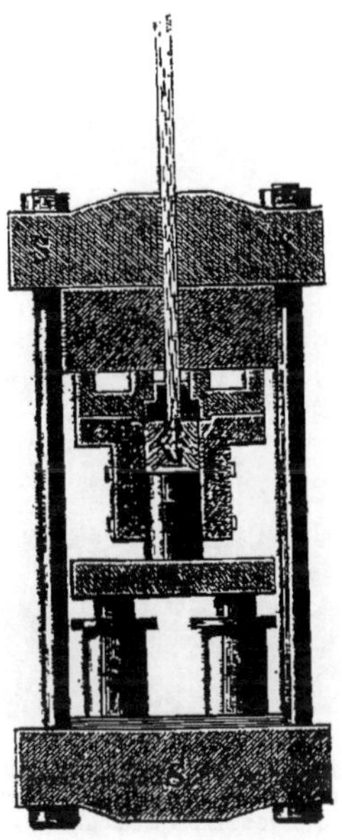

Fig. 141. — Production de la schistosité dans de l'argile soumise à l'action de la presse hydrau-lique. — P, piston compresseur ; M, argile à comprimer ; N, matrice en acier ; CC, cylindre ; S S S, sommiers de la presse : A, A, corps de pompe ; B, plateau : un orifice ménagé dans le sommier supérieur permet le passage du jet d'argile ; la schistosité de celui-ci est parallèle au sens du mouvement. — Échelle de $\frac{1}{16}$.

de paillettes de mica, au lieu de quartz, a fourni le même résultat. Ces paillettes manifestent une tendance évidente à se diriger parallèlement au jet ; leurs plans sont orientés de diverses manières, mais disposés de façon à produire, comme dans le premier cas, des couches concentriques à la surface cylindrique du jet. La texture obtenue dans ces deux expériences rappelle, par son aspect, la texture d'une tige de bois de dicotylédone, avec ses couches annuelles ; elle reproduit la texture de certaines roches, que l'on a qualifiées de fibreuses (en allemand *flæserig*).

2° En faisant écouler l'argile micacée par un orifice rectangulaire, placé au centre du cylindre vertical, on a obtenu une texture qui diffère de la précédente. Comme dans le premier cas, les paillettes de mica se placent en totalité

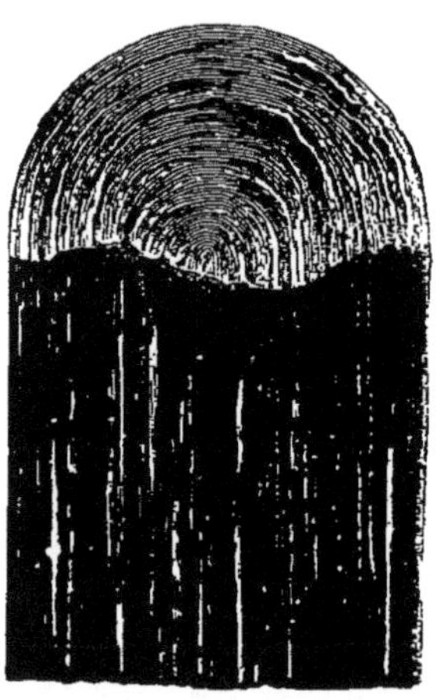

Fig. 142. — Production de la structure, à la fois schisteuse et concentrique, dans de l'argile forcée à s'écouler par un orifice circulaire. Vue d'un échantillon montrant deux sections, l'une suivant l'axe, et l'autre dans le sens perpendiculaire. — Deux fois la grandeur naturelle.

parallèlement à l'axe d'écoulement, la plupart parallèles à la grande face, d'autres, en beaucoup plus petit nombre, parallèles à la petite face du rectangle de la section.

5° Afin d'éviter que la matière afflue de tous les points de la masse cylindrique vers le centre, et pour simplifier le phénomène, on a remplacé le cylindre circulaire des expériences précédentes par un prisme rectangulaire ; puis on a produit l'écoulement entre les lèvres d'un orifice également rectangulaire, dont la largeur était précisément celle du

prisme de terre. Le rapport des sections était, cette fois, de 10 à 1.

L'argile sableuse, et surtout l'argile mélangée en proportions variables de paillettes de mica, ont acquis
une schistosité des mieux caractérisées ; les feuillets sont parallèles à
la grande face du jet (fig. 145 et 144).

On a mélangé à l'argile, non-seulement du mica en petites paillettes,
mais aussi en lames carrées, de 4 à
5 millimètres de côté. Ces dernières
sont venues se placer, avec une régularité plus grande encore que les
paillettes, dans le plan précité, c'est-
à-dire parallèlement à la grande face
du jet.

Ces diverses pâtes feuilletées artificielles rappellent complètement, par
l'aspect de leur cassure, certaines ro
ches naturelles, phyllades quartzifères, schistes micacés et micaschistes.

De l'argile, non mélangée de sable
ou de mica, se comporte de même et
acquiert une schistosité d'autant
plus fine que la matière se divise
elle-même en particules plus ténues.

Des cristaux, autres que ceux de
mica, s'alignent régulièrement dans
ce mode d'écoulement. Ainsi, quand
à la pâte on ajoute successivement
de petites tiges cylindriques, et, à
défaut de cristaux de feldspath sani-

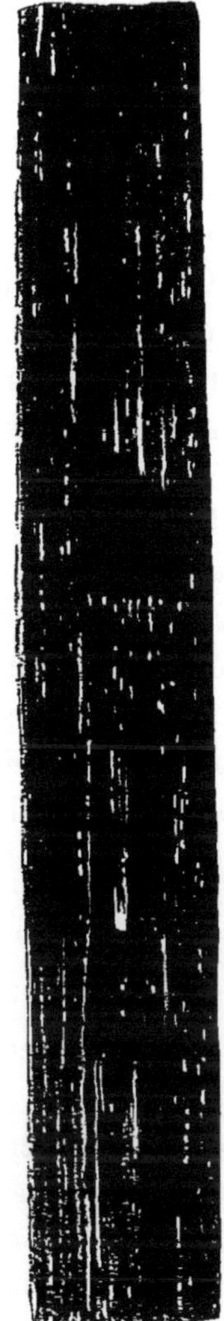

Fig. 145. — Développement de la structure schisteuse dans une argile mélangée de mica et soumise à un écoulement ; cassure parallèle au plan des feuillets. — Grandeur naturelle.

dine, isolés et suffisamment minces, de petites plaques de plomb de même forme, les unes et les autres se dirigent parallèlement au jet. Les plaques en forme de feldspath se placent, à peu près en totalité, parallèlement à la schistosité, à laquelle elles contribuent, par conséquent, pour leur part.

Comme complément des expériences exécutées sur l'écoulement des substances argileuses, j'en ai fait d'analogues sur des substances ramollies et rendues plastiques par la chaleur, et pour cela, j'ai profité du concours obligeant de M. Ch. Feil.

L'opération se fit sur un verre riche en plomb (*flint*) et très-*tendre*, que l'on fondit dans une moufle. Le verre, refroidi jusqu'à n'être plus très-fluide, fut forcé de s'écouler, soit sous l'action d'un piston, soit sous celle d'une vis. L'examen des stries, présentées alors par le flint, montra que le mouvement avait eu lieu, comme on pouvait le supposer. Ces stries très-fines, accusées par des différences de réfraction, se reconnaissent mieux encore sur des plaques minces.

Sans recourir à des expériences spéciales, on réalise dans certaines opérations industrielles le développement de la structure schisteuse. Ainsi, la fabrication des briques et des tuiles comprend des opérations d'étirement où se trouvent, très souvent, reproduites les conditions de consistance et d'écoulement nécessaires à la schistosité; les fig. 145 et 146 en donnent des exemples.

De même l'acide stéarique comprimé à chaud, pour l'expulsion des graisses liquides, prend une structure feuilletée représentée fig. 147.

Le fer laminé est très souvent schisteux, c'est-à-dire composé de zones parallèles distinctes par leur éclat (fig. 148 et 149), et l'on sait que l'interposition de matières étran-

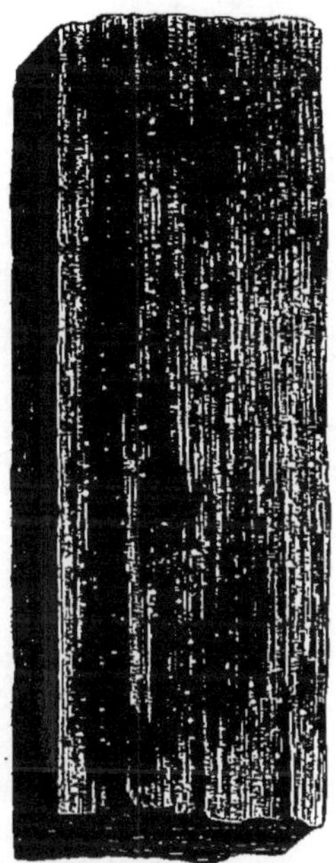

Fig. 114. Développement de la structure schisteuse, dans une argile mélangée de mica et soumise à un écoulement; le feuilleté est ici parallèle au sens de la pression. Cassure perpendiculaire aux feuillets. — Grandeur naturelle.

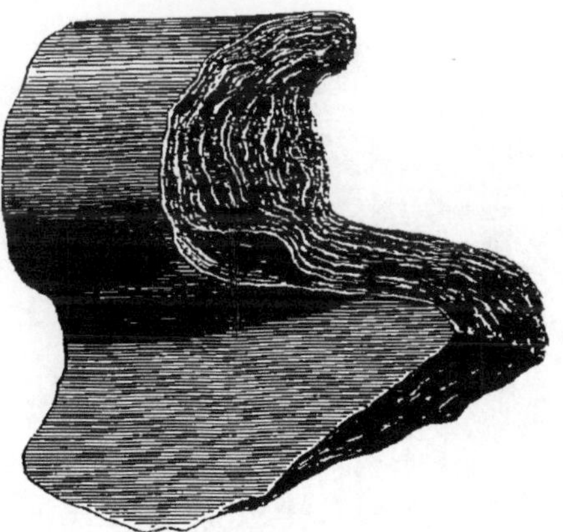

Fig. 115. Fragment de tuile, offrant une structure schisteuse ordonnée par rapport aux surfaces
du moule, parallèlement auxquelles s'est produit l'écoulement de l'argile. — Grandeur
naturelle.

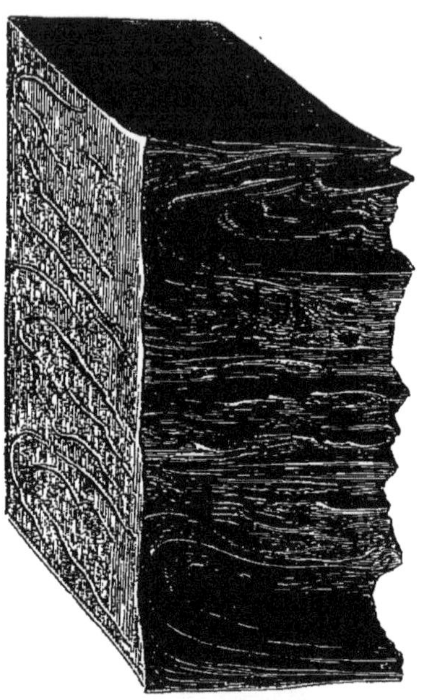

Fig. 146. Structure schisteuse très contournée développée dans une brique, par l'écoulement, accompagné de rebroussements, auquel l'argile a été soumise pendant la fabrication. — Échelle de $\frac{1}{2}$.

Fig. 147. Structure schisteuse développée dans la stéarine par la pression exercée, dans un sac de crin, en vue d'en éliminer les matières étrangères. — Grandeur naturelle.

gères (scories ou oxyde) contribue à produire cette structure[1].

Fig. 148. — Développement de la structure schisteuse dans le fer, par l'action du laminoir.
Échelle de ½.

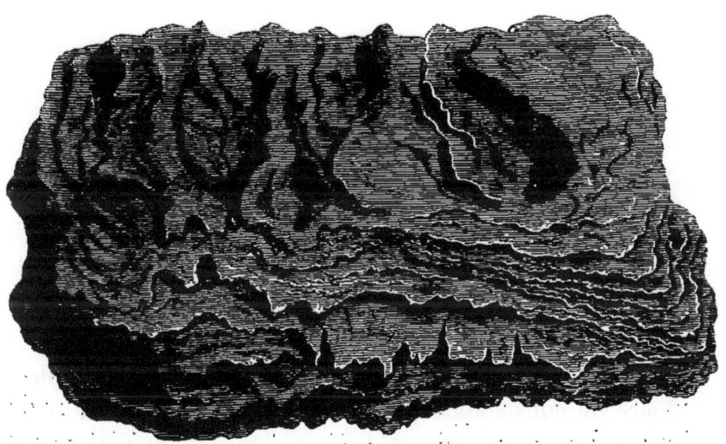

Fig. 149. — Développement de la même structure à un plus haut degré, dans un fer particulièrement impur. — Échelle de ⅗.

Quelque homogène que paraisse le plomb, il peut également acquérir, dans son écoulement à froid, la structure

Fig. 150. — Structure schisteuse développée dans l'épaisseur d'un tuyau de plomb, lors de sa fabrication, par un étirage à froid ; c'est un déchirement accidentel qui a rendu cette structure particuliérement visible. — Échelle de $\frac{1}{1}$.

schisteuse, par exemple, lors de la fabrication de tuyaux, comme le représente la figure 150.

3. EXPÉRIENCES SUR LA DÉFORMATION DES FOSSILES, EN RELATION AVEC LA SCHISTOSITÉ DES ROCHES.

Pour compléter la démonstration expérimentale des causes de la schistosité, il convenait de reproduire aussi les déformations de fossiles, qui en sont corrélatives et lui servent de témoins permanents. Quoique l'ensemble du phénomène ne puisse plus guère laisser de doute, il restait encore à en reconnaître les circonstances, par exemple, le degré de consistance que pouvait posséder la roche, lors de ces mouvements. C'était à l'expérience à nous éclairer sur ce sujet.

Les déformations considérables et variées que présentent les trilobites, les brachiopodes et en général les fossiles renfermés dans les roches schisteuses, sont de nature à guider dans la recherche des forces, auxquelles les roches enveloppantes ont été soumises.

Un second type, non moins fréquent que les changements de courbure, est représenté par les bélemnites de diverses localités des Alpes, qui ont été tronçonnées, et dont les segments plus ou moins écartés laissaient primitivement entre eux des vides, que des substances minérales sont ultérieurement venues incruster ou remplir.

Lorsqu'un test n'a pas plus d'épaisseur que celui d'un trilobite, il n'est pas difficile de le déformer, en l'empâtant dans de l'argile, que l'on soumet ensuite à une pression.

Quant aux fossiles à test épais, comme une bélemnite ordinaire, leur résistance est trop grande pour qu'on pût la tronçonner au milieu de l'argile, au moins dans les conditions de pression dont on pouvait disposer. Pour remédier à cette difficulté et obtenir une rupture sous un moindre effort, on a empâté, dans de l'argile, des cônes de craie très-allongés, ayant la forme d'une bélemnite ordinaire, B (fig. 151). Ce sont ces imitations de bélemnites qui ont été l'objet d'une série d'expériences, dans lesquelles on a produit l'écoulement, tantôt par écrasement, tantôt suivant le sens de la pression; les fig. 152 et 153 représentent des résultats ainsi obtenus.

La première de ces figures nous offre, pour ainsi dire, une exagération du phénomène, les tronçons de la bélemnite étant beaucoup plus écartés qu'ils ne paraissent jamais l'être dans les roches. Quant à l'échantillon de la figure 153, il a été obtenu par voie d'écrasement.

On arrive cependant à déformer les bélemnites naturelles, mais il faut, pour cela, les enchâsser préalablement dans une masse qui offre plus de cohérence que l'argile.

Plusieurs expériences, par voie d'écrasement, ont été faites

sur des bélemnites (*Belemnites niger*), qui avaient été enchâssées très-exactement, au moyen du moulage, dans une masse

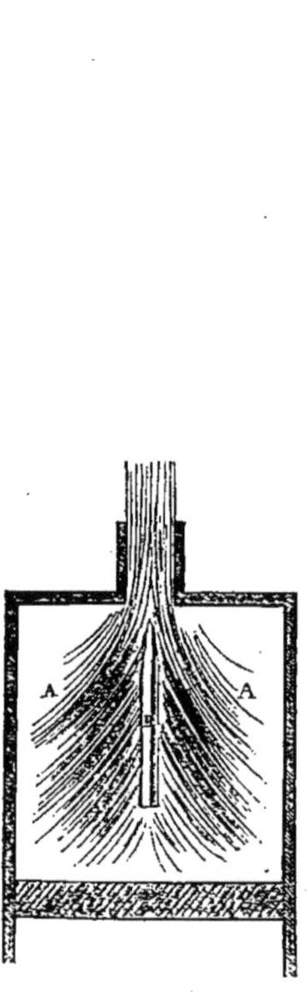

Fig. 151. — Imitation de bélemnite B en craie, placée dans
une masse d'argile A A, que
l'on force à s'écouler sous le
piston P de la presse hydraulique, et destinée à subir un
étirement et un tronçonnement. — Échelle de ⅕.

Fig. 152. — Résultat de l'expérience précédente; B,B,B,B,
B,B,B, tronçons fortement
écartés les uns des autres,
dans lesquels la bélemnite
de craie a été réduite par l'é-
coulement de l'argile A. —
Échelle de ⅙.

Fig. 153. — Fragment de craie
cylindro-conique, imitant une
bélemnite naturelle, tron-
çonné par le laminage de
l'argile où il était empâté. —
Échelle de ½.

de plomb, en forme de parallélipipède. La pièce de plomb
était chaque fois soumise à une pression d'environ 50 000 kilogrammes. On a obtenu ainsi des bélemnites tronçonnées,

dont les fragments sont plus ou moins espacés et qui, par conséquent, ont augmenté de longueur, exactement comme les types naturels que l'on avait en vue. L'échantillon (fig. 155)

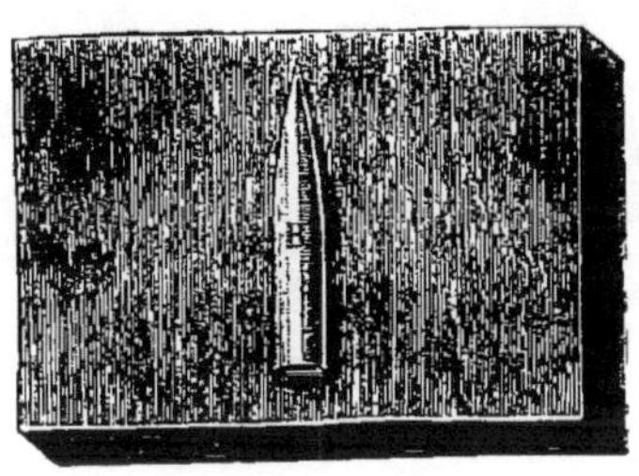

Fig. 154. — *Belemnites niger* B, exactement encastrée par moulage, au centre d'un prisme en plomb, formé de deux parties, dont une seule est représentée. Ce prisme est destiné à subir, perpendiculairement à ses plus grandes faces, l'action de la presse hydraulique. — Échelle de $\frac{1}{2}$.

comparé à l'état initial qui est représenté, par un moulage, (fig. 154), montre bien le changement qui s'est produit. Quelques-uns des tronçons se sont allongés, en s'écrasant.

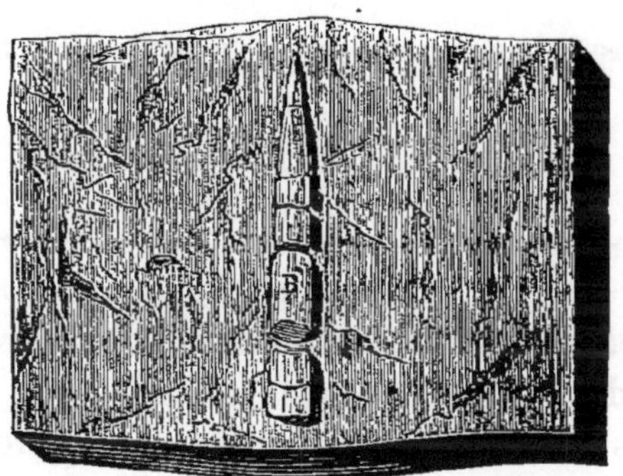

Fig. 155. — Étirement et tronçonnement de la bélemnite de la fig. précédente, par l'action de la presse hydraulique, sur le prisme de plomb où elle était encastrée. — Même échelle que pour la figure précédente.

Quant aux simples déformations de fossiles, leur imitation ne présente pas de difficulté. Ainsi, en enchâssant un test d'écrevisse dans une masse de plomb, que l'on comprime ensuite, on le déforme, à la manière des trilobites des ardoises. Cette imitation trouve aussi son analogue, par exemple,

Fig. 156. — Déformation subie par une pièce de cuivre, à l'effigie de Georges III, sous l'action du laminoir, et rappelant certaines anamorphoses. — Grandeur naturelle.

dans le laminage par lequel on démonétise à Londres les pièces hors de cours (fig. 156).

§ 4. OBSERVATIONS THÉORIQUES ET DÉDUCTIONS RELATIVES AUX ROCHES SCHISTEUSES.

Conditions dans lesquelles peut se produire la schistosité. — Jusqu'à présent, la texture schisteuse des roches n'avait été imitée expérimentalement qu'au moyen d'une pression, exercée perpendiculairement au plan de schistosité. Or, dans les expériences qui font l'objet de ce chapitre, on voit naître un feuilleté des mieux caractérisés, sous des conditions différentes. Car les feuillets s'y produisent, et cela pour des bandes de plusieurs mètres de longueur, *dans le sens même de la pression et du mouvement.*

C'est un résultat qui trouvera son application dans l'histoire des roches schisteuses cristallines, à feuillets à peu près verticaux, particulièrement dans celles qui occupent le centre de certains massifs montagneux.

Ces mêmes expériences conduisent aussi à modifier l'explication théorique de là schistosité, qui est généralement admise. Un corps incomplétement solide, ou doué d'une certaine plasticité, étant soumis à une pression énergique, qui le force à s'écouler dans le sens suivant lequel il rencontre le moins de résistance, se comporte à peu près comme le ferait un liquide très-visqueux. Dans ce mouvement, les molécules voisines ne marchent pas uniformément; les différentes vitesses qu'acquièrent les molécules contiguës les font glisser les unes sur les autres. De là, un alignement prononcé des éléments de formes diverses, cristaux, lamelles aplaties ou particules microscopiques.

Cette texture schisteuse ou feuilletée, conséquence directe d'un glissement, est nécessairement ordonnée par rapport au mode et à la direction de l'écoulement : c'est ce qu'on constate pour les diverses dispositions successivement employées dans les expériences.

On voit donc que c'est à tort que certains géologues ont voulu distinguer, dans les roches schisteuses, d'une part, le clivage, d'autre part, l'alignement des cristaux connu sous le nom de foliation ou de lamination. Ces deux caractères remarquables dérivent de la même cause, et l'expérience les produit dans des conditions identiques et simultanément: aussi les avons-nous compris ici sous le nom unique de schistosité [1].

Il n'est pas nécessaire que la masse plastique soit mélangée de parties *visiblement* différentes, pour acquérir la texture schisteuse. Une même substance, tout en étant chimique-

---

[1] Le résultat auquel l'observation avait conduit Darwin et Sharpe est donc pleinement consacré par l'expérience.

ment homogène, peut ne pas l'être dans sa condition physique, par exemple, dans son degré de cohésion. C'est ce qui
paraît arriver en général, même dans des corps, comme le
plomb métallique ou le verre fondu, dont l'uniformité d'aspect ne ferait pas soupçonner de semblables différences [1].

En outre, dans les expériences faites par voie d'écoulement, aussi bien que dans celles de compression directe, on
voit qu'il suffit que les particules subissent un déplacement
très-faible, de quelques centimètres à peine, pour qu'elles
s'alignent et qu'un feuilleté très régulier en soit la conséquence.

L'examen microscopique des masses feuilletées artificiellement contribue encore à les faire assimiler aux roches feuilletées naturelles. Des sections très-minces, pratiquées sur ces
pâtes perpendiculairement aux feuillets, soit après une simple
dessiccation à la température ordinaire, soit après une calcination au rouge, montrent des feuillets minces, qui se dessinent par des teintes différentes et qui se contournent
autour des grains quartzeux, à la manière de ce qui arrive
dans les micaschistes, pour les feuillets de mica qui enveloppent chaque grenat.

Ce qui ajoute encore à leur ressemblance avec les roches
naturellement feuilletées, c'est la manière dont ces produits
d'expérience se comportent, quant à la conductibilité de la
chaleur, soit à l'état cru, soit après la cuisson. M. Jannettaz,
qui a bien voulu, sur ma demande, en soumettre quelques-
uns à l'expérience, y a reconnu, sur les tranches des feuillets, et même dans leur plan, des ellipses analogues, par la
dimension relative de leurs axes, à celles qui se dessinent sur
les schistes naturels (fig. 157).

[1] Pour le plomb, le fait s'est manifesté dans une expérience faite par M. Tresca, sur un
cylindre de ce métal.

On peut de plus constater ici, avec exactitude, comment les axes de conductibilité sont placés par rapport aux directions des mouvements relatifs, sous l'action desquels la substance s'est écoulée. Cette relation pourra être mise à profit pour l'histoire physique des roches anciennes.

Il importe de remarquer que toutes les actions d'écoulement ou d'écrasement, qui ont imité la déformation des fossiles et l'écartement des bélemnites, ont, en même temps, produit le feuilleté dans l'argile qui enveloppait ces corps. C'est une coïncidence conforme à celle qu'avait signalée l'observation des faits géologiques. De plus, l'existence de vides, laissés entre les tronçons des bélemnites étirées arti-

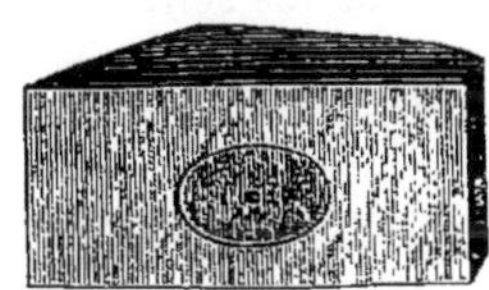

Fig. 157. — Courbe elliptique montrant comment varie la conductibilité thermique, suivant la direction, dans de l'argile rendue artificiellement schisteuse par écoulement; c'est la reproduction d'un caractère essentiel des roches schisteuses naturelles. — Grandeur naturelle.

ficiellement, ainsi que la conservation, par ces vides, de la forme du fossile, offrent, avec des échantillons naturels, une analogie significative; car ce double caractère prouve que l'étirement a eu lieu, lorsque les roches rendues, il est vrai, plastiques par l'énergie de la pression, étaient cependant à l'état solide. Les expériences montrent, en effet, que dans une substance pâteuse les vides se déforment, et puis se comblent, au moins partiellement, par des bavures, au fur et à mesure de leur production.

D'un autre côté, l'expérience montre, comme on l'a vu plus haut, fig. 150, page 418, que la schistosité peut se développer dans des masses à peu près solides, telle que le plomb. Il en a sans doute été de même pour des roches, comme celles du mont Lachat, qui ont été rendues schisteuses, en même temps que des bélemnites s'y étiraient.

La texture feuilletée peut se produire aussi par des procédés autres que celui qui vient d'être mentionné[1].

Le moyen qui se présente naturellement à l'esprit est analogue à celui par lequel on prépare les pâtisseries feuilletées[2]. Mais ce procédé ne paraît avoir que bien peu d'analogie avec les phénomènes naturels.

D'un autre côté, je dois rappeler comment j'ai obtenu autrefois le feuilleté, dans mes expériences sur la formation d'espèces minérales dans l'eau suréchauffée.

Il convient, sans doute, de tenir compte, dans le mode de formation de certaines roches schisteuses, de cette dernière manifestation, par épigénie ou métamorphisme, de la structure feuilletée.

Déductions à tirer des expériences pour l'intelligence de la texture des roches schisteuses. — Après avoir constaté expérimentalement avec quelle facilité se produisent le clivage et la foliation dans des masses imparfaitement solides qui s'écoulent sous de fortes pressions, et après avoir vu qu'il suffit, pour cela, d'un très-faible déplacement relatif de leurs particules, on ne peut plus s'étonner de la diversité minéralogique des roches schisteuses, non plus que de l'abondance avec laquelle plusieurs d'entre elles se présentent dans l'écorce terrestre. Cette texture est d'ailleurs indépendante du mode de formation de la roche et de la cause de sa plas-

---

[1] Je ne mentionnerai que pour mémoire le clivage que M. Fox a annoncé se produire dans l'argile, sous l'influence de courants voltaïques.

[2] On enduit de mica ou de graisse une couche d'argile, puis, en repliant cette couche un certain nombre de fois sur elle-même et en la laminant, on obtient une masse feuilletée, qui ressemble aux roches schisteuses naturelles et qui participe également à leurs propriétés, en ce qui concerne la conductibilité de la chaleur.

ticité, que cette cause soit l'eau, comme dans les masses argileuses, ou la chaleur, comme dans les laves.

L'un des modes possibles d'un tel passage se voit dans la gorge de Breda près Allevard (Isère). Les couches du calcaire liasique y montrent des systèmes de joints très rapprochés,

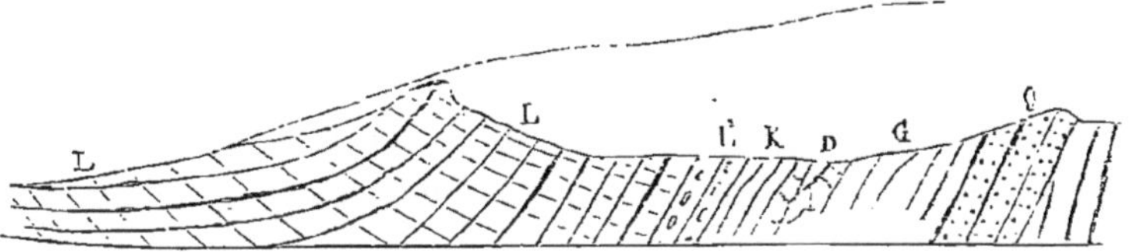

Fig. 158.— Profil géologique de la gorge de Breda, près Allevard (Isère), d'après M. Lory, montrant l'existence, à travers les couches calcaires du lias, d'un système de joints très rapprochés. obliques à la stratification et représentant comme une ébauche de feuilleté. — L, Calcaire noir liasique. — L' Calcaire noduleux attribué au lias, comme le précédent. — K, Calcaire noir attribué à l'infralias. — D, Dolomies, cargneule. — G, Couches de gypse. — Q, Grès quartzeux. — Schistes cristallins. — Échelle de $\frac{1}{5000}$.

obliques à la stratification et représentant comme une ébauche du feuilleté (fig.158 et 159). Sous l'influence des forces qui ont ouvert ces plans de division, beaucoup d'ammonites et de bélemnites se sont déformées; d'autres de ces fossiles sont coupés par les plans de clivage.

Un fait des plus fréquents est le passage graduel des roches

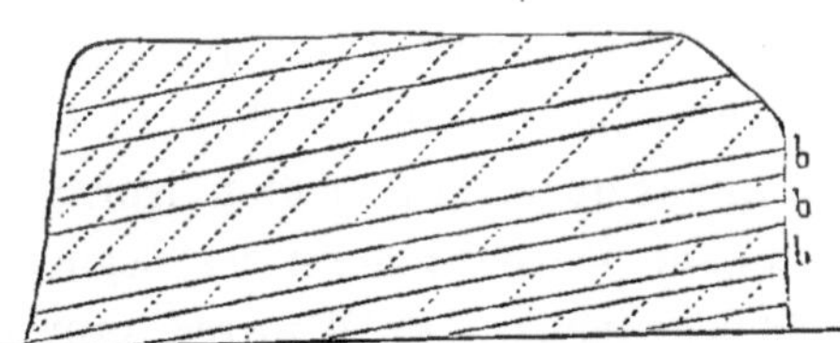

Fig. 159. — Coupe verticale, donnant le détail des joints qui traversent, près d'Allevard. les couches calcaires du lias : b, b, b, petits blancs plus compactes, qui ne sont pas traversés par les joints. — Échelle de $\frac{1}{1000}$.

massives à des roches feuilletées, de même composition minéralogique.

Il n'est pas de contrée granitique qui n'offre de nombreux exemples de ces transitions d'une autre nature, qu'il s'agisse de granite proprement dit, de protogine ou de syénite. On le voit journellement dans le percement du Saint-Gothard. Or, l'expérience montre que des échantillons de la même argile, à des états de dessiccation faiblement différents, étant soumis à la compression, fournissent des couches juxtaposées, les unes schisteuses, les autres dépourvues de ce caractère, qui contrastent entre elles. Cette influence du degré de plasticité, que j'avais reconnue dans mes premières expériences[1], rend compte des différences que l'on observe, dans un même massif de roches partiellement schisteuses.

Le mode de consistance de la pâte soumise à l'écoulement a une grande influence sur le degré plus ou moins net du feuilleté. Cela paraît expliquer pourquoi les pâtes de nature argileuse ou marneuse ont joui d'un privilége à cet égard. Les calcaires et les quartzites, lorsqu'ils étaient mélangés d'argile, sont devenus schisteux (calcschistes de la Maurienne, quartzophyllades micacés).

En général, la schistosité se rattache, comme on vient de le voir, aux mouvements qui ont ployé les couches. Cependant, il est des roches qui paraissent avoir pris une texture analogue à celle dont il vient d'être question, sans qu'elles aient cessé d'être horizontales. Tels sont notamment les schistes bitumineux du terrain permien (Igornay, près Autun, Thuringe, etc.) et peut-être aussi les bogheads tertiaires de Ménat (Puy-de-Dôme), et d'autres provenances, les marnes magnésiennes de Saint-Ouen, et certaines marnes du grès bigarré (Letten)[2]. Des roches qui avaient originairement une consistance très-favorable au développement de la schistosité ont pu acquérir ce caractère, sous la simple pression des masses qui leur ont été superposées.

[1] *Études et Expériences synthétiques sur le Métamorphisme*, p. 112 du mém. in-4°.
[2] Peut-être aussi au Plattenberg, près Glaris, où les couches sont peu inclinées.

Il est des géologues qui ont regardé le feuilleté des roches cristallines, telles que le gneiss, comme un vestige de stratification, et qui ont assimilé les feuillets à des couches minces [1]. Cette supposition a servi à appuyer le nom de *métamorphiques*, qu'on a osé étendre à la totalité des roches de cette catégorie. Bien que j'aie cherché ailleurs à montrer l'importance du métamorphisme, je n'ai pas cessé de m'élever contre une conclusion hypothétique aussi absolue. Entre certains gneiss et le granite, il n'y a pas plus de distance qu'entre les laves feuilletées et les laves massives. L'observation qui précède suffit pour montrer combien il y a lieu, à plus forte raison, d'être circonspect dans les supputations, que l'on prétend faire, dans divers pays, des épaisseurs de ces roches.

Dans les terrains cristallisés dont il s'agit, la schistosité est très-fréquemment parallèle aux plans qui séparent les roches de diverses natures, gneiss, micaschistes, calcaires, quartzites, c'est-à-dire aux plans de séparation de masses qui ont l'apparence de couches. Cette concordance, qui est ordinaire en Finlande, au Brésil et dans d'autres contrées, a été considérée, par Durocher, comme un effet direct d'une stratification antérieure, dans laquelle les paillettes de mica, en raison de leur tendance à se déposer à plat, marqueraient, par leur parallélisme, les plans de division des couches [2].

Cependant, cette circonstance me paraît plutôt devoir s'expliquer autrement, soit que les minéraux cristallisés et interposés entre les feuillets fussent déjà formés, lorsque la schistosité s'est produite, soit que ces minéraux aient cris-

---

[1] L'origine éruptive de certains gneiss et de leptynites a été soutenue par divers géologues, notamment par Naumann et par Élie de Beaumont. *Bull. Soc. géol.*, 2ᵉ série, t. IV, p. 130; 1847.

[2] Études sur la structure géographique et la constitution géologique de la Norwège, de la Suède et de la Finlande. *Mém. Soc. géol. Fr.*, 2ᵉ sér., t. V, p. 40.

tallisé postérieurement et se soient disposés alors suivant les plans des feuillets. En effet, dans les terrains stratifiés et fossilifères, la schistosité est loin d'être toujours oblique à la stratification; elle lui est souvent parallèle. On comprendra la fréquence de cette conformité, si l'on se reporte aux expériences précédentes et aux conditions d'écoulement qui produisent le feuilleté, notamment à l'expérience dans laquelle on voit une bélemnite, placée d'abord en travers, venir bientôt s'aligner parallèlement au jet.

C'est ainsi que des roches éruptives, subordonnées aux roches sédimentaires, si ces roches n'étaient pas tout à fait solidifiées, lors du mouvement qui a causé la schistosité, ont dû se feuilleter, parallèlement aux surfaces qui les limitent, et parallèlement aussi aux feuillets des roches sédimentaires voisines.

L'un des traits les plus remarquables des roches cristallines, feldspathiques et amphiboliques, qui sont subordonnées au terrains schisteux de l'Ardenne française, c'est que ces roches sont couchées parallèlement aux masses encaissantes, ardoises et autres. Non-seulement elles n'y montrent pas les formes ordinaires aux injections plutoniques, mais encore elles présentent souvent une structure feuilletée, qui est parallèle à celle des masses voisines. De plus, la roche cristalline massive passe graduellement à la même roche, présentant l'état schistoïde.

Cette transition de l'un à l'autre type a été constatée par tous ceux qui ont étudié ces roches sur place. Aussi d'Omalius, dans de judicieuses observations, qui remontent à plus de soixante ans, sur les roches feldspathiques des environs de Deville et de Laifour, leur donnait-il le nom d'*ardoises porphyriques*[1]. Le passage de l'une des textures à l'autre

---

[1] *Journal des Mines*, t. XXIX. p. 55; 1811.

a été clairement constaté aussi, lors de la réunion de la Société géologique de France, à Mézières, en 1855. « La pâte de la roche porphyroïde prend une structure de plus en plus schisteuse, en même temps que les cristaux de feldspath y deviennent de moins en moins abondants, et s'y arrondissent, probablement par l'effet d'une friction. Elle ressemble beaucoup alors à certaines roches des terrains ardoisiers et n'en diffère que par la présence du feldspath lamellaire [1]. »

MM. Sauvage et Buvignier [2] ont comparé au gneiss ces variétés schisteuses, auxquelles Dumont [3] a donné le nom d'*Hyalophyre schistoïde*. Ces mêmes variétés ont reçu le nom de *Porphyroïde schistoïde*, de MM. de La Vallée-Poussin et Renard, qui, en diverses parties de leurs importantes études, insistent également sur ces passages [4]. Ces auteurs ajoutent que les amphibolites deviennent, de même, schistoïdes, jusque dans le centre de leurs massifs.

Enfin, j'ajouterai que la collection du Muséum présente, dans les vitrines exposées au public, une série de ces roches cristallines schisteuses, recueillie par Cordier et provenant des environs de Deville, où j'ai eu également occasion de les étudier.

Ce que montrent les roches schisteuses cristallines des Ardennes trouve encore ses analogues dans bien d'autres contrées et pour d'autres roches. Comme on l'a dit plus haut, il n'y a guère de roches cristallines, qui ne soient susceptibles de se présenter à l'état schistoïde. C'est ainsi que le granite, la protogine, la syénite, deviennent graduellement schisteux, dans une foule de localités.

---

[1] *Bull. Soc. géol. Fr.*, Ire série, t. VI, p. 342 : 1855.
[2] *Statistique minéralogique et géologique du dép. des Ardennes*, p. 121.
[3] *Mémoire sur les terrains ardennais et rhénan de l'Ardenne, du Rhin, du Brabant et du Condros*, 27.
[4] Voir notamment p. 111 de leur Mémoire sur les roches plutoniennes de la Belgique et de l'Ardenne française.

Parmi les faits semblables que l'on pourrait citer en grand nombre, je me bornerai à rappeler d'autres cas problématiques, signalés dans des roches anciennes de la Belgique, ainsi que le passage complet du porphyre au schiste, signalé par M. de Dechen en Westphalie, dans la contrée de la Lenne. Les roches volcaniques récentes, particulièrement les trachytes et les phonolithes, offrent de toutes parts de tels passages.

Depuis que l'on a démontré expérimentalement les conditions mécaniques, dans lesquelles une masse, incomplètement solidifiée, peut acquérir la structure schisteuse, sous l'influence d'un léger déplacement de ses particules, on ne saurait voir, dans la conformité de structure qui vient d'être signalée, une preuve de l'origine sédimentaire des roches cristallines et schistoïdes. Supposons que ces masses éruptives aient été originairement subordonnées aux roches siluriennes et cambriennes, et interstratifiées dans ces dernières, par exemple, comme les nappes de porphyre feldspathique le sont dans les terrains permien et triasique de diverses contrées, ou comme le basalte l'est fréquemment dans les couches tertiaires : si ces masses éruptives n'étaient pas encore parfaitement solidifiées, lorsqu'un mouvement général a produit le feuilleté des roches argileuses dans lesquelles elles sont enclavées, elles ont dû participer à ce mouvement, et leur texture en a nécessairement subi la conséquence.

En résumé, le caractère schisteux a été imprimé très-fréquemment aux roches éruptives, et souvent, en même temps qu'aux roches sédimentaires voisines, de manière à présenter un parallélisme général. On conçoit qu'un tel parallélisme puisse laisser dans le doute sur l'origine, éruptive ou sédimentaire, de certaines roches cristallines.

§ 5. Bandes bleues des glaciers.

Les bandes bleues (structure veinée) que présentent les glaciers, et dont Forbes a le premier fait ressortir l'importance[1], sont parallèles à l'axe d'écoulement et paraissent s'expliquer aussi par les expériences qui produisent la schistosité, ainsi que M. Tyndall l'a montré.

Dans bien des cas où les roches se sont écoulées, de manière à prendre la structure schisteuse, leur consistance se rapprochait probablement autant de l'état solide que la glace des glaciers.

§ 6. Relations de la schistosité avec les grands accidents de la structure du sol et du relief, particulièrement dans les chaînes de montagnes ; structure dite *en éventail*.

On a vu plus haut comment l'examen des déformations et étirements de fossiles a conduit à faire intervenir une action mécanique dans l'origine de la schistosité. L'étude des faits d'ensemble, observés sur une grande échelle, confirme ce résultat[2].

D'une part, quoique très-fréquent dans les terrains anciens, le clivage ne s'y rencontre pas toujours et ne leur est pas exclusivement propre. Ainsi, on ne trouve pas de véritables phyllades dans les couches siluriennes et dévoniennes

---

[1] *Travels throught the Alps.*
[2] *Favre, Rech. géol.*, t. III, p. 31.

de la Suède, de la Russie ou des États-Unis, qui ont conservé leur horizontalité première et qui, d'ailleurs, n'ont pas été métamorphisées.

D'autre part, des schistes, susceptibles d'être exploités comme ardoises, sont connus dans des terrains plus récents, mais disloqués, ainsi qu'on-l'a vu plus haut (pages 398 et 399).

On voit donc que des roches argileuses, d'âge très-différent, ont pris la nature d'ardoises, et cette transformation, de même que les autres cas du métamorphisme régional, se lie essentiellement à l'existence de dislocations.

Il importe d'ajouter qu'en général, quel que soit l'âge des terrains, la direction uniforme des feuillets est la même que celle des couches schisteuses qui les constituent. Dans les chaînes de montagnes, cette direction est donc celle des principaux accidents orographiques.

On s'est souvent demandé pourquoi, dans presque toutes les parties du globe, les feuillets du gneiss et des roches schisteuses cristallisées sont fréquemment dans des positions voisines de plans verticaux. Les géologues qui considèrent ces feuillets comme les vestiges d'une stratification première doivent supposer que toutes ces couches ont été complètement redressées. C'est une disposition que Naumann regarde comme très-difficile à expliquer[1].

Cependant elle me paraît devoir être assimilée à celle que présentent les couches fossilifères de tout âge, lorsque ces couches ont été contraintes par un laminage, quelque court qu'il ait été, à acquérir la structure schisteuse. On voit, en effet, d'après les expériences précitées, pourquoi les feuillets ont une tendance à se présenter dans une position verticale : le résultat tient, avant tout, à des conditions essentiellement

---

1. *Géognosie*, t. I, p. 884 et 941.

mécaniques. Cela explique pourquoi on retrouve des caractères uniformes dans des terrains d'âges très différents, auxquels s'est imposée la schistosité. Dans les Alpes, les couches liasiques, crétacées et nummulitiques, en présentent de nombreux exemples[1].

La cause de la schistosité paraissant reconnue, on peut retourner la question et, dans certains cas, se servir de cette empreinte significative d'anciennes actions mécaniques, à peu près comme on se guide, d'après les dislocations des roches sédimentaires, pour discerner les actions mécaniques subies par l'écorce terrestre. La position de ces feuillets, considérés dans leur ensemble géographique et topographique, est comparable à l'appareil enregistreur, fréquemment employé dans les expériences, pour représenter des mouvements.

Caractères de la structure dite en éventail. — C'est particulièrement dans les massifs centraux des chaînes de montagnes que cette disposition redressée du gneiss et de ses congénères mérite l'attention, à cause de la tendance à une régularité géométrique qui s'y manifeste fréquemment. Déjà de Saussure avait remarqué que le massif du Mont-Blanc « se divise en grands feuillets, qui ont leurs plans exactement parallèles entre eux, et, ce qui est bien remarquable, qu'ils sont parallèles à la direction de la chaîne[2] ». De plus, ce grand observateur avait constaté que ces feuillets, qui sont à peu près verticaux dans le centre du massif, prennent des positions inclinées dans les parties latérales, et qu'ils plongent symétriquement vers l'axe central, de manière à présenter, dans leur section transversale, la forme d'un *éventail entr'ouvert* (fig. 160). En

---

[1] Voir à ce sujet les études de MM. Lory et Heim.
[2] *Voyages dans les Alpes,* § 569.

outre, comme l'avait déjà remarqué Jurine, la protogine, qui forme la masse centrale, se lie par des passages graduels à des gneiss et à des talcschistes qui l'enveloppent sur une grande épaisseur, excepté du côté méridional[1].

Un autre trait de structure complète le premier : les terrains stratifiés ont été recouverts par des masses cristallines diverses, formant surplomb, qui ont été poussées, au milieu d'eux, comme dans une déchirure, en forme de boutonnière, suivant l'expression d'Élie de Beaumont. C'est donc un ren-

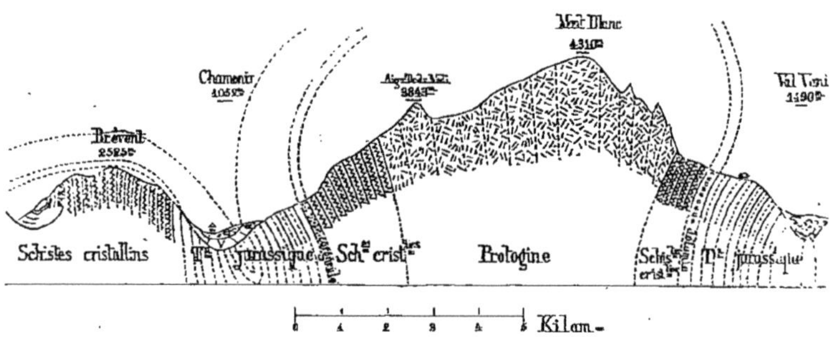

Fig. 160 — Coupe générale, d'après M. Alp. Favre, du massif du Mont-Blanc, faisant voir la structure *en éventail* des roches cristallisées et stratifiées qui le composent. — Échelle de $\frac{1}{200}$,₀₀₀.

versement de l'ordre normal. De même que les schistes cristallins qui leur sont immédiatement juxtaposés, les roches stratifiées plongent vers l'intérieur du massif[2].

Une structure semblable a été reconnue, ensuite, dans d'autres massifs centraux de la chaîne des Alpes, particulièrement au Saint-Gothard, dans les Alpes bernoises, au Pelvoux, dans la chaîne de Belledone, ainsi que dans les Pyrénées, à la Maladetta et ailleurs.

Comment expliquer une disposition, qu'on croirait anormale et exceptionnelle, si elle ne se reproduisait dans un grand nombre de massifs? Deux hypothèses principales ont été proposées, selon que l'on considère les feuillets des roches cristallines, comme les indices de couches, ou que l'on suppose que ces masses, n'étant pas rigoureusement solides au moment de leur intercalation, se sont alors laminées.

Si on admet cette dernière supposition, c'est-à-dire que les roches cristallines jouissaient d'une certaine plasticité, comparable, par exemple, à celle des glaciers, leur nature feuilletée, ainsi que les principaux caractères de la disposition de leurs feuillets, paraissent pouvoir s'expliquer assez simplement.

D'abord la poussée de bas en haut, qui a porté ces masses jusqu'à une altitude de plus de 4000 mètres, lors même qu'elles n'auraient été que faiblement plastiques, a dû nécessairement y déterminer une schistosité, dont le feuilleté était parallèle aux parois de cet énorme jet, c'est-à-dire à peu près vertical. Il en a été ainsi, tant que les masses sont restées encastrées et comprimées entre deux parois latérales.

Mais, lorsque ces masses, approchant de la surface, ont commencé à se dégager des puissantes pressions qu'elles venaient de subir, leur régime a dû se modifier.

Des expériences spéciales ont été faites pour éclairer le mode d'écoulement qui correspond à cette dernière condition.

Expériences. — De l'argile, préalablement bien malaxée et à peu près desséchée, a été coupée, en forme d'un prisme carré. Après l'avoir placée entre deux plaques carrées, de même dimension que la base du prisme, on l'a soumise à l'action de la presse hydraulique. Dans cette opération, il est sorti de chacune des quatre faces latérales une bavure, dont la forme évasée, par suite du changement de pression, se raccordait avec les faces du prisme. La masse ainsi déformée (fig. 161) présente, dans sa cassure transversale, une texture essentiellement schisteuse, qui est ainsi disposée : dans toute la partie serrée entre les plaques, les feuillets sont à peu près parallèles aux deux parois ; mais dans la partie

Fig. 161. — Production de la structure en éventail dans une masse d'argile forcée à s'écouler entre deux plaques parallèles et peu distantes. La pression horizontale de la plaque lui fait acquérir d'abord la structure feuilletée, qui s'épanouit en éventail, au delà des limites des plaques. — Échelle de $\frac{1}{3}$.

qui dépasse ces plaques, on voit les feuillets s'infléchir et s'éloigner de l'axe, de manière à être parallèles aux deux surfaces extérieures du jet, qui vont elles-mêmes en s'écartant de plus en plus. Le feuilleté est surtout prononcé à proximité des deux surfaces externes ; il l'est, en général, beaucoup moins vers la partie centrale.

Cette expérience, qui a été répétée, donne toujours la même disposition. C'est comme un *fac-simile*, en miniature, de la structure feuilletée en éventail.

Du plomb soumis à une expérience analogue a donné des résultats non moins significatifs. Deux plaques rectangu-

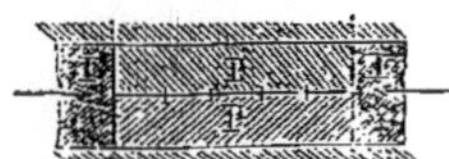

Fig. 162. — Production de la structure en éventail, obtenue sur deux plaques rectangulaires de plomb PP soumises à une pression de 500 atmosphères, entre deux pièces de fer FF desti- nées à faire écouler le métal, à la manière de l'argile de l'expérience précédente. Vue en plan. — Échelle de $\frac{1}{3}$

laires de plomb (fig. 162 et 163) ont été juxtaposées; sur la grande face de chacune des deux plaques, on avait tracé, au burin, des lignes parallèles qui, après la déforma-

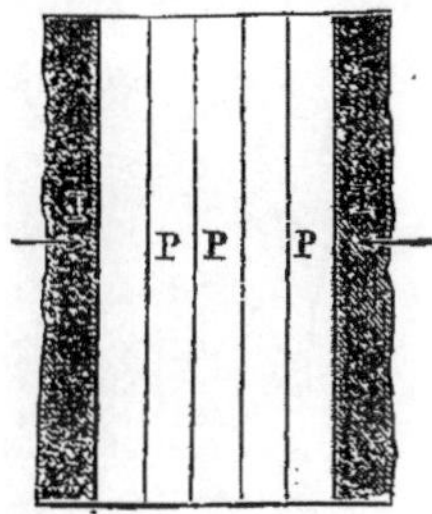

Fig. 163. — Production de la structure en éventail dans le plomb, conformément à l'expérience de la fig. 164. Coupe verticale. — Échelle de $\frac{1}{3}$.

tion, devaient servir à constater les caractères de l'écoule- ment. Puis, les deux plaques furent juxtaposées, comme il est indiqué en plan (fig. 162); un enduit de cire appliquée sur les deux surfaces les empêchait d'adhérer. Ces deux plaques ont été alors soumises, entre deux pièces de fer, à une pression d'environ 10 000 kilogrammes, soit 500 atmo- sphères, qui a déterminé l'écoulement; la pression était

appliquée perpendiculairement au petit côté, comme l'indiquent les flèches. La forme indiquée par la figure 163 se trans-

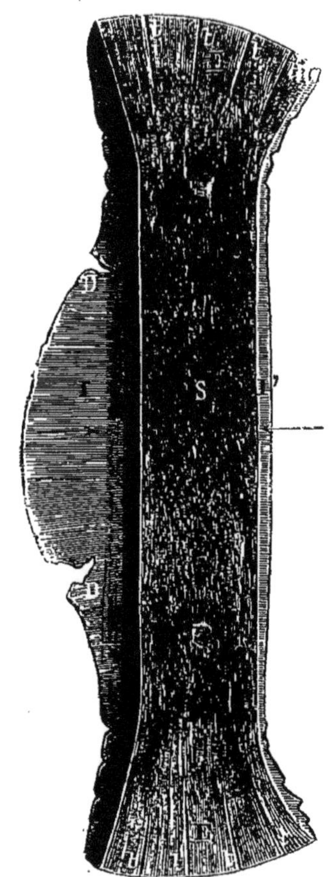

Fig. 164. — Résultat de l'expérience relative à la production de la structure en éventail dans le plomb (Voir les fig. 163 et 164). SS, portion du plomb qui est resté encastré entre les pièces de fer ; EE, portion qui ayant débordé les plaques a pris la structure en éventail; *tttt*, traits originairement parallèles et peu distants, tracés sur le prisme, avant l'expérience, pour servir de témoins aux déformations qu'il a subies. I, I, portions minces qui se sont insinuées entre les plaques de serrage et la monture, en se laminant et en s'épanouissant en éventail, et en subissant des déchirures D. Les deux flèches indiquent le sens de la pression. — Échelle de $\frac{4}{5}$.

forme alors, ainsi que le montre la figure 164. De plus,
comme on le voit, le feuilleté s'est accusé, dans la partie en-

castrée, par de nombreuses rides saillantes et rentrantes, parallèles entre elles et au sens de l'écoulement. A partir de la portion encastrée, les rides vont en divergeant. Quant aux lignes tracées au burin, elles sont effacées dans la partie très comprimée et très ridée; mais elles sont conservées vers les extrémités, qui ont échappé aux efforts principaux. De même que les rides, l'ensemble de ces lignes indique nettement la structure en éventail.

En dehors du fait principal, il y a un fait secondaire qui mérite l'attention : ce sont les bavures I,I (fig. 164), que la pression provoque, des deux côtés, sur le plomb, qui s'insinue entre les plaques de fer FF qui le compriment et la monture de l'appareil. Quoique solide, le plomb vient se mouler dans les fissures minces, à travers lesquelles il se lamine, tout comme s'il était à l'état pâteux. Il forme ainsi deux lames minces, ou crêtes, dont la plus grande hauteur correspond au centre du pincement. Les déchirures D et les stries que présentent ces lames marquent les circonstances du mouvement. Ce fait trouve son analogue dans la nature, par exemple, dans l'intercalation à travers les fentes, de certaines roches qui n'étaient plus fluides, mais qui étaient poussées par de fortes pressions.

En ce qui concerne les grands phénomènes mécaniques de l'écorce terrestre, l'expérimentation, qui ne peut les reproduire qu'en les réduisant à une très-faible échelle, n'est sans doute pas aussi concluante que pour la synthèse des anciens phénomènes chimiques et minéralogiques; on ne doit y recourir qu'avec beaucoup de réserve, sous le risque d'en abuser. Il paraît cependant juste de prendre en sérieuse considération une ressemblance aussi fidèle, quant aux traits caractéristiques, que celle qui vient d'être signalée. N'est-on pas autorisé à en induire une certaine analogie dans les causes, surtout dans ce cas particulier, où la structure générale du massif montagneux est en relation manifeste avec la texture schisteuse des roches qui le constituent, c'est-à-dire avec un caractère de détail intime, qui rentre essentiellement dans le domaine de l'expérience?

Effets dus à la prolongation de mouvements graduels, postérieurement à ceux qui ont produit le feuilleté. — L'examen des minéraux que renferment les roches schisteuses cristallisées fait supposer qu'un certain nombre d'entre eux étaient déjà formés, quand la schistosité s'est produite. Tels sont les cristaux d'orthose, d'oligoclase, de mica, qui sont alignés, comme dans les expériences qui précèdent. Il en est de même du grenat, dans beaucoup de leptynites, de micaschistes, et de certains cristaux d'amphibole, dans ces dernières roches.

Mais il est aussi des cristaux qui ont pris naissance plus tard, lorsque la roche avait déjà acquis la schistosité. C'est ce qui a eu lieu, dans les phyllades, pour des macles, notamment aux Salles de Rohan, en Bretagne, comme l'a montré Durocher[1]. En effet, les prismes, appartenant à ces substances, ne sont pas ordinairement couchés dans le plan des feuillets; ils les coupent quelquefois obliquement et perpendiculairement.

Cependant ces macles, elles-mêmes, ont été, dans certains cas, tordues et gauchies d'une manière évidente, comme on le voit, par exemple, à Marsac (Loire-Inférieure)[2]. Ce dernier fait témoigne que la roche qui sert de matrice aux macles, bien qu'à peu près solide, lorsqu'elle s'est feuilletée, a continué à se mouvoir pendant un certain temps, sous l'influence des fortes pressions auxquelles elle était

---

[1] *Bull. Soc. géol.* 2ᵉ sér., t. III. p. 552.
[2] D'après des échantillons recueillis par M. Rousselle, professeur à Grand-Jouan et offerts par lui à l'École des Mines.

soumise. Telle paraît également la cause de cristaux courbés, brisés ou écrasés, comme les tourmalines ployées, puis ressoudées par le quartz, qui sont connues dans les schistes talqueux du Tyrol. Quelquefois la pression s'annonce seulement par une déformation qui se reproduit la même, sur tous les cristaux voisins (fig. 165). C'est ce que prouvent non moins clairement les plissements de feuillets qui sont si fréquents dans les roches schisteuses cristallines, gneiss, micaschistes et phyllades.

A ce dernier point de vue, la nature de la substance qui a rempli les intervalles existant entre les segments des bélemnites des Alpes, dont il a été question plus haut, mérite l'at-

Fig. 165. — Cristal de pyrite ordinairement cubique et fortement déformé des couches d'ardoise de Pierka, près Rimogne. — Grandeur naturelle.

tention. Ces intervalles ne sont pas restés vides ; ils sont en général occupés, non par le calcaire argileux qui empâte le fossile, mais par une substance qui s'y est déposée chimiquement, sous l'influence d'une eau minéralisée. C'est, tantôt de la calcite, tantôt du quartz, tantôt simultanément ces deux substances, qui sont à l'état cristallin. Ces minéraux sont évidemment venus remplir un espace qui était libre après la séparation des tronçons ; ce vide a appelé des infiltrations aqueuses et un dépôt de substances minérales. L'expérience a appris que le quartz hyalin, comme la calcite, cristallise facilement dans l'eau suréchauffée. L'association qui se constate ici est analogue à ce qui s'est produit à l'époque actuelle à Plombières, où de l'opale mamelonnée s'est déposée avec de la calcite.

Or, la calcite et le quartz ont ici une texture essentiellement fibreuse, et les fibres de ces deux espèces minérales sont dirigées parallèlement à l'axe de la bélemnite, c'est-à-dire perpendiculairement aux bases circulaires qui terminent chaque tronçon. C'est une disposition semblable à celle des veinules de glace fibreuse que l'argile sécrète dans ses gerçures pendant l'hiver, ou à celle des veinules du gypse et du sel gemme, séparés au milieu de l'argile, en fibres également

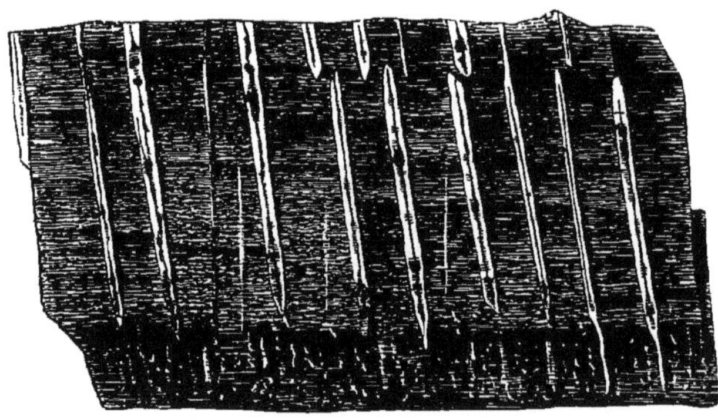

Fig. 166. — Système de diaclases parallèles, développées par étirement dans les schistes lustrés de la Madeleine (Tarentaise) et attribuées au trias; ces diaclases sont incrustées de calcite dont la structure fibreuse et les inclusions de fragments schisteux annoncent que leur ouverture et leur remplissage ont été graduels et simultanés. — Échelle de ⅓.

perpendiculaires aux parois. Cette analogie porte à admettre que l'écartement des tronçons des bélemnites dont il s'agit s'est aussi opéré graduellement. Les minéraux, dont nous venons de parler, sont comme les témoins permanents de cette dernière circonstance. Les calcschistes de la Madeleine, près Moutiers, très-connus par les veines blanches de calcaire qui tranchent sur leur fond gris (fig. 166), présentent des faits du même genre.

On sait que l'étude des filons métallifères a conduit aussi à cette conclusion que, dans beaucoup de cas, les failles, qui leur servent de réceptacles, se sont ouvertes peu à peu.

Tous ces faits tendent à faire reconnaître, de toutes parts, dans l'intérieur des roches, les vestiges de mouvements lents et graduels, qui se sont prolongés pendant longtemps.

CHAPITRE IV

APPLICATION DE LA MÉTHODE EXPÉRIMENTALE A L'ÉTUDE DE LA CHALEUR DÉVELOPPÉE, DANS LES ROCHES, PAR LES ACTIONS MÉCANIQUES

L'un des caractères les plus remarquables des roches qui ont subi les transformations minéralogiques comprises sous le nom de *métamorphisme*, c'est que les roches, ainsi transformées, sont souvent associées entre elles, occupant ensemble des régions considérables, tandis que d'autres régions, plus étendues encore, ne présentent pas de modifications semblables. C'est ainsi que, dans les Alpes, les roches de tous les âges qui en font partie , carbonifères, triasiques, jurassiques, crétacées, éocènes, ont un faciès lithologique d'ancienneté, surprenant pour l'observateur qui en est, pour la première fois, témoin. Les Ardennes, le Taunus, le pays de Galles, présentent aussi des massifs entiers qui ont été transformés. Au contraire, en Russie, les terrains silurien et dévonien paraissent avoir conservé leurs caractères originaires.

De nombreux exemples ont appris que le métamorphisme *régional* s'est développé dans des pays dont les roches ont subi des dislocations, tandis qu'il ne s'est guère produit dans les contrées, telles qu'une partie de l'Europe occidentale ou des États-Unis, dans lesquelles les couches ont à peu près conservé leur horizontalité première.

Les transformations dont il s'agit ont, selon toute vraisemblance, été engendrées sous l'influence d'une élévation de température. Aussi ce contraste a-t-il, en général, été attribué à cette circonstance, que l'écorce terrestre aurait reçu des émanations calorifiques plus considérables dans les portions fracturées, où elle devait être plus directement en rapport avec des exhalaisons chaudes qui sortaient des masses internes, lors même qu'on ne verrait pas d'intercalation de roches éruptives. C'est ce qui paraît encore avoir lieu aujourd'hui, pour certains pays, par exemple, la Toscane.

Tout en faisant une part aux émanations calorifiques et chimiques, qui ont pu arriver des profondeurs du globe et jouer un rôle dans le métamorphisme régional, de même que dans le métamorphisme de *juxtaposition*, il est une cause plus immédiate et plus générale, qui me paraît devoir appeler l'attention : c'est la chaleur engendrée par les actions mécaniques mêmes, qui ont marqué leurs traces, dans ces massifs, par des ploiements et des contournements nombreux des couches.

En présence de l'énergie des poussées qui ont produit, de toutes parts, dans l'écorce terrestre, dés déplacements relatifs, et, dans diverses roches, des mouvements intérieurs, on est frappé de l'énorme quantité de travail qui a dû être mis en jeu. On est porté à penser que tout ce travail n'a pas été transformé en effets purement mécaniques, et qu'une partie a pu être employée à échauffer les couches soumises à ses efforts. C'est, en effet, le propre des actions mécaniques de se partager, dans la plupart des cas, en deux parties, l'une correspondant à des déformations, l'autre à des variations de température.

Partant de cette idée générale, M. Robert Mallet[1] a récemment calculé la quantité de travail que produirait l'écrasement de roches, et il a cherché, ainsi, à rendre compte de la haute température des régions profondes qui sont le siège des volcans. Mais, aucune mesure thermométrique n'a été

---

[1] *Transactions of the Royal Society*, p. 147; 1873.

prise, pour justifier cette hypothèse sur des parties du globe, qui échappent d'ailleurs à notre investigation.

D'après les principes bien connus de thermodynamique, il m'a paru utile de rechercher, par des expériences directes, comment des actions mécaniques, telles que nous en constatons de si certains et de si nombreux vestiges dans l'écorce terrestre, ont pu engendrer des élévations de température dans les roches.

Ce qui importait surtout, c'était de rechercher les effets calorifiques produits par des *mouvements intérieurs*. Cependant j'ai tenté aussi d'observer ceux qui se produisent dans le *frottement mutuel* des roches.

Les expériences dont je vais rendre compte ont été faites au point de vue du géologue plutôt qu'à celui du physicien, qui mesure comparativement les quantités de travail et les calories correspondantes. J'en exposerai d'abord les résultats, puis je signalerai les déductions qu'on en peut tirer, pour certains phénomènes géologiques, particulièrement pour le métamorphisme.

§ 1. EXPÉRIENCES.

Chaleur produite dans les roches par des mouvements intérieurs. — N'ayant plus à ma disposition les appareils puissants d'emboutissage, au moyen desquels j'avais précédemment fait des études sur la schistosité[1], j'ai dû avoir recours à d'autres procédés.

On a d'abord essayé d'aplatir des balles d'argile, en les lançant, au moyen d'un canon de fusil, contre une plaque fixe;

[1] *Mémoires des Savants étrangers*, t. XVII; 1860.

ces balles étaient préservées de la chaleur des gaz de la poudre, au moyen de bourres épaisses. Mais, au lieu de s'aplatir, elles se sont toujours réduites en une poussière très-fine, dont on ne pouvait rien recueillir.

Je me proposais d'établir un appareil cylindrique, à double piston, dans l'intérieur duquel l'argile aurait reçu un mouvement de va-et-vient indéfini, lorsque je reconnus que plusieurs appareils employés dans l'industrie pourraient remplir le même but. J'ai pu en profiter, grâce à l'obligeance de MM. Boulet frères, constructeurs, et de M. Lacroix, leur ingénieur, ainsi qu'à celle de MM. Tiphine, fabricants de briques, à qui je tiens à adresser ici l'expression de mes remercîments.

Les expériences qui suivent ont été faites, sauf une, sur des argiles fermes, dites *dures*, c'est-à-dire ne contenant que la moindre quantité d'eau possible pour être travaillées ; à cause de leur cohésion, elles se trouvaient dans les conditions les plus favorables à un échauffement.

Écoulement sous la pression de cylindres unis et de cônes cannelés. — De l'argile ferme a été soumise à l'action de deux paires de cylindres lamineurs, ayant $0^m,30$ de diamètre, et mus par une machine à vapeur de 3 chevaux.

L'argile, après avoir passé successivement entre les deux paires de cylindres, dont la vitesse est, pour l'une de vingt-huit tours, pour l'autre de quatorze tours par minute, marquait un échauffement sensible au thermomètre, qui était de $0°,3$ à $0°,4$ [1]. Il suffit donc pour cela d'un temps très-court, de quatre secondes au plus, pendant lequel s'opère le laminage.

Deux cônes cannelés circulairement, à la manière des

[1] Des thermomètres, enfoncés dans différentes parties de l'argile, servaient à en prendre la température.

cylindres servant à étirer le fer, ont leurs axes disposés parallèlement, de telle sorte que le plus petit diamètre de l'un soit placé en opposition du plus grand diamètre de l'autre (fig. 167). Par conséquent, à vitesse égale des axes, les circonférences opposées ont des vitesses différentes et font subir un déchirement énergique à l'argile, qui passe entre les cylindres, pendant leur mouvement. Des peignes-racleurs placés au-dessus des cônes lamineurs en détachent constamment l'argile, à mesure qu'elle a été laminée et déchirée. Comme ces racleurs ne sont pas en contact avec les cannelures, il reste toujours, à la surface de chaque cône, un enduit

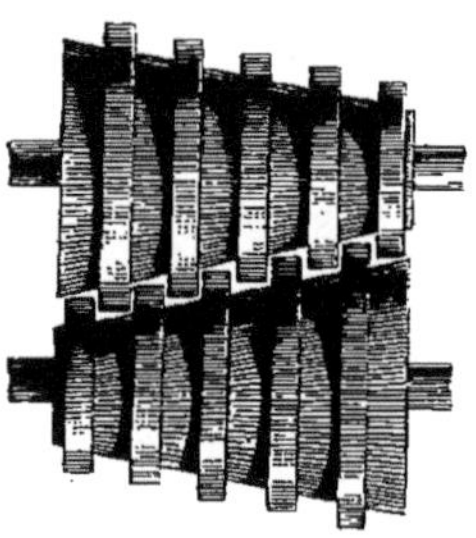

Fig. 167. — Cônes cannelés employés à la préparation de la terre à briques, qui y est non-seulement laminée, mais aussi déchirée, à cause de la différence de vitesse des surfaces opposées l'une à l'autre. Échelle de $\frac{1}{45}$.

d'argile qui a 1^{mm},5 d'épaisseur. Ainsi l'argile ne frotte que sur elle-même, ce qui est important, comme analogie avec le phénomène naturel.

En opérant sur 20 kilogrammes d'argile, on a constaté, au bout de quatre tours seulement, une augmentation de température de 3°,5 à 4 degrés; or, à chaque tour, l'argile est déchirée et pressée pendant moins d'une seconde; l'augmentation de température ne correspond donc qu'à un travail d'environ quatre secondes. Si l'on continue à opérer sur la même argile, une buée, qui ne tarde pas à apparaître autour de l'argile adhérente aux cannelures, y décèle d'ailleurs, indépendamment de toute mesure, un accroissement de température.

Mouvement dans des tonneaux malaxeurs. — L'appareil connu sous le nom de *tonneau malaxeur*, et qui ressemble grossièrement au tonneau ou *tine* à mortier, permet de prolonger le mouvement beaucoup plus longtemps qu'on ne le fait avec les cylindres : aussi a-t-il produit des élévations de température incomparablement plus fortes.

Le tonneau de MM. Boulet, sur lequel j'ai expérimenté d'abord, est destiné à corroyer des argiles très-fermes. Il consiste en une boîte cylindrique en fonte, placée verticalement et ouverte à sa partie supérieure, qui a $0^m,75$ de diamètre sur $0^m,80$ de hauteur. Un gros arbre en fer, également vertical, placé au milieu, reçoit un mouvement de rotation. Cet arbre est muni, sur une partie de sa hauteur, de deux systèmes de lames inclinées ou couteaux, qui servent à diviser la terre, tout en l'obligeant à descendre. Ce même arbre porte, à sa partie inférieure, deux roues à palettes, ne fer, superposées l'une à l'autre, qui, après avoir trituré la pâte et l'avoir fortement comprimé contre les parois, l'expulsent au dehors, par un orifice placé près du fond. L'argile n'est poussée hors du tonneau qu'après avoir fait plusieurs tours, dont le nombre dépend du degré de plasticité de l'argile. Ce tonneau malaxeur est mû par une machine à vapeur de 4 chevaux ; il a une contenance d'environ $\frac{1}{5}$ de mètre cube, et il peut élaborer 2 mètres cubes par heure, en faisant environ six tours par minute.

Un tonneau malaxeur, d'une disposition peu différente de celui dont il vient d'être question, est représenté par les figures 168 et 169.

Pour préserver les parois métalliques du cylindre d'une usure rapide, les arêtes extrêmes des palettes en sont sépa-

récs par une distance de 5 centimètres : sur toute cette épaisseur, il y a donc une couche permanente d'argile, contre
laquelle frotte l'argile mise en mouvement. De plus, dans
l'expérience dont il va être rendu compte, le fond du cylindre métallique était lui-même recouvert d'une couche d'ar-

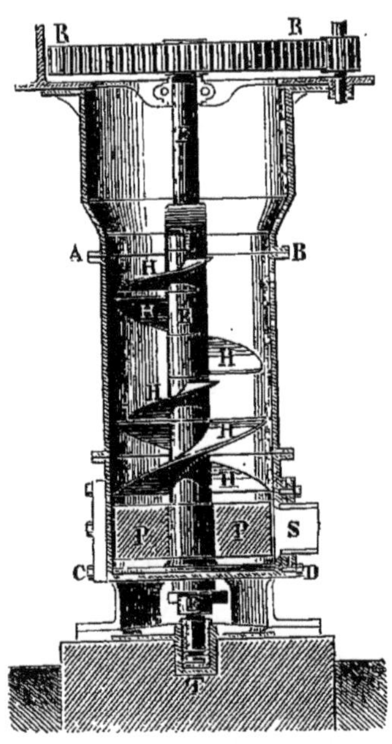

Fig. 168. — Tonneau malaxeur utilisé pour les expériences relatives au développement de la
chaleur dans les roches, par les actions mécaniques. A, B, C, D, section du cylindre destiné à
recevoir l'argile à malaxer ; E, E, E, arbre vertical, animé d'un mouvement autour de son axe ;
il porte une lame hélicoïdale H, H, H, qui force l'argile à descendre, pour subir l'action triturante ; P, P, palettes courbes, qui triturent l'argile et la font frotter sur les deux couches,
également argileuses, qui recouvrent, l'une les parois verticales, l'autre le fond du tonneau.
S, orifice ou buse, par où l'argile sort, après le malaxage. L'arbre tournant E, E, E est ac-
tionné par l'engrenage R, R, et est supporté par la crapaudine T.— Echelle de $\frac{1}{50}$.

gile, de 20 centimètres d'épaisseur. Par suite de cette double
disposition, une condition essentielle se trouvait réalisée :
comme dans les cônes cannelés, l'argile ne frottait que contre elle-même, et sans aucune intervention des parois métalliques.

La pâte sur laquelle on a opéré d'abord est du limon de l'Escaut, que l'on emploie pour la fabrication des briques. Le tonneau étant en mouvement, on prenait, de dix minutes en dix minutes, la température des mottes qui en sortaient, puis, on les rejetait immédiatement dans le cylindre. La température de cette argile, qui était d'abord de 8°,5 (la température de l'air étant de 15 degrés), s'est constamment et régulièrement accrue pendant deux heures, au bout desquelles elle atteignait 29 degrés : il y avait donc une augmentation de 21 degrés. D'après la forme régulière de la courbe qui

Fig. 169. — Vue, en projection horizontale, de la palette P,P, dont la tangente extrême fait un angle de 25 à 35 degrés avec l'élément voisin du cylindre. La flèche marque le sens du mouvement ; E, projection horizontale de l'arbre moteur. — Même échelle que la figure précédente.

représente les résultats de ces mesures (fig. 170), l'accroissement de température aurait continué, si l'on n'avait pas été forcé d'arrêter l'opération[1]. L'échauffement de l'argile n'a pas tardé à s'annoncer par la vapeur que l'on voyait s'en exhaler.

D'autres expériences ont été faites avec des tonneaux malaxeurs qui fonctionnent à l'usine de MM. Tiphine et qui diffèrent de ceux dont il vient d'être question, par la disposition des palettes : ils sont mus par une machine à vapeur de 6 chevaux. De même que dans le cas précédent, ce n'est pas contre les parois métalliques du cylindre, mais contre

---

[1] La machine devait être expédiée d'urgence à l'étranger.

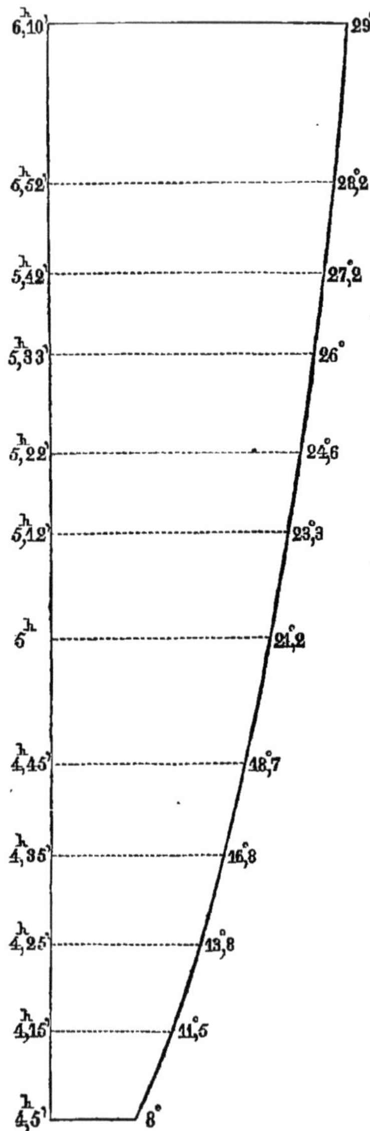

Fig. 170. — Courbe représentant les températures prises successivement par de l'argile *ferme* triturée sur elle-même, dans le tonneau malaxeur de MM. Boulet.

une couche d'argile de 3 centimètres d'épaisseur, que frotte l'argile mise en mouvement.

La pâte ferme, sur laquelle on a opéré, ne renfermait, outre son eau de carrière, qu'environ 30 litres d'eau par mètre cube, soit environ 3 pour 100 de son volume ou 2 pour 100 de son poids. Pour cette argile, l'arbre du tonneau fait 4,5 tours par minute, et le tonneau se vide dans l'espace d'environ sept minutes.

Dans une première expérience, pendant que la rotation s'opérait, la vanne d'écoulement était fermée et on l'ouvrait, de temps à autre, pour faire sortir un échantillon d'argile. La température initiale étant 17°,5, l'argile qui en a été expulsée, de cinq en cinq minutes, marquait les températures suivantes :

$$19°, \quad 22°, \quad 25°,5, \quad 27°, \quad 28°,5.$$

On a ensuite malaxé la même argile, d'une manière continue, pendant vingt-cinq minutes, sans ouvrir la vanne ; puis, on en a fait successivement sortir des morceaux, après vingt-cinq, trente-cinq et quarante-cinq minutes de rotation. La température, étant de 18 degrés au commencement de l'expérience, était devenue :

Au bout de 25 minutes.	36°,3
» 35 »	38°,8
» 45 »	40°,1

C'est ce qu'exprime la courbe, fig. 171.

L'expérience a encore été reprise sur environ 140 kilogrammes d'argile, le tonneau restant fermé. La température, qui, au début de l'opération, était de 14 degrés, s'est élevée, au bout d'une heure, jusqu'à 44°,5, soit de plus de 30 degrés.

Les courbes qui expriment les accroissements thermométriques mesurés s'élèvent moins rapidement vers la fin de l'opération, ce qui s'explique par les causes de refroidissement qui interviennent.

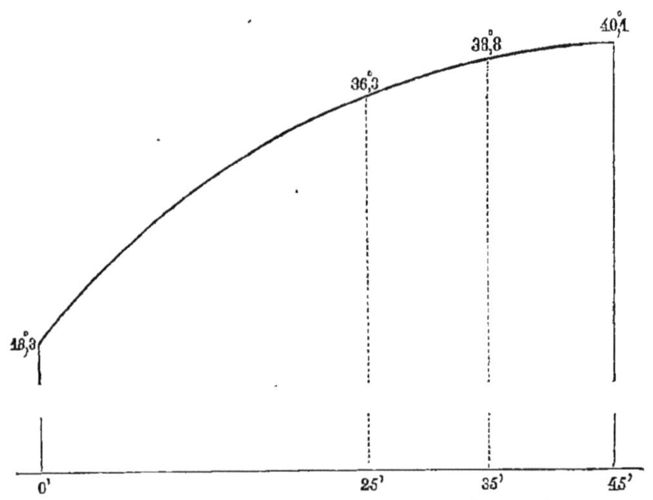

Fig. 171. — Courbes représentant les températures prises successivement par de l'argile *ferme*, triturée sur elle-même, dans le tonneau malaxeur de MM. Tiphine.

D'un autre côté, on a opéré dans un tonneau semblable, non plus sur de l'argile ferme, mais sur de l'argile *molle* :

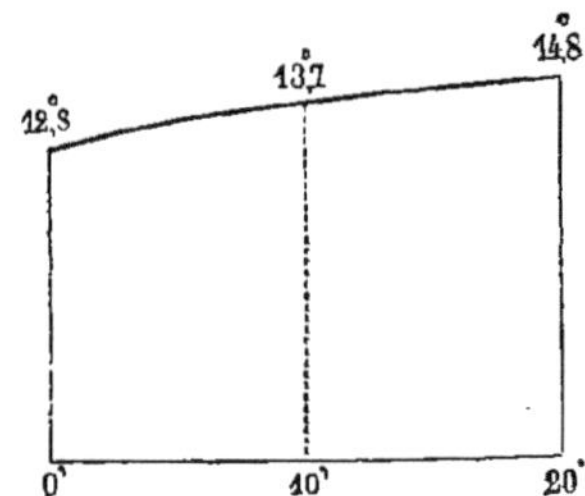

Fig. 172. — Courbe représentant les températures prises successivement par de l'argile *molle*, triturée sur elle-même, dans le tonneau malaxeur de MM. Tiphine.

c'était la pâte précédemment employée, à laquelle on avait ajouté environ 35 litres d'eau par mètre cube, c'est-à-dire à peu près autant que pour la première opération ; la nouvelle

pâte était ainsi devenue beaucoup plus plastique que la précédente [1].

La température, qui était d'abord de 12°,8, était arrivée,
après dix minutes de rotation, à 13°,8; après vingt minutes,
à 14°,2, c'est-à-dire qu'en vingt minutes, cette température
ne s'était accrue que d'environ 1°,4, tandis que, dans les
expériences précédentes, la même argile, moins aqueuse,
s'était échauffée de 15 degrés pendant le même temps.

La comparaison de ce dernier résultat, que représente la
fig. 172, avec les précédents, montre combien le degré de
consistance de l'argile a d'influence sur son échauffement.
Toutes conditions égales, la masse s'échauffe beaucoup plus
rapidement quand elle est maigre que lorsqu'elle est plastique; ce qui se comprend, à cause de la facilité avec laquelle, dans ce dernier cas, les particules, en quelque sorte
lubrifiées, glissent les unes sur les autres. C'est un fait dont
il convient de se souvenir, pour les déductions géologiques.

Pour un même temps, l'élévation de température produite
dans l'argile au moyen des cylindres lamineurs est beaucoup
plus grande que celle que l'on obtient dans le tonneau malaxeur. Dans ce dernier cas, l'argile, après avoir subi une
forte pression, entre la palette et la paroi, s'échappe, au bout
d'un temps très-court, pour ne subir que des mouvements
gyratoires. L'échauffement considérable de la masse est dû
surtout à la durée de l'opération. On pourrait sans doute le
rendre bien plus fort encore, si l'on augmentait la hauteur
des palettes qui produisent la principale pression, hauteur
qui, dans les machines employées, ne dépassait guère 1 déci-
mètre.

Chaleur développée dans le frottement mutuel des roches. —
Le frottement, qui cause une chaleur si sensible, lorsque

---

[1] Le tonneau faisait alors deux tours par minute.

deux métaux frottent l'un contre l'autre, produit, en général, des effets beaucoup moins marqués, quand il s'agit de roches. Comme c'est précisément le cas qui intéresse spécialement le géologue, il n'est pas inutile de rappeler quelques exemples d'effets calorifiques fort notables, que des opérations industrielles peuvent nous fournir.

Lorsque deux meules horizontales arrivent à frotter l'une contre l'autre, elles peuvent s'échauffer fortement, et, par suite, échauffer la farine au point de l'avarier. Cet effet se produisait surtout autrefois, en Alsace, quand, antérieurement à l'emploi des meules de silex carié de la Ferté-sous-Jouarre, on employait celles de grès des Vosges, qui ne présentaient pas une taille aussi convenable à la circulation de l'air.

Dans l'opération préliminaire de la taille du diamant, connue sous le nom de *brutage*, où deux diamants sont soumis non-seulement à un frottement, mais encore à un choc mutuel, la pierre s'échauffe assez pour ramollir le mastic qui la porte, surtout lorsque l'opération, au lieu de se faire à la main, s'exécute sur la meule. En outre, lors du polissage à la meule, le diamant peut s'échauffer bien plus encore, et pour l'éviter, on doit le tremper de temps à autre dans l'eau. On a vu le diamant noir ou *carbonado* devenir incandescent. en travaillant, à sec, sur des roches quartzeuses.

Il est toujours difficile de mesurer rapidement de faibles variations de température, qui peuvent se produire sur un corps solide; cependant j'ai cherché à m'en rendre compte, surtout dans le but de constater l'influence de la pression.

Une plaque circulaire de marbre M, fig. 173 et 174, fixée sur un tour de lapidaire à axe vertical T, recevait un mouvement de rotation très rapide. En même temps, on appuyait sur une petite partie de sa surface, non loin de sa circonférence, une autre plaque de marbre *m*, et de petite dimen-

sion, sur laquelle on avait appliqué un poids P, et que
l'on maintenait immobile. Pour constater la température
de la surface de la plaque immobile, après qu'elle avait subi

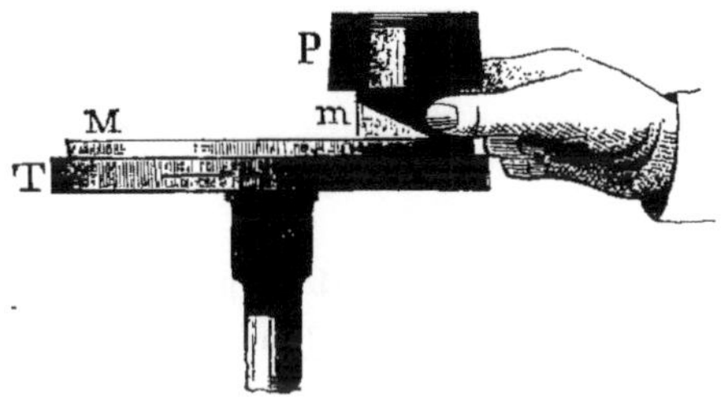

Fig. 173. — Appareil destiné à provoquer un développement de chaleur par le frottement mutuel de deux plaques de marbre. T, tour de lapidaire, à axe vertical, entraînant dans son mouvement, qu'on peut rendre plus ou moins rapide, une plaque circulaire de marbre M; m, autre plaque de marbre, maintenue immobile à la main et pressée sur la première, par le poids P, variable à volonté. — La flèche indique le sens du mouvement. — Échelle de ¼.

un frottement, on se servait d'un thermomètre à alcool, ayant
un réservoir d'une grande capacité, dont le fond aplati, formé

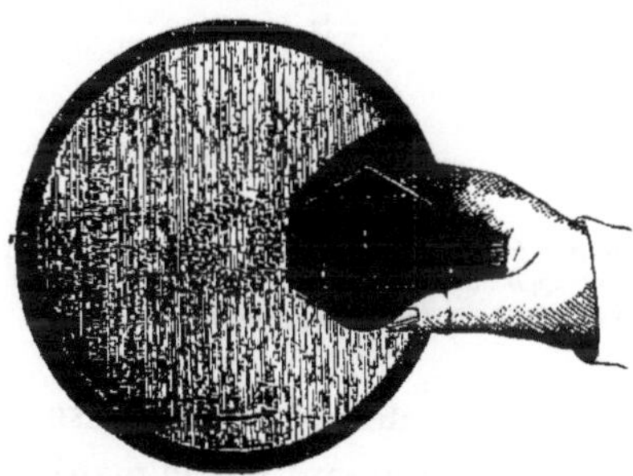

Fig. 174. — Vue en plan de l'appareil précédent ; même signification des lettres. La flèche indique le sens des mouvements. — Même échelle.

d'un verre mince, pouvait être appliqué sur cette plaque
(fig. 175). Les accroissements, ainsi observés, devaient être
inférieurs à la réalité et ne représentaient que des *minima*

Cependant ils ont été très-notables, même pour des temps très-courts, comme le montre le résumé ci-après[1] :

Temps.	Nombre de tours de la roue.	Chemin parcouru.	Accroissement observé
1 minute. . .	445	155^m	4°,5
10 secondes. .	60	21	2°,0
5 secondes. .	30	10,50	1°,7
3 secondes. .	15	5,25	1°,5
1 seconde . .	5	1,75	0°,6

Bien que ces résultats soient relatifs à des expériences distinctes, on les a rapprochées dans la figure 176. La courbe

Fig. 175. — Thermomètre à fond plat, dont le réservoir est volumineux et la tige très fine, destiné à mesurer, par application, les températures successivement prises par la plaque de marbre m des deux figures précédentes. — Echelle de $\frac{1}{5}$.

par laquelle on a tenté de les réunir présente une irrégularité qui s'explique notamment par la manière dont agit le refroidissement.

De l'argile sèche de Vaugirard qu'on a fait frotter sur le calcaire s'est également échauffée, quoiqu'une partie notable se réduisît en poussière. En augmentant le poids qui

---

[1] Ces essais ont été faits avec l'obligeant concours de M. Napoli.

pressait sur le prisme d'argile, on a reconnu, comme on pouvait s'y attendre, que la chaleur produite augmente avec la pression.

L'influence de la pression sur la chaleur produite peut d'ailleurs se constater dans maintes circonstances, par exemple, quand on carbonise partiellement du bois, en le frottant sur lui-même, à la manière de ce que font certaines peuplades sauvages, dans le but d'allumer du feu.

Lorsqu'il y a choc, il suffit d'un instant très-court pour

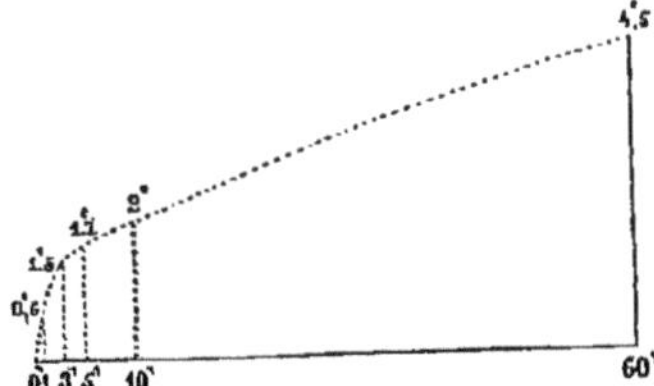

Fig. 176. — Tableau des températures prises, après des temps variant de 1 à 60 secondes, par une plaque de marbre pressée contre une autre plaque de marbre, qui est animée d'un mouvement circulaire.

que la température s'élève beaucoup. C'est ainsi que, dans les expériences de MM. Piobert et Morin sur le tir, les moellons calcaires, contre lesquels frappait le boulet, acquéraient, sur une faible épaisseur, d'après les auteurs des expériences, la saveur légèrement caustique de la chaux vive. Dans le choc de deux pierres, il se développe souvent assez de chaleur pour produire de la lumière et de la chaleur.

§ 2. DÉDUCTIONS GÉOLOGIQUES, PARTICULIÈREMENT EN CE QUI CONCERNE LE MÉTAMORPHISME.

Lorsque les couches ont subi les actions qui les ont infléchies, elles étaient à l'état solide, ainsi qu'on l'a rappelé plus haut. Mais, comme il n'existe aucun corps parfaitement rigide, ces roches, en même temps qu'elles se déformaient, paraissent avoir subi aussi des mouvements intérieurs, ayant une certaine analogie avec ceux dont nous venons d'étudier les effets, dans l'argile.

Un des faits qui amènent à cette conclusion, c'est que beaucoup de ces roches ont acquis, dans ces mouvements, la structure feuilletée. Il ne s'agit pas seulement des argiles, mais aussi des calcaires et des quartzites qui sont si souvent schisteux, par exemple, dans les Alpes. Les conditions dans lesquelles la structure schisteuse a pris naissance sont maintenant démontrées, non-seulement par l'observation, mais aussi par l'expérience. On sait que cette structure décèle une certaine mobilité moléculaire, une sorte de malléabilité, dans les roches où elle a pris naissance, à la condition toutefois que celles-ci aient été soumises à des pressions suffisamment énergiques.

Sans qu'il y ait eu besoin de pressions considérables, on a pu, en malaxant l'argile pendant un temps très-court, l'échauffer fort notablement. A plus forte raison, les mouvements naturels ont-ils pu élever, de même, la température dans l'intérieur de roches moins plastiques, sous les pressions énormes qui étaient en jeu, et lors même que les déplacements moléculaires n'auraient eu que peu d'amplitude.

D'un autre côté, une faible élévation de température suffit déjà pour faire naître des réactions chimiques dans des masses, telles que les roches qui nous occupent. L'eau de carrière, dont toutes les roches sont imprégnées, et celle qui y trouvait accès, favorisaient ces réactions, qui ont dû se prolonger un long laps de temps. C'est ce que démontre la production contemporaine de silicates cristallisés, de la famille des zéolithes, dans les briques romaines, à des températures qui, quelquefois, n'atteignaient pas 50 degrés[1].

L'expérience fait donc bien comprendre que certains effets du métamorphisme régional puissent simplement dériver de la chaleur, que des actions mécaniques ont provoquée dans les roches.

Dans l'étendue d'un même bassin houiller, le combustible présente souvent de grandes différences, au point de vue de la proportion des matières volatiles qu'il renferme, et l'anthracite peut s'y rencontrer, en même temps que la houille proprement dite.

Cette modification se fait souvent loin de toute roche éruptive apparente : c'est ainsi qu'elle se présente avec une netteté remarquable, dans les bassins de Mons et de Valenciennes, où la houille passe de l'état *gras* à l'état *demi-gras* et à l'état *maigre*, à mesure que l'on arrive à des faisceaux de couches plus profondes. La couche puissante du Creusot, dont la position est voisine de la verticale, de grasse qu'elle est, vers l'affleurement, devient anthraciteuse dans la profondeur.

Mais, ailleurs, des différences analogues se présentent dans des couches appartenant à un même niveau, et indépendamment de leur profondeur. Dans les monts Apalaches, d'après de nombreuses analyses rapprochées d'observations exactes sur le terrain, dont on est redevable à MM. Rogers[2], l'anthracite se montre dans la région orientale, où les roches sont le plus disloquées. A mesure qu'on s'avance vers l'ouest, la proportion de matière bitumineuse augmente très-régulièrement, de telle sorte que la perte en matières volatiles se montre en rapport avec les plissements des couches. Ce contraste a été attribué, par MM. Rogers, à de grandes

---

[1] Zéolithes formées par les eaux thermales de Luxeuil (Haute-Saône). *Bulletin de la Société géologique*, 2ᵉ série, t. XVIII, p. 108, 1860.

[2] *American geologist*, p. 433 ; 1843.

quantités de vapeur et de matières gazeuses qui seraient sorties dans les régions fracturées. Mais, quand on se reporte aux coupes, qui montrent l'association de l'anthracite à des couches où les plis sont aussi prononcés et aussi rapprochés les uns des autres que dans les Alpes, et qu'on tient compte des expériences qui précèdent, il paraît très-possible que, dans la région dont il s'agit, l'échauffement produit par les actions calorifiques soit intervenu, pour déterminer une sorte de distillation lente. On peut croire qu'il en est de même, et à plus forte raison, pour le combustible des Alpes, qui appartient au véritable terrain houiller et qui, toujours, consiste en anthracite.

Les roches pierreuses, quoique sans doute moins impressionnables par la chaleur que les dépôts charbonneux avec leurs principes volatils, présentent également des différences, selon qu'elles ont à peu près conservé leur position originelle ou qu'elles ont été fortement infléchies et contournées.

D'une part, ainsi qu'on l'a dit plus haut, page 433 et 434, dans les régions où les couches sont restées horizontales, les roches argileuses ne se présentent pas à l'état de véritables phyllades, même dans les terrains très anciens, siluriens et autres. D'autre part, des phyllades bien caractérisés, et susceptibles, par exemple, d'être exploités comme ardoises, sont connus dans des terrains comparativement récents, à la condition toutefois que ces terrains aient été disloqués : tels sont ceux que l'on rencontre dans le terrain nummulitique des Alpes, du Dauphiné (Saint-Jean-de-Maurienne) et de la Suisse (Glaris), ainsi que dans celui des Pyrénées.

La transformation d'argiles, proprement dites, en phyllades, correspond à des modifications chimiques et minéralogiques fort remarquables, mais qui ne sont pas encore bien éclaircies. Ce qui paraît certain, c'est qu'en général, des silicates alumineux nouveaux, le plus ordinairement hydratés, se sont formés entre les feuillets, où ils se trouvent à un état très-confusément cristallisé, souvent comme des pellicules excessivement minces. Dans les phyllades des Ardennes, d'après d'anciennes analyses de M. Sauvage, il s'est formé un silicate du groupe de la chlorite. Ailleurs, c'est l'ottrélite, la séricite et d'autres combinaisons.

Pour les schistes carbonifères de Petit-Cœur en Tarentaise, on a une idée des réactions qui s'y sont produites par le silicate en écailles cristallines, qui est venu se déposer sur les empreintes des végétaux houillers[1].

Les schistes gris-lustrés, qui occupent un si grand développement dans le Queyras, aux environs de Bardonèche et du Mont-Cenis, ainsi que sur le versant piémontais des Alpes, autour du mont Viso, et que l'on rapporte, malgré leur aspect cristallin, au terrain triasique, sont très-remarquables à cet égard. Comme ils ont l'aspect et l'onctuosité du talc, on les a nommés talcschistes, pseudo-taclschistes, schistes calcaréo-talqueux ; mais, comme l'a montré M. Lory, leur faible teneur en magnésie prouve que ce n'est pas au talc qu'ils doivent ces caractères. D'un autre côté, il résulte d'une analyse que M. Terreil a bien voulu faire récemment sur ma demande, que ces paillettes consistent en un silicate d'alumine hydraté, à peu près inattaquable par les acides, et se rapprochant de la pyrophyllite.

Quelles que soient les espèces minérales qui se sont produites, et qui ont déterminé la transformation de la roche initiale en phyllade, ces espèces paraissent correspondre à une certaine élévation de température. Or, d'après les expériences dont il vient d'être question, ainsi que d'après celles qui expliquent l'origine de la schistosité, il paraît bien probable que, lors du redressement et du ploiement de

---

[1] Terreil. *Comptes rendus de l'Académie des sciences*, t. LXII, p. 120, 1861.

couches auxquelles ces phyllades appartiennent, la chaleur développée par les actions mécaniques a été assez forte pour provoquer la formation des combinaisons nouvelles que nous y observons.

De même, on sait que le calcaire a souvent acquis des caractères particuliers, lorsqu'il appartient à des couches fortement redressées. Cette relation d'après des études récentes de M. Hull[1], serait aussi claire dans le sud-est de l'Irlande, aux environs de Cork, que dans les Alpes. A l'occasion de ses études sur les Alpes glaronnaises (Glaernisch), M. Baltzer a été conduit à chercher la cause de certains changements dans la chaleur développée par la friction[2].

Malgré l'état de solidité où ces couches paraissent s'être trouvées, lorsqu'elles ont été infléchies, les mouvements moléculaires qu'elles ont éprouvés sont attestés par la déformation des fossiles qu'on y constate souvent, à la manière de celle qui est fréquente dans les schistes. C'est ainsi que, dans les couches du Grand Moveran (canton de Vaud), qui présente un renversement si imposant, certaines ammonites enchâssées dans le calcaire le plus solide ont été comprimées ou étirées et présentent une disposition ovale (fig. 177) : le rapport du grand au petit axe, lequel va du bord dorsal au bord ventral, varie souvent de 1,30 jusqu'à 1,60[3]. Il en est de même dans les calcaires d'Allevard, cités plus haut, page 427, à cause de la schistosité grossière qu'ils ont acquise.

J'ajouterai qu'une des ammonites du Moveran ayant été coupée en deux par le milieu, parallèlement à ses côtés, a été polie. M. Jannettaz, qui a bien voulu, sur ma prière, l'examiner au point de vue de la conductibilité de la chaleur,

---

[1] *Journal of the geol. Society of Ireland*, t. III.
[2] *Jahrbuch fur Mineralogie*, etc., 1876; p. 127.
[3] Ces déformations sont à distinguer de l'aplatissement suivant les côtés, qui est très fréquent et que peut expliquer la simple pression du poids des couches.

a reconnu que les ellipses d'égale conductibilité ont leur grand axe dirigé parallèlement à la direction de l'allongement relatif maximum (fig. 177).

D'après ce que l'on vient de constater expérimentalement sur les argiles, il ne me paraît guère douteux que les couches calcaires aient souvent éprouvé des mouvements intérieurs, assez énergiques pour acquérir ainsi une augmentation notable de température.

Le développement fréquent de la structure schisteuse dans

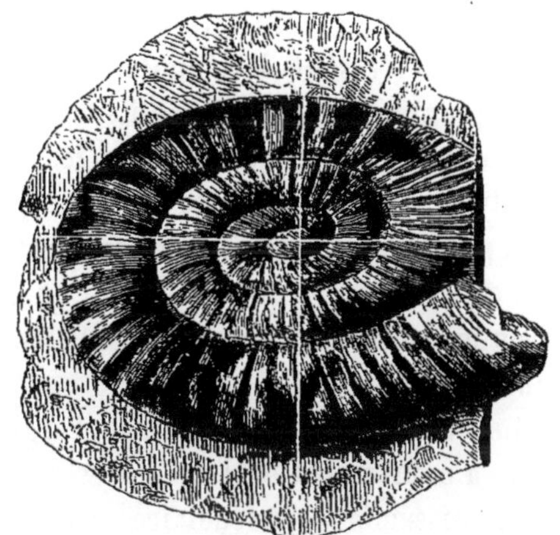

Fig. 177. — Ammonite déformée, des couches calcaires fortement redressées de l'étage oxfordien du grand Moveran. — Les deux lignes rectangulaires indiquent la direction des axes de conductibilité thermique maxima et minima. — Échelle de $\frac{1}{5}$.

les roches calcaires, qui ont été infléchies, conduit à la même conclusion. Entre autres exemples, je rappellerai les calcaires phylladifères et lustrés (souvent désignés sous le nom de *cipolin*), comme ceux qui sont si développés dans la Maurienne et dans la Tarentaise et qui sont attribués au terrain triasique, et les calcschistes de Sembrancher (Valais), employés sous forme de grandes plaques, dans une partie de la Suisse.

La rareté des fossiles dans les calcaires tourmentés des Alpes et autres contrées est bien connue de tous les géologues, qui en retrouvent à grand'peine quelques débris. A part toute considération théorique sur le mode originel de dépôt de ces couches très-épaisses, on conçoit que, dans les mouvements intérieurs, les fossiles n'aient pas été seulement déformés, mais aussi, qu'ils aient pu se triturer, au point de disparaître[1].

Non-seulement le calcaire, ainsi corroyé, a pu changer de texture et prendre un état cristallin ; mais encore, en présence de l'élévation de la température qui s'y était produite, certains minéraux s'y sont développés. C'est ainsi que la présence si fréquente de l'albite, en petits cristaux très-nets, qui sont disséminés, de toutes parts, dans les calcaires magnésiens du trias de la Savoie, ne peut s'expliquer, sans une élévation générale de température dans ces massifs.

Les roches quartzeuses et quartzites, qui aussi sont très-souvent devenues schisteuses, donneraient lieu à des considérations analogues.

On a vu plus haut que, dans le malaxage, l'argile s'échauffe d'autant plus, à mouvement égal, qu'elle est plus dure, c'est-à-dire que les glissements moléculaires sont moins faciles et que le travail absorbé est plus considérable. D'après ce fait, on est autorisé à supposer que, quand des roches, plus cohérentes que ces argiles, ont été soumises à des actions mécaniques assez puissantes pour y déterminer un certain mouvement intérieur, elles étaient dans des conditions encore plus favorables pour s'échauffer.

Dans les expériences au tonneau malaxeur, l'argile subit

---

[1] Telle est aussi l'opinion à laquelle est arrivé M. Edward Hull, à la suite de ses études précitées sur les calcaires des environs de Cork, qui sont en couches contournées et qui contiennent des fossiles déformés (*Journal of the geol. Society of Ireland*, t. XIV, p. 113, 1877.

des mouvements giratoires réitérés, tandis que dans beaucoup de cas naturels, lors des inflexions de roches, les mouvements peuvent avoir été plus simples et d'un moindre trajet. Mais il importe de se rappeler combien est grande l'influence de la pression sur la chaleur produite, et combien la force motrice employée, dans les expériences qui précèdent, est faible par rapport aux actions qui ont été mises en jeu, dans les dislocations mécaniques de l'écorce du globe. Aussi paraît-il bien difficile de ne pas admettre que, dans ces dernières conditions, un déplacement, même très-faible, dès qu'il a été suffisant, par exemple, pour provoquer une structure schisteuse dans des calcaires ou des quartzites, n'ait pas été accompagné d'une élévation notable de température.

A part les mouvements moléculaires qui se sont produits dans les roches, en raison d'une sorte de malléabilité, les couches ont dû fréquemment frotter les unes sur les autres, pendant qu'elles se déformaient. En dehors de toute considération géométrique, le fait est mis en évidence par les stries que présentent souvent leurs surfaces de jonction, dans les Alpes, dans le Jura, et ailleurs; surfaces qui, dans quelques expériences, ont été également imitées avec leurs stries. Ces frottements étaient accompagnés de pressions énormes et par conséquent n'ont pu s'opérer sans produire aussi une certaine quantité de chaleur, lors même que le déplacement aurait été court et que les surfaces frottantes ne se seraient pas *émaillées*, comme il est souvent arrivé pour les parois des failles.

D'ailleurs, dans un même massif, certaines parties ont dû s'échauffer plus que d'autres.

En résumé, dans des massifs où le métamorphisme s'est développé sur de grandes dimensions et loin de l'apparition de toute roche éruptive, telles qu'en présentent bien des régions des Alpes, la chaleur qui a présidé à la transformation des roches et à l'apparition de nouvelles espèces minérales peut avoir été causée par les actions mécaniques mêmes que subissaient ces roches. La Thermodynamique, qui a déjà jeté une si vive lumière sur divers phénomènes chimiques et physiques, devra porter aussi son flambeau dans la Géologie.

FIN DE LA PREMIÈRE PARTIE.

DEUXIÈME PARTIE

DEUXIÈME PARTIE

APPLICATION DE LA MÉTHODE EXPÉRIMENTALE A L'ÉTUDE DE DIVERS PHÉNOMÈNES COSMOLOGIQUES

INTRODUCTION

CHAPITRE I

NOTIONS GÉNÉRALES SUR LES MÉTÉORITES ET LES BOLIDES; ORIGINE EXTRA-TERRESTRE DES MÉTÉORITES.

Depuis qu'en 1794, Chladni a forcé à reconnaître l'origine extra-terrestre des météorites, en émettant, avec une profonde sagacité, des idées dont on reconnaît chaque jour davantage la justesse [1], l'étude de ces corps a donné lieu à de très-nombreuses observations.

Un compte rendu, même sommaire, des principaux travaux relatifs à ce sujet, m'obligerait à sortir de mon but, qui est de signaler les expériences synthétiques dont les

---

[1] Le travail de Chladni, *Ueber den Ursprung der von Pallas gefundenen und anderen Eisenmassen und ueber einige damit in Verbindung stehende Naturerscheinungen* (Riga, 1794), est, en effet, des plus remarquables, non-seulement par la nouveauté des vues qu'il y émettait, mais par la puissance de logique avec laquelle de nombreux faits, alors isolés, y sont coordonnés et discutés.

météorites ont été l'objet et les conséquences qu'on peut tirer de ces expériences. Toutefois, pour qu'on comprenne bien la signification des unes et des autres, il est indispensable de présenter d'abord un résumé succinct de nos connaissances à l'égard de ces corps.

L'étude des météorites touche à plusieurs questions fondamentales de l'histoire physique de l'univers.

A part l'importance que les météorites présentent au point de vue purement astronomique, elles intéressent encore la géologie par leur constitution même, et à un double point de vue.

D'une part, elles sont les seuls échantillons de corps extraterrestres ou cosmiques qu'il nous soit possible d'avoir entre les mains; elles nous apportent des notions positives sur la constitution de masses appartenant aux espaces célestes.

D'autre part, les météorites nous permettent de comparer cette constitution avec celle de la Terre; elles nous éclairent ainsi sur l'origine de notre planète, ainsi que sur la nature de ses régions souterraines, que leur profondeur rendra toujours inaccessibles à l'investigation directe.

Les évolutions par lesquelles a successivement passé notre globe, depuis que la matière nébuleuse dont il dérive s'est condensée et que la chaleur s'est principalement concentrée dans le Soleil, paraissent semblables à celles qui se sont produites et se produisent encore, de toutes parts, dans les profondeurs de l'espace : l'histoire de notre globe est comme un résumé de l'histoire générale de l'univers.

C'est ainsi que les météorites constituent un chapitre fondamental et nouveau de la géologie.

Cette conclusion leur assignait naturellement une place dans la collection géologique du Muséum qu'elles sont venues compléter.

Actuellement, la série d'échantillons que j'y ai réunie, et

qui est l'une des plus nombreuses du monde, comprend des représentants de 283 chutes, et son poids total s'élève à 2086 kilogrammes.

La collection de météorites ne se borne pas à la série des chutes. Elle commence par une suite d'échantillons qui montrent les divers *caractères* des météorites, tels que leur forme, leur structure, leur croûte extérieure, les accidents qu'elles présentent, et les principaux minéraux qui entrent dans leur constitution.

Elle se termine par une série nombreuse de produits d'expériences, comprenant des résultats de fusion de météorites et la reproduction synthétique ou artificielle de la plupart des caractères des météorites.

§ 1. ORIGINE EXTRA-TERRESTRE DES MÉTÉORITES.

Phénomènes qui accompagnent leur chute. — Depuis longtemps on ne peut douter que, parmi les matières qui tombent de l'atmosphère à la surface du globe, il en est dont l'origine est incontestablement étrangère à la planète que nous habitons. Leur chute se fait reconnaître à la production considérable de lumière et de bruit qui l'accompagne, à la trajectoire presque horizontale qu'elles décrivent souvent, enfin, à la vitesse excessive des bolides qui les apportent.

De nombreuses chutes, qui ont été étudiées avec soin, ont permis de préciser les circonstances dans lesquelles a lieu l'arrivée de ces masses sur la terre.

Il est extrêmement remarquable que ces circonstances se reproduisent constamment les mêmes.

La chute des météorites est toujours accompagnée d'une incandescence assez vive pour donner à la nuit l'apparence du jour et pour être parfaitement sensible en plein midi. Par suite de cette vivacité d'éclat, l'arrivée des météorites peut être vue à de très-grandes distances : la chute d'Orgueil (Tarn-et-Garonne), du 14 mai 1864, fut aperçue jusqu'à Gisors (Eure), à plus de 500 kilomètres de distance.

La lumière dont il s'agit n'a, du reste, qu'une très-faible durée. On pense qu'elle se produit au moment où l'astéroïde pénètre dans notre atmosphère, c'est-à-dire à une hauteur considérable, que, pour la chute d'Orgueil, par exemple, on a évaluée à 65 kilomètres.

C'est grâce à cette incandescence que l'on peut observer la trajectoire des météorites, qui, très-souvent, est peu inclinée sur l'horizon. Une trajectoire de cette nature a été particulièrement reconnue pour le bolide d'Orgueil, que nous venons de citer : marchant de l'ouest vers l'est, ce bolide fut suivi, à partir de Santander et d'autres localités des côtes d'Espagne, jusqu'au point de sa chute.

L'incandescence des bolides permet, en outre, d'apprécier leur vitesse, qui n'a pas d'analogue sur la terre, et qu'on ne peut comparer qu'à celle des planètes lancées dans leurs orbites. Cette seule circonstance suffirait pour prouver l'origine cosmique des météorites.

La météorite d'Orgueil paraissait parcourir environ 20 kilomètres par seconde ; on a observé, dans d'autres cas, des vitesses qu'on n'a pas évaluées à moins de 50 kilomètres.

Constamment l'apparition du bolide s'accompagne d'une traînée de vapeurs, qui ne sont pas dépourvues d'un certain éclat lumineux.

Il n'y a pas d'exemple de chute de météorite qui n'ait été précédée d'une détonation, et même quelquefois de plusieurs détonations. Ce bruit a été comparé par les observateurs, soit à celui du tonnerre, soit à celui du canon, suivant la distance à laquelle ils se trouvaient. Il se fait entendre sur une vaste étendue de pays, quelquefois sur plus de 100 kilomètres à la ronde, comme dans le cas de la chute d'Orgueil. Si l'on réfléchit, en outre, que cette détonation se produit dans des régions où l'air, très-raréfié, se prête très-mal à la propagation du son, on sera convaincu qu'elle doit être d'une intensité qui dépasse tout ce que nous connaissons.

Après la détonation, on entend un sifflement, dû au rapide passage des éclats dans l'air, et que les Chinois comparent au bruissement des ailes des oies sauvages ou à celui d'une étoffe qu'on déchire.

Il n'est pas inutile d'ajouter que ces phénomènes ont été observés, non-seulement dans des régions très-diverses du globe, mais en toutes saisons, à toutes les heures du jour et souvent par un temps serein, sans nuages, et un air calme. Les orages, les trombes, n'y sont donc pour rien.

Pour répondre à une objection qui se présente naturellement à l'esprit, en ce qui concerne la vitesse de ces corps, nous devons attirer l'attention sur une distinction essentielle. La vitesse énorme propre au corps lumineux ou bolide que l'on voit fendre l'atmosphère contraste avec celle, incomparablement plus faible, que possèdent les éclats, au moment de leur arrivée sur la terre. Le bolide se comporte comme un corps *lancé* avec une vitesse initiale considérable; au contraire, les éclats qui nous parviennent à la suite de la détonation, paraissent, en général, ne posséder qu'une vitesse, comparable à celle qui correspondrait à leur *chute*, ralentie par la résistance de l'air.

En outre, les bolides arrivent dans toutes les directions; leur vitesse relative, toutes choses égales d'ailleurs, doit nécessairement varier, d'après l'orientation de la trajectoire, par rapport au sens du déplacement de la terre.

Les pierres d'une même chute sont plus ou moins nombreuses et au moment de leur arrivée, toujours brûlante à la surface, sans toutefois être restées incandescentes.

A Orgueil, il est tombé des pierres sur une soixantaine de points compris dans une ovale, dont le grand axe avait 20 kilomètres de longueur. La chute de Stannern, en Moravie, a donné plusieurs centaines d'échantillons, et celle de Laigle en a fourni environ trois mille. Ici, comme à Orgueil, l'espace recouvert par les pierres était ovale : il avait 12 kilomètres de longueur. Une chute observée en Hongrie, à Knyahinya, le 9 juin 1866, n'a pas été beaucoup moins nombreuse que celle de Laigle. La chute qui a eu lieu le 30 janvier 1868 aux environs de Pultusk, en Pologne, paraît surpasser très-notablement celle de Laigle, par le nombre des pierres qu'elle a apportées et par la longueur de la zone sur laquelle elles ont été recueillies.

Souvent les pierres d'un certain volume pénétrent dans le sol ; par exemple, l'une de celles recueillies à Aumale s'est enfoncée, de plusieurs décimètres, dans un bloc de calcaire compacte et résistant. C'est ainsi qu'un certain nombre de météorites peuvent rester enfouies et inaperçues. Il en est qui se pulvérisent par leur choc sur les rochers, et dont les débris ne peuvent plus être retrouvés qu'au prix de beaucoup de recherches et d'attention. C'est ce qui a eu lieu le 8 septembre 1868, à Sauguis-Saint-Étienne (Basses-Pyrénées).

Les phénomènes de lumière et de bruit dont s'accompagne la chute des météorites ayant des proportions si imposantes, ce n'est pas sans étonnement qu'on constate l'absence de tout bloc volumineux parmi les masses tombées.

C'est parmi les fers météoriques qu'on trouve les poids les plus forts : on en a trouvé de 700 à 800 kilogrammes, comme le fer de Charcas (Mexique) ; le plus gros bloc de fer de Sainte-Catherine (Brésil), pesait 2250 kilogrammes, et l'on a également trouvé au Brésil un échantillon dont le poids a été évalué à 7000 kilogrammes ; toutefois ce dernier lui-même ne représente pas un volume égal à 1 mètre cube.

Dans les pierres, c'est seulement comme exception qu'on peut en citer de 200 à 300 kilogrammes. Le poids de 50 kilogrammes n'est pas souvent dépassé. Aucun des échantillons de la chute de Laigle n'excédait 9 kilogrammes, et, parmi les milliers de météorites de Pultusk, celle qu'on a mentionnée comme la plus lourde pesait 7 kilogrammes. Le plus gros échantillon recueilli à Orgueil était de 2 kilogrammes.

Pour le plus grand nombre de météorites, le poids est bien notablement au-dessous de ces limites.

Ainsi, par exemple, la collection du Muséum n'a pas reçu moins de 950 échantillons de la chute de Pultusk, complets, c'est-à-dire entièrement recouverts de leur croûte. Leur diamètre atteint rarement celui d'un œuf de poule, et leur poids moyen est de 67 grammes. Cent vingt d'entre eux, dont le diamètre moyen est seulement de 3 à 4 centimètres, pèsent, en moyenne, 30 grammes. Enfin, pour cent autres, le diamètre descend à 2 centimètres et demi, c'est-à-dire à celui d'une noisette, et leur poids moyen n'est que de 12 grammes. On en a trouvé, dans cette chute, dont le poids était seulement de 1 gramme.

Lors de la chute survenue le 1er janvier 1869 à Hessle, près d'Upsal, en Suède, l'existence d'une couche de neige a permis d'en recueillir de plus petites encore, et l'on en possède au Muséum de Paris deux qui pèsent 0^g,60 et 0^g,17, et au Musée de Stockholm une qui descend à 0^g,06. Si, jusqu'à présent, on n'en avait pas encore signalé d'aussi faibles dimensions, cela s'explique par la difficulté d'apercevoir de si petits grains au milieu des terrains meubles, qui composent en général la surface du sol.

Ces parcelles forment comme un passage aux poussières proprement dites.

En somme, les météorites, tant à raison de leur petitesse que de leurs formes fragmentaires, peuvent être considérées comme de menus débris cosmiques.

Toutefois, il ne serait pas impossible que les fragments qui arrivent à la surface de notre globe ne représentassent qu'une petite partie de la masse météorique ; celle-ci ressortirait parfois de l'atmosphère pour continuer sa trajectoire, n'abandonnant que quelques parcelles, dont la vitesse se trouverait amortie. La chute d'Orgueil fournirait un argument en faveur de cette dernière hypothèse[1].

Ce qu'on remarque tout d'abord, quand on examine les pierres météoriques *entières*, c'est-à-dire telles qu'elles nous arrivent, c'est une croûte noire qui en recouvre toute la surface[2].

Cette croûte, en général, est mate. Toutefois, dans certaines météorites alumineuses et particulièrement fusibles, elle est luisante, de manière à rappeler un vernis. Son épaisseur n'atteint pas un millimètre.

Elle résulte visiblement d'une modification superficielle, que la pierre a subie pendant un temps très-court ; c'est le résultat de l'incandescence que cette pierre a éprouvée, en entrant dans notre atmosphère.

La croûte des météorites alumineuses présente des rides, dont la disposition, souvent rayonnante, décèle la direction suivie par chacun des fragments, au moment où la surface était liquéfiée par la chaleur. Cette direction est indiquée plus nettement encore par la disposition de certains bourre-

---

[1] *Nouvelles archives du Muséum*, t. III, 1866.

[2] La météorite tombée le 9 juin 1867, en Algérie, à Tadjera, près Sétif, présente une exception très-remarquable, par l'absence de croûte. Cette différence, plutôt apparente que réelle, tient à ce que toute la masse de la pierre est ici passée à l'état de croûte. Des expériences très simples montrent, en effet, qu'il suffit de chauffer au rouge les météorites grises ordinaires pour les noircir entièrement, de telle sorte que la croûte n'y soit plus sensible, si ce n'est quelquefois par quelques rares filaments fondus qui dessinent à la surface un réseau très-lache. (*Comptes rendus de l'Académie des sciences*, t. LXVI, p. 513, 1868.)

lets, que le vernis a produits, en ruisselant jusqu'à l'arrière de chaque pierre (fig. 178.)

La foudre produit sur les roches terrestres un vernis qui n'est pas sans analogie avec celui des météorites; elle détermine, en effet, sur certaines roches, particulièrement vers les cimes des hautes montagnes, la formation de petites gouttelettes vitreuses ou d'enduits, sur lesquels de Saussure a appelé l'attention. C'est même à cause de cette ressemblance

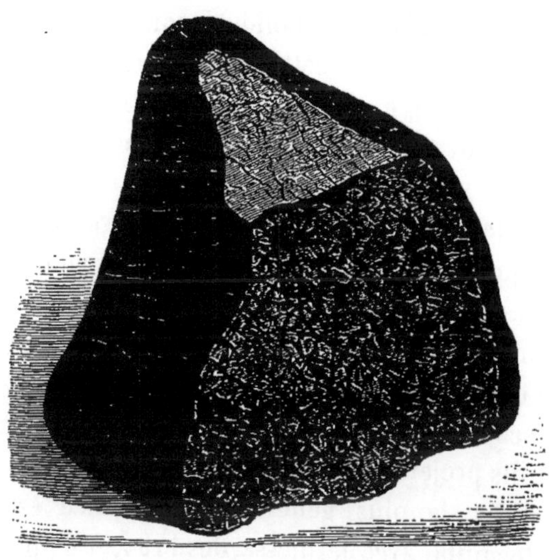

Fig. 178. — Croûte luisante caractéristique des météorites alumineuses, présentant des bourrelets et des rides, dont le ruissellement s'est produit au moment de l'incandescence. Grandeur naturelle

que les savants, auxquels on soumit les pierres tombées à Lucé (Sarthe), en 1768, émirent l'idée qu'elles n'étaient que des pierres terrestres vitrifiées par la foudre.

La forme des éclats est essentiellement fragmentaire : ce sont des polyèdres irréguliers, dont les angles et les arêtes ont été émoussés par l'action simultanée de la chaleur et du frottement.

Les principales circonstances qui viennent d'être énumérées s'expliquent, en partant du fait incontestable que les bolides entrent dans notre atmosphère avec une vitesse extrêmement considérable.

L'air qu'ils compriment ainsi, presque instantanément, développe une quantité de chaleur énorme, de même que dans l'expérience si connue du briquet à air.

Ce n'est donc pas le frottement, comme on l'a dit souvent, mais la *compression* subite de l'air, ainsi que l'a supposé de Haidinger et qu'il résulte des expériences de Régnault[1], qui amène la surface du bolide jusqu'à l'incandescence[2].

C'est également par cette compression que Delaunay[3] a expliqué, d'une manière vraisemblable, l'explosion du bolide, le bruit qui l'accompagne et l'amortissement de sa vitesse.

Tous les faits que nous venons d'énumérer prouvent avec évidence que les météorites sont des représentants de corps extra-terrestres ou cosmiques.

La première idée qui s'est présentée a été d'en chercher l'origine dans l'astre le plus rapproché de nous. C'est ainsi, que Laplace et Berzélius considéraient les météorites, comme des produits projetés par les volcans lunaires.

L'hypothèse la plus généralement admise est celle que Chladni formula, avec hardiesse, dès 1794, et d'après laquelle les pierres tombées du ciel sont des astéroïdes qui, pénétrant dans la sphère d'attraction de la terre, sont précipités à la surface de celle-ci.

Ces astéroïdes peuvent, d'ailleurs, ne pas appartenir à notre système planétaire ; rien ne prouve qu'ils ne proviennent pas d'autres régions des espaces. Les belles études de M. Schiaparelli, qui ont si heureusement rattaché aux co-

[1] *Comptes rendus de l'Académie des sciences*, t. LXIX, p. 794.
[2] *Ibid.* p. 1004.
[3] Notice sur la constitution de l'Univers. *Annuaire du bureau des longitudes*, 1870, p. 581.

mètes les essaims périodiques d'étoiles filantes, apprennent, en effet, qu'il peut en être de même des météorites et des bolides, qui nous parviendraient également des espaces intra-stellaires, c'est-à-dire de régions bien plus éloignées de nous que les planètes proprement dites.

Le nombre des chutes connues de météorites n'est pas aussi considérable qu'on le supposerait, d'après la multitude de bolides qu'on a observés et qui apparaissent journellement. Celles que l'on a bien constatées, à notre connaissance, et dont on a pu recueillir les pierres, n'atteignent pas encore un millier. Dans cette sorte de recensement, on ne tient nécessairement pas compte d'un nombre bien autrement considérable de chutes, qui ne nous ont pas laissé de traces ou de souvenir.

Quelque incomplète que soit la statistique des chutes, il est bon de noter comment elles se répartissent dans le temps.

Il résulte des relevés mensuels qui ont été faits, que les deux mois remarquables par les averses d'étoiles filantes ne paraissent pas privilégiés, sous le rapport du nombre des chutes de pierres.

Dans la distribution horaire, les variations sont plus marquées ; les chutes paraîtraient plus fréquentes le jour que la nuit[1].

Quant à la répartition géographique des météorites, on en a signalé dans toutes les parties du globe. Toutefois cette répartition est loin d'être uniforme : certains points sembleraient favorisés. On sait l'abondance des fers météoriques dans plusieurs parties des deux Amériques, au Mexique, aux États-Unis, au Chili. Tandis que certains pays ne mentionnent pas de chute de pierres, ou n'en mentionnent que très-rarement, comme la Suisse, d'autres pays, de même surface

---

[1] Comme le montrent des relevés faits par MM. Quetelet, de Haidinger, Greg, James Glaisher et Alexandre Herschel.

et qui ne paraissent pas mieux préparés à la constatation de ce genre de phénomène, en ont été souvent le théâtre : telles sont dverses régions de la France méridionale [1], la partie septentrionale de l'Italie et l'Inde anglaise ; cette dernière seule ne figure pas pour moins de trente-sept chutes, depuis la fin du siècle dernier seulement.

Pendant chacune des deux années 1863 et 1864, ainsi qu'en 1866, on a cité trois chutes de météorites en Europe ; l'année 1868 a été la plus favorisée par le nombre des chutes dont on conserve des échantillons : neuf chutes, en effet, ont été signalées, dont six en Europe, deux aux États-Unis et une dans l'Asie méridionale (Cambodge).

En un mois environ, du 21 décembre 1876 au 25 janvier 1877, trois chutes ont été observées sur une surface très-limitée des États-Unis. Elles ont eu lieu à Rochester (Indiana) le 21 septembre 1876, à Warrenton (Missouri) le 21 janvier 1877, et à Cynthiana (Kentucky) le 23 janvier 1877 [2]. Une quatrième chute, dans la même région, a eu lieu le 10 mai 1879, comté d'Emmet (Jowa).

En admettant que la partie du monde que nous habitons n'ait pas été particulièrement favorisée, et en remarquant qu'elle représente les seize millièmes de la surface totale du globe, on arriverait, pour cette dernière, au chiffre annuel de cent quatre-vingts météorites. Ce résultat correspond au chiffre trois, fourni par chacune des années 1863, 1864 et 1866 ; on a écarté l'année 1868, qui est peut-être exceptionnelle. Si, à raison de la facilité avec laquelle le phénomène peut passer inaperçu, on porte ce nombre au triple, ce qui est sans doute bien au-dessous de la réalité, on arrive à un total de six à sept cents pour le nombre annuel des chutes.

[1] Barbotan, Agen, Toulouse, Orgueil, Laissac, Alais, Juvinas, Sanguis-Saint-Étienne, Beuste.

[2] *Comptes rendus de l'Académie des sciences*, t. LXXXV, p. 678.

Il résulte de ces chutes de météorites que, chaque année, la masse du globe s'est augmentée d'une certaine quantité, et, d'après un principe de mécanique, cette augmentation aurait nécessairement une influence sur la vitesse de rotation de notre planète. On a même voulu lui attribuer l'accélération séculaire du moyen mouvement de la lune; mais celle-ci est bien loin d'être complétement expliquée par le phénomène dont il s'agit[1]. A ce point de vue, le très-faible accroissement de masse que produit l'arrivée de ces corps extra-terrestres paraît devoir être complétement négligé.

Lorsqu'on réfléchit au nombre des météorites que la Terre reçoit tous les ans, on est disposé à admettre qu'il en est tombé aussi durant les immenses laps de temps, pendant lesquels se sont formés les terrains stratifiés, et dans le bassin même de l'Océan, où ils se déposaient. Cependant, bien que ces terrains aient été fouillés maintes fois, on n'y a jamais mentionné rien d'analogue aux pierres météoriques.

Ce fait, très-remarquable, s'explique peut-être, par la facilité avec laquelle ces pierres disparaissent, à la suite de leur oxydation sous l'influence de l'eau, et de la désagrégation qui en est la conséquence.

§ II. — CONSTITUTION DES MÉTÉORITES.

Types qu'on peut distinguer parmi les météorites. — Contrairement à ce qu'on pourrait supposer pour des corps qui nous parviennent dans des circonstances identiques, avec des formes si semblables et portant toutes cette enveloppe noire, qui est comme la livrée des météorites, celles-ci,

[1] Comme l'a montré Delaunay. *Comptes rendus de l'Académie des sciences*, t. LXI, p. 1025.

examinées dans leur cassure, offrent des différences considérables, qu'une visite, même rapide, à la collection du Muséum, permet d'apprécier et de fixer dans la mémoire.

Tandis que certaines de ces masses, connues sous le nom de fers météoriques, sont entièrement formées d'une substance métallique, ayant l'éclat et la couleur de l'acier, d'autres sont principalement composées d'une matière pierreuse, terne et grisâtre, ressemblant, à première vue, à beaucoup de roches que nous foulons journellement aux pieds; quelques-unes enfin, mais incomparablement plus rares, également pierreuses, se font remarquer, tout d'abord, par une teinte noire et leur aspect analogue à celui d'un lignite terreux ou d'une tourbe compacte.

Si, après ce coup d'œil général, on étudie un peu plus attentivement les masses météoritiques, on reconnaît bientôt qu'elles se rapportent à plusieurs types distincts, mais qui se relient par des transitions ménagées.

Pour en avoir une idée, il nous suffira de les examiner, dans l'ordre même adopté pour leur classification dans la collection précitée.

1° *Météorites du premier groupe ou* holosidères —Nous trouvons d'abord les fers météoriques proprement dits, ou, si l'on veut, les *holosidères* (de ὅλος, tout, et σίδηρος, fer).

Ce sont des *masses exemptes de matière pierreuse,* et quelquefois assez pures pour pouvoir être immédiatement forgées; on en a même employé à la fabrication d'armes et d'outils.

Du fer natif a bien été trouvé, à diverses reprises, à la surface du globe, mais toujours dans des circonstances exceptionnelles, où il paraissait provenir le plus souvent de réductions accidentellement opérées, soit par des gaz combustibles émanés des volcans, soit par l'inflammation des houillères. D'ailleurs, ce fer terrestre n'avait jamais offert les caractères du fer météorique.

Toutefois, durant l'année 1870, en explorant les régions occidentales du Groënland, M. Nordenskiold recueillit d'énormes masses de fer métallique, sur lesquelles nous aurons à revenir en détail, et que l'on confondit longtemps avec les météorites.

L'année suivante, M. Steenstrup rencontra dans le détroit de Waigati des roches pyroxéniques toutes imprégnées de grenailles métalliques, et ayant complétement l'aspect de certaines pierres tombées du ciel. L'étude du gisement et des propriétés de ces masses intéressantes permet aujourd'hui de leur attribuer une origine terrestre.

Quoi qu'il en soit, le fer météorique est à la fois caractérisé par sa composition chimique et par sa structure.

Il est toujours allié à divers métaux, parmi lesquels le nickel est le plus constant. Ce *fer nickelé* paraît se composer lui-même, en général, de l'association de plusieurs alliages de ces deux métaux en proportions définies, ainsi que l'a annoncé M. de Reichenbach, qui a donné aux trois plus fréquents les noms de *tænite*, de *kamacite* et de *plessite*.

Le fer nickelé contient fréquemment un sulfure de fer isolé sous forme de rognons, quelquefois cylindroïdes et encadrés de graphite. Comme on le débarrasse difficilement des matières étrangères auxquelles il est mélangé, sa composition est encore l'objet de quelques doutes. D'abord rapporté au protosulfure, il a reçu le nom de *troïlite*; cependant ses caractères sont très-voisins de ceux de la *pyrrhotine*, particulièrement dans l'holosidère de Sainte-Catherine (Brésil), où son abondance rendait son étude plus facile.

On trouve, en outre, dans les holosidères un phosphure de fer et de nickel, contenant du magnésium, dont l'existence a été démontrée par Berzélius, et auquel on a donné le nom *schreibersite*, ainsi qu'une substance voisine, que Gustave Rose a désignée sous le nom de *rhabdite*.

Comme espèce remarquable particulière aux météorites, il faut citer le sulfure de chrôme et de fer, auquel le savant qui l'a découvert, M. Lawrence Smith, a bien voulu donner le nom de *Daubréelite*. Par les proportions relatives de ses trois éléments, cette espèce correspond exactement au fer chromé, avec cette seule différence que l'oxygène du minéral terrestre y est remplacé par du soufre.

Nous citerons, comme exemple d'holosidère, le fer de Caille (Alpes-Maritimes), dont la première analyse est due à M. le duc de Luynes[1]. Il l'a trouvé exclusivement formé de fer et de nickel avec des traces impondérables de manganèse et de cuivre. La proportion de nickel s'élève, d'après cette analyse, à 17,57 p. 100. Les résultats auxquels M. Rivot est arrivé postérieurement, sur d'autres échantillons de la même masse, ont été notablement différents; ce chimiste n'a signalé ni manganèse, ni cuivre, mais il a trouvé du cobalt et du chrome. De tels écarts conduisent à admettre que la composition de ces masses peut varier beaucoup, même pour des parties d'aspect identique[2].

La structure des fers météoriques est aussi des plus remarquables. Pour l'observer, après avoir poli une surface de fer, on peut la soumettre à l'action d'un acide. On fait alors naître les figures, dites de *Widmannstætten*, du nom du savant qui les a le premier signalées (fig. 179). On constate ainsi que ce fer est à la fois cristallin et hétérogène. Bientôt, en effet, une matière inattaquable apparaît en relief et transforme la

---

[1] *Annales des mines*, 4ᵉ série. t. V, p. 161, 1844.
[2] *Annales des mines*, 5ᵉ série, t. VI, p. 554, 1854.
Voici les nombres que M. Rivot a obtenus :

Fer	92,7
Nickel	5,6
Chrome, cobalt, traces de silicium	0,9
Total. . .	99,2

L'auteur pense que le silicium est contenu dans la masse, à l'état de siliciure.

surface, primitivement plane, en un véritable cliché propre à l'impression. La substance qui apparaît ainsi en relief et qui contient souvent du phosphure multiple, consiste dans l'alliage particulier de fer et de nickel, désigné sous le nom de tænite.

La matière inattaquée se présente ordinairement en lames minces, dont les intervalles rappellent, par leur finesse et leur parallélisme, une série de coups de burin. Les diverses

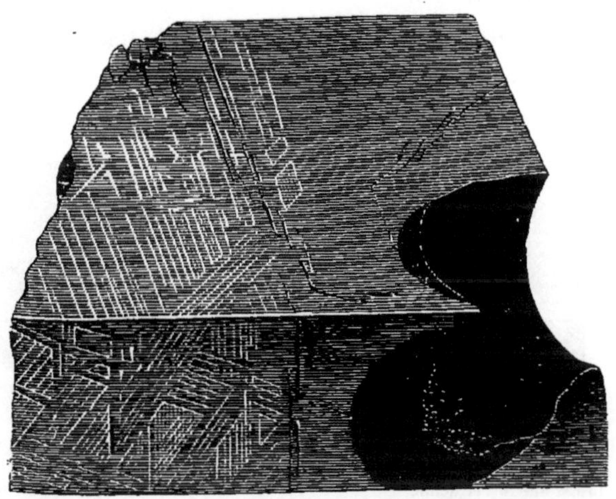

Fig. 179. — Holosidère de Caille (Alpes-Maritimes), dont les surfaces polies, traitées par un acide, laissent voir les figures dites de Widmannstætten. On voit, à droite, une cavité cylindroïde, due à la disparition d'un rognon de troïlite (sulfure double de fer et de nickel). — Grandeur naturelle.

lames qui traversent ainsi le fer météorique sont souvent orientées parallèlement aux faces de l'octaèdre régulier. C'est ce que montrent les échantillons taillés en cube ou en sphère comme ceux représentés (fig. 180 et 181). Ce fait, facile à constater sur le fer découvert à Caille, est d'autant plus intéressant, que le fer terrestre que l'on a produit en masses cristallines, montre la disposition cubique.

Si l'on suit l'orientation de ces octaèdres, on reconnaît

que, dans beaucoup de masses de fer, ils présentent un parallélisme, d'où il résulte qu'ils constituent, par leur ensemble, un cristal unique. La dimension si considérable de ces cristaux contraste avec la structure que l'on observe dans le fer artificiel, même lorsque son état cristallin est aussi prononcé que possible; car, même alors, les lames de clivage sont orientées dans toutes les directions, comme on le voit dans une foule de minéraux et de roches terrestres, telles que le calcaire lamellaire.

D'autres procédés ont été aussi mis en usage pour étudier la structure des météorites[1].

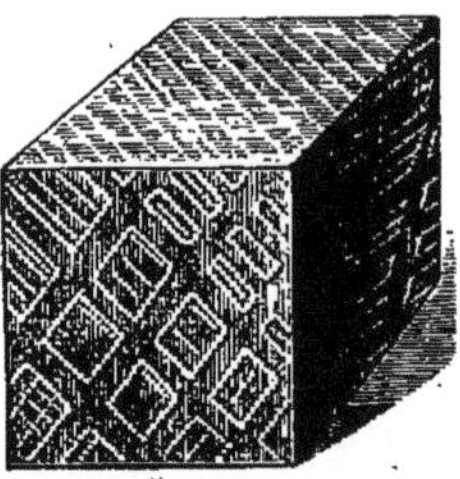

Fig. 180. — Holosidère de Caille, taillée en cube, et soumise à l'action d'un acide. Grossi une fois et demie.

Fig. 181. — Holosidère de Caille, taillée en sphère, et soumise à l'action d'un acide. Grossi une fois et demie.

Les chutes de fer sont incomparablement plus rares, au moins à l'époque actuelle, que les chutes de pierres. On n'en a observé, en Europe, que deux bien certaines en plus d'un siècle : l'une en 1751, à Braunau, en Bohême; l'autre à Agram, en Croatie, en 1847. Cependant on a recueilli dans diverses régions du globe, notamment en Europe, en Sibérie, aux États-Unis, au Mexique, au Brésil et en Afrique, des masses métalliques, auxquelles leur nature et leur position

---

[1] *Comptes rendus de l'Académie des sciences*, t. LXIV, p. 685, 1867 ; t. LXV, p. 148, 1867.

autorisent à assigner une origine extra-terrestre, avec autant de certitude que si on les avait vu tomber.

Plusieurs de ces masses complètes, que possède la galerie du Muséum, donnent une idée des particularités intéressantes que présentent l'aspect et la structure des fers météoriques. Elles montrent les formes fragmentaires qu'affectent ces masses, malgré leur ténacité; formes qui caractérisent également, comme on le verra plus loin, les masses pierreuses proprement dites.

2° *Météorites du second groupe ou* syssidères.—Certains fers météoriques, au lieu d'être massifs, renferment des *parties pierreuses disséminées* dans une *pâte métallique faisant continuité* et formant une sorte d'*éponge métallique.*

Ils constituent ainsi un premier terme de passage des fers vers les pierres.

Dans le représentant le plus connu des météorites de ce second groupe, la matière pierreuse, dont les grains sont logés dans le fer, consiste en un silicate à base de magnésie et de protoxyde de fer, appartenant précisément à l'espèce terrestre connue sous le nom de *péridot.*

Cette disposition rappelle bien, pour l'aspect, certains fers produits accidentellement dans les usines, où la scorie silicatée joue le rôle rempli par le péridot dans les météorites qui nous occupent.

Les météorites de ce second groupe sont particulièrement représentées par une masse célèbre de fer, découverte par Pallas, à Krasnojarsk, en Sibérie. Il en existe une autre tout à fait comparable, qui a été rencontrée dans le désert d'Atacama, au Chili, et dont la partie silicatée consiste en fragments de la roche appelée dunite où l'on trouve, outre le péridot, du pyroxène et du fer chrômé.

La matière pierreuse de ces météorites, auxquelles nous

donnons le nom de *syssidères*[1], ne consiste pas exclusivement en péridot; quelquefois elle est constituée par un silicate de nature *pyroxénique*. C'est ce qui arrive pour la météorite de Toula, gouvernement de Perm, en Russie, dont la partie lithoïde affecte une disposition bréchiforme très-remarquable.

Dans les trois types de syssidères qui viennent d'être cités, la pierre est en grains disséminés et *discontinus*, Mais il peut arriver que la pierre y soit *continue*, aussi bien et en même temps que le fer, c'est-à-dire que la masse résulte de l'enche-

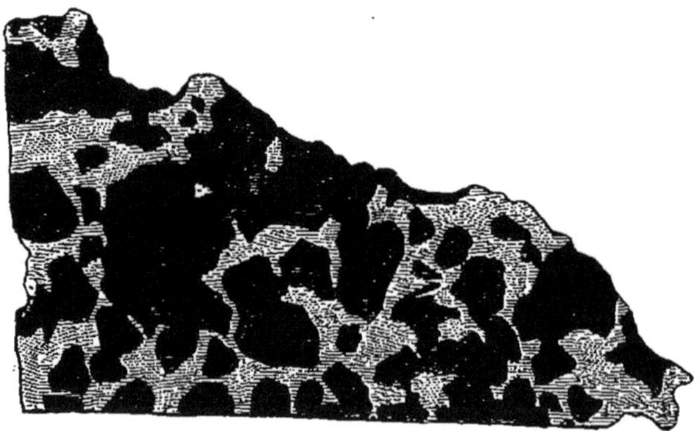

Fig. 182. — Syssidère de Brahin (Russie), dont une surface polie montre la disposition relative de la portion métallique et de la portion pierreuse — Grandeur naturelle.

vêtrement mutuel de deux *réseaux continus*, l'un métallique, l'autre pierreux. Telles sont, entre autres, les météorites de Rittersgrün (Saxe) et de Brahin (Russie) (fig. 182).

5° *Météorites du troisième groupe ou* sporadosidères. — La plupart des météorites sont caractérisées par une *pâte pierreuse*, dans laquelle le *fer*, au lieu d'être continu, comme dans les deux premiers groupes, est *disséminé en grains* irréguliers. La relation entre le fer et la pierre est donc précisément inverse de celle qui caractérise le groupe des syssi-

[1] Du grec σύν, *avec*, pour exprimer la *continuité* du fer.

dères. Chacun de ces grains présente d'ailleurs les caractères de composition et de structure des fers météoriques. Comme eux, ils renferment du nickel, du sulfure et du phosphure de fer.

Les grains de fer, en proportion très-variable, ont aussi des dimensions fort différentes, depuis la grosseur d'une noisette et au-dessus, jusqu'à des grains à peine visibles ou même microscopiques, sorte de poussière disséminée dans la substance pierreuse.

Dans cette série, dont les termes extrêmes sont si éloignés, mais qui sont reliés par une foule d'intermédiaires, on peut distinguer trois sous-groupes.

Premier sous-groupe ou polysidères. — D'abord le premier sous-groupe, c'est-à-dire le plus riche en fer, est représenté par des masses que leur composition mixte pourrait faire considérer, soit comme pierres, soit comme fer.

Nous les désignons sous le nom de *polysidères*[1]. Le métal et le silicate peuvent, en effet, y être à volumes sensiblement égaux.

Parmi les météorites appartenant à ce sous-groupe, on doit citer spécialement celle qui a été rencontrée dans la Sierra de Chaco, au Chili (fig. 183).

Parmi les grains de fer de cette météorite, ceux qui sont très-volumineux et de forme tuberculeuse, donnent, par les acides, les figures remarquables que nous avons décrites. Dans cette expérience, on observe que chaque grain est enveloppé d'une pellicule métallique plus ou moins mince, dont la structure est beaucoup plus confuse que celle du reste de la masse. Il semble qu'à la périphérie, la cristallisation ait été gênée ou brouillée.

La gangue pierreuse, dans laquelle les grains métalliques

---

[1] De πολύς, beaucoup.

sont empâtés, est essentiellement formée de silicates. Si on l'étudie de plus près, on reconnaît qu'elle résulte, en général, du mélange, en proportions variables, d'un silicate très-basique de magnésie, le péridot, avec un ou plusieurs silicates plus acides, tels que le *pyroxène*.

Deuxième sous-groupe ou oligosidères (type commun). — Les météorites, sans comparaison les plus fréquentes, rentrent

Fig. 185. — Sporadosidère-polysidère de la sierra de Chaco, Chili. Une surface polie y montre l'existence de grosses grenailles métalliques disséminées dans une gangue pierreuse. — Grandeur naturelle.

dans le sous-groupe auquel nous arrivons maintenant. Sur dix chutes, neuf au moins lui appartiennent; aussi peut-on le désigner sous le nom de *type commun*; nous donnons aux météorites qu'il comprend le nom d'*oligosidères*[1].

On distingue facilement, par leur aspect pierreux, ces météorites de celles du sous-groupe précédent, et, à plus

[1] De ὀλίγος, peu.

forte raison, de celles des deux premiers groupes. La cassure,
ordinairement d'un gris cendré et rude au toucher, rappelle,
à s'y méprendre, celle de certains trachytes à grains finis.

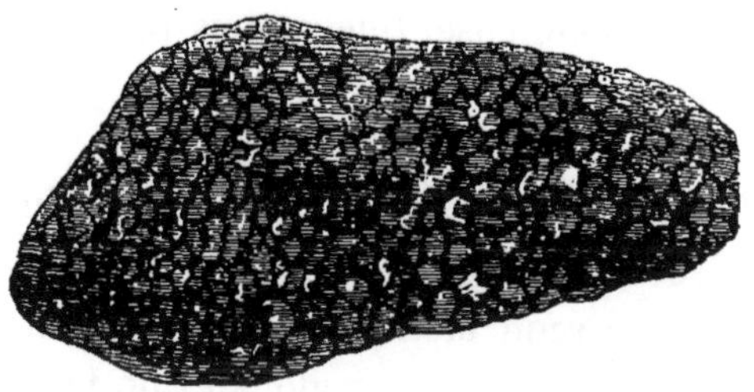

Fig. 184. — Sporadosidère oligosidère tombée à Knyahinya (Hongrie). le 9 juin 1866. Surface polie montrant la situation relative des éléments pierreux et des grains métalliques. — Grandeur naturelle.

La masse est entièrement cristalline, ainsi que l'on peut facilement s'en assurer par l'examen microscopique d'une lame suffisamment mince.

La pâte paraît, au premier abord, à peu près homogène ; mais un examen plus attentif permet de reconnaître, surtout sur une surface polie (fig. 184), qu'elle résulte d'un mé-

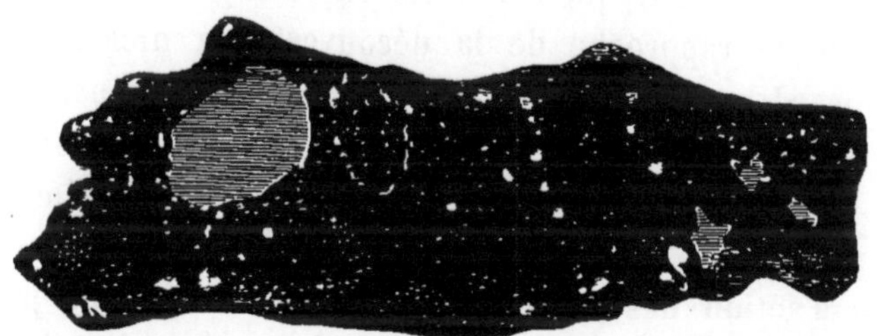

Fig. 185. — Sporadosidère oligosidère, tombée à Parnallee (Inde), le 28 février 1857. Surface polie, montrant la situation relative des grenailles de fer nickelé, représentées en blanc, et des autres éléments de la roche. On observe, vers la gauche de la figure, un gros globule de pyrrhotine, en partie bordé d'un dépôt très-mince de fer nickelé. — Grossi deux fois.

lange de substances différentes qui appartiennent, en général, à cinq espèces facilement reconnaissables : trois métalliques et deux pierreuses et silicatées.

C'est d'abord du *fer nickelé*, en grains malléables, souvent très-petits (fig. 185), dont la composition et la structure sont identiques à celles des fers météoriques déjà décrits ; leur proportion, très-variable, est ordinairement comprise entre 8 et 22 p. 100 du poids total. Leur forme est essentiellement irrégulière et ramuleuse. Quelquefois ces grenailles se disposent en auréole, autour des fragments pierreux ou des grains de pyrrhotine.

Du *sulfure de fer*, qui paraît identique à celui des holosidères, est souvent en grains isolés, que leur couleur d'un jaune de bronze rend facilement visibles ; souvent aussi ce même sulfure existe dans les globules de fer, en mélange indiscernable à la vue. Il forme, en général, de 4 à 15 p. 100 du poids de la masse et atteint même 20 p. 100 dans la météorite tombée à Murcie (Espagne), le 24 décembre 1858.

Le *fer chromé*, qui forme le troisième élément métallique, apparaît, dans les météorites qui nous occupent, en petits grains noirs, analogues à ceux que l'on remarque dans les serpentines. Ce minéral ne représente que 0,2 à 5 p. 100 du poids total. C'est Laugier qui, dès 1806, a signalé dans les météorites la fréquence du fer chromé[1], fait dont l'importance se rapproche de la découverte du nickel faite par Howard, quatre ans auparavant. De nombreuses analyses subséquentes ont confirmé la présence habituelle du chrome.

Ce qui constitue la partie dominante des météorites du type commun, c'est un mélange de silicates qui se séparent par l'action des acides. L'un, attaquable, même par les acides faibles, a le plus souvent la composition du péridot ; l'autre, inattaquable, est plus riche en acide silicique. A part la faible proportion d'alumine, de chaux et d'alcali qu'il renferme, et qui paraît due à un mélange d'autres silicates, il se rapproche souvent du pyroxène ou de l'enstatite.

Parmi les nombreuses analyses qui ont mis en évidence

[1] *Annales du Muséum*, t. VI.

cette constitution remarquable, nous citerons celle que M. Damour a faite de la pierre tombée, le 9 décembre 1858, près de Montréjeau (Haute-Garonne [1]). Dufrénoy [2] avait auparavant fait l'analyse de la pierre tombée le 12 juin 1841, à Château-Renard (Loiret), et qui appartient au même type.

Très-souvent les météorites du type commun présentent une texture globulaire : une matière, d'un gris un peu plus foncé que la masse de la pierre, forme des globules de différentes grosseurs. Ces globules sont constitués principalement par le bisilicate que nous signalions tout à l'heure, et sur lequel les acides n'ont pas d'action. Il résulte de là que si l'on dissout les météorites dont il s'agit dans un acide, il peut rester, au fond de la fiole, une grenaille comparable à du plomb de chasse.

Gustave Rose, frappé de cette structure remarquable, a proposé de donner aux météorites du type commun, dans la majorité desquelles elle se manifeste clairement, le nom de *chondrites*, dérivé du mot grec χόνδρος, qui signifie *boule*.

Un autre caractère particulier qu'offrent fréquemment les météorites de ce sous-groupe, est de présenter des surfaces de frottement, analogues aux miroirs de glissement que l'on observe dans certaines parties des filons. Les grains de fer métallique ont été étirés, le long de ces surfaces de glissement, de manière à rappeler l'influence d'un effort énergique. Les surfaces frottées sont, d'ailleurs, interrompues brusquement par le vernis extérieur, ce qui démontre qu'elles

---

[1] *Comptes rendus*, t. XLIX, p. 51. D'après M. Damour, la pierre de Montréjeau renferme, sur cent parties :

Fer nickélifère	11,60
Pyrite magnétique	3.74
Fer chromé	1,85
Péridot	44,8
Hornblende, albite	38.00
Total	100,85

[2] *Comptes rendus*, t. XII, p. 1230.

ont été produites antérieurement, non-seulement à la chute des pierres, mais aussi à leur division en fragments.

Dans les météorites qui nous occupent, la croûte noire extérieure est toujours mate.

La plupart des échantillons des pierres du type commun présentent, après quelque temps de séjour à l'air humide, de nombreuses taches de rouille, dues à l'altération facile de plusieurs des substances qui en font partie, et spécialement du sulfure de fer. Peut-être cette circonstance fait-elle comprendre comment on ne rencontre pas ces météorites à la surface de la terre, comme on y trouve les fers : la disparition d'une partie de leurs éléments aurait amené leur désagrégation totale.

Troisième sous-groupe ou cryptosidères. — Dans les météorites dont nous faisons le troisième sous-groupe, le fer est peu abondant et en grains si fins, qu'il a longtemps passé inaperçu.

Le nom de *cryptosidères*[1] exprime ce caractère. Ce sous-groupe constitue un passage des météorites renfermant du fer métallique aux météorites qui en sont dépourvues ; aussi a-t-il été considéré, jusqu'à présent, comme appartenant à ces dernières.

Mais, c'est surtout par la composition de la partie pierreuse que ces météorites diffèrent des précédentes, c'est-à-dire de celles du type commun ou oligosidères.

Loin d'être la même pour toutes, cette matière pierreuse offre, dans la série des cryptosidères, des différences de composition qui nécessitent la répartition du sous-groupe en cinq sections, fort bien distinguées par Rose, et dont trois doivent être citées d'une manière spéciale.

---

[1] De κρυπτός, *caché.*

Howardites. — Ces pierres sont caractérisées par le mélange du *péridot* et du *feldspath anorthite*; elles se distinguent aussi des précédentes par leur croûte luisante, identique à celle des météorites de la section suivante, et sont surtout représentées dans les collections par les chutes de Luotalaks, de Bialystock, de Mässing, de Franckfort (Alabama), et du Teilleul (Manche).

Eukrites. — Les eukrites (de εὔκριτος, *distinct*, à cause de leur structure éminemment phanérogène), constituent la section principale des cryptosidères. Elles sont caractérisées, au point de vue minéralogique, par un mélange de deux minéraux distincts, mais ordinairement à l'état de cristallisation confuse, le *pyroxène augite* et le *feldspath anorthite*. On y trouve, en outre, la *pyrite magnétique* ou *pyrrhotine*, formant souvent des cristaux hexagonaux parfaitement nets[1].

L'alumine et la chaux y sont en plus forte proportion que dans les météorites du type commun, tandis qu'au contraire, la magnésie y est en moindre quantité; aussi ont-elles été d'abord désignées sous le nom de météorites *alumineuses*.

Comme exemple, nous citerons la météorite tombée, le 15 juin 1821, à Juvinas (Ardèche), dont l'analyse, faite autrefois par Vauquelin et par Laugier, a été reprise récemment par M. Rammelsberg[2].

On voit par cette composition l'analogie des eukrites avec certaines laves bien connues, telles que celles de

---

[1] Sur les minéraux cristallisés qui se trouvent dans les pierres météoriques, *Annales de chimie et de physique*, 1826.

[2] D'après ce dernier travail, on trouve la composition suivante :

Pyroxène augite	62.65
Feldspath anorthite	54.56
Apatite	0.60
Titanite	0.25
Fer chromé	1.55
Fer oxydulé magnétique	1.17
Pyrite magnétique	0.25
Total	100.83

l'Etna, formées de pyroxène associé au feldspath labradorite. Cette composition se rapproche encore plus de celle d'autres laves avec anorthite, que l'on a rencontrées à la Thjorsà, en Islande[1].

Dans cette météorite, le vernis est *brillant* aussi, au lieu d'être *mat*, comme dans les météorites du type commun; il est, en même temps, remarquable par la netteté des rides et des bourrelets qu'il présente : double circonstance qui paraît répondre à une plus grande fusibilité de la substance, due à la présence simultanée de l'alumine et de la chaux.

A part la météorite de Juvinas, on peut citer comme appartenant à ce type les masses qui sont tombées, le 22 mai 1808, à Stannern, en Moravie, le 13 juin 1819, à Jonzac (Charente-Inférieure), et le 25 avril 1865 à Shergotty, dans l'Inde.

La présence dans l'une de ces météorites, signalée, dès 1825, par Gustave Rose, de minéraux affectant les mêmes formes cristallines que celles d'espèces minérales terrestres, et ayant d'ailleurs la même composition, constitue un fait important dans l'étude de ces corps cosmiques.

Chassignites. — Une troisième section comprend des météorites principalement formées de silicates magnésiens ; elle est représentée par la météorite tombée, le 3 octobre 1815, à Chassigny (Haute-Marne). C'est le silicate magnésien, dont nous avons signalé l'existence dans les groupes précédents, le péridot, qui se présente ici, constituant à peu près la totalité de la masse. Il est identique à celui que l'on rencontre sur la terre et contient des grains disséminés de fer chromé[2].

On observe sur la pierre de Chassigny une croûte résultant

---

[1] D'après l'analyse de M. Damour, *Bulletin de la Société géologique de France*, 2ᵉ série, t. XIX, p. 513.

[2] Voici le résultat de l'analyse que M. Damour a faite de cette météorite intéressante :

d'une fusion superficielle, aussi bien que sur les autres météorites.

Enfin les noms de *chladnite* et de *shalkite* ont été donnés aux pierres dont les types sont représentés par les météorites de Bishopville et de Shalka.

4° *Météorites du quatrième groupe ou* asidères. — Les météorites dans lesquelles on n'a pu reconnaître le fer disséminé à l'état métallique sont très-rares. A mesure que l'on étudie plus attentivement les météorites au point de vue de la présence du fer métallique, le nombre des échantillons de ce dernier groupe se réduit davantage; il est à peu près restreint, aujourd'hui, aux météorites *charbonneuses*, qui, elles-mêmes, ne sont pas toujours dépourvues de traces de métal libre.

Ces dernières présentent, dans leur composition, des particularités telles, qu'on n'aurait pu croire à leur origine, si l'on n'avait été témoin de leur chute.

Ce qui les caractérise, c'est la présence du charbon, non à l'état de liberté ou de graphite, comme dans certains fers, mais qu'on admet être en combinaison avec l'hydrogène et l'oxygène; c'est aussi la présence de l'eau combinée; c'est enfin la présence de matières salines solubles et même déliquescentes. Pour compléter ces caractères distinctifs, il faut ajouter qu'un carbonate double de magnésie de fer, de l'espèce *breunnérite*, a été rencontré dans la météorite d'Orgueil.

Silice.	55,30
Magnésie	51,76
Protoxyde de fer.	26,70
Protoxyde de manganèse.	0,45
Oxyde de chrome.	0,75
Potasse.	0,66
Fer chromé et pyroxène.	5,77
Total.	99,59

Cette composition est celle de la variété de péridot, riche en protoxyde de fer, et connue sous le nom d'*hyalosidérite*. (*Comptes rendus*, t. LVIII, 1864.)

Sous certains rapports, les météorites charbonneuses se rapprochent de celles dont nous avons déjà parlé. Comme ces dernières, elles contiennent des silicates magnésiens, renfermant quelquefois des oxydes de nickel, de cobalt et de chrome. On y retrouve de l'oxyde de fer magnétique, de la pyrite magnétique, en innombrables cristaux microscopiques, n'ayant guère que $\frac{1}{30}$ de millimètre de diamètre[1], enfin du fer chromé.

La présence du charbon, à l'état de combinaison oxy-hydrogénée et analogue à celles qui résultent de la décomposition des matières végétales, a conduit à rechercher si les météorites charbonneuses ne renfermeraient pas de restes ayant appartenu à des êtres vivants ; mais les observations les plus délicates n'ont rien décelé dans ce genre.

Quoi qu'il en soit, la présence de matières facilement volatiles ou altérables sous l'action de la chaleur prouve qu'au moment où les météorites charbonneuses ont pénétré dans l'atmosphère, elles étaient froides. L'incandescence qu'elles ont subie a produit, par la fusion de leur portion superficielle, une croûte mince ; mais la faible conductibilité de la matière a préservé les parties internes d'une altération sensible.

Les météorites charbonneuses, dont on possède des échantillons, se rapportent à quatre chutes. La première eut lieu à Alais (Gard), en 1805 ; la seconde au Cap de Bonne-Espérance, en 1858 ; la troisième à Kaba, en Hongrie, en 1857 ; et la quatrième à Orgueil (Tarn-et-Garonne), en 1864.

C'est à Berzélius, à Faraday et à M. Wœhler qu'on doit la découverte des principaux faits qui se rapportent à la constitution des météorites de ce groupe. Plus récemment,

---

[1] Notamment dans les météorites d'Orgueil (*Comptes rendus de l'Académie des sciences*, t. LVIII, 30 mai 1864).

M. Cloëz a étudié la météorite charbonneuse d'Orgueil, et principalement l'état de combinaison du carbone[1]. De son côté, M. Pisani a examiné cette dernière météorite, surtout au point de vue de la matière pierreuse.

Météorites pulvérulentes; appendice aux groupes précédents. — A la suite de ces divers groupes de météorites, il convient d'en mentionner qui paraissent en différer surtout par leur état pulvérulent.

L'existence des poussières météoriques n'a pas, autant qu'elle l'aurait dû, attiré l'attention des savants. Cette circonstance tient à l'extrême difficulté de distinguer les poussières, véritablement cosmiques, de celles dont l'origine est terrestre, et qui sont, sans comparaison, les plus abondantes.

Aux exemples les plus communs de chutes de matières terrestres, nous pouvons ajouter, comme bien connues, les prétendues pluies de soufre, qui résultent de la chute de poussières polliniques, et certaines pluies siliceuses, formées de carapaces d'infusoires.

Mais, à côté de ces substances terrestres, on en doit distinguer qui sont véritablement cosmiques. Par exemple, dans diverses chutes, les pierres ont été accompagnées de poussières. C'est ainsi que, le 14 mars 1813, en même temps qu'il tomba à Cutro, dans les Calabres, une quantité de pierres, on recueillit, en abondance, une poudre rouge[2].

De même, le 5 novembre 1814, on remarqua que les dix-neuf pierres ramassées à Doab, dans l'Inde, étaient enveloppées d'une matière pulvérulente.

Dans certains cas, on a observé la chute de poussière, sans

---

[1] *Comptes rendus*, 1864, t. LVIII.
[2] *Bibliothèque britannique*, 1813 et 1814. L'amiral Krüsenstern a été témoin d'un fait qui doit être cité à cette occasion; il a observé, dans son voyage autour du monde, un bolide qui laissa après lui une traînée lumineuse remarquable par sa persistance; elle continua de luire pendant une heure entière, sans changer sensiblement de place.

accompagnement de pierres, mais annoncée également par ces remarquables phénomènes de lumière et de bruit que nous avons décrits. Le catalogue que Chladni publia en 1824 en fait connaître de nombreux exemples, parmi lesquels figure le suivant. En 1819, à Montréal (Canada), on observa une pluie noire, accompagnée d'un obscurcissement extraordinaire du ciel, de détonations comparables à celles de décharges d'artillerie et de lueurs des plus brillantes. On crut d'abord à l'incendie d'une forêt voisine, coïncidant avec un violent orage. Mais l'ensemble du phénomène et l'examen de la matière tombée, peut-être analogue à la météorite d'Orgueil, ont prouvé qu'il était dû à l'arrivée dans l'atmosphère de matières étrangères à notre globe.

Il tomba à Lœbau, en Saxe, le 13 janvier 1835, une poudre formée d'oxyde de fer magnétique. Cette chute suivit l'explosion d'un bolide, qui se mouvait, dit-on, avec une vitesse extraordinaire, et dont les éclats paraissaient brûler en traversant l'atmosphère.

C'est à la production de poussières météoriques qu'on doit rattacher la cause des traînées qui suivent les météorites dans leur trajectoire lumineuse, et c'est peut-être à leur combustion qu'est due, en partie, l'incandescence des bolides.

La météorite charbonneuse d'Orgueil, si intéressante à plusieurs points de vue, a été très-instructive en ce qui regarde l'existence des poussières météoriques. Elle est friable, au point que certains échantillons se réduisent en poudre par la simple pression entre les doigts. On peut donc s'étonner qu'ils soient arrivés entiers à la surface du globe. Peut-être s'explique-t-on ce fait en remarquant les deux circonstances suivantes. D'abord, chaque fragment était enveloppé, au moment de la chute, d'une croûte vitrifiée, plus solide que le reste de la masse. En outre, les diverses parties de la météorite sont cimentées par des sels alcalins ; l'eau, en dissolvant ce ciment, amène la désagrégation complète de la météorite, qui se réduit en une poussière de la plus grande ténuité[1]. De sorte que, si, le 14 mai 1864, le ciel, au lieu d'avoir été parfaitement pur, se fût trouvé pluvieux ou simplement couvert de couches de nuages, à travers lesquelles ces pierres auraient dû passer, on n'aurait pu recueillir qu'une boue visqueuse, comparable à celles dont on a observé la chute dans plusieurs circonstances[2].

Un autre exemple de météorite très-friable est fourni par celle qui est tombée à Ornans (Doubs), le 11 juillet 1868. Celle que l'on a ramassée à Cynthiana (Kentucky), le 23 janvier 1877, lui est rigoureusement identique.

L'étude de la météorite d'Orgueil montre, en outre, comment les poussières météoriques peuvent être combustibles, et contribuer à l'incandescence, par leur oxydation.

En présence de ces divers faits, il convient d'être très-attentif à la chute des poussières atmosphériques. Il serait bon, lors de l'explosion des bolides, de rechercher dans l'air ces matières pulvérulentes, à l'aide de tous les moyens dont on dispose aujourd'hui, et de les examiner, notamment au point de vue de la présence du nickel.

Météorites gazeuses. — Enfin, il est naturel de se demander si les espaces ne nous fournissent jamais aucune matière gazeuse. On ignore s'il en est ainsi ; mais, sans parler des étoiles filantes, il n'est pas impossible que certaines météorites, ou les corps dont elles se détachent, soient pourvus d'atmosphère. Quoi qu'il en soit, et pour être complet, nous citerons, au moins pour mémoire, les météorites gazeuses.

---

[1] La poudre dont il s'agit traverse même les filtres les plus serrés

[2] Ainsi, en Lusace, le 8 mars 1796, on vit, après l'explosion d'un bolide, tomber une masse visqueuse, bleuâtre et peut-être charbonneuse.

Classification. — Ces divers types viennent d'être énumérés dans l'ordre où ils ont été classés dans la collection du Muséum [1], et conformément au tableau suivant :

MÉTÉORITES SOLIDES ET COHÉRENTES.

			GROUPES.	SOUS-GROUPES.	EXEMPLES.	DENSITÉS.
SIDÉRITES. Météorites renfermant du fer à l'état métallique.	Ne renfermant pas de matières pierreuses..		I. HOLOSIDÈRES		Charcas	7,0 à 8,0
	Contenant à la fois du fer et des matières pierreuses....	Le fer se présente sous forme d'une *masse continue.*	II. SYSSIDÈRES		Rittersgrünn	7,1 à 7,8
		Le fer se présente en *grains disséminés....*	III. SPORADOSIDÈRES.	*Polysidères* La quantité de fer est considérable..	Sierra de Chaco	6,5 à 7,0
				Oligosidères, La quantité de fer est faible.	Aumale	3,1 à 3,8
				Cryptosidères, Le fer est indiscernable à la vue....	Chassigny	3,5
					Juvinas	3,0 à 3,2
ASIDÉRITES. Météorites ne renfermant pas de fer à l'état métallique.			IV. ASIDÈRES		Orgueil	1,0 à 3,6

Identité de météorites appartenant à des chutes différentes. — Au milieu de la variété que présentent les échantillons de

[1] *Comptes rendus de l'Académie des sciences*, t. LXX, 8 juillet 1867.

trois cent cinquante chutes représentées dans les collections, des météorites tombées dans des régions du globe très-distantes, et à des époques très-différentes, rentrent dans le même type.

Il y a plus : des météorites éloignées au double point de vue géographique et chronologique présentent parfois l'identité la plus complète, de telle sorte qu'il est impossible d'en distinguer les échantillons respectifs.

On peut citer comme exemples, parmi les asidères ou météorites charbonneuses : Cold-Bokkeveld, Cap de Bonne-Espérance (15 octobre 1838), et Kaba, Hongrie (15 avril 1857); Alais, Gard (15 mai 1806), et Orgueil, Tarn-et-Garonne (14 mai 1864). — Parmi les cryptosidères : Stannern, Moravie (22 mai 1808), et Jonzac, Charente-Inférieure (13 juin 1819). — Parmi les oligosidères : Mauerkirchen, Haute-Autriche (20 novembre 1768), et Jowa, États-Unis (25 février 1847); Sigena, Espagne (17 novembre 1773), et Bustee, Indes anglaises (2 décembre 1852); Benarès, Indes anglaises (13 décembre 1798), et Montréjeau, Haute-Garonne (9 décembre 1858); Erxleben, Prusse (15 avril 1812), et Pillitsfer, Livonie (15 avril 1863); Chantonnay, Vendée (5 août 1812), et Mexico, îles Philippines (1859, date inconnue); Muddoor, Indes anglaises (21 septembre 1855), et Quenngouck, Indes anglaises (27 décembre 1857). — Parmi les polysidères, Sierra de Chaco (date inconnue) et Barea, Espagne (4 juillet 1842). — Enfin, parmi les holosidères : Caille, Alpes-Maritimes (date inconnue), et Rio-Juncal, Chili (date inconnue).

D'une part, des fragments provenant d'un même corps cosmique sont différents. C'est ce qu'on voit de tous côtés à la surface de notre globe, même dans un massif de roches de dimensions très-restreintes, quelquefois dans une seule carrière. Parmi les météorites, c'est de même que les masses de Toula (Russie) et de la Cordillère de Deesa (Chili) sont formées par l'association bréchiforme de portions pierreuses, à l'état de fragments empâtés dans une masse métallique.

D'autre part, des fragments identiques peuvent sans doute provenir de corps et même d'essaims de corps différents.

Cependant on ne peut s'empêcher de remarquer, pour des échantillons tout à fait semblables, certaines concordances de dates, qui sont ou identiques (Erxleben, 15 avril 1812, et Pillitsfer, 15 avril 1863), ou à des intervalles de six mois (Cold-Bokkeveld, 13 octobre 1838, et Kaba, 15 avril 1857).

Ces concordances méritent tout particulièrement l'attention, lorsqu'elles s'appliquent à des types rares, comme cela a lieu pour les exemples que nous venons de choisir[1].

Peut-être la signification de ces faits et d'autres analogues sera-t-elle un jour complétée par la découverte de certaines récurrences dans l'apparition des corps d'où dérivent les météorites.

---

[1] Naessiug et Luotalaks, bien que n'étant pas identiques, se rapportent à un même groupe. La première de ces chutes est du 13 décembre 1803, et la seconde du 13 décembre 1813.

PREMIÈRE SECTION

PHÉNOMÈNES CHIMIQUES

CHAPITRE PREMIER

SYNTHÈSE CHIMIQUE DES MÉTÉORITES

Tandis que plusieurs minéraux, communs aux météorites et à certaines roches terrestres, décèlent, par leur présence, que des influences analogues ont agi dans la formation des uns et des autres, des minéraux, exclusivement propres aux météorites, indiquent qu'il existe, en outre, pour les premières, des influences spéciales, dont l'examen attentif conduit à d'utiles indications, relativement à leur mode de formation.

Remarquons, tout d'abord, que nous laissons ici de côté la cause qui nous apporte les météorites, pour ne nous occuper que des particularités de leur structure et de leur constitution.

On a supposé quelquefois, qu'apparaissant incandescentes dans notre atmosphère, c'est aussi dans notre atmosphère que les météorites se sont refroidies et ont cristallisé ; il n'en est rien. Ces corps planétaires nous arrivent, il est vrai, incandescents ; mais l'incandescence n'atteint jamais l'intérieur des morceaux, même lorsqu'ils sont de très-faible dimension. Il en résulte que l'état intérieur de ces morceaux représente exactement ce qu'il était dans les espaces.

L'étude de la composition et de la structure de ces masses

peut donc conduire à certaines inductions, relativement aux circonstances dans lesquelles se sont formés les corps célestes dont elles ont été détachées.

Il m'a paru que l'on pouvait, par des expériences synthétiques, préciser encore mieux ces circonstances et compléter ainsi les nombreuses notions que l'analyse a déjà fournies sur ce sujet. J'ai donc cherché à imiter les météorites, soit en les reproduisant de toutes pièces, soit en les faisant dériver des roches terrestres, les plus analogues.

Les résultats auxquels je suis arrivé [1], et dont je vais rendre un compte sommaire, paraissent montrer que la synthèse expérimentale est susceptible d'éclairer l'étude de ces masses cosmiques, aussi bien que celle des minéraux et des roches terrestres.

§ 1. FUSION DES MÉTÉORITES.

Fers : *Fusion.* — La fusion des fers de Caille (Alpes-Maritimes) et de Charcas (Mexique), dans une brasque d'alumine et à l'abri du contact de charbon qui s'y serait combiné, a fourni des masses ne présentant plus la structure caractéristique des fers naturels.

Imitation. A l'inverse, on parvient à produire artificiellement, dans des masses non météoriques, une structure qui présente une certaine analogie avec les figures de Widmanstaelten.

Ainsi, au fer doux, on a associé successivement et simultanément du nickel, du silicium, du protosulfure de fer et

---

[1] *Comptes rendus de l'Académie des sciences.* t. LXII, p. 200, 609, 1866. *Bulletin de la Société géologique de France,* 2e série, t. XXIII, p. 291, 1866.

du phosphure de fer. Cette dernière substance, dans une proportion qui a été portée de 2 à 5 p. 0/0, a donné naissance à des dessins dendritiques d'une régularité très-remarquable (fig. 186), et qui paraissent disposés suivant les formes du dodécaèdre rhomboïdal. La matière brillante y

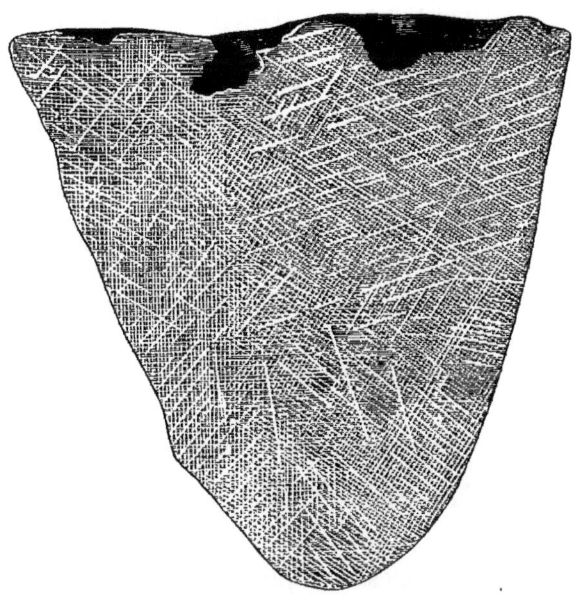

Fig. 186. — Fer fondu avec addition des éléments des holosidères, et manifestant, par l'action d'un acide sur une surface polie, la structure même des fers météoriques. — Grandeur naturelle.

est isolée et comme repoussée dans les interstices sous une forme réticulée [1].

Pierres : *Fusion simple.* — Les pierres météoriques possèdent une aptitude bien prononcée pour la cristallisation. Ainsi, en liquéfiant des météorites de plus de trente chutes

---

[1] Je dois rappeler, à cette occasion, que M. Faye a tenté de reproduire le phosphure double de fer et de nickel ou schreibersite, l'un des minéraux caractéristiques des fers météoriques. (*Comptes rendus de l'Académie des sciences,* t. LVII, p. 801, 1863.)

différentes, j'ai toujours obtenu des masses éminemment cristallines.

Si l'on soumet à une température suffisamment élevée les *météorites du type commun*, la masse, après fusion, se compose d'un culot et de grenailles métalliques, disséminées dans une gangue silicatée et d'aspect lithoïde.

Cette partie lithoïde se partage, elle-même, généralement en deux substances cristallines, bien distinctes par leurs formes.

L'une est en octaèdres rectangulaires très-surbaissés, ayant

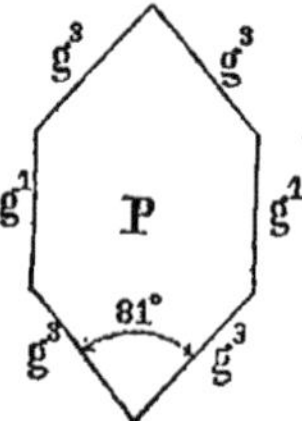

Fig. 187. — Péridot basé obtenu dans la fusion des météorites, avec la base P, le prisme g^3 et la troncature g^1. — Grossissement d'environ 25 fois.

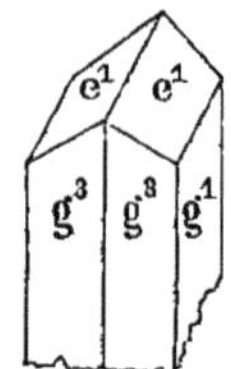

Fig. 188. — Péridot cristallisé obtenu dans la fusion des météorites.
$g^3 g^3$ en avant $= 81°$
$g^3 g^1 \quad = 141°$
grossissement d'environ 25 fois.

la forme et la disposition qui caractérise le *péridot*, surtout celui qui se forme dans les scories. La même substance s'est présentée sous deux autres formes dans les produits de fusion.

D'après l'examen que M. Des Cloizeaux a bien voulu en faire, l'une de ces formes (fig. 187) est en lames à six faces présentant la base P, le prisme g^3 et la troncature g^1 ; une autre est composée, comme l'indique la fig. 188, du prisme g^3, de la troncature g^1 et du biseau $e^1 e^1$. Souvent les cristaux offrent la disposition en trémie (fig. 189), qui est bien connue dans le péridot artificiel.

La seconde substance présente habituellement des prismes

à section rectangulaire, souvent alignés parallèlement entre eux et dont la cassure fibro-lamellaire rappelle beaucoup celle de la *bronzite*. Leur opacité ne permet pas ordinairement de décider s'ils appartiennent au système du prisme rhomboïdal droit ou au système oblique. Cependant, comme ils sont exempts de fer, pour la plupart, et ne renferment plus guère que de la magnésie, on doit les considérer comme appartenant, non au pyroxène, mais à l'espèce *enstatite*. D'ailleurs, sur le produit de la fusion de la météorite tombée en Algérie, à Tadjera, on observe de nombreuses aiguilles incolores qui, examinées au microscope, montrent des angles

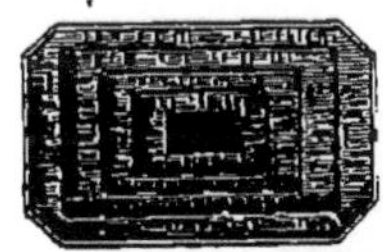

Fig. 189. — Péridot cristallisé, obtenu dans la fusion des météorites, et montrant la disposition en trémie. — Grossissement, 20 fois.

très-nets, voisins de 87 degrés, comme ceux qui correspondent aux clivages de l'enstatite[1].

L'essai chimique de ces deux substances justifie la détermination à laquelle conduit l'examen cristallographique.

On sait que l'analyse de la plupart des météorites du type commun y décèle l'existence d'au moins deux silicates, l'un attaquable, l'autre inattaquable par les acides. Dans les expériences dont je viens de rendre compte, il se fait un départ entre ces silicates, qui étaient primitivement en mélange si intime, qu'on ne pouvait les distinguer. Ils se séparent, par une sorte de liquation, et bien plus nettement que dans la météorite naturelle; c'est ainsi qu'on voit apparaître, sous

---

[1] *Comptes rendus de l'Académie des sciences*, 1868, tome LXVI, p. 517.

différentes formes, les deux silicates magnésiens, le péridot (Mg. Si.) et l'enstatite (Mg. Si²).

La proportion relative du péridot et de l'enstatite, dans les produits de fusion, varie beaucoup suivant les météorites ; c'est, en général, l'enstatite qui prédomine, et dans un certain nombre, le péridot n'a pas encore paru en cristaux distincts (Favars (fig. 190 et 191), Chantonnay, Ensisheim, Agen, Château-Renard et Vouillé). Au contraire, le péridot peut se montrer en abondance prédominante, comme dans la météorite de New-Concord. La réduction du fer, qui était à l'état de silicate, ne paraît avoir eu d'autre effet que d'augmenter la proportion d'enstatite aux dépens de celle du

Fig. 190 et 191. — Produit de fusion de la sporadosidère oligosidère de Favars. La face inférieure du culot (fig. 190) montre des grenailles métalliques disséminées dans une gangue pierreuse ; la face supérieure (fig. 191) laisse voir l'état entièrement cristallin de cette dernière. — Grossissement, 1 fois et demie.

péridot, sans apporter de changement dans la nature même des composants.

La situation respective de ces deux espèces, au sein de la masse obtenue, mérite d'être signalée. En général le péridot, quand il existe, forme, à la surface, une pellicule mince et cristallisée, tandis que l'intérieur se compose de longs cristaux d'enstatite : ces deux substances se sont ainsi groupées conformément à leur ordre de fusibilité. Très-fréquemment, les aiguilles d'enstatite s'étalent à la surface de la masse, avec une disposition qui rappelle tout à fait celle du mica dit *palmé*, que renferment certaines pegmatites des Pyrénées et du Limousin. Ce groupement dendritique de l'enstatite a une disposition bien prononcée à s'aligner sous un angle constant.

On constate aussi, sur les deux espèces de silicates magnésiens, une tendance remarquable à se grouper régulièrement l'une sur l'autre, ainsi qu'on l'observe pour la staurotide et le disthène. Certains cristaux ayant la forme du péridot ne servent en quelque sorte que d'assemblage à de nombreuses aiguilles d'enstatite qui les traversent, rappelant ainsi la structure de diverses pseudomorphes.

Ces mélanges, bien reconnaissables à l'œil nu, passent à

Fig. 192 et 193. — Produit de fusion de la sporadosidère cryptosidère de Chassigny. La face inférieure du culot (fig. 192) montre des grenailles métalliques disséminées dans une gangue pierreuse; la face supérieure (fig. 193) laisse voir l'état entièrement cristallin de cette dernière. — Grossissement, 1 fois et demie.

d'autres qui sont indiscernables, et dans lesquels la substance, ayant l'apparence homogène, comme plus d'une météorite naturelle, ne trahit plus sa complexité que par son partage en présence des acides.

Les météorites renferment encore des substances, telles qu'un silicate alumineux, qui ne font partie essentielle ni du péridot, ni de l'enstatite, mais qui restent cachées dans les cristaux de ces deux espèces minérales, sans doute par suite de l'*affinité* que M. Chevreul a nommée *capillaire*.

La *météorite de Chassigny* donne une masse de péridot bien cristallisée (fig. 192 et 193).

La *météorite de Bishopville* fournit des prismes d'enstatite d'une blancheur parfaite, recouverts seulement, çà et là, de quelques lames du péridot.

D'après ces caractères, ces deux météorites, dont on a fait des espèces distinctes, présentent des analogies avec le type commun ; seulement elles en forment, en quelque sorte, les deux termes extrêmes : l'une le plus basique, l'autre le plus acide, caractérisé aussi par sa faible teneur en fer.

Les *météorites charbonneuses* d'Alais et d'Orgueil produisent des masses tout à fait semblables entre elles, d'un vert olive, très-fibreuses, et ressemblant beaucoup à la bronzite. D'où il résulte qu'à part la matière charbonneuse, elles se rattachent également aux météorites ordinaires.

Celle de même nature, de Cold Bokkeweld, au Cap de Bonne-Espérance, dont nous devons un volumineux échantillon à la libérale obligeance de John Herschel, donne, comme les météorites du type commun, une masse d'un gris cendré, dans laquelle on distingue des aiguilles d'enstatite.

Les *météorites*, dites *eukrites*, dont celles de Juvinas, de Jonzac et de Stannern offrent les exemples les plus connus, fournissent un produit entièrement différent de toutes les météorites magnésiennes dont il vient d'être question : c'est une masse vitreuse, quelquefois rubanée par un commencement de dévitrification, mais sans cristaux de péridot, ni d'enstatite.

Dans les mêmes essais, on a constaté la présence d'un corps qui ne paraît pas avoir été vu, jusqu'ici, dans les météorites magnésiennes : je veux parler du titane (à l'état de carboazoture), reconnaissable à sa couleur caractéristique et à son inaltérabilité au contact des acides, et que l'on a ainsi trouvé dans les météorites fondues de Montréjeau et d'Aumale[1].

---

[1] Ce même métal, signalé dans la météorite pyroxénique de Juvinas par M. Rammels-

Quant au culot, avec grenailles métalliques, provenant de nombreuses météorites pierreuses dont j'ai opéré la fusion, il se composait non-seulement du fer métallique qui s'y trouvait primitivement, mais aussi du fer qui s'était séparé de leurs silicates par voie de réduction.

Il est digne de remarque que l'on y a distingué parfois, après le poli et l'action de l'acide, une substance brillante se détachant en saillie sur le fond mat, et présentant une forme dendritique qui rappelle tout à fait la structure, dite tricotée, du bismuth natif: tel est le fer de la polysidère de la Sierra de Chaco.

§ 2. — IMITATION DES MÉTÉORITES DU TYPE COMMUN, PAR RÉDUCTION DE ROCHES SILICATÉES TERRESTRES.

La fusion des météorites du type commun produit, comme on vient de le voir, deux minéraux principaux, le péridot et l'enstatite. C'étaient donc les roches terrestres, caractérisées par la présence de ces deux mêmes minéraux, qui devaient d'abord servir aux essais de synthèse.

On les a premièrement fondues dans des creusets de terre, sans intervention d'un agent réducteur.

Par la fusion pure et simple dans un creuset de terre, le péridot se convertit en une masse verte, translucide, recouverte de cristaux de péridot et entièrement cristalline à l'intérieur, ainsi qu'il résulte de son action sur la lumière polarisée. Sa structure est souvent lamellaire, comme celle du péridot des scories[1]. Le péridot fondu contraste donc,

---

berg, a apparu très-clairement aussi sur les globules de fer obtenus par la fusion de cette météorite.

[1] Le péridot sur lequel ont été faites la plupart des expériences relatées ici provient du basalte des environs de Langeac (Haute-Loire), où il est en abondance. Un péridot

par sa consistance, avec le péridot, granulaire et peu cohérent, que renferment ordinairement les roches basaltiques[1].

La lherzolite, formée d'un mélange de péridot, d'enstatite et de pyroxène, fond encore plus facilement que le péridot et donne des masses qui reproduisent, à s'y méprendre, la roche naturelle, avec cette différence que l'on remarque, à la surface et dans l'intérieur, des aiguilles d'enstatite que l'on ne distinguait pas avant la fusion. (Lherzolite de Vicdessos et de Prades, dans les Pyrénées.)

Par l'addition d'une certaine quantité de silice, on peut, à volonté, augmenter la proportion du bisilicate ou enstatite et produire ces mélanges qui forment le passage du péridot à la lherzolite, tels que la nature les présente. Le même bisilicate prend aussi naissance le long des parois du creuset, en leur empruntant de la silice.

Je ferai observer ici qu'en ajoutant au péridot 15 p. 0/0 de silice, quantité nécessaire à sa conversion en enstatite, puis en le fondant au milieu du charbon, on a obtenu une masse hérissée, à sa surface, d'octaèdres rectangulaires surbaissés, de la forme qui appartient au péridot, tandis que l'intérieur consiste en une substance fibreuse, inattaquable par les acides, qui a les caractères de l'enstatite. Un fait identique a lieu dans la fusion de certaines météorites.

Les minéraux qui avaient d'abord été soumis, comme on vient de le voir, à une simple fusion, ont ensuite subi la même action, en présence d'une influence réductrice.

Pour cela, on a choisi, en premier lieu, le charbon dis-

---

de cette localité a été analysé par Berthier, qui y a trouvé 16 p. 0/0 de protoxyde de fer. (*Annales des mines*, 1re série, t. XX, p. 269.)

[1] Le basalte ne paraît pas avoir eu, du moins en général, une température assez élevée pour fondre les gros morceaux de péridot qui y étaient empâtés. Peut-être a-t-il pu toutefois en dissoudre une partie et donner ainsi naissance aux cristaux nets, mais de petite dimension, qui y sont quelquefois disséminés.

posé en brasque dans un creuset. On arrive ainsi, par exemple avec la chlorite du Saint-Gothard (fig. 194) et le pyroxène de la Somma (fig. 195), aux mêmes résultats que

Fig. 194. — Produit de la réduction de la chlorite du Saint-Gothard, fondue dans le charbon. Comme le produit de fusion des sporadosidères qu'il reproduit, il consiste en une gangue pierreuse, éminemment cristalline, où sont disséminées des grenailles métalliques. — Grossissement, 1 fois et demie.

précédemment, avec cette différence que le fer, qui était combiné dans le silicate non décomposé, s'est isolé en grains microscopiques, séparables au barreau aimanté; en même

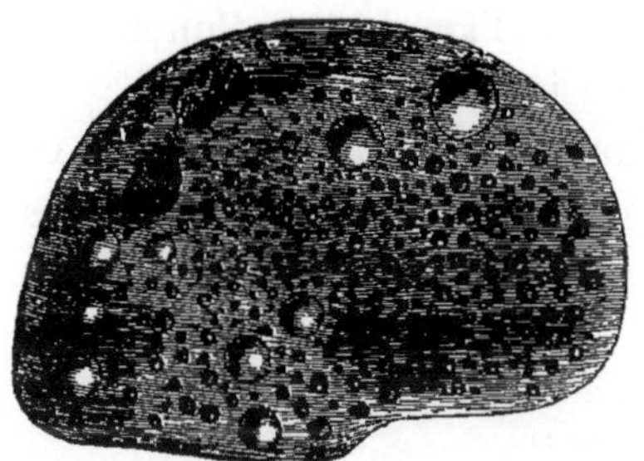

Fig. 195. — Produit de la réduction du pyroxène de la Somma, fondu dans le charbon. Comme le produit de fusion des sporadosidères qu'il reproduit, il consiste dans une gangue pierreuse éminemment cristalline, où sont disséminées des grenailles métalliques. — Grossissement, 1 fois et demie.

temps, la portion d'acide silicique correspondant à ce fer contribue à augmenter la proportion de bisilicate.

Tout le fer n'est cependant pas amené à l'état métallique; une partie reste en combinaisons dans les silicates. Il est digne de remarque que la coloration verte, si caractéristique, du péridot ou olivine, fait place à une teinte générale grise semblable à celle des météorites du type commun.

Le produit de la réduction et de la fusion des roches péridotiques ressemble donc beaucoup à celui des météorites simplement fondues. L'analogie, qui se montre, d'une manière frappante, pour la partie pierreuse, subsiste également pour la partie métallique. En effet, le fer métallique, provenant de la réduction du péridot de Langeac, renferme 0,6 pour 100 ou 0,006 de nickel. Celui qu'a fourni la lherzolite de Lherz en contient aussi, et, en outre, du phosphure.

J'ai obtenu des résultats encore plus nets et plus caractéristiques, en opérant sur des masses de péridot et de lherzolite pesant jusqu'à 12 kilogrammes.

De pareilles masses (fig. 196) ont donné des culots de fer, relativement volumineux et qu'il a été possible de soumettre à l'expérience de Widmanstætten. On a constaté alors un départ très-net et l'apparition d'un dessin régulier, produit par la matière inattaquée.

D'après l'analyse que M. Terreil a bien voulu en faire, cette sorte de fonte grise, entremêlée de larges lamelles de graphite, contient :

Fer.	89,96
Manganèse.	0,66
Chrome.	1,60
Nickel.	1,16
Cobalt.	traces sensibles.
Cuivre.	0,11
Carbone combiné.	1,75
Carbone libre.	2,61
Silicium.	2,30
Soufre.	traces.
	100,13

Sa densité à 23 degrés est 6,955.

On voit que, comme les fers météoriques, ce fer contient des quantités très-notables de nickel.

De plus, on a pu alors observer un fait qui passait inaperçu sur de petites grenailles, et dont l'intérêt n'échappera

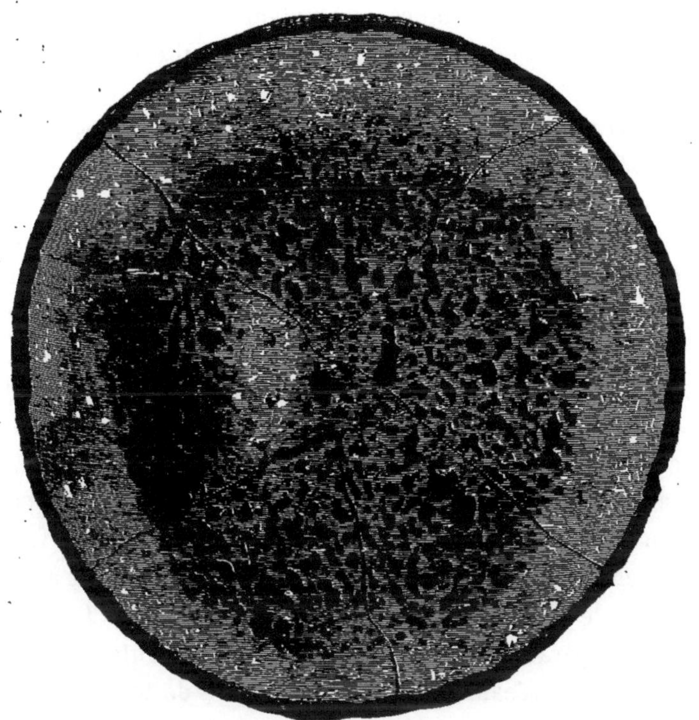

Fig. 196. — Produit de la réduction du péridot, par sa fusion dans un creuset de graphite. Échantillon scié et poli perpendiculairement à l'axe. Des grenailles métalliques s'y montrent de toutes parts disséminées dans une gangue pierreuse, et celle-ci laisse voir d'innombrables aiguilles d'enstatite. — Échelle de 1/5.

pas à ceux qui ont eu l'occasion d'examiner la surface extérieure naturelle des masses de fer météorique. Il s'agit des formes anguleuses, telles qu'en affectent, entre autres, les fers météoriques de Charcas et de San Francisco del Mesquital. Certaines de ces grenailles artificielles présentent des formes anguleuses qui ont manifestement pris naissance, pendant le refroidissement, par une sorte de moulage du fer contre la matière pierreuse, devenue pâteuse, si ce n'est solide, quand le fer possédait encore de la fluidité.

En présence de ce résultat, on pouvait d'abord supposer que les fers météoriques se seraient moulés au milieu des masses silicatées, dont ils auraient été ultérieurement détachés.

Il résulte de ce qui précède que les météorites ont été imitées, dans les traits généraux de leur composition.

Il importe d'ajouter que certains détails intimes de la structure des météorites se sont même trouvés reproduits. C'est une nouvelle confirmation des analogies qui existent entre leur mode de formation et les procédés mis en œuvre dans nos expériences.

Ainsi, quand on examine au microscope une lame mince de péridot ou de lherzolite, après fusion, on y retrouve, comme dans la plupart des météorites du type commun, ces séries de lignes droites parallèles, simulant des coups de burin, remarquables par leur régularité, au milieu de fendillements de forme irrégulière. Ces lignes sont dues à l'existence de plans de clivage. En outre, des aiguilles fines d'enstatite, parallèles et sensiblement équidistantes, disposées aussi par faisceaux, rappellent des détails de texture que fait connaître l'examen microscopique de beaucoup de météorites [1].

La structure globulaire est si fréquente dans les météorites du type commun, qu'elle a valu à tout ce groupe la dénomination de *chondrite*. Or nous voyons des grains ou

---

[1] A part l'exemple de la météorite d'Aumale (*Comptes rendus*, t. LXII, p. 72), je renverrai à ceux qui sont figurés dans l'important ouvrage de Gustave Rose, pour les météorites de Krasnoï-Ugol, Stauropol, et pour le péridot du fer de Pallas. (Pl. I, fig. 10, et pl. IV, fig. 7, 8, 9.)

sphérules semblables prendre naissance dans plusieurs des expériences faites sur la fusion des silicates magnésiens. Parmi ces globules, les uns sont à surface lisse, d'autres à surface drusique ou hérissée de petits cristaux microscopiques. Ces derniers ressemblent aux globules de la météorite de Sigena (17 novembre 1775), de la variété friable. Ces globules sont inattaquables par les acides, comme ceux des météorites.

Enfin les surfaces de frottement, avec enduit d'apparence graphitique, que présentent, à l'intérieur, beaucoup de météorites (par exemple, celles d'Alexandrie, 2 février 1860, et de Pultusk, 30 janvier 1867), s'imitent très-bien avec les silicates fondus qui renferment le fer réduit, en très-petits grains, lorsqu'on vient à faire frotter deux fragments l'un contre l'autre, assez fortement pour étirer ou laminer ces grains de fer métallique.

Dans une autre série d'expériences, on a employé comme réducteur, non plus le charbon, mais l'hydrogène, et les résultats ont été du même ordre; ainsi, la lherzolite et le pyroxène, soumis à un courant d'hydrogène, abandonnent, à l'état de métal, le fer qui s'y trouvait combiné comme silicate de protoxyde. La réaction peut s'accomplir à une température qui ne dépasse pas le rouge. Dans ces mêmes conditions, les phosphates, soit seuls, soit en présence des silicates, se réduisent en phosphures, en sorte que le produit final de l'action de l'hydrogène offre également une grande analogie chimique avec les météorites.

§ 5. — IMITATION DES MÉTÉORITES DU TYPE COMMUN, PAR OXYDATION PARTIELLE DES SILICIURES.

Une méthode inverse de la précédente a permis d'imiter les météorites. Elle consiste à chauffer les corps dominants des météorites du type commun, autres que l'oxygène, c'est-

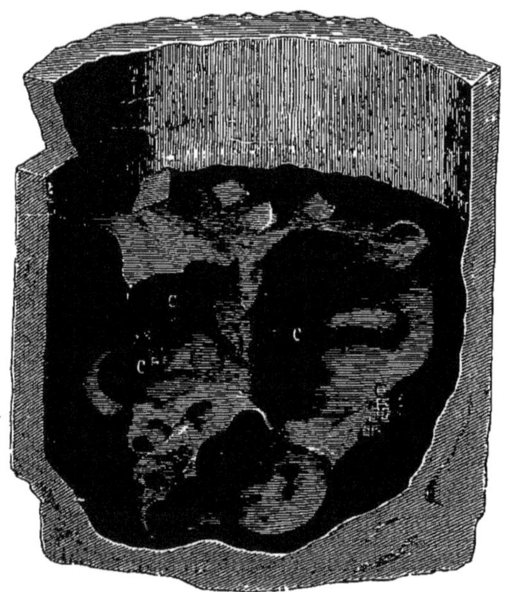

Fig. 197. — Imitation artificielle des météorites du type commun par l'oxydation partielle du siliciure de fer, dans une brasque de magnésie. C, C, C, cristaux de péridot. — Grossi deux fois.

à-dire le fer, le silicium et le magnésium, dans une atmo-sphère incomplètement oxydante, et à en opérer, non-seu-lement le grillage, mais aussi la fusion, c'est-à-dire la sco-rification.

En soumettant, à la température élevée du chalumeau à

gaz, du siliciure de fer, contenu dans une brasque de magnésie, j'ai obtenu une imitation, dans ce qu'elle a de plus essentiel, des météorites du type commun, particulièrement après qu'elles ont été fondues. Le fer se sépare, tant à l'état métallique qu'à l'état de silicate de protoxyde, et du péridot se produit, en partie à l'état cristallisé, comme l'indique la figure 197. Ce péridot présente diverses nuances, entre autres la teinte olive, qui lui est habituelle dans la nature.

Le résultat dont nous venons de rendre compte, et auquel on ne peut arriver sans des tâtonnements assez délicats, présente, avec ceux qu'on obtient dans certaines opérations métallurgiques, des analogies qui ressortent d'elles-mêmes.

On sait, en effet, que lorsqu'on transforme la fonte de fer dans l'affinage, l'oxygène de l'air brûle, non-seulement le carbone, mais aussi le silicium qu'elle contient et une partie du fer. La scorie noire, dont on observe alors la formation, est constituée, comme Mitscherlich et Haussmann l'ont établi, par du péridot à base de fer, ayant la même formule chimique et la même forme cristallographique que le péridot à base de magnésie ; c'est l'espèce à laquelle on a donné le nom de fayalite. Du pyroxène, riche en fer, peut aussi se produire, lorsque la silice est en excès.

§ 4. EXPÉRIENCES SYNTHÉTIQUES RELATIVES A L'HOLOSIDÈRE DE SAINTE-CATHERINE.

Par son poids, le fer nickelé, signalé en 1876, à San Francisco, dans la province de Sainte-Catherine, au Brésil, occupe l'un des premiers re .,s parmi les masses de fer météorique connues. En laissant de côté le gros bloc d'Ovifak, au Groënland, du poids d'environ 20,000 kilogrammes, qui paraît être d'origine terrestre, je rappellerai celle de Durango (Mexique), trouvée en 1805, aussi du poids de 20,000 kilo-

Fig. 198. — Holosidère trouvée, en 1875, dans la province de Sainte-Catherine, au Brésil. Coupe polie au travers d'un échantillon d'un premier type, caractérisé par l'existence de larges veines de pyrrhotine traversant une brèche, à éléments métalliques, corrodés et arrondis. On y remarque des fissures qui traversent, sans déviation, les parties métalliques et les parties sulfurées. — Échelle de 2/3.

grammes, et celle de Bemdego, au Brésil 1784), qui pesait 9600 kilogrammes.

D'après ce que l'on a constaté ailleurs, notamment au

Chili, dans le désert d'Atacama, on doit supposer que la masse de Sainte-Catherine n'est pas unique; qu'elle a des

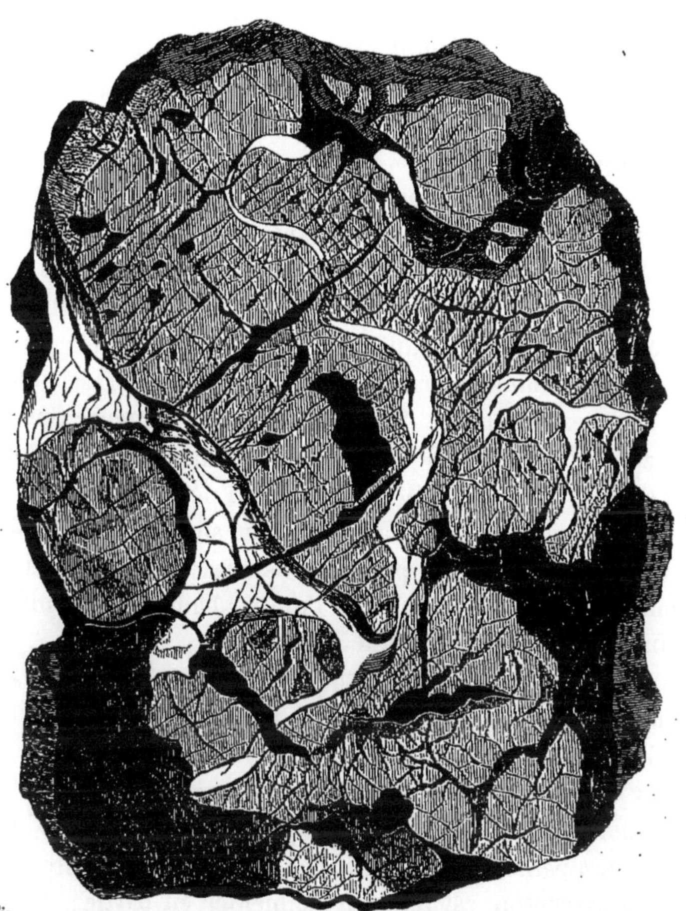

Fig. 199. — Holosidère trouvée, en 1875, dans la province de Sainte-Catherine, au Brésil. Second type, montrant, sur une surface polie, sa nature essentiellement bréchiforme. On y distingue des fragments métalliques, reliés par une substance jaune de laiton, dans laquelle prédomine la pyrrhotine et qui contient aussi du graphite, de la schreibersite et de la magnétite. Les fragments métalliques sont eux-mêmes traversés par d'innombrables fissures orthogonales, qui traversent également le sulfure. Une écorce ocracée se voit sur diverses parties du pourtour de l'échantillon. — Échelle de 2/3.

satellites, qui peuvent même en être assez éloignés, et qu'il sera intéressant d'y rechercher.

Déjà nous l'avons mentionnée dans la première partie de cet ouvrage (p. 339), à propos des systèmes orthogonaux de cassures, ou diaclases, qui la traversent, mais elle mérite de nous occuper encore, au point de vue des expériences synthétiques qui servent à en expliquer la constitution minéralogique.

Constitution bréchiforme du fer; application à l'histoire des tufs météoritiques. — Ce que l'on remarque, avant tout, sur la section polie de chacun des échantillons, c'est une structure éminemment bréchiforme (fig. 198 et 199). Malgré sa ténacité, la masse de fer a été réduite en une multitude de fragments anguleux, qui ont ensuite été cimentés par un réseau de veinules irrégulières, les unes microscopiques, les autres atteignant 20 millimètres de largeur. Sur une section de plus de 500 centimètres carrés, il est difficile d'en trouver la surface d'un seul qui ne présente, soit des fragments désunis, soit au moins un simple *craquelé*. Dans certaines parties, les plans de fissures forment trois systèmes, disposés à angle droit l'un sur l'autre, de manière à simuler un clivage cubique.

Les fragments dans lesquels le fer a été brisé sont encore juxtaposés, de manière à montrer que leur position relative s'est très-peu modifiée après la rupture; parfois leur écart ne dépasse pas $\frac{1}{10}$ de millimètre. Après l'action extraordinairement énergique qui a brisé le fer, les fragments, à peine déplacés, ont donc été ressoudés entre eux. De la pyrrhotine est venue les cimenter en partie; ensuite est arrivée de la magnétite, et, ce qui prouve cet ordre de succession, c'est que des fissures tapissées de la dernière substance traversent la pyrrhotine, aussi bien que le fer lui-même. Le faible déplacement relatif des morceaux peut

---

[1] *Comptes rendus de l'Académie des sciences*, t. LXXXIV, p. 482 et 1508, et t. LXXXV, p. 1255.

provenir de ce que la force agissante n'a duré qu'un temps très-court, et qu'ils ont été immédiatement réempâtés.

J'ajouterai qu'une partie considérable des masses de fer de Sainte-Catherine, peut-être même la plus grande partie, est en très-menus fragments, ordinairement anguleux, de la grosseur d'une noix ou d'une noisette, qui sont restés incohérents ; c'est à cet état, parfois pulvérulent, qu'il en est arrivé en Europe près de 500 kilogrammes. La plupart de ces morceaux sont enduits de magnétite à leur surface ; ils présentent donc les mêmes caractères que les fragments de la brèche dont il vient d'être question, à la seule différence près qu'ils ne sont pas soudés entre eux. Souvent ces fragments présentent des surfaces arrondies, qui paraissent avoir été polies ou striées par des frottements intérieurs.

Beaucoup d'entre eux sont magnétipolaires et d'une manière très-prononcée.

Quelle qu'en soit la cause, l'état concassé de masses de fer métallique, qui se montre ici d'une manière particulièrement évidente, est très-instructif pour l'histoire des roches météoritiques ; elle nous présente la phase première et significative d'un phénomène bien remarquable.

La rupture une fois produite, rien de plus facile à comprendre que les fragments, ainsi formés, se soient partiellement arrondis, peut-être par leur frottement mutuel, puis que ces fragments se soient souvent désunis. On s'explique ainsi, par exemple, des conglomérats, tels que celui de la sporadosidère de la Sierra de Chaco, formés de morceaux de fer arrondis et de très-petits grains de fer, associés à des masses pierreuses. En effet, lorsqu'une masse de fer est brisée par l'action de gaz très-comprimés, une partie de ce fer se réduit en très-menus débris, et même en poussière, ainsi qu'on le constate en faisant agir les gaz de la dynamite.

Il est donc naturel de supposer que du fer a dû se pulvériser également lors de ruptures aussi violentes.

Une force qui a été assez grande pour briser ainsi, en menus fragments, du fer métallique et malléable, en agissant, non plus sur un métal très-tenace, mais sur une roche pierreuse, a pu et a dû la réduire en très-petits débris. La fréquence de brèches météoritiques sur lesquelles l'attention s'est portée depuis longtemps, et qu'Haidinger a qualifiées de *tufs*, analogues aux tufs volcaniques, se conçoit bien facilement, en présence du type du fer de Sainte-Catherine. De même que les fragments de fer et à plus forte raison, les fragments de roches, d'abord anguleux, se sont arrondis, peut-être comme dans les *conglomérats de frottement* (*Reibungsconglomerat* de Léopold de Buch). L'expérience a, en effet, prouvé que des matériaux anguleux s'émoussent et s'arrondissent assez rapidement, quand ils frottent les uns contre les autres, même sans le secours d'une très-forte pression. Telle peut être l'origine d'une partie des grains arrondis que renferment les météorites du type commun (chondrites de Gustave Rose). J'ai montré, et on le verra plus loin, que la structure globulaire, telle qu'elle se présente dans certains types, comme celui de la météorite d'Ornans, a été imitée artificiellement et s'explique par une sorte de granulation, opérée au moment où la substance se solidifie[1]. Mais le plus souvent, les globules des météorites paraissent être de simples débris, arrondis par le frottement. C'est ce qui résulte de l'examen de ces globules, soit à la loupe, soit au microscope,[2] et ce que M. Stanislas Meunier a fait clairement ressortir pour plusieurs types, tels que ceux de Saint-Mesmin et de Parnallee. D'ailleurs, l'analyse chimique de ces globules montre qu'ils sont de même

[1] *Bulletin de la Société géologique*, 2° série, t. XXVI, p. 95.
[2] *Beschreibung der Meteoriten*, p. 97 et 98, pl. IV, fig. 8 et 9.

nature que la pâte qui les enveloppe, et que cette dernière présente cette même substance comme à l'état pulvérisé[1].

Constitution minéralogique. — Une surface polic du fer de Sainte-Catherine, traitée par un acide, présente les figures dites de Widmanstætten. Elles sont très-fines, mais on peut y distinguer une régularité géométrique, de très-nombreux traits brillants, rectilignes et très-courts, y sont, pour la plupart, orientés parallèlement à trois directions, deux perpendiculaires entre elles, la troisième à 45 de grés sur les deux autres. Ces traits correspondent probablement à des troncatures du cube sur l'octaèdre régulier. Le profil d'un cristal, qui est enchâssé dans la masse et a près d'un centimètre de côté, appartient sans doute à cette dernière forme. Au moment où l'acide commence à agir, la surface du fer se noircit.

Au fer métallique, reconnaissable à sa teinte grise, est associée une substance à éclat métallique, d'un jaune de bronze, tirant parfois sur le jaune de laiton, et agissant sur l'aiguille aimantée. Traité par un acide étendu, elle se dissout avec dégagement d'hydrogène sulfuré et formation d'un dépôt de soufre : caractères qui la distinguent à la fois et du bisulfure ou pyrite et du protosulfure et annoncent la pyrrhotine ou pyrite magnétique. Ce sulfure est nickelifère.

A part le soufre, l'attaque de la pyrrhotine par l'acide laisse un résidu noir, en petites lamelles cristallines, qui est du graphite.

Si l'on coupe certains morceaux qui, à en juger par l'aspect de leur surface, paraîtraient homogènes, on y trouve fréquemment une association des deux substances dont il vient d'être question. Dans des petits échantillons que j'ai

---

[1] Si le bisilicate prédomine souvent dans les globules, cela peut provenir de ce qu'ordinairement il est plus tenace que le péridot.

reçus, tantôt la pyrrhotine enveloppe partiellement le fer comme un noyau, tantôt elle forme des veinules qui traversent le fer et s'en séparent très-nettement.

Dans ce dernier cas, la relation mutuelle des deux substances est remarquable : quoique leur séparation soit bien tranchée, on voit, d'une part, des petits fragments et des grains arrondis de pyrrhotine au milieu du fer, d'autre part, des grains de fer empâtés dans la pyrrhotine, le tout présentant un aspect bréchiforme.

Cette abondance d'un sulfure plus sulfuré que le protosulfure, au milieu d'un fer qui renferme à peine des traces de soufre, est très-digne d'attention. Contrairement à ce qu'on pourrait croire au premier abord, à la vue de ces masses métalliques compactes, il est impossible d'admettre que les deux substances aient été ensemble à l'état de fusion, et se soient séparées par un effet de liquation.

A leur contact avec le fer, les veines de pyrrhotine présentent parfois une bordure très-mince, mais très-brillante, qui a les caractères du phosphure, nommé *schreibersite*. Ailleurs, c'est une lame noire, dont la teinte est due au graphite.

Le phosphure de fer et de nickel que j'ai examiné, quoique en faible quantité, est le résidu du traitement de plusieurs kilogrammes de fer. Il est d'un blanc d'argent et très-fortement attirable au barreau aimanté. Certaines parties présentent des formes cristallines assez mal définies, parmi lesquelles paraît se trouver le prisme carré surmonté d'un pointement octogonal. On sait que tel est aussi le système cristallin du phosphure de fer et de nickel disséminé dans certains fers météoriques, auquel Gustave Rose a donné le nom de *rhabdite*, de même que du phosphure de fer artificiel obtenu par M. Sidot [1].

---

[1] *Comptes rendus de l'Académie des Sciences*, t. LXXIV, p. 1423.

Un autre caractère très-remarquable des échantillons qui nous occupent, c'est que le fer natif est enveloppé, sur une grande partie de sa surface naturelle, par un enduit noir, très-mince, qui en forme comme la croûte et qui a les caractères de l'oxyde de fer magnétique ou magnétite. Cet enduit présente une multitude de facettes cristallines, parmi lesquelles, malgré leur petitesse, on distingue, au microscope, des rhombes, indiquant le dodécaèdre rhomboïdal régulier.

De plus, la pyrrhotine est également recouverte d'un enduit semblable de magnétite, qui présente le même caractère cristallin que celui qui s'est appliqué sur le fer. Il y a continuité entre l'un et l'autre.

Non-seulement la pellicule de magnétite couvre la surface des échantillons formés par l'association du fer natif et de la pyrrhotine, mais aussi elle a pénétré dans l'intérieur, sous forme d'enduits, qui se sont appliqués sur les parois de très-nombreuses fissures, et toujours à l'état cristallin. La magnétite s'est même introduite jusque dans l'intérieur du fer natif lui-même, où elle forme de petits nids irréguliers.

En général, l'enduit oxydé a une épaisseur bien inférieure à un millimètre, et adhère très-fortement à la substance sur laquelle il s'est appliqué ; de telle sorte qu'il est difficile de le détacher à l'état de pureté pour en faire un examen chimique. D'après un essai, il paraît lui-même renfermer du nickel.

L'idée qui se présente est que ces masses métalliques, lorsqu'elles étaient encore à une température élevée, ont été soumises à une action oxydante, telle que celle de l'oxygène ou de l'eau. Au lieu de s'arrêter à la surface, l'oxydation a pénétré dans l'intérieur et par des fissures très-étroites. Il n'est pas hors de propos de rappeler que l'on a récemment fait agir la vapeur d'eau sur le fer, fortement échauffé pour lui donner un enduit d'oxyde magnétique, également très-adhérent, qui le préserve de l'oxydation.

Il importe toutefois de remarquer que la pellicule oxydée qui s'est formée sur les fers météoriques de Braunau, lors de leur passage à l'état incandescent à travers l'atmosphère, diffère beaucoup, dans son aspect, de la croûte que nous venons de signaler; ainsi, sur l'holosidère de Braunau, la croûte est mate, sans cristallisation et avec des indices de ruissellement.

Cause possible de l'association habituelle du carbone au sulfure de fer, dans les météorites; production expérimentale de la pyrrhotine associée au graphite. — Ainsi qu'on l'a vu plus haut, la pyrrhotine qui cimente les fragments de fer est intimement mélangée de graphite.

Cette association du graphite au sulfure de fer est très-fréquente dans les météorites; tel est particulièrement le cas pour les rognons de sulfure enveloppés dans le fer de Caille et dans celui de Toluca (Mexique). Pour ce dernier, le carbone très-divisé peut être reconnu à l'œil nu, dans un nodule sulfuré, à cause des taches noires et irrégulières qu'il y forme. D'un autre côté, le graphite des météorites contient souvent du soufre, à un état de combinaison encore inconnu, ainsi qu'il résulte des expériences très-délicates de M. Lawrence Smith. De plus, dans chacune des deux localités dont il vient d'être question, le sulfure est séparé du fer par une écorce mince de phosphure ou schreibersite, lequel est lui-même mélangé de graphite.

Une association aussi habituelle ne peut être fortuite. La réaction suivante, que j'ai essayée, peut en rendre compte. Si l'on fait passer du sulfure de carbone, à la température du rouge naissant ou du rouge prononcé, sur une barre de fer, celle-ci se recouvre bientôt d'une pellicule d'un jaune de bronze et à éclat métallique (fig. 200). Cette substance est cristalline et l'on y distingue la forme de lames hexagonales bordées de facettes rectangulaires. Elle est soluble dans les acides, avec dépôt de soufre et présente les caractères de la pyrrhotine. Le soufre déposé est mélangé de graphite, de même qu'il arrive pour la pyrrhotine des météorites.

Dans les météorites, le sulfure de fer est donc mélangé de carbone, comme si cette combinaison résultait de l'action du sulfure de carbone sur le fer. C'est une supposition à laquelle était déjà arrivé M. Berthelot, lorsqu'il examina le graphite du fer météorique de Cranbourne[1]. Dans cette

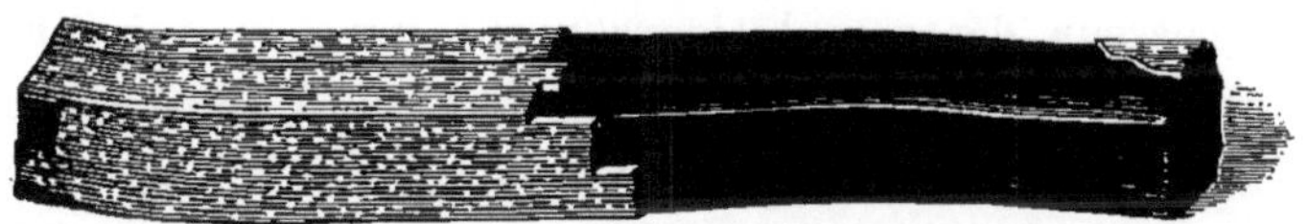

Fig. 200. — Production artificielle de la pyrrhotine associée au graphite, sur une barre de fer soumise, au rouge, à l'action des vapeurs de sulfure de carbone. — Grossissement de deux fois.

même hypothèse, l'association du carbone au phosphure de fer correspondrait peut-être à l'action du sulfure de phosphore sur le fer métallique. Il est à remarquer que le sulfure et le phosphure renferment du nickel, comme le fer natif auquel ils sont associés. C'est dans des nodules de cette sorte que le sulfure de chrome et de fer (daubréelite) a été découvert par M. Lawrence Smith.

Parmi les actions par lesquelles on peut expliquer la rupture d'une masse aussi tenace que le fer de Sainte-Catherine, nous ne connaissons guère que celle de gaz fortement comprimés, tels, par exemple, que nous pouvons les produire artificiellement par l'explosion de la dynamite.

D'après ce qui vient d'être dit, il ne serait pas impossible

[1] *Annales de chimie et de physique,* 4e série, t. XXX, p. 422.

que les gaz ou vapeurs qui ont produit l'explosion eussent eux-mêmes fourni les substances qui en ont ensuite et immédiatement cimenté les fragments. Car l'émanation qui a produit ces substances, et la magnétite en particulier, a pénétré profondément dans les fissures capillaires. Or, c'est exactement ce qui arrive, quand les gaz de la dynamite, après avoir brisé et craquelé le fer, y font pénétrer les poussières ambiantes jusque dans les moindres fissures[1]. C'est ce que nous montreront les expériences exposées plus loin.

Écorce de limonite et autres produits d'altération. — Beaucoup des échantillons du fer natif de Sainte-Catherine sont enveloppés d'une masse ocreuse, formant une écorce, dont l'épaisseur dépasse plusieurs centimètres, et qui pénètre irrégulièrement dans l'intérieur. Elle est souvent dure, susceptible d'un beau poli, et ne se laisse pas rayer par une pointe d'acier. Parfois, la limonite est cloisonnée, de manière à rappeler la structure bréchiforme de la masse métallique dont elle dérive. En quelques parties, on y distingue un dépôt bleu et pulvérulent de phosphate de fer ou vivianite, et un enduit mince jaune verdâtre, qui paraît être aussi un phosphate de fer. Ailleurs, c'est un enduit vert de carbonate de nickel hydraté. D'un autre côté, des parties encore brillantes ont résisté à l'oxydation, et consistent, soit en schreibersite, soit en un alliage de fer et de nickel moins altérable que la masse. Au milieu de toutes les parties ocreuses, se distinguent de très-nombreux grains de quartz hyalin, tels qu'en contient le granite. Ils proviennent sans doute de la roche sur laquelle reposait le bloc de fer, quand il s'est oxydé ; du mica altéré y est aussi disséminé.

Ces masses ocreuses sont habituellement magnétipolaires,

---

[1] *Comptes rendus*, t. LXXXV, p. 257.

comme la substance première dont elles dérivent, et dont elles sont encore mélangées : il y a des passages graduels de l'un à l'autre état.

L'épaisseur de ces masses, à la fois oxydées et hydratées, doit faire supposer que le fer nickelé de Sainte-Catherine est depuis longtemps soumis à l'action oxydante de l'atmosphère terrestre. Leur formation n'a certainement rien de commun avec celle de l'oxyde, magnétique et cristallisé, qui s'est insinué dans toutes les parties de la masse, au milieu de conditions toutes différentes, et antérieurement à l'arrivée sur notre globe.

CHAPITRE II

COMPARAISON DES MÉTÉORITES AVEC LES ROCHES PROFONDES DE NOTRE GLOBE

---

§ 1. — IMPORTANCE DU PÉRIDOT DANS LES RÉGIONS PROFONDES DU GLOBE TERRESTRE.

Il est un minéral qui se présente, comme on l'a vu, avec une constance remarquable dans presque toutes les variétés de météorites, depuis les fers jusqu'aux pierres proprement dites ; c'est le péridot[1]. Dans ces dernières, il est rarement seul (Chassigny) ; ordinairement il est mélangé de silicates plus acides, souvent en parties indiscernables.

Or, un fait fondamental à faire ressortir, c'est que ce silicate, le plus caractéristique des météorites, manque, dans les terrains stratifiés[2]. Il est également étranger aux roches granitiques[3].

Au contraire, on sait combien le péridot est fréquent dans les masses éruptives, telles que les basaltes et certaines laves, dont le réservoir paraît situé au-dessous de l'assise granitique. Les basaltes de toutes les régions du globe ren-

---

[1] Il est juste de rappeler que, dès 1802, Bournon avait reconnu avec certitude que les grains d'aspect vitreux disséminés dans le fer météorique de Pallas ne sont pas du verre, mais du péridot.

[2] Il est bien entendu qu'il ne s'agit pas des terrains stratifiés où il a été apporté par des roches éruptives, telles que certaines couches tertiaires associées au basalte.

[3] On laisse de côté les variétés de péridot, telles que la fayalite, la glinkite, etc., qui ont été rencontrées dans des gisements particuliers.

ferment le péridot, non-seulement à l'état de grains disséminés, mais aussi sous forme de fragments, restés souvent anguleux, et que l'on dirait arrachés à une masse profonde préexistante. On connaît les bombes péridotiques qui abondent dans diverses régions volcaniques de la France (Langeac, Haute-Loire; Montferrier, Hérault)[1], des bords du Rhin aux environs du lac de Laach[2] et dans bien d'autres contrées.

On peut rappeler encore que le péridot, après avoir été signalé dans la roche d'Elfdalen, en Suède, a été retrouvé aussi dans les roches à diallage de Neurode en Silésie.

Le péridot abonde dans d'autres roches pyroxéniques, comme, par exemple, dans les dolérites des environs de Montarville, au Canada, où, d'après M. Sterry Hunt[3], il forme parfois près de la moitié du poids total. Des roches, riches en péridot, traversant la craie, ont également été rencontrées, aux environs de Teschen en Bohême, et ont été décrites par M. Tschermak[4].

D'un autre côté, le péridot forme le minéral prédominant de la lherzolite, qui a fait éruption sur plusieurs points des Pyrénées, et entre autres près du lac de Lherz. D'après l'examen qu'en a fait M. Damour[5], cette roche est composée de péridot, auquel se joignent l'enstatite, le pyroxène et quelquefois le spinelle (picotite). La lherzolite, qui était connue en Tyrol, a été découverte à la Nouvelle-Zélande, par M. Hochstetter[6] qui a donné le nom de dunite, à la variété qui y constitue une chaîne entière. Elle existe également à la Nouvelle-Calédonie, comme il résulte d'échantillons

[1] *Bull. soc. géol. de France*, t. XXVI.
[2] *Deutsche geol. Gesells.* XIX, 465, 1867.
[3] *Geology of Canada*, p. 666.
[4] *Bulletin de l'Académie des sciences de Vienne*, 11 juillet 1867.
[5] *Bull de la soc. géol. de France*. 2e série, t. XIX, p. 415.
[6] *Zeitschr der deutschen geol. Gesellschaft*, 1864, p. 541.

que j'ai eu occasion d'examiner. M. F. Sandberger a signalé des roches péridotiques à Trigenstein[1], dans le Nassau, et dans le Fichtelgebirge. M. Kjerulf a reconnu, de son côté, qu'une roche, abondante aux environs de Bergen en Norwège[2], autrefois considérée comme un grès métamorphique, est composée en partie de péridot nickelifère, auquel sont associés le fer chromé et le talc. Des massifs considérables de la même roche ont été récemment découverts aux environs de Tromsoë par M. Pettersen[3]. Dans des régions bien différentes de l'Europe, des roches péridotiques sont signalées, par M. Mac-Pherson, dans la Sierra de Ronda, près Cadix[4], et par M. Becker en Grèce et en Turquie (Eubée, Thessalie).

Cet ensemble de faits, dont le nombre s'accroît journellement par la découverte de roches péridotiques longtemps méconnues, amène à reconnaître que le péridot est beaucoup moins rare à la surface de la terre qu'on ne le supposait, il y a peu d'années encore, alors que, dans les classifications, il ne figurait même pas comme élément constituant des roches. On voit que ce minéral joue un rôle prédominant à une certaine profondeur. Son importance s'étendrait donc aussi bien à notre globe qu'aux corps répandus dans les espaces, dont les météorites nous permettent de déterminer la nature.

Ajoutons que la constatation du magnésium, non-seulement dans le Soleil, mais dans un grand nombre d'étoiles, au moyen du spectroscope, est à rapprocher de l'importance universelle que nous avons été antérieurement conduit à attribuer à la magnésie, base du péridot.

---

[1] *Leonhards Jahrbuch*, 1865, p. 449 et 1877, p. 172. M. Sandberger lui donne le nom d'Olivinfels.
[2] *Leonhards Jahrbuch*, 1867, p. 180. *Deutsch geol. Gesell.* 1867.
[3] *Leonhards Jahrbuch*, 1876, p. 613.
[4] *On the origin of the serpentine of the Ronda mountains*, 1876.

On pourrait, il est vrai, s'étonner que le péridot ne se montre pas plus abondamment à la surface du globe.

Mais, s'il n'apparait pas plus fréquemment en masses considérables, c'est que des circonstances exceptionnelles sont nécessaires pour qu'il traverse les roches superposées, sans se dénaturer. C'est, en effet, le silicate le plus basique que l'on connaisse, et il a une grande tendance à prendre de la silice et à se transformer ainsi en un silicate plus acide, tel que l'enstatite ou le pyroxène, comme le montrent les expériences dont il vient d'être question. Or, pour venir de son gîte primitif à la surface, il lui a fallu traverser des roches plus acides, ayant des kilomètres d'épaisseur. Il a dû nécessairement réagir sur celles-ci et a pu ainsi donner naissance à ces roches si nombreuses, qui se rattachent, par diverses transitions, au péridot pur, et, par exemple, à ces passages graduels de la lherzolite à des roches pyroxéniques ou amphiboliques, tels que les Pyrénées en présentent sur divers points [1].

§ 2. TRANSFORMATION DE LA SERPENTINE EN PÉRIDOT; CONSÉQUENCES THÉORIQUES.

Il est une autre roche magnésienne qu'il convient de rapprocher du péridot et de la lherzolite, malgré certaines différences qui semblent l'éloigner de ces derniers.

La serpentine se présente, parmi les roches éruptives, avec des caractères exceptionnels, comme étant à la fois hydratée, infusible et sans cristallisation distincte. Les géologues admettent généralement que la serpentine résulte de la transformation d'une autre roche, et qu'elle dérive du péridot, au

---

[1] De Charpentier, *Essai sur la constitution géognostique des Pyrénées.*

moins dans certains cas où elle a conservé la forme caractéristique des cristaux de cette substance.

En attendant qu'il soit possible, en partant du péridot, d'arriver à la serpentine, j'ai cherché à suivre l'ordre inverse, c'est-à-dire à transformer par voie de fusion, la serpentine en péridot.

Les résultats, obtenus dans ces expériences, montrent que la serpentine a souvent une tendance décidée à se changer en péridot, comme si elle ne faisait que rentrer alors dans son état normal. C'est une raison de plus pour considérer la serpentine, au moins dans un certain nombre de ses gisements, comme un péridot, ou une lherzolite, qui a perdu une certaine quantité de sa magnésie, et s'est hydratée, par une opération rappelant celle de la conversion du feldspath en kaolin.

Les observations que l'on peut faire sur le terrain confirment cette conclusion. D'une part, il existe des lherzolites qui dégénèrent graduellement en serpentine, et ce passage se voit dans d'assez nombreuses localités. D'autre part, il y a des serpentines qui manifestent aussi clairement leurs relations avec les roches de péridot.

Rien ne prouve d'ailleurs que l'hydratation qui s'est produite dans la transformation des roches de péridot en serpentine ait été opérée par les agents de la surface du globe. La serpentine éruptive des Apennins, des Alpes et de tant d'autres contrées, a pu être poussée des profondeurs, après y avoir déjà acquis l'eau qu'elle renferme aujourd'hui. La manière dont le verre se décompose dans l'eau suréchauffée, et se change en un silicate hydraté, comme je l'ai reconnu dans des expériences antérieures[1], ne paraît pas être sans

---

[1] Expériences synthétiques sur le métamorphisme (*Annales des mines*, 5ᵉ série, t. XVI, p. 425). De la formation des zéolithes (*Bull. de la Soc. géol. de France*, 2ᵉ série, t. XVI p. 588). — Voir les pages 158 et suivantes de ce volume.

analogie avec la réaction qui a pu produire la serpentine, aux dépens de silicates anhydres préexistants.

§ 3. CARACTÈRES QUI DISTINGUENT LES ROCHES PÉRIDOTIQUES.

Parmi les caractères qui distinguent les roches péridotiques, il en est trois qui les séparent nettement de toutes les autres roches silicatées, et qui méritent de fixer l'attention.

1° Le péridot nous représente le type silicaté le plus basique que l'on connaisse, soit dans les météorites, soit dans les roches éruptives. Dans cette série, dont il constitue le premier terme et qui se termine au granite, il forme l'espèce à la fois la plus simple de composition et la mieux définie ;

2° Au point de vue du mode de cristallisation, le péridot, ainsi que le bisilicate de magnésie, ou enstatite, qui est son compagnon fréquent, se distinguent des silicates alumineux, particulièrement de ceux du groupe du feldspath, par la facilité avec laquelle ils se forment et cristallisent par la voie sèche, à la suite d'une simple fusion.

3° Les roches de péridot sont très-remarquables aussi par leur forte densité, qui est supérieure, comme le montre le tableau suivant, à celle de toutes les autres roches éruptives et même à celle des basaltes :

Granite.	2.64	à 2.76
Trachyte	2.70	2.88
Porphyrite	2.76	
Diabase	2.66	2.88
Basalte	2 9	3.1
Enstatite	3.30	
Lherzolite.	3.25	3.33
Péridot.	3.33	3.41

D'après les données généralement admises, ces diverses

roches ont dû, dans l'origine, se superposer les unes aux autres dans un ordre conforme à leur accroissement de densité. La forte densité des roches de péridot justifie la position normale qu'elles paraissent avoir dans l'écorce terrestre, au-dessous du revêtement granitique, au-dessous même des roches basiques alumineuses.

§ 4. DENSITÉS COMPARÉES DES MÉTÉORITES ET DES ROCHES TERRESTRES.

En mettant à part les météorites charbonneuses, que l'on doit laisser en dehors de la série, on pourrait concevoir les météorites disposées en couches sphériques concentriques, formant un globe idéal, dont la densité irait en croissant de la surface vers le centre. A l'extérieur seraient les pierres alumineuses; puis viendraient les pierres péridotiques, celles du type commun, les polysidères, les syssidères et enfin les holosidères.

Remarquons que cette coupe théorique n'est pas sans quelque analogie avec une section idéale du globe terrestre, distinction faite des terrains sédimentaires et de l'assise granito-gneissique. Dans cette section, les laves correspondraient aux météorites alumineuses; au-dessous, le péridot serait l'analogue de la pierre de Chassigny; la lherzolite et les autres roches du même genre se rapprochent beaucoup des météorites du type commun. Là s'arrêtent, il est vrai, les analogies que l'on peut observer directement; mais là aussi s'arrête la connaissance que nous avons des régions les plus profondes de notre globe, si toutefois nous faisons abstraction des masses de fer natif d'Ovifak, dont il sera question plus loin.

Il ne répugne pas à la pensée de croire que ces parties plus profondes de la Terre offrent des ressemblances avec le globe idéal que nous venons de construire, par la superposition des divers types de météorites. On peut supposer, en un mot, que l'un des globes complète l'autre, et que les roches péridotiques de notre planète cachent des masses pénétrées de fer natif et analogues aux météorites du type commun.

On comprendra mieux cette comparaison, peut-être hasardée, au moyen du tableau suivant, dont la première colonne contient, avec leurs densités, les principaux types de météorites, tandis que la deuxième colonne renferme les principales roches terrestres :

I.	Densités.		II.	Densités.
»			Terrains stratifiés	2.6
»			Granite et gneiss	2.7
»			Laves pyroxéniques	2.9
Météorites alumineuses.	3.0 à 3.5		»	
»			Péridot	3.3
Météorites péridotiques.	3.5		»	
»			Lherzolite	3.3
Météorites du type commun.	3.5	3.8	»	
Polysidères (Sierra de Chaco).	6.5	7.0	»	
Syssidères (Pallas)	7.1	7.8	»	
Holosidères (Charcas)	7.0	8.0	»	

Quand on dit que les masses terrestres ne renferment pas de fer natif, il est bien évident qu'il ne s'agit que de celles que les éruptions rendent ordinairement accessibles à nos investigations, masses qui, à raison de la grande dimension de notre planète, n'en forment qu'une sorte de revêtement.

Rien ne prouve qu'au dessous de ces masses alumineuses qui ont fourni en Islande, par exemple, des laves si analogues au type des météorites de Juvinas ; qu'au-dessous de nos roches péridotiques, dont se rapproche tellement la météorite de Chassigny, il ne se trouve pas des massifs lherzolitiques, dans lesquels commence à apparaître le fer natif, c'est-à-dire qui soient semblables aux météorites du type commun ; puis, en continuant plus bas, des types de plus en plus riches en fer, dont les météorites nous présentent une série, de densité croissante, depuis ceux où la quantité de fer représente à peu près la moitié du poids de la roche, jusqu'au fer massif.

Quelques faits viendraient à l'appui de cette manière de voir.

Ainsi, et tout en rendant hommage à la belle application, faite par Ampère au magnétisme terrestre, de l'action des courants sur les aimants, on paraît reconnaître que les principaux phénomènes n'en sont pas ainsi complétement expliqués. Certains physiciens sont amenés à se rapprocher de la supposition émise, antérieurement à la découverte de l'électro-magnétisme, notamment par Halley et Chladni, et qui consiste à attribuer ces phénomènes, au moins en partie, à l'existence de masses internes de fer, dont l'influence peut, d'ailleurs, être modifiée par les actions atmosphériques et solaires.

D'autre part, le platine, que sa forte densité avait probablement placé, à l'origine, dans les régions profondes, aurait été trouvé, d'après M. Engelhardt, associé à du fer natif. En tout cas, le platine est allié au fer dans une proportion qui dépasse 10 p. 0/0 et qui suffit pour le rendre fortement magnétique. On peut ajouter que, si, dans l'Oural, le platine n'a jamais été trouvé en place, il est souvent incrusté de fer chromé et qu'il a même été rencontré, comme on va le voir, encore engagé dans des fragments de serpentine [1]. Par cette association, ce métal paraît donc nous apporter une nouvelle preuve de l'existence des roches magnésiennes, de la famille péridotique, à des profondeurs considérables, associées au fer chromé, si habituel aussi dans les météorites. Mais ce sujet est assez important pour nous arrêter d'une manière spéciale.

§ 5. — ASSOCIATION DU PLATINE NATIF A DES ROCHES A BASE DE PÉRIDOT.

Le platine, abondamment répandu, à l'état de pépites ou de grains isolés, dans les terrains de transport de certaines régions de l'Oural, n'a pas encore été rencontré en place, c'est-à-dire dans les roches qui le contenaient originairement. Il a été détaché de cette matrice par les triturations et les charriages auxquels sont dus les dépôts de gravier et de sable, où on l'exploite aujourd'hui.

Toutefois, les recherches qui ont été faites sur ce sujet par plusieurs géologues, ont rendu très-probable que c'est dans la serpentine que ce métal était d'abord disséminé; au moins dans la contrée de Nischne-Tagilsk. Le grand nombre de galets de serpentine accompagnant le platine conduit à cette conclusion, que confirme aussi l'abondance du fer chromé, et il n'est d'ailleurs pas sans exemple que l'on ait trouvé des grains de ce métal encore engagés dans la serpentine.

M. Jaunez-Sponville, ingénieur des mines et usines du prince Demidoff, a bien voulu, à ma prière, faire soigneu-

---

[1] G. Rose, *Reise nach Ural*, t. 11, p. 300. — Le Play, *Comptes rendus de l'Académie des sciences*, 1846, t. XIX, p. 855.

sement rechercher, dans les exploitations qu'il dirige aux environs de Nischne-Tagilsk, des échantillons contenant le platine encore fixé dans sa gangue, et il m'en a remis quelques-uns qui sont instructifs pour cette question. J'en avais antérieurement reçu de M. l'académicien d'Eichwald d'autres, représentant des roches dans lesquelles le platine n'est pas disséminé, mais qui sont particulièrement caractéristiques pour les brèches et conglomérats où l'on exploite ce métal, dans la même contrée de Nischne-Tagilsk. Parmi de nombreux cristaux octaédriques et des grains de fer chromé, on distingue des grenailles de platine logées entre les fragments pierreux ; le ciment de ces brèches est souvent du carbonate de chaux magnésien.

Roche de pyroxène sahlite, avec péridot, serpentine et fer chromé, intimement associée au platine. — Un gros galet, d'un vert foncé et du poids de près de 2 kilogrammes, porte, en quelques points de sa surface, des indices de platine, qui est reconnaissable à sa couleur, à son éclat, ainsi qu'à son inaltérabilité par l'acide nitrique. Mais un examen plus attentif a fait constater que ce platine, au lieu d'appartenir à des veines traversant l'échantillon, représente seulement un enduit superficiel de métal ; c'est, comme on l'avait supposé d'abord, une simple trace, qui a peut-être été produite par le frottement énergique des pépites, comme celle que laisse un crayon sur une feuille de papier. En effet, cet enduit métallique disparaît complétement, et au bout de quelques instants, sous l'action de l'eau régale.

D'ailleurs, la présence du platine a été recherchée dans ce caillou, au bureau d'essais de l'École des mines, d'abord par voie sèche, puis par voie humide, et les deux résultats ont été négatifs.

Toutefois, comme la roche présentait de l'intérêt, à cause

de son association au platine, on en a fait l'analyse quantitative, qui a donné les résultats suivants :

Silice	47,60
Chaux	11,30
Magnésie	26,00
Protoxyde de fer, dosé à l'état de peroxyde	7,60
Alumine	3,00
Perte par la calcination	4,30
	99,80

Coupée en tranches minces et examinée au microscope, la roche dont il s'agit se montre composée, en grande partie, d'une masse très-clivable, chatoyante, dans laquelle les caractères optiques ont fait reconnaître à M. Des Cloizeaux le Pyroxène sahlite[1]. Un autre minéral en grains transparents, moins clivable, à surface rugueuse, consiste en péridot. Quelques petits grains noirs de fer chromé y sont disséminés. Ces caractères physiques correspondent bien à la composition élémentaire qui vient d'être signalée.

La brèche platinifère renferme aussi des fragments d'un vert d'herbe, d'une roche analogue à ce gros galet, mais encore mieux caractérisée. On y distingue nettement le Pyroxène sahlite, reconnaissable à ses propriétés optiques (rouge extérieur, bleu intérieur, pour la bissectrice négative), avec de nombreuses inclusions rectilignes, très-allongées et orientées parallèlement à trois directions, qui correspondent aux clivages de la substance. Des grains de péridot sont disséminés au milieu de ce pyroxène. Le tout est traversé par des veinules de serpentine.

Roche de péridot et de serpentine avec fer chromé, dans laquelle le platine est encore fixé. — Dans un fragment de roche où le

---

[1] *Comptes rendus de l'Académie des sciences*, t. LXXX, p. 795, 1875.

platine se montre évidemment fixé, ce métal est en petits cristaux mal formés et associé à des grains de fer chromé, parfois cristallisés. La gangue pierreuse qui renferme les uns et les autres, a les caractères d'une serpentine ; mais, si l'on en examine au microscope des tranches minces, on reconnaît, au milieu de la serpentine proprement dite, de nombreux grains, transparents, biréfringents, agissant fortement sur la lumière polarisée et offrant les caractères optiques du péridot (dispersion très faible, $\rho < v$ pour la bissectrice positive). Il s'y rencontre, çà et là, des lamelles de diallage. Une roche, semblable à cette gangue du platine, se retrouve en abondance parmi les fragments de la brèche platinifère, avec la différence que, dans cette dernière, la substance agissant sur la lumière, comme le péridot, est souvent plus abondante, au point de former environ la moitié du volume. La serpentine forme de petites veines qui traversent en tous sens les fragments anguleux de péridot ; cette disposition, qui est comparable à celle de certains marbres brèches, se reconnaît avec le faible grossissement d'une loupe. Çà et là, la forme cristalline du péridot s'est même conservée.

L'analyse de l'un de ces échantillons a donné :

Eau chassée à 120 degrés.		. . . .	4,0
Eau chassée au rouge vif		. . . .	10,7
		Magnésie.	26,2
Parties solubles dans l'acide nitrique.		Protoxyde de fer (dosé à l'état de peroxyde) et alumine, cette dernière en très-petite quantité.	19,2
		Chaux.	0,3
		Soude.	0,1
Parties insolubles dans l'acide nitrique.		Résidu blanc, léger, presque entièrement composé de silice.	38,6
		Fer chromé.	0,6
			99,7

Si les caractères optiques n'étaient pas concluants par eux-mêmes, on reconnaîtrait, par la nature attaquable de la substance et par la prédominance de la magnésie, que le minéral transparent ne peut être que du péridot.

Ainsi, on est en droit de conclure que, dans la contrée de Nischne-Tagilsk, la roche mère du platine consistait originairement en péridot, lequel est plus ou moins transformé en serpentine et accompagné de diallage, minéral qui prédomine dans d'autres parties de la roche.

Roches analogues contenant de l'osmiure d'iridium. — Un autre échantillon de la même roche, quoique n'ayant que 10 à 12 millimètres dans sa plus grande dimension, présente non-seulement le fer chromé et le platine en petits cristaux, mais aussi une grande lame d'osmiure d'iridium bien caractérisée.

Gisement analogue à la Nouvelle-Zélande. — Les associations dans lesquelles le platine et le fer chromé ont été signalés dans la Nouvelle-Zélande, offrent une ressemblance très-remarquable avec celles que je viens de signaler. Le platine, ainsi que l'osmiure d'iridium, a été rencontré dans la rivière Tayaka[1], à proximité des massifs de la roche très-remarquable formée en grande partie de péridot, découverte par M. de Hochstetter, comme formant les montagnes de Dun, et à laquelle il a donné le nom de dunite. A cette roche de péridot est associée de la serpentine. Un échantillon de roche serpentineuse de Milford Sound rapporté récemment au Muséum[2] ressemble, à s'y méprendre, à la gangue du platine de l'Oural : il est d'un vert pâle, facile à rayer au

---

[1] Von Hochstetter, *New-Zealand*, p. 107.
[2] Par M. Filhol, à qui elle avait été donnée par M. le professeur Hutton, d'Otago.

canif; cependant, il agit dans toutes ses parties sur la lumière polarisée[1], à la manière d'un agrégat cristallin. On y distingue quelques cristaux, dont les contours et les caractères optiques annoncent la forme rhombique qui appartient au péridot. D'après cette ressemblance avec la gangue du platine dans l'Oural, il est très-possible que le platine, dont on ne connaît jusqu'à présent que des quantités insignifiantes à la Nouvelle-Zélande, y soit rencontré plus tard, en quantité beaucoup plus importante.

Quant à la gangue du fer chromé massif, elle est cristalline ; c'est une diallage généralement verte, qui est devenue très tendre et qui passe à la serpentine, en prenant une cassure cireuse. Elle a conservé les clivages m et h^1 du pyroxène ($mh^1 =$ environ $135°$; $m^1h = 47°$); le plan des axes optiques est parallèle à g^1. [2]

Gisement analogue à Bornéo. — Dans l'île de Bornéo, où le platine a été découvert en 1831, ce métal se trouve, ainsi que l'osmiure d'iridium, la laurite et l'or, dans les alluvions dérivant de la chaîne des Ratons, où ces substances sont accompagnées de serpentine, de gabbro et de diorite[3]. Le tout est superposé à une roche serpentineuse, qui constitue sans doute la matrice de ces minéraux.

Il résulte des études intéressantes récemment publiées par M. l'ingénieur des mines Verbeeck sur le district de Riam-Kiwa et de Riam-Kanan, que, dans cette région, des roches schisteuses cristallines, entre autres l'itacolumite, sont traversées par des roches éruptives, gabbro et serpentine, qui coupent aussi le terrain éocène. Outre des cristaux de

---

[1] Comme cela a lieu dans la villarsite.

[2] D'après M. Des Cloizeaux, beau système d'anneaux excentré, à travers les lames minces, parallèles à h, avec compensation négative dans l'huile ; l'hyperbole visible est à 245° de la normale à la plaque.

[3] *Poggendorff's Annalen*, t. CIII, p. 656. — *Leonhards Jahrbuch*, 1858, p. 449.

diallage et du fer chromé, qui y abondent, la serpentine renferme très-fréquemment du péridot[1]. Nous trouvons donc ici une ressemblance frappante avec les circonstances de gisement, dans lesquelles se présente le platine de l'Oural.

Remarquons, en passant, que le diamant est ici associé au platine. Or, d'après les très-intéressantes études de M. Maskelyne, le diamant du Cap est associé à des bronzites décomposées et hydratées, avec péridot décomposé. Dans l'Afrique australe et à Bornéo, le diamant est donc associé à des roches magnésiennes, résultant en partie de la transformation du péridot et de la bronzite. Dans ces deux régions très-éloignées, le diamant paraît, par conséquent, appartenir à un même mode de formation, lequel est différent de celui du Brésil.

Traits multiples de ressemblance entre la roche mère du platine et certaines roches météoritiques. — La scorification, dont il a été question plus haut[2] serait tout à fait analogue à celle par laquelle j'ai cherché à expliquer, en m'appuyant aussi sur des expériences, la formation des roches météoritiques, dans lesquelles le fer est également, en partie à l'état métallique, en partie à l'état oxydé[3]. En chauffant et en oxydant du fer, du magnésium et du silicium préalablement combinés, j'ai, en effet, obtenu du fer, tant à l'état métallique qu'à l'état de silicate de protoxyde qui, avec l'oxyde de magnésium, a constitué du péridot partiellement cristallisé.

La présence du fer métallique, allié au platine natif, suffirait pour le caractériser, au milieu de toutes les substances minérales connues dans l'écorce terrestre, et pour le rapprocher des roches météoritiques.

---

[1] *Jaarboek van et Nijnwezen im Oost-Indie*, 1875, 1re partie, p. 1 à 45. La pâte de serpentine renferme 0,5 p. 100 d'oxyde de chrome.

[2] P. 129 de cet ouvrage.

[3] *Comptes rendus*, t. LXII, p. 670 et suivantes, 1866. — *Annales des Mines*, 6e série, t. XIII, p. 41 et suivantes, 1868. Voir aussi p. 525,

Comme autre trait d'analogie, il importe d'observer qu'ordinairement les roches météoritiques à base de péridot contiennent aussi du fer chromé ; elles ressemblent donc minéralogiquement à la gangue du platine de l'Oural. La ressemblance que j'avais déjà signalée autrefois [1] trouve une confirmation remarquable et se complète par la présence du péridot que nous venons d'y reconnaître. Le rapprochement est particulièrement frappant pour la météorite tombée à Chassigny (Haute-Marne), qui, d'après l'analyse de M. Damour, se compose presque entièrement de péridot, auquel se joint du fer chromé, dans la proportion de 4 p. 100 [2]. La ressemblance entre cette roche cosmique et la roche terrestre qui nous occupe s'étend jusqu'à l'aspect et la texture [3].

Ces ressemblances me faisaient penser que le platine ferrifère devait renfermer aussi du nickel, bien que, d'après les recherches faites jusqu'à présent par de très-habiles chimistes, ce métal n'y ait pas été signalé. Les analyses que M. Terreil a bien voulu faire, à ma demande, sur un grain de platine magnétipolaire de Nichne-Tagilsk, ainsi que sur une pépite simplement magnétique, ont confirmé cette supposition, en indiquant, dans tous deux, la présence incontestable du nickel. Le second échantillon en renferme 0,75 sur 100 parties. La proportion du nickel au fer y est donc d'environ 7 p. 100, c'est-à-dire à peu près comme dans certains fers météoriques.

Toutefois, il existe entre ces deux roches cette différence, que la gangue du platine de Nichne-Tagilsk s'est transformée et qu'elle a subi une hydratation dans laquelle la serpentine

---

[1] *Comptes rendus*, t. LXII, p. 672. — *Annales des Mines*, 6e série, t. XIII, p. 50.

[2] *Comptes rendus*, t. LV, p. 571.

[3] Je rappellerai à cette occasion que M. le professeur Shepard a récemment appelé l'attention sur la ressemblance avec les météorites des roches à bronzite de la Havane, qui renferment de l'or, et paraissent résulter en partie de la transformation du péridot. (*Catalogue of the meteoric collection*, 1873.)

s'est produite aux dépens du péridot, tandis que, dans la météorite de Chassigny, ce minéral est resté inaltéré.

Tels sont les traits de similitude multiples et inattendus, tant dans la constitution minéralogique que dans le mode possible de formation, qui rapprochent certaines météorites de la gangue du platine avec péridot et fer chromé. Ce n'est pas à dire que les roches platinifères soient tombées des espaces à la manière des météorites. Mais, de même que dans les roches cosmiques qui nous représentent les parties intérieures de corps célestes brisés, nous trouvons dans les masses profondes et platinifères du globe les caractères d'une scorification qui est restée incomplète.

§ 6. MASSES DE FER NATIF NICKELÉ D'OVIFAK[1].

La découverte très-remarquable de grandes masses de fer natif, que M. Nordenskiöld a faite en 1870, dans son voyage au Groënland, a été signalée à l'Académie des sciences[2], ainsi que dans le volume où ce savant a rendu compte de son exploration[3].

A Ovifak, localité située dans la partie méridionale de l'île de Disko, le rivage présentait, au milieu de blocs arrondis de granite et de gneiss, quinze blocs de fer, dont le plus gros, d'un poids de 20 000 kilogrammes, dépasse les plus fortes masses de même nature que l'on ait signalées. Ces blocs se trouvaient les uns à côté des autres, sur une superficie qui n'excède pas 50 mètres carrés.

---

[1] On trouvera trois mémoires originaux que j'ai publiés sur cette question dans les *Comptes rendus de l'Académie des sciences*, t. LXXIV, p. 1541, LXXV, p. 240, et LXXXIV, p. 66.

[2] *Comptes rendus*, t. LXXIII, p. 1268.

[3] *Redogörelse för en expedition till Grönland ar 1870*. — Je dois à l'obligeance de M. le D‍r Bernhard Lundgren d'avoir pu prendre connaissance du contenu de cet ouvrage, accompagné d'une carte où sont figurées toutes les localités dont il est question ici.

A une distance de 16 mètres seulement du principal bloc, une roche, ayant l'apparence du basalte, s'élevait au-dessus du sable, en faisant une saillie de quelques décimètres, sur une longueur de plus de 4 mètres. Du fer natif fut également découvert dans cette roche ; il y affecte la forme de grains arrondis ou celle de lentilles, dont l'une, avec une épaisseur de quelques centimètres, s'étend sur une longueur de plusieurs mètres.

D'ailleurs, aux grosses masses de fer isolées étaient encore adhérents, comme des débris de croûte, des fragments de cette même roche basaltoïde, semblable à celle qui empâte le fer natif, ce qui montrait que, dans ces deux situations, le fer natif a une même origine.

L'examen chimique des divers échantillons, par plusieurs chimistes suédois et par M. Nordenskiöld lui-même, y fit connaître la présence du nickel et du cobalt, et conduisit naturellement à supposer que ce sont des masses d'origine extra-terrestre. Telle est aussi la conclusion à laquelle l'analyse amena M. Wöhler[1].

Cependant, d'après une autre hypothèse, que les études récentes ont pleinement confirmée, l'origine des fers d'Ovifak serait terrestre et liée à celle des roches éruptives qui forment de grands massifs dans le voisinage[2].

M. Nordenskiöld ayant bien voulu m'envoyer des échantillons des principales variétés de ces roches avec fer natif, je vais faire connaître le résultat de l'examen que j'en ai fait, grâce à l'obligeance de cet intrépide et savant explorateur.

Quatre échantillons ont été pris dans la roche d'aspect basaltique. Quoique présentant entre eux certaines analogies, ils appartiennent à trois types distincts. Deux de ces

---

[1] *Nachrichten von der Königl. Gesellschaft der Wissenschaften zu Göttingen*, 11 mai 1872.

[2] *Quaterly Journal of Geological Society*, t. XXVIII, p. 2 et 3. — *Bulletin de la Société géologique de France*, t. XXIX, p. 175.

types sont doués de l'éclat métallique, l'un d'un gris clair, l'autre d'un gris foncé, et sont des syssidères. Dans l'autre, les substances à éclat métallique sont disséminées en globules et en grains, au milieu de substances lithoïdes, de nature silicatée ; c'est, conséquent, une sporadosidère.

Je ne crois pas devoir mentionner spécialement de petits échantillons qui paraissent rentrer dans la division des holosidères. Il est possible, en effet, qu'ils ne doivent cette apparence qu'à leur faible volume et que, vus plus en grand, ils montreraient des fragments pierreux empâtés dans la masse métallique. C'est ce qu'autorise à supposer la structure du gros bloc qui va être décrit.

Examen de la roche d'Ovifak appartenant au premier type. — (*Syssidère gris-clair.*) — J'ai fait couper dans un bloc volumineux à contours très-arrondis, du poids d'environ 90 kilogrammes, pour en étudier la structure intérieure, une plaque dont on peut voir les deux moitiés dans les collections du Muséum d'Histoire naturelle et de l'École des Mines. L'opération a été longue, à cause de la dureté et de l'aigreur de la substance. Ce bloc est l'un de ceux qui ont été rencontrés épars sur la plage. Comme tous les autres, depuis qu'il est en Europe, il a subi une altération très-sensible et a donné lieu à un suintement d'un liquide jaune-brun, consistant principalement en chlorure de fer.

Chacune des deux faces planes, d'une superficie de plus de 800 centimètres carrés, suivant lesquelles les sections ont été exécutées, montre au premier aspect combien cette masse est loin d'être homogène (fig. 201). Au milieu d'une pâte à éclat métallique et d'un gris de fer, sont disséminées d'innombrables parties pierreuses qui s'en distinguent par leur teinte foncée. La partie brillante n'est pas du fer métallique, comme pourrait le faire croire son aspect ; car elle est cassante et

peut se réduire en une poudre mate, d'un gris très-foncé.
Malgré sa teinte uniforme, elle n'est pas homogène : on peut

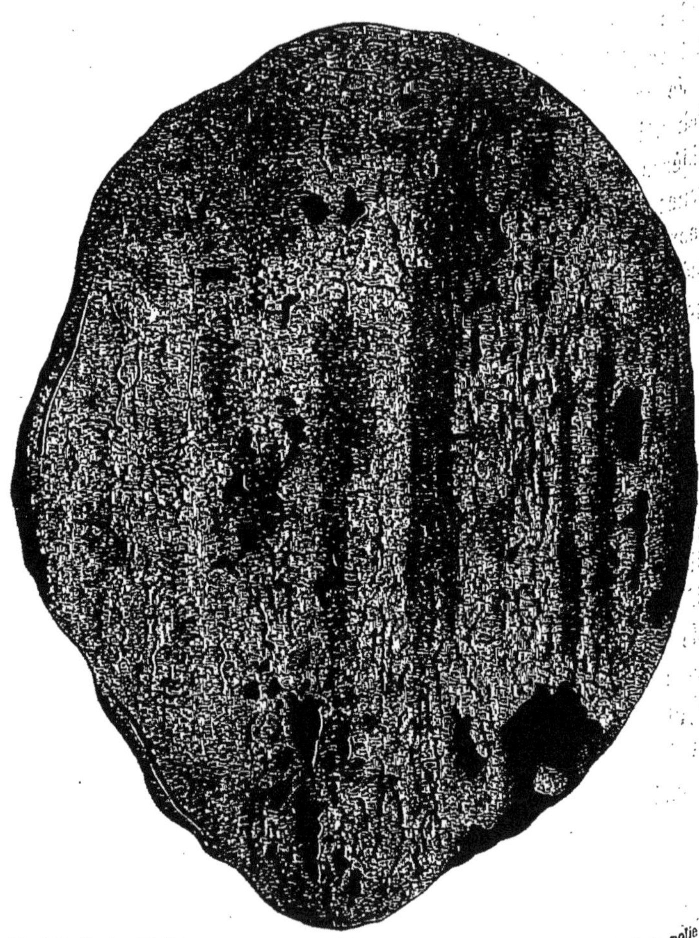

Fig. 201. Roche d'Ovifak, appartenant au premier type (syssidère gris-clair). Surface polie montrant, à l'état de dissémination dans le métal, d'innombrables parcelles charbonneuses de forme verniculée, ainsi que des fragments anguleux, empâtés çà et là et consistant en silicates. — Échelle de 1/5.

s'en convaincre en y polissant une surface, puis en la soumettant à l'action de l'acide, qui fait alors apparaître des lames minces et brillantes, se détachant sur un fond gris foncé et s'entre-croisant dans des directions variées.

Lorsqu'on essaye de pulvériser la masse dans un tas d'acier, elle se sépare en deux parties : l'une se réduit en poussière fine, l'autre résiste et se dispose en lamelles que l'on ne peut diviser que sous des efforts de torsion. Le fer total a été dosé séparément dans chacune de ces deux parties; elles ont donné, la première 74,2, la seconde 82,4 pour 100. La partie pulvérisable étant en faible proportion par rapport à la seconde, la quantité de fer totale contenu dans l'ensemble de la substance doit se rapprocher du dernier nombre, que nous adopterons ici.

D'autre part, on a dosé, dans la substance non triée, le fer combiné, le carbone combiné, le carbone libre, le silicium et l'eau.

Quant aux parties pierreuses, qui consistent en silicates, elles offrent des formes que l'on peut rapporter à deux types. Un certain nombre de ces parties pierreuses ressemblent à des fragments à contours anguleux, qui sont disposés par groupes ou par traînées, comme si, après avoir été brisées, elles avaient été séparées les unes des autres par la pression de la pâte métallique qui les enveloppe. Sur chacune des deux sections, on peut compter plus de soixante fragments, dont les dimensions varient de quelques millimètres à 7 ou 8 centimètres et au delà. A part ces fragments très-apparents, il est d'autres parties, également pierreuses, beaucoup plus petites et de formes irrégulières et vermiculées ; leurs dimensions ne dépassent guère 1 millimètre, et elles sont rapprochées, de manière à donner à la masse métallique un aspect moucheté ou truité. Elles forment dans la masse métallique comme un réseau à mailles serrées, manifestant de la tendance à un alignement.

La substance pierreuse dont il s'agit, malgré sa teinte

foncée uniforme, n'est pas entièrement d'une même nature. Souvent elle ressemble à une dolérite : quand on en détache un fragment et qu'on l'examine au microscope, on y distingue, outre des grains métalliques disséminés et une substance noire et opaque, un minéral incolore et transparent qui, d'après l'examen que M. Des Cloizeaux a bien voulu en faire, consiste principalement en anorthite. On sait, d'ailleurs, que l'anorthite a été reconnu en abondance dans les roches d'Ovifak, par M. Nauckhoff et par M. Tschermak qui a fait une étude approfondie des mêmes roches.

En résumé, la masse entière d'Ovifak qui nous occupe, vue dans l'ensemble de la section, présente l'aspect d'une loupe de fer (ou massiau), sortant du foyer d'affinage, et dont les scories n'auraient été que très-incomplétement expulsées par la compression du marteau ou du laminoir [1].

Examen de la roche d'Ovifak appartenant au second type. — (*Syssidère gris-foncé.*) — Par son éclat, comme par sa teinte générale d'un gris très-foncé, presque noire, cette roche rappelle certaines variétés de fer oxydulé ou magnétite, d'oligiste ou de fontes graphitiques. Sa cassure est très-lamelleuse, sans que les faces de clivage permettent de reconnaître une disposition régulière et un système cristallin. Elle n'est pas ductile, mais se brise sous le choc du marteau, en donnant des étincelles. La poussière est d'un brun rouge très-foncé ; elle est fortement attirable au barreau aimanté.

Considérée dans sa cassure naturelle, la substance paraît de nature uniforme ; mais il n'en est pas de même sur

[1] Un échantillon de fer obtenu par le traitement direct du minerai, au puddlage, au gaz, suivant un procédé de M. Siemens, et que je dois à l'obligeance de M. Forey, directeur des usines de Montluçon, présente, sur une surface polie, des scories interposées de la même manière.

Toutes choses égales d'ailleurs, la sortie des silicates était d'autant plus difficile que la masse était plus volumineuse.

sol une face polie (fig. 202). On y distinguera, dans la pâte noire qui prédomine, deux substances douées aussi de l'éclat métallique. L'une, d'un blanc clair, y dessine un réseau brillant et fort net, à raison de la manière dont elle s'est logée entre les lamelles pierreuses : elle offre les caractères du phosphure appelé schreibersite. L'autre, d'un jaune de laiton et en grains irréguliers, consiste en sulfure de fer. En outre, quelques parties, d'un aspect lithoïde et d'un vert foncé, sont formées de silicates.

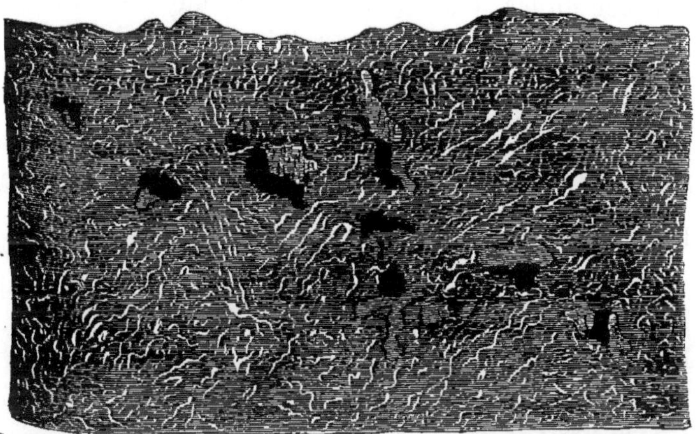

Fig. 202. — Roche d'Ovifak appartenant au second type (syssidère gris foncé) ; surface polie montrant la situation relative des filaments métalliques, du sulfure de fer et des silicates qui, outre la pâte, constituent des grains très-noirs disséminés çà et là. — Grossissement de deux fois.

Par la trituration, on réduit le tout en poussière impalpable, sans rencontrer, comme il arrive ordinairement dans les météorites, du fer, en parcelles résistantes et ductiles.

Traitée par l'eau froide, la matière, finement pulvérisée, abandonne au liquide du chlore, de l'acide sulfurique, de la chaux et du fer; la dissolution est neutre aux papiers réactifs. D'après les résultats de l'analyse la substance contient sur 100 parties, 1,288 de sulfate de chaux, 0,059 de chlorure de calcium et 0,027 de chlorure de fer.

La présence inattendue d'une substance aussi déliquescente que le chlorure de calcium, doit contribuer, avec le
chlorure de fer, à produire un suintement.

Sous l'action de la chaleur, la substance perd de l'eau
et des gaz carbonés; 5 grammes de matière ont perdu, à
100 degrés, $0^{gr},0275$, et à 240 degrés, $0^{gr},0585$: ce qui correspond, pour 100, à 0,91 d'eau hygrométrique, et à 1,95
d'eau de constitution ou de décomposition.

On a chauffé, au creuset brasqué et à la température de
la fusion du fer, $9^{gr},98$ de la substance, qui ont fourni une
masse parfaitement fondue et réduite au poids de $7^{gr},65$, ce
qui fait une perte de 23,5 pour 100. Le culot était surmonté
d'une très-petite scorie pesant 12 centigrammes.

L'acide chlorhydrique bouillant dissout presque entièrement la matière, sauf un résidu noir. Il en est de même de
l'eau régale.

La présence du nickel, du cobalt, du chrome et du phosphore a été reconnue. Avec le spectroscope on a constaté la
présence du calcium et celle du cuivre ; ce dernier métal a
été précipité aussi par le fer.

Pour doser la quantité totale de fer, le carbone et l'azote,
on a employé les méthodes de M. Boussingault.

A cause du fer combiné qui reste dans la nacelle à la fin
de l'opération, on a dosé le carbone libre à l'état d'acide
carbonique. Après la combustion du graphite, le résidu
devait représenter le fer combiné à l'état d'oxyde et de sulfure.

Après avoir constaté la présence de l'arsenic dans l'appareil de Marsh, on a trouvé que ce corps forme 0,41 pour
100 du poids de la matière.

Pour doser l'oxygène aussi approximativement que possible, on a chauffé la matière dans un moufle, de manière à
oxyder tous les métaux. Il y a eu une augmentation de poids

de 8,26 pour 100; mais, pendant cette calcination, la matière a perdu son acide sulfurique, son soufre, son carbone, son chlore, son fer combiné au chlore, quantités valant 10,078 pour 100. En réalité, il y a donc eu absorption de 19,538 d'oxygène. D'autre part, la totalité de l'oxygène uni au fer, au cobalt et au nickel, après l'oxydation, vaut 31,44. De là, on déduit que le poids de l'oxygène contenu primitivement dans 100 de matière est égal ou peu inférieur à 12,10.

Le silicium a été dosé en faisant passer un courant d'hydrogène sur la matière préalablement oxydée, puis un courant d'acide chlorhydrique, et en enlevant la silice par l'acide fluorhydrique. Par différence, on a eu la silice et de là, le silicium.

Assemblant ces divers résultats, on obtient :

Fer métallique.	40,94	Fer, total : 71,09.
Fer combiné à l'oxygène, au soufre et au phosphore	30,15	
Carbone combiné	3,00	Carbone, total : 46,4.
Carbone libre.	1,64	
Nickel..	2,65	
Cobalt.	0,91	
Soufre, à l'état de sulfure	2,70	
Arsenic	0,41	
Phosphore.	0,21	
Silicium..	0,075	
Azote	0,004	
Oxygène.	12,10	
Eau de constitution..	1,97	
Eau hygrométrique	0,91	
Substances solubles { Sulfate de chaux. 1,288 ; Chl. de calcium. 0,059 ; Chlorure de fer. 0,027 }	1,354	
Chrome, cuivre, et perles	1.01	

100,055

J'ajouterai que M. Berthelot, dans un examen de la même substance, qu'il a bien voulu faire sur ma demande, a constaté les résultats suivants :

1° Par une calcination lente dans un tube de verre de Bohême, elle perd 5,4 pour 100. Cette perte est représentée par de l'eau renfermant un peu d'acide chlorhydrique, par nne substance sublimée (chlorure de fer), et par des gaz;

Fig. 205. — Roche d'Ovifak appartenant au troisième type (sporadosidère). Surface polie montrant l'état de dissémination, dans la pâte silicatée, des grenailles, constituées, les unes par du fer carburé ou sorte de fonte nickelifère, les autres par du sulfure de fer. — Grossissement de deux fois.

ces derniers sont principalement formés d'oxyde de carbone et d'acide carbonique, à peu près à volumes égaux. Il n'y avait pas de gaz hydrocarbonés.

2° 5 grammes de la même substance ont été consacrés à la recherche du graphite. On les a successivement traités par l'acide nitrique froid et bouillant, par l'acide nitrique fumant mêlé e chlorate de potasse, par l'acide fluorhydrique à deux reprises, et de nouveau par le chlorate de potasse et l'acide nitrique fumant. Après ce traitement, tout s'était dissous, sauf 1 milligramme environ d'une substance noirâtre, très-dure, qui n'était ni du graphite, ni de l'oxyde graphitique. Cette substance n'est pas altérée par le chlorate de potasse fondu, mais elle se dissout dans le sulfate de potasse en fusion.

Examen des roches d'Ovifak appartenant au troisième type. — (*Sporadosidère.*) — Dans le troisième type des roch s d'Ovifak, la substance métallique, au lieu d'être continue, n'apparaît qu'en globules et en grains dans une pâte lithoïde. Cette der nière, d'un vert très-foncé et de nature silicatée, forme la plus grande partie de la roche (fig. 205).

Proportion de carbone, libre et combiné. — Les globules métalliques du troisième type ont été isolés mécaniquement de la partie pierreuse où ils sont disséminés. Leur surface, polie et traitée par un acide, présente des figures annonçant que les globules sont loin d'être homogènes. L'analyse a, en effet, fait reconnaître, entre autres mélanges, la présence de silicates disséminés dans toute la masse, en parties très-fines. Dans l'un des globules, la silice correspondant à ces silicates s'élève à 11,9 pour 100 du poids total.

Déductions relatives à l'origine possible des masses de fer nickelé d'Ovifak. — Les trois types que nous venons de décrire, tout différents qu'ils soient, ont assez de caractères communs pour qu'il soit légitime de penser qu'ils proviennent d'un gisement unique.

En ce qui concerne la grosse syssidère du premier type, les formes de la matière pierreuse et sa disposition au milieu de la masse métallique sont significatives. Elles annoncent que cette masse métallique s'est fortement agglomérée ou soudée, sans atteindre son degré de fusion, ni même celui des silicates voisins. Car autrement, ceux-ci ne seraient pas restés, soit en fragments tout à fait anguleux, soit en grumeaux non agglomérés entre eux. Le soudage de ces masses métalliques a pu se faire sous l'influence de la pression, comme il arrive pour l'éponge de fer, préparée par le procédé Chenot.

Il en résulte une limite maxima, qui n'est pas très-élevée, pour la température à laquelle ces masses se sont formées. C'est ce que confirme d'ailleurs l'association singulière de corps tels que le fer métallique, le carbure et l'oxyde qui se seraient décomposés mutuellement.

On peut ajouter que, si de pareilles masses existent dans la profondeur du globe, elles expliquent certains dégagements de gaz carburés qui se montrent aux abords des volcans.

Après avoir mis à nu et poli les parties intérieures de la roche, on y voit apparaître, çà et là, au bout de quelques jours, des gouttelettes d'un liquide brun, ayant la saveur caractéristique des sels de fer. Leur examen a montré que ces goutelettes consistent en protochlorure de fer, mélangé de perchlorure, ce dernier n'étant d'abord qu'en faible proportion. C'est donc le protochlorure qui, sans doute, préexistait, en petits grains solides et indiscernables, dans certaines parties de la roche, et qui, en raison de sa déliquescence, apparaît peu à peu, en suintant. Quand on enlève les gouttelettes, on en voit reparaître d'autres sur les mêmes points et en moins de vingt-quatre heures. Cependant, au bout de quelques semaines, tous les suintements ont cessé de se renouveler, par suite de l'épuisement de la matière déliquescente qui est loin d'être également répartie dans toute la masse; sur la totalité de chacune des sections d'environ de 800 centimètres carrés, il n'en est apparu que sur une quinzaine de points, qui tous appartenaient aux parties pierreuses.

Le protochlorure de fer n'a pas été jusqu'à présent trouvé à la surface du globe, et son instabilité explique qu'il en soit ainsi : dans les exhalaisons des volcans, on n'a constaté jusqu'à présent que du perchlorure. Mais, dans le fer météorique de Tazewell (Tennessee), M. Lawrence Smith a pu surprendre, au moment même de sa mise à nu, du protochlorure de fer en petits grains solides[1]. Cette combinaison doit donc figurer parmi les espèces minérales des météorites, et l'on pourrait lui donner le nom de *lawrencite*, en l'honneur du chimiste très-distingué auquel on doit la notion certaine de sa présence, ainsi que beaucoup de recherches remarquables sur les météorites[2].

Le tableau ci-après permet de comparer facilement la teneur en carbone du fer natif, renfermé dans les trois principaux types de roches d'Ovifak.

Sur 100 parties on a trouvé :

	1er type.		2e type.		3e type.	
Fer métallique.	80,8	82,4	40,94	71,09	61,99	70,1
Fer combiné	1,6		30,15		8,11	
Carbone combiné. . . .	2,6	2,9	5,00	4,064	5,6	4,7
Carbone libre.	0,57		1,64		1,1	
Silicium	0,291		0,75		non dosé.	
Eau.	0,7		2,86			

On voit que le troisième type n'est pas moins riche en carbone que le deuxième, et que le premier en renferme lui-même des quantités très-notables.

C'est surtout par la grande proportion de fer combiné à l'oxygène que le second type diffère du premier.

---

[1] *Mineralogy and Chemistry; scientific researches*, 1873, p. 273.
[2] Le nom de *stagmate*, du mot grec *stagma*, gouttelette, rappellerait son mode d'apparition par déliquescence.

Sels solubles dans l'alcool et dans l'eau; présence dans tous du chlorure de calcium. — L'étude du second type ayant fait reconnaître, comme on l'a vu, la présence du chlorure de calcium, il convenait de rechercher la même substance dans les deux autres types.

Pour cela, on les a traités par l'alcool, et dans le second type, on a opéré séparément sur la partie non malléable et sur la partie ductile.

Les résultats pour 100 parties sont :

	1er type.		3e type.
	Partie non malléable.	Partie malléable.	
Chlorure de calcium.	0,455	0,100	0,110
Chlorure de fer	0,106	0,098	0,119

Le traitement, par l'eau distillée, a été fait à froid, et a donné également, sur 100 parties, les chiffres suivants :

	1er type.	2e type.	3e type.
Sulfate de chaux	0,055	1,288	0,047
Chlorure de calcium	0,255	0,059	0,146
Chlorure de fer.	0,089	0,027	0,114
	0,554	1,575	0,507

Ainsi, toutes ces masses sont caractérisées par la présence de sels solubles, dans des proportions qui sont loin d'être insignifiantes.

Dans le second type, le total des sels solubles est à peu près quatre fois plus grand que dans le premier et le troisième. La différence porte principalement sur le sulfate de chaux, qui y est en quantité vingt fois plus forte.

D'un autre côté, on remarquera dans le tableau précédent que les chlorures sont en proportions beaucoup plus considérables dans les premier et troisième types.

Un examen au spectroscope, fait sur la dissolution chlorhydrique des roches du premier et du troisième types, n'y a pas fait reconnaître de potassium; mais, dans chacune d'elles, on a constaté la présence du cuivre, en même temps que celle du calcium. Ce sont des résultats semblables à ceux que le type n° 2 a fournis.

A part l'état de dissolution dans l'eau, les sels déliquescents ont été rarement reconnus dans les roches terrestres. Cependant le chlorure de calcium a été signalé comme mélangé au sel gemme et aux roches qui l'accompagnent, c'est-à-dire au gypse et à l'anhydrite, ainsi qu'à la boracite [1].

Malgré ces exemples, on ne devait pas s'attendre à rencontrer des substances déliquescentes dans des roches métalliques ayant l'aspect du fer. Quoique le chlorure de fer se soit depuis longtemps trahi dans quelques fers météoriques ou holosidères, en venant graduellement suinter à leur surface, divers savants [2] ont longtemps supposé que ces masses de fer ont pu accidentellement absorber du chlore depuis qu'elles sont sur notre globe, et que, par conséquent, elles ne contenaient peut-être pas de chlore en arrivant des espaces. A la suite des observateurs qui ont signalé avec précision la présence du chlorure de fer dans les fers météoriques, M. Ch.-T. Jackson, M. Lawrence Smith et d'autres, il convient de mentionner M. Shepard, qui, en traitant par l'eau la météorite de Bishopville (États-Unis), avait reconnu dans sa dissolution des chlorures de calcium et de magnésium, en même temps que des hyposulfites. Aujourd'hui les roches du Groënland, qui d'ailleurs diffèrent tout à fait de celles de

[1] C'est dans les mêmes conditions que s'est rencontré, en masses considérables, le chlorure double de calcium et de magnésium hydraté, désigné sous le nom de tachydrite, substance non moins déliquescente que la carnallite ou chlorure double de potassium et de magnésium, à laquelle elle est associée.

[2] Dans son *Handbuch der Mineralchemie*, publié en 1860, M. Rammelsberg mentionne encore comme douteuse, dans les météorites, la présence du chlore, de même que celle de l'arsenic (p. 952).

Bishopville par leur éclat métallique, nous montrent le chlorure de calcium en quantités très-notables.

Il ne paraît pas douteux que le chlorure de calcium, aussi bien que le chlorure de fer, n'appartienne, en propre, à ces roches. Car, ce qui est non moins remarquable que la présence de ces sels, c'est l'absence du chlorure de sodium : ce dernier, si répandu partout sur notre globe, qui se rencontre au moins par traces dans la plupart de nos roches, n'a pas pénétré dans l'intérieur des masses d'Ovifak. Cependant, depuis qu'elles occupent leur situation actuelle, elles sont en présence de ce sel, puisqu'elles sont sans cesse humectées d'eau de mer. Ce fait, ainsi que la répartition intime des chlorures dans l'intérieur du fer d'Ovifak, prouve suffisamment que ces chlorures en faisaient originairement partie constituante.

Comme l'a fait remarquer M. Nordenskiöld, malgré l'eau de mer qui les mouille continuellement, les blocs de fer natif ne s'étaient pas décomposés d'une manière sensible sur le rivage où il les a découverts. Mais, transportés loin de leur patrie et arrivés à des latitudes moins élevées, au bout de quelques semaines, ces mêmes blocs avaient subi une altération évidente. Il en suintait constamment un liquide, passant du vert au brun ; la transformation dont il s'agit était particulièrement prononcée sur l'un des blocs qu'on avait placé dans une pièce chaude du navire. Dans les musées où ces grands blocs sont déposés, malgré les précautions que l'on a prises, la décomposition continue à marcher avec rapidité.

Cette grande tendance à absorber l'eau et à s'oxyder se fait également remarquer sur le type n° 5. Déjà, quelques jours après que je l'avais fait scier en plaques, les surfaces mises à nu commençaient à s'humecter et à se rouiller. L'inégalité avec laquelle procède cette oxydation annonce que les sels déliquescents, qui en sont la cause indirecte, sont loin d'être uniformément répartis dans la pâte métallique, où ils sont disséminés en particules très-fines.

On ne doit pas attribuer seulement, comme on l'a admis jusqu'à présent, l'altération rapide dont il s'agit à la présence du chlorure de fer : le chlorure de calcium y contribue évidemment pour une forte part. Ce qui vient à l'appui de cette assertion, c'est que le type n° 1, sans comparaison le plus altérable, est aussi le plus riche en chlorure de calcium : il en contient une quantité six fois plus grande que le deuxième type.

Quant à la forte résistance que ces mêmes masses opposent à la décomposition, tant qu'elles restent dans les contrées polaires, elle s'explique par la faiblesse de la tension de la vapeur d'eau aux basses températures qui y sont habituelles.

Ce contraste fait d'ailleurs ressortir combien l'eau, à l'état de vapeur, pénètre plus facilement que l'eau liquide dans les pores des corps solides.

Il est à remarquer que, si les masses d'Ovifak, au lieu d'être dans des conditions climatériques aussi exceptionnelles, s'étaient trouvées dans nos climats, elles auraient sans doute déjà disparu depuis longtemps, ou au moins se seraient réduites en menues parcelles. Car ces roches apportent en elles, avec les sels déliquescents qu'elles contiennent dans leur tissu, un germe puissant de destruction[1].

Le chlorure de calcium, dont Haussmann avait autrefois fait judicieusement une espèce minérale, sous le nom d'*hydrophilite*, et qui, depuis lors, a été rayé du catalogue par beaucoup de minéralogistes, mérite d'y être maintenu. Bien que ce corps ne se présente qu'en particules très-fines, sa

---

[1] Parmi les autres roches qui se décomposent aussi sous l'influence des sels déliquescents, je citerai certains blocs de calcaire, parsemés de périclase, de la Somma.

présence est maintenant incontestable dans certaines roches.

Comparaison des roches d'Ovifak, d'une part, avec les météorites; d'autre part, avec les roches terrestres les plus analogues. — Ce n'est pas seulement par leur grande dimension, mais aussi par leur constitution chimique, que les masses d'Ovifak sont très-remarquables.

D'abord, leur composition, ainsi que certains traits physiques, les distinguent des types de météorites jusqu'à présent connus.

Dans les types lithoïdes d'Ovifak, la netteté des cristaux des silicates contraste avec l'état confus de la cristallisation qui est habituel aux météorites. Tandis que, dans ces dernières, les silicates sont généralement en cristaux très-petits, mal formés, on distingue dans les roches d'Ovifak, même à l'œil nu, des clivages nets, avec l'angle rentrant qui caractérise un feldspath du sixième système. L'examen, au microscope ou même à la loupe, d'une plaque mince et transparente montre, d'une manière très-nette, des cristaux incolores, minces et allongés, mâclés suivant des plans parallèles et appartenant à un système doublement oblique, de manière à produire, par leur juxtaposition, sous l'action de la lumière polarisée, tout à fait les mêmes dispositions que les cristaux de labradorite de certaines dolérites. Ils ne présentent pas d'ailleurs le fendillement, comparable à celui du feldspath des trachytes, que l'on remarque dans les météorites de la famille des chondrites et même de celle des eukrites.

La présence d'une forte quantité de sels solubles, et particulièrement du sulfate de chaux, est un second caractère à rappeler [1].

On sait que les météorites renferment presque constam-

---

[1] Dans la météorite d'Orgueil, les sels solubles sont cependant encore en proportion plus considérable, d'après les déterminations de M. Cloëz et de M. Pisani.

ment du fer métallique et du fer combiné à divers états, sulfure, phosphure, chromite, silicates, mais rarement on l'a signalé à l'état d'oxyde libre. Dans les roches d'Ovifak, une grande partie est combinée à l'oxygène, sans qu'on puisse déterminer avec certitude quel en est le degré d'oxydation.

De plus, la présence et l'abondance du carbone dans ces masses. tant combiné au fer qu'à l'état libre, constitue un autre fait non moins remarquable.

A ces deux derniers points de vue, les roches d'Ovifak se rapprocheraient des météorites dites charbonneuses. Cependant elles en diffèrent par d'autres caractères, et avant tout, parleur aspect, soit dans les parties métalliques, soit dans les parties silicatées.

Si les roches à fer natif d'Ovifak diffèrent à certains égards des météorites connues, elles se séparent d'une manière non moins tranchée des roches terrestres jusqu'à présent observées, même des dolérites et des basaltes, auxquelles on serait porté à les rattacher, à raison de la présence de l'oxyde magnétique, ainsi que de la nature et de la disposition cristalline des silicates.

A la suite des expériences par lesquelles j'ai cherché à imiter les météorites des types connus en agissant sur des roches terrestres, la lherzolite et le péridot, j'ajoutais, comme je l'ai déjà rappelé : « Rien ne prouve qu'au-dessous de ces masses, qui ont fourni en Islande, par exemple, des laves si analogues au type des météorites de Juvinas, qu'au-dessous de nos roches péridotiques, dont se rapproche tellement la météorite de Chassigny, il ne se trouve pas des massifs dans lesquels commence à apparaître le fer natif, c'est-à-dire semblables aux météorites du type commun, puis en continuant plus bas, des types de plus en plus riches en fer, dont les météorites nous présentent une série de densité croissante, depuis ceux où la quantité de fer représente à peu près la moitié du poids de la roche jusqu'au fer massif[1]. »

Des régions qui présentent de vastes épanchements de roches doléritiques, comme le Groënland, paraissent, plus que d'autres, dans des conditions qui favoriseraient un apport de masses très-profondément situées.

D'ailleurs, ces roches basaltiques elles-mêmes, qui renferment au delà de 20 pour 100 de leur poids d'oxyde de fer, pourraient avoir subi, en arrivant au jour, une réduction partielle, de même que dans les expériences que je viens de rappeler. Cette hypothèse serait d'autant plus admissible pour la région qui nous occupe, que le Groënland renferme, entre le 69° et le 72° de latitude, des couches de lignite nombreuses, épaisses et parfois exploitables[2], particulièrement dans l'île de Disko où est situé Ovifak. On y connaît également des gisements de graphite. De telles masses charbonneuses pourraient avoir été rencontrées par les basaltes, dans leur ascension vers la surface[3].

Circonstances dans lesquelles les roches à fer natif d'Ovifak et les météorites charbonneuses peuvent avoir été formées : essai d'imitation synthétique. — Quelles que soient les régions où se sont formées les roches d'Ovifak, leur constitution chimique est digne de nous occuper encore.

Ce mélange intime de substances qui se décomposent ou se dégagent à une chaleur très-modérée paraît, à première vue, incompatible avec la température élevée par laquelle ces corps ont passé, à en juger par les silicates anhydres et cristallisés dont ils sont accompagnés.

---

[1] *Bulletin de la Société géologique de France*, 2ᵉ série, t. XXIII, p. 414 ; 5 mars 1866. — *Annales des Mines*, 6ᵉ série, t. XIII, p. 62, 1868.

[2] Particulièrement à Noursoak, Patoot et à Atane Kerdluk. D'après les savantes déterminations de M. Heer, ces combustibles appartiennent à l'étage tertiaire miocène.

[3] À cette occasion, je dois rappeler un travail étendu que M. Lawrence Smith a récemment publié dans les *Annales de chimie et de physique*, 1879, et dont la conclusion appuyée sur de nombreuses analyses, confirme l'opinion de M. Steenstrup, relative à l'origine purement terrestre des fers natifs du Groënland.

Le mode d'association dont il s'agit mérite d'autant plus l'attention qu'il ne constitue pas un fait isolé et fortuit; car il se retrouve, parmi les météorites, dans les pierres charbonneuses qui appartiennent à quatre chutes survenues depuis le commencement du siècle [1].

Dans les autres météorites, bien que le fer métallique allié de nickel ne fasse jamais défaut, on n'a signalé que très-rarement ce métal à l'état d'oxyde libre. Or, contrairement à ce que l'on devrait supposer *à priori*, ce sont précisément les météorites riches en carbone qui renferment leur fer à l'état d'oxyde, en totalité ou à peu près [2].

On pourrait émettre la supposition que l'un de ces corps s'est produit après l'autre, et, par exemple, que le fer aurait été ultérieurement oxydé par de la vapeur d'eau.

Mais, en présence d'une association si persistante d'oxyde de fer et de carbone, il est beaucoup plus probable que la présence de l'un est liée à celle de l'autre, comme l'effet à la cause.

D'après une réaction très-remarquable signalée par M. le docteur Stammer, l'oxyde de carbone, placé en présence d'un oxyde de fer, ou même de fer métallique, se dédouble dans certaines circonstances que M. Grüner a fait connaître d'une manière approfondie [3]; il se produit alors un dépôt de carbone, en partie combiné à du fer, en partie mélangé à de l'oxyde, qui me paraît offrir de l'analogie avec la constitu-

---

[1] Ce sont les chutes d'Alais (Gard), 15 mars 1806; de Cold Bokkeweld, Cap de Bonne-Espérance, 13 octobre 1858; de Kaba, près Debrczin, en Hongrie, 15 avril 1857; et d'Orgueil (Tarn-et-Garonne), 14 mai 1864.

[2] Ainsi, quand on dissout dans l'acide chlorhydrique la météorite d'Orgueil, qui renferme au delà de 5 pour 100 de carbone, il n'y a pas dégagement de la moindre trace d'hydrogène, comme l'a reconnu M. Cloëz.

Dans d'autres, s'il y a du fer métallique, le métal n'y apparaît pas en grenailles; il y est en très-faible quantité, très-divisé, et comme noyé dans une quantité bien plus considérable d'oxyde, ainsi que le montrent les résultats de l'analyse de la météorite de Cold Bokkeweld, par M. Wöhler.

[3] *Comptes rendus*, t. XXIII, p. 28, et t. XXIV, p. 226.

tion des météorites charbonneuses. Il importe d'ajouter que cette décomposition, qui se produit facilement à environ 400 degrés, n'a plus lieu à une température très-élevée.

C'est dans cette voie que j'ai tenté quelques essais de synthèse, afin d'éclairer expérimentalement les circonstances qui ont pu présider à la formation des roches à fer natif d'Ovifak et des météorites charbonneuses en général.

Les roches cosmiques de cette catégorie se présentent comme si, alternativement ou simultanément, elles avaient été soumises à des influences oxydantes et à des influences réductrices, telles que celles de la vapeur d'eau et de l'oxyde de carbone.

Ces dernières actions se seraient d'ailleurs produites quand ces masses n'avaient plus les températures très-élevées par lesquelles elles ont peut-être passé originairement, c'est-à-dire qu'elles correspondraient à la période de refroidissement.

Déductions relatives à la constitution possible des masses internes du globe. — Selon toute probabilité, les masses de fer d'Ovifak ont été apportées à la suite des roches éruptives qui se montrent à proximité; aussi paraissent-elles éclairer sur la nature des parties profondes de notre globe et ajouter de nouveaux documents à ceux que l'on avait déduits de considérations différentes.

Des faits nombreux ont porté à conclure que, pendant la suite des périodes géologiques, du calcium et du carbone ont été apportés vers la surface des régions inférieures au granit où ces corps doivent se trouver en abondance, et d'où les éruptions volcaniques en amènent chaque jour [1].

[1] Des terrains stratifiés considérés au point de vue des substances qui les constituent et du tribut que leur ont apporté les parties internes du globe. (*Bulletin de la Société géologique de France*, 2ᵉ série, t. XXVIII.)

Le calcium existe en forte proportion dans les masses infrà-granitiques, notamment dans les masses silicatées basiques, dont les laves nous apportent des échantillons. Nous concevons, en outre, que ce corps puisse y être incorporé plus profondément, à l'état de chlorure, de même que dans les roches d'Ovifak.

Quant au carbone, il se trouve dans les météorites, non-seulement dans celles que l'on désigne sous le nom de *charbonneuses*, où il est pour ainsi dire visible, comme celles d'Orgueil (Tarn-et-Garonne), mais aussi dans les fers eux-mêmes.

Un fer, tel que celui du premier et du second types d'Ovifak, qui renferme 4,6 de carbone, tant libre que combiné à raison d'une densité d'environ 5,8, ne représente pas moins de 271 kilogrammes de carbone par mètre cube. Par conséquent, une couche d'une telle roche ferreuse, ayant 5 millimètres seulement d'épaisseur, contiendrait autant de carbone que toute une colonne de l'atmosphère ayant même base. Pour une variété de fer renfermant le carbone en proportion mille fois moindre, il suffirait encore d'une couche épaisse de 5 mètres, c'est-à-dire bien mince, pour fournir l'équivalent dont il s'agit.

Enfin, les roches de fer natif d'Ovifak nous apprennent encore qu'après avoir fixé du carbone, dans des conditions que j'ai tenté d'expliquer, les mêmes roches peuvent aussi l'abandonner, à l'état d'oxyde de carbone ou d'acide carbonique, par exemple, sous l'influence d'une oxydation ou d'un réchauffement. On entrevoit, par conséquent, l'un des procédés par lesquels le carbone, d'abord fixé dans les masses ferreuses profondes du globe, a pu s'en exhaler.

§ 7. Présence du nickel, dans beaucoup de minerais de fer.

A part l'exemple de l'association du fer et du nickel dans le péridot, ainsi qu'il résulte de l'analyse de ce minéral et de la composition du fer que fournit sa réduction, on peut citer divers minerais de fer, tels que ceux de la Hongrie, des Alpes autrichiennes, et du Tyrol, comme renfermant du nickel en quantité très-reconnaissable [1].

M. Terreil a même prouvé que ce que l'on considérait comme un fait accidentel est très-général [2].

§ 8. DIFFÉRENCES QUI SÉPARENT DES MÉTÉORITES, LES MASSES PÉRIDOTIQUES TERRESTRES.

A côté des ressemblances qui viennent d'être signalées entre les météorites et certaines masses terrestres, il existe des différences qui ne méritent pas moins de fixer l'attention.

Elles portent essentiellement sur l'état d'oxydation du fer. Les météorites, comme les roches terrestres, renferment du protoxyde de fer combiné à la silice (silicate) et à l'oxyde de chrome (fer chromé). Par contre, le fer oxydulé, si fréquent dans nos roches silicatées basiques manque, en général, dans les météorites [3]. Il s'y trouve, en quelque sorte, remplacé par le fer natif qui, de son côté, fait défaut dans nos roches, à l'exception près des remarquables masses du Groënland. Il est une seconde différence, du même caractère que la précédente : le phosphure de fer et de nickel, se rencontre presque toujours associé au fer météorique. De même que le fer natif, il fait complétement défaut dans nos roches, où, à sa place, se rencontrent les phosphates, particulièrement fréquents dans les roches silicatées basiques [4].

[1] *Berg Jahrbuch*, 1874. T. XXII. p. 590.
[2] *Comptes rendus de l'Académie des sciences*, t. LXXXIV, p. 497, 1877.
[3] Il est vrai qu'on a trouvé le fer oxydulé dans les météorites charbonneuses, telles que celles d'Orgueil; mais ces dernières rentrent dans une catégorie rare et toute spéciale.
[4] La pierre de Juvinas, dans laquelle M. Rammelsberg a annoncé le fer à l'état de phosphate, ne fait que confirmer cette règle ; car elle ne renferme du fer métallique qu'en quantité minime; il était donc difficile qu'il se formât du phosphure de ce métal

Sans insister davantage sur quelques autres contrastes de même nature, nous reconnaissons que la différence essentielle entre les météorites et les roches terrestres analogues consiste en ce que les premières renferment, à l'état réduit, certaines substances que les secondes contiennent à l'état oxydé.

Tout porte à croire que les masses, entre lesquelles il existe une telle similitude de composition, auraient été identiques, malgré leur immense éloignement, si elles n'avaient été soumises à des conditions légèrement différentes.

§ 9. OBSERVATIONS SUR LES CORPS COSMIQUES DONT DÉRIVENT LES MÉTÉORITES.

Les deux modes d'imitation des météorites, qui ont été exposés plus haut, conduisent à se représenter les conditions, dans lesquelles ces corps, et les masses elles-mêmes dont ils dérivent, ont pu prendre naissance.

Ces conditions se rapportent à la constitution chimique des masses qui nous occupent, à la température qui a présidé à leur formation, ainsi qu'à des actions mécaniques qu'elles ont ultérieurement subies.

Constitution chimique et mode de formation. — On a vu que les caractères des météorites sont reproduits, jusque dans des détails intimes de structure, par la réduction de certaines roches silicatées. Nous n'en concluons pas toutefois que ce soit le charbon qui ait été, dans la nature, comme dans la plupart de nos expériences, l'agent de réduction ; car, s'il en était ainsi, le fer se serait carburé et transformé en acier ou en fonte, ce qui n'est pas le cas ordinaire.

Il paraît plus conforme aux résultats mêmes des expériences d'attribuer la réduction à une atmosphère hydro-génée[1].

En outre, la réduction, si elle a eu lieu, n'aurait été qu'in-complète. Car, en général, le fer n'est qu'en partie réduit, soit à l'état métallique, soit à l'état de sulfure ou de phos-phure; une autre partie de ce métal est ordinairement combinée, comme protoxyde, dans un silicate, et aussi à l'état de fer chromé (chromite de protoxyde de fer).

La belle expérience, dans laquelle Graham a constaté la présence de l'hydrogène occlus dans le fer de Lenarto, con-firme cette idée de l'intervention de l'hydrogène, que j'avais émise, antérieurement à la découverte de l'éminent chimiste anglais[2].

La même vue est également d'accord avec l'un des résultats dont l'analyse spectrale a, plus récemment, éclairé, d'une manière si inattendue, la constitution des astres. Les raies caractéristiques de l'hydrogène ont été, en effet, recon-nues dans les atmosphères gazeuses du corps principal de notre système, du Soleil, ainsi que dans de nombreux groupes d'étoiles.

Malgré ce concours de faits, qui rappellent une réduction de roches silicatées, on peut aussi recourir à l'idée d'une oxydation analogue à celle que nous avons réalisée artifi-ciellement.

Supposons, ainsi qu'on l'a fait pour notre globe, que le silicium et les métaux des météorites n'aient pas été toujours combinés à l'oxygène, comme ils le sont aujourd'hui, pour la plus grande partie, et cela peut-être, parce que la tempé-rature initiale de ces corps était assez élevée pour les

[1] Si ces météorites se sont ainsi formées, il a dû se produire à la surface des corps dont elles faisaient partie, de l'eau, qui d'ailleurs a pu ne pas être conservée.
[2] *Comptes rendus de l'Académie des sciences*, 19 février 1866, t. LXII p. 575.

empêcher d'entrer en combinaison, ou parce que, d'abord à distance, ils ne s'étaient pas rapprochés.

Si, par suite d'un refroidissement, ou par une autre cause, telle qu'un rapprochement de ces corps, l'oxygène vient à agir, il s'unira aux éléments les plus oxydables. Le silicium et le magnésium brûleront avant le fer et le nickel, et, si le gaz comburant n'est pas assez abondant pour oxyder le tout, ou s'il n'agit pas pendant un temps suffisant, il laissera un résidu métallique composé des corps les moins oxydables. Le fer et le nickel, devront rester disséminés dans une gangue de silicates, en conservant leur état métallique, exactement comme on l'observe dans les météorites. En outre, il se formera ainsi un silicate de magnésie, plus ou moins riche en protoxyde de fer, ayant la composition du péridot.

Comme on le voit, si l'on suppose l'oxydation poussée successivement à divers degrés, les expériences qui précèdent expliquent, non-seulement la formation des météorites du type commun, mais encore celle du groupe des syssidères et du sous-groupe des polysidères. Ces corps peuvent donc être assimilés à des produits de voie sèche et de scorification.

Le même mode de formation s'appliquerait peut-être même aux météorites appartenant au groupe des cryptosidères, et spécialement à celle du type de Juvinas, de Stannern et de Jonzac. On a vu, il est vrai, quelle analogie étroite les rapproche de certaines laves alumineuses, formées de pyroxène et d'anorthite, et il est naturel de supposer que l'eau, en présence de laquelle se sont formées ces dernières, pourrait n'avoir pas été étrangère à leur cristallisation. Mais il ne faut pas se hâter de regarder l'eau comme incompatible avec la production de métaux libres et spécialement du fer; le résultat dépend de la température et

M. Debray[1], appliquant récemment à la célèbre expérience de Gay Lussac et de Thénard, les faits découverts par M. Henri Sainte-Claire Deville, au sujet de la dissociation, nous a montré comment la transformation des alcalis en potassium et en sodium ne suffit pas à oxyder les portions suffisamment chaudes du fer employé à la réduction. En tout cas, les roches eukritiques ne cristallisent pas dans les conditions de fusion sèche, comme le font si facilement les silicates magnésiens; la fusion les transforme en masses vitreuses et amorphes. Ainsi, les météorites de ce dernier type paraissent plutôt des produits de voie mixte, qu'on imiterait, peut-être, en opérant dans l'eau suréchauffée.

Quant aux météorites charbonneuses, elles diffèrent de toutes les autres en ce que, sans doute, plusieurs des substances qui les constituent ont été formées à une température peu élevée. Au premier abord, on serait tenté de les considérer comme de la terre végétale planétaire; mais il n'est pas impossible, et la supposition est même probable, que ces composés carburés aient été formés, sans le concours de la vie et représentent les derniers termes de certaines réactions.

Température. — Est-il possible de se faire une idée de la température à laquelle les corps cosmiques dont il s'agit se sont formés?

Les expériences qui précèdent paraissent permettre de lui attribuer certaines limites. Elle était sans doute élevée, puisque des silicates anhydres, tels que le péridot et le pyroxène, se sont produits. Toutefois, au moment de la solidification et de la cristallisation, la température paraît avoir été inférieure à celle où ont eu lieu les expé-

____

[1] *Comptes rendus de l'Académie des Sciences*, T. LXXXVIII, p. 1540.

riences précédentes. Deux faits conduisent à cette supposition.

La température élevée, produite dans le laboratoire, a amené la formation de silicates, en cristaux nets et volumineux, tels que l'on n'en rencontre jamais dans les météorites. Il est, en effet, extrêmement digne de remarque que les substances silicatées, qui composent les météorites du type commun, y soient toujours à l'état de cristaux très-petits et essentiellement confus, malgré leur extrême tendance à cristalliser. S'il était permis de chercher quelque analogie autour de nous, nous dirions que les cristaux, obtenus par la fusion des météorites, rappellent les longues aiguilles de glace que l'eau liquide forme en se congelant, tandis que la structure à grains fins des météorites naturelles, du type commun, ressemble plutôt à celle du givre ou de la neige, formée, comme on le sait, par le passage immédiat de la vapeur d'eau atmosphérique à l'état solide, ou encore, à celle de la fleur de soufre, solidifiée dans des conditions analogues. Tandis que se produisait la cristallisation confuse, il se manifestait aussi une tendance caractéristique à prendre la structure globulaire, dont je chercherai plus loin à expliquer expérimentalement l'origine possible. Il est toutefois des météorites où la cristallisation est beaucoup plus nette, notamment celles du groupe de Juvinas et de Jonzac (eukrites) qui se distinguent, également par une composition spéciale.

En outre, dans les météorites, la forme des grains de fer est ordinairement tout à fait irrégulière et comme tuberculeuse. J'ai cherché à imiter le mode de dissémination du fer métallique dans les silicates, tel que le présentent les météorites ordinaires, en exposant à une température élevée un mélange intime de fer et de lherzolithe. Après fusion du tout, les particules de fer se sont réunies en de nombreux grains, encore très-petits, mais dont la forme globulaire, facilement reconnaissable, surtout après que l'échantillon a été poli, contraste avec les grains de forme tuberculeuse, disséminés dans les météorites.

Faisons bien remarquer, en tout cas, que cette chaleur originelle n'existe plus, quand les masses pénètrent dans notre atmosphère. La météorite charbonneuse d'Orgueil, par exemple, se compose d'une matière pierreuse, renfermant en combinaison ou en mélange intime, jusque dans ses parties centrales, de l'eau et des matières volatiles. C'est, à raison de cette nature si impressionnable, un véritable thermomètre à *maximum*, qui nous indique que ces corps ne pouvaient être que froids, au moment où ils nous sont arrivés de l'espace.

Actions mécaniques, subies depuis la solidification première. — Dans ce qui vient d'être dit, il n'a été question que de la formation même des combinaisons qui constituent les météorites, c'est-à-dire des particules cosmiques qui, d'abord, ont cristallisé et se sont agglomérées.

Mais, depuis leur solidification primitive, ces masses ont subi, au moins dans bien des cas, des actions mécaniques qui y ont laissé des traces parfaitement caractérisées.

Beaucoup de météorites présentent une structure éminemment fragmentaire ou bréchiforme, qui, malgré la compacité de la masse, se reconnaît clairement par des différences de coloration.

Tantôt ces fragments sont restés tout à fait anguleux; tantôt leurs contours se sont émoussés par des frottements et des triturations, et se sont plus ou moins arrondis, de manière à ressembler, pour la forme, à de petits galets.

La dimension des fragments, qui atteint souvent plusieurs

millimètres, descend à celle du grain très-petit, d'un sable fin[1].

Parmi les météorites pierreuses où l'on observe bien nettement cette structure, je citerai celles des chutes suivantes : Luponnas (7 septembre 1753), Salles (Rhône, 12 mars 1798), Weston (États-Unis, 14 décembre 1807), Chantonnay (Vendée, 5 août 1812), Limerick (Irlande, 10 septembre 1813), Épinal (Vosges, 13 septembre 1822), Mézo-Madaras (Autriche, 4 septembre 1852), Parnallee (Indes, 28 février 1857), Canellas (Espagne, 14 mai 1861), Saint-Mesmin (Aube, 30 mai 1866), Knyahinya (Hongrie, 9 juin 1866), Pultusk (Pologne, 30 janvier 1865).

Cette structure, dont il a déjà été question plus haut, p. 550, peut être justement comparée à celle des conglomérats volcaniques.

Il est très-remarquable que la structure bréchiforme se manifeste aussi dans des masses métalliques. Le fer météorique (syssidère) de Toula, en Russie, en présente un exemple des plus caractérisés. Contrairement à ce qu'on aurait pu supposer, d'après la température élevée qu'exige le fer pour acquérir l'état de mollesse, c'est ce métal qui empâte, sous forme de veines, des fragments de la matière pierreuse ; ce qui suppose, non-seulement une chaleur élevée, mais, sans doute aussi, une pression considérable dans les corps plus volumineux dont ces masses ont été détachées[2]. Le fer météorique de la Sierra-de-Deesa, au Chili, présente une structure semblable, non moins caractérisée. Aucun fer n'est plus remarquable, sous ce rapport, que l'holosidère de Sainte-Catherine.

---

[1] De Reichenbach a très-bien étudié cette structure dans son mémoire. *Meteorite in Meteoriten* (*Poggendorffs Annalen*, t. CXI. p. 553, 1860).

[2] Comme l'a fait voir de Haidinger, en attirant l'attention sur cette structure intéressante (*Sitzungs-Bericht des Kais. Akad. der Wissenschaften von Wien*, 1860).

Ainsi, les météorites ne rappellent pas seulement les roches volcaniques par leur composition minéralogique, mais aussi par leur structure bréchiforme, qui est accompagnée parfois de veines injectées.

On connaît les miroirs de frottement que présentent si fréquemment, dans l'écorce terrestre, les parois des failles et des filons. Par suite de mouvements du terrain, les deux parois contiguës des fentes se sont déplacées et ont frotté l'une contre l'autre, avec une forte pression. De cette friction énergique, il est souvent résulté, pour les roches des parois, des surfaces polies, brillantes, et comme émaillées, auxquelles on a donné le nom de *miroirs de frottement*. Des stries se sont, en outre, souvent produites sur ces surfaces, par l'interposition de parcelles solides, qui ont mordu à la manière de burins.

Les météorites présentent des miroirs tout semblables à ceux des roches terrestres, par exemple celles de Salles (Rhône, 12 mars 1798) et de Limerick (Irlande, 10 septembre 1813). Ces surfaces de frottement sont particulièrement fréquentes dans les nombreuses météorites qui sont tombées à Pultusk, le 30 janvier 1868, ainsi qu'on peut le constater dans la collection du Muséum.

Ce ne sont pas seulement les météorites pierreuses qui présentent des exemples de tels miroirs. La masse d'Atacaam au Chili (syssidère), formée de fer métallique et de péridot, a subi malgré sa ténacité, des actions assez énergiques pour se briser, et les divers fragments, qui se sont laminés les uns contre les autres, offrent les plus belles surfaces de frottement. Certains de nos échantillons, présentent parfois, malgré leurs petites dimensions, plusieurs de ces surfaces.

Il importe encore de remarquer que les miroirs de frottement des météorites se sont produits, non-seulement après la solidification générale de la masse, mais aussi postérieurement à la formation des brèches et conglomérats, dont il vient d'être question, puisqu'ils coupent et rejettent les fragments dont ceux-ci sont formés.

De même que dans l'histoire du globe terrestre, on peut donc distinguer dans les météorites, plusieurs phases de formation, dont trois, au moins, ne paraissent pas laisser de doute :

1° Solidification première et cristallisation des particules disséminées dans l'espace. On peut même reconnaître ici un certain ordre dans la consolidation; c'est ainsi que de petits grains de fer sont souvent venus s'appliquer autour des globules de silicates, comme s'ils leur étaient postérieurs;

2° Formation de brèches et de conglomérats;

3° Production des miroirs de frottement.

Il est une quatrième phase, qui est essentielle à l'histoire des météorites, c'est l'éclatement ou la division de ces masses en fragments, cette fois incohérents, comme il arriverait à la suite d'une explosion, ou, plus généralement, d'un choc violent.

On conçoit que le mouvement de translation générale des corps célestes de tous les systèmes finisse par amener des rencontres.

En tout cas, au moment de l'entrée dans l'atmosphère, il y a une ou plusieurs détonations violentes qui, comme il paraît, même à la vue, provoquent la formation d'éclats.

Quand il s'agit de fragments d'astres, on ne saurait s'empêcher d'être fortement surpris de la petitesse de ceux qui tombent sur notre sol. Ainsi, comment ne se trouve-t-il pas quelquefois des météorites d'un volume comparable à celui d'une montagne ou, au moins, d'un débris de montagne? Au contraire, des morceaux qui atteignent un poids de cent kilogrammes sont déjà très-rares, et, comme on l'a vu plus haut, les plus gros échantillons recueillis, à la suite des nombreuses chutes de Laigle, de Pultusk et d'Orgueil, étaient respectivement de 9, 7 et 2 kilogrammes. Les dernières chutes en ont même fourni du poids d'un gramme et au-dessous. Cela ne représente donc en quelque sorte qu'un gravois, ou même qu'une poussière cosmique.

§ 10. CONSÉQUENCES A DÉDUIRE DES EXPÉRIENCES QUI PRÉCÈDENT, EN CE QUI CONCERNE LA FORMATION DU GLOBE TERRESTRE.

Ce n'est pas seulement le mode de formation des corps célestes dont les météorites sont des fragments, c'est aussi l'origine de notre globe lui-même, qu'éclairent les résultats qui viennent d'être exposés.

Le globe terrestre n'a pas toujours été tel que nous le voyons aujourd'hui. Pour s'en convaincre, il suffit de jeter un coup d'œil d'ensemble sur la constitution de son écorce, que nous pouvons étudier dans notre propre pays.

Les roches qui nous supportent, dans cette région de la France, et qui s'étendent à la plus grande partie de la surface des continents, sont, tout d'abord, remarquables par une disposition qui fixe l'attention des yeux les moins observateurs. Elles sont séparées en tranches parallèles ou en grandes plaques, auxquelles on donne le nom de couches et quelquefois aussi ceux de bancs ou d'assises. Leur disposition en strates les a fait nommer roches stratifiées. On peut rigoureusement prouver que les roches en couches ou stratifiées, quelle que soit leur nature, ont été formées par la mer, qui, à des époques extrêmement reculées, a séjourné longtemps dans des régions très-éloignées de son bassin actuel.

D'abord les roches stratifiées renferment des cailloux, ou galets, et des sables, si semblables. pour la forme et pour la disposition, à ceux que la mer, dans ses mouvements, produit tous les jours et amasse sur ses bords ou dans son bassin, qu'on ne peut douter d'une communauté d'origine.

Dans les roches en couches, on trouve aussi, et quelquefois en prodigieuse abondance, des débris d'animaux marins, des poissons et surtout des coquilles, débris que l'on comprend sous le nom général de fossiles. Ces coquilles, entières ou brisées, constituent, dans certains cas, la totalité de la roche, fait démontrant, encore plus clairement que le premier, l'intervention de la mer, qui aujourd'hui accumule, sur une foule de points, les dépouilles solides de ses innombrables animaux.

Enfin, la disposition même en couches très-étendues, par rapport à leur épaisseur, complète l'analogie avec les sédiments actuels de la mer, qui offrent une disposition étalée et largement aplatie.

Les roches stratifiées sont supportées par d'autres roches qui en diffèrent complétement. Tout le monde connaît la principale d'entre elles, le granite, qui est employé pour border nos trottoirs.

Les roches granitiques ne sont pas en véritables couches; elles ne renferment, ni débris arrondis et usés par les eaux, ni restes d'êtres ayant vécu [1].

Leur formation a dû être très-différente de celle des roches stratifiées.

Il importe de remarquer que les masses granitiques existent partout dans l'écorce du globe, soit à la surface, soit à

---

[1] On a signalé. il est vrai, en quelques localités, dans des roches cristallines classées parmi les gneiss, des formes en général peu distinctes, où l'on a cru reconnaître des vestiges de végétaux et même d'animaux; mais ces roches seraient *métamorphiques*, et l'on n'est pas en droit de leur assimiler l'assise granitique sur toute son épaisseur.

une certaine profondeur. Partout, on serait certain d'y arriver, si on voulait creuser un puits suffisamment profond et qui, à Paris, excéderait certainement un kilomètre. Le granite forme donc la base des terrains stratifiés, leur véritable fondation.

Dans les régions du globe les plus éloignées, les roches granitiques, sur lesquelles se sont assises ces immenses épaisseurs de sédiments des anciennes mers, présentent les mêmes caractères.

En examinant la série des terrains stratifiés, on voit que ceux-ci se sont empilés les uns sur les autres en couches successives, les plus modernes reposant sur les plus anciens, comme les innombrables couches annuelles d'accroissement d'un arbre gigantesque.

Il en résulte donc qu'il y a eu nécessairement une époque, excessivement reculée, où aucun d'entre eux n'existait.

Si, par la pensée, nous dépouillons le globe de cette enveloppe extérieure qui s'est formée, dans la série des âges, par l'accumulation, longtemps prolongée, de sédiments épais, nous atteignons les roches granitiques qui leur servent de fondement universel. Pour cette masse granitique elle-même, on arrive à reconnaître aussi qu'elle a dû être d'abord plastique et comme fondue.

La formation des terrains stratifiés correspond à des laps de temps immenses ; car l'ensemble des couches qui se sont produites successivement représente une épaisseur totale qui, dans les diverses régions du globe, n'atteint pas moins de plusieurs milliers de mètres, et certaines couches de moins d'un mètre, comme divers calcaires coquillers et la houille, n'ont pu se former que sur place, très-lentement, et ont, à elles seules, exigé des siècles.

Les volcans apportent chaque jour, outre des quantités énormes de vapeurs d'eau et des produits gazeux, des matières pierreuses fondues et incandescentes, qui s'épanchent sur les flancs de ces montagnes et sont connues sous le nom de laves. Pendant les anciennes périodes, il est sorti des profondeurs, et généralement des régions inférieures au revêtement granitique, des roches d'une nature bien différente de celle des terrains statifiés. A la surface du sol, elles se présentent sous des formes variées telles que nappes, cônes et autres. Plus bas, elles constituent, dans l'épaisseur des roches encaissantes, des espèces de murailles ou de colonnes irrégulières, qui se rattachent aux réservoirs profonds, dont elles sont sorties. Elles sont principalement formées de silicates; les basaltes et les trachytes sont les représentants bien connus des roches éruptives, dans une foule de points de la France centrale.

Pour préciser les analogies, en même temps que les différences, il convient d'établir une comparaison générale entre la série des météorites, d'une part, et celle des roches terrestres, de l'autre.

On voit, tout d'abord, que la plupart des roches qui constituent l'écorce diffèrent considérablement des météorites. terrestres.

Le contraste le plus important consiste en ce qu'on n'a trouvé dans les météorites rien qui ressemble aux matériaux constitutifs des terrains stratifiés; pas de calcaire, pas de roches arénacées, ni fossilifères, c'est-à-dire rien qui rappelle l'action d'un océan ou la présence de la vie.

Une grande dissemblance se révèle, même si l'on compare les météorites aux roches terrestres non stratifiées, qui forment l'assise générale sur laquelle reposent les terrains sédimentaires. Jamais, en effet, il ne s'est rencontré dans les météorites, ni granite, ni gneiss, ni aucune des roches de la même famille. On n'y voit même aucun des minéraux constituant les roches granitiques, ni orthose, ni mica, ni quartz[1], non plus que la tourmaline et les autres silicates qui sont l'apanage de ces roches.

Ainsi, les roches silicatées, qui forment la croûte de notre globe, sur une épaisseur considérable, font défaut parmi les météorites.

C'est seulement dans les régions profondes et inférieures au granite, dites infra-granitiques, qu'il faut aller chercher les analogues des météorites, c'est-à-dire dans ces roches silicatées basiques qui, dans leur gisement initial, sont situées au moins à plusieurs kilomètres de la surface. Il ne peut donc parvenir jusqu'à nous des représentants de ces dernières roches qu'à la suite de pressions énergiques et d'éruptions, qui les poussent dans les fentes des masses superposées.

L'absence, dans les météorites, de toute la série des roches qui forment une épaisseur si importante du globe terrestre, est, quelle qu'en soit la cause, une chose tout à fait remarquable.

Elle peut s'expliquer de diverses manières, soit que les éclats météoritiques qui nous arrivent ne proviennent que de parties intérieures de corps planétaires, qui auraient pu être constitués comme notre globe; soit que ces corps planétaires eux-mêmes manquent de roches silicatées, quartzifères ou acides, aussi bien que de terrains stratifiés.

Dans ce dernier cas, ils auraient donc suivi des évolutions moins complètes que la planète que nous habitons, et c'est à la coopération de l'Océan que la Terre aurait dû, dans l'origine, ses roches granitiques, comme elle lui a dû, plus tard, ses terrains stratifiés.

---

[1] Quoique du quartz ait été reconnu par Gustave Rose dans le fer de Toluca, on peut dire que ce minéral n'a pas été rencontré, au moins jusqu'à présent, dans des météorites pierreuses, ni dans des conditions comparables à celles où il se trouve dans des roches silicatées terrestres.

§ 11. UNITÉ DE CONSTITUTION DE L'UNIVERS, ATTESTÉE PAR LES MÉTÉORITES.

Grâce à la belle découverte de l'analyse spectrale, on est parvenu à saisir des ressemblances frappantes entre les corps simples que nous connaissons dans le globe terrestre et ceux qui sont décelés, non-seulement dans le Soleil, mais dans les étoiles.

L'étude des météorites vient, d'une manière directe et positive, préciser et étendre ces rapprochements.

Corps simples. — Il résulte de plusieurs centaines d'analyses, dues aux chimistes les plus éminents, que les météorites n'ont présenté aucun corps simple étranger à notre globe.

Les éléments qu'on y a reconnus avec certitude, jusqu'à présent, sont au nombre de vingt-deux.

Les voici, à peu près, suivant l'ordre décroissant de leur importance.

Le *fer* est absolument constant, tant à l'état de métal, qu'à l'état de sulfure. Il est, en outre, à l'état de protoxyde, soit libre, soit engagé dans diverses combinaisons.

Le *magnésium* se rencontre très-généralement à l'état de silicate ; il a été reconnu aussi dans la constitution de phosphures.

Le *silicium* donne lieu aux silicates, qui constituent la masse principale des météorites pierreuses.

L'*oxygène* se rencontre dans les silicates.

Le *nickel* est le principal compagnon du fer.

Le *cobalt*, sans être en aussi forte proportion, est presque aussi constant.

Il en est de même du *chrome*, qui se trouve dans les pierres, à l'état de fer chromé, et dans les holosidères, à l'état de sulfure.

Le *manganèse* y a été souvent signalé.

Le *titane* y est beaucoup plus rare.

L'*étain* et le *cuivre* y ont été découverts par Berzélius.

L'*aluminium* existe, dans un certain nombre de météorites, à l'état de silicates multiples. Il en est de même pour le *potassium*, le *sodium* et le *calcium* ; ce dernier s'est présenté aussi combiné au soufre, et au chlore.

L'*arsenic* a été signalé dans le péridot du fer d'Atacama.

Le *phosphore* se présente surtout à l'état de phosphure, et parfois, à l'état de phosphate.

L'*azote*, découvert par Berzélius dans la météorite charbonneuse d'Alais, a été retrouvé dans le fer météorique de Lenarto, par M. Boussingault, puis dans d'autres holosidères.

Le *soufre* forme très fréquemment des sulfures.

Des traces de *chlore*, dans certaines holosidères, sont reconnaissables au chlorure de fer, qui suinte à la surface des sections qu'on y pratique.

Le *carbone* se trouve dans les fers, en général à l'état de graphite. Il existe aussi dans les météorites charbonneuses, paraissant combiné à l'oxygène et à l'hydrogène, et, dans l'une d'elles, il a été rencontré à l'état de carbonate.

L'*hydrogène* fait aussi partie des météorites charbonneuses; d'un autre côté, Graham l'a signalé dans le fer de Lenarto, où l'azote avait déjà été rencontré.

Il est extrêmement remarquable que les trois corps qui prédominent dans l'ensemble des météorites, le fer, le silicium et l'oxygène, soient aussi ceux qui prédominent dans notre globe.

Le *magnésium*, si abondant dans ces corps extra-terrestres

ne paraît pas l'être moins dans notre globe, au moins dans les régions profondes, où nous avons reconnu l'importance des roches péridotiques.

Combinaisons communes aux météorites et au globe terrestre. — Au nombre des combinaisons que ces divers corps simples affectent dans les météorites, il y en a plusieurs que l'on retrouve parmi les espèces minéralogiques terrestres. Tels sont le *péridot*, le *pyroxène*, l'*enstatite* et le *feldspath anorthite*, le *fer chromé*, la *pyrite magnétique* et le *fer oxydulé*. Ce dernier y est singulièrement rare. Le *graphite*, et probablement l'*eau*, peuvent également être cités parmi les minéraux communs aux météorites et au globe terrestre.

De plus, certaines météorites présentent des espèces minéralogiques associées de la même manière que dans certaines roches terrestres. C'est ainsi que la pierre de Juvinas se rapproche extrêmement de certaines laves d'Islande ; que la pierre de Chassigny offre tous les caractères du péridot terrestre, avec des grains de fer chromé disséminés, exactement comme dans la roche de péridot, nommée *dunite*, découverte à la Nouvelle-Zélande.

Identité de forme cristalline dans ces minéraux. — L'identité des combinaisons communes au globe terrestre et aux météorites n'existe pas seulement pour la composition chimique, mais aussi pour les formes cristallines. Ainsi, le pyroxène et la pyrite magnétique, ou pyrrhotine, se montrent cristallisés dans la météorite de Juvinas, avec les modifications de formes et les angles que l'on connaît dans les mêmes espèces appartenant à nos roches.

Minéraux spéciaux aux météorites. — D'un autre côté, plusieurs espèces minéralogiques sont spéciales aux météorites, notamment le *fer natif nickelé*, le *phosphure de fer et de nickel* (schreibersite) le *sesquisulfure de chrome et de fer* (daubréelite), le *sulfure de calcium*, (öldhamite) et le *protochlorure de fer* (lawrencite).

Confirmation de l'hypothèse de la *scorification universelle*. —

Déjà, au commencement du siècle, Davy, après avoir fait connaître les résultats de son admirable découverte de la composition des alcalis et des terres, supposait que les métaux engagés dans ces oxydes pouvaient exister, à l'état libre, dans l'intérieur du globe, et il voyait, dans leur oxydation par l'accès de l'eau et de l'air, la cause de la chaleur et des éruptions des volcans.

Plus tard, on a agrandi cette hypothèse en l'étendant à l'origine de l'écorce terrestre elle-même, qui renferme précisément à l'état de silicates, les oxydes des métaux les plus avides d'oxygène, potassium, sodium, calcium, magnésium, aluminium, et en considérant l'eau des mers elle-même, comme le résultat de la combustion de l'hydrogène dans cette oxydation ou conflagration générale. De la Bèche, dont l'esprit savait embrasser toutes les grandes questions de la géologie, exposa, l'un des premiers[1], cette idée, qu'avaient bien préparée les importantes observations de Haussmann, de Mitscherlich et de Berthier sur les scories d'usines[2]. Cet ensemble de réactions oxydantes, qu'Élie de Beaumont a appelé, avec beaucoup de justesse, une *coupellation naturelle*[3], peut aussi, à raison du rôle du fer, du silicium et des

---

[1] *Researches in theoretical geology*, 1834; la traduction française a été publiée, en 1838, par de Collegno.

[2] Parmi les nombreuses observations de Haussmann, qui remontent à 1816, je dois signaler son travail intitulé : *De usu experientiarum metallurgicarum ad dispositiones geologicas adjuvandas* (Gœttingen gelehrte Anzeigen 1837). Il est juste aussi de rappeler que, dès 1825, Mitscherlich reconnut les formes du péridot et du pyroxène dans les cristaux des scories métallurgiques (*Abhandlungen der K. Academie der Wissenschaften zu Berlin* 1825, p. 25).

[3] *Bulletin de la Société géol.* 2ᵉ série. t. IV, p. 1526, 1847.

autres corps prédominants, emprunter une autre désignation à nos opérations métallurgiques, qui se pratiquent sur des corps analogues, et être comparé à un vaste *affinage*[1].

Il serait téméraire de chercher à préciser davantage quelles réactions ont pu se passer dans l'origine, comme, à la suite d'Ampère, ont tenté de le faire, de Boucheporn et d'autres savants, et à remonter au delà des premières phases dont il nous reste des vestiges.

Mais, les documents qui précèdent paraissent jeter quelque jour sur les commencements de cette assise silicatée et continue du globe terrestre, qui supporte les terrains sédimentaires et comprend des masses variées, depuis le granite jusqu'aux roches de péridot.

On sait que le mode de formation de l'écorce granitique a donné lieu à de nombreuses discussions. D'abord on a regardé ces masses fondamentales comme dérivant de la voie sèche. Mais on a cru reconnaître que le granite est d'origine mixte, et qu'il a été probablement formé à une température élevée, il est vrai, mais sous l'action combinée de corps divers, tels que l'eau, et de fortes pressions. Sa formation correspondrait à l'époque à laquelle la surface du globe était encore très-chaude, et où l'eau a commencé à s'y constituer à l'état liquide.

Si nous pénétrons, par la pensée, au-dessous des roches granitiques, au travers des silicates moins acides, tels que les laves pyroxéniques, nous arrivons aux masses péridotiques. Là se trouvent des silicates qui diffèrent de ceux des granites, non-seulement par la nature de leurs bases, mais aussi par leur mode de formation.

Ces silicates, presque exclusivement à base de magnésie rappellent incontestablement la voie sèche. De plus, on est

---

[1] A ce point de vue, le procédé Bessemer, si bien étudié dans la série des oxydations successives des corps qui accompagnent le fer, silicium, carbone, phosphore, est particulièrement instructif.

amené à y voir les produits d'une oxydation ou scorification originelle, aussi bien que dans les roches météoritiques analogues.

La seule différence entre les deux ordres de roches, c'est que, pour les météorites, contrairement à ce qui a eu lieu pour les roches terrestres, la scorification a été incomplète, soit que l'oxygène ait été en quantité insuffisante pour brûler toute la masse, soit qu'il n'ait pu y pénétrer complétement.

Dans cette combustion originelle, l'oxydation du silicium qui, d'après des recherches récentes[1], développe environ trois fois autant de chaleur que celle du carbone a dû être la source d'un énorme échauffement, aussi bien pour notre globe que pour les autres corps célestes, formés de silicates, dont les météorites sont des représentants.

En résumé, le privilége d'*ubiquité* du péridot, tant dans nos roches profondes que dans les météorites, peut s'expliquer, comme le font voir mes expériences, parce qu'il est en quelque sorte la *scorie universelle*.

On serait ainsi amené à conclure que l'oxygène, si essentiel à la nature organique, aurait aussi joué un rôle important dans la formation des corps planétaires.

Ajoutons que, sans lui, on ne conçoit pas d'océan, point de ces grandes fonctions superficielles et profondes dont l'eau est la cause.

Observation générale. — Que les météorites appartiennent ou non à notre système solaire, elles nous apportent des documents d'une véritable importance.

On vient de voir les conséquences qu'on tire de leur nature chimique et minéralogique, au point de vue de l'unité de composition des corps célestes.

[1] D'après MM. Troost et Hautefeuille. *Comptes rendus de l'Académie des Sciences* t. LXX. p. 254.

La haute température initiale dont elles ont été douées est également significative.

Les espaces nous montrent, malgré le froid excessif qui y règne, d'innombrables corps chauds et lumineux, les étoiles, parmi lesquelles compte le Soleil.

À part ces astres incandescents, le globe le plus rapproché de nous, au moins parmi ceux qui sont visibles, la Lune, quoique n'émettant plus de lumière par elle-même, montre, sur toute la surface qu'elle nous présente, les preuves manifestes d'anciens phénomènes éruptifs, conséquences bien probables d'un état de fusion initial.

Enfin, tous les débris de corps célestes, répandus avec profusion dans l'espace, et qui tombent sur notre planète, les météorites, sont des produits certainement formés sous l'action d'une forte chaleur, et confirment ainsi, plus positivement encore, l'universalité de l'origine, par voie ignée, des corps cosmiques, eussent-ils, comme la Terre, perdu leur éclat et une partie de leur haute température originelle.

Outre ces notions de constitution chimique et de température, les météorites nous apprennent encore trois faits considérables dans l'économie de l'Univers.

Elles nous apportent la preuve qu'indépendamment des astres volumineux, visibles à raison de la lumière qu'ils émettent ou qu'ils réfléchissent, certaines régions de l'espace sont comme peuplées de corps innombrables, dont l'existence nous resterait, sans doute, à jamais inconnue, sans ces apports fréquents et subits.

De plus, quelles qu'en soient l'origine et les orbites, les météorites, qui viennent échouer sur notre planète nous montrent l'un des modes de changements qui se produisent dans le monde, par la répartition des débris de démolition de certains astres ou astéroïdes entre d'autres astres. Ces rencontres ne constituent pas un fait accidentel et d'exception, mais plutôt un régime, une sorte d'évolution[1].

La composition des masses météoritiques nous apprend enfin, comme on l'a vu, que les corps célestes passent, ou ont passé, par des évolutions chimiques, analogues à celles dont les régions profondes de notre planète présentent des indices et dont il paraît possible d'entrevoir la nature. Elle nous ramène donc, par de nouveaux arguments, à la grande hypothèse, par laquelle Laplace (en 1794) a si heureusement cherché à expliquer tous les mouvements de notre système planétaire, en faisant dériver la Terre, comme toutes les autres planètes, d'une masse unique.

En constatant entre les météorites et les masses profondes de notre globe, des liens d'une intimité surprenante, nous

[1] Pour rendre hommage ici à la perspicacité et à la grandeur de vue de Chladni, je rappellerai ce qu'il disait, à ce sujet, en 1794, dans son mémoire précité dont une traduction en français est due à Coquebert de Montbret (*Journal des Mines*, t. XV, p. 479-480, an. 12.)

« L'aveu de son ignorance est, sans doute, la meilleure réponse qu'on puisse faire à quiconque demanderait comment de semblables masses ont pu se former ou demeurer dans cet état d'isolement ; car c'est à peu près comme si l'on demandait l'origine de corps célestes. D'ailleurs, quelque hypothèse qu'on puisse imaginer, il faut toujours admettre de deux choses l'une, ou bien que les corps célestes, à quelques changements près qui ont eu lieu sur leur surface, ont toujours été et seront toujours tels qu'ils sont à présent ; ou bien, que la nature a la puissance de former des corps célestes et même des systèmes entiers de ces corps, de les détruire et d'en recomposer d'autres avec leurs débris. Or cette dernière opinion paraît la mieux fondée ; car on remarque sur notre Terre, dans tous les êtres organisés, des alternatives de destruction et de reproduction que la nature serait tout aussi capable d'opérer plus en grand, la grandeur et la petitesse n'étant pour elle que relatives. D'ailleurs, plusieurs changements qu'on a remarqués dans des astres éloignés viennent à l'appui de cette opinion ; par exemple, la disparition de quelques étoiles observées autrefois, supposé cependant que ces changements ne tiennent pas à des causes périodiques.

« Maintenant, si l'on admet que les corps célestes ont eu un commencement, on ne peut guère en expliquer la formation qu'en supposant, soit que diverses matières auparavant disséminées dans l'espace, fort au large et dans un état, pour ainsi dire, chaotique se sont réunies en grandes masses par la force d'attraction ; soit que ces corps célestes se sont formés des débris de quelque masse bien plus considérable, dont la destruction a pu être occasionnée par un choc venu du dehors, ou par une explosion dont la cause ait été intérieure. Quelle que soit l'hypothèse qu'on admette, on peut croire aussi, sans invraisemblance, qu'une quantité considérable de ces matières est restée isolée, sans former une grande masse et sans se réunir à un corps céleste, soit à cause de leur éloignement, soit parce que leur mouvement d'impulsion se sera trouvé dans une direction contraire, et supposer qu'elles continuent à se mouvoir dans l'immensité de l'espace, jusqu'à ce qu'elles arrivent assez proches d'un corps céleste pour en être attirées et y tomber, en occasionnant des météores semblables à ceux qui font l'objet de cet ouvrage. »

arrivons ainsi, non-seulement à dévoiler les phases les plus reculées de l'histoire de notre propre globe, mais encore à faire ressortir la parenté mutuelle des différentes parties de l'Univers.

C'est ainsi que la Géologie, prise à un large point de vue, se rattache intimement à l'Astronomie physique, et que, si elle en reçoit des lumières, de son côté, elle contribue à l'éclairer et à la compléter.

DEUXIÈME SECTION

PHÉNOMÈNES MÉCANIQUES

———

La substance des météorites présente des effets de phénomènes mécaniques, de deux catégories absolument distinctes.

Les uns, se sont produits dans le milieu extra-terrestre, où se sont formées les roches météoritiques.

Les autres, au contraire, contemporains de la chute de ces corps cosmiques, à travers notre atmosphère, reconnaissent, à part l'excessive vitesse qui leur est propre, une cause empruntée à notre globe.

Il convient donc d'établir, parmi ces phénomènes, deux sous-sections, relatives : la première, à la partie astronomique du sujet ; la seconde, à sa partie terrestre.

———

PREMIÈRE SOUS-SECTION

PHÉNOMÈNES MÉCANIQUES RÉALISÉS DANS DES RÉGIONS EXTRA-TERRESTRES

———

J'ai dit plus haut que l'histoire des météorites comprend divers phénomènes mécaniques, dont la substance de ces épaves célestes à conservé la trace.

Il s'agit d'abord de la formation de *brèches*, quelquefois fort compliquées dans leur constitution et qui, parfois exclusivement pierreuses (Saint-Mesmin, Parnallee, etc.) et d'autres fois, entièrement métalliques, (Sainte-Catherine) peuvent participer aussi, par les caractères de leurs éléments, aux catégories les plus diverses de météorites (Toula).

Il s'agit aussi de la production des *surfaces de frottement* dont sont traversées, tout aussi bien des masses pierreuses, comme Limerick et Salles, que des syssidères, comme Atacama.

Je ne reviendrai pas ici sur ces faits déjà décrits, mais qu'il importait cependant de rappeler au début de cette sous-section, et je me bornerai à appeler l'attention sur les actions auxquelles doit-être attribuée la structure chondritique de certaines sporadosidères.

CHAPITRE UNIQUE

STRUCTURE GLOBULAIRE OU CHONDRITIQUE DES MÉTÉORITES; SON IMITATION

Structure globulaire ou chondritique des météorites. — L'un des traits caractéristiques des météorites du type commun (oligosidère) consiste dans la structure globulaire que présente souvent leur partie pierreuse (fig. 204). Cette structure, décrite, dès le commencement de ce siècle, par Bournon, a été, depuis lors, étudiée dans ses particularités par de très-

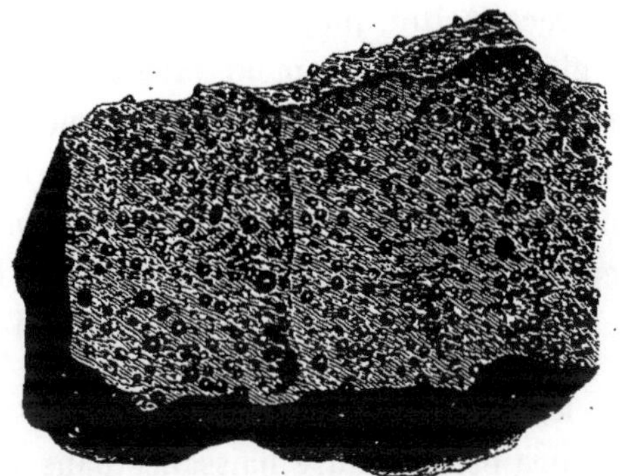

Fig. 204. — Sporadosidère tombée à Quenngouk, Pegu (Inde), le 27 décembre 1857. — Surface de cassure montrant la structure éminemment globulaire de cette roche météoritique. — Grandeur naturelle.

nombreux observateurs, parmi lesquels on peut citer MM. Gustave Rose, Maskelyne, Sorby et Kenngott.

Dans aucune météorite la structure globulaire ne se montre peut-être plus remarquablement caractérisée que dans celle qui est tombée à Ornans (Doubs), le 11 juillet 1868.

Celle-ci est si peu cohérente, qu'elle se désagrége sous la simple pression de la main ; on ne peut même en toucher la cassure, sans que de la poussière en adhère aux doigts. C'est

un caractère rare, qui suffirait à la distinguer des météorites du type commun et à la rapprocher, quant à la texture,
de certaines météorites charbonneuses.

Si l'on examine la matière désagrégée, on reconnaît, à
l'œil nu, ou mieux à la loupe, qu'elle se compose d'innombrables petits globules, les uns sensiblement sphéroïdaux,
les autres de formes diverses, mais toujours arrondies.

Ces globules ont un diamètre inférieur à 1/3 de millimètre. Il en est même beaucoup, dont le plus grand diamètre
n'est que de $0^{mm},20$ à $0^{mm},10$. D'autres enfin sont encore
moindres. La partie la plus ténue, examinée au microscope,
paraît aussi globulaire, pour la grande partie, si ce n'est
même entièrement.

On doit reconnaître que, dans certaines météorites, la
structure globulaire proprement dite remonte, à l'époque
même de la solidification; tel est le cas pour les globules
incohérents, avec surface miroitante et cristallisée, que
présentent les météorites tombées, le 17 novembre 1773, à
Sigena, en Espagne, le 2 décembre 1852, à Bustee, dans
l'Inde, et le 12 novembre 1856, à Trenzano, en Italie.

Structure analogue de diverses roches terrestres — La structure globulaire peut prendre naissance dans plusieurs circonstances de nature très différente, ainsi qu'on le constate en examinant les roches terrestres qui la possèdent :
d'une part, celles qui ont été formées dans l'eau, par une
sorte de précipitation concrétionnée, telles que les variétés
pisolithiques et oolithiques si fréquentes dans le calcaire et
la limonite; d'autre part, les roches silicatées qui paraissent
être le résultat de la consolidation d'une masse primitivement douée d'une température plus ou moins élevée.

Enfin, comme autre exemple des conditions où s'est produit la structure globulaire, on peut encore rappeler les in-

nombrables grenailles de galène, disséminées dans le grès bigarré, qui constituent un minerai abondamment exploité dans la Prusse Rhénane, aux environs de Commern.

Il est, dans les roches terrestres, des formes arrondies, très-fréquentes, qui proviennent d'un mode d'action tout différent de celui dont il vient d'être question. Ces formes sont le résultat de triturations et de frottement. Les galets de toute grosseur et les masses arénacées qui se sont formées, en si grande abondance, dans les terrains stratifiés, et qui se forment encore sous nos yeux, sur les bords de la mer, dans les eaux courantes et sous les glaciers, nous en présentent, de toutes parts, des exemples. On peut citer aussi certains conglomérats et tufs volcaniques où des frictions énergiques ont également produit des configurations assez semblables.

Expériences. — Les expériences peuvent être groupées en deux catégories ; les unes, ayant pour résultat d'imprimer, par agglomération autour de certains centres, le caractère globulaire ou chondritique à des corps fluides, et les autres, le développement de cette structure, tantôt par une dévitrification, tantôt à l'aide d'un frottement mécanique dans des corps déjà solides.

Structure globulaire prise par des corps fluides. — Si l'on fond du péridot, après l'avoir mélangé préalablement de charbon, de manière à le diviser suffisamment, la substance silicatée, en refroidissant, s'isole, sous forme de petits globules (fig. 205), les uns sphéroïdaux, les autres présentant des déformations entièrement semblables à celles qu'on observe dans les globules d'Ornans.

La ressemblance est encore plus intime que ne l'indiquerait la première vue ; car les globules ainsi obtenus, loin d'être exclusivement formés de péridot, sont intimement mélangés de fer métallique très-divisé, résultant évidemment d'une réduction partielle du silicate primitif, qui est, comme on sait, à base de magnésie et de protoxyde de fer.

En outre, comme on l'a observé dans des expériences antérieures, il se produit, par suite de cette réduction partielle, et aux dépens du protosilicate (péridot), une certaine quantité de bisilicate (enstatite ou pyroxène), tel qu'en présente aussi la météorite qui nous occupe.

Enfin, les globules artificiels, examinés en tranches minces à l'aide de la lumière polarisée, se comportent comme ceux de

Fig. 205. — Imitation de la structure chondritique des météorites, par la solidification du péridot fondu dans du charbon pulvérisé. — Grossissement 1 fois et demi.

la pierre d'Ornans, dont ils ne diffèrent sensiblement, comme on voit, que par leur diamètre moyen, qui est plus grand.

Il suffit de mélanger au péridot 1/8 de son poids de charbon, pour obtenir une granulation parfaitement nette.

Je suis loin de vouloir conclure de cette expérience que le charbon, qui est rare dans les météorites, ait été la cause de la structure globulaire de la roche d'Ornans, où il manque complétement. Mais elle montre comment, en général, une matière, en cherchant à s'agglomérer dans un milieu étranger et résistant, acquiert la forme globulaire.

D'ailleurs, si le milieu résistant, au lieu d'être solide, est liquide ou gazeux, le même résultat peut se produire, particulièrement s'il y a agitation de la masse ambiante.

Ainsi, l'eau joue un rôle semblable, quand elle sert à diviser le phosphore en globules, comme dans la préparation de la pâte phosphorée, ou lorsqu'elle granule le laitier des hauts fourneaux. La matière grasse dans laquelle on triture le mercure métallique, pour le diviser, dans certaines opérations pharmaceutiques, le réduit également en globules impalpables.

On voit un gaz agir de la même manière, quand le plomb de chasse ou le mercure sont granulés par une simple projection dans l'air ou quand le choc du briquet d'acier détache du métal des globules oxydés.

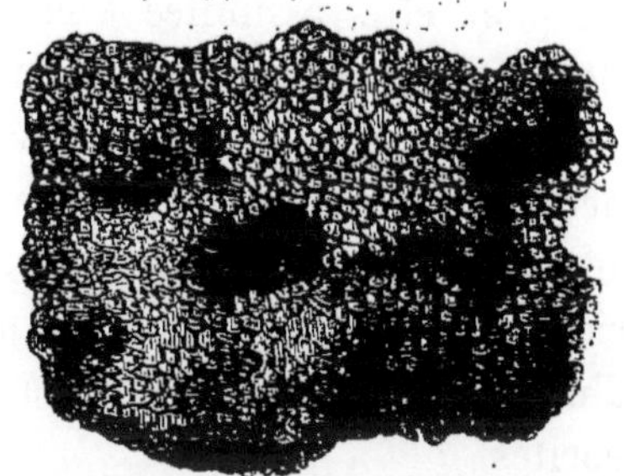

Fig. 266. — Structure chondritique prise par des silicates de magnésie, soumis à l'action d'une haute température. — Grossissement 1 fois et demie.

Des globules de charbon, d'une régularité parfaite et de grosseurs diverses, se sont produits dans les cornues d'une usine à gaz (Saint-Mandé, près Paris), sous l'influence de remous causés à la rencontre de deux courants gazeux de vitesses inégales.

C'est par une action semblable due à l'air que l'eau se pulvérise dans le voisinage des cascades (Wasserstaube), ou dans le petit appareil employé en médecine sous le nom de pulvérisateur, enfin, sur une échelle incomparablement plus vaste, dans les nuages, où elle constitue d'innombrables globules.

Nous voyons des grains ou sphérules semblables prendre naissance dans plusieurs des expériences faites sur la fusion des silicates magnésiens (fig. 206). Parmi ces globules, les uns sont à surface lisse; d'autres à surface drusique ou hérissée de petits cristaux microscopiques. Ces derniers ressemblent tout à fait aux globules de la météorite de Sigena (17 novembre 1773), de la variété friable. Ils sont inattaquables par les acides, comme ceux des météorites. L'analyse d'un échantillon a montré qu'il renferme plus de silice que le bisilicate.

Structure globulaire prise par des corps solides, par exemple, lors d'une dévitrification. — Dans diverses roches, la structure globulaire peut être assimilée à celle qui se manifeste artificiellement dans le verre, où un commencement de dévitrification engendre des mamelons opaques, au milieu de la substance restée transparente. Cette structure s'est aussi reproduite, parfaitement caractérisée, dans les expériences de fusion dont je viens de parler, et pour des silicates magnésiens, d'une composition semblable à ceux qui constituent les météorites.

Je dois ajouter que du kaolin et de l'argile, soumis, dans des expériences antérieures, à l'action de l'eau suréchauffée, ont également acquis, après le refroidissement, une structure globulaire très-nette.

Structure globulaire prise par des corps solides, sous l'action de frottements mécaniques. — Dans les météorites, la fréquence d'une structure évidemment bréchiforme, annonce également que ces corps ont subi des actions mécaniques violentes, lorsque les substances qui les composent étaient déjà consolidées.

Si une action mécanique violente, telle que celle qui a brisé la masse de fer de Sainte-Catherine, avait agi sur des masses moins tenaces, sur des masses pierreuses, par exemple, elle les aurait concassées en menus morceaux, que leur frottement mutuel aurait sans doute arrondis, au moins partiellement.

Mais, ici, de même que dans nos roches, les substances, ainsi arrondies depuis leur consolidation et réagglomérées présentent des caractères particuliers, notamment dans leur structure, que l'on peut soumettre à l'examen microscopiqúe.

D'ailleurs, la structure arrondie, très connue dans la poudre à canon, où on l'obtient par frottement, est à citer, comme exemple d'un procédé propre à imiter ce caractère.

Observation générale. — Les divers procédés qui viennent d'être indiqués, tout différents qu'il soient, ont eu évidemment chacun leur part dans la forme globulaire ou arrondie qui se manifeste dans la pâte des météorites.

Dans le cas de la météorite d'Ornans, la structure oolithique de la masse, aussi bien que sa constitution minéralogique, et notamment l'état de division extrême du fer métallique au milieu des silicates qui composent ces globules, paraissent bien s'accorder avec ce qui arriverait dans une masse de péridot qui se refroidirait en tourbillonnant dans un milieu gazeux, et en même temps réducteur, tel qu'une atmosphère hydrogénée : le péridot se trouverait ainsi granulé, à l'état de cristallisation confuse, en même temps que du fer très-divisé s'en séparerait par une réduction partielle.

Quoi qu'il en soit, nous voyons la forme globulaire se manifester de toutes parts et elle nous apporte une démonstration, en quelque sorte palpable, de la généralité de l'attraction universelle. Cette force agit dans les espaces, comme sur notre globe ; elle a présidé, non-seulement à la configuration des corps planétaires, mais aussi à la structure même des fragments qui en arrivent jusqu'à nous.

DEUXIÈME SOUS-SECTION

PHÉNOMÈNES MÉCANIQUES RÉALISÉS DANS L'ATMOSPHÈRE TERRESTRE.

Une forte pression, surtout lorsqu'elle est accompagnée d'une température élevée, exerce sur les phénomènes qui lui sont soumis, une influence considérable qui mérite, non-seulement l'intérêt du physicien et du chimiste, mais aussi celui du géologue. Car, ces conditions se réalisent, de toutes parts, dans les régions profondes du globe, où s'élaborent les produits qui, de temps à autre, s'élèvent vers la surface, à l'état de fusion ou sous forme de gaz et de sublimainots.

Des circonstances du même genre se retrouvent aussi, dans des phénomènes bien différents, lors du refoulement énergique produit sur l'air par les bolides qui entrent dans notre atmosphère.

Quand un bolide pénètre dans l'atmosphère de notre globe, il est animé d'une vitesse énorme, de l'ordre de celle des planètes dans leurs orbites, vitesse que l'on a souvent évaluée à 20 ou 50 kilomètres par seconde. Bientôt, entouré de gaz très-comprimés et fortement incandescents, il devient lui-même lumineux. C'est ainsi qu'il poursuit une longue trajectoire, tout en descendant de plus en plus vers la surface de la Terre. Après un trajet qu'on observe pendant un certain nombre de secondes, et à une hauteur encore considérable, il éclate, souvent à deux ou trois reprises; puis, il paraît s'éteindre, en envoyant à la surface du sol des corps solides et fragmentaires que l'on désigne sous le nom de météorites ou d'aérolithes. L'incandescence, autrefois attribuée à des effets électriques ou à des dégagements gazeux, s'explique par le simple effet de la compression de l'air, refoulé par un corps doué d'une vitesse sans analogue sur notre globe. C'est ainsi que Benzenberg l'avait supposé, dès 1818, par une assimilation avec le briquet pneumatique et que Haidinger l'a expliqué en 1861. Au milieu de cet air, qu'il a lui-même fortement comprimé et échauffé, le bolide se trouve donc dans des conditions qui offrent de l'analogie avec ce qui se passerait, si, étant en repos, il était soumis à des gaz très-comprimés, comme ceux que produit l'explosion de la poudre ou de la dynamite.

Cette ressemblance entre divers caractères des météorites et des bolides et certains effets de gaz explosifs, est beaucoup plus complète qu'on ne pourrait le supposer au premier abord. A l'aide de ces derniers, on a pu, en effet, reproduire, avec une fidélité surprenante, plusieurs caractères des bolides et des météorites qu'ils nous apportent. C'est ce que l'on verra, d'après les résultats qui vont être exposés.

CHAPITRE PREMIER

FORMES POLYÈDRIQUES CARACTÉRISTIQUES DES MÉTÉORITES; LEUR IMITATION EXPÉRIMENTALE, A L'AIDE DES GAZ COMPRIMÉS

On sait qu'un bolide apporte souvent à la surface du sol un nombre considérable de météorites bien distinctes, chacune entièrement enveloppée d'une croûte qui est un signe de son individualité. Quoique, même dans ce cas, le bolide apparaisse dans l'espace comme une masse unique, on a souvent admis qu'il se compose d'un *essaim* (*Schwarm*, *Schar*) de corpuscules ou aérolithes, préexistant à l'entrée dans l'atmosphère, où ils auraient pénétré après avoir voyagé, en société, dans les espaces célestes. Telle est particulièrement l'opinion que Haidinger a exprimée, de la manière la plus formelle, pour les innombrables pierres qui sont tombées à Pultusk, près de Varsovie, le 30 janvier 1868 [1].

Les météores multiples qui ont été observés dans plusieurs circonstances, et notamment par M. Jules Schmidt, à Athènes, le 18 octobre 1863, ont contribué à faire croire à cette préexistence de corpuscules distincts. D'ailleurs, il pouvait paraître difficile d'admettre que des milliers de fragments, comme on en a recueilli dans les chutes de l'Aigle, de Pultusk et de Knyahinya, se produisissent instantanément, lors des détonations qui précèdent la chute. Cependant, les mêmes savants, qui ont admis l'existence d'essaims météoriques, n'ont pu se refuser à reconnaître, en outre, que dans

---

[1] *Proceedings of the Royal Society*, p. 159 ; 1868.

les détonations intenses, précurseurs de la chute, il se produit également des ruptures.

Quoi qu'il en soit, et laissant de côté pour l'instant ce sujet sur lequel nous reviendrons, la forme essentiellement fragmentaire et souvent polyédrique, c'est-à-dire celle de polyèdres à arêtes émoussées, est bien connue dans les météorites pierreuses.

Parmi les nombreux exemples qu'on pourrait en donner,

Fig. 207. — Sporadosidère tombée à Tourinnes-la-Grosse (Belgique), le 7 décembre 1864, et montrant une forme essentiellement polyédrique et fragmentaire, avec des arêtes remarquablement peu émoussées. — Échelle de moitié.

je mentionnerai d'abord la sporadosidère tombée à Tourinnes-la-Grosse (Belgique), le 7 décembre 1864, et qui offre la forme grossière d'un prisme pentagonal (fig. 207). En réunissant les trois échantillons provenant de la chute du Teilleul (Manche), dont deux figurent dans la collection du Muséum et l'autre dans celle de l'École des Mines, on reconstitue pour cette météorite un prisme droit à base pentagonale, fig. 208. Enfin, la figure 209 représente une des météorites tombées à Knyahinya (Hongrie), qui est remarquable par sa forme tabulaire.

La forme fragmentaire se retrouve, tout aussi fréquente et non moins bien caractérisée, dans les masses de fers météoriques, tels qu'ils nous arrivent des espaces. On peut s'en

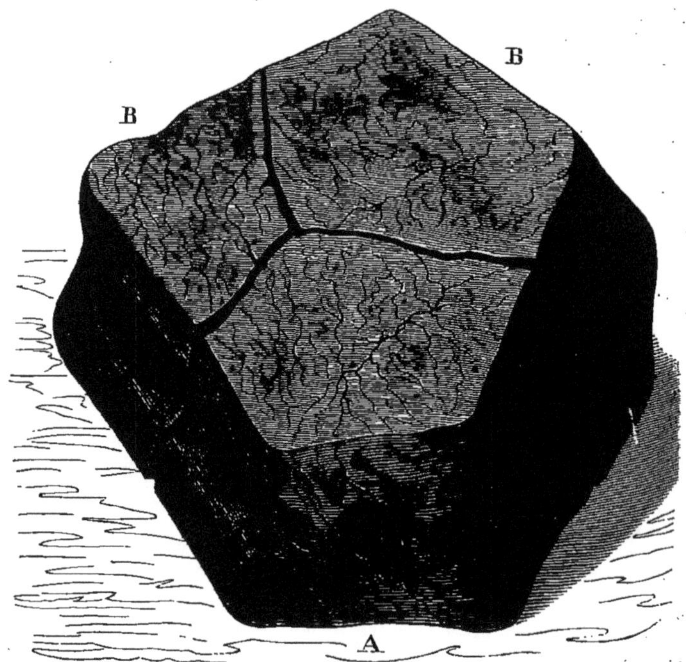

Fig. 208. — Sporadosidère-cryptosidère (howardite), tombée au Teilleul (Manche), le 14 juillet 1845, et montrant, par la juxtaposition des trois échantillons qu'on en possède, sa forme essentiellement polyédrique et fragmentaire. A, échantillon appartenant à la collection de l'École des Mines; B, B, échantillons appartenant à la collection du Muséum. — Grandeur naturelle.

convaincre en examinant la plupart des masses qui ont conservé leurs formes originelles, comme c'est le cas pour plusieurs météorites holosidères faisant partie de la collection du Muséum[1]. La planche VII est une reproduction photogra-

[1] *Comptes rendus*, t. LXIV, p. 656.

phique de la météorite holosidère de Charcas. Elle est remarquable, outre les cupules dont elle est recouverte, et sur
lesquelles nous reviendrons, par une forme anguleuse évidemment fragmentaire, qu'on n'aurait pas prévue chez une
masse aussi malléable. Cette forme est, comme on voit, celle
d'un tronc de pyramide triangulaire à arêtes émoussées.

Fig. 209. Météorite sporadosidère tombée à Knyahinya (Hongrie), le 9 juin 1868 : elle est entièrement recouverte de sa croûte noire, et remarquable par sa forme tabulaire et anguleuse.
On observe à sa surface un grand nombre de cupules de différentes grandeurs. — Échelle
de 2/3.

A part la surface triangulaire qu'on a sciée et polie, vers
le bas de la face antérieure, pour étudier les caractères internes de la masse, on remarque, tout d'abord, l'existence
de larges dépressions à contours arrondis et contigues les
unes aux autres.

Ces sortes de segments sphériques atteignent, pour les
plus grands, les dimensions suivantes : diamètre, 40 à 80
millimètres ; profondeur, 8 à 15 millimètres ; rayon de courbure, 40 à 50 millimètres.

Sur le fond de plusieurs de ces dépressions, situées vers le milieu de la surface antérieure et à droite de la figure, se montrent une multitude d'empreintes circulaires, et à bords

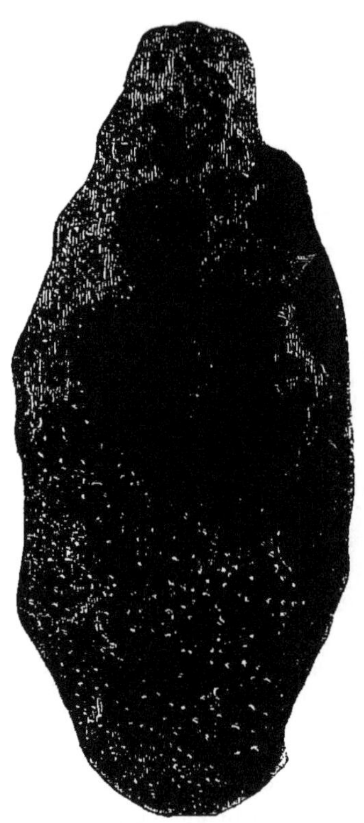
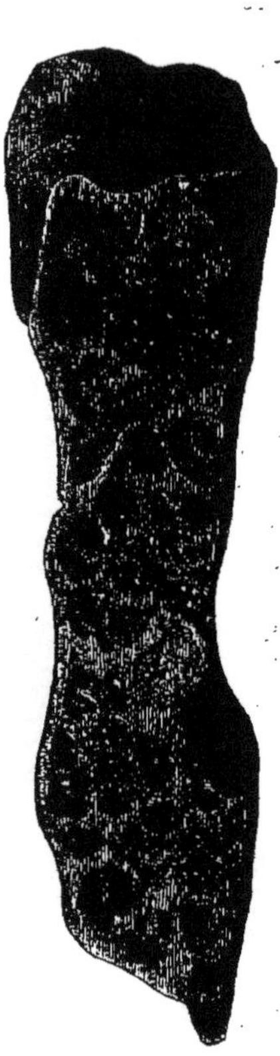

Fig. 210. — Vue sur le plat.   Fig. 211. — Vue de profil.

Fig. 210 et 211. — Holosidère découverte à San-Francisco del Mesquital (Mexique), et remarquable par sa forme essentiellement fragmentaire et anguleuse et par les cupules de divers ordres dont sa surface est découverte. — Échelle du tiers.

saillants, comme celles que produirait le choc d'une charge de chevrotines sur une masse de plomb. Elles ont un diamètre assez uniforme qui est, moyennement, de 5 millimètres;

Il importe de les distinguer de la cavité circulaire et profonde qui apparaît en noir à côté d'elle, et qui résulte de la décomposition d'un rognon cylindroïde de troïlite (sulfure de fer), semblable à celui que recoupe, un peu plus bas et

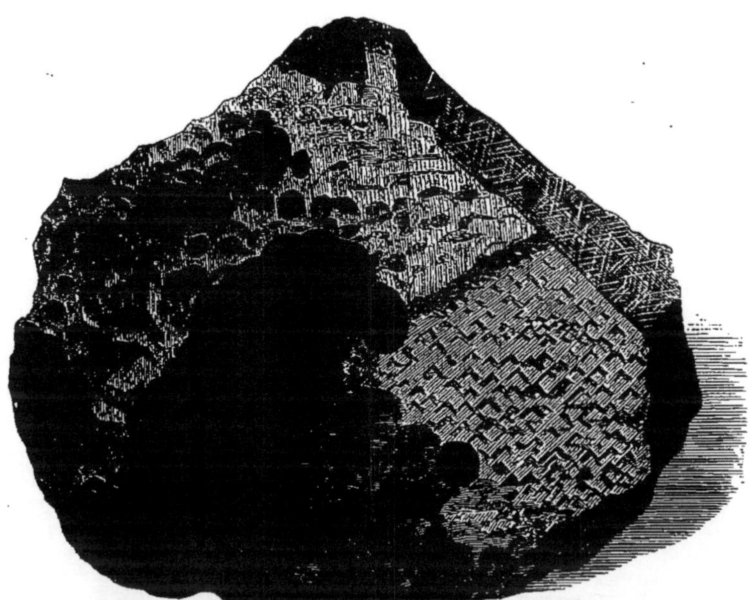

Fig. 212. — Holosidère de Caille (Alpes-Maritimes), vue de face. La figure montre une forme essentiellement fragmentaire, en partie due à un arrachement, ainsi que l'exprime la saillie de la partie gauche de l'échantillon. En outre, une grande partie de sa surface est recouverte d'innombrables cupules, qu'il faut bien distinguer de cavités cylindroïques, plus noires, dues à la décomposition et à la disposition de canons de sulfure de fer. La partie droite inférieure contraste avec le reste de la surface, non-seulement par le clivage octaédrique qu'elle représente, mais par sa régularité plane et par l'absence de cupules; circonstance que l'on explique page 677. Quant à la surface plane supérieure, qui est vue de perspective, elle est d'origine artificielle et a subi, après le polissage, l'action d'un acide qui y a fait apparaître les figures de Widmanstaetten. — Échelle d'environ un dixième.

sur la même verticale, la surface artificiellement polie.

Les autres faces de cette masse présentent des cupules semblables aux premières qui viennent d'être décrites.

La plaque polyédrique de San-Francisco-del-Mesquital (Mexique) (fig. 210 et 211) est particulièrement remarquable

par ces cupules. Nous en dirons autant de la masse de Caille
(Alpes-Maritimes) (fig. 212 et 213), dont les formes paraissent clairement annoncer une rupture violente, non-seulement la face géométriquement plane, qui a été brisée suivant un plan de clivage de l'octaèdre, mais aussi les parties saillantes et arrondies qui expriment un arrachement.

Fig. 213. — Holosidère de Caille (Alpes-Maritimes), vue de profil. La forme essentiellement fragmentaire, due à un arrachement, ressort nettement de la saillie visible à gauche. La face de droite, invisible dans la figure précédente, montre également de nombreuses cupules. Quant à la face plane, de clivage, elle se montre très-nettement près de la coupure artificielle représentée de face, avec les figures de Widmanstaetten. — Échelle d'environ un dixième.

Je me suis demandé si les gaz, soumis à une très-forte pression, qui ont laissé, comme on le verra plus loin, à la surface des météorites de toutes sortes, et particulièrement des fers, un stigmate si marqué de leur action, ne pourraient pas avoir eu également une part dans la rupture, en morceaux polyédriques, de ces mêmes masses métalliques. Depuis que l'on est témoin de l'énergie considérable de la dynamite, on doit reconnaître que les gaz très-comprimés, tels que les météorites, entrant dans notre atmosphère avec une vitesse planétaire, en refoulent nécessairement devant elles, peuvent non-seulement les échauffer par leur compression, mais aussi avoir une puissante brisante que naguère l'on n'aurait pas osé leur attribuer.

D'ailleurs, en supposant que l'on s'en contente pour les météorites pierreuses, l'explication qu'on a proposée d'une rupture causée par une forte inégalité de dilatation, paraît tout à fait inadmissible pour les météorites formées de fer malléable, métal tout à la fois fort tenace et bon conducteur de la chaleur.

A cette occasion, je tiens toutefois à rappeler que certains savants, notamment M. Reinhold de Reichenbach[1] et Delaunay[2], avaient déjà remarqué que la forte pression de l'air qui réagit sur la partie antérieure du bolide tend à écraser le corps qui subit cette pression.

Pour étudier expérimentalement, au point de vue de ce phénomène naturel, les effets des gaz fortement comprimés et échauffés, j'ai cru ne pouvoir mieux faire que de me servir de ceux que développe la dynamite dans son explosion.

Expériences. — Grâce au concours précieux que M. Sarrau, directeur du Dépôt central des poudres et salpêtres, a bien voulu m'accorder, et pour lequel je me fais un plaisir d'exprimer ma gratitude à ce savant distingué, j'ai pu contrôler par des expériences les idées auxquelles j'étais arrivé, sur les phénomènes mécaniques qui accompagnent l'apparition et la détonation des météorites. Ces expériences, à la poudrerie

[1] *Poggendorff's Annalen*, t. CXIX, p. 275; 1865.
[2] Notice sur la constitution de l'Univers (*Annuaire du Bureau des Longitudes*, p. 581; 1870).

de Sevran, avaient pour but de briser des pièces d'acier, sous l'action de la dynamite, et de voir comment se comportent les gaz doués de pressions encore plus fortes que celles que développe la poudre, avec laquelle j'avais antérieurement tenté des essais qui seront signalés plus loin.

Des prismes d'acier corroyé, de première qualité, ayant une section carrée de 85 millimètres de côté, ont été soumis, dans plusieurs conditions différentes, à des charges ou pétards de dynamite d'un poids total de 2 et de 5 kilogrammes. Le pétard était simplement appliqué sur l'une des faces, de telle sorte que la pression des gaz n'agît que d'un seul côté, comme dans le cas d'un bolide.

Le tout était placé dans un puits de 2 mètres de profondeur, à parois d'argile, dans laquelle on retrouverait, après l'explosion, tous les fragments plus ou moins enfouis. On pouvait donc reconstituer, après la rupture, le solide primitif et se rendre compte des effets produits.

Les prismes se sont toujours brisés nettement et ont engendré des fragments plus ou moins nombreux de formes polyédriques. Les plans de rupture ont une tendance marquée à se produire perpendiculairement à la surface sur laquelle agissent les gaz, et que l'on peut appeler *surfaces d'action*.

Pour expliquer des effets si énergiques, je rappellerai que les gaz produits par l'explosion de la dynamite, sous son propre volume, ont une pression qui n'est probablement pas inférieure à 12 fois la pression des gaz de la poudre, brûlant également dans son propre volume, et que, par suite, la pression de ces gaz peut dépasser 30 000 atmosphères. L'explosion dure un instant, des plus courts, qui n'excède peut-être pas $\frac{1}{50000}$ de seconde ; par conséquent, elle est incomparablement plus rapide que celle de la poudre. Quant à la température, on l'a évaluée à 2000 degrés, au moins.

Les expériences qui précèdent, tout en montrant avec quelle facilité des masses de fer peuvent être brisées par des gaz comprimés, nous apprennent aussi d'autres circonstances qui ne se rattachent pas moins intimement à l'histoire des météorites, et sur lesquelles nous reviendrons dans le chapitre suivant.

CHAPITRE II

CUPULES CARACTÉRISTIQUES DES MÉTÉORITES ; LEUR IMITATION, SOIT PAR L'APPLICATION D'UNE CHALEUR BRUSQUE, SOIT A L'AIDE DES GAZ COMPRIMÉS.

La configuration extérieure des météorites qui ont conservé leur surface originelle, est, avec le caractère fragmentaire qui vient de nous occuper, remarquable par la présence très-fréquente de dépressions arrondies, d'une forme caractéristique, que l'on a depuis longtemps comparées à l'empreinte plus ou moins profonde que laisse un doigt ou le pouce sur une pâte molle ; aussi les a-t-on quelquefois désignées sous le nom de *coups de pouce* (Fingerabdrücke) ; nous les désignerons sous le nom de *cupules*.

Il importe de noter que les cavités de ce genre se rencontrent dans les météorites de toutes sortes.

Parmi les asidères, je citerai celles de la chute d'Orgueil, 14 mai 1864, et, parmi les cryptosidères, les météorites de Stannern, 22 mai 1808.

Pour les sporadosidères, on peut en voir dans la collection du Muséum, ainsi que dans les belles collections, que j'ai eu l'occasion de visiter, de Vienne, de Londres, de Saint-Pétersbourg et autres : telles sont : Tabor en Bohême, 5 juillet 1753 ; Salles (Rhône), 12 mars 1798 (dont la surface en est presque entièrement couverte) ; Charsonville, 23 novembre 1810 ; Serès en Macédoine, juin 1818 ; Lixna en Russie, 12 juillet 1820 ; Wessely en Moravie, 9 septembre 1831 ; Grüneberg en Silésie, 22 mars 1841 ; Goalpara, Assam, Indes,

1846 ; Mezö-Madaras, Siebenbourg, 4 septembre 1852 ; Ohaba
Siebenbourg, 10 octobre 1857 (très-remarquable) ; Bremer-
wœrde, Hanovre, 15 mai 1855 ; beaucoup des échantillons
de l'abondante chute de Knyahinya, Hongrie, 9 juin 1866
(fig. 214), et notamment la plus grosse masse de cette chute,
pesant environ 260 kilogrammes, que possède le Musée de
Vienne ; cette dernière météorite est couverte de cupules sur
toute sa surface, comme le représente d'ailleurs parfaitement la figure qu'en a donnée Haidinger[1] ; il en est de même

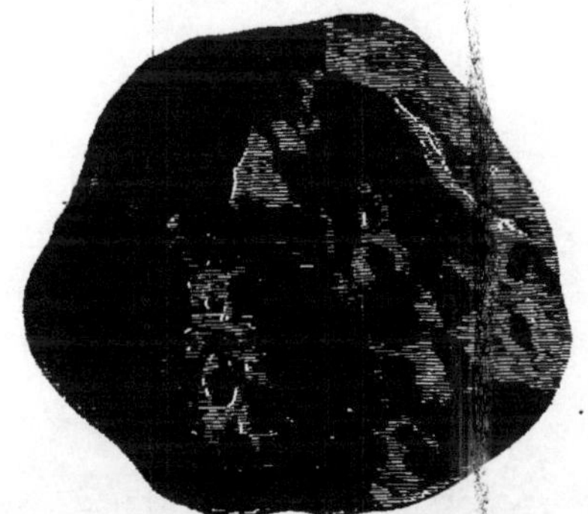

Fig. 214. — Cupules nombreuses que présente la surface d'une météorite de Knyahinya.
Grandeur naturelle.

de beaucoup des échantillons de l'essaim de Pultusk, en Pologne, 30 janvier 1868, et de Iowa ou Amana (États-Unis),
15 février 1875.

Le bel échantillon de la syssidère de Deesa (fig. 215 et 216)
que possède le Muséum présente, sur une partie de sa surface, une série de petites cupules des mieux caractérisées.

Nulle part ce caractère n'est mieux prononcé que dans les
fers météoriques massifs ou holosidères[2], ainsi qu'on le
peut constater de la manière la plus remarquable sur les deux

[1] Voir aussi les excellentes figures données par Haidinger de la principale météorite
de Knyahinya et de celle d'Assam (*Bulletin de l'Académie de Vienne*, 1866 et 1869.
[2] *Comptes rendus*, t. LXXXII, p. 949.

météorites de cette catégorie, dont les chutes ont été bien constatées.

Celle qui est tombée, le 26 mai 1751, à Hraschina, près d'Agram, en Croatie, et qui est conservée au Musée de Vienne,

g. 215. — Cupules de divers ordres, sur l'une des faces naturelles de la syssidère, trouvée, en 1866, dans la Cordillère de Decsa, au Chili. On remarque, vers la gauche de la figure, une portion de cupule de grande dimension, avec un diamètre de 110ᵐᵐ. Elle a une profondeur de 51ᵐᵐ. Comme contraste, on voit, à droite, une traînée de petites cupules, dont le diamètre ne dépasse pas 4 millimètres. — Échelle de moitié.

a conservé sa croûte presque en totalité et offre un exemple, qu'on peut dire classique, de ces cupules. On s'en fait d'ailleurs une idée par la figure de cette masse, de grandeur naturelle, et par la description détaillée qu'en a données Schreibers[1]. Les cupules peuvent être également bien étudiées sur les deux masses de fer qui sont tombées à Braunau, en Bohême, le 14 juillet 1847[2].

Fig. 218. — Cupules accumulées sur la seconde face naturelle de la syssidère, trouvée en 1865 dans la Cordillère de Deesa. Remarquables par l'uniformité de leur diamètre, moyennement de 5ᵐᵐ, elles sont tellement rapprochées les unes des autres que la surface en est absolument couverte. — Échelle de moitié.

Des fers, dont la chute est d'une époque inconnue, présen-

<hr>

[1] *Beitræge zur Kenntniss meteorischer Stein-und Metalmassen*, 1820.

[2] M. Beinert, en décrivant ces masses, avait signalé ces caractères (*Leonhards Jahr buch*, 1848, p. 729).

tent aussi des cupules, lorsque leur surface première, n'ayant pas été attaquée par les agents atmosphériques, ou autres, s'est conservée. Tel est le cas pour le fer météorique de Charcas (Mexique), dont le poids est de 780 kilogrammes, et dont les cupules, de deux sortes, ont été décrites précédemment et sont représentées planche VII[1]. Je rappellerai aussi le fer de Lenarto, déposé dans la collection de Vienne; celui de Chihuahua (Mexique), décrit par M. Lawrence Smith[2] et la grande masse d'Imilac, découverte en 1870. Dans la masse de fer de 148 kilogrammes, trouvée en 1855, avec sa croûte, dans l'Afrique australe, près de la rivière Orange, et qui a été décrite et figurée par M. Shepard, ces dépressions arrondies et allongées sont très-remarquables[3]. Il en est de même de la masse de Lion-River, également dans le sud de l'Afrique, d'après le dessin qu'en a donné le même savant[4]. Je mentionnerai, à ce titre, d'après M. Boussingault, le fer trouvé, en 1810, à Santa-Rosa, en Colombie.

Enfin les holosidères de San-Francisco del Mesquital, et de Caille représentées plus haut (fig. 210 et 211, 212 et 213), pour leur forme fragmentaire, ne sont pas moins remarquables par les nombreuses cupules dont leur surface est recouverte.

De très-nombreux exemples apprennent donc que les cupules sont assez fréquentes à la surface des météorites de toute nature, pierreuses ou métalliques, pour qu'elles puissent être considérées comme un de leurs traits caractéristiques.

D'après la manière dont se présentent, en général, toutes ces dépressions, elles paraissent s'être formées, après que l'échantillon avait déjà sa forme générale, comme par un

---

[1] On peut voir aussi : *Comptes rendus*, t. LXIV, p. 657, 1867, et t. LXXXII, p. 940.
[2] *Original researches*, 1873, p. 283.
[3] *Sillimann's journal*, mars 1858 : elles sont disposées en deux séries; quelques-unes sont très-allongées.
[4] Même journal, 1853.

Heliog. Dujardin

CUPULES DE PLUSIEURS ORDRES

À LA SURFACE DE LA MÉTÉORITE HOLOSIDÈRE DE CHARCAS (MEXIQUE)

Remarquable aussi par la forme évidemment fragmentaire

Echelle de $\frac{1}{6}$

affouillement superficiel, produit autour de centres d'action distincts.

D'ailleurs, la présence de ces cavités, dans des masses de nature aussi différente que les fers et les pierres, doit être caractéristique d'une circonstance par laquelle ces fragments ont passé, avant de parvenir à la surface de notre globe. Aussi mérite-t-elle l'attention, peut-être au même titre que la croûte qui les enveloppe.

§ 1. ESSAIS D'IMITATION DES CUPULES DES MÉTÉORITES PAR L'APPLICATION D'UNE CHALEUR BRUSQUE.

Si l'on applique une chaleur brusque et intense sur un échantillon de quartzite, en dirigeant sur lui le dard de la flamme d'un chalumeau à gaz oxygène et hydrogène, il se détache instantanément de sa surface de nombreuses esquilles, qui sont projetées jusqu'à plusieurs décimètres de distance, avec un pétillement prononcé. Le quartz se comporte alors comme certaines variétés de charbon de bois, dès qu'on en soumet un morceau au chalumeau. En profitant de cette sorte d'éclatement, j'ai pu creuser dans un échantillon de quartzite des Alpes, de la variété la plus dure, un trou cylindrique de 6 centimètres de profondeur[1].

Tout d'abord, il paraissait naturel de chercher la cause des dépressions cupuliformes des météorites dans un éclatement qui se serait produit vers la surface de ces corps, lorsqu'au moment de leur entrée dans l'atmosphère terrestre[2], ils ont été brusquement surpris par la chaleur. C'est d'après cette

[1] *Annales des Mines*, t. XIX, p. 25; 1861.
[2] Nevill S. Makelyne. On meteoric stones. *Royal Institution of Great Britain.* 10 mai 1872, p. 2.

donnée que j'ai d'abord essayé de les imiter, au moyen de l'application subite du chalumeau à gaz oxyhydrique et en opérant sur diverses roches, trachyte, lherzolite, roches météoritiques. Mais, dans chacun de ces cas, il ne s'est produit qu'une vitrification sur le point d'application du dard, sans qu'il se soit détaché d'esquilles.

Avec le chalumeau à gaz oxyhydrique agissant sur des feuilles de tôle, on a pu en oxyder la surface, de manière à en détacher des pellicules et y produire de faibles dépressions ; mais ces dépressions n'offrent que bien peu de ressemblance avec celles qui nous occupent.

Toutefois, avant de renoncer à ce mode d'expériences, il m'a paru opportun de profiter de l'énorme température produite dans les fours à dôme, au Conservatoire des Arts et Métiers, où l'on fondait la platine en quantité considérable, afin de fabriquer les étalons de mètre. En laissant tomber les roches par l'orifice du dôme, sur la surface incandescente du platine, au moment où il venait de solidifier, on n'a pas mieux réussi. Chaque échantillon s'est simplement enveloppé d'une croûte fondue. Pour le granite, on a, en outre, constaté, comme on l'avait fait précédemment[1], que dans ces conditions, cette roche se désagrège tout à fait.

Il fallait donc recourir à un autre genre d'action.

§ 2. EXPÉRIENCES FAITES AVEC LES GAZ PROVENANT DE L'EXPLOSION DE LA POUDRE.

Cupules produites sur des grains de poudre. — Quand un canon chargé de poudre de gros calibre est tiré, il tombe souvent, devant la bouche à feu, des grains de poudre, qui ne

[1] *Annales des Mines,* 5e série, t. XIX, p. 23. 1861.

sont qu'en partie comburés. La surface de beaucoup de ces
grains (fig. 217 et 218) est alors profondément creusée, sous
forme de cupules plus ou moins régulières, qui ressemblent
à celles qui sont si fréquentes à la surface des météorites.
Je dois l'un de ces grains de poudre alvéolaire à l'obligeance de M. Maskelyne; une série d'autres m'ont été envoyés
du polygone d'expériences de Gavre, près de Lorient.

L'extinction de ces grains de poudre doit être attribuée

Fig. 217.— Grain de poudre à tirer, en partie comburé et présentant des séries de cupules dues
à l'action d'affouillement exercée par les gaz développés pendant la combustion. — Grossissement de 4 fois.

au refroidissement causé par le passage subit de la pression
très-forte qui existe dans la pièce, à la pression ordinaire.

En examinant ces grains, il est impossible de ne pas être
frappé de la ressemblance d'aspect de la surface avec celle
des météorites. Ces dernières sont également noires et mates,
par suite de la croûte qui les enveloppe, et si l'on place ces
grains de poudre à côté de petites météorites, de même dimension, par exemple de la chute de Pultusk qui en a tant
produit, il est difficile, même pour un connaisseur, de les
distinguer d'après leur seul aspect.

Explication de ce fait, d'après ce qui se passe lors de la combustion de la poudre dans le vide, au moyen de l'appareil Bianchi. — A raison de la ressemblance complète dont il vient d'être question, il était intéressant, pour l'histoire des météorites, de connaître, d'une manière plus précise, la cause de ces excavations cupuliformes.

Pour cela j'ai eu recours à l'obligeance de M. Bianchi et

Fig. 218.— Grain de poudre à tirer en partie comburé et présentant des séries de cupules dues à l'action d'affouillement exercée par les gaz développés pendant la combustion. — Grossissement de 4 fois.

au très-ingénieux appareil dont il est l'auteur. On sait que la poudre placée dans le vide et portée au rouge à sa surface, par un courant voltaïque, s'y décompose avec incandescence, sans déflagrer. Un grain sphérique de poudre, d'un diamètre de $0^m,012$ et emprisonné dans une cage de platine, étant ainsi placé dans le ballon vide d'air, a brûlé lentement et en provoquant à sa surface des mouvements gazeux énergiques, qui se manifestent par des tourbillons gris opaques. Quoiqu'on opère dans le vide, les gaz, au moment où ils se développent, doivent causer une pression considérable sur la surface du grain incandescent. C'est analogue, à l'intensité près, avec ce qui arrive lors de l'explosion d'un fulminate ou de la dynamite. Si l'on arrête la combustion, le résidu offre des surfaces très-irrégulièrement arrondies où l'on observe, çà et là, des cupules. Le résidu, observé dans sa cassure, a d'ailleurs conservé son aspect. Quant à sa surface, elle est comme chagrinée, par l'effet d'une fusion superficielle qui a formé une sorte de croûte[1]. Tandis que la surface est en ignition, les parties intérieures, celles mêmes qui sont très-proches de la surface, sont restées froides : le soufre ne s'y est pas même fondu.

Ce sont encore des analogies avec les conditions que présentent les météorites, lorsqu'à leur entrée dans notre atmosphère elles deviennent incandescentes à leur surface, sans s'altérer dans leur intérieur, fait qui est manifeste par exemple, pour les météorites de la chute d'Orgueil, dont la nature est très-facilement altérable par la chaleur et pour celle de l'Inde, dans la cassure de laquelle on a reconnu une température encore glaciale, au moment de son arrivée sur le sol.

La cause des excavations de la poudre a été attribuée à défaut d'homogénéité des grains[2]; il n'en est pas ainsi, puisque la texture globulaire n'y préexiste pas.

Cupules produites également sur des sphéroïdes de zinc par affouillement. — Pour voir, dans d'autres conditions, la manière dont les gaz, sous forte pression, peuvent affouiller,

---

[1] De plus, on trouve, à la partie inférieure du ballon, de la poudre, sous forme de globules arrondis, ayant environ 1 millimètre de diamètre et au-dessous, qui paraissent consister en poudre fondue. Ces globules sont creux et à l'état vésiculaire.

[2] M. le capitaine Castan a constaté qu'à conditions égales, les alvéoles sont d'autant plus profondes que la densité est plus faible. Tandis que, dans les conditions où M. Castan a opéré, elles sont très-prononcées dans les grains de 1,775 de densité, elles deviennent à peu près nulles dans les grains de 1,840 ou plus.

on a placé dans l'éprouvette à poudre de M. le commandant Sebert, au-dessus de la charge, des morceaux de zinc de forme ovoïde (fig. 219). Après la décharge, déterminée par l'étincelle électrique, qui a produit une pression intérieure dépassant 1000 atmosphères, chacun de ces morceaux de zinc est complétement modifié dans sa forme et dans l'état de sa surface. Au lieu d'être unie comme elle

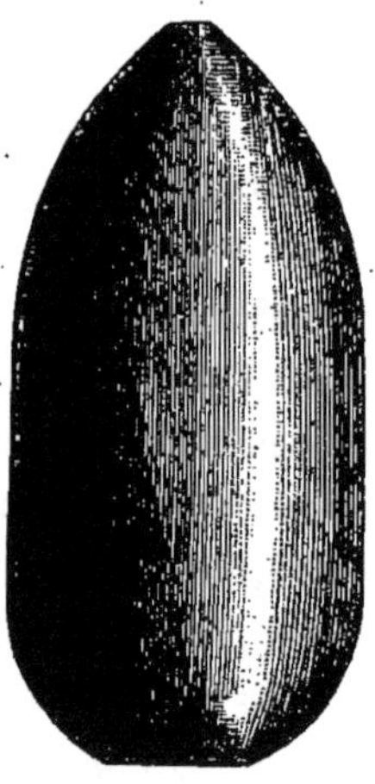

Fig. 219. — Sphéroïde de zinc, destiné à subir l'action érosive des gaz développés lors de la combustion de la poudre. — Grossissement de 4 fois.

l'était primitivement, cette surface (fig. 220) est creusée en tous sens, par des sillons irréguliers qui expriment clairement la force des courants gazeux auxquels le zinc a été soumis pendant un temps très-court. Çà et là, il s'y trouve aussi des cavités en forme de cupules. Ces érosions ont été évidemment très-facilitées par la volatilisation du zinc, à la température élevée à laquelle ce métal était soumis.

Des expériences ont été faites aussi dans le même appareil, sur des météorites.

On sait qu'à une augmentation de pression correspond

toujours, pour la poudre, une augmentation de vitesse de combustion ; de faibles différences de pression ont une influence si marquée sur le phénomène qu'il a même été proposé[1] de s'en servir pour mesurer des hauteurs de montagnes, comme à l'aide du baromètre. Aussi ne peut-on prétendre à imiter ce qui s'est produit sous des pressions très-considérables, tant qu'on opère à la pression ordinaire.

La constatation des effets précédents me faisait désirer de

Fig. 220. — Sphéroïde de zinc semblable à celui de la fig. 219 et ayant subi l'action érosive des gaz développés lors de la combustion de la poudre. On y observe un grand nombre des sillons sinueux, ainsi que des cupules analogues à celles qui recouvrent les surfaces des météorites. — Grossissement de 4 fois.

poursuivre ces expériences. M. le général de division Frébault, m'a autorisé à me servir d'appareils appartenant à l'Artillerie de la Marine et l'éminent constructeur M. Bianchi a bien voulu, avec une extrême obligeance, m'apporter un concours qui m'a permis de réaliser une partie du programme que je m'étais proposé[2].

Expériences en vases clos sur des feuilles d'acier. — La combustion de la poudre s'est opérée dans une chambre close, à

[1] Par M. le comte de Saint-Robert.
[2] *Comptes rendus de l'Académie des sciences*, t. LXXXII, p. 949; 1876.

parois d'acier, de même que dans les premières expériences. La valeur des pressions et le temps pendant lequel ces pressions se produisent ont été déterminés au moyen des appareils imaginés par M. Marcel-Deprez[1].

C'est sur le fer, ou plutôt l'acier, qu'on a cette fois opéré. Le métal était sous forme de feuilles minces, afin qu'il fût plus sensible à l'action calorifique et mécanique qu'il devait subir de la part des gaz.

Une pareille lame, de forme rectangulaire et, présentant une superficie de 25 centimètres carrés et un poids de $3^{gr},479$, fut placée dans la chambre de l'appareil. Elle était enroulée sur elle-même, de manière à être complétement enveloppée par les gaz de la poudre, lors de la déflagration, provoquée au moyen de l'étincelle électrique. La capacité du récipient est de 43 centimètres cubes. La durée de la déflagration est inférieure à $\frac{1}{80}$ de seconde. Les gaz ont alors acquis une tension qui s'est élevée de 1000 à 1500 atmosphères, suivant la charge employée, et une température qu'on évalue à plus de 2000 degrés. Leur refroidissement est également très-rapide, par suite de l'énorme différence qui existe entre leur température et celle des parois, et il s'effectue pendant une durée comparable à celle de l'action chimique qui lui a donné naissance.

C'est donc seulement pendant un instant très-court, pendant une fraction de seconde, que la haute température et la forte pression dont il s'agit produisent leur action ; et cependant, comme on va le voir, cette action est très-énergique.

Dans une première expérience faite avec une charge de 12 grammes de poudre, la lame d'acier dont il vient d'être question a été complétement fondue. Elle s'est transformée

---

[1] Sébert et Marcel-Deprez, *Comptes rendus de l'Académie des Sciences*, t. LXXIX, p. 980; 1874. M. le commandant Sébert en a donné la description dans le *Mémorial de l'Artillerie de Marine*.

en un lingot d'une forme singulièrement tourmentée et boursouflée (fig. 221). Ce lingot, par sa texture, ressemble à une scorie tuméfiée. D'après cette forme expressive, la solidification du métal s'est opérée en présence de gaz très-agités, qui l'ont en quelque sorte pétri, ou qui s'en sont séparés par un effet de rochage, comme il arrive lors de la solidification de l'argent fondu[1]. Ce lingot spongieux rappelle également, par la forme, le squelette ferrugineux des fers météoriques de Krasnojarsk (dit *de Pallas*) et d'Atacama ou Imilac au Chili, qui sont des syssidères, dans lesquels

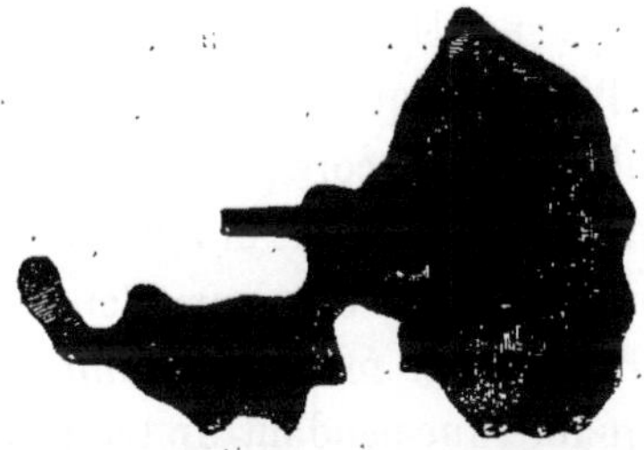

Fig. 221. — Lingot provenant de la fusion d'une lame d'acier soumise à l'action des gaz comprimés de la poudre. Sa forme scoriacée, due à une sorte de pétrissage par les gaz, rappelle la forme du squelette métallique des météorites syssidères. — Grossi deux fois.

tous les interstices du fer sont occupés par du péridot. Après la fusion, le poids du métal était réduit à $2^{gr},741$, c'est-à-dire qu'il avait perdu $\frac{1}{5}$ environ de son poids primitif.

D'autre part, en recueillant les produits pulvérulents qui se sont déposés dans le récipient clos, et en en séparant par l'eau les sels alcalins, on obtient une poudre insoluble, impalpable, magnétique, qui agitée dans l'eau offre de très-petites paillettes miroitantes d'un jaune de laiton. Traitée par l'acide sulfurique étendu, cette matière pulvérulente

---

[1] Le mouvement des gaz est également accusé, dans le même appareil, par d'autres circonstances; lorsque les petites fourches de cuivre qui soutiennent le fil de platine dans cette chambre se fondent en partie, il se produit, à leur pointe, des gouttelettes de métal qui sont déviées très-obliquement, comme par un violent coup de chalumeau.

donne lieu à un dégagement d'hydrogène sulfuré et se dissout complétement sans dépôt de soufre; il ne reste que quelques flocons charbonneux, représentant sans doute le carbone qui était combiné à l'acier. Cette poussière contient donc un sulfure de fer, formé aux dépens de l'acier, ainsi que du soufre contenu dans la poudre; c'est probablement un protosulfure. Abandonné à l'air humide, il s'oxyde assez rapidement.

D'un autre côté, le lingot d'acier fondu a pris lui-même une certaine quantité de soufre, qu'il manifeste en présence d'un acide par un dégagement d'hydrogène sulfuré. Sur un échantillon analysé par M. Terreil, sa proportion était égale à 0,19 pour 100. Par conséquent, la quantité de métal, séparé à l'état pulvérulent, est encore plus considérable que la différence de poids constatée avant et après la combustion, lors même que, contrairement à ce que l'on peut supposer, de l'azote ne serait pas aussi entré en combinaison avec le fer.

Il est remarquable que pendant un temps aussi court, qui ne doit être qu'une fraction de seconde, il se soit produit de tels changements : fusion complète de l'acier, boursouflement considérable par les gaz, passage d'une partie très-notable du fer à l'état de sulfure, réduit en poussière impalpable.

D'autres expériences ont été faites dans les mêmes conditions que la première, avec cette seule différence que la charge de poudre était réduite à 10 et à 8 grammes. La fusion de la lame n'est alors que partielle et se manifeste sur ses bords, qui prennent une forme profondément échancrée, en se couvrant d'une bavure et d'autres marques de fusion (fig. 222). Quant à la partie de la lame qui n'a pas été fondue, elle a changé alors tout à fait dans ses caractères physiques; de ductile, elle est devenue éminemment élastique et parfois cassante, au point qu'on ne peut plus la ployer sans la briser. C'est comme si la lame avait subi une forte trempe, par l'action d'un refroidissement très-brusque, succédant à une très-haute température. En même temps, il s'est produit une action chimique. La surface de cette lame est devenue par place, d'un blanc d'argent, ailleurs, d'un jaune bronze, comme le sulfure. Elle contient, en effet, du soufre en combinaison, mais seulement dans sa partie superficielle, ainsi qu'on peut s'en assurer en enlevant la surface avec du papier d'émeri.

Quoique, cette fois, la plus grande partie de la feuille

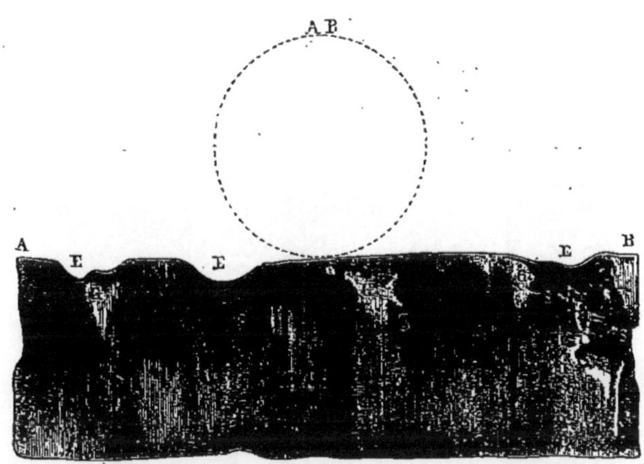

Fig. 222. — Lame d'acier primitivement contournée en cylindre et soumise à l'action des gaz comprimés de la poudre. La ligne ponctuée indique la forme primitive, par sa projection en grandeur naturelle. On l'a développée et rendue plane, pour en faire mieux voir les accidents. E,E,E, érosions produites sur les bords, par suite d'une fusion partielle de la lame, d'où sont résultées également des petites grenailles G,G,G. S,S,S,S, portions où la sulfuration est particulièrement reconnaissable, à leur teinte jaune de bronze. — Grandeur naturelle.

d'acier n'ait pas été fondue, la perte en poids fut considérable, mais moins forte que dans la première expérience ; elle va à un sixième ou un septième du poids primitif. Il s'est également produit du sulfure de fer pulvérulent, aux dépens de l'acier.

Actions exercée par les gaz chauds et comprimés, lorsqu'ils s'échappent avec une grande vitesse — Dans les expériences dont il vient d'être rendu compte, les gaz produits par la déflagration, malgré leur très-grande tension, étaient restés

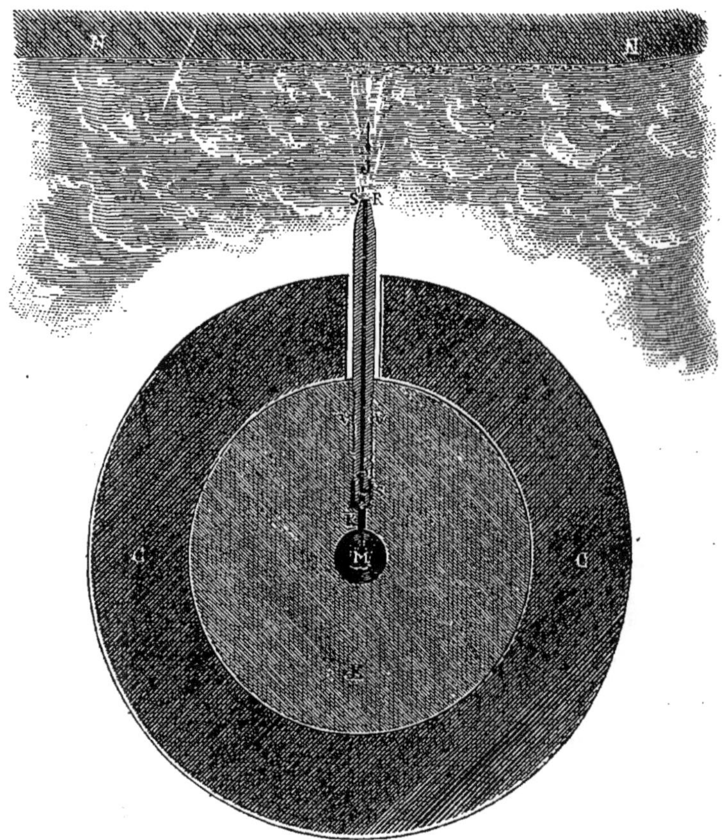

Fig. 225. — Pulvérisation de l'acier par l'action subite des gaz développés par l'explosion de la poudre dans une éprouvette. M, chambre de combustion; E, éprouvette en fer doux; G, cuirasse en bronze; R,R, robinet sur le canal K, de l'éprouvette; il est traversé par un canal coudé SS'S″ servant à la sortie des gaz; il est fileté sur une portion V de sa longueur; J, poussière métallique qui, lors d'un défaut d'obturation, jaillit violemment, et s'incruste, en partie, sur l'écran N recouvrant la muraille, puis se répand dans tout le laboratoire. — Échelle de un quart.

renfermés dans la chambre. Mais ils agissent tout autrement, lorsqu'un orifice de très-faible section leur est ouvert et que, dans ces conditions, ils s'écoulent avec une vitesse extrêmement considérable.

On comprendra mieux les résultats obtenus alors, en se reportant à la figure 224, qui donne une coupe horizontale de l'appareil employé. La poudre est placée dans une chambre M, ménagée au centre d'une éprouvette E, en fer doux, consolidée par une cuirasse de bronze C.

Le robinet R, R, permet, soit d'établir, soit d'interrompre la communication de la chambre de combustion avec l'extérieur; il suffit pour cela que, grâce à la vis V, V, il soit écarté ou rapproché de l'orifice K, lequel, par l'espace annulaire S, peut être mis en rapport avec le canal S', S'' du robinet. Si, au moment de l'explosion, on laisse à dessein celui-ci incomplètement fermé, et, à de telles pressions, il suffit d'un interstice excessivement ténu, les gaz s'échappent en un jet J, et on reconnaît aisément qu'ils sont mélangés d'une grande quantité de poussière métallique, qui va en partie s'incruster dans la paroi N, N, placée vis-à-vis, et se répand dans l'air du laboratoire. Cette poussière est due à une véritable érosion subie par le canal du robinet.

Or, il est arrivé que cet effet, volontaire dans le cas précédent, s'est produit accidentellement et sur une plus grande échelle, dans une expérience où le robinet, au lieu de fermer hermétiquement l'orifice, ne s'appliquait pas parfaitement sur son siége, et, par conséquent, ne donnait pas une obturation complète. Il en résulta que les gaz s'échappèrent violemment, au moment de la déflagration, et cette fuite de gaz incandescents s'annonça par un bruit très fort, semblable à celui d'un pistolet faisant *long feu*.

On constata alors que, dans cet instant très court, le robinet d'acier avait subi un changement extrêmement remarquable. Son cône terminal, complètement disparu, et une partie du cylindre qui lui fait suite, avaient été forte-

41

ment corrodés ; le tronçon restant était profondément entaillé, suivant des sillons sinueux, S, S', S″ (fig. 227), arrondis dans leur section et parfaitement polis. L'un de ces sillons S fut même creusé assez profondément pour rejoindre le

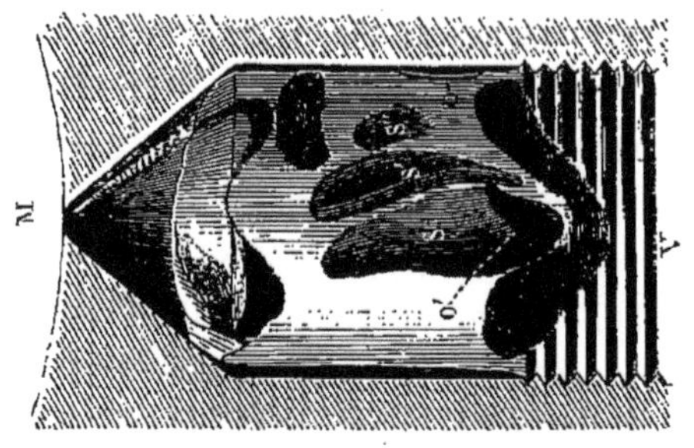

Fig. 227. — Vue du robinet corrodé et tourné de 90 degrés sur la position précédente. SS'S″, sillons creusés par les gaz ; O, cavité perforée par les mêmes gaz. Les autres lettres ont la même signification que précédemment.

Fig. 226. — État du robinet après la fuite des gaz qui est résultée de la déflagration; même signification des lettres.

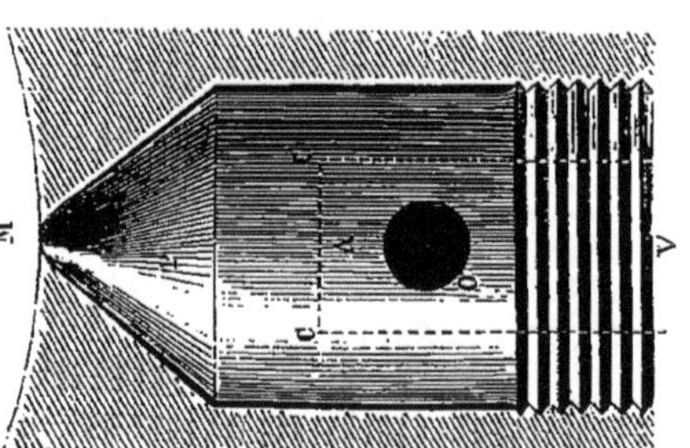

Fig. 225. — Robinet en acier adapté à la chambre M, où s'opère la combustion de la poudre; A, canal évidé dans l'axe du robinet; V, portion de la tige qui est filetée; P, portion légèrement conique de la même tige; O, orifice qui fait communiquer l'intérieur du robinet avec sa surface.—Échelle de 1/4.

canal central, de telle sorte que les gaz percèrent, à travers l'acier, un second orifice O', à environ 50 degrés de celui O, qui existait originairement, comme si celui-ci ne pouvait suffire assez rapidement à leur dégagement. C'est ce qu'indiquent les figures ci-jointes.

La figure 225 représente le robinet, avant la déflagration, avec l'évidement intérieur indiqué par un ponctué. Les figures 226 et 227 montrent ce même robinet, après la déflagration, et présentant, sur la partie qui n'a pas été emportée par les gaz, des effets évidents d'érosion ; sur la figure 226 le robinet occupe la même position que sur la figure 225, tandis que, sur la figure 227, on l'a tourné de 90 degrés sur la première position, de manière à montrer la cavité O que les gaz y ont perforée.

Ce sont des effets comparables, pour l'énergie, l'instantanéité et la nature, à ceux que l'on constate quelquefois sur le trajet de la foudre ou d'une forte étincelle électrique. Les érosions s'arrêtent à peu près aux deux orifices d'écoulement. Elles n'ont pu être produites que par les gaz incandescents qui, poussés par une pression intérieure de plus de 1500 atmosphères, se sont précipités par la seule ouverture pouvant leur servir de passage, ouverture qui était extrêmement étroite. Leur vitesse devait donc être très grande et de l'ordre de celle d'un projectile sortant de la bouche à feu, qui est normalement de 400 à 450 mètres par seconde.

C'est ainsi que les gaz ont d'abord fondu l'acier, puis qu'ils ont immédiatement arraché et emporté cet acier fondu, à l'état de division extrême, exactement comme on le voit pour l'eau dans les appareils bien connus sous le nom de *pulvérisateurs* (fig. 224). En effet, les personnes présentes perçurent immédiatement, à la gorge, une sensation caractéristique, qui dénotait la présence du fer répandu dans l'air de la chambre. De plus, on reconnut que ces mêmes gaz avaient projeté sur un écran voisin N, que le jet venait de frapper perpendiculairement, une poussière noire, magnétique et aussi impalpable que le produit d'une volatilisation.

La formation d'une telle poussière devra être prise en considération, dans les expériences faites, sous des pressions du même ordre, en vue de liquéfier les gaz les moins coercibles.

Lorsqu'il n'y a aucune fuite de gaz, l'extrémité intérieure du robinet dont il s'agit n'est aucunement attaquée, non plus que les parois de la chambre d'acier ; la pointe conique du robinet, bien qu'elle participe à la capacité dans laquelle la combustion se produit, conserve toute son acuité, même après une série d'opérations.

Un fait analogue s'est produit, par accident, lors d'expériences exécutées dans une éprouvette de forme différente de la première. Une pièce, destinée à l'obturation, ayant laissé

Fig. 228. — Pièce d'obturation d'une éprouvette à poudre, corrodée instantanément par la sortie accidentelle des gaz qu'elle devait retenir. On remarquera un sillon profond, présentant des sillons secondaires et des cupules d'affouillement. Des traînées sulfurées, jaune de laiton, se montrent sur une partie des arêtes du grand sillon. — Grossissement 1 fois 1/2.

échapper les gaz, fut profondément corrodée par eux [1]. Bien que leur action ait été instantanée, on peut voir sur la figure 228 la disposition des sillons qui y ont été excavés. Ici, l'action chimique se trahit par des traînées d'un sulfure jaune de laiton, dont l'aspect rappelle la pyrite de cuivre.

D'accord avec le fait précédent, un tel contraste montre combien les gaz fortement comprimés agissent différemment, selon qu'ils restent emprisonnés par une obturation complète, tout en étant animés de tourbillonnements rapides, ou qu'ils s'échappent, avec une grande vitesse, suivant une direction déterminée. Dans ce second cas, leurs parti-

---

[1] Je dois la connaissance de ce fait à M. Vieille, ingénieur des poudres et salpêtres.

cules chaudes se succèdent, dans un instant très court, sur chaque point du corps, qui est exposé à leur frottement et à leur action destructive. Ils accumulent ainsi sur lui leur chaleur, au point de produire la fusion ; puis, ils emportent mécaniquement le métal, aussitôt qu'il est fondu, à l'état de poussière impalpable. A cet état excessivement divisé, le métal, qui est particulièrement apte à se combiner avec les corps ambiants, se sulfure immédiatement. Dans ce phénomène, qui se passe en une fraction de seconde, nous voyons : d'une part, de l'acier trempé de première qualité,

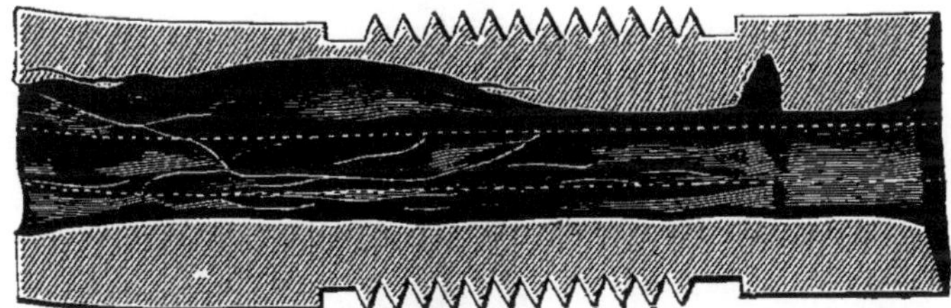

Fig. 229. — Lumière d'un canon profondément corrodée présentant une série d'affouillements allongés dus à l'action des gaz de la poudre. Le double trait pointillé représente le diamètre primitif. — Grandeur naturelle.

corrodé, suivant des sillons profonds et sinueux ; d'autre part, une abondante poussière métallique projetée, à l'état incandescent, dans l'atmosphère.

De même, l'eau est douée dans les régions profondes et chaudes du globe, par exemple, dans les réservoirs volcaniques, d'une forte pression. La pression de celle qui force la lave à monter jusqu'au sommet de l'Etna, à plus de 3000 mètres au-dessus du niveau de la mer, dépasse certainement 1000 atmosphères, comme l'a montré Élie de Beaumont. Elle est donc tout à fait comparable à la tension qui se développe dans la chambre où ont été faites les expériences. Lorsque, sous un effort pareil, l'eau s'échappe vers la surface, par des fissures étroites, elle doit apporter diverses sub-

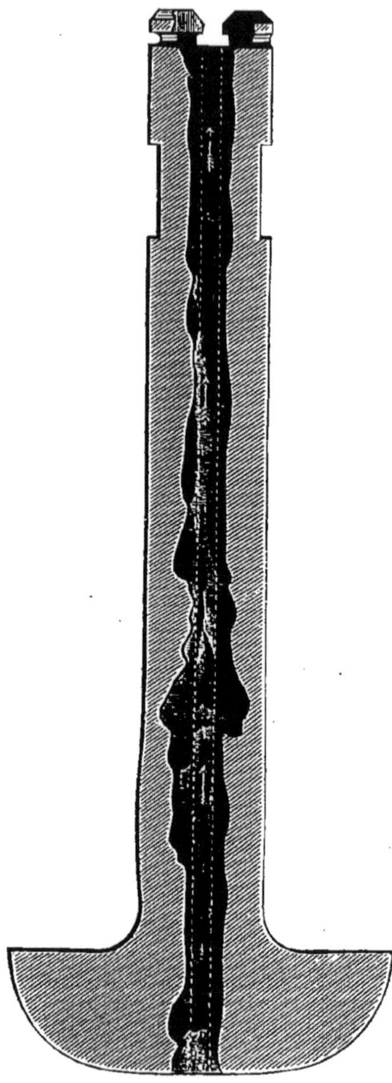

Fig. 250. — Coupe longitudinale de la tête mobile d'un canon, dont le canal de mise à feu a subi, par l'action des gaz de la poudre, des érosions profondes, remarquables par leurs caractères d'affouillements allongés. Le double trait pointillé représente le diamètre primitif. — Echelle, 1/2.

stances à un état de pulvérisation qui *simule également la volatilisation*. C'est une circonstance dont il convient sans doute, de tenir compte, notamment pour le remplissage des filons métallifères, et peut-être aussi pour l'origine de certains minéraux fixes, silicates et autres, déposés dans les cavités des massifs volcaniques, et paraissant y avoir été apportés par sublimation.

Sans recourir à des expériences spéciales, on est témoin, dans le tir des pièces d'artillerie, d'érosions analogues, produites aussi par l'écoulement des gaz comprimés.

Fig. 251. — Croquis donnant la coupe longitudinale de la culasse d'un canon, pour montrer la situation relative de la tête mobile et de l'âme de la pièce, dans laquelle les gaz prennent naissance. T, tête mobile; V, V, vis de fermeture de la culasse; R, R, rondelles obturatrices; C, C, parois de la culasse, qui est renforcée par des frettes; M, manivelle servant à ouvrir et à fermer la culasse; A, position de la gargousse dans l'âme de la pièce.

La figure 229 représente la lumière d'un canon, dont le diamètre a été augmenté de toute la distance comprise entre les traits pointillés et la paroi actuelle qui est devenue irrégulière et caverneuse.

Sur la figure 250, qui représente la lumière mobile d'un canon, du système actuellement employé dans l'artillerie française, on voit, dans le canal de mise à feu, des érosions encore plus profondes et présentant le même caractère d'affouillements allongés. La figure 251 montre la situation de cette lumière, par rapport à l'âme de la pièce où les gaz prennent naissance.

État particulier de l'acier, à proximité des surfaces exposées à l'action des gaz. — Si l'on coupe des lingots obtenus au moyen de la fusion de l'acier dans les gaz comprimés de la poudre, que l'on polisse la section et qu'on la traite par un acide faible, on remarque que cet acier n'a pas une texture uniforme. Les parties voisines de la surface se dessinent nettement par une teinte particulière, suivant une

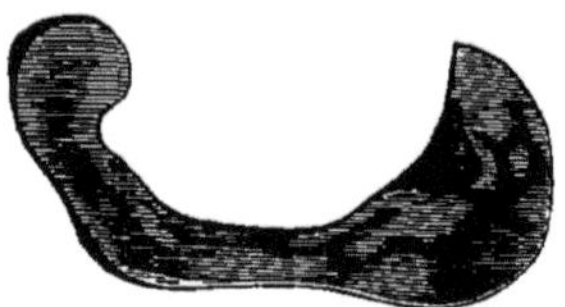

Fig. 252. — État particulier de l'acier, à proximité des surfaces exposées à l'action de la poudre qui l'a fondu. Grossissement de deux fois.

lisière étroite (fig. 252). Cette différence donne l'idée d'une sorte de trempe qui correspondait à un refroidissement très rapide de la partie superficielle. Cependant une action chimique exercée par le milieu ambiant y contribue peut-être.

Les fragments d'acier non fondus, produits avec les gaz de la dynamite, présentent un fait semblable : l'acide y fait ressortir, sur une section polie, une lisière qui suit les contours et qui est particulièrement nette vers le fond des cupules et sur les parties saillantes.

Les fers météoriques, si l'on en examine des tranches qui se terminent à leurs surfaces *naturelles*, offrent également une bordure. Comme exemple remarquable de cette disposition, je me bornerai à citer ici un fer météorique du

Chili, donné au Muséum par M. Domeyko, sans indication exacte de la provenance, et dont la surface est caractérisée à la fois par des cupules et par une croûte : cette bordure y est très nette, quoique n'atteignant pas un demi-millimètre d'épaisseur.

§ 3. — Expériences faites avec les gaz produits par l'explosion de la dynamite.

Cupules produites sur des prismes d'acier. — Lors des expériences résumées précédemment, dont le but était de déterminer la rupture de masses d'acier, par l'explosion de la dynamite, je constatai, de toutes parts, la production de cupules sur les surfaces directement exposées aux gaz produits par l'explosion. Elles sont du même genre que celles obtenues antérieurement au moyen des gaz de la poudre, mais elles sont encore plus caractérisées. Ces cupules (fig. 233 à 241), dont quelques-unes atteignent 15 à 18 millimètres de diamètre et 4 à 5 millimètres de profondeur, présentent, dans la configuration de leurs parois, une série de surfaces sphéroïdales qui s'entrecoupent et qui paraissent correspondre à autant de centres d'action gyratoire. C'est comme la contre-empreinte, en creux, de certains groupes de bulles gazeuses qui apparaissent à la surface des liquides dont elles se dégagent. Elles rappellent aussi, mais également en creux, la configuration de divers minéraux mamelonnés, tels que la calcédoine ou l'hématite[1].

Souvent ces cupules se sont elles-mêmes groupées et alignées, comme les anneaux d'une même chaîne, sur plusieurs

[1] Lorsque des gouttes de pluie tombent sur de l'argile, elles produisent également des cupules, d'une forme rappelant bien celle dont il s'agit.

centimètres de longueur (fig. 235, 237, 238 et 240). Certaines de ces traînées atteignent 8 centimètres de longueur.

Il est de ces cupules qui sont placées, au nombre de trois

Fig. 255. — Prisme d'acier, brisé et affouillé par l'explosion de la dynamite. — A, B, C, D, portion du prisme sur laquelle avaient été disposées les cartouches de dynamite ; elle a été nettement séparée, en même temps qu'elle a été réduite en fragments et affouillée par de nombreuses cupules ; des cassures à peu près orthogonales et sensiblement équidistantes offrent des traits de symétrie remarquables.

L'énorme pression due à l'explosion a aussi déterminé un aplatissement de la barre, auquel correspond l'élargissement visible sur la figure qui en donne le plan.

Échelle de 1/5.

ou quatre, sur une même déchirure du métal, et coupées par elle (fig. 256). La manière dont les deux parties de la cupule s'adaptent alors l'une à l'autre doit faire supposer que

Fig. 254. — Détail de la moitié supérieure de la portion du prisme d'acier, brisé et affouillé par l'explosion de la dynamite. — C, C, C, C, cupules isolées profondément excavées, elles sont entourées d'un bourrelet faisant fortement saillie sur la face primitive, et qui atteste l'énergie surprenante avec laquelle le métal a été refoulé par les gaz. — T, T, T, traînées de nombreuses cupules rappelant les effets d'un outil qui serait animé d'un double mouvement de gyration et de translation. — Des indices de traînées analogues se montrent dans l'intérieur des grandes cupules elles-mêmes. — a, b, extrémités d'une ligne faiblement brisée, selon laquelle est faite la coupe de la figure 255. — Grandeur naturelle.

les cupules ont été creusées, avant que le métal se déchirât.

Fig. 255. — Coupe faite suivant la ligne *a*, *b*, faiblement brisée, de la fig. 254. — C, C, cupules affouillées et entourées d'un bourrelet faisant fortement saillie sur la face primitive du prisme. T, T, traînées de cupules, moins visibles que sur le plan. — Grandeur naturelle.

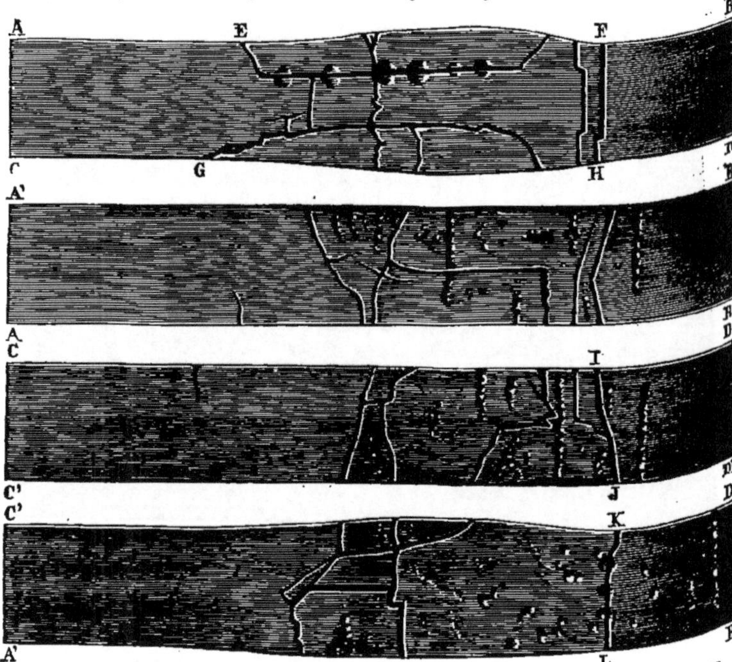

Fig. 256, 257, 258 et 259. — Prisme d'acier brisé et affouillé par l'explosion de la dynamite. — Échelle de 1/5.

Fig. 256. — A, B, C. D. Vue en plan de la face supérieure du prisme après la rupture. — E, F, G, H, portion sur laquelle les cartouches de dynamite avaient été disposées, et qui a subi un élargissement, un fractionnement et un affouillement : les crevasses sont sensiblement orthogonales, celles qui sont parallèles à la longueur sont à peu près équidistantes. Les principales cupules d'affouillement sont alignées sur l'une de ces crevasses, ce qui montre que, malgré son instantanéité, la rupture a été précédée par un énergique travail d'affouillement.

Fig. 257. — Vue d'une des deux faces latérales du prisme (face A, B, de la fig. 256). — On y voit le mode de rupture, ainsi que l'existence de traînées de cupules, remarquablement allongées et perpendiculaires aux arêtes du prisme.

Fig. 258. — Vue de la deuxième face latérale du prisme (face C, D, de la fig. 256). — Elle montre des faits analogues à la fig. 257. — La portion D, D', I, J, sera donnée en détail par la fig. 240.

Fig. 259. — Vue en plan de la façade inférieure du prisme qui présente des cupules produites dans une expérience précédente, où la dynamite était directement appliquée sur cette face. Outre les traînées de cupules, semblables à celles des figures précédentes, on y observe des cupules isolées, dont la formation a également précédé la rupture.

Cela donne une idée de la rapidité surprenante avec laquelle les cupules se sont produites.

En dehors des cupules ou groupe de cupules, très-reconnaissables à la première vue, on peut dire que toute la surface qui a été exposée à l'action des gaz explosifs est accidentée par des inégalités de moindre dimension de manière à rappeler une surface *chagrinée*.

Fig. 240. — Détail de la portion DD' IJ de la figure 258.— T, T, longue traînée de cupules, disposées perpendiculairement aux arêtes du prisme, et qui, dans ce cas particulier, est de moins en moins accidentée de haut en bas, comme si l'agent d'érosion avait faibli dans son trajet Outre ces accidents principaux, la surface est semée de petites érosions ou cupules rudimentaires. — Grandeur naturelle.

Cupules produites sur d'autres pièces de fer. — *Cas d'un rail*. — On peut voir, sur la figure 242, des cupules parfois disposées en traînées et des érosions, de formes sinueuses, produites sur un rail de fer par des cartouches de dynamite.

Cas de feuilles de tôles. —En opérant sur une lame de tôle, les cupules se transforment en perforations complètes, et le résultat de l'expérience (fig. 243) rappelle une écumoire très fine.

Cas d'une grosse sphère. — Pour me rapprocher plus encore

Fig. 241. — Détail de la position D', B', K, L, de la figure 259. — Les traînées de cupules y sont nombreuses, orientées de différentes manières, et quelques-unes font suite l'une à l'autre. Grandeur naturelle.

du phénomène naturel, j'ai fait agir la dynamite sur une volumineuse masse de fer doux S', forgée en forme de sphère (fig. 245), sauf deux faibles troncatures résultant des circonstances de la fabrication [1].

1. M. Lan, ingénieur en chef des mines, a eu l'obligeance de faire forger pour moi, dans les usines de Châtillon-Commentry, cette pièce bien homogène et bien cohérente.

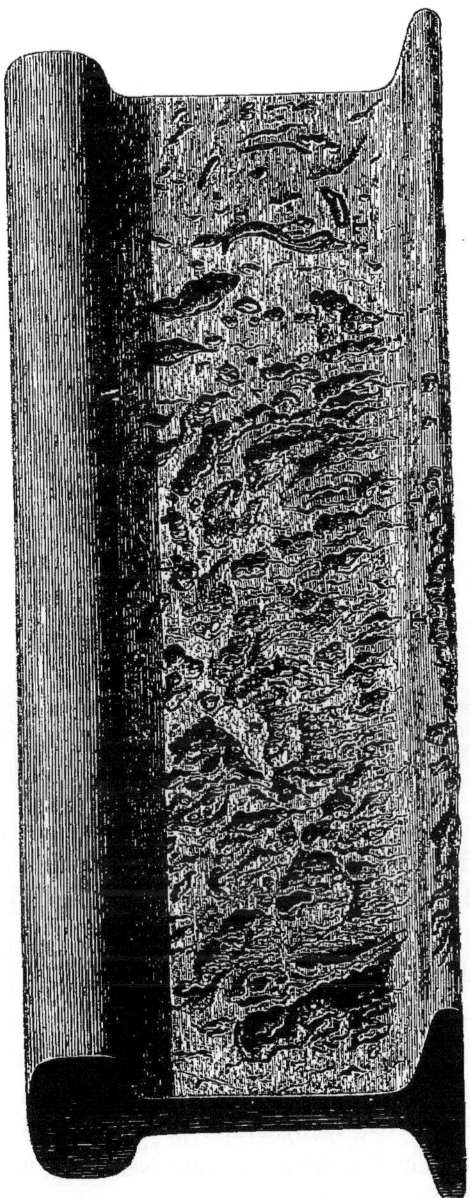

Fig. 242. — Cupules produites sur un rail de fer par les gaz de la dynamite; T, T, T, T, traînée de cupules; C, C, cupules isolées. — Échelle de moitié.

La dynamite était appliquée sur tout l'hemisphère supérieur, qui seul recevait le choc des gaz, exactement comme la portion antérieure d'un bolide. Les cartouches C, C, C, étaient maintenues dans cette situation par un cylindre en tôle T, T, tangent au cercle horizontal.

D'autre part, toujours pour se trouver dans des conditions analogues à celles du bolide, la sphère, ne devant pas toucher le sol, reposait sur trois piquets en bois, de 10 centimètres de hauteur, qui, disposés en triangle équilatéral, pinçaient et maintenaient le cylindre en tôle.

Dans une première expérience, on appliqua sur la masse

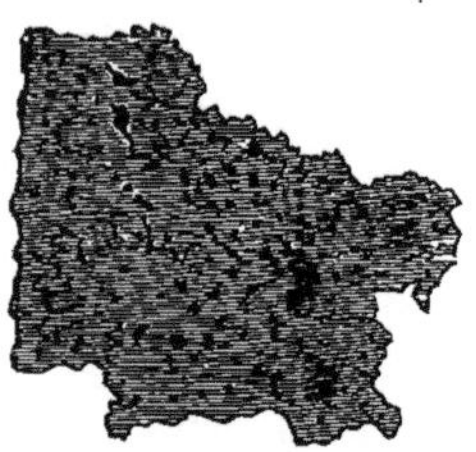

Fig. 245. — Feuille de tôle, soumise à l'action des gaz développés par l'explosion de la dynamite, et perforée de trous innombrables qui en font une sorte d'écumoire très-fine. — Grandeur naturelle.

de fer 15^{kil},700 de dynamite. Après l'explosion, la boule de fer avait disparu, enterrée qu'elle était en S, à une profondeur de 54 centimètres. Elle avait pénétré verticalement dans le fond du puits, en se frayant un logement cylindrique bien régulier et sans attaquer la région voisine. On peut remarquer que, dans ce trajet, la sphère s'était complètement retournée; sa troncature inférieure était en haut.

Sans que la masse métallique fût nullement brisée, la partie en contact avec la dynamite présentait une nombreuse série de cupules des mieux caractérisées (fig. 245). Les cupules, à contours elliptiques, étaient surtout nombreuses vers

la partie centrale de l'hémisphère et s'étendaient sur une calotte correspondant à un arc d'environ 120 degrés. La pro-

Fig. 241. — Action des gaz de la dynamite sur une grosse masse de fer, de forme sphérique, ainsi que sur les parois du puits au fond duquel elle était installée. S', masse de fer dont l'hémisphère supérieur est recouvert de cartouches, C, C, C, maintenues par un cylindre en tôle T, T; P', P', piquets sur lesquels la sphère est maintenue, à 0,10 du fond du puits; S, position de la sphère après l'explosion ; alors les piquets ont pris la position P, P; A, A, A, cavités hémisphériques serrées les unes contre les autres, qui ont été affouillées par les gaz, dans la paroi verticale du puits, jusqu'à environ 0,60 de la surface du sol. La sphère s'étant retournée à la suite de l'explosion, les cupules creusées se trouvent, dans cette dernière position, sur l'hémisphère inférieur. — Échelle de $\frac{1}{25}$.

fondeur des cupules diminue rapidement jusque vers les bords de cette calotte, de telle sorte que les parties soumises plus obliquement à l'action des gaz sont à peine altérées.

Voici les dimensions de quelques-unes des principales cupules :

GRAND DIAMÈTRE.	PETIT DIAMÈTRE.	PROFONDEUR.
millimètres.	millimètres.	millimètres.
15	12	5
22	10	5
19	15	7

L'une des cupules offrait un bourrelet, dont la saillie était de 3 millimètres. En outre, la troncature plane de la sphère s'était affouillée, de manière à présenter une flèche qui, de 4 millimètres, a été portée à 9 millimètres.

Dans une première expérience, la force vive des gaz avait été dépensée, en partie, non-seulement à affouiller les parois du puits, comme il va être dit, mais aussi à faire pénétrer la masse dans le fond du puits. Pour obvier à cette pénétration et dans l'espoir d'arriver à briser la sphère, on l'a installée, dans une seconde expérience, sur un bloc de pierre de taille, de 50 centimètres de hauteur.

Les autres conditions étant les mêmes que précédemment, la pierre, après l'explosion, s'était brisée en nombreux fragments, sous lesquels on retrouva la masse de fer encore entière, et simplement lézardée sur le tiers d'un grand cercle. Quant aux érosions et aux cupules, elles s'étaient excavées davantage.

Affouillements sphéroïdaux subis par les parois du puits. Les expériences sur la sphère que l'on vient de citer, en nécessitant des charges extraordinaires de dynamite, donnent naissance à un autre phénomène qui mérite également d'être signalé.

A la suite de chaque explosion, les parois du puits, creusé

dans une argile sableuse (du terrain quaternaire), subissaient, il va sans dire, des démolitions.

Après la première explosion, ce puits, dont le diamètre était primitivement de 1^m,60 et la profondeur de 1^m,70, s'était élargi de 60 centimètres. Les parois présentaient une multitude de poches sphéroïdales et juxtaposées A (*fig.* 244), dues évidemment à des affouillements et dont les diamètres atteignaient 20 à 50 centimètres. Elles formaient une zone

Fig. 245. — Masse de fer sphérique, dont la figure précédente montre la disposition, lors de l'expérience. On y voit des cupules nombreuses et surtout développées vers le centre de l'hémisphère, qui a été lui-même affouillé. — Échelle de $\frac{1}{5}$.

qui s'arrêtait à 60 centimètres de la surface et qui était particulièrement prononcée sur 50 centimètres de hauteur.

Après la seconde explosion, le puits s'était de nouveau élargi et, comme par la première, il avait été entaillé sous forme de nombreuses cavités hémisphériques, dont l'une atteignait 50 centimètres de diamètre et 20 centimètres de profondeur. Comme précédemment, les parties voisines de la surface avaient été respectées par les tourbillons gazeux.

De nombreux lambeaux de la tôle des cartouches, dont quelques-uns très-petits, avaient pénétré dans les parois du puits. Plusieurs de ces morceaux de tôle sont incrustés de sable très-adhérent. D'autres sont comme émaillés, par une substance fondue et de forme globulaire.

Avec ces débris, on a trouvé aussi des parcelles de fer, de formes très-irrégulières, arrachées à la grosse masse. Le barreau aimanté a encore extrait de la masse sableuse des particules très-fines, indiscernables à la vue, dont quelques-unes avaient pris la forme globulaire par la fusion.

Les poches se sont creusées dans les parois du puits, avec un caractère de régularité, qui en fait comme une amplification des cupules produites sur le fer. La distance, de plusieurs décimètres, qui séparait les cartouches des parois du puits, sur lesquelles les gaz n'arrivaient, par conséquent, qu'après une détente considérable, rend compte de la grande différence qui existe, pour la dimension, entre ces érosions, facilitées d'ailleurs singulièrement par la nature peu cohérente de l'argile, et les érosions du métal.

Nulle part le mouvement gyratoire des gaz comprimés ne se montre plus clairement que sur les masses argilo-sableuses. Ici, les gaz ont agi sur le corps affouillé, d'une manière exclusivement mécanique, sans collaboration d'aucun phénomène chimique. Il importe de le remarquer, parce que, dans la plupart des expériences précédentes, les résultats moins simples étaient, ou pouvaient être, dus à la superposition d'actions chimiques et d'actions mécaniques.

Quand on compare les circonstances des bolides avec les résultats de toutes les expériences exécutées sur les gaz de la dynamite, il ne faut pas oublier que, dans le second cas, l'action des gaz est, pour ainsi dire, instantanée (1/1000 de seconde), tandis que dans le premier, elle dure des secondes entières, pendant lesquelles la pression poursuit, pour ainsi dire, le corps sans relâche et avec énergie, jusqu'à ce qu'il ait cédé à son acharnement.

Bavures produites par écrasement. — En même temps que la barre d'acier s'est brisée, écrasée et élargie, elle a subi une autre déformation due à des actions du même genre, qui reste également comme un témoin de l'énorme pression exercée. Ce sont des écrasements, formant bourrelet le long de la plaque, et en saillie de 2 ou 5 millimètres (fig. 255, 234, 235 et 239). De larges stries sont perpendiculaires aux bavures, comme si elles étaient le produit du laminage, sous les étreintes de corps solides. Ces bavures sont comme des manomètres, qui peuvent servir à calculer les pressions auxquelles elles doivent leur origine.

Sur les faces latérales, on remarque des rides fines et régulières, disposées parallèlement à la face supérieure et paraissant correspondre à l'écrasement.

§ 4. — EXPÉRIENCES FAITES AVEC LES GAZ PRODUITS PAR L'EXPLOSION DE LA NITROGLYCÉRINE.

Pour éliminer l'influence de l'élément solide, qui entre dans la constitution de la dynamite, j'ai eu recours à la nitroglycérine, avec le concours de M. Vieille, ingénieur des poudres et salpêtres.

De la nitroglycérine fut placée dans une capsule métallique de 4 millimètres d'épaisseur ayant 20 centimètres de diamètre et 8 de profondeur (fig. 246). Cette capsule reposait sur une plaque de fer, et l'explosion de la cartouche était provoquée par une étincelle électrique.

Dans une première expérience, où la capsule était en tôle de fer, elle fut réduite en un lambeau, fortement appliqué contre le soubassement de fer, laminée contre lui et rendue

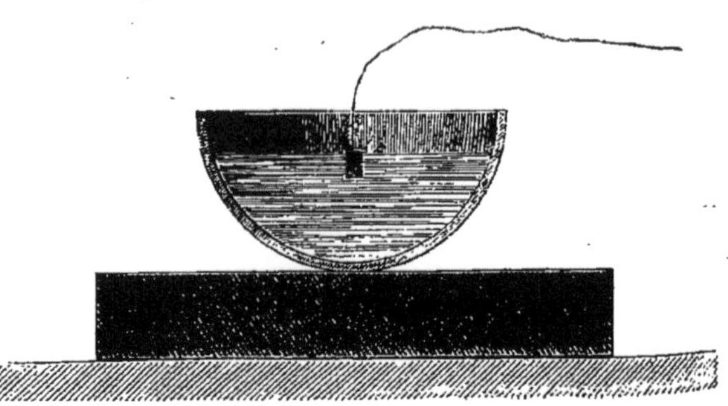

Fig. 246. — Capsule de fer, destinée à subir l'action érosive des gaz développés par l'explosion de la nitroglycérine. Dans le liquide, qui remplit au 2/5 la capsule, est plongée la cartouche de fulminate, en rapport avec les fils d'une pile. La capsule repose sur une épaisse plaque de fer. — Échelle de $\frac{1}{5}$.

Fig. 247. — Effets de l'explosion de la nitroglycérine sur la capsule de fer, représentée par la figure précédente. Cette plaque, parfaitement aplatie sur la lame de fer et crevassée, est devenue schisteuse. On y remarque d'innombrables capsules, dont beaucoup sont réunies en traînées T, T, T. — Grandeur naturelle.

schisteuse, comme dans les expériences décrites précédemment (pages 407 et suivantes).

Fig. 248. — Fragment d'une capsule de plomb, soumise, dans les mêmes conditions que la précédente, à l'explosion de la nitroglycérine. Le métal, parfaitement aplati, présente à sa surface des stries parallèles qui témoignent d'une friction énergique des lambeaux dans lesquels la capsule s'est déchirée. — Grandeur naturelle.

En même temps, des cupules disposées par traînées

Fig. 249. — Fragment d'une capsule de plomb, soumise à l'explosion de la nitroglycérine et montrant, outre les stries de l'échantillon précédent, la torsion et le renversement que les bords ont subis. — Grandeur naturelle.

(fig. 247) se sont excavées, à la surface du métal, témoignant de la puissance que possèdent les gaz privés de la collaboration de matériaux solides, à cet état de compression.

Une capsule de plomb a donné des résultats bien différents, ce qui s'explique par les qualités physiques propres aux deux métaux. D'une part, la surface ne présentait pas de cupules, qui peut-être ont été effacées par un ramollissement, dénoté par l'état chagriné de la surface. D'autre part, elle s'est déchirée en fragments dont les surfaces de ruptures, profondément striées (fig. 248 et 249), ne sont peut-être pas sans analogie avec celles de maintes météorites.

§ 5. — EXPÉRIENCES FAITES AVEC LES GAZ PRODUITS PAR L'EXPLOSION DU FULMI-COTON.

Les affouillements produits par les gaz du fulmi-coton méritaient d'être examinés, au même titre que les résultats de l'explosion de la nitroglycérine[1].

Sur une plaque circulaire en acier AB (fig. 250), posée

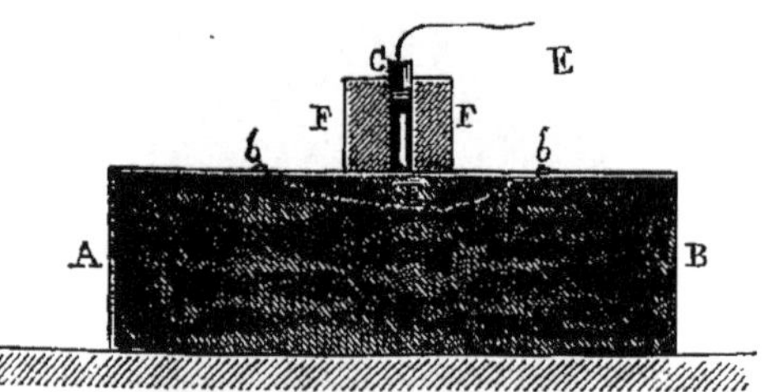

Fig. 250. — Plaque en fer, de forme cylindrique, destinée à subir l'action érosive des gaz développés par l'explosion du fulmi-coton. Coupe verticale de cette plaque. Sur la plaque A B est placé un petit cylindre F. F de fulmi-coton avec la cartouche de fulminate c qui doit provoquer l'explosion. — Échelle de $\frac{1}{5}$.

horizontalement sur le sol, était placé du fulmi-coton comprimé, à la densité de 1,00 et sous forme d'un cylindre

[1] Ces expériences ont été faites à la poudrerie de Sevran, grâce à l'obligeance de M. Vieille.

ayant 30 millimètres de diamètre, 25 millimètres de hauteur, et d'un poids de 15 à 18 grammes. Ce cylindre, sans aucune enveloppe, reposait librement sur la plaque. Sur toute sa hauteur, il était traversé par un canal également cylindrique, dans lequel s'engageait une capsule C, formée d'un tube mince de cuivre rouge, renfermant 1 gr. 5 de fulminate de mercure, et destinée à provoquer la détonation.

Après qu'on eut fait détoner successivement, à la surface

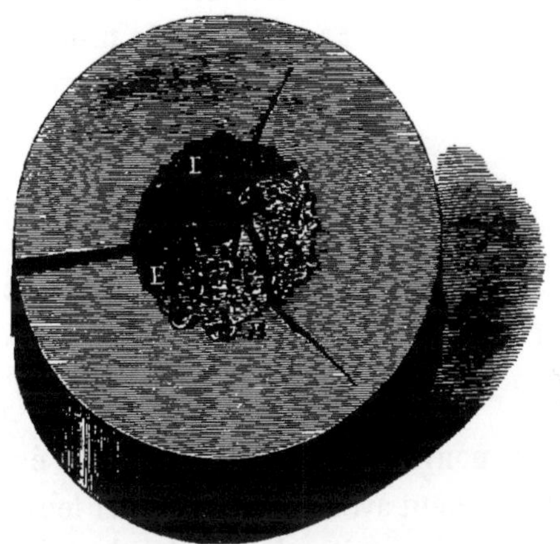

Fig. 251. — Effets de l'explosion de cartouches de fulmi-coton sur une plaque circulaire en fer représentée en coupe par la fig. 250. E, excavation en forme de calotte sphérique, dont la surface est mamelonnée ; B, bourrelet faisant saillie sur une partie du bord. — Échelle de $\frac{1}{2}$.

de la plaque, et dans les conditions qui viennent d'être indiquées, 15 cartouches de fulmi-coton, les affouillements avaient produit une excavation générale présentant la forme d'une calotte sphérique comme le représente la figure 251. Son rayon dépasse celui de la cartouche de 6 millimètres et sa profondeur est 12 millimètres. C'est, comme on le voit, une cupule qui diffère surtout, par des dimensions plus considérables, de celles dont il a été question plus haut. Ses parois présentent une série d'inégalités mamelonnées, comme si le métal avait fondu ou s'était ramolli. De petits bourrelets se remarquent sur les bords.

L'examen des progrès de l'excavation, après chaque détonation, conduit à supposer que les éclats de la capsule déterminent des centres d'érosion, qui n'ont acquis leurs formes actuelles que, sous l'action consécutive des gaz provenant des explosions.

Le tir de 5 cartouches seulement, du poids de 10 grammes, a produit, sur un disque semblable, une excavation qui a le même caractère, mais avec moins de profondeur (7 millimètres), c'est-à-dire qu'elle présente l'érosion à un état moins avancé.

§ 6. — OBSERVATIONS SUR LA PUISSANCE MÉCANIQUE DES GAZ, ET SUR LES ÉROSIONS ET REFOULEMENTS QUI LA RÉVÈLENT.

Ainsi qu'on pouvait s'y attendre, la force érosive des gaz croît très-rapidement avec leur pression et leur température; car les gaz de la dynamite, de la nitroglycérine et du fulmicoton, produisent des effets beaucoup plus intenses que ceux de la poudre, quoiqu'ils agissent pendant un temps incomparablement plus court.

Comme on l'a vu, aux phénomènes purement mécaniques s'ajoutent toujours des effets calorifiques et souvent des actions chimiques.

Les uns et les autres acquièrent une énergie surprenante lorsque les gaz, au lieu de tourbillonner dans un espace clos de toutes parts, sont violemment projetés dans une direction déterminée, par exemple, lorsqu'ils s'échappent par une fissure étroite. C'est ce qu'on a constaté spécialement pour les gaz de la poudre, qui, malgré l'infériorité de la tension comparée à ceux de la dynamite, ont cependant, en agissant sur l'acier, instantanément fondu, pulvérisé et sulfuré ce métal.

Dans le cas d'un tel écoulement, le métal soutire la chaleur que toutes les particules gazeuses, qui se succèdent à sa surface avec une extrême vitesse, y accumulent malgré la détente qu'elles subissent déjà. En même temps, par une sorte de multiplication analogue, il arrête chimiquement et condense sur lui les molécules pour lesquelles il a de l'affinité, et c'est ainsi qu'en présence des gaz de la poudre la production de sulfure de fer est si abondante.

En ce qui concerne la partie mécanique du phénomène, on a vu que les cupules, excavées par les gaz de la dynamite, surtout quand elles sont profondes, présentent souvent, sur une partie de leur périphérie, un rebord ou bourrelet, en forme de bavure, qui fait saillie de 1 à 2 millimètres sur la surface générale. Ainsi, les gaz n'ont pas seulement produit des érosions, ils ont aussi arraché et refoulé le métal. L'aspect de la bavure, terminée par une crête anguleuse, aiguë et dentelée (fig. 254 et 255), ne s'expliquerait pas dans la supposition que le fer, en présence d'une très haute température, se serait ramolli. Pour produire son analogue, il faut avoir recours à l'action d'un poinçon d'acier, poussé énergiquement par une pression ou mieux encore par un choc. C'est d'ailleurs ce qui se voit journellement dans tous les ateliers où l'on travaille les métaux durs, au moyen du poinçon. Pour que la comparaison fût complète, il faudrait mettre en jeu des poinçons à tête hémisphérique, comme les innombrables empreintes gravées dans le fond des cupules. Ces cupules à rebords saillants ressemblent aussi, pour la forme et à la dimension près, au *logement* d'un projectile lancé par un canon dans une plaque de plomb, ou même dans une plaque de blindage.

Il semblerait qu'à ce premier instant, qui précède, comme on l'a vu, les effets de fracture, cependant si subits, les gaz sont si fortement comprimés, qu'ils se comportent comme des corps momentanément solides, qui posséderaient une forte cohérence et une dureté assez considérable pour entamer le fer.

C'est à de telles conclusions, tout extraordinaires qu'elles paraissent pour des gaz travaillant à l'air libre, qu'on est amené invinciblement, par l'examen attentif des formes expressives qu'ils ont excavées. Ces représentations, caractéristiques et durables des mouvements gyratoires, des tourbillons, dont ces corps étaient animés, se sont gravées elles-mêmes et en quelque sorte enregistrées sur des masses d'acier ou d'argile, à la manière de ce qui arrive, pour d'autres phénomènes, dans certaines expériences démonstratives de mécanique et de physique.

De très fortes pressions modifient donc singulièrement les caractères que l'on avait crus autrefois essentiels aux trois états solide, liquide et gazeux. Tandis qu'elles forcent les corps solides à s'écouler comme des liquides, elles font agir les gaz à la manière de corps solides et incompressibles, effaçant ainsi des démarcations consacrées par l'usage et montrant la continuité, ou mieux l'unité réelle d'action pour les divers états de la matière.

VEINES NOIRES ET SURFACES POLIES ET STRIÉES QUI TRAVERSENT LA MATIÈRE DES MÉTÉORITES. — LEUR IMITATION EXPÉRIMENTALE A L'AIDE DES GAZ COMPRIMÉS.

Surfaces polies et striées. — Dans les expériences de rupture de masses d'acier par l'explosion de la dynamite et de la nitroglycérine, on remarque, sur beaucoup des fractures, à part des lambeaux arrachés de diverses manières, des surfaces, les unes polies, les autres très finement striées. Ces surfaces, bien qu'elles se poursuivent dans l'intérieur des morceaux, suivant des fissures très minces, se sont évidemment produites en même temps que les ruptures.

Les surfaces polies et striées peuvent prendre naissance dans plusieurs circonstances, par le glissement et le frottement des masses solides les unes sur les autres. Toutefois, on ne peut s'empêcher de remarquer combien ces dernières (fig. 247 et 248) ressemblent, quant à l'aspect et à la disposition, aux surfaces striées, si fréquentes dans les météorites, par exemple, dans celles de l'abondante chute de Pultusk ou dans les syssidères d'Atacama.

CHAPITRE IV

APPLICATION DES FAITS QUI PRÉCÈDENT A CERTAINS CARACTÈRES DES MÉTÉORITES ET DES BOLIDES.

Les expériences précédentes trouvent une application immédiate dans plusieurs caractères essentiels des bolides et des météorites qu'ils nous apportent.

§ 1. — APPLICATION A LA FORME FRAGMENTAIRE DES MÉTÉORITES.

Faiblesse ordinaire des érosions subies par les météorites, depuis leur rupture en fragments polyédriques: il en résulte que ces corps n'étaient pas séparés, lors de leur entrée dans l'atmosphère. — Tout en affectant une forme fragmentaire et très-souvent polyédrique, les météorites, fers et pierres, présentent, à leur superficie, des effets évidents de l'action des gaz comprimés et échauffés. Lors même que les arêtes des polyèdres ont été à peine émoussées, les cupules caractéristiques, qui se montrent sur une partie de la surface, témoignent de l'action érosive des gaz de l'atmosphère, sous forme de tourbillons.

Or, les expériences ont montré avec quelle rapidité les gaz agissent, dans des conditions semblables à celles où se trouvait le bolide, lors de son incandescence dans l'atmosphère. L'énergie de l'érosion a été parfaitement reconnue avec les gaz, non-seulement de la dynamite, mais aussi de la poudre.

Si les masses météoritiques avaient été *isolées* les unes des autres, dès leur entrée dans l'atmosphère, leur surface aurait été exposée aux gaz incandescents et comprimés, sur tout le trajet compris entre le moment où le bolide est devenu lumineux et celui où il a éclaté, puis s'est éteint. C'est un trajet qui dépasse très souvent 200 kilomètres et qui dure plusieurs secondes. Pendant tout ce temps, ils n'auraient certainement pu conserver, au milieu d'actions fortement érosives, cette forme polyédrique, possédant encore des arêtes et des angles si nettement accusés.

D'ailleurs, on connaît plusieurs cas de météorites appartenant à une même chute, incomplètement recouvertes de la croûte noire, et qui s'ajustent exactement les unes sur les autres, comme des éclats d'un même morceau.

De plus, de tout petits fragments, par exemple, de la grosseur d'un pois, comme on en a rencontré abondamment dans les chutes de Hessle et de Pultusk, n'ont subi, dans leur intérieur, aucune modification de couleur. S'ils avaient été exposés à la chaleur au delà d'un court instant, leur pâte se serait très-probablement noircie.

On est donc conduit à admettre que des fragments aussi anguleux n'ont pu être soumis aux gaz, très échauffés et comprimés, que pendant un temps très-court, probablement moindre qu'une seconde. Au lieu d'avoir été isolées dans l'espace, ainsi qu'on l'a supposé pour certains cas, ces météorites, lors de leur entrée dans l'atmosphère terrestre, devaient faire partie d'une masse unique, et elles ne se sont séparées les unes des autres qu'à la fin du parcours du bolide, lors de la rupture de cette masse et des détonations. C'est alors que se sont brusquement formés les fragments et qu'ils ont acquis une individualité, attestée par leur croûte noire.

Enfin, d'après l'énergie que nous venons de reconnaître

dans des gaz qui acquièrent instantanément d'énormes pressions, il n'y a pas à s'étonner des explosions qui signalent
l'apparition des bolides. Une force, comparable à celle de la
dynamite, doit briser les corps solides à la manière de puissants marteaux-pilons.

§ 2. — APPLICATION A LA RÉPARTITION SUR LE TERRAIN DES
PIERRES D'UNE MÊME CHUTE.

La conclusion précédente, déduite de la faible érosion
d'une foule de fragments météoritiques, comparativement à
ce que montrent les résultats d'expérience, est pleinement
confirmée par un caractère d'un ordre tout à fait différent,
le mode de dispersion des météorites, lors de leur arrivée à
la surface du sol.

Il paraît naturel d'admettre que les détonations qui précèdent la chute produisent la rupture des masses qui les
subissent, et que par conséquent c'est dans notre atmosphère
que les météorites, composant une même chute, se sont
séparées les unes des autres.

Quelque tenaces que puissent être les bolides, fussent-ils
de fer, comme il arrive quelquefois, ils peuvent être rompus
par des gaz fortement comprimés, ainsi que nous l'apprend
aujourd'hui l'énorme énergie des gaz produits par la dynamite.

**Mode de dispersion des météorites, lors de leur arrivée à la sur-
face du sol ; il ne correspond pas à des trajectoires qui auraient été
séparées dès l'apparition du bolide.** — Quand les météorites
d'une même chute sont nombreuses, elles sont généralement
réparties sur le sol, en différents points d'une surface, qui

est allongée dans le sens de la trajectoire du bolide. Cette surface, que nous pouvons appeler *aire de dispersion*, a été relevée avec soin, lors de plusieurs chutes, particulièrement lors de celles de l'Aigle, d'Orgueil, de Pultusk, de Knyahinya, de Hessle et de Jowa.

Suppposons, un instant, que ces différents projectiles aient été déjà isolés les uns des autres, au moment de leur entrée dans l'atmosphère. Leur grosseur est assez différente pour que, d'après la relation bien connue qui existe entre la résistance de l'air et la section des corps qui le traversent, ils n'eussent pas tardé à se séparer, quelque faible que soit la densité de l'air dans ces hautes régions. La pression de cet air est, en effet, assez grande pour rendre incandescents les corps qui s'y meuvent avec une vitesse aussi considérable : cette pression suffirait donc, certainement, pour opérer immédiatement le triage de ces mêmes corps, d'après leur volume. Avant qu'un bolide, formé d'un essaim de fragments de grosseurs différentes, ait suivi, à l'état incandescent, une distance de 100 à 200 kilomètres et au delà[1], il aurait abandonné et disséminé ses épaves, à la surface du sol, sur une partie de cette longueur. On ne les verrait pas aussi concentrés, de manière à occuper une zone, dont la longueur dépasse rarement 15 kilomètres, avec une largeur notablement moindre. Le point de rupture paraît former le sommet d'une sorte de cône de dispersion, qui est assez peu ouvert, ou d'une gerbe faiblement divergente. En présence de ce mode de dispersion comparativement restreint, on doit regarder comme très-probable que c'est le bolide qui, en se brisant à une faible hauteur au-dessus de l'aire de dispersion, a donné naissance à tous ces fragments.

De petites météorites n'auraient pas parcouru des trajectoires aussi longues, sans s'écarter davantage des gros frag-

---

[1] *Nouvelles archives du Muséum*, t. III, p. 1, 1867.

ments, dont les sections sont souvent dix et cent fois plus grandes; car la résistance que l'air oppose à ces petites météorites croît dans le même rapport. Une résistance aussi grande, sur des météorites de la petitesse d'un pois, par exemple, doit amoindrir très-rapidement et dans une très-forte proportion leur vitesse de translation, de telle sorte que, sous l'influence de l'action de la pesanteur, leur trajectoire ne tarde pas à se rapprocher de la verticale, tandis que les gros fragments, moins influencés par la résistance de l'air, doivent peu s'écarter de la trajectoire primitive.

On a objecté, il est vrai, que, si les fragments provenaient d'une rupture dans l'atmosphère, ils devraient être projetés en tous sens, au lieu d'être répartis et triés comme nous les voyons. Cette objection n'aurait quelque fondement que s'il s'agissait d'une explosion provenant de tensions intérieures, comme lorsqu'un obus se brise et projette ses éclats [1]. Mais il n'en est pas de même, quand la pression qui pousse les fragments agit dans une direction déterminée, comme, par exemple, quand une charge de plomb est lancée par un fusil ou dans le cas de la boîte à balles. C'est ainsi que, dans des expériences dont il vient d'être rendu compte, tous les fragments ont été lancés en sens opposé à l'action des gaz de la dynamite, et suivant d'assez faibles divergences, ainsi qu'on a pu s'en convaincre, en recherchant les fragments qui avaient pénétré dans les parois du puits où s'opéraient les ruptures.

Il est d'ailleurs facile d'expliquer les écarts qui peuvent avoir lieu en pareil cas. D'une part, la compression de l'air agissant sur la face antérieure des corps tend à en produire l'expansion latérale et par suite la rupture, comme cela a

---

[1] Encore les fragments d'obus ne retournent-ils en arrière que dans le cas où la vitesse qui leur est imprimée par l'explosion est supérieure à la vitesse de translation du projectile; autrement tous les fragments décrivent des tangentes à la résultante de la vitesse initiale de translation et de la vitesse qui leur est imprimée par l'éclatement.

lieu dans les expériences sur l'écrasement par compression des matériaux de construction, à l'aide de la presse hydraulique, ou bien encore lorsqu'un boulet vient frapper une plaque de blindage[1]. D'autre part, l'air fortement comprimé dans les premières cupules excavées dans le bolide y exerce des actions expansives qui peuvent contribuer à la rupture avec projection latérale.

Toutes ces actions expliquent comment une disjonction latérale peut se produire, lors même que la force expansive des gaz intérieurs n'interviendrait aucunement.

Documents tirés de la vue même du bolide. — Si des météorites de dimensions notablement différentes entraient simultanément dans l'atmosphère, la résistance de l'air, qui est suffisante pour les rendre incandescents, ne tarderait pas à les séparer les unes des autres, et, au lieu d'un globe unique comme c'est le cas général, on verrait nécessairement une traînée de corps incandescents. Au lieu de cela, on n'aperçoit qu'un seul globe qui, à un certain moment, fait explosion et produit des fragments bien distincts, que l'on compare ordinairement aux éclats d'une bombe de feu d'artifice ou aux étoiles que disperse une fusée volante.

Quelquefois aussi, comme on l'a vu le 12 février 1875, aux États-Unis, lors de la chute des météorites de Iowa, le bolide s'est divisé en deux masses qui ont suivi des trajectoires différentes[2] (les météorites recueillies correspondent au moins volumineux d'entre eux). On a même parfois cru pouvoir assigner à des explosions distinctes chaque groupe de pierres tombées à la surface du sol (Weston, 14 décembre

---

[1] Dans l'un et l'autre cas, le corps se divise en fragments dont le principal est souvent une pyramide ou un cône ayant pour base tout ou partie de la surface directement soumise à la compression. De là, une expansion latérale qui doit produire une divergence des fragments.

[2] Dr. G. Hinrichs, *Great Iowa meteor*, New-York, 1875.

1807). Ces diverses circonstances peuvent s'expliquer par le seul rôle de la compression de l'air.

Enfin, dans le cas d'un essaim, les détonations ne se comprennent pas facilement.

Le mot *explosion*, souvent employé pour la rupture du bolide, n'est aucunement justifié. — La violence, tout à fait surprenante, des détonations et des autres bruits que provoquent les bolides dans les hautes régions de l'atmosphère, a souvent conduit à y faire intervenir la supposition de dégagements brusques de gaz qui sortiraient de ces corps. Quoique l'hydrogène et l'azote aient été reconnus, comme inclus, dans certains fers météoriques, rien ne légitime cette hypothèse, au moins comme générale, et le nom d'*explosion*, qui lui correspond et qui est très-fréquemment employé, n'est aucunement justifié. C'est le mot *rupture* qui exprime le fait observé, et cela, indépendamment de toute hypothèse.

On conçoit, par les mêmes causes, les détonations réitérées d'un même bolide. Car un fragment, résultant d'une première explosion, traverse des couches d'air, de plus en plus denses, de la part desquelles il éprouve des résistances croissantes, malgré la diminution de sa vitesse, de telle sorte que cette résistance détermine une ou plusieurs ruptures successives.

Ce fait s'est confirmé, lors de la chute de Butsura (Inde anglaise), 12 mai 1861, où des fragments anguleux, recueillis à plusieurs kilomètres de distance les uns des autres, s'adaptèrent exactement par certaines faces, de manière à reconstituer la forme d'une grosse écaille, conservée au British Museum. De plus, sur la surface de contact de deux de ces morceaux contigus, la croûte est à peine formée, ce qui montre, comme l'a fait remarquer M. Maskelyne, la probabilité de ruptures successives, dont la dernière s'est faite trop près du sol pour que l'enveloppe noire ait eu le temps de se constituer.

Une conclusion absolument semblable ressort d'un examen attentif de l'holosidère de Caille. Tandis que la plus grande partie de la surface est couverte de cupules et d'érosions profondes, il est une région, très nettement délimitée, qui n'en présente aucune trace. Cette surface, qui est plane et qui coïncide avec un grand clivage octaédrique, paraît correspondre à une dernière cassure, qui s'est produite lorsque la masse, à peu près refroidie, était arrivée à la dernière portion de sa trajectoire.

Résumé. — On n'est pas en droit de nier que plusieurs fragments, ou corps solides quelconques, ne puissent arriver ensemble et pénétrer en compagnie dans notre atmosphère, comme ceux qui ont été observés à Athènes, bien que la séparation de ceux-ci, au moment où ils ont été aperçus, ait pu être le résultat d'une détonation antérieure. Les groupes nombreux d'étoiles filantes font concevoir la possibilité d'une telle association.

Mais, d'après les résultats qui précèdent, rien ne paraît justifier la supposition d'essaims de météorites, même pour les chutes les plus nombreuses qui aient été observées, par exemple, pour celle d'Orgueil, de Knyahinya, de Pultusk et de Hessle. Pour préciser cette assertion, toutes les météorites recueillies sur la même aire de dispersion, dont la longueur est très-faible, où elles sont triées et ordonnées avec une régularité remarquable, selon leur volume, paraissent ne pouvoir provenir que d'un corps unique, du corps qu'on a vu éclater vers l'extrémité finale de la trajectoire, dans une ou plusieurs détonations, et à une courte distance à l'arrière de l'aire de dispersion. Elles en sont les éclats, lors même qu'elles se compteraient par centaines et milliers : on peut résumer cela en disant que les météorites appartenant à un même groupe de dispersion sont *monodiacoptes* [1].

Il est d'ailleurs possible que chaque bolide, en arrivant des espaces, ne soit lui-même qu'un fragment, provenant de corps planétaires ou cométaires plus volumineux.

§ 5. — APPLICATION AUX CUPULES DE LA SURFACE DES MÉTÉORITES.

La ressemblance des cupules naturelles avec celles que perforent les gaz, échauffés et animés de mouvements gyratoires, ressort à la première vue.

Diverses explications théoriques, qui ont été données de ces cupules, ne paraissent plus pouvoir être admises.

Application des résultats d'expériences à l'origine des cupules des météorites. — D'après les résultats d'expériences qui viennent d'être signalés, les érosions superficielles des météorites peuvent s'expliquer comme il suit :

Quand ces corps entrent dans l'atmosphère de notre globe, ils sont animés, comme on l'a vu, d'une vitesse énorme, de 20 à 30 kilomètres à la seconde. Les pressions considérables auxquelles ils sont alors soumis, de la part de l'air, paraissent expliquer l'incandescence qui a toujours lieu, ainsi que la fusion superficielle de la masse. La partie de cette sorte de projectile qui, à un moment donné, est située à l'avant, refoule l'air et le comprime très-fortement, de telle sorte que cet air est agité par des mouvements gyratoires énergiques. En tourbillonnant ainsi, sous de telles pressions, l'air tend à tarauder, comme nous le voyons dans plusieurs

[1] De ὁιακόπτω, séparer, déchirer, et μόνος, unique.

des expériences précitées. Cette action mécanique est, en général, accompagnée et renforcée d'une action chimique, due à la nature combustible des roches météoritiques à ces hautes températures.

Quand la masse est entièrement métallique (holosidères et syssidères), elle reçoit, sur des points voisins, simultanément ou successivement, de l'air très comprimé, et se mouvant en tourbillon, qui doit énergiquement activer la combustion autour de certains points, et, par suite, tarauder autour de ces centres d'ignition, tout à fait comme les gaz, comprimés à environ 1000 atmosphères, le font à l'égard du zinc métallique qui est exposé à leur action. Un effet semblable doit se produire sur les météorites pierreuses (sporadosidères) qui, au milieu des silicates qui les constituent, renferment des grains de fer métallique, ainsi que du sulfure de fer ou troïlite, qui sont très-combustibles. Les météorites charbonneuses et d'autres asidères renferment également des parties assez faciles à brûler pour aider à l'affouillement.

C'est ainsi qu'on peut s'expliquer la similitude des conditions par lesquelles ont passé, d'une part, les météorites, lors de leur entrée dans notre atmosphère, d'autre part, les grains de poudre incomplètement comburés, qui tombent devant la bouche d'un canon, ou les globules de zinc burinés par les gaz sous pression. C'étaient comme des coups de dard du chalumeau, agissant à des pressions de plusieurs centaines d'atmosphères : de là, des excoriations ou affouillements, dont l'analogie de cause ressort de l'identité des effets. Ce sont des témoins des grandes pressions, accompagnées de tourbillons, que les masses ont subies pendant quelques instants, par suite de leur énorme vitesse.

D'ailleurs, la texture globulaire, si fréquente dans le plus grand nombre des météorites pierreuses, a pu, dans certains cas, aider l'érosion, les gaz pénétrant sous des globules et les arrachant, comme l'outil du chirurgien le fait pour une dent.

Les arêtes du fragment primitif, si elles étaient angulaires, ont dû être émoussées dans les mêmes circonstances.

Enfin les poussières et vapeurs, produites par ces affouillements, ont dû contribuer à produire ces traînées de fumée qui marquent dans l'atmosphère la trajectoire des météorites et persistent quelquefois assez longtemps, même pendant plusieurs heures, après leur passage.

Cette explication, proposée d'abord, à la suite des expériences faites à l'aide des gaz comprimés de la poudre, tant sur le zinc que sur le fer, s'est trouvée confirmée de la manière la plus satisfaisante, et, de plus, complétée par les études, faites à l'aide des gaz de la dynamite.

Il est impossible de ne pas être frappé de l'identité de forme que présentent, d'une part, les excavations creusées par l'action gyratoire des gaz très-énergiquement comprimés, et, d'autre part, les cupules qui caractérisent la surface des météorites. Cette identité est particulièrement remarquable pour plusieurs des masses faisant partie de la collection du Muséum[1], comme le montrent plusieurs des figures données plus haut.

En ce qui concerne les deux modes d'expériences, avec les gaz de la poudre et avec ceux de la dynamite, il y a à remarquer une différence dans l'intensité et dans la rapidité de l'action. Tandis que, dans le cas des expériences faites avec la poudre, les gaz agissaient environ pendant $\frac{1}{100}$ de seconde, la pression des gaz engendrés par la dynamite avait une durée qu'on évalue à $\frac{1}{50000}$ de seconde, c'est-à-dire 500 fois moindre que la première : ici, l'action est donc incomparablement plus

---

[1] *Comptes rendus*, t. LXXXII, p. 949, et t. LXXXIV, p. 451 et 636.

rapide, presque instantanée. Eu même temps, dans le second cas, l'action érosive est beaucoup plus intense; car, malgré leur instantanéité, les affouillements excavés par les gaz de la dynamite sont incomparablement plus profonds; les bavures saillantes qui les bordent décèlent l'énergie de l'agent dont elles sont l'œuvre. La dynamite nous fait assister à un véritable arrachement; les gaz de la poudre, avec leur action

Fig. 252. — Météorite sporadosidère de Pultusk, dont la surface présente, outre les cupules ordinaires, une profonde cavité en forme d'encoche, qui résulte évidemment de la réunion de cupules disposées en traînées. — Grandeur naturelle.

moindre, mais aussi moins rapide, produisent un affouillement d'un plus grand rayon de courbure.

Ces deux types de cavités se retrouvent dans la même météorite et quelquefois superposés l'un à l'autre. C'est ce rapprochement que montre, avec évidence, la masse de fer météorique de Charcas [1] (Planche VII).

Il est des cas où les affouillements des météorites ont pris

___
[1] *Comptes rendus*, t. LXIV, p. 656.

des formes autres que celles de cupules arrondies, par exemple, celle d'une sorte d'*encoche*, comme dans certains échantillons de Pultusk (fig. 252). Ces variétés de formes se rencontrent parmi les résultats de l'expérience, où, à côté de cupules arrondies, isolées, groupées de diverses manières et

Fig. 253. — Bloc de ciment hydraulique soumis au rouge blanc, à l'action d'un violent courant d'air froid. Les érosions subies par la surface paraissent tout à fait comparables à celles que présentent les météorites. — Échelle de $\frac{1}{4}$.

souvent alignées, il se produit des sillons vermiculés, ressemblant à ceux que le ciseau a creusés sur les pierres de certains monuments.

Postérieurement aux expériences décrites plus haut, et après en avoir eu connaissance, M. le professeur Suess, de Vienne, a eu l'obligeance de m'adresser un échantillon représenté figure 253, et dont la surface offre des accidents analogues, y compris l'encoche[1]. C'est un bloc de

---

[1] *Comptes rendus de l'Académie des sciences*, t. LXXXVI, p. 517.

ciment hydraulique, qui, lors de sa cuisson à la température du rouge blanc, s'est trouvé soumis à l'action érosive d'un violent courant d'air froid.

L'extension des cupules, sur une grande partie ou la totalité de la surface d'une même météorite, correspond à une rotation de ce corps. — Dans nos expériences, nous voyons que les cupules ne se forment que sur la face du bloc qui a été exposée à la pression *directe* des gaz : les faces opposées n'en présentent pas ; le contraste à cet égard est évident. Or, dans beaucoup de météorites, les cupules se montrent sur plusieurs de leurs faces, et même souvent sur leur superficie entière. Cela peut provenir de ce que la météorite, dans sa translation à travers les espaces, était animée d'un mouvement de rotation, comme il arrive à tous les projectiles de forme irrégulière. La météorite, ainsi excoriée, a donc présenté successivement à l'*avant*, c'est-à-dire comme *proue*, diverses parties de sa surface, laquelle s'est trouvée poinçonnée, plus ou moins complètement, par le choc de l'air comprimé et incandescent.

Successions d'effets : action instantanément érosive des gaz comprimés et fortement échauffés. — Parmi les effets produits par les gaz de la dynamite, dans les expériences dont il a été rendu compte, il en est, comme on l'a vu, de plusieurs natures : 1° aplatissement et écrasement de la masse d'acier ; 2° affouillement énergique et creusement de cupules ; 3° déchirure en fragments plus ou moins nombreux ; 4° projection de ces fragments.

Malgré l'excessive rapidité de l'action, ces effets ne sont pas simultanés, et ils paraissent s'être succédé suivant l'ordre où ils viennent d'être énumérés. La rupture en fragments a été précédée, non-seulement par le creusement des cupules, ainsi qu'il a été déjà dit ; elle a dû l'être aussi par l'aplatissement et l'écrasement de la masse d'acier. Car, si, après l'écrasement, on rapproche les fragments projetés et épars, le contour, déformé et élargi, se poursuit sur ces divers fragments contigus, avec autant d'uniformité que s'ils n'avaient pas été désunis (fig. 233, 234 et 236).

Il est toutefois à remarquer qu'au lieu d'être, comme l'aplatissement, répartis sur toute la surface d'action des gaz, les affouillements (au moins dans le cas d'explosion avec bourrage) ne se montrent qu'irrégulièrement. Autour de cavités profondes de plusieurs millimètres, la surface est presque intacte. Ces affouillements arrondis se sont probablement produits, lorsque les gaz, après avoir déterminé l'écrasement, ont cherché à se frayer une voie.

Dans cette action, les gaz paraissent animés de mouvements gyratoires excessivement rapides. Ils agissent par leur énorme pression et leur haute température, de manière à pulvériser et à emporter le métal à l'état de poussière impalpable, ainsi que je l'ai antérieurement constaté avec les gaz de la poudre[1]. En même temps ils produisent, comme par repoussement, les bavures très-accentuées, qui attestent leur surprenante énergie. Dans ces conditions, les gaz paraissent se comporter comme des solides incompressibles.

Cette érosion ou gravure qui, en général, a marqué de son estampille la surface des météorites, n'intéresse pas seulement l'histoire de ces apports des espaces célestes. Elle fournit sur les gaz, lorsqu'ils sont soumis à cet état excessif de compression, la notion d'un caractère nouveau qui permettra peut-être de pénétrer dans certaines questions de Mécanique moléculaire....

Convenance d'une dénomination spéciale pour désigner les en-

[1] *Comptes rendus*, t. LXXXII, p. 954.

pules des météorites. Piézoglyptes. — Maintenant que l'origine de ces cavités est bien reconnue, il paraît convenable, pour les désigner d'une manière précise, de leur donner un nom spécial qui rappelle leur mode de formation et qui s'applique, tout à la fois, aux cupules des météorites et aux cavités toutes semblables qui se produisent artificiellement. Tel pourrait être le mot générique *piézoglypte* (gravé par foulure ou par pression), dans lequel se distingueraient plusieurs types de formes, ainsi qu'on vient de le voir; l'épithète *piézoglyptique* correspondrait alors à cette action des gaz ainsi comprimés [1].

Ainsi que je l'ai remarqué, pour les érosions produites par les gaz de la poudre, une action chimique peut accompagner l'action mécanique et déterminer, notamment par l'oxygène en excès qui s'y trouve, la combustion d'une partie du fer.

§ 4. APPLICATION AUX VEINES NOIRES ET AUX MARBRURES QUI TRAVERSENT LES MÉTÉORITES.

Injection et consolidation du sable et de l'argile dans de nombreuses fissures. — Un autre fait doit être signalé; l'argile et le sable quartzeux, provenant des parois du puits dans lequel on expérimentait, ont pénétré dans de nombreux angles rentrants et dans les fissures les plus étroites qui se sont produites dans le métal. Ces substances s'y sont incrustées si profondément et si solidement qu'on ne peut les détacher sans difficulté et sans le secours d'une pointe d'acier et d'une forte pression.

---

[1] Si l'on prend πιέζω au lieu de πιέστω, c'est que le premier mot est consacré par l'usage, par exemple, dans piézomètre.

Analogie avec les veinules noires qui traversent les météorites.
— On connait dans les météorites les veinules noires, de la
même nature que la croûte extérieure, qui les sillonnent
très fréquemment. Le nom de *lignes noires* (*schwarze Linie*)
leur a été également donné, à cause de la manière dont elles
se montrent dans une cassure (fig. 254). Leur épaisseur est
en effet très-faible, le plus souvent une fraction de millimètre. Après les études dont ces lignes noires ont été l'objet,
notamment de la part de Reichenbach[1] et de Haidinger, on
a reconnu qu'elles se rattachent à la croûte noire qui enve-

Fig. 254. — Sporadosidère tombée à Girgenti (Sicile) le 10 février 1855. Cassure artificielle montrant les veinules noires qui traversent la pâte blanchâtre de la météorite et qui se rejettent parfois les unes les autres. — Grandeur naturelle.

loppe les mêmes échantillons et qui s'est injectée dans les
fissures, lorsque la substance qui constitue cette croûte était
encore à l'état de fusion, poussée qu'elle était par les gaz
comprimés agissant à la surface.

Après avoir examiné ces veinules noires dans les météorites de Pultusk où elles abondent, M. de Rath[2] dit toutefois
qu'on ne comprend pas que la substance fondue ait pénétré
aussi profondément, et par des fissures aussi étroites, dans
l'intérieur d'une roche qui avait la température très basse

---

[1] *Poggendorff's Annalen,* t. CXXV, p. 508-421 et 600.
[2] *Meteorite von Pultusk,* p. 10.

des espaces planétaires : il semble, ajoute le savant auteur de cette remarque, que, dans de telles conditions, la substance fondue aurait dû se solidifier immédiatement, au lieu de pénétrer au fond de fissures capillaires, ayant jusqu'à 10 à 15 centimètres de profondeur.

En présence des résultats d'expériences qui viennent d'être signalés on est en droit de conclure que, de même que le sable et l'argile, la matière fondue extérieure de la croûte a dû être refoulée avec une extrême facilité, vers l'intérieur du bolide, par la grande pression des gaz extérieurs. La rapidité excessive des mouvements dont nous venons d'être témoin répond complètement à cette dernière objection : la substance fondue était poussée si rapidement qu'elle n'avait pas le temps de céder toute sa chaleur aux parois des fissures.

En signalant dans la masse de fer nickelé de Sainte-Catherine d'innombrables fissures enduites d'oxyde magnétique, je disais que les faits se présentent « comme si, après avoir été brisée par une très forte pression et traversée par de nombreux plans de divisions, cette masse de fer avait été soumise à une action oxydante qui aurait pénétré très profondément dans son intérieur, jusque dans les moindres fissures, quelque minces qu'elles fussent[1] ». Tous les échantillons que j'en ai reçus à diverses reprises offrent le même caractère. Ce fendillement général de la masse de fer, comparable à un *craquelé*, et l'injection de l'oxyde magnétique dans toutes les fissures, présentent également une ressemblance complète avec le résultat de l'expérience directe.

Les rejets qui correspondent à certaines veinules noires (fig. 254) avaient conduit de Reichenbach à conclure que, outre celles qui se sont formées dans l'atmosphère, comme

---

[1] *Comptes rendus*, t. LXXXIV, p. 1509.

nous venons de le voir, il en est d'origine cosmique. Mais cette distinction ne paraît pas fondée: ce que l'expérience a fait reconnaître sur le mode de formation des surfaces frottées explique les rejets que présentent des fissures formées presque simultanément, lors de la rupture.

D'ailleurs, aussi bien que le creusement des cupules, les frictions et les surfaces striées intérieures peuvent être produites avant la rupture complète de la masse et la formation de fragments isolés. Cela explique pourquoi les rejets n'ont pas, en général, laissé de traces à la surface des météorites.

Marbrures noirâtres de certaines météorites. — Des marbrures noirâtres sont bien connues dans certaines météorites, par exemple, dans celles de Chantonnay, de Murcie, de Mexico (Philippines) (fig. 255).; elles se trouvent également

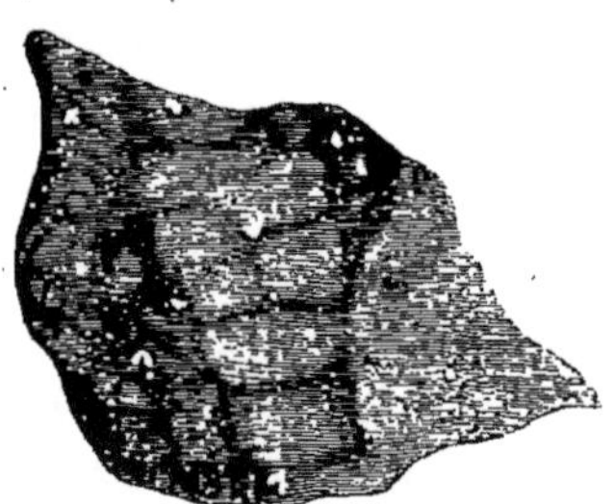

Fig. 255. — Marbrures noirâtres, ramifiées au travers de la pâte de la météorite sporadosidère de Mexico (Iles Philippines).

dans la météorite tombée le 28 juin 1876 à Stalldalen (Suède). De plus, ces marbrures se rattachent, en général, aux veinules noires et aux surfaces frottées. Il nous paraît que ces marbrures, dont la coloration noire est due à l'action de la chaleur, comme l'a reconnu M. Stanislas Meunier, peuvent s'expliquer simplement : les gaz incandescents de l'atmosphère, tout en injectant, vers l'intérieur, des veinules provenant de l'enduit en fusion, ont pu eux-mêmes produire des effets calorifiques sur la substance même de la météorite. En pénétrant à proximité de certaines fissures capillaires, ils ont flambé une partie de la masse et ont contribué à la formation des marbrures foncées dont il s'agit.

§ 5. APPLICATION A LA FORMATION DES POUSSIÈRES COSMIQUES.

Nuages et fumées développés lors de l'apparition des bolides. — Un fait essentiel de l'apparition des bolides trouve aussi

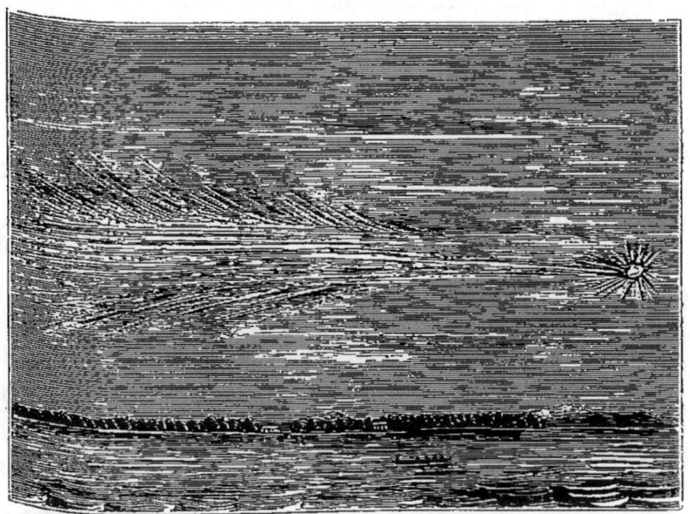

Fig. 256.—Nuage de poussière formant une traînée, lumineuse et persistante, à la suite du bolide observé à Quenggouk (Pegou) le 27 décembre 1857, d'après le dessin d'un témoin oculaire, le lieutenant Aylesbury : le phénomène est représenté au moment de l'explosion.

une imitation dans ces mêmes expériences. Je veux parler de cette sorte de fumée ou vapeur, intense et très étendue, qui succède, en général, à l'apparition de la masse lumineuse (fig. 256). L'incandescence, qui n'est que de courte durée, est très-fréquemment suivie d'une traînée, d'abord lumineuse, puis obscure, à la manière de ce que l'on observe journellement à la suite de la combustion d'une pièce d'artifice. Cette traînée, qui souvent persiste pendant un temps assez long, marque et conserve la disposition de la trajectoire : elle prend la place du sillon lumineux. Selon toute probabilité, lors de l'incandescence du bolide, il s'en détache, à divers états, des parcelles qui restent en suspension dans les hautes régions de l'atmosphère, jusqu'à ce que les courants aériens arrivent à les disperser.

Pour montrer que le fait est loin d'être accidentel et pour préciser les circonstances qui l'accompagnent, il est nécessaire de rappeler quelques exemples. Nous choisirons ceux qui ont été l'objet d'observations exactes, d'abord parmi les bolides auxquels correspond la trouvaille de météorites, puis parmi ceux à la suite desquels aucune chute de cette nature n'a été constatée.

Lors de la chute des météorites qui eut lieu, le 24 juillet 1790, à Julliac et Barbotan, près de Roquefort, département des Landes, il apparut un grand météore, et un petit nuage blanchâtre persista à la place où le bolide éclata[1].

La chute de Laigle du 26 mai 1803, d'après la narration circonstanciée de Biot, s'annonça par un globe enflammé accompagné d'une explosion violente qui dura cinq à six minutes : c'était d'abord comme quatre coups de canon, puis une décharge ressemblant à une fusillade ; « Ce bruit partait d'un petit nuage très-élevé et de forme rectangulaire; il parût immobile tout le temps que dura le phénomène : seulement les vapeurs qui le composaient s'écartaient momentanément de divers côtés, par l'effet des explosions successives. [2] »

Au moment de la chute de météorites du 22 mars 1841, qui se fit à Grüneberg, en Silésie, on vit, après de violentes détonations, apparaître un nuage blanc.

---

[1] D'après M. Baudin, professeur à Pau.
[2] Relation imprimée par ordre de l'Institut, an XI, p 43.

De même, un excellent observateur, M. Boisse, signale un nuage lumineux, d'une nature étrange, que laissa, après avoir disparu, le bolide apportant, le 21 octobre 1844, les météorites de Favars (Aveyron)[1].

Avant l'explosion du bolide, auquel nous sommes redevables des aérolithes tombés à Ausson et à Clarac, près de Montréjeau (Haute-Garonne), on vit un jet considérable de fumée et de feu se dégager du noyau, avec quelques étincelles. Un nuage de vapeur blanchâtre se forma au centre d'explosion, et une traînée des mêmes vapeurs persista, avec ce nuage, sur toute la ligne suivie par le météore[2].

Le bolide qui, le 14 mai 1863, apporta les météorites charbonneuses aux environs d'Orgueil[3] (Tarn-et-Garonne), se divisa en trois globes lumineux ou, selon un témoin, s'ouvrit en une gerbes d'étincelles, comme un bouquet de fusées; puis il laissa derrière lui une traînée, d'abord lumineuse, qui se transforma en une nébulosité persistante d'une durée de 8 à 10 minutes. D'après un autre observateur, le même bolide éclata comme un bouquet d'artifice et se divisa en une poussière étincelante, puis forma un nuage blanc, d'une durée de huit à dix minutes. C'était une traînée blanche, ressemblant à de petits nuages cotonneux, laissés sur la trace du météore.

Un petit nuage noir, d'où partit l'explosion, apparut également lors de la chute des milliers de pierres qui tombèrent, le 9 juin 1866, en Hongrie, aux environs de Knyahinya.

Un météore qui lança, le 7 septembre, 1868, des météorites à Sauguis-Saint-Étienne, près de Mauléon (Basses-Pyrénées), avait l'apparence d'une boule incandescente : avant de dis-

---

[1] *Mémoires de la Société de l'Aveyron*, 1845, p. 410.
[2] *Comptes rendus*, t. XLVII, p. 1054.
[3] *Comptes rendus*, t. LVIII, p. 910, 935 et 968.

paraître, il éclata et projeta des fragments enflammés, laissant à sa place un léger nuage blanchâtre qui persista quelque temps[1].

Les indigènes qui furent témoins, le 16 août 1875, d'une chute de météorites près de La Calle, en Algérie, virent, à la suite d'un bruit violent, comme un coup de tonnerre, une traînée de fumée noirâtre, au milieu de laquelle ils distinguèrent une clarté éblouissante qui se dirigeait vers la terre[2].

Il s'est agi jusqu'à présent de chutes de météorites pierreuses, c'est-à-dire de celles qui ne renferment le fer qu'en grains isolés, au milieu de silicates.

Mais la même sorte de fumée d'apparence opaque a été particulièrement bien observée pendant deux chutes de fer précitées, survenues depuis un siècle, et dont il reste des témoignages parfaitement authentiques.

Lors de la chute de l'holosidère de Hraschina, près d'Agram (26 mai 1751), on aperçut, au moment de l'explosion, un nuage noir qui persista, dit-on, pendant trois heures et demie après la chute[3].

Au moment de la chute de fer de Braunau, en Hongrie, qui eut lieu le 14 juillet 1847, beaucoup de personnes, averties par deux violentes détonations, remarquèrent un petit nuage noir, qui s'établit horizontalement, avec accompagnement de violentes détonations; deux globes de feu, qui tombèrent sur le sol, sortirent de ce nuage qui devint gris, puis se dissipa[4].

Beaucoup de bolides, à la suite desquels on n'a pas trouvé de pierres lancées à la surface du sol, se présentent exacte-

[1] *Comptes rendus*, t. LXVII, p. 873.
[2] *Comptes rendus*, t. LXXXIV, p. 71.
[3] *Kesselmeyer*, ouvrage précité, p. 25.
[4] Reinert, *Leonhards Jahrbuch*, 1848, p. 729.

ment de la même manière que ceux dont il vient d'être question, comme étant suivis de la découverte de météorites. Même incandescence; détonations multiples et tout à fait semblables, à la suite desquelles ils éclatent en fragments plus petits; traînées lumineuses laissées à leur suite; apparition habituelle de nuages qui, après avoir perdu leur incandescence première, persistent quelque temps après la disparition du météore, souvent pendant plusieurs minutes, parfois même pendant plusieurs heures.

Toutefois, en raison de l'intérêt considérable que présentent les météorites, particulièrement pour les minéralogistes et les géologues, il peut convenir de distinguer les bolides, selon que l'on a trouvé, à la suite de leur apparition, des blocs solides lancés à la surface du sol, ou qu'on n'en a pas rencontrés. Pour abréger et éviter une périphrase, les premiers pourraient être désignés sous le nom de *bolides phanérolithes* et les autres sous le nom de *bolides adélolithes* [1].

Mais, il importe de le remarquer, cette séparation ne paraît reposer que sur un fait fortuit. Lorsque des pierres d'aussi petites dimensions que les météorites arrivent des espaces célestes sur le sol, les plus grandes chances sont évidemment pour qu'elles se perdent, soit qu'elles tombent dans la mer ou dans des régions inhabitées, soit que, tombant dans des pays habités, elles s'enfouissent dans le sol, sans avoir eu, à une très-courte distance, de témoins qui puissent les découvrir. Ce n'est donc que dans des cas réellement exceptionnels que les masses solides, connues sous le nom de *météorites*, sont recueillies. Toutefois, d'après les traits multiples de ressemblance que présente leur apparition, les

---

[1] D'après deux racines connues des géologues, qui correspondent à la signification des mots : *apparent* et *non apparent*.

bolides phanérolithes et les bolides adélolithes appartiennent très-probablement à un même phénomène.

Pour montrer que la ressemblance entre les uns et les autres s'applique particulièrement à la formation des fumées qui nous occupe, il est utile de citer encore quelques exemples.

Ainsi un bolide, observé le 26 mai 1863, en Algérie, aux environs d'Aumale, par un ciel pur, laissa dans les hautes régions de l'atmosphère, après cinq ou six violentes détonations, un nuage qui prit toutes sortes de couleurs et de formes les plus bizarres[1] et d'où il tomba des boules de feu.

Un autre bolide, qui apparut, le 11 novembre 1864, produisit, selon M. Boisse, une traînée d'étincelles lumineuses, qui persista plus de cinq minutes, en passant par le rouge blanc et différentes nuances; puis un nuage rougeâtre, parfaitement distinct, occupa 12 à 15 degrés de longueur sur 1 à 2 degrés de largeur. Un observateur d'Agen, M. Bourrière, témoin du bolide qui, le 19 mai de cette même année, amena les météorites d'Orgueil, le rapproche de ce dernier. Ces deux bolides furent aperçus jusqu'aux environs de Paris.

En décrivant le bolide observé le 31 août 1872, aux environs de Rome, le P. Secchi[2] dit qu'il laissa derrière lui une traînée lumineuse, semblable à une fumée ou à un nuage éclairé par le Soleil, qui cependant n'était pas encore levé. Il disparut en lançant des traits enflammés; trois ou quatre minutes après, une détonation épouvantable se fit entendre, puis la traînée lumineuse laissée par le bolide, d'abord droite et rectiligne, se dilata, se contourna en forme de serpent, jusqu'à ce que, douze ou quinze minutes après, elle s'évanouit comme un nuage.

[1] *Comptes rendus*, t. LIX, p. 851.
[2] *Comptes rendus*, t. LXXV, p. 656.

On peut encore citer le bolide du 24 septembre 1876, qui éclata comme une fusée, en une pluie de feu, laissant à sa suite une traînée ressemblant à de la fumée qui suivit sa direction occupant à peu près 12 degrés; après plus de dix minutes elle s'élargit, s'estompa, puis se résolut en flocons[1].

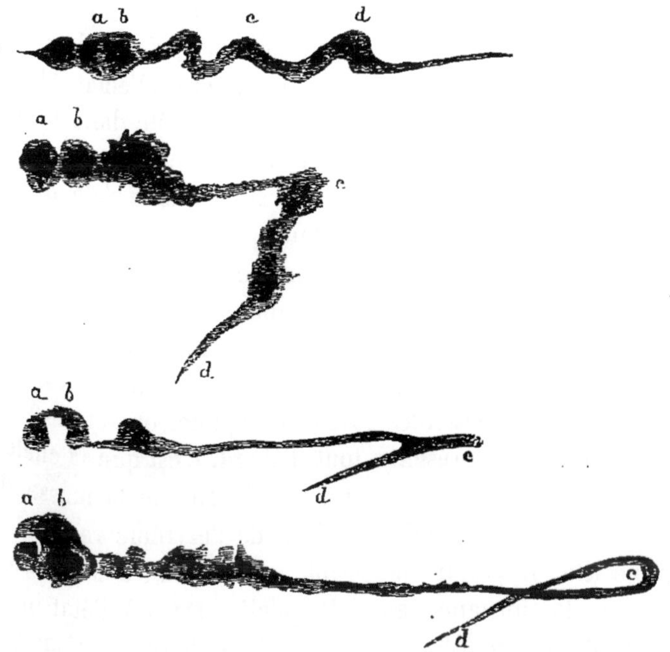

Fig. 257. — Aspect successif de la traînée lumineuse laissée par une étoile filante, observée à Athènes, le 12 août 1861, par M. Julius Schmidt. Elle devint invisible au bout d'une minute. Les lettres a, b, c, d, servent de points de repère pour apprécier les transformations de la traînée.

Sur quelques points, comme à Saint-Omer et à Recquinghem, des détonations sourdes se firent entendre; ailleurs, comme à Fontainebleau, on n'entendit rien, sans doute à cause de la plus grande distance.

Comme dernier exemple, on trouvera ici (fig. 257) la repré-

[1] *Bulletin de l'Observatoire de Paris.*

sentation des formes successives de la traînée lumineuse laissée par une étoile filante observée à Athènes par M. Julius Schmidt, le 12 août 1861.

Supposons des bolides, ayant la même composition que celle des épaves, connues sous le nom de *météorites*, qui sont recueillies à la surface de la terre, à la suite de l'apparition de quelques-uns d'entre eux. Leur fer métallique, leur nickel, leur soufre, leur phosphore, après avoir contribué, par leur combustion dans l'atmosphère, à l'éclat éblouissant du bolide, doivent jouer aussi leur rôle dans la production nuageuse qui en est le complément.

A en juger par l'étendue du ciel sur laquelle s'étend cette sorte de fumée et par sa persistance, pendant un temps plus ou moins long, on voit qu'en peu d'instants il se détache du bolide des quantités considérables de matières.

Quelle est l'action qui peut produire un effet si énergique sur le bolide et arracher, en si peu d'instants, une telle abondance de particules gazeuses, liquides ou solides?

L'idée qui se présente tout d'abord, c'est que la chaleur et la combustion font naître, aux dépens de la masse, des matières volatiles. Mais, à raison de l'extrême rapidité du projectile, il paraît impossible que, soumise à une telle vitesse, la substance, aussitôt qu'elle arrive à l'état incandescent, ne se *pulvérise* pas dans l'atmosphère, de même qu'il arrive dans mes expériences, où nous voyons le fer métallique, malgré sa fixité, arraché à l'état de poussière impalpable et emporté dans l'air par des gaz fortement échauffés.

En ce qui concerne les météorites, la réalité de cette *pulvérisation à haute température* trouve sa démonstration dans la présence des alvéoles creusées dans ces météorites pendant leur trajet, alvéoles dont l'origine, sous l'action de violents courants gazeux, ne paraît plus pouvoir laisser de doute.

Poussières atmosphériques d'origine extra-terrestre ou cosmique. — Les résultats dont il vient d'être question doivent également être pris en considération pour l'histoire des poussières d'origine extra-terrestre ou cosmique. Car la pulvérisation extrêmement rapide, presque instantanée, que subissent des substances aussi cohérentes que le fer, dès que ces substances sont en présence de gaz animés de grandes vitesses et très-échauffés, s'ajoute, pour une très-forte part, à la volatilisation et à la combustion des corps célestes, qui entrent dans notre atmosphère. La volumineuse traînée nuageuse qui en est la manifestation aboutit à des *poussières métalliques et autres*, extrêmement fines, qui entrent en suspension dans notre atmosphère [1].

Toutefois, des poussières, également d'origine cosmique, peuvent être apportées dans notre atmosphère par d'autres procédés. Ainsi que je l'ai montré à l'occasion de la chute des météorites charbonneuses d'Orgueil, les météorites appartenant à cette variété se désagrègent aussitôt qu'elles sont en présence de l'eau et se réduisent alors en poudre impalpable [2]. Il suffit donc du passage de pareilles météorites dans une zone de nuages ou de pluie pour qu'elles se résolvent en poussière.

[1] Telle que la poussière renfermant du nickel et du cobalt signalée par de Reichenbach (*Cosmos*, 29 décembre 1864).

[2] *Comptes rendus*, t. LVIII, p. 186.

§ 6. Observations générales.

Les gaz qui agissent sur le bolide, après son entrée dans notre atmosphère, paraissent avoir une pression comparable à celle des gaz que l'expérience met en jeu et peuvent avoir produit des ruptures analogues. — Il est sans doute impossible de déterminer, et même avec une grossière approximation, les diverses pressions qu'un bolide exerce contre la couche d'air qu'il refoule, depuis qu'il entre dans les hautes régions de notre atmosphère jusqu'au point élevé où, à la suite de détonations, il envoie des fragments à la surface du sol. Les trajectoires de ces bolides, ainsi que leurs vitesses successives, sont très-imparfaitement connues, ce qui s'explique par la surprise que cause leur apparition et par l'insuffisance des observations dont ils peuvent être l'objet.

Cependant, d'après l'incandescence qui accompagne toujours ce phénomène et qui doit correspondre à la température de la combustion du fer, c'est-à-dire à 1000 ou 1200 degrés, ainsi que d'après les évaluations déduites des pertes probables de vitesse, particulièrement celles auxquelles est arrivé M. Reinhold de Reichenbach[1], il est permis de croire que cette compression est du même ordre que celles des gaz mis en action, dans les expériences qui précèdent.

Les faits caractéristiques des bolides peuvent s'expliquer par l'action d'une très-faible masse gazeuse, conformément aux expériences. — Quand on cherchait à attribuer à la pression de l'air la part principale dans la rupture des bolides, on était

[1] *Poggendorff's Annalen*, t. CXIX, p. 275, 1863.

arrêté, tout d'abord, par cette objection que cette rupture si violente, et s'exerçant souvent sur des masses très tenaces, a lieu dans des régions fort élevées de l'atmosphère, où l'air est extrêmement raréfié. C'est ainsi que Poisson a été conduit à en chercher ailleurs la cause [1].

Cette objection trouve une réponse dans les expériences précédentes, où une quantité de gaz extrêmement faible produit également des effets très-considérables. Ainsi, un poids de gaz [2], de 1^{kg}, 5, a agi dans plusieurs des expériences, dont on a vu les résultats. C'est dans ces conditions que se sont produits à la fois, sur un même prisme d'acier, et à part divers affouillements de surface et des mouvements intérieurs accusés par des surfaces striées : d'abord, des ruptures qu'opérerait à peine la pression de 1 million de kilogrammes, c'est-à-dire la pression d'un poids 600 000 fois plus grand que celui du gaz, cause de ces déchirements ; puis, des écrasements qui ne peuvent correspondre à moins de 5000 atmosphères.

Ce poids de 1^{kg}, 5 de gaz s'appliquait sur une surface du prisme d'acier ayant 154 centimètres carrés, ce qui, en moyenne, correspondrait à un poids de gaz de 0^{gr}, 116 par millimètre carré.

Or, on peut voir, par un calcul bien simple, que la masse d'air qu'un bolide rencontre et qu'il comprime, dans les hautes régions de l'atmosphère, est tout à fait du même ordre. Un litre d'air, au niveau de la mer et à la température zéro, pèse 1^{gr}, 295. Supposons un projectile sphérique ayant une section de 1 centimètre carré et parcourant 100 kilomètres, avec la vitesse des bolides, dans un air de cette densité : au bout de son parcours, il aurait déplacé et refoulé 10 000 litres

---

[1] *Probabilités des jugements*, 1837, p. 506.

[2] La dynamite (n° 1) employée, provenant de la poudrerie de Vonges, renfermait 25 pour 100 de son poids de matière siliceuse (randanite), et par conséquent inerte.

d'air, d'un poids de 12 930 grammes, en faisan abstraction des mouvements imprimés aux parties de l'air qui l'avoisinent dans sa course et en supposant au phénomène une simplicité qui nous suffit, pour l'appréciation à laquelle il s'agit d'arriver[1]. Mais la rupture a lieu à des hauteurs où l'air est beaucoup moins dense. Si nous supposons le trajet de ce même projectile de 1 centimètre carré de section, exécuté à travers un air 100 fois plus rare, le poids du gaz refoulé serait 100 fois moindre, c'est-à-dire de $129^{gr},5$, soit $1^{gr},29$ par millimètre carré. Ce serait un poids 10 fois plus considérable que celui qui agissait dans les expériences précitées. Ce dernier poids correspondrait seulement au poids qui serait déplacé dans un air 1000 fois plus rare que celui du niveau de la mer, qui nous sert de type.

Il ne peut s'agir ici que d'une approximation grossière; car l'air, quelque énorme que soit la rapidité avec laquelle il est comprimé, ne s'accumule pas intégralement, à l'avant du bolide, en forme de proue; une partie s'échappe latéralement et passe à l'arrière du bolide, contribuant ainsi à la longue traînée lumineuse qui suit le projectile d'origine céleste, et à l'agrandissement de sa dimension apparente pour le spectateur placé à distance.

Quoi qu'il en soit, ce témoignage imposant de la puissance brisante et pulvérisatrice des gaz rend compte des faits qui doivent se passer dans le trajet d'une météorite à travers l'atmosphère, lors même que, dans le phénomène naturel, les gaz n'atteindraient pas une pression aussi élevée que dans le cas de l'explosion de la dynamite. On s'explique, sous la simple action atmosphérique, la rupture de masses de fer doux et la

---

[1] Il s'agit d'un maximum; car cette même quantité de gaz a produit toujours des actions considérables, en dehors de la masse d'acier qui lui était soumise, notamment en démolissant les parois du puits de l'expérience et en se propageant au dehors du puits.

production de fragments, tels que ceux qu'ont apportés le bolide de Hraschina, en Croatie, le 26 mai 1751, et celui de Braunau en Bohême, le 14 juillet 1847. Il en est de même pour les masses de fer, connues en diverses contrées, dont la chute remonte à une époque indéterminée, comme les morceaux de fer parsemés de péridot, ou syssidères, du désert d'Atacama, et représentés par des milliers d'échantillons épars. A plus forte raison est-il facile de comprendre la rupture en une multitude de fragments, quand il s'agit de masses pierreuses et d'une cohésion incomparablement moindre, comme celles qui constituent les météorites du type commun.

On ne saurait d'ailleurs oublier que l'échauffement, subit et intense, d'une telle masse, à partir de sa surface, tandis qu'elle est encore très-froide dans son intérieur, doit aussi faciliter son éclatement.

Analogie des deux milieux, au point de vue de la composition chimique. — Cette comparaison entre le phénomène naturel et le résultat de l'expérience ne s'applique pas seulement à la pression développée, dans les deux cas, par une très-faible masse gazeuse. Il y a aussi une certaine ressemblance dans la composition chimique des deux milieux ; car, comme l'a dit M. Berthelot, la nitroglycérine jouit de la propriété exceptionnelle de renfermer plus d'oxygène qu'il n'est nécessaire pour en brûler complètement les éléments. Les gaz de la dynamite se composent donc, non-seulement d'acide carbonique, de vapeur d'eau et d'azote, mais aussi d'oxygène en excès.

Remarque. — *Dans les météorites elles-mêmes, il y a tout un ensemble de caractères, qui se trouvent imités simultanément par l'expérience.* — Quant aux météorites, les ressemblances

sont plus faciles à constater que pour les bolides, puisqu'au lieu d'être à distance elles sont tangibles. Comme
caractères divers des météorites, reproduits par l'expérience,
je rappellerai : 1° formes essentiellement fragmentaires et
le plus souvent polyédriques; 2° excoriations ou piézoglyptes,
très-souvent en forme de cupules, qui sont essentiellement
caractéristiques; 3° changement de texture des fers météoriques, à proximité de leur surface; 4° surfaces striées et
fibreuses, dans l'intérieur de la masse, résultant de frottements moléculaires; 5° veinules noires, connues sous le nom
de *lignes noires*, résultant de la pénétration de la partie
fondue à la surface qui est foulée par la pression, jusque
dans les parties profondes, comme il arrive très-fréquemment; 6° colorations foncées, désignées sous le nom de *marbrures noires*, bien caractérisées aussi, quoique moins communes que les veinules.

La compression de l'air que le bolide refoule devant lui
ne produit pas seulement la chaleur et la vive incandescence
de ce corps, ainsi que la traînée lumineuse dont il s'enveloppe, de manière à frapper et à éblouir les regards. Cette
compression paraît contribuer aussi, pour la part principale,
à la rupture de la masse, quelque tenace qu'elle soit; puis,
à l'affouillement de chacun des fragments à leur surface, à
la pulvérisation partielle de la substance fondue à sa surface,
qui renforce l'incandescence du corps, ainsi qu'à plusieurs
autres effets.

Toute une série de caractères, offerts par les météorites,
ainsi que par les bolides qui les apportent, se trouvent, en
effet, imités, complétement et simultanément, par certains
effets des gaz fortement comprimés et échauffés. De ces
reproductions fidèles il résulte, pour les parties du phénomène naturel quelles concernent, une explication que l'on
est en droit de qualifier de démonstration expérimentale.

Les ressemblances, à la fois multiples et diverses, auxquelles nous sommes ainsi conduits, entre deux ordres de faits qui, au premier abord, sont si différents, ne paraissent pas moins concluantes que celles que nous reconnaissons exister dans les effets de l'électricité, soit qu'elle se manifeste dans des appareils restreints, soit que, comme l'incandescence et la détonation des bolides, elle s'élabore dans les hautes régions de l'atmosphère, sous la forme d'éclair ou de foudre, ou avec les splendeurs de l'aurore boréale.

Sans doute, avant mes expériences, on avait regardé d'une manière générale la compression de l'air comme la cause de l'incandescence des bolides. Mais il fallait la synthèse expérimentale, non-seulement pour justifier cet aperçu et en donner une véritable démonstration, mais aussi pour faire pénétrer dans l'intimité du phénomène. Dans un autre ordre de faits, plus général que celui qui vient de nous occuper, des expériences, très ingénieusement instituées et discutées, avaient fait supposer que la foudre était à assimiler à l'électricité que développent nos appareils : l'abbé Nollet avait déjà fait des rapprochements qui paraissaient sans réplique ; cependant, ce fait capital ne fut réellement démontré que lorsque, en 1752, Franklin fit descendre la foudre des nuages, pour l'interroger lui-même.

En voyant quelle est, dans de très petits appareils, l'énergie mécanique et chimique de tels tourbillons gazeux, mus avec de grandes vitesses et de fortes pressions, on ne peut s'empêcher de porter son imagination sur des actions de même nature, qui peuvent se passer, et sur de bien plus grandes dimensions, dans le Soleil et dans d'autres parties de l'Univers.

FIN

ADDITION

AUX DEUX ARTICLES INTITULÉS :

FORMES DES JOINTS : PAGE 324

LUMIÈRES FOURNIES PAR L'EXPÉRIMENTATION SUR CERTAINS
TRAITS DU RELIEF DU SOL : PAGE 367

On sait que le sol de la forêt de Fontainebleau est composé de sables tertiaires appartenant aux sables supérieurs,
ainsi que de couches de calcaire lacustre, dont les unes
sont inférieures (Brie), les autres supérieures (Beauce) à
ce sable. En général tout à fait incohérents, ces sables sont,
çà et là, agglutinés sous forme de grès, principalement à
leur partie supérieure, par un ciment qui est tantôt calcaire, tantôt siliceux. De là, des masses mamelonnées, tu-
berculeuses et aplaties dans le sens de la stratification, dont
les dimensions horizontales sont très-diverses depuis quelques mètres et formant alors de simples *tables*, jusqu'à plusieurs centaines de mètres en tous sens, présentant, lorsque
le calcaire supérieur manque, des plateaux rocheux nommés
plattières. En suivant ces plattières, surtout dans les parties où
la terre végétale a été enlevée pour l'exploitation, on voit
que leur surface supérieure, au lieu d'être plane, présente

des protubérances et des dépressions arrondies et très prononcées (fig. 180 et 181).

Le grès proprement dit est séparé du sable par une masse à peine agrégée, qui forme comme un passage de l'un à l'autre, et que les ouvriers nomment *bousin*. Les silex de la craie donnent, à une très petite échelle, une idée des formes de ces masses de grès que les ouvriers appellent *bancs*, et que l'on pourrait aussi nommer *amas*. Les uns et les autres résultent visiblement d'une concrétion. La surface originelle de ces amas de grès se distingue habituellement des surfaces arrondies par les agents atmosphériques, par un dessin réticulé ou ondulé, dont la forme se rapproche fréquemment d'hexagone et de pentagone. Leur épaisseur atteint 6 ou 7 mètres.

Dans une grande partie de leur étendue, ces grès se montrent en blocs épars, souvent volumineux, remarquables par le désordre dans lequel ils sont accumulés les uns sur les autres, désordre qui rappelle tout à fait celui des moraines. Les blocs ainsi épars portent ici le nom générique de *Rochers*, et ont un caractère très pittoresque, quoique l'élévation des collines auxquelles ils sont superposés excède rarement 60 mètres au-dessus du sol voisin. Les collines, hérissées de blocs, occupent une fraction notable de la forêt de Fontainebleau.

Diaclases du grès. — Partout où le grès se montre en place, il est traversé par des joints ou diaclases. La plupart de ces diaclases sont planes, ou faiblement ondulées, à peu près verticales, et coupent très nettement le grès sur toute son épaisseur. Tandis que quelques-unes se perdent dans le sens horizontal au bout de quelques mètres, on en voit d'autres se continuer, sans changer de caractère, sur 80 à 100 mètres et davantage. Elles sont souvent si minces qu'elles sont à peine reconnaissables sur leurs tranches, et qu'elles ne se révèlent que par l'exploitation.

En examinant ces grès, soit dans des escarpements naturels, tels que les Gorges d'Apremont ou les Gorges de Franchard, soit dans les nombreuses carrières où ils sont exploités depuis plus de cinq siècles, on reconnaît que les joints les plus nets et les plus étendus présentent des directions à peu près constantes, non seulement dans une même carrière ou dans un même groupe de carrières, mais dans toute l'étendue qui a été explorée. C'est ce qui résulte clairement de plusieurs centaines de mesures que j'ai prises, lors d'un récent séjour de quelques semaines à Fontainebleau, sur une étendue superficielle d'environ 180 kilomètres carrés[1]. La direction prédominante varie entre N. 95° E. et N. 118° E., et a pour moyenne N. 105° E. Une même diaclase, même quand on ne la considère que sur une vingtaine de mètres, dévie très fréquemment de 15 à 20 degrés. Les écarts autour de la moyenne s'expliquent donc facilement, et il est même remarquable que ces écarts soient aussi restreints.

A part ces diaclases principales (système A), il en est d'autres (système B) qui leur sont à peu près perpendiculaires, et que les ouvriers, en opposition avec le nom de *joints en long* qu'ils donnent aux premières, désignent sous le nom de *joints en travers*. Celles-ci sont moins régulières et plus contournées que les premières, qui les arrêtent quelquefois ; elles sont aussi moins nombreuses. Leur direction moyenne est de N. 12° E.

Il y a donc deux systèmes de diaclases, à peu près perpendiculaires entre eux.

Tandis que les diaclases du système principal sont à une

___

[1] Mes explorations ont été facilitées par l'obligeant concours de M. de Saint-Fare, inspecteur des forêts.

distance mutuelle qui ne dépasse guère 4, ou 6 mètres, et en atteint rarement 10, celles du second système sont souvent plus éloignées. Sur quelques points, notamment au Long-Rocher et au Rocher du Long-Boyau, elles sont distantes de 70, 80 et 90 mètres, ainsi que permettent de l'observer de vastes surfaces mises à nu par l'exploitation.

Leur disposition caractéristique est représentée, en perspective, par la carrière de la Ravine (fig. 178), et la figure 179 montre leur disposition en plan.

Outre ces deux catégories de joints, les ouvriers distinguent aussi certaines cassures peu continues et très minces, sous les noms de *fils* et de *soies*.

Quant aux joints horizontaux qui rappellent la stratification et qui sont quelquefois assez nombreux pour empêcher l'exploitation, ils portent le nom de *planchers*.

Les blocs épars, qu'ils résultent de l'exploitation ou qu'ils soient naturellement isolés, présentent souvent des joints perpendiculaires entre eux (fig. 180); si les formes en parallélépipède n'y sont pas très fréquentes, cela résulte, en grande partie, de ce que ces blocs sont terminés par les surfaces mamelonnées, supérieures et inférieures, des divers bancs dont ils proviennent. La figure 181 représente un rocher dont la forme est due, en partie, à la même influence des diaclases.

Pour mieux fixer les idées, j'indiquerai ci-après (page 714) le résumé très sommaire des mesures que j'ai prises sur des cassures planes bien franches, et dépassant une longueur d'une dizaine de mètres.

Dans ce relevé, on a pris du nord au sud les collines ou rides parallèles qui traversent la forêt, chacune de ces rides étant suivie de l'est vers l'ouest

Diaclases du calcaire supérieur (Beauce). — Le calcaire

supérieur, dans les carrières où il est exploité, se montre

Fig. 178. — Vue perspective d'une carrière (carrière de la Ravine) où le grès de Fontainebleau, exploité pour pavés, montre nettement, sur une hauteur de 7 mètres et sur un front de taille de 35 mètres, 2 systèmes de diaclases orthogonales entre elles. a, a, a, a, a, a, diaclases du système dirigé N. 112° E (Système A). b, b, b, b, b, diaclases du système dirigé N. 18° E (Système B). On remarque, en outre, des diaclases horizontales et discontinues (*planchers* des ouvriers). M, grand bloc ayant de base 4^m sur 1^m,50 et terminé par des cassures à peu près rectangulaires. N, bloc plus petit, parallélépipédique, de 0^m,60 et 1 mètre de côté. P, gros bloc dont une partie de la surface est mamelonnée; Q, pavés. — Échelle d'environ $\frac{1}{300}$.

traversé par des cassures incomparablement plus rappro-

Fig. 179. Plan de la carrière précédente, même signification des lettres. — Échelle de $\frac{1}{500}$.

chées que dans les couches de grès. Près de la surface, jus-

qu'à deux ou trois mètres, la roche est concassée en petits
morceaux fortement réagglutinés par un ciment calcaire, ce

Fig. 180. — Bloc de grès (Roche du Calvaire), limité par des diaclases a et b orthogonales entre
elles : la surface mamelonnée supérieure appartient à la surface primitive du banc de grès. —
Échelle de $\frac{1}{200}$.

qui lui a valu, de la part des ouvriers, le nom de *béton*. En
examinant les couches inférieures, on y distingue, au mi-

Fig. 181. — Rocher isolé de grès (Roche du Calvaire) montrant la part qui revient, dans sa forme,
aux diaclases rectangulaires a et b. Comme pour le précédent, la surface mamelonnée appartient à celle du banc d'où le rocher a été détaché. — Échelle de $\frac{1}{100}$.

lieu de petites cassures innombrables, des cassures prédominantes. La mesure de l'orientation de toutes les cassures

bien tranchées et planes, prise d'abord dans la carrière dite de la Montagne de Paris, a montré, non seulement que les diaclases principales du calcaire sont parallèles entre elles, avec quelques écarts, mais aussi qu'elles sont parallèles à celles du grès.

Des mesures prises dans d'autres cantons, dans les carrières du Mont-Aigu, du Mail Henri IV, du Mont-Merle et des Ventes-Bourbon ont donné le même résultat, ainsi que le montre le tableau.

Il est à remarquer que les diaclases les plus nettes du calcaire s'arrêtent brusquement, en arrivant à la couche de marne à laquelle elles sont superposées. Ce fait, qui a déjà été observé ailleurs, explique les étranglements et arrêts brusques que présentent les gîtes métallifères, dans des conditions analogues.

	NOMS DES LOCALITÉS.	SYSTÈME A.		ÉCARTS MAXIMA		SYSTÈME B.		ÉCARTS MAXIMA		OBSERVATIONS.
		MOYENNES.	NOMBRE des observations sur lesquelles repose la moyenne.	Au-dessous de la moyenne.	Au-dessus de la moyenne.	MOYENNES.	NOMBRE des observations sur lesquelles repose la moyenne.	Au-dessous de la moyenne.	Au-dessus de la moyenne.	Directions exceptionnelles.
			Le nombre total des observations est de 405.				Le nombre total de observations est de 103.			
GRÈS DE FONTAINEBLEAU										
1er alignement.	Rocher Cassepot	N 95° E	5	3	5	»	»	»	»	
	Rocher Saint-Germain	N 104° E	11	9	6	N 12° E	1	»	»	
	Rocher Cuvier-Châtillon	N 108° E	45	6	9	N 18° E	20	8	11	
	Rocher du Bas-Bréau	N 106° E	3	»	»	N 12° E	5	»	»	
2e alignement. (Fort des Moulins)	1° Croix d'Augas	N 107° E	24	17	5	N 5° E	4	5	5	2 observ. ont donné N 60° E.
	2° Carière de la Ravine	N 112° E	19	10	3	N 18° E	10	5	2	
	3° Roche du Calvaire	N 111° E	14	7	8	N 18° E	6	4	4	
	4° Roche Éponge	N 108° E	9	8	2	»	»	»	»	
	5° Fontaine Désirée	N 100° E	1	»	»	N 10° E	1	»	»	
	6° Fontaine Dorly	N 100° E	5	9	8	N 7° E	5	7	11	
	Rocher du Mont Ussy	N 102° E	16	12	18	N 8° E	7	8	2	
	Grand Mont Chauvet	N 112° E	4	2	0	»	»	»	»	1 observ. a donné N 160° E.
	Gorges d'Apremont	N 111° E	16	11	9	N 20° E	4	0	0	
3e alignement.	Rocher d'Avon	N 102° E	21	22	18	N 16° E	5	6	4	
	Mont Aigu	N 106° E	2	11	11	N 4° E	2	4	5	
	Rocher de la Gorge du Houx	N 106° E	15	11	9	N 15° E	5	0	1	
	Long-Boyau	N 110° E	37	12	8	N 15° E	4	15	15	
	Roche et Gorge de Franchard	»	»	»	»	»	»	»	»	1 observ. a donné N 160° E.
4e alignement.	Rocher Bouligny	N 105° E	11	5	15	N 10° E	2	0	0	1 observ. a donné N 56° E.
	Rocher de Fourceau	N 103° E	70	16	21	N 20° E	23	15	7	
	Rocher des Demoiselles	N 118° E	11	16	29	N 6° E	2	0	0	4 observ. ont donné N 145° E.
5e alignement.	Long-Rocher	N 98° E	66	16	19	N 9° E	8	4	11	
	Moyennes générales	N 105° E	.....	.....	.....	N 12° E				
CALCAIRE de BEAUCE			Le nombre total des observations est de 40.				Le nombre total des observations est de 4.			
	Montagne de Paris	N 93° E	18	6	17	»	»	»	»	
	Mont Aigu	N 104° E	6	9	13	»	»	»	»	
	Mail Henri IV	N 117° E	5	15	8	N 14° E	2	2	6	
	Mont Merle	N 105° E	4	5	5	N 10° E	2	0	0	
	Vente Bourbon	N 52° E	7	5	14	»	»	»	»	
	Moyennes générales	N 102° E				N 12° E				

Diaclases du calcaire inférieur (Brie). — Le calcaire inférieur présente des diaclases remarquables par leur netteté et par leur régularité. Dans les carrières de Souppes, qui fournissent beaucoup de pierres de taille, des diaclases verticales coupent toutes les couches, y compris les masses fragmentaires, désignées sous le nom de *tuf*, qui supportent immédiatement la terre végétale.

Les plus apparentes de ces diaclases, qui se prolongent dans toute l'étendue des carrières, sur 100 ou 200 mètres, servent ordinairement de front-de-taille.

Leur tendance au parallélisme est manifeste; dans l'une des carrières principales, elles se dirigent en moyenne N. 124° E.; dans la carrière voisine, distante de moins de 200 mètres, la direction moyenne est N. 134° E.

D'autres diaclases coupent à peu près perpendiculairement les premières; leur direction, qui paraît moins constante, a été trouvée en moyenne N. 27° E.

L'analogie des termes que les carriers emploient pour distinguer ces deux sortes de diaclases (fils *en long*, fils *en travers*), rappelle la similitude de leurs dispositions avec les diaclases du grès, malgré la différence des roches. On observe cependant cette différence que les diaclases sont plus rapprochées dans le calcaire que dans le grès.

Il est rare qu'on puisse marcher perpendiculairement à une diaclase principale, sur plus de 2 ou 3 mètres, sans en rencontrer d'autres parallèles ; quelquefois même elles ne sont distantes que de quelques décimètres, laissant entre elles des placages, ou *plaquis* de rochers, suivant le terme des ouvriers. Quant aux diaclases transversales, elles sont ordinairement plus éloignées (10 à 15 mètres), et par conséquent moins nombreuses.

Considérées tant en plan qu'en coupe verticale, les diaclases présentent des inflexions fréquentes et simulent tout à fait des failles par leurs formes, ainsi que par la vivacité de leurs cassures. Parfois même, leurs parois paraissent présenter des stries horizontales, comme si un mouvement relatif dans ce sens les avait fait frotter l'une contre l'autre.

Observations sur l'origine des diaclases. — La cassure, suivant des faces planes bien régulières, que l'on connaît dans les pavés de Fontainebleau, se fait indifféremment suivant toutes les directions, aussi bien obliquement que parallèlement aux diaclases. Celles-ci ne peuvent donc avoir leur cause dans une prédisposition originelle de la masse.

Elles présentent d'ailleurs le même régime que le banc soit à ciment calcaire ou à ciment siliceux.

Le tableau précédent fait bien ressortir l'existence, pour chacun des deux systèmes de diaclases, d'une direction moyenne bien définie, qui est N. 105°E., pour le système A du grès et N. 102° E. pour le même système dans le calcaire de Beauce. Dans l'un et l'autre de ces deux terrains, la moyenne du système B est N. 12° E., c'est-à-dire, très approximativement perpendiculaire à la moyenne du premier système.

On voit, en outre, que les écarts, en plus ou en moins, de nos observations, dont le nombre dépasse 500, sont, en général, beaucoup plus faibles qu'on n'aurait pu le prévoir en voyant les inflexions et les irrégularités de chaque casure considérée séparément.

D'après la constance de direction qui règne sur de grandes étendues, les diaclases du grès, dans la forêt de Fontainebleau, ne peuvent être considérées comme des effets de retrait. Cette conclusion serait confirmée, s'il était nécessaire, par la persistance de la même direction dans les couches de calcaire voisines du grès, qui se montre ainsi indépendante de la nature minéralogique de la roche.

De même que les failles dont elles offrent les caractères

de parallélisme, ces diaclases ne peuvent résulter que d'actions mécaniques exercées extérieurement aux massifs, et qui se sont produites, soit lorsque ces masses ont été portées au-dessus du niveau de la nappe d'eau sous laquelle elles ont été déposées, soit dans des mouvements ou tassements ultérieurs. C'est, en un mot, un système de cassures semblables, pour la disposition et pour l'origine, à celles que l'on peut obtenir artificiellement dans une plaque par une faible torsion. De part et d'autre, les irrégularités sont de même nature.

La circonstance que, dans la nature, les diaclases d'un des systèmes sont souvent arrêtées par celles du système principal, n'empêche pas de supposer qu'elles sont contemporaines, peut-être à quelques instants près. C'est ce qu'expliquent aussi les expériences, comme on l'a vu plus haut[1].

Relation des diaclases avec certains traits du relief du sol. — Les collines alongées et alignées à peu près parallèlement entre elles, qui accidentent le relief de la forêt de Fontainebleau, sont bien connues, et de Sénarmont, dans son excellente *Description de Seine-et-Marne*, n'a pas manqué d'appeler l'attention sur ce caractère. Si on prend, sur une carte du Dépôt de la Guerre, l'orientation dominante de chacun de ces chaînons, on trouve qu'elle varie en N. 98° E. et N. 106° E.[2]. Quelques-unes des collines couvertes de blocs ou rochers ont les longueurs de plusieurs kilomètres, et elles font suite l'une à l'autre, parfois sur 12 kilomètres et davantage (rochers de Bouligny, du Mont Morillon, de la Salamandre, de Milly, d'Arbonne).

[1] Voir pages 539 et 540.

[2] La carte dite des chasses, exécutée vers 1810 par les ingénieurs-géographes, dont la minute est exposée dans l'une des salles du château, fait très bien ressortir cet alignement général.

Cet alignement a été attribué à là direction que suivaient des courants violents, qui auraient profondément découpé le sol[1].

Ce qui précède montre, indépendamment de toute hypothèse, qu'il y a conformité entre la direction des chaînons et celle des diaclases qui les traversent. Dans le relief, comme dans les cassures internes, on observe d'ailleurs, autour de cette moyenne, des variations à peu près de même amplitude.

Sans nier qu'originairement les ciments calcaires et siliceux, dans le sable, aient pu se déposer suivant des bandes parallèles, comme il est arrivé pour certains amas de gypse ou de minerai de fer, il faut reconnaître une autre cause qui est certainement intervenue.

A mesure que la couche épaisse de sable incohérent sur laquelle gisaient les bancs de grès, était entraînée par les eaux qui, à l'époque quaternaire, agissaient si énergiquement, même dans les régions où elles n'étaient pas à l'état de glacier, ces bancs de grès perdaient leur support. Morcelés comme ils l'étaient, dans toute leur étendue, par des cassures, ils se démembraient en blocs, dont les faces principales étaient déterminées par les cassures préexistantes, à peu près comme il arrive aux glaciers qui, en débouchant dans la mer, forment les banquises. En beaucoup de points, on trouve des blocs qui, par leurs formes, s'adaptent parfaitement aux roches vierges ou en place, formant des plattières, dont elles ont été visiblement détachées, et dont elles sont peu distantes. Le développement exceptionnel dans cette région de monceaux de blocs épars qui, après avoir glissé, ont échoué, et se sont souvent empilés les uns sur les autres, de manière à former des *éboulis*, des *chaos* ou des *mers de rochers*, est donc avant tout une conséquence de la présence des sables qui leur servent de soubassement.

---

[1] Belgrand, *Le Bassin parisien aux âges préhistoriques.*

Lors de cette démolition, les diaclases principales dont la direction est si prédominante, ont nécessairement imprimé leur direction à une partie des masses qui résistaient. C'est ce qui se produit chaque jour encore, dans le mode d'abatage désigné par les mineurs sous le nom de *havage*, et par les carriers de Fontainebleau sous le nom de *défouillement*.

Les faits qui viennent d'être exposés, relativement à la disposition des diaclases dans les couches tertiaires de Fontainebleau, sont conformes à ceux que j'ai signalés dans les falaises de la Normandie[1], et se retrouvent dans le calcaire grossier et le gypse des environs de Paris, ainsi que je le montrerai bientôt. L'étude des joints faite avec exactitude conduira donc à des résultats dignes d'intérêt, tant pour les actions mécaniques subies par les couches de tout âge que dans leurs relations avec le relief du sol.

[1] Voir plus haut, pages 324 et 358.

INDICATION DES PUBLICATIONS ORIGINALES DE M. DAUBRÉE

RELATIVES AUX SUJETS TRAITÉS DANS CET OUVRAGE.

Dans la liste suivante, les titres des Mémoires sont groupés dans un ordre conforme à celui des chapitres du volume, et, pour chaque sujet, suivant l'ordre chronologique de publication.

Comme abréviations, on a adopté :

C. R., pour *Comptes rendus des séances de l'Académie des sciences* ;

A. M., pour *Annales des Mines* ;

B. S. G., pour *Bulletin de la Société géologique de France*.

INTRODUCTION.

On the synthetical experiments in geology. Conférence faite, en 1876, à South Kensington Museum. *Science conferences. Geology*, p. 277.

Rapport sur les progrès de la géologie expérimentale. Paris, 1867. — Fait partie de la collection des Rapports demandés par M. le Ministre de l'Instruction publique, à l'occasion de l'Exposition universelle.

PREMIÈRE PARTIE

APPLICATION DE LA MÉTHODE EXPÉRIMENTALE A L'ÉTUDE DE DIVERS PHÉNOMÈNES GÉOLOGIQUES

PREMIÈRE SECTION

PHÉNOMÈNES CHIMIQUES ET PHYSIQUES.

CHAPITRE PREMIER

Application de la méthode expérimentale à l'histoire des dépôts métallifères.

§ 1. — AMAS STANNIFÈRES.

Mémoire sur le gisement, la constitution et l'origine des amas de minerai d'étain. A. M., 3ᵉ série, t. XX, p. 65. 1841.

Rapport à l'Académie des sciences sur ce Mémoire, par MM. Berthier, Elie de Beaumont; Dufrénoy, rapporteur. C. R., t. XIII, p. 854. 1841.

Recherches sur la production artificielle de quelques espèces minérales cristallines particulièrement de l'oxyde d'étain, de l'oxyde de titane et du quartz. Observations sur l'origine des filons titanifères des Alpes. A. M., 4ᵉ série, t. XVI, p. 129. 1849.

Rapport à l'Académie des sciences sur ce Mémoire, par MM. Elie de Beaumont et Dufrénoy, rapporteur. C. R., t. XXX, p. 383. 1850.

Expériences sur la production artificielle de l'apatite, de la topaze et de quelques autres minéraux fluorifères. C. R., t. XXXII, p. 684. 1851. — A. M., 4ᵉ série, t. XIX, p. 669. 1851.

Appendice. — Note sur le kaolin de la Lizolle et d'Echassières, département de l'Allier, et sur l'existence du minerai d'étain qui y a été exploité à une époque extrêmement reculée. C. R., t. LXVIII, p. 1155. 1869

§ 2. — Gites sulfurés, dits plombifères.

Formation contemporaine de la pyrite cuivreuse, sous l'action des eaux thermales à Bagnères-de-Bigorre. B. S. G., 2ᵉ série, t. XIX, p. 529. 1862.

Formation contemporaine de diverses espèces minérales cristallisées dans la source thermale de Bourbonne-les-Bains. A. M., 6ᵉ série, t. VIII, p. 459. 1875. J'ai coordonné, dans ce Mémoire, des communications faites à l'Académie des sciences. C. R., t. LXXX, p. 461, 604 et 1300, et t. LXXXI, p. 182, 854 et 1008, en ajoutant des faits observés depuis lors, dans la visite de la localité. Voir aussi : B. S. G., 3ᵉ série, t. III, p. 507.

Formation contemporaine de la sidérose ou fer carbonaté spathique, et conditions du gisement de la source de Bourbon-l'Archambault. C. R., t. LXXX, p. 1300. 1875.

Exemples de formation contemporaine de la pyrite de fer dans des sources thermales et dans l'eau de la mer. C. R., t. LXXXI, p. 854. 1875.

Appendice. — Production artificielle de la hausmannite. A. M., 5ᵉ série, t. I, p. 124. 1852.

§ 3. — Gites de platine.

Expériences sur l'imitation artificielle du platine natif magnéti-polaire. C. R., t. LXXX, p. 526-589. 1875. — B. S. G., 3ᵉ série, t. III, p. 510.

Association, dans l'Oural, du platine natif à des roches à base de péridot; relation d'origine qui unit ce métal avec le fer chromé. C. R., t. LXXX, p. 707. 1875.

Association du platine natif à des roches de péridot; imitation artificielle du platine magnéti-polaire. A. M., 7ᵉ série, t. IX, p. 124. 1876.

CHAPITRE II

Application de la méthode expérimentale à l'étude des roches métamorphiques et des roches éruptives.

§ 1. — Faits acquis dont l'ensemble constitue le métamorphisme.

§ 2. — Chaleur interne considérée comme cause du métamorphisme; ses auxiliaires et particulièrement l'eau.

§ 3. — Expériences sur l'action exercée par l'eau suréchauffée dans la formation des silicates.

§ 6. — Déductions des expériences et des observations qui précèdent, en ce qui concerne les roches éruptives et les roches métamorphiques.

Observations sur le métamorphisme et recherches expérimentales sur quelques agents qui ont pu le produire. A. M., 5ᵉ série, t. XII, p. 294. 1857. — C. R., t. XLV, p. 792. 1857. — B. S. G., 2ᵉ série, t. XV, p. 97. 1858.

Études et expériences synthétiques sur le métamorphisme et sur la formation des roches cristallines. *Mémoires de l'Académie des sciences, savants étrangers*, t. XXVII. 1860. — A. M., 5ᵉ série, t. XVI, p. 155 et 393. 1860.

Description géologique du Bas-Rhin. 1852, p. 32, 52, 54 et 90.

Couches de muschelkalk silicifié qui bordent la faille-limite des Vosges, à Orschwiller et Truttenhausen, *Description géologique du Bas-Rhin*, p. 525 et 526. 1852.

§ 4. MÉTAMORPHISME CONTEMPORAIN; ZÉOLITHES FORMÉES PAR DES SOURCES THERMALES.

Mémoire sur la relation des sources thermales de Plombières avec les filons métallifères et sur la formation contemporaine des zéolithes. C. R., t. XLVI, p. 1086 et 1201. 1858. — A. M., 5ᵉ série, t. XIII, p. 227. 1878. — B. S. G., 2ᵉ série, t. XVI, p. 562. 1859.

Observations sur les zéolithes formées dans un béton romain, par les eaux thermales de Luxeuil (Haute-Saône). B. S. G., 2ᵉ série, t. XVIII, p. 108. 1860.

Formation contemporaine de diverses espèces minérales cristallisées, dans la source de Bourbonne-les-Bains. A. M., 7ᵉ série, t. VIII, p. 459. 1876. — C. R., t. LXXX, p. 604. 1875.

Formation contemporaine des zéolithes (chabasie christianite), sous l'influence des sources thermales, aux environs d'Oran (Algérie). C. R., t. LXXXIV, p. 157. 1877.

Note sur un silicate alumineux hydraté, déposé par la source thermale de Saint-Honoré (Nièvre), depuis l'époque romaine. C. R., t. LXXXIII, p. 421. 1876.

§ 5. — DÉDUCTIONS CONCERNANT LES INCRUSTATIONS ZÉOLITHIQUES ET SILICEUSES QUI SE SONT PRODUITES FRÉQUEMMENT ET EN ABONDANCE, DANS LES ROCHES AMYGDALOÏDES ET DANS LA PLUPART DES ROCHES VOLCANIQUES ALTÉRÉES.

On points of similarity between zeolithic and siliceous incrustations of recent formation by thermal springs and those observed on amygdaloïdes and other altered volcanic rocks. *Quarterly Journal of the geological Society*, t. XXXIV, p. 75. 1878.

CHAPITRE III

Application de la méthode expérimentale à l'histoire des phénomènes volcaniques.

Expériences sur la possibilité d'une infiltration capillaire de l'eau, au travers des matières poreuses, malgré une forte contre-pression de vapeur; application possible aux phénomènes géologiques. C. R., t. LII, p. 123. 1861. — B. S. G. t., XVIII, p. 193. 1861.

DEUXIÈME SECTION

PHÉNOMÈNES MÉCANIQUES

CHAPITRE PREMIER

Application de la méthode expérimentale à l'histoire des phénomènes de trituration et de transport.

§ 1. — FORMATION DES GALETS, DU SABLE ET DU LIMON.

Recherches expérimentales sur le striage des roches et sur la formation des galets, du sable et du limon. C. R., t. XLIV, p. 997. — A. M., 5ᵉ série, t. XII, p. 551. 1857.

§ 2. — APPLICATION DES PHÉNOMÈNES DE TRIAGE PAR LES COURS D'EAU A LA DISTRIBUTION DE L'OR DANS LE LIT DU RHIN.

Mémoire sur la distribution de l'or dans la plaine du Rhin et sur l'extraction de ce métal. A. M., 4ᵉ série, t. X, p. 3. 1846. — B. S. G., 2ᵉ série, t. III, p. 458. — Ce Mémoire a été l'objet d'un Rapport favorable à l'Académie des sciences. M. Becquerel, rapporteur. C. R., t. XXIII, p. 93.

§ 3. — Décomposition chimique des silicates, tels que le feldspath, par les actions mécaniques.

Recherches expérimentales sur le striage des roches, sur la formation des galets, du sable et du limon, et sur la décomposition chimique produite par les agents mécaniques. C. R., t. XLIV, p. 997, et A. M., 5e série, t. XII. 1857.

Expériences sur les décompositions chimiques provoquées par les actions mécaniques dans divers minéraux, tels que les feldspaths. C. R., t. LXIV, p. 559. 1867. — B. S. G. 2e série, t. XXIV, p. 421. 1867.

CHAPITRE II

Application de la méthode expérimentale à l'étude des déformations et des cassures terrestres.

§ 1. — Ploiements de divers types, par actions exercées dans plusieurs sens.

Expériences tendant à imiter des formes diverses de ploiements, contournements et ruptures que présente l'écorce terrestre. C. R., t. LXXXVI, p. 735, 864 et 928. 1878.

Application de la méthode expérimentale à l'étude des déformations et sur les cassures terrestres. B. S. G. 3e série, t. VII, p. 108. 1879.

§ 2. Cassures imitant les failles et les joints congénères, dans leurs formes, leur parallélisme et leur répartition en systèmes orthogonaux ou conjugués.

Recherches expérimentales sur les cassures qui traversent l'écorce terrestre, particulièrement celles qui sont connues sous les noms de *joints* et de *failles*. C. R., t. LXXXVI, p. 77, 283 et 428. 1878.

Application de la méthode expérimentale à l'étude des cassures terrestres. (1° Conformité des systèmes de cassures obtenues expérimentalement avec les systèmes de joints qui coupent les falaises de la Normandie. 2° Convenance de dénominations spéciales pour les divers ordres de cassures de l'écorce terrestre. 3° Conséquences des expériences faites pour imiter les cassures terrestres, en ce qui concerne divers caractères des formes extérieures du sol). C. R., t. LXXXVIII, p. 677, 679 et 728. 1879.

Application de la méthode expérimentale à l'étude des déformations et sur les cassures terrestres. B. S. G. 3e série, t. VII, p. 108, 1879.

Application de la méthode expérimentale à l'étude des caractères de diverses ordres que présente le relief du sol. B. S. G., 3e série, t. VII, p. 141.

Alignements réguliers des joints ou diaclases, dans les couches tertiaires des environs de Fontainebleau ; leur relation avec certains traits du relief du sol. C. R., t. LXXXIX, p. 624. 1879.

Structure bréchiforme du fer météorique de Ste-Catherine (Brésil). C. R., t. LXXXV, p. 462 et 1508. 1878. T. LXXXV, p. 1255. 1878.

§ 3. — Stries parallèles que présente fréquemment la surface des diamants noirs, de la variété *carbonado*.

Stries que présente la surface des diamants *carbonado* ; leur imitation par un frottement artificiel. C. R., t. LXXXIV, p. 1277. 1877.

§ 4. — Cailloux impressionnés.

Expériences imitant la pénétration mutuelle des galets calcaires ou quartzeux dans les poudingues des divers terrains. C. R., t. XLIV, p. 825.

§ 5. — Expériences sur l'action et la réaction, exercées sur un sphéroïde qui se contracte
par une enveloppe adhérente et non contractile.

Expériences tendant à imiter des formes diverses de ploiements, contournements et ruptures que présente l'écorce terrestre. C. R., t. LXXXVI, p. 928, 1878.
Expériences sur l'action et la réaction exercées sur un sphéroïde qui se contracte par
une enveloppe adhérente et non contractile. B. S. G., 5ᵉ série, t. VII, p. 152. 1879.

CHAPITRE III

Application de la méthode expérimentale à l'étude de la schistosité des roches, aux déformations des fossiles et à certains traits de la structure des chaînes de montagnes.

Études et expériences synthétiques sur le métamorphisme. *Mémoires des savants étrangers de l'Académie des sciences*, t. XVII, p. 111 du tirage à part. 1860. — A. M.,
5ᵉ série, p. 132 du tirage à part. 1860.
Expériences sur la schistosité des roches et sur les déformations de fossiles corrélatives de ce phénomène; conséquences géologiques de ces expériences. C. R., t. LXXXII,
p. 710 et 798. — B. S. G., 5ᵉ série, t. IV, p. 529.
Sur les roches cristallines, feldspathiques et amphiboliques qui sont subordonnées au
terrain schisteux de l'Ardenne française. B. S. G., 5ᵉ série, t. V, p. 106. 1876.

CHAPITRE IV

Application de la méthode expérimentale à l'étude de la chaleur développée dans les roches, par les actions mécaniques.

Expériences relatives à la chaleur qui a pu se développer, par les actions mécaniques,
dans l'intérieur des roches, particulièrement dans les argiles; conséquences pour
certains phénomènes géologiques, notamment pour le métamorphisme. C. R.,
t. LXXXVI, p. 1047 et 1104.

APPENDICE

Aperçu historique sur l'exploitation des métaux dans la Gaule (*Revue archéologique*, 1868).

DEUXIÈME PARTIE

APPLICATION DE LA MÉTHODE EXPÉRIMENTALE A L'ÉTUDE
DE DIVERS PHÉNOMÈNES COSMIQUES

INTRODUCTION

CHAPITRE I

Notions générales sur les météorites et les bolides;
origine extra-terrestre des météorites.

§ 1. — ORIGINE EXTRA-TERRESTRE DES MÉTÉORITES.

§ 2. — CONSTITUTION DES MÉTÉORITES.

Note sur deux aérolithes, l'un tombé à Vouillé (Vienne) le 13 mai 1831, l'autre tombé à Mascombes (Corrèze) le 31 janvier 1856 et dont la chute était restée sans publicité. C. R., t. LVIII, p. 226. 1864.

Note sur la météorite tombée à Laigle, le 26 avril 1803. C. R., t. LIX, p. 1065. 1864.

Documents relatifs au bolide du 14 mai 1864. C. R., t. LVIII, p. 952, 984 et 1065. 1864.

Observation sur la présence de la breunnérite dans la météorite d'Orgueil. C. R., t. LIX, p. 850. 1864.

Complément d'observation sur la chute de météorites qui a eu lieu, le 14 mai 1864, aux environs d'Orgueil (Tarn-et-Garonne). *Nouvelles Archives du Muséum*, t. III, p. 1. 1867.

Météorites tombées le 21 juillet 1865 dans la tribu des Senhadja, cercle d'Aumale, province d'Alger; fer météorique signalé à Dellys. C. R., t. LXII, p. 72. 1866.

Météorites tombées le 30 mai 1866, sur le territoire de St-Mesmin (Aube). C. R., t. LXII, p. 1308. 1866.

Note sur deux grosses masses de fer météorique du Muséum et particulièrement sur celle de Charcas (Mexique) récemment parvenue à Paris. C. R., t. LXIV, p. 655. 1867.

Classification adoptée pour la collection de météorites du Muséum. C. R., t. LXV, p. 60. 1867.

Contribution à l'anatomie des météorites. C. R., t. LXV, p. 148. 1867.

Examen de météorites parvenues au Muséum d'histoire naturelle en 1867 : Tadjera, près Sétif, 9 juin 1867; trois nouveaux fers du Chili; San Francisco del Mezquital (Mexique); météorite des îles Philippines. C. R., t. LXVI, p. 513, 568 et 657. 1868.

Météorite tombée à Murcie (Espagne), le 24 décembre 1868 (en commun avec M. Stanislas Meunier). C. R., t. LXVI, p. 639. 1868.

Note relative à l'envoi de météorites récemment fait à l'Académie, par la Haute École de Varsovie. C. R., t. LXVII, p. 567. 1868.

Note sur une chute de météorites qui a eu lieu, le 7 septembre 1868, à Sauguis-Saint-Étienne, canton de Tardets, arrondissement de Mauléon (Basses-Pyrénées). C. R., t. LXVII, p. 873. 1868.

Observations sur la météorite d'Ornans et sur l'imitation artificielle de sa structure globulaire ou chondritique. B. S. G., 2e série, t. XXVI, p. 95. 1868.

Sur une météorite tombée dans l'ile de Java, près Bandong, le 10 décembre 1871 et offerte au Muséum par M. le gouverneur général de l'Inde néerlandaise. C. R., t. LXXV, p. 1676. 1872.

Note sur des météorites représentant deux chutes inédites qui ont eu lieu en France, l'une à Montlivault (Loir-et-Cher), le 22 juillet 1838, l'autre à Beuste (Basses-Pyrénées), en mai 1859. C. R., t. LXXVI, p. 514. 1873.

Note additionnelle sur la chute de météorites qui a eu lieu le 23 juillet 1872, dans le canton de St-Amand (Loir-et-Cher). C. R., t. LXXIX, p. 277. 1874.

Sur une météorite sporadosidère, tombée le 31 janvier 1879, à la Bécasse, commune de Dun-le-Poëlier (Indre). C. R., t. LXXXIX, p. 597.

Nouvel arrangement de la collection des météorites du Muséum d'histoire naturelle. C. R., t. LXXVI, p. 316. 1873.

Sur une exploration de la localité où a été trouvé le fer de Pallas. B. S. G., 3ᵉ série, t. I, p. 563. 1873.

Note sur une météorite tombée le 20 mai 1874, à Virba, près Vidin. C. R., t. LXXIX, p. 276. 1874.

Observations relatives à la météorite de Roda (Espagne). C. R., t. LXXIX, p. 1509. 1874.

Sur une météorite tombée dans l'État d'Iowa. C. R., t. LXXX, p. 1175. 1875.

Observations sur des météorites du Chili présentées par M. Domeyko. C. R., t. LXXXI, p. 298.

Chute d'une météorite survenue, le 12 mai 1874, à Sevrukow, district de Belgorod, gouvernement de Koursk. C. R., t. LXXXI, p. 661. 1875.

Observations accompagnant la présentation de la météorite de l'État d'Iowa. C. R., t. LXXXI, p. 1175. 1875.

Sur une météorite appartenant au groupe des eukrites, tombée le 14 juillet 1845, dans la commune du Teilleul (Manche). C. R., t. LXXXVIII, p. 541. 1879.

Note sur la chute d'une météorite qui a eu lieu le 16 août 1875, à Feid-Chair, dans le cercle de La Calle, province de Constantine. C. R., t. LXXIV, p. 70. 1877.

Études récentes sur les météorites. Documents astronomiques et géologiques que ces corps nous apportent. *Journal des Savants.* 1870.

Catalogue des météorites du Muséum d'histoire naturelle au 15 décembre 1863.

Catalogue des météorites du Muséum au 15 décembre 1864.

Catalogue des météorites du Muséum au 31 mars 1868.

Catalogue des météorites du Muséum au 1ᵉʳ août 1878.

Pluie de sable qui est tombée sur une partie de l'archipel des îles Canaries, le 15 février 1863. C. R., t. LVIII, p. 563. 1865.

Chute de poussière observée sur une partie de la Suède et de la Norwége dans la nuit du 29 au 30 mars 1875. C. R., t. LXXX, p. 1059. 1875.

Observations sur le même sujet. Confirmation. C. R., t. LXXX, p. 1059. 1875.

PREMIÈRE SECTION

PHÉNOMÈNES CHIMIQUES

CHAPITRE PREMIER

Synthèse chimique des météorites.

§ 1. — FUSION DES MÉTÉORITES.

§ 2. — IMITATION DES MÉTÉORITES DU TYPE COMMUN, PAR RÉDUCTION DE ROCHES SILICATÉES TERRESTRES.

§ 3. — IMITATION DES MÉTÉORITES DU TYPE COMMUN, PAR OXYDATION PARTIELLE DE SILICIURES.

Expériences synthétiques relatives aux météorites; rapprochements auxquels ces expériences conduisent, tant pour la formation de ces corps planétaires que pour celle du globe terrestre. C. R., t. LXII, p. 200, 369 et 660. 1866. — Traduction anglaise par Sæman. *Geological magazine*, vol. III, n°s XXVI and XXVII. 1866.

Expériences synthétiques relatives aux météorites. Rapprochements auxquels ces expériences conduisent. B. S. G., 2ᵉ série, t. XXIII, p. 291. 1866. — A. M., 6ᵉ série, t. XIII, p. 1. 1866.

Études récentes sur les météorites. Documents astronomiques et géologiques que ces corps nous apportent. *Journal des Savants*. 1870.

Synthetische Versuche bezuglich der Meteoriten. Vergleiche und Schlussfolgerungen zu welehen die Versuche führen. *Zeitschrift der Deutschen Geologischen Gesellschaft*, t. XII, p. 1427. 1870.

Observations relatives au phosphure de fer cristallisé préparé par M. Sidot. C. R., t. LXXIV., p. 1427. 1872.

     § 4. — EXPÉRIENCES SYNTHÉTIQUES RELATIVES A L'HOLOSIDÈRE DE SAINTE-CATHERINE.

Remarque sur un fer météorique très riche en nickel, trouvé au Brésil. C. R., t. LXXXIII, p. 918. 1876.

Constitution et structure bréchiforme du fer météorique de Sainte-Catherine (Brésil); déductions à tirer de ces caractères, en ce qui concerne l'histoire des roches météoritiques et notamment l'association habituelle du carbone au sulfure de fer. C. R., t. LXXXV, p. 1255. 1877.

Sur le grand nombre de joints, la plupart perpendiculaires entre eux, qui divisent le fer météorique de Sainte-Catherine (Brésil). C. R., t. LXXXVI, p. 1433. 1878.

Observations sur le fer natif de Sainte-Catherine, sur la pyrrhotine et la magnétite qui lui sont associées. C. R., t. LXXXIV, p. 482. 1877.

Observations relatives au fer météorique de Sainte-Catherine. C. R., t. LXXXIV, p. 1508. 1877.

CHAPITRE II

Comparaison des météorites avec les roches profondes de notre globe.

§ 1. — IMPORTANCE DU PÉRIDOT DANS LES RÉGIONS PROFONDES DU GLOBE TERRESTRE.

§ 2. — TRANSFORMATION DE LA SERPENTINE EN LHERZOLITE ET EN PÉRIDOT; CONSÉQUENCES THÉORIQUES.

§ 3. — CARACTÈRES QUI DISTINGUENT LES ROCHES PÉRIDOTIQUES.

§ 4. — DENSITÉS COMPARÉES DES MÉTÉORITES ET DES ROCHES TERRESTRES.

Expériences synthétiques relatives aux météorites; rapprochements auxquels ces expériences conduisent, tant pour la formation de ces corps planétaires que pour celle du globe terrestre. C. R., t. LXII, p. 200, 369 et 660. 1866. — Traduction anglaise par Sæman. *Geological magazine*, vol. III, n°s XXVI and XXVII. 1866.

Expériences synthétiques relatives aux météorites. Rapprochements auxquels ces expériences conduisent. B. S. G., 2ᵉ série, t. XXIII, p. 291. 1866. — A. M., 6ᵉ série, t. XIII, p. 1. 1866.

Études récentes sur les météorites. Documents astronomiques et géologiques que ces corps nous apportent. *Journal des Savants*. 1870.

Synthetische Versuche bezuglich der Meteoriten. Vergleiche und Schlussfolgerungen zu welehen die Versuche führen. *Zeitschrift der Deutschen Geologischen Gesellschaft*, t. XXII, p. 1427. 1870.

§ 5. — ASSOCIATION DU PLATINE NATIF A DES ROCHES A BASE DE PÉRIDOT.

Association, dans l'Oural, du platine natif à des roches à base de péridot; relation d'origine qui unit ce métal avec le fer chromé. C. R., t. LXXX, p. 707. 1875. — B. S. G., 3ᵉ série, t. III, p. 311.

Observations relatives à l'analyse, faite par M. Terreil, du platine natif de Nischne-Tagilsk (Oural). C. R., t. LXXXII, p. 1116. 1875.

§ 6. — Masses de fer natif nickelé d'Ovifak.

Examen des roches avec fer natif découvertes, en 1870, par M. Nordenskiöld au Groënland. C. R., t. LXXIV, p. 1541. 1872. — LXXV p. 240. 1872.
Sur les roches avec fer natif du Groënland. B. S. G., 3e série, t. V, p. 111. 1876.
Observations sur la structure intérieure d'une des masses de fer natif d'Ovifak. C. R.,
  t. LXXXIV, p. 66. 1877.
Rapport sur un Mémoire de M. Lawrence Smith, relatif au fer natif du Groënland et à
  la dolérite qui le renferme. C. R., t. LXXXVII, p. 911. 1876.

§ 7. — Présence du nickel dans beaucoup de minerais de fer.

§ 8. — Différences qui séparent des météorites les masses péridotiques terrestres.

§ 9. — Observations sur les corps cosmiques dont dérivent les météorites.

§ 10. — Conséquences a déduire des expériences qui précèdent en ce qui concerne la formation du globe terrestre.

§ 11. — Unité de constitution de l'univers attestée par les météorites.

Expériences synthétiques relatives aux météorites; rapprochements auxquels ces expériences conduisent, tant pour la formation de ces corps planétaires que pour celle du
  globe terrestre. C. R., t. LXII. p. 200, 369 et 660. 1866. — Traduction anglaise par
  Sæman. *Geological magazine*, vol. III, nos XXVI and XXVII. 1866.
Expériences synthétiques relatives aux météorites. Rapprochements auxquels ces expériences conduisent, B. S. G., 2e série, t. XXIII, p. 291. 1866. — A. M., 6e série,
  t. XIII, p. 1. 1866.
Études récentes sur les météorites. Documents astronomiques et géologiques que ces
  corps nous apportent. *Journal des Savants.* 1870.
Synthetische Versuche bezüglich der Meteoriten. Vergleiche und Schlussfolgerungen zu
  welehen die Versuche führen. *Zeitschrift der Deutschen Geologischen Gesellschaft*,
  t. XXII, p. 1427. 1870.

DEUXIÈME SECTION

PHÉNOMÈNES MÉCANIQUES

PREMIÈRE SOUS-SECTION

PHÉNOMÈNES MÉCANIQUES RÉALISÉS DANS LES RÉGIONS EXTRA-TERRESTRES

CHAPITRE UNIQUE

Structure globulaire ou chondritique des météorites; son imitation.

Expériences synthétiques relatives aux météorites; rapprochements auxquels ces expériences conduisent, tant pour la formation de ces corps planétaires que pour celle du
  globe terrestre. C. R., t. LXXI, p. 575. 1866.

                    PUBLICATIONS ORIGINALES.

Observations sur la météorite d'Ornans et sur l'imitation artificielle de sa structure globulaire ou chondritique. B. S. G., 2ᵉ série, t. XXVI, p. 95. 1868.

DEUXIÈME SOUS-SECTION.

PHÉNOMÈNES MÉCANIQUES RÉALISÉS DANS L'ATMOSPHÈRE TERRESTRE.

CHAPITRE PREMIER.

Formes polyédriques caractéristiques des météorites ; leur imitation expérimentale à l'aide des gaz comprimés.

Note sur deux grosses masses de fer météorique du Muséum, et particulièrement sur celle de Charcas (Mexique), récemment parvenue à Paris. C. R., t. LXIV, p. 633. 1867.

Note sur les propriétés érosives des gaz à haute température et sous de grandes pressions. *Revue d'artillerie*, t. X. 1877.

Note sur les propriétés érosives des gaz produits par l'explosion de la dynamite. *Revue d'artillerie*, t. XIV, p. 20. 1879.

Propriétés érosives des gaz produits par diverses substances explosives. *Revue d'artillerie*, t. XV, p. 36. 1879.

Recherches expérimentales faites avec les gaz produits par l'explosion de la dynamite, sur divers caractères des météorites et des bolides qui les apportent. C. R., t. LXXXV, p. 115, 253 et 314. 1878.

Recherches expérimentales sur l'action érosive des gaz très-comprimés et fortement échauffés ; application à l'histoire des météorites et des bolides. C. R., t. LXXXIX, p. 325. 1879.

CHAPITRE II.

Cupules caractéristiques des météorites ; leur imitation, soit par l'application d'une chaleur brusque, soit à l'aide des gaz comprimés.

§ 1. Essais d'imitation des cupules des météorites par l'application d'une chaleur brusque.

Emploi de la chaleur et de la décrépitation qu'elle peut produire, pour le percement de certaines roches très dures, et notamment, les quartzites. A. M., 5ᵉ série, t. XIX, p. 25. 1861. Journal *l'Institut*. 1860.

§ 2. Expériences faites avec les gaz provenant de l'explosion de la poudre.

Expériences faites pour expliquer les alvéoles de forme arrondie, que présente très fréquemment la surface des météorites. C. R., t. LXXXII, p. 949 et B. S. G., 3ᵉ série, t. IV, p. 505. 1876.

Actions physiques et mécaniques exercées par les gaz incandescents et fortement comprimés, lors de la combustion de la poudre. Application de ces faits à certains caractères des météorites et des bolides. C. R., t. LXXXIV, p. 413 et 526. 1877.

Note sur les propriétés érosives des gaz à haute température et sous de grandes pressions. *Revue d'artillerie*, t. X. 1877.

§ 3. Expériences faites avec les gaz produits par l'explosion de la dynamite.

§ 4. Expériences faites avec les gaz produits par l'explosion de la nitro-glycérine.

§ 5. Expériences faites avec les gaz produits par l'explosion du fulmi-coton.

§ 6. Observations sur la puissance mécanique des gaz par les érosions
et refoulements qui la révèlent.

Recherches expérimentales faites, avec les gaz produits par l'explosion de la dynamite,
sur divers caractères des météorites et des bolides qui les apportent. C. R., t. LXXXV,
p. 115, 253 et 314. 1878.

Recherches expérimentales sur l'action érosive des gaz très comprimés et fortement
échauffés; application à l'histoire des météorites et des bolides. C. R., t. LXXXIX,
p. 325. 1879.

Imitation des cupules et érosions caractéristiques que présente la surface des météorites,
dans une opération industrielle, par l'action d'un courant d'air rapide sur des pierres
incandescentes. C. R., t. LXXXVI, p. 517. 1878.

Note sur les propriétés érosives des gaz produit par l'explosion de la dynamite. *Revue
d'artillerie*, t. XIV, 1879.

Propriétés érosives des gaz produits par diverses substances explosives. *Revue d'artillerie*, t. XV, p. 56. 1879.

CHAPITRE III.

**Veines noires et surfaces polies qui traversent la matière des météorites; leur
imitation expérimentale à l'aide des gaz comprimés.**

Recherches expérimentales faites sur les gaz produits par l'explosion de la dynamite sur
divers caractères des météorites et des bolides qui les apportent. C. R., t. LXXXV,
p. 115, 253 et 314. 1878.

CHAPITRE IV.

**Application des faits qui précèdent à certains caractères des météorites
et des bolides.**

§ 1. Application a la forme fragmentaire des météorites.

§ 2. Application a la répartition sur le terrain des pierres d'une même chute.

§ 3. Application aux cupules de la surface des météorites.

§ 4. Application aux veines noires et aux marbrures qui traversent les météorites.

§ 5. Application a la formation des poussières cosmiques.

§ 6. Observations générales.

Actions physiques et mécaniques exercées par les gaz incandescents et fortement comprimés, lors de la combustion de la poudre. Application de ces faits à certains caractères des météorites et des bolides. C. R., t. LXXXIV, p. 413 et 526. 1872.

Recherches expérimentales faites avec les gaz produits par l'explosion de la dynamite,
sur divers caractères des météorites et des bolides qui les apportent. C. R., t. LXXXV,
p. 115 et 314. 1878.

Recherches expérimentales sur l'action érosive des gaz très comprimés et fortement échauffés; application à l'histoire des météorites et des bolides. C. R., t. LXXXIX, p. 325. 1878.

Note sur les propriétés érosives des gaz à haute température et sous de grandes pressions. *Revue d'artillerie*, t. X. 1877.

Note sur les propriétés érosives des gaz produits par l'explosion de la dynamite. *Revue d'artillerie*, t. XIV. 1879.

Propriétés érosives des gaz produits par diverses substances explosives. *Revue d'artillerie*, t. XV, p. 56. 1879.

TABLE ALPHABÉTIQUE

DES NOMS PROPRES CITÉS

Ampère, Origine du magnétisme terrestre 540
— Origine du globe............... 597
Aylesbury. Nuage persistant après l'explosion du bolide de Queenggouck...................... 689
Babbage. Effet calorifique de l'enfouissement 144
Bacon. Son opinion sur la valeur de l'expérimentation 10
Bakewell. Constance de la direction du feuilleté des phyllades........ 394
Baltzer. Effets chimiques de la chaleur développée par friction dans les roches................... 466
Baudin. Trainée à la suite du bolide de Barbotan 690
Baur. Parallélisme du feuilleté des roches et de la stratification...... 395
— Son opinion sur la cause de la schistosité................ 408
Bèche (de la). Métamorphisme près des roches éruptives 156
— Sorte d'extravasement des éléments du granite dans les roches voisines.................. 231
— Études sur les joints 305
— Relation des filons du Cornouailles avec les joints............... 533
— Rôle des failles dans la production des vallées.................... 354
— Parallélisme du feuilleté et de la stratification.................. 395
— Son opinion sur la cause de la schistosité................ 408

— Scorification universelle 596
Becker. Roches péridotiques en Grèce et en Turquie 540
Becquerel. Sulfure de cuivre artificiel 81
— Pyrite artificielle............... 95
— Décomposition chimique produite par des actions mécaniques..... 288
Becquerel (Ed.). Magnétisme du platine...................... 125
Beinert. Cupules du fer de Braunau. 627
Belgrand. Direction des vallons dans la forêt de Fontainebleau........ 562
— Rôle des courants diluviens dans le relief de la fôret de Fontainebleau. 717
Benzenberg. Cause de l'incandescence des bolides.................... 615
Berthelot. Origine du sulfure de fer des holosidères............... 555
— Examen des fers d'Ovifak........ 564
— Composition des gaz de la nitroglycérine 701
Berthier. Expérience par la voie sèche 17
— Rapport sur un mémoire de M. Daubrée 57
— Sulfure de fer contemporain.... 87
— Alliage de platine et de fer....... 124
— Étude du savon de Plombières . 188
— Cristallisation artificielle du pyroxène..................... 235
— Décomposition des roches silicatées...................... 278
— Analyse du péridot de la Haute-Loire........................ 517

— Observations sur les scories d'usines 596
BERTHOLET. La loi qui porte son nom s'applique à la réduction des sulfates de Bourbonne 112
BERTRAND. Conditions d'équilibre des poutres chargées de poids 287
BERTRAND-ROUX. Trachyte tabulaire.. 402
BERTRAND DE SAINT-GERMAIN. Traduit la Protogée de Leïbnitz. 15
BERZELIUS. Composition des minerais de platine 119
— Son opinion sur l'origine des météorites 482
— Phosphure de fer météoritique.. 487
— Composition des météorites charbonneuses 502
— Découvre l'azote, l'étain et le cuivre dans les météorites 594
BESSEMER. Son procédé éclaire des questions de géogénie 597
BIANCHI. Appareil propre à étudier l'action érosive des gaz de la poudre 632
BIOT. Nuage persistant après le bolide de Laigle 690
BISCHOF. Expériences sur le refroidissement des roches fondues 15
— Pyrite de formation actuelle...... 87
— Carbonate de fer de formation contemporaine 94
— Insuffisance de la chaleur comme agent de métamorphisme. 146
— Pénétrabilité des roches par l'eau. 242
— Composition comparée du granite et de certains phyllades et schistes 999
BOBLAYE (de). Schistes de Bretagne.. 141
BOISSE. Nuage après le bolide de Favars 691
BOUCHEPORN (de). Hypothèse sur l'origine des failles 502
— Origine du globe 597
BOUÉ. Zéolithes dans le granite près du basalte 156
— Abondance de la stilbite dans l'île de Skye 211
— Son opinion sur la cause de la schistosité 407
BOULANGER. Statistique de l'Allier, citée 65
BOULET (frères). Machine à malaxer l'argile 449
BOURRIÈRE. Traînée persistante après un bolide 694
BOUSSINGAULT. Déjections gazeuses des volcans 149

— Roches cristallines imprégnées de calcaire 212
— Méthodes propres à l'analyse des météorites 562
— Trouve l'azote dans une holosidère 592
— Cupules de fer de Santa-Rosa.... 628
BRACONNIER. Direction des failles dans le département de Meurthe-et-Moselle. 564
BRARD. Noms donnés par les ouvriers aux joints des marbres de Caunes. 554
BRIART. Faille dite du Midi 542
BROCHANT. Bélemnites dans des roches cristallifères 142
BRONGNIART (Alexandre). Coupe des Diablerets 299
BUCH (Léopold de). Son opinion sur l'origine de la dolomie 19
— Opinion sur les kaolins de Halle.. 56
— Striage des roches glaciaires..... 280
— Distribution des volcans en longues files 244
— Fractures de l'écorce terrestre.. 555
— Alignement des cristaux du mélaphyre 401
— Rôle de ses hypothèses sur les progrès de la science III
BUFFON. Expériences qu'il a tentées. 15
BUNSEN. Mode de formation de la pyrite 92
— Déjections gazeuses des volcans. 149
— Action minéralisatrice de la palagonite sur l'eau 209
BUVIGNIER. Inflexions des phyllades des Ardennes 594
— Passages de l'ardoise au porphyre 451

CAGNIARD DE LATOUR. Transformation de bois en houille 178
CAROS. Synthèse minéralogique..... 23
— Apatite artificielle 57
— Corindon artificiel obtenu à l'aide des fluorures 62
— Fusion du platine 124
CASTAN. Cupules de la poudre alvéolaire. 655
CHANCOURTOIS (de). Failles de la Haute-Marne 325
CHARPENTIER (de). Bélemnites dans des roches cristallifères 142
— Pointement des roches à péridot dans les Pyrénées 541
CHATONEY. Constitution des mortiers hydrauliques 186
CHEVALLIER. Présence du soufre dans

les eaux de Bourbonne......... 74
CHEVREUL. Définition de l'expérimen-
  tation....   8
— Sulfure de fer de formation actuel-
  le.....................   87
— Son opinion sur le rôle de l'affi-
  nité capillaire dans la fossilisa-
  tion..................... 106
— Examen d'une substance grasse
  trouvée à Bourbonne........... 110
— Décomposition chimique produite
  par des actions mécaniques...... 268
— Ses idées sur l'affinité capillaire. 275-515
CHLADNI. Origine cosmique des mé-
  téorites 482-473
— Origine du magnétisme terrestre. 546
— Evolution des astres........... 600
CLOEZ. Etat de combinaison du carbone
  dans la météorite d'Orgueil...... 503
— Abondance des sels solubles dans
  la météorite d'Orgueil.......... 572
COLLINS. Kaolin d'Angleterre........ 65
COLLEGNO (de). Sa traduction du traité
  de la Bèche.............. 596
COLLOMB (Ed.). Granite en filon dans
  les schistes............. 135
— Cube de sable charrié chaque jour
  par le glacier de l'Aar.......... 254
CONYBEARE. Roches du Devonshire... 561
COOKE. Mélanosidérite.............. 96
COQUAND. Carte géologique de la Cha-
  rente................... 566
COQUEBERT DE MONTBRET. Sa traduction
  des œuvres de Chladni......... 600
CORNET. Faille dite du Midi........ 342
COTTA. Bois fossilisés de l'aqueduc
  romain d'Eilsen............... 105
COULOMB. Étude expérimentale de la
  torsion 314
— Appareil propre à strier les ro-
  ches................. 282
— Expériences sur la production des
  fissures 550
CREDNER. Porphyre schisteux....... 401
CROSNIER. Grès cristallisé au Pérou.. 228
DAMOUR. Propriétés hygroscopiques
  des zéolithes.............. 185
— Analyse de la pierre météorique de
  Montréjeau................ 497
— Analyse de la météorite de Chassi-
  gny.................. 500
— Composition de la lherzolite.....
DARWIN. Son opinion sur les causes de
  la schistosité.............. 407
— Observation sur la schistosité.. 423
DAUBENTON. Son opinion sur le rôle du
  temps, du repos et de l'espace... 14

DAVY. Scorification universelle...... 596
DAWSON. Roches du Devonshire...... 561
DEBRAY. Recherche sur le platine... 120
— Son procédé de fusion du platine. 121
— Procédé de coupellation dans la
  chaux.. 129
— Synthèse minéralogique.........
— Recherches sur la dissociation de
  l'eau 581
DECHEN (de). Sulfure de fer subor-
  donné à la tourbe............ 87
— Métamorphisme près du basalte.. 134
— Roches zéolithiques riches en cal-
  caire 212
— Manifestations volcaniques dans
  l'Eifel............ 244
— Cailloux impressionnés......... 385
— Parallélisme du feuilleté des ro-
  ches et de la stratification....... 395
— Passage insensible du porphyre
  au phyllade............... 40
— Passage du porphyre au schiste.. 432
DELAUNAY. Rôle de la compression de
  l'air dans l'incandescence des bo-
  lides 482
— Rôle des chutes des météorites dans
  l'accélération séculaire des mouve-
  ments de la lune................ 485
— Pression de l'air sur le bolide qui
  le traverse............... 621
DELESSE. Magnétisme des minéraux.. 125
— Métamorphisme de contact...... 134
— Zéolithes dans des roches strati-
  fiées métamorphiques........... 216
— Schistosité de la minette........ 401
DENGEL. Décomposition chimique pro-
  duite par des actions mécaniques. 271
DESCARTES. Ses vues sur le remplis-
  sage des fissures du sol........ 3
— Vue sur l'origine solaire de la
  terre................. 353
DES CLOIZEAUX. Son opinion sur la
  christianite de Plombières....... 182
— Calcite du béton romain d'Oran. 200
— Globules de geysérite........... 229
— Forme du péridot produit par la
  fusion des météorites........... 512
— Sahlite des roches à platine na-
  tif 549
— Diallage associé au platine à la
  Nouvelle-Zélande.............. 552
— Présence de l'amorthite dans les
  roches à fer natif du Groënland... 560
DESHAYES. Béton romain cristallifère
  d'Algérie............... 199
DESMAREST. Son avis sur l'origine du
  basalte.................. 17

Desor. Dénomination de Rollaz affectée aux vallées qui résultent de fissures à peine ouvertes 370

Deville (Charles). Déjections gazeuses des volcans 149

Deville (Henri). Rôle des chlorures dans la cristallisation des minéraux 150

— Cristallisations obtenues au moyen des fluorures 151

Dollfus-Ausset. Cube de sable charrié chaque jour par le glacier de l'Aar 254

Domeyko. Holosidère chilienne dont les surfaces offrent un état moléculaire spécial 649

Drouot. Description des sources thermales de Bourbonne 73

Dufet. Déformation des fossiles dans les roches schisteuses 404

Dufrénoy. Rapport sur un mémoire de M. Daubrée 57

— Métamorphisme 136

— Analyse de la météorite de Château-Renard 497

Dumas. Dévitrification du verre 160

Dumont. Rôle des failles dans la production des vallées 554

— Schistosité des roches 399

— Son hyalophyre schistoïde 451

Durocher. Sulfure de fer de formation actuelle 92

— Métamorphisme au voisinage du granite 134

— Insuffisance de la chaleur comme agent du métamorphisme 146

— Parallélisme du feuilleté des roches et de la stratification 305

— Schistosité des roches 399

— Cause de la schistosité des roches de Finlande 429

— Origine des mâcles de Bretagne . . 442

Ebelmen. Ses expériences de synthèse minéralogique 18

— Procédé de cristallisation 57

— Production de la pyrite par réduction des sulfates 90

— Décomposition des silicates 162

— Origine des argiles infusibles . . . 252

— Décomposition des roches silicatées 278

Eichwald (d'). Roches à platine natif. 548

Elie de Beaumont. Ses vues sur l'origine des filons 20

— Classification des gîtes métallifères 28

— Rapport sur un mémoire de M. Daubrée 57

— Histoire des montagnes de l'Oisans 42

— Assimilation entre les gîtes métallifères et les émanations volcaniques 46

— Son opinion sur le rôle minéralisateur du bore et du phosphore appliqué à la cristallisation du granite 61

— Il distingue les filons plombifères ou concrétionnés 61

— Métamorphisme normal 145

— Rôle des matières volatiles dans la cristallisation du granite 217

— Grès cristallisés 226

— Sorte d'extravasement des éléments du granite dans les roches voisines. 231

— Influence de la température sur le métamorphisme 231

— Distribution des volcans 244

— Coupe des Diablerets 229

— Failles de la Haute-Marne 523

— Fractures de l'écorce terrestre . . . 555

— Causes de la tendance de l'écorce terrestre à l'écrasement 585

— Origine éruptive de certains gneiss 428

— Hypothèse de la scorification universelle 596

Engelhardt. Présence du fer libre dans le platine natif 546

Espeuilles (Mlle d'). Silicate alumineux contemporain de Saint-Honoré . . . 203

Faller. Teneur en or des graviers du Rhin 262

Faraday. Alliage de platine et de fer. 124

— Composition des météorites charbonneuses 502

Favre (Alph.). Expériences sur les contournements des couches 299

— Belemnites étirées et tronçonnées 405

— Schistosité des roches 455

— Relations de la schistosité avec les grands accidents du relief du sol. 455

— Structure générale du Mont-Blanc 456

Faye. Synthèse de la schreibersite . . 511

Fehl. Imitation artificielle des minéraux 65

— Expériences relatives à la schistosité 414

FELLENBERG (de). Analyse de bronze antique...... 112
FILHOL. Laves volcaniques schisteuses. 402
— Serpentine de la Nouvelle-Zélande...... 557
FORBES. Bandes bleues des glaciers... 431
FORCHHAMMER. Apatite artificielle..... 53
— Procédé d'analyse des minéraux fluorés...... 59
— Rôle des chlorures dans la cristallisation des minéraux...... 150
— Décomposition des roches silicatées...... 278
FORET. Fer entremêlé de scorie..... 560
FOUQUÉ. Analyse de la plombiérite.. 186
— Analyse des pâtes zéolithiques de Plombières...... 196
— Laves volcaniques schisteuses.... 402
FOURNET. Son opinion sua l'origine du kaolin...... 64
— L'endomorphisme...... 137
FOX (Robert). Cause de la schistosité attribuée à l'électricité..... 407 426
FRANÇOIS. Pyrite de formation actuelle. 87
— Talc contemporain de Cauterets.. 205
FRANKLIN. Charge une bouteille de Leyde avec l'électricité atmosphérique...... 965
FRÉBAULT (général). Appareils pour étudier l'action érosive des gaz de la poudre...... 685
FRÉMY. Synthèses minéralogiques.. 22
— Décomposition du verre...... 165

GALILÉE. C'est depuis son époque que la méthode expérimentale est devenue féconde...... 9
— Distinction entre la similitude en géométrie et la similitude en mécanique...... 287
GASPARIN (de). Études sur la décomposition des roches...... 277
GAUDIN. Synthèses minéralogiques... 22
GAY-LUSSAC. Synthèse de l'oligiste des volcans...... 8
— Son expérience interprétée par M. Debray...... 532
GEORGES III D'ANGLETERRE. Pièces à son effigie déformées par le laminoir.. 422
GERHARDT. Opinion sur l'origine de certains sables quartzeux...... 255
GINDRE. Utilisation des roches feldspathiques...... 275
GLAISHER (James). Distribution horaire des météorites...... 483
GOEPPERT. Bois de fossilisation contemporaine...... 105
GOULIER (colonel). Dessin général des vallées...... 558—366
GOÛVENAIN (de). Présence de l'étain dans le kaolin...... 67
— Pyrite de formation actuelle...... 87
GRAHAM. Découverte de l'hydrogène occlus dans l'holosidère de Lenarto...... 580
GREEN. Formes de rochers de l'île de Wight...... 561
GREG. Distribution horaire des chutes des météorites...... 483
GRÜNER. Sorte d'extravasement des éléments du granite dans les roches voisines...... 251
— Réaction du fer sur l'oxyde de carbone...... 573
GUETTARD. Abondance du calcaire dans les spilites...... 212
GUÉRANGER. Teneur en silice de l'eau de la Sarthe...... 276
GUIGNET. Teneur en silice et en alumine de l'eau de la baie de Rio... 276
GUILLEBOT DE NERVILLE. Failles de la Côte-d'Or...... 525
GUTBERLET. Grès cristallisé près Fulda. 227

HAIDINGER. Ses expériences sur l'origine de la dolomie...... 6 19
— Synthèses minéralogiques...... 22
— Apophyllite dans des calcaires fossilifères...... 21
— Rôle de la compression de l'air dans l'incandescence des bolides.. 482
— Distribution horaire des chutes de météorites...... 483
— Structure classique des météorites...... 585
— Causes de l'incandescence des bolides...... 615
— Son opinion sur les essaims météoritiques...... 614
— Cupules de la météorite de Knyahinya...... 625
HALL. Peut servir de modèle par sa prudence dans l'application de la méthode expérimentale...... 8-16
— Fait cristalliser la craie...... 19
— Son rôle comme expérimentateur. 132
— Expériences sur le contournement des couches...... 289
— Origine des rides de l'écorce terrestre...... 385
HALLEY. Origine du magnétisme terrestre...... 546

HARKNESS. Étude sur les déformations des fossiles 303-328-357

HAUGHTON. Étude sur les déformations des fossiles............... 303

— Relation en Cornouailles des filons et des joints................... 533

— Production de la schistosité..... 409

HAUSMOFER. Décomposition du feldspath par les actions mécaniques.. 276

HAUSSMANN. Étudie les cristaux des scories d'usines................ 17

— Parallélisme du feuilleté des roches et de la stratification........ 395

— Présence du péridot dans les scories d'affinage......... 525

— Fait une espèce du chlorure de calcium...................... 571

— Observations sur les scories d'usine........................... 596

HAUTEFEUILLE. Synthèse minéralogique........................... 22

— Oxyde de titane artificiel à l'aide du fluorure................... 62

— Forme du quartz produit dans l'eau suréchauffée........ 165

— Chaleur développée par la combustion du silicium............... 598

HAÜY. Dans quel sens il avait formé le nom de pyroxène............. 17

— Aragonite apotomé............ 191

HÉBERT. Ploiement de la craie du Tréport 321

HEER. Age des lignites Groënlandais. 574

HEIM. Transformation d'un pli en une faille....................... 544

— Uniformité des roches schisteuses d'âges divers.................. 435

HENRY. Filons de Chemnitz........ 341

HERSCHEL (Alex.). Distribution horaire des météorites............ 485

HERSCHEL (John). Distinction entre l'observation active et l'observation passive........................ 7

— Réactions chimiques développées dans les roches par l'enfouissement........................ 144

— Réchauffement des couches sédimentaires....................... 145

— Son opinion sur la cause de la schistosité.... 407

HOCHSTETTER (de). Disposition des joints du granite à Carlsbad........... 357

— Roches péridotiques de la Nouvelle-Zélande.................... 559

— Découverte de la dunite....... . 551

HOF (von). Constance du feuilleté des phyllades...................... 395

HOFFMANN. Grès cristallisés à Eisleben. 226

HOPKINS. Liaison des failles et des inflexions du sol.. 345

— Son opinion sur la cause de la schistosité........... 408-409

— Découverte du nickel dans les météorites...................... 496

HULL. Modification du calcaire quand ses couches ont été redressées.. 466-468

HUNT (Robert). Action de l'électricité sur la structure schisteuse de l'argile............................ 407

HUNT (Sterry). Roches péridotiques au Canada...................... 559

HUMBOLDT (de). Cause de la distribution des volcans................. 242-2

HUTTON. Théorie de la terre........ 7

— Son opinion sur les phénomènes actuels....................... 152

— Il fonde l'École écossaise....... 145

— Réchauffement des couches sédimentaires..................... 355

— Lignes de fractures de l'écorce terrestre......................

HUTTON (d'Otago). Serpentine de la Nouvelle-Zélande 551

JACKSON (Dr Ch. T.). Filons du New-Hampshire.................... 51

— Présence du chlore dans les holosidères...................... 569

JACQUOT. Direction des failles dans la Moselle...................... 303

JAMIN. Influence de la capillarité sur l'équilibre de liquides communiquant par un corps poreux..... 256-259

JANNETAZ. Conductibilité thermique du verre soumis à la torsion.... 515

— Conductibilité thermique de l'argile laminée..................... 424

— Conductibilité thermique des ammonites étirées du Grand Moveran.. 466

JANNEZ-SPONVILLE. Échantillon de platine magnétipolaire............. 120

— Roche à platine natif de Nischne-Tagilsk........................ 547

JOHNSTRUP. Pyrite contemporaine d'Islande........................ 95-305

JUKES. Étude sur les joints........

KARSTEN. Son opinion sur la cause de la schistosité................ 408

KAUFFMANN. Contournements des couches près de Lucerne............ 299

KENNGOTT. Structure globulaire des

météorites...................... 605
Killough-Russell. Forme des roches du Mont-Perdu.................. 355
King (William). Origine des failles attribuée à la cristallisation des roches............................ 503
Kjerulf. Vallées de la Norvége..... 568
— Roches péridotiques en Norvége.. 540
Kokscharow (de). Forme de la phosgénite........................ 85
Krusenstern. Trainée persistante après l'explosion d'un bolide...... 505
Kuhlmann. Synthèses minéralogiques. 22

Labat (Dr). Silicate alumineux contemporain de Saint-Honoré....... 203
Lacroix. Machine à malaxer l'argile.. 449
Lan. Sphère de fer doux destinée à subir l'action érosive des gaz de la dynamite.......................... 654
Laplace. Son opinion sur l'origine des météorites.................. 482
— Son hypothèse cosmologique citée............................ 600
Lardy. Bélemnites dans des roches cristallifères.................. 142
Laugel. Production de la schistosité. 409
Laugier. Découverte du chrôme dans les météorites.................. 496
— Composition de la météorite de Juvinas.......................... 499
La Vallée-Poussin. Roches schisteuses de Deville.................... 431
Lechartier. Synthèse minéralogique. 22
Lecoq. Pyrite de formation actuelle. 87
Lecorne. Clivages de la houille.;.... 552
Leibnitz. Son opinion sur l'utilité de l'expérience.................... 14
Le Neve Foster. Kaolin............ 65
Le Play. Origine métamorphique des roches de l'Oural................ 137
— Association du platine natif à la serpentine.................... 547
Lévy (Maurice). Mode de production des cassures conjuguées.......... 350
Leydolt. Prétendue structure porphyroïde du verre 172
Letmerie. Schistosité des roches.... 399
— Calcaire filandreux des Pyrénées. 407
Liais. Sa géologie du Brésil citée.... 277
Liversidge (Dr). Filons de la Nouvelle-Galles du Sud.................. 51
Longchamp. Pyrite de formation actuelle.......................... 87
Lory. Abondance du calcaire dans les spilites...................... 212

— Failles des Alpes. 344
— Indépendance du clivage ardoisier et de la stratification........ 396
— Fossiles déformés dans les couches jurassiques des Alpes........ 404-405
— Profil géologique de la Gorge de Bréda......................... 427
— Caractères uniformes des roches schisteuses d'âges divers......... 455
— Faible teneur en magnésie des schistes du trias de Queyras...... 465
Ludwig. Abondance des zéolithes dans l'hypérite du Nassau............. 212
Lundgren. Roches du Groenland.... 555
Luynes (duc de). Composition de l'holosidère de Caille.............. 488
Lyell. Son opinion sur la cause de la schistosité.................. 407

Macculoch. Parallélisme du feuilleté des roches et de la stratification.. 396
— Calcaire fibreux d'Écosse........ 407
Mac-Pherson. Roches péridotiques près de Cadix...................... 540
Malaguti. Sulfure de fer de formation actuelle....................... 92
Mallard. Excavations antiques dans la Creuse....................... 70
— Disposition des veines stannifères du Limousin.................. 537
Mallet (Robert). Travail produit par l'écrasement des roches....... 447
Manross. Rôle des chlorures dans la cristallisation des minéraux...... 150
Marcel Deprez. Appareil pour soumettre l'acier à l'action des gaz de la poudre...................... 636
Maskelyne. Structure globulaire des météorites 605
— Cause des cupules des météorites. 629
— Grains de poudre alvéolaire..... 651
— Bronzite associée au diamant du Cap 553
Mérian (Pierre). Bélemnites étirées et tronçonnées.................. 405
Meunier (Stanislas). Présence du tantale et du niobium dans l'étain de la Lizolle.................... 67
— Nature détritique des globules de certaines météorites............ 550
— Origine des marbrures noirâtres des météorites.................. 688
Miller. Sa notation cristallographique employée...... 182
Mitscherlich. Découvre le péridot et le pyroxène dans les scories d'usine.

— Cristallisation artificielle du pyroxène ... 233
— Présence du péridot dans les scories d'affinage ... 525
— Observations sur les scories d'usine ... 596
MOISSENET. Disposition des veines stannifères du Flintshire ... 537
MORIN. Échauffement des roches par le choc ... 461
— Fissures régulières produites par le choc ... 549
MORLOT. Synthèses minéralogiques ... 22
MUCHIN. Analyse du platine ... 120
MURCHISON. Origine métamorphique des roches de l'Oural ... 157
— Calcaire cristallin de la rivière Miask ... 141
— Influence de la température sur le métamorphisme ... 231
MUSSY. Schistosité des roches ... 398

NAPOLI. Chaleur développée dans les roches par le frottement ... 460
NAUCKHOFF. Anorthite des roches à fer natif du Groenland ... 487
NAUMANN. Verticalité des feuillets des roches cristallines ... 434
— Joints rectangulaires des roches ... 555
— Origine de certains gneiss ... 429
— Porphyre schisteux ... 401
— Origine des failles ... 548
— Parallélisme du feuilleté des roches et de la stratification ... 595
NEWTON. Avait projeté des expériences sur la fusion des roches ... 45
NICKLÈS. Étude du savon de Plombières ... 188
NÖGGERATH. Pyrite de formation actuelle ... 87
NOLLET. Signale les analogies de la foudre et de l'électricité ... 9
NONY. Vestiges de travaux antiques dans les gîtes de kaolin de l'Allier ... 69
NORDENSKJÖLD. Masses de fer natif du Groenland ... 487-555

OEYNHAUSEN. Métamorphisme près du basalte ... 134
— Région volcanique de l'Eifel ... 244
OMALIUS D'HALLOY. Observation sur l'ardoise porphyrique ... 450
— Rôle des failles dans la production des vallées ... 354
OSANN. Analyse de platine ... 120

PAILLETTE. Ammonites déformées de l'étang de Leucate ... 494, 2
PALLAS. Observations sur les montagnes ... 280
— Striage des roches glaciaires ... 491
— Découverte d'une syssidère à Krasnojarsk ... 436
PALASSOU. Métamorphisme ...
PARROT. Constance de feuilleté des phyllades ... 394
PASCAL. Son rôle dans l'expérience du Puy-de-Dôme ... 9
PELOUZE. Dévitrification du verre, 160; composition du verre soluble, 165; Décomposition chimique produite par des actions mécaniques ... 268
PERCY (le prof. John). Échantillon de plomb ayant subi un retrait spontané, 101; pyrite de formation actuelle ... 91
PETERSEN. Roches péridotiques à Tromsoë ... 540
PHILLIPPS (John). Équilibre et mouvement des corps élastiques semblables, 287; études sur les joints, 503; tendance des joints à se grouper en systèmes orthogonaux ... 551
PIOBERT. Échauffement des roches par le choc, 461; fissures régulières produites par le choc ... 549
PONCELET. Fissures produites par choc ... 578
PISANI. Composition de la météorite d'Orgueil ... 505
— Abondance des sels solubles dans la météorite d'Orgueil ... 573
POTIER. Mode de production des cassures conjuguées ... 556
POULLETT SCROPE. Trachyte schisteux, 402; observations sur la foliation ... 508
PRUDENT. Carte hydrographique des côtes de la Manche ... 558
QUENSTEDT. Son opinion sur la cause de la schistosité ... 407
QUETELET. Distribution des chutes de météorites ... 485
RAMMELSBERG. Composition des apatites, 48; procédé d'analyse des minéraux fluorés, 52 ... 59
— Composition de la météorite de Juvinas ... 499
— Présence du titane dans les météorites ... 517
— Présence du chlore dans les holosidères ... 569
— Présence du phosphate de fer dans une météorite ... 578
RAMOND. Blocs granitiques pseudo-ré-

guliers au sommet du Mont-Perdu, 501; forme des rochers du Mont-Perdu............ 355

RATH (de). Trachyte schisteux....... 402

— Origine des lignes noires des météorites......................... 686

RÉAUMUR. Dévitrification du verre... 160

REGNAULT. Rôle de la compression de l'air dans l'incandescence des bolides............ 482

REICHENBACH. Alliage de fer et de nickel contenu dans les météorites.. 487

— Structure élastique des météorites 585

— Rejets mutuels des lignes noires des météorites.................. 687

— Poussière cosmique nickelifère.. 697

REICHENBACH (Reinhold de). Pression de l'air sur les bolides qui le traversent................... 621

— Compression de l'air par des bolides.................... 698

RENARD. Roches schisteuses de Deville. 431

RENAULT. Examen miscroscopique des bois fossilisés de Bourbonne. 104-106

RENEVIER. Bélemnites étirées et tronçonnées..................... 405

REUSS. Noyaux zéolithiques dans les roches du Mittelgebirge.......... 211

RICHTHOFEN (de). Alignement des cristaux dans le mélaphyre.......... 401

RIVOT. Constitution des mortiers hydrauliques................... 186

ROCARD. Âge des sources de Merz-el-Kébir.................... 201

ROGERS (frères). Ploiements des couches dans les monts Appalaches, 297; liaison des fractures du sol avec des torsions, 343; passage dans les Appalaches de la houille à l'anthracite.............. 463

ROLLAND. Son appui pour des expériences relatives à la décomposition chimique produite par des actions mécaniques........... 269

ROSE (Gustave). Synthèse minéralogique, 22; analyse des apatites; présence du fluor et du chlore dans l'apatite, 54; son opinion sur le platine magnétique, 120; effets du métamorphisme.......... 157

— Phosphure de fer météoritique.. 487

— Structure globulaire des météorites................... 497

— Nature de la rhabdite.......... 532

— Espèces cristallines des eukrites. 500

— Association du platine à la serpentine..................... 547

— Présence du quartz dans l'holosidère de Toluca................. 592

— Structure globulaire des météorites..................... 605

ROSE (Henri). Propriétés de la silice fondue...................... 234

ROUCHER (le Dr). Expériences sur l'apatite et la topaze............. 49

ROULINA. Stries des diamants dits carbonados.................... 379

ROUSSELLE. Macles tordues et gauchies. 442

RUELLE. Coupe du tunnel de Blaizy... 351

SAINT-CLAIRE DEVILLE (Charles). Déjections gazeuses des volcans........ 149

SAINTE-CLAIRE DEVILLE (H.). Synthèse minéralogique, 22; Apatite artificielle, 57; corindon artificiel à l'aide des fluorures, 62; oxyde d'étain cristallisé, 63; recherches sur le platine, 120; son procédé de fusion du platine, 121; procédé de coupellation dans la chaux, 129; rôle des chlorures dans la cristalisation des minéraux, 150; Application de sa découverte de la dissociation à des questions de géologie...................... 582

SAINT-ROBERT. Mesures des hauteurs par la vitesse de combustion de la poudre...................... 635

SAINT-VENANT (de). Étude analytique de la torsion, 314; mode de production des cassures conjuguées.. 350

SALVETAT. Alcalinisation de l'eau par le feldspath, qui y est broyé...... 275

SANDBERGER. Roches péridotiques dans le Nassau.................... 540

SARRAU. Imitation de la forme polyédrique des météorites........... 621

SAUSSURE (de). Études sur les Alpes, 2; son opinion sur l'analogie de l'expérience avec les phénomènes naturels, 15; striage des roches glaciaires, 280; fractures de l'écorce terrestre, 355; distingue le genre des roches feuilletées, 591; structure en éventail du Mont-Blanc, 455; Enduits vitrifiés produits sur les roches par la foudre..................... 481

SAUVAGE. Présence de la chlorite dans les phyllades, 158; association en Grèce de la silice avec l'alunite, 213; gaize des Ardennes, 230; inflexions des phyllades des Ardennes, 394; production des silicates dans les phyllades, 405; passage de l'ardoise au porphyre 431

SAVART. Étude expérimentale de la torsion 314

SCACCHI. Présence du fluor dans les émanations du Vésuve.......... 150

SCHAFHAÜTL. Sable calcédonieux des Alpes....................... 220

SCHEERER. Son opinion sur la cause de la schistosité 408

SCHIAPARELLI. Origine des étoiles filantes périodiques............... 482

SCHIMPER. Paléontologie végétale citée. 105

SCHLŒSING. Son concours pour des expériences relatives à la décomposition chimique produite par des actions mécaniques............. 269

SCHMIDT. Règle relative aux rejets par les failles, 541 ; constance du feuilleté des phyllades........... 394

SCHMIDT (Julius). Météores multiples observés à Athènes, 614 ; Traînée persistante après une étoile filante. 695

SCHRADER. Carte du Mont-Perdu..... 567

SCOULER. Métamorphisme près des roches éruptives................. 137

SEBERT. Éprouvette à combustion...

SOCCHI. Nuage persistant après le bolide de Rome.................. 694

SEDGWICK. Étude sur les joints, 303 ; constance du feuilleté des phyllades, 394 ; son opinion sur la cause de la schistosité................ 407

SELLA. Isomorphisme du bore et de l'étain....................... 151

SÉNARMONT (de). Synthèse des minéraux des filons, 20 ; expériences sur les minéraux des gîtes plombifères, 71 ; pyrite artificielle, 93 ; sidérose artificielle, 94 ; la galène est au nombre des minéraux qu'il a reproduits, 116 ; n'étudie que les minéraux des filons, 153 ; forme d'un mica produit dans l'eau suréchauffée, 177 ; formé de l'harmotome de Plombières, 182 ; description de Seine-et-Marne.......... 717

SHARPE (Daniel). Observations sur la foliation, 598 ; des déformations de fossiles avec l'état schisteux des roches qui les contiennent, 405 ; son opinion sur la cause de la schistosité. 408 ; observations sur la schistosité................... 425

SHEPARD. Roche à bronzite de la Havane, 554 ; Présence de chlorure dans les holosidères, 569 ; Cupules du fer de la rivière Orange 628

SMIT. Oxyde et sulfure de fer magnétiques..................... 127

— Préparation du phosphure de fer artificiel.................... 552 560

SIEMENS. Puddlage au gaz.........

SISMONDA. Chabasie dans des grès tertiaires.................... 216

SMITH (Lawrence). Découverte de la Daubréelite.................. 488

— Présence du soufre dans le graphite des holosidères.......... 554

— Présence du protochlorure de fer dans les holosidères.......... 567

— Origine des fers natifs du Groenland....................... 574 628

— Cupules du fer de Chiahuahua...

SORBY (Clifton). Étude microscopique des roches, 66 ; expériences relatives à la schistosité............ 408

— Structure globulaire des météorites....................... 605

SOUCELYER. Analyse de l'eau des Bains de la Reine.................. 301

SPALLANZANI. Expériences sur la fusion des laves................... 15

STAMMER. Réaction du fer sur l'oxyde de carbone................ 575

STENSTRUP. Basalte à fer natif du Groenland................... 487

— Opinion relative à l'origine des fers natifs d'Ovifak.............. 514

STOCKES. Bois fossilisé de l'aqueduc romain d'Eilsen............... 105 124

STODART. Alliage de platine et de fer.

STUDER (Bernhard). Les schistes nets sont intermédiaires entre les roches sédimentaires et les roches cristallines, 140 ; bélemnites dans des roches cristallifères, 142 ; sa *Geologie der Schweitz*, citée, 298 ; structure schistoïde de la serpentine et de l'euphotide des Grisons, 401 ; bélemnites étirées et tronçonnées... 405

SWANBERG. Son opinion sur le platine magnétique.................. 120

SUESS. Ciment sur lequel de l'air comprimé agissant au rouge a produit des cupules, analogues à celles des météorites................ 682

SZABO. Opale dans les trachytes de Hongrie..................... 215

TASCHE. Roches imprégnées de zéolithes...................... 211

TELLES. Teneur en silice et en alumine de l'eau de la baie de Rio........ 276

TERREIL. Examen d'un sable de Bourbonne, 110 ; composition d'un si-

licate alumineux contemporain de Saint-Honoré, 204; composition du talc contemporain de Cauterêts, 205; analyse des paillettes contenues dans les schistes triasiques du Queyras........................ 465
— Composition du fer extrait par réduction de la l'herzolite fondue.. 520
— Présence du nickel dans le platine natif.................. 554
— Présence du nickel dans beaucoup de minerais de fer.............. 578
— Production de sulfure aux dépens de l'acier fondu par l'explosion de la poudre....................... 638
THÉNARD. Son expérience interprétée par M. Debray.................. 582
THOULET. Figures montrant la structure des briques zéolithiques de Plombières.................... 196
THURMANN. Tendance des joints à se grouper en systèmes orthogonaux, 536
TIPHINE. Machine à malaxer l'argile.. 449
TISSOT. Pisolithes pyriteux d'Hammam Meskoutine................ 91
TORICELLI. Rappel du fait qu'il a découvert........................ 9
TRESCA. Fusion du platine, 121; expériences relatives à l'imitation des joints par torsion, 507; production des joints par pression, 517; écoulement des solides, 409; écoulement du plomb.................. 424
TROOST. Chaleur développée par la combustion du silicium.......... 598
TRECHOR. Décomposition des roches silicatées par l'action de l'acide carbonique........................ 277
TSCHERMAK. Anorthite des roches à fer natif du Groenland.............. 560
TYNDALL. Cause des crevasses des glaciers, 373; expériences relatives à la schistosité, 408; bandes bleues des glaciers.................... 433
VALLERIUS. Distingue les roches schisteuses dans sa classification...... 591
VAUQUELIN. Décomposition chimique produite par des actions mécaniques,........................ 268
— météorite de Juvinas.......... 499
— Roches péridotiques de la Bohême. 539
VÉLAIN. Infiltrations siliceuses dans les roches volcaniques, 213; laves volcaniques schisteuses......... 40
VERBEEK. Étude sur le kaolin de Banca. 6
— Vieille expérience sur l'action érosive des gaz de la nitroglycérine...................... 661
— Expériences sur l'action érosive des gaz du fulmicoton........... 664
— Expériences sur l'action érosive des gaz de la poudre............ 644
— Roche platinifère de Borno....... 552
VERNEUIL (de). Calcaire cristallin de l'Oural, 141; cailloux impressionnés........................ 383
VILLE. Eaux minérales de l'Algérie... 201
VIRLET. Association en Grèce, de l'opale de la meulière et de la silice gélatineuse avec l'alumite........ 213
VOGEL. Composition d'une boue de glacier........................ 278
VOIGT. Inflexions des phyllades...... 394
WALTERSHAUSEN (S. de). Abondance de l'analcime aux îles Cyclopes...... 211
WERNER. Cours de géologie, 2; ses doctrines, 152; il distingue les terrains de transition, 140; il signale les failles.................... 500
WERTHEIM. Recherches sur l'élasticité.................. 514
WESTON. Pyrite de formation actuelle. 91
WIDMANNSTAETTEN. Figure développée par les acides sur les plaques polies de fers météoritiques........ 488
WHITNEY (J. B.). Disposition des joints dans le Wisconsin...... 536
WISER. Étude des minéraux de la Suisse..................... 41-48
WŒHLER. Synthèse minéralogique... 22
— Composition des météorites charbonneuses.................... 502
— Analyse des fers natifs d'Ovifak.. 556
— Fer libre de la météorite de Cold Bokkeved...................... 575
ZEILLER. Filons de Chemnitz........ 341

TABLE ALPHABÉTIQUE

DES LOCALITÉS CITÉES

AAR (vallée de l'). Filons titanifères... 41
— (glacier de l'). Quantité de sable qu'il charrie................. 254
ADEN. Roches volcaniques imprégnées de silice.................. 215
ADUN-TSCHILON. Présence de la topaze et de l'émeraude.............. 31
AFRIQUE. Holosidères qu'on y a recueillies................. 490
— CENTRALE. Mélaphyre zéolithique.. 211
AGRAM. Holosidère qu'on y a vu tomber.................... 490
— Nuage persistant après un bolide. 692
AIGUILLES ROUGES (chaîne des) Bélemnites étirées et tronçonnées...... 405
AIN-EL-TURK. Vestiges de travaux romains................. 201
AIROLO. Dolomies et gypses cristallifères................... 139
— Carbone dans les schistes cristallifères................... 143
AIX-LA-CHAPELLE. Pyrite contemporaine..............87- 88
ALABAMA. Howardite tombée à Franckfort................... 499
ALAIS. Asidère qui y est tombée..... 502
ALETSCH (glacier d'). Disposition de ses crevasses................ 573
ALGÉRIE. Gîtes tertiaires........... 28
— Béton romain zéolithique....... 194
— Trainée persistante après le bolide de la Calle................. 692
ALLEMAGNE. Nom qu'y porte le porphyre permien................. 227

ALLEVARD. Conductibilité thermique du calcaire schisteux............ 490
— Passage des joints aux plans de schistosité.................. 427
ALLIER (dépt de l'). Exploitation antique d'étain dans le kaolin........64- 68
— Torsion subie par des couches houillères.................. 347
ALPE DU WURTEMBERG. Filon de basalte dans le terrain jurassique... 135
— Faille qui la limite........... 355
ALPES (chaîne des). Études de Saussure..................... 2
— Ploiements qu'on y observe..... 3
— Gîtes tertiaires................ 27
— Ses filons titanifères........57- 41
— On n'y observe que de l'anthracite. 158
— Forme hémiédrique du quartz... 165
ALPES. Origine des serpentines éruptives..................... 542
— Importance des roches schisteuses cristallines................ 405
— Fossiles jurassiques déformés... 404
— Bélemnites étirées et tronçonnées....................405- 419
— Uniformité d'aspect des couches schisteuses d'âges divers......... 435
— Structure en éventail de ses massifs centraux................ 436
— Calcaires schisteux qu'on y rencontre................... 462
— Phyllades tertiaires............ 464
— Faciès ancien des roches même récentes, qui la composent...... 446

— Autrichiennes. Minerai de fer nickelifère........................ 578
— (Basses-). Abondance des roches feuilletées........ 399
Alpes Bavaroises. Grains calcédonieux dans les grès verts.,........ 229
— Nature du sable charrié par les glaciers ....
— La molasse qui la borde est à grains anguleux............... 259
— Couches en C qu'on y observe 298
— Plongement des couches tertiaires vers l'intérieur de la chaîne...... 296
— Miroirs de frottement avec stries horizontales 541
— Failles qui ont préparé le relief des chaînes de la Savoie et du Dauphiné. 344
— Les hautes cîmes représentent des lambeaux du massif primitif.. 372
— Abondance des roches feuilletées. 398
— Glaronnaises. Changements des roches par la chaleur due à la friction... 466
— Maritimes (dépt des). Holosidère de Caille...................... 488
— Scandinaves. Importance des roches schisteuses cristallines...... 403
Alsace. Conifères du minerai de fer pisolithique................... 106
— Miroirs de glissement dans les lignites de Bouxwiller........... 375
— Échauffement de deux meules frottant l'une sur l'autre........ 458
Altenberg. Ses amas stannifères.29- 52
— Variation des gîtes d'étain....... 54
— Amas de picnite............... 55
— Présence de la fluorine........ 56
— Présence de la topaze.......... 60
Amérique. Abondance des fers météoriques à la surface du sol........ 483
— du Sud. Surface occupée par les roches feuilletées............... 403
Amsterdam (île). Roches volcaniques imprégnées de silice.......... 245
— Roches feuilletées.............. 402
Andalouses (source des). Citée....... 201
Andes. Roches volcaniques réduites en boue.................... 149
— Roches cristallines effervescentes. 212
Andlau. Métamorphisme près du granite................... 134
Andreasberg. Schistes métamorphiques.................... 136
— Zéolithes dans les filons........ 215
Angers. Forme constante des blocs naturels de phyllades........... 535
Anglesey (île). Schistes métamorphi-

ques.... 136
Angleterre. Essai infructueux de transport de l'acide sulfurique dans des vases de plomb............. 101
— Son grès houiller est à grains anguleux................... 259
— Champ de fractures avec filons... 525
— (Sud-ouest de l'). Liaison des failles aux ploiements généraux........ 545
Angomert. Calcaire jurassique à dipyre.................... 141
Aoste (Val d'). Filons titanifères.... 49
Apennins. Origine des serpentines éruptives................... 542
Appalaches (monts). Plissement de leur terrain houiller........... 297
— Passage de la houille à l'anthracite............... 465
Apremont (Gorges d'). Diaclases au travers des grès tertiaires......... 709
Arbonne; alignement des collines de grès ordonnées d'après la direction des diaclases des grès........... 717
Ardèche (département de l'). Joints que traverse le calcaire crétacé de Cruas 515
— Eukrite tombée à Juvinas....... 499
Ardennes françaises. Situation des roches cristallines relativement aux roches schisteuses.............. 450
— On y observe le métamorphisme régional 158
— Origine de la gaize............ 250
— Feldspath développé sur le terrain schisteux.................. 225
— Phyllade de Fumay en fragments pseudo-réguliers............... 529
— Forme constante de blocs naturels de phyllade de Rimogne..... 554
— Peu d'étendue des zones ardoisières exploitables.............. 597
— On y voit des massifs entiers qui ont été métamorphysés..... 446
— Silicates développés dans les phyllades 465
Ariége (département de l'). Abondance des roches feuilletées........ 598
Arques. Direction de la falaise à son embouchure................. 559
Arran (île d'). Zéolithes dans le granite près du basalte............. 156
Asbach. Roches feuilletées.......... 401
Asie boréale. Sa richesse en or comparée à celle du Rhin............. 267
Asturies. Cailloux impressionnés dans le terrain carbonifère........... 585
Atacama (désert d'). Syssidères qu'on

y a découvertes................. 491
ATASE KERDLUGK. Abondance des li-
gnites 574
ATHÈNES. Météores multiples obser-
vés en 1863.................... 615
— Trainée persistante à la suite d'une
étoile filante.................... 696
AUBE (département de l'). Caractères to-
pographiques du plateau de Charny 461
AUCHY-AUX-BOIS. Direction de la bissec-
trice de deux systèmes de failles.. 539
AUERSBERG. Ses amas stannifères.... 29
— Gisement de tourmaline........ 53
— Variations de ses gîtes d'étain... 54
— Origine de son kaolin.......... 64
AULNE. Direction de sa vallée...... 559
AULT (bourg d'). Joints visibles le
long des falaises............ ... 324
AUMALE. Une météorite y pénètre dans
le sol........................ 478
— Nuage persistant après un bolide 694
AUMETZ. Température qui a présidé au
dépôt du minerai de fer.......... 229
AUSSON. Jet de fumée à la suite d'un
bolide 691
AUSTRALIE. Basalte zéolithique 210
AUSTRALIE. Surface occupée par les
roches feuilletées........... 403
AUTHIE. Direction de sa vallée....... 559
AUTUN. Schistes feuilletés restés hori-
zontaux...................... 418
AUVERGNE. Bois fossile imprégné de
mésotype.. 202
— Basalte zéolithique............. 210
— Ses volcans se rattachent peut-être
aux masses de trachyte et de ba-
salte........................ 245
— Origine de ses arkoses.......... 255
AVEYRON (département de l'), Torsion
subie par des couches houillères .. 547
— Nuage persistant après l'explo-
sion du bolide de Favars........ 691

BADE (Grand-duché de). Basalte zéolithique... 210
— Joints de la dolomie incrustés de
calamine.................... 502
BAGNÈRES-DE-BIGORRE. Gisement de minéraux contemporains.... 79
— Médailles romaines transformées
en sulfure de cuivre..... 81
BAHIA. Stries du diamant noir...... 578
BAÏKAL (lac). Calcaire contenant l'apatite et la fluorine............ 56
BAINS DE LA REINE. N'offrent pas de
béton romain zéolithique........ 201

BAINS. Gisement de sources thermales. 75
BALE. Allure du Rhin............. 259
BALLONS DES VOSGES. Roches feuilletées. 400
BANAT. Dispositions des minéraux de
ses gîtes métallifères............ 117
— Zéolithes dans les amas métalli-
fères 215
— Systèmes orthogonaux des failles
de Steyerdorf.................. 558
BANCA. Ses gîtes d'étain....... 52
— Kaolin associé à l'étain.......... 65
BARBOTAN. Nuage persistant après
l'explosion d'un bolide........... 690
BARCELONNETTE. Abondance des roches
feuilletées 599
BARDONÈCHE. Paillettes produites dans
les schistes triasiques.......... 465
BARR. Métamorphisme près du ba-
salte........................ 134
BASSES-PYRÉNÉES (département des).
Manganèse dans le kaolin......... 67
BASTEY (La). Joints verticaux dans le
grès........................ 502
— Rochers isolés............... . 557
BAVIÈRE. Bois fossilisés par le calcaire. 105
BELGIQUE. Son grès houiller est à
grains anguleux................. 259
— Plissement de son terrain houiller. 297
— Joints qui traversent le calcaire
carbonifère.................... 315
— Recouvrement du terrain houiller
par le terrain dévonien.......... 342
— Roches feuilletées.............. 599
— Passage du porphyre au schiste.. 432
— Il tombe une météorite à Tourinne. 615
BELLALP. Vue qu'on y a des crevasses
des glaciers........... 373
BELLEDONE (chaîne de). Sa structure
en éventail.................... 436
BELLEGARDE (environs de). La perte du
Rhône est une fracture à peine
ouverte...................... 570
BERRY. Tendance des fentes sidéroli-
thiques à se grouper à angle droit. 536
BERGEN. Abondance du péridot...... 540
BÉTHUNE. Direction de sa vallée..... 559
BEZENET. Torsion subie par des cou-
ches houillères.................. 547
BIÈVRE (rivière de). Sulfure de forma-
tion actuelle dans la vase de la... 87
BIALYSTOCK. Howardite qui y est tom-
bée........................ 501
BINGEN. Allure du Rhin............ 256
BINNEN (vallée de). Filons titanifères. 41
BISHOPVILLE. Météorite qui y est tom-
bée........................ 501
BLACK DOWN. Vallées causées par des

failles 354

Blagodat. Aimant naturel qui en provient 191

Blaist. Multitude de failles parallèles entre elles.................... 551

Blanzy. Failles orthogonales........ 336

Bleyberg. Grès plombifère analogue à la brèche métallifère de Bourbonne.................... 111

Boa-Vista. Gisement de la topaze.... 45

Bohême. Ses amas stannifères 29- 52
— Basalte zéolithique.............. 240
— Joints verticaux dans le grès..... 502
— Joints qui traversent le granite. 337
— Rochers isolés qu'on y rencontre. 355
— Holosidère qu'on a vu tomber à Braunau 490
— Abondance du péridot à Teschen. 559

Bonn. Roches feuilletées............ 402

Bonnieure (la). Caractères topographiques de sa vallée................ 566

Borne (rivière). Son sable diffère de celui du puisard de Bourbonne... 110

Bornéo. Association du platine natif à des roches de péridot.......... 552

Bosse (La). Gîte de kaolin.......... 66

Bottalack. Présence de l'apatite.... 49

Bouligny (rochers de). Diaclase au travers des grès................ :.. 71.

Boulonnais. Direction de la falaise à sa lisière...................... 359

Bourbon-l'Archambault. Gisement des sources thermales.............. 75
— Gisement des minéraux contemporains 79
— Pyrite contemporaine..... 87
— Sidérose contemporaine........ 94
— pyrite contemporaine.......87- 88

Bourbonne-les-Bains. Minéraux contemporains dans les sources thermales. 71
— Cornes de bœuf fossilisées...... 105
— Absence de l'antimoine.... 112

Bourgogne. Origine de ses arkoses... 255

Bouxwiller. Miroirs de glissement dans les lignites................ 575

Brahin. Syssidère qu'on y a découverte...................... 492

Braunau. Holosidère qu'on y a vu tomber, ... 490
— Nuage persistant après un bolide. 692

Bray (pays de). Cause de ses failles.. 545
— Direction de sa faille principale... 359

Bréda (Gorge de). Passage des joints aux plans de schistosité.......... 427

Brésil. Gisement de la topaze....... 45
— La topaze parait être venue s'insinuer dans des roches préexistantes.................... 151

Brésil. Forme hémiédrique du quartz. 165
— Abondance du quartz grenu...... 225
— Ondulations dans la cassure du quartz.................... 514
— Stries du diamant noir de Bahia. 578
— Surface occupée par les roches feuilletées................ 405
— Parallélisme de la schistosité avec les plans de séparation des roches. 429
— Poids de l'holosidère de Sainte-Catherine................ 470
— Holosidères qu'on y a recueillies. 498
— Holosidères découvertes dans la province de Sainte-Catherine..... 525
— Gisement de diamants comparé à celui du Cap.................. 555

Bresle (rivière). Direction de sa vallée 559

Bretagne. Feldspath développé dans le terrain schisteux............ 225
— Schistes cristallifères.......... 141
— Parallélisme du feuilleté et de la stratification............ 595
— Age des macles des Salles de Rohan, par rapport à celui des schistes qui les renferment........... 442

Brohl. Carbonate de fer de formation contemporaine............ 94

Brevig. Calcaire de transition avec grenat, etc.................. 141
— 47

Brézouard. Origine de son fer oligiste. 47

Briey. Direction des vallées dans ses environs 562
— 555

Brocken. Mer de rochers.......... 87

Burgbrohl. Pyrite contemporaine.... 145

Bussang. Schiste métamorphique....

Bussières-lès-Belmont. Trias contenant du quartz hyalin............... 110

Cadix. Abondance du péridot dans ses environs 540

Caille. Holosidère.............. 488

Calabre. Poussière tombée à Cutro avec des météorites......... 505
— 559

Calédonie (Nlle-). Roches péridotiques. 559

Calvados. Schiste micacé des environs de Vire en fragments pseudoréguliers.......... 529

Calvaire (rocher du). Diaclases au travers des grès tertiaires...... 712

Cambo (environs de). Manganèse dans le kaolin....... 67

Campan. Calcaire à structure entrelacée.................... 406

Campbell (île). Roches feuilletées.... 402

Canada. Surface occupée par les ro-

ches feuilletées................. 403
— Abondance du péridot à Montar-
  ville...................... 559
— Pluie de poussière à Montréal... 504
Canche (rivière). Direction de sa vallée 559
Cap de Bonne-Espérance. Holosidère
  tombée..................... 502
—Association du diamant à la bron-
  zite..................... 555
Capao de Lane. Gisement de la topaze. 45
Capo di Bove. Abrazite qu'on y re-
  cueille..................... 185
Carclaze. Ses amas stannifères..... 29
— Oxyde d'étain dans le kaolin.... 64
— Joints du granite remplis de mine-
  rai d'étain................. 502
Carlsbad. Cause du volume uniforme
  de ses pisolithes............. 257
— Joints qui traversent le granite... 337
— Division du granite en parallélipi-
  pèdes................... 555
Carlsruhe. Richesse du Rhin en or.. 260
Caucase. Abondance des roches feuil-
  letées................... 599
Caunes. Joints qui traversent le mar-
  bre..................... 534
Cauterêts. Talc de formation contem-
  poraine................. 203
Cevens. Abondance des roches feuille-
  tées................... 398
Ceylan. Ses petits saphirs ont souvent
  conservé leurs formes.......... 257
— Roches feuilletées............ 400
Chalvraines. Carrières qui paraissent
  avoir fourni les matériaux du pui-
  sard de Bourbonne............ 107
Cramp-du-Feu. Origine de son fer oli-
  giste................... 47
— Zone métamorphique autour du
  granite................. 154
Champigny (Seine). Quartz cristallisé. 12
Chanteloube. Granite riche en miné-
  raux variés................. 54
Charcas. Poids de l'holosidère qu'on
  y a découverte............... 478
Charente (vallée de la). Ses caractè-
  res topographiques............ 565
— Inférieure. Eukrite de Jonzac.... 500
Charleville. Veines de quartz dans les
  phyllades................. 225
Charny (plateau de). Ses caractères
  topographiques............. 561
Chasseneuil. Cassure du sol qu'on
  y observe................. 566
Chassigny. Météorite qui y est
  tombée................. 500
Chateau-Renard. Météorite qui y est

tombée..................... 497
Chatillon-sur-Saône. Pointements gra-
  nitiques en relation avec les sour-
  ces thermales de Bourbonne...... 72
Chaudesaigues, pyrite contemporaine
  douteuse................... 87
Chaudrox (vallée du). Disposition des
  failles................... 327
Chemnitz. Miroirs de filons avec stries
  horizontales................. 541
Chenon. Sinuosités de la vallée de la
  Charente................... 565
Cherbourg. Bois submergés contenant
  du sulfure du fer................ 87
Cherbourg. Quartzite avec indices d'é-
  tirement.................... 406
Chiavenna. Abondance des roches
  feuilletées................. 599
Chili. Abondance des fers météori-
  ques................... 483
— Polysidère de Sierra de la Chaco. 493
— Syssidères qu'on a découvertes
  dans le désert d'Atacama.. 491
Chounga. Présence de l'anthracite... 178
Christiania. Zone métamorphique au-
  tour du granite................ 154
— Schiste devenu amphibolique par
  métamorphisme............. 135
Clabac. Jet de fumée à la suite d'un
  bolide................. 691
Coiffy. Trias contenant du quartz hya-
  lin................... 110
Collettes (forêt des). Gîte de kaolin. 66
— Exploitations antiques.......... 68
Colorado. Les cañons sont des frac-
  tures à peine ouvertes.......... 370
Commentry. Torsion subie par des
  couches houillères.............. 347
Commern. Grès cristallisé.......... 227
— Cailloux impressionnés du trias. 385
— Galène globulaire qu'on y a ex-
  ploité................. 607
Connecticut. Mélaphyre zéolithique.. 211
Constance (lac de). Régime du Rhin. 260
Constantine (environs de). Pyrite con-
  temporaine................. 90
— Le Rummel est une fracture à peine
  ouverte................. 370
Cordières (chaîne des). Calcaire cré-
  tacé traversé par des joints...... 501
— Ammonites crétacées déformées.. 404
Cork. Disposition des joints..... 505-528
— Caractère spécial du calcaire re-
  dressé................. 406
Cornouailles. Ordre de remplissage
  des filons................. 27
— Ses amas stannifères........... 29

— Ses gîtes d'étain... ....29- 32
— Tourmaline dans les gîtes d'étain.. 54
— Variations de ses gîtes d'étain..... 54
— Apatite dans les gîtes d'étain..... 49
— Kaolin associé à l'étain.......... 65
— Cristaux de chalkosine........... 80
— Cristaux de cuivre sulfuré....... 81
— Tennantite................... .. 82
— Effets du métamorphisme....... 136
— Joints du granite remplis de minerai d'étain.................... 302
— Champs de fractures avec filons. 323
— Liaison des filons avec les joints. 333
— Filons de Dolcoath orthogonaux entre eux....... 336
— Joints qui traversent le granite.. 337
— Division du granite en parallélipipèdes..................... ... 555

CORRÈZE (département de la). Présence de l'étain................ 68
CÔTE D'OR. Faille qu'on y observe .. 323
— Failles du tunnel de Blaizy....... 331
— Ressauts du sol causés par les failles.......................... 354
COURTENAY (plateau de). Ses caractères topographiques.............. 361
COUTANSOUZE. Kaolin associé à l'étain. 65
CRAWFORD. Phosgénite.............. 85
CREUSE (département de la). Direction des filons croiseurs des gîtes d'étain...................... 66-68
CREUSOT. Torsion subie par des couches houillères................ 347
— Passage de la houille à l'anthracite.......................... 463
CREVACUORE. Chabasie dans un grès tertiaire....................... 216
CROATIE. Holosidère qu'on a vu tomber à Agram.................. 490
— Nuage persistant après le bolide d'Agram....................... 692
CRUAS. Joints qui traversent le calcaire crétacé.................... 515
CUTRO. Poussière tombée avec des météorites..................... 505
CYCLOPES (îles). Marnes traversées par les éruptions trappéennes........ 136
— Basalte zéolithique............. 210
CYNTHIANA. Chute de météorites en 1877..................... . 484

DAMMARTIN. Direction de sa colline gypseuse......................... 362
DAUPHINÉ. Failles qui ont préparé le relief des Alpes................ 344
— Abondance des roches feuilletées. 590

DAXLAND. Richesse du Rhin en or.... 260
DECAZEVILLE. Torsion subie par des couches houillères 347
DENDRE (vallée de la). Due à une faille 354
DENT DE MORCLES. Parallélisme troublé des couches ployées.......... 299
DERBYSHIRE. Ses filons.......... ... 25
— Phosgénite.................... 85
— Décollement des couches ployées. 299
— Champ de fractures avec filons.. 323
— Ressauts présentés par les filons.. 340
DEVILLE. Peu d'étendue des zones ardoisières exploitables............ 397
— Ses ardoises porphyroïdes...... 450
DEVONSHIRE. Ordre de remplissage des filons....................... 27
— Kaolin associé à l'étain.......... 65
— Prismes mis à nu par un glissement à Great-Bindon................. 561
— Parallélisme du feuilleté et de la stratification.................. 595
DIABLERETS. Parallélisme des couches ployées...................... 299
DISKO (île de). Masses de fer natif... 555
DOAB. Météorites enveloppées de poussières...................... 505
DOBRITZ. Roches feuilletées........ 401
DOLCOATH. Filons orthogonaux entre eux........................ 536
DONNERSBERG. Son basalte à mézotype. 184
DRAC. Spilites effervescents........ 213
DRACHENFELD. Feldspath vitreux soumis à l'eau suréchauffée........... 175
— Porosité de ses trachytes........ 242
— Roches feuilletées.............. 402
DRESDE. Roches feuilletées......... 400
DUBLIN (environs de). Métamorphisme près du granite................ 137
DUSSELDORF. Sables colorés par l'hydrate de fer.................... 249
DYLE (vallée de la). Due à une faille.. 554

ÉCHASSIÈRES. Kaolin associé à l'étain.. 65
ÉCOSSE. Ses montagnes étudiées par Hutton 2
— Houille métamorphique......... 135
— Basalte zéolithique............. 210
— Apophyllite dans les calcaires fossilifères...................... 216
— Parallélisme du feuilleté et de la stratification.................. 595
— Surface occupée par les roches feuilletées................... 405
— Calcaire fibreux............... 407
ÉDIMBOURG. Hutton y publie sa théorie

de la terre........................ 2
Eggishorn. Vue qu'on y a des crevas-
ses de glaciers................... 575
Ehrenfriedersdorf. Ses amas stanni-
fères 50-51
— Présence de l'apatite........... 49
Présence de la fluorine............. 56
— Présence de la topaze........... 60
Eifel. Schistes devenus micacés..... 153
— Manifestations volcaniques qu'on
y observe................. 244
Eilsen. Bois imprégné de calcite dans
l'aqueduc romain................. 103
Eisleben. Grès cristallisé.......... 226
Elbe (île d'). Origine de son fer oli-
giste............................. 47
Elfdalen. Roche péridotique.... ... 539
Emmet. Chute de météorites en 1879. 484
Ems (pays au-dessus de l'). Filons ti-
tanifères 42
Errena (mont). Fluorine........... 48
Erzgebirge. Présence de l'apatite... 49
Escaut (vallée de l'). Due à une faille. 554
Eschweiler. Cailloux impressionnés
du terrain carbonifère........... 585
Espagne. Cailloux impressionnés dans
le trias....................... 585
— On voit de Santander le bolide d'Or-
gueil 476
— Composition de la météorite de
Murcie 491
États-Unis. Gîtes tertiaires......... 28
— Association de l'apatite avec la
fluorine........................ 56
— Terrain silurien à peine modifié.. 143
— Cailloux impressionnés... 585
— Surface occupée par les roches
feuilletées...................... 403
— Fibrosité du talc laminaire.... · 407
— Ne possèdent pas de vraies ardoi-
ses 434
— Le métamorphisme régional ne s'y
est pas produit.................. 464
— Abondance des fers météoriques. 483
— Holosidères qu'on y a trouvées.. 490
Etna. Analogie de ses laves avec les
eukrites 500
— Pression qui fait monter la lave à
son sommet..................... 645
Eubée. Abondance des roches pérido-
tiques......................... 540
Eure. On voit de Gisors le bolide d'Or-
gueil....... 476
Europe. On y a observé trois chutes
de météorites dans chacune des an-
nées 1863, 1864, 1866.... 484
— Holosidères qu'on y a recueillies. 490

— Orientale. Le métamorphisme
régional ne s'y est pas produit.... 446
Eybenstock. Gisement de tourmaline. 53

Fassa (Val de) Mélaphyre zéolithi-
que 210
Favars. Nuage persistant après l'ex-
plosion d'un bolide.............. 691
— Basalte zéolithique............. 210
Fexsch. Ses caractères topographi-
ques.......................... 562
Feroë (îles). Leurs roches amygda-
loïdes 186
Fibia. Apatite.................... 48
Fichtelgebirge. Abondance des roches
de péridot..................... 540
Fiers (vallée de). C'est une fracture à
peine ouverte.................. 570
Finbo. Gîte d'étain................ 50
Finlande. Surface occupée par les ro-
ches feuilletées................. 403
— Parallélisme de la schistosité avec
les plans de séparation des roches. 429
Flintshire. Champs de fractures avec
filons 528
— Orientation relative des filons.... 557
Fontainebleau. Direction de ses colli-
nes............................ 562
— Constitution géologique de son sol,
diaclases qui le traversent....... 797
Fontenay (près Toul). Direction des
vallées dans ses environs........ 562
Foxroy. Faille qu'on y observe 562
Forêt Noire. Gisement des sources
thermales de la région Nord-Est.. 73
— Grès cristallisé................. 226
Framont. Origine de son fer oligiste. 47
— Cristaux d'aragonite............ 191
France. (nord de la) Horizontalité des
couches dans le Nord de la France. 5
— (centre de la). Torsion subie par
les couches houillères........ ... 347
— Surface occupée par les roches
feuilletées...................... 405
— On n'y voit pas de filons........ 25
— Plissement de son terrain houiller. 297
— Recouvrement du t. houiller par
le t. dévonien.............. 542
— Liaison des failles aux ploiements
généraux...................... 543
— (midi de la). Les causses sont des
fractures élargies par érosion..... 570
— Méridionale. Abondance relative
des météorites.................. 484
Franchard (Gorges de). Diaclases au
travers des grès tertiaires........ 709

FRANCKFORT (États-Unis). Howardite qui y est tombée ... 499
FRÊTE DE SAILLE. Bélemnites étirées et tronçonnées ... 405
FREYBERG. Travaux que Werner y fait. 2
— Champ de fractures avec filons... 325
— Roches feuilletées ... 599
FULDA. Sables cristallisés ... 227
FUMAY. Phyllade en fragments pseudo-réguliers ... 329
— Ploiement des couches de phyllades ... 347
— Indépendance du feuilleté des ardoises et de leur stratification.. 393
— Peu d'étendue des zones ardoisières exploitables ... 397

GAGNIÈRES. Failles accompagnées d'un cortège de fissures parallèles ... 531
GALLES (pays de). On y observe le métamorphisme régional ... 158
— Plissement de son terrain houiller ... 297
— Orientation des clivages de la houille ... 532
— Indépendance du feuilleté des ardoises et de leur stratification... 393
— On y voit des massifs entiers qui ont été métamorphisés ... 440
GARD (dép. du). Galène associée à l'anglésite ... 86
— Failles de Gagnières accompagnées d'un cortège de fissures parallèles. 531
— Systèmes orthogonaux des failles de la Grand'Combes ... 558
— Asidère tombée à Alais ... 502
GARONNE (dép.). Météorite de Montréjeau ... 497
— Jet de fumée à la suite du bolide de Montréjeau ... 691
GEISPOLSHEIM. Richesse des graviers en ro ... 267
GETTE (vallée de la). Due à une faille. 534
GEYER. Amas stannifères ... 29-34
— Présence de l'apatite ... 49
— Présence de la topaze ... 60
— Joints du granite remplis de minerai d'étain ... 502
GIROMAGNY. Mélaphyre zéolithique... 210
GISORS. On y voit le bolide d'Orgueil. 476
GJELLEBECK. Calcaire de transition avec de l'épidote ... 141
GLARIS. Abondance des roches feuilletées ... 599
— Schiste feuilleté resté horizontal ... 428

— Phyllades tertiaires ... 464
GORNEN (glacier de). Disposition de ses crevasses ... 575
GRAND'COMBE (La). Systèmes orthogonaux de failles ... 558
— Abondance des failles dites inverses ... 541
GRAND MOVERAND. Déformation des ammonites ... 466
GREAT-BINDON. Prismes mis à nu par un glissement ... 561
GRÈCE. Silice accumulée près des roches éruptives ... 136
— Abondance des roches péridotiques ... 540
GRIMSEL. Fluorine ... 48
GRISONS. Filons titanifères ... 41
— Les schistes verts y sont intermédiaires entre les roches cristallisées et les roches sédimentaires ... 140
— Conditions diverses des couches soumises au métamorphisme ... 251
— Roches feuilletées ... 401
GROENLAND. Oxyde d'étain ... 31-52
— Graphite dû au métamorphisme ... 155
— Ses roches amygdaloïdes ... 186
— Basalte zéolithique ... 210
— Fer natif qu'on y trouve ... 487-555
— Abondance du lignite ... 574
GRUNEBERG. Nuage persistant après l'explosion d'un bolide ... 600
GUTTANEN. Filons titanifères ... 41

HALLE. Kaolin ... 56
HAMMAM-MESKOUTINE. Pyrite contemporaine ... 90
HAMMERFEST. Roches feuilletées ... 400
HARTZ. Ses filons ... 25
— Sa description par De Buch ... 56
— Son hornfels ... 155
— Mélaphyre zéolithique ... 211
— Champ de fractures avec filons... 523
— Parallélisme entre le feuilleté et la stratification ... 595
HASTIÈRES (env. d'). Vallées orthogonales entre elles ... 567
HAUSTEIN. Zéolithes dans le granite près du basalte ... 136
HAUTE-LOIRE. Roches feuilletées ... 402
HAUTE-VIENNE (département). Présence de l'étain ... 68
HAVANE. Roches à bronzite comparée aux météorites ... 554
HATANGE. Vallées qui se croisent dans ses environs ... 563
HÉAS. Macline en blocs pseudo-régu-

liers...................... 550
— Roches feuilletées.............. 400
Hérault. Bombes péridotiques de Montferier 559
Hesbaye. Due à des fractures........ 559
Hesdin. Direction des vallées de la Canche et de la Ternoise........ 559
Hessle. Poids de ses plus petites météorites...................... 479
Illinik. Tufs trachytiques silicifiés... 213
Hongrie. Tufs trachytiques silicifiés.. 213
— Abondance des roches feuilletées. 598
— Nombre de météorites qui sont tombées à Knyahinya............. 478
— Asidère tombée à Kaba.......... 502
— Minerai de fer nickelifère....... 572
— Nuage persistant après l'explosion du bolide de Knyahinya...... 691-692
Hrascuina. Nuage persistant après un bolide..................... 692
Huelcoath. Feldspath transformé en cassitérite 36
Idar. Mélaphyre zéolithique........ 210
Igornay. Schistes feuilletés restés horizontaux...................... 428
Ilmen. Quantité de chlore fixé dans le miascite 150
— Roches feuilletées.............. 400
Immenrath (lac d'). Ses dimensions... 245
Inde. Basalte zéolithique.......... 210
Inde Anglaise. Abondance relative des météorites................... 484
— Eukrite tombée à Shergotty..... 500
— Météorites enveloppées de poussières tombées à Doab.......... . 509
Indiana. Chute de météorites en 1876. 484
Jowa. Chute de météorites en 1879.. 484
Irlande. Craie modifiée au voisinage du basalte.................... 130
— Minéraux de ses roches amygdaloïdes....................... 191
— Basalte zéolithique............. 214
— Disposition des joints aux environs de Cork 305
— Cailloux coupés par des joints à Waterford 506
— Caractères spéciaux du calcaire redressé...................... 466
Isère. Mélaphyre zéolithique........ 211
— Passage, visible près d'Allevard, des joints aux plans de schistosité..... 427
Islande. Pyrite contemporaine...... 92
— Ses trapps amygdaloïdes. 185- 18
— Rôle minéralisateur de la palagonite sur l'eau.................. 200
— Basalte zéolithique............. 214
— Geysérite globulaire............ 225

— Roches feuilletées.............. 402
— Analogie des laves de la Thorjza avec les eukrites................ 500
Italie Septentrionale. Abondance relative des météorites............ 484
Itsatsou. Manganèse dans le kaolin.. 67

Jackson. Ses gîtes d'étain........... 51
Java. Graphite métamorphique dans le terrain tertiaire.............. 139
— Roches volcaniques réduites en boues 145
Jolibois. Joints visibles le long des falaises 324
Jonzac. Eukrite qui y est tombée... 500
Jorullo. Son origine.... 245
Julliac. Nuage persistant après l'explosion d'un bolide............. 590
Jumilla. Apatite et oligiste dans une roche volcanique................ 57
Jura. Ploiement qu'on y observe.... 3
— Les ruzets, et les cluses sont des fractures à peine ouvertes....... 370
— Cailloux impressionnés du nagelfluhe 382
Juvinas. Eukrite qui y est tombée.. 499

Kaba. Asidère qui y est tombée..... 502
Kaiserstuhl. Calcaire modifié par le basalte....................... 155
— Basalte zéolithique............. 210
Karpathes. On y trouve des grès à grains anguleux................. 259
Kehl. Richesse du Rhin en or...... 260
Kentucky. Chute de météorites en 1877...................... 484
Klingenberg. Argile soumise à l'eau suréchauffée 176
Knyahinya. Nombre de météorites qui y sont tombées................ 478
— Nuage persistant après un bolide 691
Kongsberg. Anthracite dans les filons d'argent 178
— Zéolithes dans les filons........ 215
Krasnojarsk. Syssidère qu'on y a découverte 491

Laach (lac de). Ses dimensions...... 245
— Bombes péridotiques........... 559
La Calle. Trainée persistante après un bolide..................... 692
Labassère. Roches feuilletées....... 400
Laifour. Ses ardoises porphyriques.. 450
Laigle. Nombre de pierres tombées

du ciel........................ 478
— Poids de la plus grosse météorite. 479
— Nuage persistant après un bolide 690
Le Teilleul. Il y tombe une météo-
   rite..................... 499-651
Latium. Calcaire cristallifère........ 154
Laurium. Coupelles antiques qu'on y a
   trouvées...................... 114
La Villeder. Ses mines d'étain...... 50
Leadhills. Minerai oxydé du plomb
   substitué à la galène.. 86
Lexne (contrée de la). Roches feuil-
   letées 401
— Passage du porphyre au schiste.. 432
Langeac. Bombes péridotiques qu'on
   y recueille.................... 539
Leucate (étang de). Ammonites créta-
   cées déformées................. 404
Lherz. Abondance du péridot...... 593
Liège. On y observe la grande faille
   dite du Midi.... 342
Limousin. Disposition des gîtes stan-
   nifères 557
Lizolle (La). Kaolin associé à l'étain. 65
— Tantale et niobium dans la cassi-
   térite........................ 67
Lockport. Association de l'apatite avec
   la fluorine.................... 56
Lœdau. Pluie de poussière........ 504
Loire-Inférieure (dép. de la). Amas
   d'étain...................... 50
— Mâcles de Marsac tordues et gau-
   chies........................ 442
Loire (Basse). Ses schistes ne contien-
   nent que de l'anthracite.......... 158
Loire (bord de la). *Pierre carrée*.... 143
Loire (Hte-). Bombes péridotiques de
   Langeac...................... 539
Loiret. Caractères topographiques du
   plateau de Courtenay........... 561
— Météorite de Château-Renard.... 497
Londres. Procédé employé pour la dé-
   monétisation 422
Long-Rocher. Diaclases au travers des
   grès tertiaires................. 710
Long-Boyau. Diaclases au travers des
   grès tertiaires................. 710
Longwy. Grains calcédonieux dans le
   fer oolithique................. 229
— Direction des vallées dans ses
   environs 562
Lor. Systèmes orthogonaux des failles
   de Saint-Perdoux 558
Lorraine. Tendance des fentes sidéro-
   lithiques à se grouper à angle
   droit........................ 556
Lozère. Champ de fractures avec fi-

lons............................. 525
— Filons de Vialas orthogonaux entre eux...................... 556
Luotalacks. Howardite qui y est tom-
   bée......................... 481
Lucerne. Renversement des couches
   dans ses environs.............. 299
Lucé. Opinion des savants du siècle
   dernier sur la météorite qui y est
   tombée...................... 481
   199
Luxeuil. Béton romain zéolithique... 554
Lys (vallée de la). Due à une faille.. 444
Madeleine (La). Schiste lustré traversé
   par de nombreux joints parallèles
   où la calcite s'est concrétée..... 41
Maggia (val). Filon titanifère........ 48
— Fluorine octaédrique............ 57
— Apatite associée à l'oligiste et au
   titane....................... 205
Mahoura (source). Talc contemporain. 456
Maladetta. Sa structure en éventail. 715
Mail-Henri IV. Diaclases au travers
   du calcaire de Beauce...........
Manche. Nature du sable quartzeux
   déposé sur une partie de ses côtes 258
Manche (dép. de la). Météorite tombée
   au Teilleul.............. 499-615
Mannheim. Allure du Rhin......... 260
Marburg. Forme de sa christianite... 182
Marche. Disposition des gîtes stanni-
   fères....................... 557
   51
Marienberg. Ses gîtes d'étain........ 525
Marne (Hte-). Faille qu'on y observe. 500
— Météorite tombée à Chassigny... 565
Marne (vallée de la). Ses sinuosités. 598
Marienthal. Abondance des roches
   feuilletées................... 442
Marsac. Macles tordues et gauchies.. 569
Martigny. Coude qu'y fait le Rhône.. 499
Missing. Howardite qui y est tombée. 85
Matlock (environs de). Phosgénite.. 598
Maurienne. Abondance des roches
   feuilletées................... 428
— Calcaire argileux devenu schis-
   teux.... 467
— Développement des cipolins..... 260
Mayence. Le Rhin y est pauvre en or. 405
Mayenthal. Bélemnites étirées et tron-
   çonnées 41
Medelsthal. Filons titanifères...... 245
Meerfeld (lac de). Ses dimensions.. 542
Meissen. Recouvrement du terrain
   crétacé par le granite........... 400
— Roches feuilletées............. 428
Menat. Boghead feuilleté resté hori-
   zontal...................... 555
Menelstein. Mer de rochers........

MEES. Joints visibles le long des falaises... 325

HERZ-EL-KÉBIR. Ses sources n'offrent pas de béton romain zéolithique.. 201

MESNIL-VAL. Joints visibles le long des falaises... 524

MEUDON. Failles qui traversent la craie. 527

MEURTHE-ET-MOSELLE. Direction des vallées qui s'y croisent... 562

MEXIQUE. Origine du volcan de Jorullo. 245

— Poids de l'holosidère de Charcas... 478

— Abondance des fers météoriques. 483

— Holosidères qu'on y a recueillies. 490

MEYRINGEN. Sable anguleux que l'Aar y charrie... 258

MÉZIÈRES. Ardoises porphyriques de ses environs... 451

MIES (Bohême). Minéraux oxydés du plomb substitués à la galène... 86

MILFORD SOUND. Serpentine... 551

MILLY. Diaclases au travers du grès tertiaire... 717

MILO (Ile de). Association de l'alunite avec la silice... 213

MISSISSIPI (Haut). Réseau de vallées conjuguées... 356

MISSOURI. Chute de météorites en 1876... 484

MITTELGEBIRGE. Basalte zéolithique... 210

MONS. Passage de la houille grasse à la houille demi-grasse ou maigre. 465

MONCHANIN. Torsion subie par des couches houillères... 347

MONTARVILLE. Abondance du péridot. 539

MONT-AIGU. Diaclases au travers du calcaire de Beauce... 713

MONTAGNE-DE-PARIS. Diaclases au travers du calcaire de Beauce... 714

MONT-BLANC (Massif du). Filons titanifères... 42

— Faille qu'on y observe... 344

— Roches feuilletées... 400

— Bélemnites étirées et tronçonnées 404

— Sa structure en éventail... 555

MONTCEAU (Le). Torsion subie par des couches houillères... 347

MONTEBRAS. Ses amas stannifères... 30

— Direction des filons croiseurs des gîtes d'étain... 66

— Greisen stannifère... 68

— Exploitations antiques... 70

MONTE BAMBOLI. Houille tertiaire... 138

MONTEREAU. Argile plastique utilisée dans des expériences sur la schistosité... 411

MONTFERRIER. Bombes péridotiques qu'on y recueille... 559

MONTJOLY. Bélemnites étirées et tronçonnées... 404

MONT LACHAT. Bélemnites étirées et tronçonnées... 405

MONTMARTRE. Division prismatique du gypse... 505

MONTMÉLIAN. Direction de sa colline gypseuse... 362

MONT NERLE; Diaclases au travers du calcaire de Beauce... 713

MONTMORENCY. Direction de sa colline gypseuse... 362

MONT MORILLON. Diaclases au travers des grès tertiaires... 717

MONT PERDU. Polyèdres de granite qui en recouvrent le sommet... 501

— Mer de rochers... 555

— Vallées orthogonales entre elles.. 367

MONTRÉAL. Pluie de poussière... 504

MONTRÉJEAU. Sporadosidère qui y est tombée... 497

— Jet de fumée à la suite d'un bolide... 691

MONTREUX. Disposition des failles... 527

MONTRICHER. Abondance des roches feuilletées... 399

MONT SAINT-MICHEL. Altération des roches au voisinage des gîtes d'étain... 35

MONZONI. Calcaire métamorphique... 136

MORAVIE. Surface occupée par les roches feuilletées... 403

— Nombre de météorites tombées à Stannern... 478

— Eukrite tombée à Stannern... 478

MORBIHAN (Département du). Amas d'étain... 30

MOSELLE (Vallée de la). Surfaces moutonnées du granite... 181

— Topographie du plateau de Briey. 362

MOYEUVRE. Vallées qui se croisent dans ses environs... 362

MURCIE (Province de). Apatite et oligiste dans une roche volcanique.. 51

— Abondance du sulfure de fer dans sa météorite... 496

NASSAU. Mélaphyre zéolithique... 211

— Roches péridotiques à Trigenstein... 540

NEGRODE. Abondance du péridot... 539

NEWCASTLE. Houille transformée en coke par métamorphisme... 135

NEW-HAMPSHIRE. Ses gîtes d'étain... 51

NEW-YORK (État de). Gisement de la warwickite... 45

Nichne-Tagilsk. Platine magnétipolaire qu'on y trouve............119- 120
— Fer chromé associé au platine... 128
— Association du platine à des roches de péridot...................... 547
Nièvre. Liaison des failles aux ploiements généraux................. 345
Normandie. Joints visibles sur ses falaises.................... 346- 324
Norwège. Quantité de chlore fixé dans la zircosyénite............. 150
— Son sable granitique est semblable au produit de la trituration artificielle du granite........... 252
— Direction des fiords et des vallées. 368
— Roches feuilletées.............. 399
— Surface occupée par les roches feuilletées 403
— Abondance du péridot à Bergen. 540
Noursoae. Lignite exploitable....... 574
Nouvelle-Calédonie. Miroirs de frottement dans le minerai de nickel... 374
Nouvelle-Écosse. Mélaphyre zéolithique...................... 211
Nouvelle-Galles du Sud. Ses gîtes d'étain....................... 31
— Présence de la topaze comme gangue de l'étain.. 61
Nufenen. Bélemnites dans le calcaire cristallin 142

Obercassel. Basalte imprégné de sidérose........................... 212
Oberstein. Amygdaloïde analogue aux briques zéolithiques........... 97
— Mélaphyre zéolithique.......... 210
Ochsenstein. Rochers isolés........ 356
Odenwald. Mer de rochers........ 555
Oisans. Filons titanifères.......... 41
— Axinite..................... 48
— Indépendance du feuilleté et de la stratification 396
— Abondance des roches feuilletées. 398
— Importance des roches schisteuses cristallines.................... 403
— Bélemnites étirées et tronçonnées. 405
Omenak. Graphite dû au métamorphisme 135
Oran. Béton romain zéolitique...... 199
Orgueil. Poids de sa plus grosse météorite........................ 475
— Bolide qui y est apparu......... 476
— Asidère qui y est tombée........ 502
— Traînée persistante après l'explosion d'un bolide................ 691
Orne (Meurthe-et-Moselle). Ses caractères topographiques........... 362
Oschwiller. Muschelkalk silicifié.... 233
Oural. Usage qu'on y fait d'un aimant de platine dans le lavage des sables aurifères................. 119
— Silice accumulée près des roches éruptives................. 156- 141
— Calcaire cristallin fossilifère.... 141
— Sa richesse en or comparée à celle du Rhin................. 267
— Importance des roches schisteuses cristallines 403
— Association du platine natif à des roches serpentineuses......... 547- 555
Ovifak. Masses de fer natif nickelé...

Palatinat. Mélaphyre zéolithique ... 210- 296
— Grès cristallisés................ 296
Palerme. Jaspe rouge en blocs pseudo-réguliers.................. 534
Pallières. Galène associée à l'anglésite........................ 86
Pargas. Association de l'apatite à la fluorine..................... 56
Paris. Sulfure de fer de formation actuelle sous son pavé......... 87- 238
— Quartz cristallisé...........221- 238
Paris (bassin tertiaire de). Alignement des collines gypseuses...... 562
Pas-de-Calais. Direction de la bissectrice des deux systèmes de failles d'Auchy-au-Bois............. 539
— On y observe la grande faille dite du Midi 543
— Torsion subie par des couches houillères................... 547
— Direction des vallées qui se coupent à Hesdin................. 559- 574
Patoot. Abondance du lignite......
Paute (La). Indépendance des joints par rapport au feuilleté et à la stratification................. 596
Pégou. Nuage persistant après l'explosion du bolide de Queongouck.. 663
Pelvoux (Mont). Faille qu'on y observe 544- 456
— Sa structure en éventail........ 54
Penig. Granite géodique.......... 400
— Roches feuilletées..........
Pembrocke. Formation contemporaine de la pyrite................ 92
Perm (pays de). Grès cuprifère analogue à la brèche métallifère de Bourbonne 492
— Météorite de Toula............. 238
Pérou. Sables cristallisés........

Petit-Cœur. Abondance des roches feuilletées... 398
— Réactions développées dans les phyllades... 465
Pfitsch. Filons titanifères... 42
— Adulaire pénétré de chlorite... 224
Phillipsbourg. Richesse du Rhin en or. 265
Piémont (Alpes du). Les schistes verts y sont intermédiaires entre les roches sédimentaires et les roches cristallines... 140
Piémont. Importance des roches schisteuses cristallines... 403
Piks (Les). Cassure du sol qu'on y observe... 566
Pinzgau. Filon titanifère... 42
Piriac. Ses amas stannifères... 30
Plattenberg. Abondance des roches feuilletées... 399
— Schiste feuilleté resté horizontal. 428
Plauen. Roches feuilletées... 406
Plombières. Gisement des sources thermales... 73
— Gisement des minéraux contemporains... 78
— Litharge contemporaine... 85
— Menus fragments de bois dans le béton... 107
— Son eau thermale soumise au suréchauffement... 174
— Condition où s'y sont formées les zéolithes... 180
— Cailloux de quartz coupés par les joints... 306
— Mers de rochers... 555
— Association dans le béton de l'opale mamelonnée avec la calcite... 443
Pobershau. Présence de la fluorine. 56
Pologne. Nombre des météorites tombées à Pultusk... 478
Ponces (Iles). Roches feuilletées... 402
Port-Ferron. Schiste micacé en fragments pseudo-réguliers... 529
Portsmouth. Formation contemporaine de la pyrite... 92
Prarcey. Rochers isolés... 356
Prusse. Kaolin... 56
Prusse Rhénane. Cailloux impressionnés du trias... 385
— Galène globulaire de Commern... 607
Przibram. Champs de filons... 523
Pultusk. Miroirs de frottement dans des météorites... 530
— Nombre de météorites qui y sont tombées... 478
— Poids de sa plus grosse météorite. 479
Pulvermaar (lac de). Ses dimensions. 245

Puy-de-Dôme. Expérience qu'on y fit sur la pesanteur de l'air... 9
— (Département du). Torsion subie par des couches houillères... 347
— Roches feuilletées... 402
— Boghead feuilleté resté horizontal. 428
Puy-de-la-Piquette. Calcaire traversé par les éruptions trappéennes... 156
Puy-en-Velay. Roches feuilletées... 402
Pyrénées. Zone métamorphique autour du granite... 134
— Mâcline de Iléas en fragments pseudo-réguliers... 530
— Abondance des roches feuilletées.. 599
— Calcschiste filandreux... 407
— Leur structure en éventail... 456
— Phyllades tertiaires... 464
— Abondance du péridot... 559
Pyrénées (Hautes-). Roches feuilletées. 400
Pyrénées (Basses-). Nuage persistant après le bolide de Sauguis... 691
Pyrmont. Vallée de soulèvement... 574

Quenggouk. Nuage persistant après l'explosion d'un bolide... 689
Quercy. Tendance des fentes à phosphorite à se grouper à angle droit. 556
Queyras. Paillettes produites dans les schistes triasiques... 405

Ravine (Carrière de la). Diaclases au travers des grès tertiaires... 710
Recquinghem. Nuage persistant à la suite d'un bolide... 695
Redruth. Cristaux de chalkosine... 80
Reinhardsmünster. Rochers isolés dans ses environs... 356
Rhin. Mécanisme du transport de ses galets... 251
— Ses eaux sont, à Strasbourg, teintes par du sable charrié... 258
— Son allure entre Bâle et Bingen... 259
Rhin (système du). Parallélisme du feuilleté et de la stratification... 395
Rhin (bords du). Bombes péridotiques... 559
Rhinau Richesse du Rhin en or... 269
Rhön (montagnes du). Sables cristallisés... 227
Rhône. Coude brusque qu'il fait à Martigny... 569
Rhône (perte du). C'est une fracture à peine ouverte... 579
Riam Kanan. Association du platine à des roches de péridot... 552

RIAM KIWA. Association du platine à des roches de péridot... 552

RICAMARIE (La). Torsion subie par des couches houillères... 347

RIGHI. Altitude de la ligne anticlinale des couches tertiaires... 298

RIMOGNE. Forme constante des blocs naturels de phyllade... 534
— Peu d'étendue des zones ardoisières exploitables... 397

RITTERSGRÜN. Syssidère qu'on y a découverte... 492

ROCHEFOUCAULD (la). Caractères topographiques de ses environs... 566

ROCHE-SUR-VANNON. Carrières qui paraissent avoir fourni les matériaux du puisard de Bourbonne... 107

ROCHESTER. Chute de météorites en 1876... 484

ROMANCHE (Vallée de la). Indépendance du feuilleté et de la stratification... 596

ROME (Environs de). Basalte zéolithique... 210
— Traînée persistante après un bolide... 694

ROTHAU. Roche cristalline fossilifère... 141

ROUERGUE. Liaison des filons avec des veinules métallifères... 555

ROULE (Montagne du). Quartzite avec indices d'étirement... 40

RUMMEL. Est une fracture à peine ouverte... 370

RUFFEC. Caractères topographiques de ses environs... 565

RUSSIE. Terrain silurien à peine modifié... 143
— Ne possède pas de vraies ardoises... 454
— Faciès récent des roches anciennes... 446
— Météorite de Toula... 492
— Syssidère découverte à Brahin... 492

SAAS (vallée de). Filons titanifères... 41

SAINTE-AGNÈS. Ses amas stannifères... 50
— Feldspath transformé en cassitérite... 36
— Présence de l'apatite... 49
— Présence de la topaze... 60

SAINT-AUSTELL. Origine du kaolin qu'on y exploite... 64

SAINT-ÉLOI. Torsion subie par des couches houillères... 347

SAINT-ÉTIENNE. Torsion subie par des couches houillères... 547

SAINT-GOTHARD. Apatite... 48
— Apatite associée à l'oligiste et au titane... 57
— Filons titanifères... 41

— Adulaire pénétré de stilbite... 224
— Fissures et joints reconnus par le percement du tunnel... 501 ... 400
— Roches feuilletées... 428
— Transition entre les roches massives et les roches schisteuses... 456
— Sa structure en éventail...

SAINT-HONORÉ. Silicate alumineux contemporain... 202

SAINT-JEAN-DE-MAURIENNE. Phyllades tertiaires... 464

SAINT-JULIEN. Abondance des roches feuilletées... 599

SAINT-MALO. Sulfure de fer de formation actuelle... 92

SAINT-MANDÉ. Globules charbonneux produits dans une usine à gaz... 609

SAINT-MICHEL (Mont-), en Cornouailles. Ses amas stannifères... 90 ... 49
— Présence de l'apatite... 60
— Présence de la topaze... 87

SAINT-NECTAIRE. Pyrite contemporaine... 189
— Opale que les laves y ont déposée...

SAINT-OUEN. Marnes feuilletées restées horizontales... 428

SAINT-OMER. Nuage persistant à la suite d'un bolide... 695

SAINT-PANCRÉ. Température qui a présidé au dépôt du minerai de fer... 229

SAINT-PAUL (Ile). Roches volcaniques imprégnées de silice... 215
— Roches feuilletées... 402

SAINT-PERDOUX. Systèmes orthogonaux de failles... 358

SAINTE-CATHERINE. Cassures orthogonales dans des météorites... 559
— Poids de son holosidère... 478
— Holosidère qu'on y a découverte... 525

SAINTE-MARIE (Alsace). Minéraux oxydés du plomb substitués à la galène... 86

SAINTE-ODILE (Plateau de). Mer de rochers... 355

SALAMANDRE. Diaclases au travers des grès tertiaires... 717

SALLES-DE-ROHAN. Age des mâcles, par rapport à celui des schistes qui les contiennent... 442

SALZBOURG. Schiste chloritique cristallifère... 139

SALZBOURG. Importance des roches schisteuses cristallines... 405

SANCERROIS. Liaison des failles aux ploiements généraux... 545

SANNOIS. Direction de ses collines gypseuses... 562

SANTANDER. On y voit le bolide d'Orgueil... 47

Santorin. Roches volcaniques imprégnées de silice... 213
— Roches feuilletées... 402
Saône-et-Loire. Torsion subie par des couches houillères... 347
Sardaigne. Phosgénite... 85
Sarrebourg. Failles très-nombreuses. 330
Sauguis-Saint-Étienne. Une météorite s'y pulvérise en tombant... 478
— Nuage persistant après l'explosion d'un bolide... 601
Savoie. Failles qui ont préparé le relief des Alpes... 344
— La vallée de Fiers est une fracture à peine ouverte... 570
— Abondance des roches feuilletées.. 398
— Présence de l'albite dans la dolomie... 468
Saxe. Ses amas stannifères..... . 29-31
— Granite géodique... 34
— Feldspath développé dans le terrain schisteux... 223
— Joints du granite remplis de minerai d'étain... 302
— Champs de fractures avec filons.... 323
— Recouvrement du terrain crétacé par le granite, entre Meissen et Zittau... 342
— Parallélisme entre le feuilleté et la stratification... 395
— Roches feuilletées... 400
— Syssidère découverte à Rittersgrun... 492
— Pluie de poussière à Lœbau... 504
Schlackenwald. Ses amas stannifères 30-45
— Présence de l'apatite... 49
— Présence de la fluorine... 56
— Présence de la topaze... 60
Schneckenstein. Ses amas stannifères. 29
— Roche à topaze... 33
— La topaze et la tourmaline paraissent s'être insinuées dans les feuillets du schiste... 151
Schneeberg. Cailloux de quartz coupés par les joints... 306
— Champs de fractures avec filons... 323
Schœnefeld. Amas stannifères... 45
— Présence de l'apatite... 49
— Présence de la topaze... 60
Seigne (Col de la). Bélemnites dans le calcaire cristallin... 142
Seine. Sulfure de fer sur une ancre retirée de l'eau... 87
Seine (vallée de la). Ses sinuosités... 365
Sella. Apatite... 48
— Adulaire pénétré de stilbite... 224
Sembrancher. Développement des calc-

schistes... 467
Senne (Vallée de la). Due à une faille. 354
Sétif. La météorite de Tadjera paraît dépourvue de croûte... 480
Sevran (Poudrière de). Expériences relatives aux phénomènes mécaniques dont les météorites portent les traces... 622
Shalka. Météorite qui y est tombée. 501
Shergotty. Eukrite qui y est tombée. 500
Sibérie. Ses mines de topazes et d'émeraudes... 31
— Mica potassique soumis à l'eau suréchauffée... 174
— Sa richesse en or comparée à celle du Rhin... 267
— Holosidères qu'on y a recueillies. 490
— Syssidère qu'on a trouvée à Krasnojarsk... 591
Siebengebirge. Basalte zéolithique... 210
— Manifestations volcaniques qu'on y observe... 244
Sierra de Chaco. Polysidère qu'on y a découverte... 493
Sierra de Ronda. Abondance du péridot... 540
Silésie (Haute-). Phosgénite... 85
— Abondance du péridot à Neurode. 559
— Nuage persistant après l'explosion du bolide de Gruneberg... 690
Sky (Ile de). Grès métamorphisés en quartzite... 134
— Abondance de la stilbite... 211
Solenhofen. Bois fossilisés par le calcaire... 105
Somma. Calcaire métamorphique... 136
— Calcaires géodiques... 155
— Origine de la périclase contenue dans le calcaire,... 149
— Forme de sa phillipsite,... 182
— Rôle de la pression et de la température dans la cristallisation des minéraux du calcaire... 250
— Calcaire renfermant des sels déliquescents... 571
Somme. Direction de sa vallée... 559
Soignies. Calcaire carbonifère soumis à la pression et réduit en fragments prismatiques.. ... 516
Soultz-les-Bains. Division prismatique du grès bigarré... 304
Souppes. Diaclases au travers du calcaire de Brie... 715
Spire. Le Rhin y est pauvre en or... 260
Spitzenberg. Fluorine... 48
Stannern. Nombre de météorites qui y sont tombées... 478

— Eukrite qui y est tombée........ 500
STEYERDORF. Systèmes orthogonaux de failles 338
STRASBOURG. Le Rhin y est teint par du sable charrié............. 258
SUÈDE. Terrain silurien à peine modifié..................... 143
— Oligoklase soumis à l'eau suréchauffée 173
— Roches feuilletées............. 401
— Surface occupée par les roches feuilletées.................. 403
— Ne possède pas de vraies ardoises. 434
— Poids des météorites de Hessle... 479
— Abondance du péridot à Elfdallen. 483
SUISSE. Étude de ses minéraux par M. Wiser................. 41
— Vallées où l'on reconnaît des fissures à peine ouvertes.......... 570
— Cailloux impressionnés du nagelfluhe...................... 582
— Rareté des chutes de météorites.. 483
SUISSE SAXONNE. Joints dans le grès.. 302
— Rochers isolés qu'on y rencontre. 355
SUPÉRIEUR (Lac). Amygdaloïdes analogues aux briques zéolithiques.... 97
— Mélaphyre zéolithique.......... 211
— Zéolithe associé au cuivre gris... 215

TADJERA. Météorite paraissant dépourvue de croûte 480
TAMINA (vallée de la). C'est une fissure à peine ouverte.............. 570
TAPONNAT. Cassure du sol qu'on y observe 366
TARENTAISE. Abondance des roches feuilletées................. 398
—Calcaire à structure entrelacée du val de Tignes................. 406
— Schiste lustré de la Madeleine avec joints parallèles où la calcite s'est concrétée................... 444
— Réactions développées dans les phyllades 465
— Développement des cipolins...... 467
TARN-ET-GARONNE. Bolide d'Orgueil... 476
— Asidère tombée à Orgueil...... 502
— Traînée persistante après l'explosion du bolide d'Orgueil......... 691
TAUNUS. On y observe le métamorphisme régional................. 158
— Feldspath produit dans le terrain schisteux................... 223
— On y voit des massifs entiers qui ont été métamorphisés.......... 446

TAWETSCH. Filons titanifères........ 41
— Apatite associée à l'oligiste et au titane................... 57
TERRE-DE-FEU. Abondance des roches feuilletées................. 599
TERNOISE. Direction de la vallée...... 259
TESCHEN. Abondance du péridot.... 559
TUANN. Grauwacke feldspathique. 145-223
THESSALIE. Abondance des roches péridotiques................. 540
THJORZA. Analogie de ses laves avec les eukrites................. 500
THUN. Altitude de la ligne anticlinale des couches tertiaires.......... 298
THURINGE. Mélaphyre zéolithique..... 211
— Schistes feuilletés restés horizontaux.................... 428
THURINGERWALD. Roches feuilletées.. 401
TIGNES (Val de). Calcaire à structure entrelacée................... 406
TOSCANE. Conditions favorables à la production de la pyrite......... 95
— Silice accumulée près des roches éruptives 156
TOKAI. Tufs trachytiques silicifiés... 245
TOSCANE. Quantité de bore contenue dans les soffionis.. 150
— Liaison des jets de vapeur avec les effets d'un métamorphisme récent...................... 244
— Il paraît s'y développer actuellement une sorte de métamorphisme régional.... 447
TOUL. Direction des vallées dans ses environs................... 562
TOULA. Sa météorite.......... 493
TOURINNE-LA-GROSSE. Il y tombe une météorite................... 615
TRANSYLVANIE. Gîtes tertiaires...... 28
TRÉPORT (Le). Joints visibles le long des falaises 325
TREVANNANCE. Présence de la topaze.. 60
TRIENT (Vallée de). C'est une fissure à peine ouverte............... 370
TRIFTEN (Glacier de). Filons titanifères...................... 41
TRIGENSTEIN. Roches péridotiques.... 540
TROMSOË. Abondance du péridot..... 540
TURQUIE. Abondance des roches péridotiques................. 540
TRUTTENHAUSEN. Muschelkalk silicifié. 222
TYROL. Filons titanifères........... 43
— Mélaphyre zéolithique.......... 210
— Adulaire pénétré de chlorite..... 224
— Roches feuilletées............. 401
— Fibrosité du talc laminaire...... 407
— Calcaire à structure fibreuse.... 407

— Tourmalines ployées dans les schistes talqueux 443
— On y reconnait la lherzolite..... 539
— Minerai de fer nickelifère....... 578
TYROL MÉRIDIONAL. Joints qui ont déterminé la forme en obélisque de la dolomie.................... 302

UNGERSBERG. Mer de rochers........ 355
UPSAL. Poids des météorites d'Hessle. 479
URI (canton d'). Bélemnites étirées et tronçonnées 405
URSEN (vallée d'). Fluorine........ 48

VALAIS. Développement des calcschistes........ 467
— (Haut-). Filons titanifères....... 41
VALBONNAIS. Abondance des roches feuilletées.................... 598
— Bélemnites tronçonnées et étirées. 405
VALENCIENNES. Passage de la houille grasse à la houille demi-grasse ou maigre 463
VALGAUDEMAR. Abondance des roches feuilletées.................... 398
— Bélemnites étirées et tronçonnées. 405
VALLOUISE. Abondance des roches feuilletées.................... 399
VAUD (Canton de). Déformation des ammonites du Grand Moveran..... 466
VAUGIRARD. Son argile s'échauffe par le frottement contre du calcaire... 460
VAULRY (Vienne). Gîte d'étain....... 68
VÉNÉZUÉLA. Abondance des roches feuilletées.... 599
VENTES-BOURBON. Diaclases au travers du calcaire de Beauce........... 715
VÉSUVE. Oligiste qui y cristallise..... 8
— Fluor dans un dépôt récent des fumarolles.................... 150
VÉTÉRAVIE. Basalte zéolithique...... 210
VEVEY. Disposition des failles 327
VEVÈZE (Vallée de la). Est une fracture élargie par érosion.............. 370
VIALA MALA (Vallée de la). C'est une fissure à peine ouverte).......... 370
VIALAS. Filons orthogonaux entre eux. 336
VICENTIN. Basalte zéolithique...... . 210
VIEUX-BRISACH. Changements journaliers du Rhin............. •..... 259
VILLARICA. La topaze parait s'être insinuée dans des roches préexistantes 151
VILLÉ. Métamorphisme du terrain de transition 134

VILLEGATS. Sinuosités de la vallée de la Charente.................... 365
VIRE. Schiste micacé en fragments pseudo-réguliers................ 329
VISO (Mont). Paillettes développées dans les schistes triasiques....... 405
VOSGES. Origine de leur fer oligiste . 47
— Gisement des sources thermales du versant sud-ouest............. 73
— Mélaphyre zéolithique........... 210
— Feldspath dans la grauwacke.. .. 225
— Grès cristallisé................. 226
— Joints verticaux dans le grès..... 302
— Miroirs de frottement avec stries horizontales.... 341
— Faille qui les limite........... 353
— Rochers isolés qu'on y rencontre. 355
— Cailloux impressionnés dans le grès permien................... 383
VULCANO. Quantité de bore qu'il rejette.................... 150

WAIGATT (Détroit de). Basalte à fer natif........................ 87
WALDECK (Principauté de). Grès cristallisé 228
WARRENTON. Chute de météorites en 1876 484
WARWICK. Gisement de la warwickite. 45
WASEN. Bélemnites étirées et tronçonnées..................... 405
WATERFORD. Cailloux coupés par les joints...................... 306
WEALD (Pays de). Cause de ses failles. 345
WESSERLING. Filon de granite dans le schiste..................... 133
WESTPHALIE. Ploiement des couches dévoniennes.................. 343
— Passage du porphyre au schiste. 432
WIESLOCH. Joints de la dolomie incrustés de calamine.................. 302
WIGHT (Ile de). Rochers isolés...... 361
WILDBAD. Gisement des sources thermales...................... 73
WILDENSTEIN. Grès métamorphique vitrifié 136
WINTERBERG. Rochers isolés......... 357
WISCONSIN. Disposition relative des filons..................... 337
— Mers de rochers............. 355
WITTENWEIER. Richesse du Rhin en or. 260
WORCESTER (États-Unis). Houille métamorphique................... 155
WURTEMBERG (Alpe du). Faille qui la limite 353
— Gisement des sources thermales

de Wildbad...................... 73

Yères. Direction de sa vallée........ 559
Yorkshire. Direction des joints...... 504

Zamora. Kaolin associé à l'étain..... 65
Zélande (Nouvelle-). Surface occupée
par les roches feuilletées........ 405
— Roches péridotiques....... 559

— Association du platine à des roches
de péridot..................... 551
Zillerthal. Schiste cristallifère...... 139
— Fibrosité du talc laminaire...... 407
Zinnwald. Ses amas stannifères.... 29-52
— Variations de ses gîtes d'étain.... 54
— Présence de l'apatite........... 49
— Présence de la fluorine......... 56
— Présence de la topaze 60
— Origine de son kaolin........... 64
Zittau. Recouvrement du terrain cré-
tacé par le granite................ 343

TABLE ALPHABÉTIQUE

DES MATIÈRES

Ablation des vallées par les glaciers; son importance 254

Abondance des roches feuilletées 598

— des météorites dans certaines contrées 453

Absence de croûte sur la météorite de Tadjera 480

Absorption du perchlorure de phosphore au rouge par la chaux caustique; production de l'apatite 50

Accroissements de la collection de météorites du Muséum 474

Acide carbonique, comme dissolvant du perchlorure d'étain dans la reproduction de la cassitérite 58

— des eaux de Bourbonne 74

— a pu agir anciennement sur les roches 149

— active la décomposition du feldspath par la trituration dans l'eau. 274

Acide fluorhydrique; ses propriétés minéralisatrices 62

Acide silicique; sa cristallisation tentée par les fluorures 65

Acide stéarique rendu schisteux par la pression 414

Acide sulfurique; son transport impossible dans des vases de plomb à cause des fissures de retrait de ce métal 401

— a pu agir anciennement sur les roches 149

Acide sulfhydrique a pu agir anciennement sur les roches 149

Acide titanique artificiel 4

Acier soumis à la corrosion des gaz développés par l'explosion de la poudre 635

Action des eaux thermales; elle varie suivant la nature des matériaux qu'elles traversent 117

— métamorphique des roches éruptives sur les couches encaissantes.. 153

— mécanique comme cause de métamorphisme 145

— mécanique reconnue comme cause des joints et des failles 505

— Chaleur qu'elle développpe dans les roches 447

— moléculaire invoquée comme cause des failles 50

— instantanément érosive des gaz comprimés et fortement chauffés 683

— mécanique dont les météorites ont conservé les traces 584

Accumulations des blocs de grès de Fontainebleau; comment elles se sont produites 718

Adélolithes; qualification des bolides après lesquels on ne retrouve pas de pierres.................... 693

Adhérence entre la cassitérite artificielle et le tube où elle se produit. 40

Adulaire associé au titane des Alpes. 41

— pénétré de chlorite et de stilbite. 225

Affinité de la silice pour l'oxyde de fer dans les sources thermales 96

— capillaire ; son rôle dans la fossilisation contemporaine de Bourbonne..................... 106
— de l'eau pour les silicates aux hautes températures............. 152
Affouillements produits par la dynamite sur des prismes d'acier..... 651
Agate ; son association aux zéolithes. 210
— sa porosité........... 220
Age très-divers des ardoises propres à être exploitées.............. 398
Agents qui ont produit le feuilleté ; leurs effets................. 405
Agglutination de fragments pierreux par les minéraux contemporains à Bourbonne.................... 77
Aimant de platine magnéti-polaire.................... 119—121
Air ; effets de sa compression par les bolides..................... 482
Aire de dispersion des météorites dans une même chute ; ses caractères......................... 675
Albite reproduite par M. Hautefeuille. 22
— associée au titane des Alpes..... 41
— cristallisée dans des calcaires sédimentaires non modifiés.......... 147
— cristallisée dans des couches régulières à peine modifiées.......... 152
— développée dans des calcaires et des dolomies.................. 225
— développée dans la dolomie des Alpes...................... .. 468
Alcalis des eaux thermales ; leur rôle dans la production des zéolithes 206-209
— mis en liberté par la trituration du feldspath dans l'eau...... 268
Alcalinité de l'eau où l'on broie le feldspath..................... 275
Alignement de diverses vallées rectilignes...................... 569
— des cristaux dans l'argile rendue artificiellement schisteuse....... 413
— des collines de Fontainebleau d'après les directions des diaclases du sol. 718
Alimentation en eau des volcans; comment elle a lieu.............. 235
Alliages artificiels de fer et de platine.................. 121—122
— de fer et de chrome fondus en présence du platine........... 129
Alluvions stannifères antiques exploitées dans le département de l'Allier 70
— gemmifères ; dimension relative des grains qui les composent. 257

Alumine; son action sur le fluorure de silicium.................... 58
— en dissolution dans l'eau de la baie de Rio de Janeiro.......... 276
— caractérise certaines météorites.. 499
Aluminium ; sa présence dans les météorites................... 594
Alunite associée aux meulières trachytiques.................... 215
Amas filoniens.. 26
— discordants................. 28
— intercalés, ce que c'est.......... 26
— stannifères ; leurs caractères distinctifs...................... 28
— métallifères zéolitiques.......... 215
Ambligonite des gîtes d'étain....... 50
Ammoniaque dans les eaux de Bourbonne...................... 75
Ammonites déformées dans les roches schisteuses.................. 404
Amphibole stannifère des gîtes de kaolin.................. 67
— produite dans les roches par voie des métamorphisme............ 155
— transformée en substance chloritique avec persistance de la forme. 212
— dans des roches chloritiques..... 223
— remplaçant des polypiers........ 141
Amphibolite ; sa schistosité........ 400
Amphigène ; volume de ses cristaux dans les laves...... 217
— n'est pas décomposée par la trituration dans l'eau. 275
Ampoules qui se produisent sur le verre soumis à l'eau suréchauffée.. 159
— qui se font sur les tubes prêts d'éclater dans les expériences d'eau suréchauffée................. 157
Anagénites ; leur division en blocs pseudo-réguliers.............. 530
Analcime dans des marnes des îles Cyclopes...................... 156
— son abondance dans les amygdaloïdes...................... 211
Analyse des pâtes de briques zéolithiques 196
Anamésite ; sa tendance à la schistosité 401
Analogie des minéraux contemporains de Bourbonne avec ceux des filons métallifères................. 117
Analogie de composition des roches éruptives et des roches métamorphiques.................... 251
Anatase; accompagne parfois l'apatite 57
— de l'Oisans................... 42

— sa reproduction artificielle....... 62
Anglésite contemporaine de Bourbonne............... 86
Anthracite, produite à l'aide du bois dans l'eau suréchauffée.......... 177
— sa production aux dépens de la houille, par la chaleur due à la pression des couches terrestres... 465
Antimoine; se présente dans les filons à l'état sulfuré................. 24
— son absence dans le bronze antique de Bourbonne.................. 113
— sa présence dans certains minéraux contemporains.................... 113
Apatite développée dans le calcaire par les agents volcaniques....... 153
— des gîtes d'étain 30
— sa présence dans le granite de Penig.................... 34
— associée au titane des Alpes..... 41
— quantité variable de chlore et de fluor qu'elle renferme........... 48
— sa reproduction artificielle....... 48
— sa présence habituelle dans les gîtes d'étain................. 49
— artificielle; sa composition....... 52
— sa forme cristalline............. 53
— dans une roche volcanique de Jumilla.................... 57
Aplatissement des nodules dans les roches schisteuses.... 406
Appareil pour réaliser l'infiltration capillaire de l'eau, malgré des contre-pressions de vapeur......... 256
— pour imiter les stries glaciaires.. 281
— pour imiter les ploiements de couches.................... 290
— propre à mesurer la chaleur due au frottement des roches........ 459
— pour imiter les cassures terrestres au moyen de la torsion 508
— de M. Bianchi, propre à étudier l'action corrosive des gaz de la poudre 652
Apparence vitrifiée d'un grès tertiaire métamorphique...... 156
Aragonite associée au titane des Alpes. 41
— contemporaine de Plombières ... 191
— son association aux zéolithes.... 210
Ardoises de divers âges propres à l'exploitation 398
Argiles, gangues de filons 25
— schisteuses du terrain houiller, imitées dans la trituration des roches feldspathiques............. 251
— fusibles; leur analogie avec les limons feldspathiques artificiels.... 278

— rendue schisteuse, par la pression 410
— transformées en phyllade par la chaleur due aux actions mécaniques développées dans les roches. 464
— présentant artificiellement la structure en éventail des chaînes de montagnes 458
— devient chondritique dans l'eau suréchauffée.................. 610
Argilolithes; leur analogie avec les limons feldspathiques artificiels.. 277
Argent; sa présence dans le plomb antique de Bourbonne.... 114
Arkoses; leur mode de formation... 255
Arrondissement mutuel des grains de sable fin; conditions qu'il exige.. 256
Arséniates métalliques dans les filons. 23
Arsenic dans les eaux de Bourbonne. 74
— sa présence dans les météorites.. 594
Asbeste associée au titane de l'Oisans................. 42
Asidères; leurs caractères généraux. 501
Assimilation, par le granite, des roches qu'il a empâtées........... 231
Assereaux; nom de certains joints des phyllades 535
Association des minéraux, éclaire souvent leur mode de formation.. 12
— constante de certains minéraux; divers exemples.................. 52
— dans le basalte, de silicates anhydres et de silicates hydratés............................ 218
— de l'eau aux roches éruptives............................. 232
— des failles aux joints............ 331
— habituelle du carbone au sulfure de fer dans les holosidères... 554
— du platine natif à des roches péridotiques.................... 547
Astéroïdes d'où dérivent les météorites, d'après Chladni............ 482
Attérissements aurifères du Rhin; leur situation.................... 261
Atacamite contemporaine de Bourbonne 83
Augmentation de volume du verre soumis à l'eau suréchauffée...... 218
— de la masse du globe par les chutes de météorites............ 485
Auréoles métamorphiques autour des roches éruptives................. 137
Auxiliaires de la chaleur comme cause de métamorphisme.............. 144
Axinite des gîtes d'étain 30
— associée au titane des Alpes..... 41
— des amas stannifères........... 44

— remplaçant des polypiers........ 141
Azote des eaux de Bourbonne...... 74
— sa présence dans les météorites.. 594
Bagues en or dans le puisard romain
de Bourbonne 76
Ballons de caoutchouc appliqués à
l'étude des rides terrestres....... 585
Bancs aurifères du Rhin ; règles pour
déterminer les points riches en or. 260
Bandes bleues des glaciers; leur origine 435
Barytine ; gangues de filons........ 24
— paraît avoir cédé la place au quartz,
dans le kaolin de l'Allier. 66
— accumulée au voisinage des roches
éruptives...................... 136
— son association aux zéolithes.... 210
Basalte. Vitesse de son refroidissement 15
— en filons coupant le terrain jurassique......................... 133
— imprégné de sidérose........... 212
— à fer natif du Groënland, ses caractères....................... 556
— à fer natif du Groënand........ 487
Bassins houillers ; leurs inflexions
démontrent les torsions subies par
l'écorce terrestre 547
Bavures produites par le plomb soumis à la pression et pouvant s'é-
couler dans une fissure 441
— produites sur des prismes d'acier
soumis à la dynamite............
Bélemnites dans des schistes micacés. 142
— tronçonnées dans les roches schisteuses 404
Belemnites niger, tronçonnée artificiellement.... 204
Béton corrodé par les eaux de Bourbonne......................... 108
— romain étendu près des sources
thermales de Plombières......... 180
— romain zéolithique d'Oran....... 199
— nom donné au conglomérat qui
surmonte le calcaire de Beauce à
Fontainebleau.................. 711
Bissectrice des cassures conjuguées ;
son intérêt.................... 358
Bitume fixé dans les roches voisines
des combustibles minéraux, par
l'effet des roches éruptives....... 155
Blocs de calcaire transformé par les
laves volcaniques à la Somma.... 142
Bogheads schisteux restés horizontaux.......................... 428
Bois des antiques exploitations de
l'Allier....................... 69

Bois bruni dans le puisard romain de
Bourbonne.................... 74
— imprégné de pyrite, à l'époque
actuelle....................... 91
— associé à la vivianite de Bourbonne 95
— ferrugineux contemporain..... . 90
— fossilisés par les eaux de Bourbonne......................... 103
— ferrugineux de Bourbonne....... 105
— fossilisé dans l'aqueduc romain
d'Eilsen 105
— changé en anthracite, dans l'eau
surchauffée.... 177
— fossile zéolithique d'Auvergne. .. 202
Bolides ; arguments que leur vue
fournit contre la supposition des
essaims météoriques.......... 675
— notions générales à leur égard.. 473
Bore ; son rôle minéralisateur appliqué à la cristallisation du granite. 61
— dans les eaux de Bourbonne. ... 75
— sa présence dans les soffioni..... 150
Borosilicates ; on ne sait pas les reproduire artificiellement........ 53
Boue du fond du puisard romain de
Bourbonne.... 74
— glaciaire de composition analogue à celle du feldspath 278
Boulets remplis de surfaces frottées,
à la suite d'un écrasement... ... 377
Bourrelets de la croûte des météorites alumineuses.............. 481
Boursoufflures des roches ; leur rôle
dans la production des zéolithes . 210
— leur origine............... 208
Bousin ; nom donné par les ouvriers
de Fontainebleau aux grès friables. 703
Brachiopodes, leurs déformations
dans les roches schisteuses..... 404
Brèche métallifère de Bourbonne ;
son analogie avec les brèches de
filon, à ciment métallique........ 111
Breunnerite ; sa présence dans les
météorites charbonneuses....... 501
Briques réfractaires fabriquées avec
le résidu de lavage du kaolin de
l'Allier 67
— romaines remplies de zéolithes
sous l'influence de l'eau thermale
de Plombières................. 181
— leur ressemblance avec les amygdaloïdes...................... 214
— examen microscopique de leur
pâte.......................... 192
Briquet pneumatique invoqué comme
comparaison, au sujet de la pression subie par les bolides........ 613

Brisement des fossiles contenus dans les roches schisteuses............ 404
Bronze attaqué par l'eau de Bourbonne...................... 79
— recouvert de cuivre sulfuré à Plombières et à Bourbonne....... 81
— antiques, leur analyse......... .. 113
Brookite de l'Oisans 42
— accompagne parfois l'apatite..... 57
— sa reproduction artificielle...... 62
Bruits produits par les bolides; leur cause......... 482
Brutage des diamants utilisé à la production artificielle des stries.. 589
— chaleur qu'il produit... 458

Cadres en plomb dans le puisard romain de Bourbonne............. 76
Cæsium, dans les eaux de Bourbonne. 73
Caillasses de Paris; leur richesse en quartz cristallisé................ 228
Cailloux, caractérisent les roches de sédiment...................... 131
— leur présence constante dans les attérissements aurifères du Rhin. 262
— coupés par les joints des roches où ils sont empâtés............. 305
— impressionnés................. 382
Calamopora dans une roche cristalline 141
Calcaire cristallin; fournit une objection aux idées de Hutton sur le métamorphisme.-...... 132
— devenus saccharoïde par le voisinage de roches éruptives........ 154
— de la Somma, témoigne de l'énergie des agents profonds......122- 155
— fossilifères avec zéolithes....... 216
— du Kaiserstuhl; sa liaison avec la dolérite voisine................ 251
— limon qu'il fournit par la trituration.......... 255
— réduit par la pression en une série de prismes allongés et de plaques minces 516
— décomposé par le choc des boulets de canon..................... 401
— de la Somma renfermant des sels déliquescents............... 571
Calcaires lacustres parisiens; diaclases qui les traversent.............. 710
Calcédoine produite dans des briques romaines par l'eau thermale de Plombières................... 190
— dans les pores des briques zéolithiques................. 196
— son association aux zéolithes..... 210

— globuliforme de précipitation chimique..................... 229
Calciphyre feldspathique; son origine............................ 225
Calcite, gangue de filons.... 24
— cristallisée contemporaine de Bourbonne...................... 90
— cristallisée dans les briques zéolithiques de Plombières........... 97
— dans les briques zéolitiques...... 96
— déposée dans les bois, par les eaux de Bourbonne........... 104
— cristallisée du béton romain d'Oran 200
— son association aux zéolithes..... 201
Calcium; sa présence dans les météorites..................... 594
Calcschiste, son état souvent filandreux 407
Calymènes dans les schistes maclifères................... 141
— très-déformées dans les ardoises d'Angers 404
Canaux d'ascension des sources thermales contiennent des minéraux contemporains............... .. 72
Canons; corrosions qu'y produisent les gaz de la poudre.............. 656
Capillarité, son rôle dans l'infiltration profonde de l'eau........... 255
Capsules métalliques laminées et déchirées par l'explosion de la nitroglycérine................. ... 662
Captage des sources de Bourbonne a fait découvrir des minéraux contemporains........ 72
Caractère schisteux de beaucoup de roches éruptives.............. .. 432
Carbonados, stries parallèles qu'ils présentent........ 578
Carbonate de fer dans les eaux de Bourbonne........... 73
— de chaux dans les eaux de Bourbonne 73
Carbone dans les roches cristallines d'Airolo, son origine............. 145
— libre et combiné dans les fers natifs du Groënland 565
— sa présence dans les météorites.. 594
Carbures d'hydrogène, semblables aux bitumes, produits par le bois dans l'eau suréchauffée.......... 178
Cassitérite, son gisement........... 24
— sous la forme du feldspath........ 36
— artificielle..... 37
— dans le kaolin de l'Allier........ 67
Cassures terrestres, leur étude expérimentale.......,.............. 288

Cassures consécutives des ploiements. 152
— orthogonales des corps extra-terrestres...................... 359
— du sol, leur rôle dans la production du relief topographique...... 352
Causes du métamorphisme........ 744
Cavernes causées par les joints qui
traversent la craie.............. 526
Cavités artificielles témoignent d'exploitations antiques dans l'Allier.. 68
— de même dans la Creuse........ 70
Célestine, son association aux zéolithes........................ 210
Chabasie associée au titane des Alpes. 41
—produite dans les briques romaines
par l'eau thermale de Plombières. 181
— du béton romain d'Oran....... 202
— son abondance dans les amygdaloïdes...................... 211
— dans un grès tertiaire.......... 210
Chaînes de montagnes; leur structure
en éventail.................... 435
Chaleur comme cause de métamorphisme...................... 144
— son rôle supposé lors du développement de la schistosité......... 407
— interne comme agent de métamorphisme...................... 145
— développée dans les roches par
les actions mécaniques.......... 446
—brusque appliquée à l'imitation des
cupules des météorites.......... 629
Chalkolite des gîtes d'étain......... 50
Chalkopyrite contemporaine à Plombières et à Bourbonne.......... 81
Chalkosine, son gisement......... 24
— contemporaine de Bourbonne.... 80
Chaos des Pyrénées, à quoi ils sont
dus........................ 355
Charbon; caractérise certaines météorites........................ 501
— son emploi à la réduction des roches destinées à l'imitation des
météorites 519
Charnières autour desquelles se sont
ouvertes les failles à rejets contraires...................... 348
Chassignites; leurs caractères...... 500
Chauves, nom de certains joints des
phyllades.................... 335
Chaux fluatée, gangue de filon..... 24
— carbonatée, associée au titane des
Alpes.... 41
— caustique traitée par le chlorure
de phosphore donne de l'apatite... 50
— carbonatée rhomboédrique contemporaine de Plombières........ 191

— active la décomposition du feldspath par les actions mécaniques... 275
Chefs, nom de certains joints des
phyllades.................... 335
Chiastolithe produite dans les roches
par voie de métamorphisme...... 155
— cristallisée dans les phyllades
fossilifères 147
Chladnites, leurs caractères....... 501
Chlore, production de fer oligiste, sa
disposition 47
— sa présence dans l'apatite........ 54
— son existence dans divers massifs
cristallins.................... 150
— sa présence dans les holosidères. 569
— sa présence dans les météorites.. 594
Chlorite; associée au titane des Alpes. 41
—développée dans le calcaire par le
métamorphisme........ 136
— dans le hornfels près du granite.. 136
— dans les phyllades........ 138
— son association aux zéolithes..... 210
— imprégnant du feldspath adulaire. 525
— du Saint-Gothard; son produit de
réduction comparé aux météorites. 519
Chloritoschiste; sa schistosité....... 399
Chlorures métalliques dans les filons. 24
— de silicium; sa production accidentelle dans une expérience.... 55
Chlorures; leur ressemblance avec les
fluorures 55
— de sodium dans le kaolin de l'Allier........................ 67
— dans les eaux de Bourbonne..... 75
— de fer, son abondance dans le fer
natif d'Ovifak........ 557
Choc, fissures et glissement qu'il produit. 349
— des boulets de canon; décompose
le calcaire..... 461
Chondrite, ce que c'est.......... 497
Chondrodite développée dans le calcaire par le métamorphisme...... 136
— son association avec l'apatite et la
fluorine..................... 56
Chrichtonite; son gisement au Saint-
Gothard 41
Christianite du béton romain d'Oran. 200
— son abondance dans les amygdaloïdes...................... 211
— produite dans des briques romaines
par l'eau thermale de Plombières.. 182
Chrome; sa présence dans les météorites........................ 593
Chrysocole contemporaine de Bourbonne....................... 85
Chute des météorites; phénomènes

qui l'accompagnent. 475

Ciment soumis au blanc, à l'action de l'air comprimé et offrant des cupules analogues à celles des mé éorites............................ 545

Cimolite associé aux meulières trachytiques.................. 215

Circonstances qui accompagnent la chute des météorites. 475

Cirque au fond duquel est situé le calcaire cristallifère du Kaisertuhl. 154

Classification des joints............ 324

— des météorites................. 506

Clivages de la houille. 332

— des roches,................·.....391– 333

— de certaines holosidères........ 488

— que montre le fer de Caille.... . 619

Cobalt; sa présence dans les météorites............................ 595

Collection de météorites du Museum; ses accroissements. 474

Collines gypseuses de Paris; leur alignement. 562

Coloration des eaux du Rhin due à la suspension de particules sableuses. 258

Combinaisons cristallisées, développées dans les roches par l'effet des roches éruptives 135

— charbonneuses, témoignant de l'existence ancienne de fossiles des roches cristallines............... 145

— communes aux météorites et au globe terrestre................. 595

Combustibles minéraux modifiés par les roches éruptives 135

Comètes considérées comme source des étoiles filantes................ 482

Comparaison des roches terrestres avec les météorites.............. 545

— des roches d'Ovifak avec les météorites............................ 572

Composition chimique des eaux de Bourbonne...................... 73

— analogue des schistes et des granites............................ 140

— chimiques des briques zéolithiques. ....«....... 196

— du silicate alumineux de Saint-Honoré........................... 204

— des fers natifs d'Ovifak......... 561

— des gaz de la dynamite; elle est analogue à celle de l'air qui agit sur le bolide 701

Compression de l'air par les bolides; ses effets................... 482

Concordance de datés entre diverses

chutes de météorites............. 508

Conditions de plasticité convenable au développement de la schistosité... 406

— dans lesquelles peut se produire la schistosité...................... 422

Conductibilité thermique d'une glace fissurée par torsion............. 513

— des argiles rendues schisteuses par la pression...................... 424

— des ammonites étirées........... 466

Cones canelés à malaxer l'argile; leur emploi dans des expériences..... 449

Configuration du sol influencé par les joints........ 561

Conglomérat à ciment de minéraux contemporains, à Bourbonne.... 77

Conifères employés aux pilotis de Bourbonne...................... 106

Conjugaison des fissures produites simultanément par la torsion d'une plaque de glace........... 311

Consistance de la pâte soumise à la pression; influence sur le développement de la schistosité........ 428

Constance de l'orientation des joints dans un district donné.......... 504

— des circonstances dont s'accompagne la chute des météorites...... 475

Constitution des météorites........ 485

— bréchiforme de l'holosidère de Sainte-Catherine................. 528

Contact (Métamorphisme de)........ 133

Contemporanéité possible de failles différemment orientées.......... 33

Contrastes entre les couches sableuses antérieures et postérieures au porphyre permien.............. 227

Corindon; sa production artificielle par les fluorures 62

Cornes de bœufs imprégnées de calcaire par les eaux de Bourbonne... 105

Corps extra-terrestres; les météorites en sont les seuls échantillons tangibles 474

— cosmiques, d'où proviennent les météorites; considérations à leur égard............................ 579

— simples contenus dans les météorites 593

Corrélation mutuelle des cassures terrestres.................... 350

— des vallées avec les lithoclases.... 358

Corrosion du béton romain par l'eau de Bourbonne................... 79

— d'un tuyau de cuivre rouge, par l'eau thermale de Bourbonne..... 97

Couches métallifères 26

— infléchies imitées par l'expérience. 296
Coudes brusques de certaines vallées : leur origine... 569
Coulée d'un barreau de platine dans une lingotière, parallèle à l'aiguille aimantée... 126
Coupellation ; très anciennement pratiquée... 114
— naturelle ; confirmation de cette hypothèse... 596
Coups de pouce dont est couverte la surface des météorites... 624
Courants d'eau ; leur énergie de démolition... 553
— voltaïques invoqués comme cause, de la schistosité... 426
Cours du Rhin ; son régime... 260
Couzéranite développée dans le calcaire par le métamorphisme... 156
Craie ; sous pression elle devient cristalline... 19-152
— irrégulièrement modifiée par les filons de basalte... 154
Craquelé régulier de la météorite de Sainte-Catherine... 559
Cratères d'explosion ; leur cause... 244
— rayonnants de la lune ; leur imitation... 589
Crétacé (Terrain) recouvert par le granite... 342
Crevasses de la croûte terrestre ; ne permettent pas l'infiltration profonde de l'eau... 220
— des glaciers ; leur origine... 573
— ouvertes dans le plomb par la pression ; leur analogie de forme avec certaines vallées... 441
Cristallisation de la craie en vase clos. 152
— des roches éruptives ; comment elle s'est produite... 217
— invoquée comme cause des failles et des joints... 303
— première des météorites... 587
Cristaux de silicates formés par les fourneaux métallurgiques... 16
— reproduits artificiellement par Ebelmen... 18
— artificiels d'oxyde d'étain... 39
— bipyramidés des porphyres, peuvent avoir été produits par l'action de l'eau... 217
— de quartz des caillasses parisiennes... 228
— produits dans les phyllades, après l'acquisition du feuilleté... 442
— de fer sulfuré dans les météorites charbonneuses... 502

Croûte mince brisée par un mouvement ondulatoire... 506
— caractéristique qui recouvre les météorites... 480
— luisante des météorites alumineuses... 481
Crues du Rhin déterminent des concentrations de paillettes d'or dans les graviers... 262
Crustacés siluriens déformés dans les phyllades d'Angers... 404
Cryptosidères ; leurs caractères... 48
Cuisson du calcaire par le choc des boulets de canon... 461
Cuivre oxydulé obtenu par M. Becquerel... 19
— dans les eaux de Bourbonne... 75
— panaché contemporain à Bourbonne... 81
— sulfuré contemporain de Plombières et de Bourbonne... 81
— gris contemporain de Bourbonne. 82
— rouge ; son mode d'attaque par l'eau thermale de Bourbonne... 97
— natif ; son association aux zéolithes 215
— gris associé à la prehnite... 215
— sa présence dans les météorites... 594
Culasse d'un canon ; corrosions qu'y produisent les gaz de la poudre... 647
Cupules caractéristiques des météorites... 624
— des holosidères... 625
— des météorites, leur origine... 678
Cylindres de grès et de fer pour décomposer les silicates par les actions mécaniques... 269
— propres au malaxage de l'argile ; leur emploi dans des expériences... 449
— dans lesquels on détermine la production artificielle des galets... 249

Datholite, son association aux zéolithes... 210
Daubréelite, sa composition... 487
— est spéciale aux météorites... 596
Débris organiques minéralisés par les eaux de Bourbonne... 102
— du feldspath par la trituration dans l'eau... 252
— chimique des silicates par les actions mécaniques... 268
Déformations terrestres ; leur étude expérimentale... 288
— des fossiles au voisinage des joints... 305
— de l'écorce terrestre ; ont déve-

loppé des effets de torsion......... 346
— lentes, pouvant déterminer des mouvements brusques........... 548
— des roches, manifestées par les fossiles...................... 404
— des fossiles, en rapport avec la schistosité.................. 418
— de certains cristaux contenus dans les roches feuilletées.......... 445
Delessite ; son abondance dans le mélaphyre.................... 212
Dénominations propres aux divers ordres de cassures............. 351
— propre à la désignation des cupules des météorites................. 684
Densité comparée des météorites et des roches terrestres........... 445
Départ, par refroidissement, de substances fondues ensemble....... 147
Dépôts métallifères; ce que c'est.... 23
— de transport renferment souvent des minerais métalliques........ 27
— de transport fouillés à une époque antique, dans l'Allier............. 69
— silicaté contemporain des sources de Saint-Honoré................. 202
Désagrégation mécanique des roches; ses produits.................... 252
— par l'eau des météorites charbonneuses...................... 505
Détonations qui accompagnent les chutes de météorites........... 476
Dévitrification ; est complètement différente de la transformation du verre par l'eau suréchauffée..... 160
— produit parfois la structure chondritique..................... 610
Dévonien (terrain) poussé sur le terrain houiller...................... 342
Diabase ; sa tendance à la schistosité 401
Diaclases ; ce que c'est........... 351
— parallèles, développées par étirement dans les schistes lustrés de la Tarentaise.................... 444
— des grès de Fontainebleau....... 705
Diamants carbonados ; stries parallèles qu'ils présentent........ 378
Différence entre des fragments provenant d'une même chute de météorites...................... 507
Dimension au-dessous de laquelle les grains de sable ne s'arrondissent plus dans l'eau........... 256
— relative des grains qui composent les alluvions gemmifères....... 257
Diminution de volume des galets des fleuves, depuis la source jusqu'à

l'embouchure................... 250
Diopside produit dans l'eau suréchauffée..................... 175
— dans le calcaire de la Somma.... 223
Diorite ; sa schistosité........... 400
Dipyre développé dans le calcaire par métamorphisme........... 136
Direction constante des joints, dans une région donnée............. 304
— de la bissectrice des failles conjuguées; son intérêt............. 338
Dislocations du sol ; leur rapport avec la formation des sables cristallisés...................... 228
Disposition pseudo-régulière de certaines roches.................. 301
— des failles.................. 322
Dissymétrie dans les inflexions de couches, imitée par l'expérience.. 297
Distorsion des roches, manifestée par les fossiles 404
Distribution générale des filons..... 25
— des volcans, indique le rôle de l'eau superficielle.............. 242
— de l'or dans le lit du Rhin 259
— sur le terrain, des météorites d'une même chute........ 478
— horaire des météorites......... 483
Diversité des roches feuilletées..... 598
Dolérite ; sa liaison avec le calcaire du Kaiserstuhl................. 236
Dolomie, sa reproduction par Haidinger............................ 19
— gangue de filons.............. 24
— associée au titane des Alpes...... 41
— cristallifères des terrains métamorphiques..................... 139
— sa reproduction artificielle...... 139
— des Alpes ; albite qui s'y est développée.................... 468
Dragées de Carlsbad ; leur formation......................... 257
Dualité d'action dans les productions naturelles.................... 47
Dynamite employée à l'imitation de la forme polyédrique des météorites. 622
— Application des gaz provenant de son explosion, à l'imitation des cupules des météorites............. 649

Eau suréchauffée, son rôle dans les expériences de Sénarmont....... 20
— (vapeur) employée à décomposer le perchlorure d'étain........... 38
— son influence dans la réaction du fluorure de silicium sur l'alu-

mine...................... 60

— thermale de Bourbonne a produit des minéraux contemporains 71

— sa part dans la formation du revêtement solide du globe........ 151

— son rôle dans le métamorphisme...................... 144

— de mer contient du fluor........ 151

— minérales contenant du fluor et du bore....................... 151

— c'est un agent important de métamorphisme.................... 152

— suréchauffée, son action dans la production des silicates......... 154

— sa présence dans les amygdaoïdes..................... 215

— paraît jouer un rôle dans la cristallisation des roches éruptives........................ 217

— de carrière ; ce qu'elle représente..................... 219

— comment elle est fournie aux volcans.................... 235

— de carrière ; son rôle dans les phénomènes volcaniques.......... 242

— de chaux active la décomposition du feldspath par trituration.. 275

— sa présence probable dans les météorites.................. 595

— sa pulvérisation au travers de l'air. 609

Echauffement des sédiments par suite de leur enfouissement...... 144

— de l'argile malaxée............ 449

Echelons de certaines cassures ; comment ils se produisent.......... 339

Eclatement des météorites en fragments distincts................ 587

Eclogite ; sa tendance à la schistosité..................... 401

Ecole géologique écossaise ; ses doctrines........................ 152

Ecoulement des solides ; il s'accompagne du développement de la schistosité 409

— des gaz comprimés ; érosions qui en résulte 667

Ecrasement ; produit dans les roches des surfaces polies.............. 574

— de cristaux empâtés dans les phyllades 445

Effervescence de beaucoup de roches cristallisées 212

Effets de torsion dans la nature ; leur fréquence................. 346

— dus à la prolongation de mouvements graduels ; postérieurement

à ceux qui ont produit le feuilleté 442

Effigie déformée par le laminage... 422

Eisenplatin ; nom donné par Breithaupt au platine magnétipolaire 120

Electricité ; son rôle supposé dans le développement de la schistosité.. 407

Electrum dans le puisard romain de Bourbonne...................... 76

Eléments du granite extravasés dans les roches voisines............. 231

Emanation calorifique comme cause de métamorphisme............. 145

Emeraude dans les gîtes d'étain.... 42-60

Encoches présentées souvent par les surfaces des météorites ; leur origine........................ 681

Encrines dans les calcaires cristallins 141-157

Endomorphisme................... 157

Enduits non contractiles, leur action sur les ballons de caoutchouc auxquels ils adhèrent, lorsque ceux-ci se contractent................. 385

Energie démolissante des agents superficiels..................... 555

Enstatite produite dans la fusion des météorites................... 515

— sa présence dans les météorites.. 595

Epanouissement en éventail de l'argile convenablement laminée..... 458

Epidote associée au titane de l'Oisans 42

— développée dans le calcaire par voie de métamorphisme......... 156

— son association aux zéolithes..... 210

Epigénie du feldspath en oxyde d'étain........................ 56

— des médailles de bronze de Bourbonne......................... 85

Epingle en or dans le puisard romain de Bourbonne................. 76

Erosions produites sur les tuyaux de plomb par l'eau thermale de Bourbonne..................... 101

— produite sur le calcaire par les eaux de Bourbonne............. 107

— du verre par l'acide fluorhydrique........................ 172

— leur rôle dans la production du relief du sol................. 352

— produites par les gaz chauds et comprimés, quand ils s'échappent avec une grande vitesse......... 659

— subies par les météorites ; leur faiblesse ordinaire.............. 670-431

Eruptives (roches) leurs caractères.. 131

Erusses ; nom de certains joints des phyllades 555

Essaims périodiques d'étoiles filantes; leur origine... 485
— météoriques; discussion à leur égard... 614
— de météorites, rien n'en justifie la supposition... 677
Etain; se présente dans les filons à l'état oxydé... 24
— oxydé artificiel... 37
— oxydé dans le kaolin de l'Allier... 67
— sa présence dans les départements de la France centrale... 68
— sa présence dans le plomb altéré de Bourbonne... 113
— sa présence dans les météorites... 594
Etat grenu du quartz dans les caillasses parisiennes... 250
— particulier de l'acier, à proximité des surfaces exposées à l'action des gaz... 648
Etats sous lesquels l'eau a pu prendre part à la cristallisation des silicates... 252
Etincelles qui s'échappent d'une pépite de platine magnéti-polaire portée à la fusion... 121
Etirement des roches manifesté par les fossiles... 404
Etoiles filantes; leur origine cométaire... 482
— traînées persistantes qu'elles laissent quelquefois... 695
Etonnement du feldspath; favorise sa décomposition par trituration dans l'eau... 275
Etranglements des couches de houille dus à des effets de torsion... 347
Eukrites; leurs caractères... 499
Euphotide; sa tendance à la schistosité... 401
Eurite de Suède; sa schistosité... 401
Eventail; structure caractéristique des chaînes de montagnes... 455
Evolution des astres; vues de Chladni à cet égard... 600
Excavations artificielles témoignant d'exploitations antiques dans l'Allier... 70
— et dans la Creuse... 68
Exception à la règle de Schmidt... 341
Exhalaisons volcaniques comme agents de métamorphisme... 148
Expérience sur la production artificielle de l'oxyde d'étain... 37
— réalisant la production artificielle de l'apatite... 50
— relatives à la schistosité... 407

Expérimentation; c'est un auxiliaire de l'observation... 5
— conditions pour qu'elle soit utile et concluante... 8
— employée par Hall comme contrôle des idées de Hutton... 132
— éclaire divers traits topographiques... 368
Exploitation de l'or dans le lit du Rhin... 260
Explosion des bolides; sa cause... 482
— ce mot n'exprime pas exactement le fait de la rupture des bolides... 676
— qui se produit dans les expériences dans l'eau surchauffée... 156
Extravasement des éléments du granite dans les roches voisines... 231

Fac-simile de la structure en éventail... 459
Faiblesse de déplacement nécessaire au développement de la schistosité... 424
— ordinaire des érosions subies par les météorites... 670
Failles; leurs destinées différentes... 26
— au voisinage des sources de Bourbonne... 72
— imitées par l'expérience... 500
— leurs formes et leurs dispositions... 522
— verticales très rapprochées simulant une stratification... 332
— conjuguées; intérêt de leur bissectrice... 338
— inverses; leur abondance dans certains bassins houillers... 341
— du Midi; renversements qu'elle a produits... 342
— leur liaison avec les ploiements... 543
Falaises du Tréport; joints qu'elles présentent... 360
Feldspath cristallisé dans des couches régulières à peine modifiées... 152
— reproduit par M. Hautefeuille... 23
— artificiel des fours à cuivre de Sangerhausen... 45
— triclinique; produit dans les roches par métamorphisme... 133
— dans le hornfels près du granite... 136
— cristallisé dans des calcaires sédimentaires non modifiés... 147
— vitreux; son inaltérabilité dans l'eau surchauffée... 173
— développé dans les terrains schisteux... 22

— limon qu'il produit par sa trituration dans l'eau 251
— son hydratation par trituration dans l'eau 252
— sa décomposition chimique par les actions mécaniques 268-271
— anorthite, sa présence dans les météorites 595
Fer ; se présente dans les filons à l'état sulfuré 24
— se présente dans les filons à l'état oxydé 24
— arsenical dans le granite de Chanteloube 54
— spathique associé au titane des Alpes 41
— sa présence dans le platine magnéti-polaire 120
— chromé ; ses relations avec le platine natif 128
— chromé des sporadosidères 496
— chromé, sa présence dans les météorites 593
— titané ; accompagne l'or dans le lit du Rhin 262
— oxydulé logé dans le longrain des phyllades des Ardennes 356
— oxydulé, sa présence dans les météorites 596
— météorique de Sainte-Catherine ; joints qui le traversent 340
— rendu schisteux par le laminoir .. 414
— extrait des roches terrestres par réduction, sa comparaison avec les holosidères 520
— sa présence constante dans les météorites 593
— natif, comparé aux holosidères .. 486
— nickelé météoritique 487
— nickelé natif du Groënland 555
— nickelé spécial aux météorites ... 596
Fermeture des tubes destinés aux expériences dans l'eau suréchauffée. 155
Feuilleté des roches ; son indépendance par rapport à la stratification 593
Figures dites de Widmannstaetten .. 488
Fil des roches 354
Files de volcans indiquant les lignes de fractures par où remonte l'eau infragranitique 244
Filiation des volcans d'Auvergne aux masses de trachyte et de basalte du même pays 245
Filons métallifères ; leur histoire éclairée par l'expérience 20
— ce que c'est 24
— leur complexité 25
— failles 26
— titanifères des Alpes ; leur origine 37-41
— plombifères caractérisés par l'absence de la topaze et de l'apatite 61
— quartzeux au travers du gîte de kaolin de l'Allier 66
— concrétionnés 71
— plombifères 71
— sulfurés 71
— métallifères zéolithiques 215
Fils ; nom donné à certains joints des grès de Fontainebleau 710
Finesse des sables résultant des roches granitiques par trituration .. 255
Fissilité des roches 391
Fissure d'alimentation supposée des volcans ; son peu de vraisemblance 255
— de divers ordres produites simultanément par la torsion d'une plaque de glace 512
— obtenues par le choc 349
Fixation industrielle de l'acide stannique analogue à la production naturelle du minerai d'étain 47
Fluidalité des briques romaines de Plombières 193
— de beaucoup de roches, vues au microscope 402
Fluides amenés à prendre la structure globulaire 607
Fluor ; son rôle de moteur et de minéralisateur 53
— sa présence dans l'apatite 54
— son rôle minéralisateur appliqué à la cristallisation du granite 61
— sa présence dans les fumarolles du Vésuve 150
Fluorine ; accompagne parfois l'apatite 56
— sa présence dans les gîtes d'étain. 56
— accumulée au voisinage des roches éruptives 156
— contemporaine de Plombières ... 190
— son association aux zéolithes ... 210
Fluorhydrique (Acide) producteur du kaolin, d'après de Buch 56
Fluorures des gîtes d'étain 50
— d'étain ; son rôle dans la formation des amas stannifères 55
— de titane producteur du rutile, de l'anatase et de la brookite ... 44
— leur ressemblance avec les chlorures 55

— de silicium; son action sur l'alumine 57
— comme agents de cristallisation.. 151
Fluosilicates; on ne sait pas les reproduire artificiellement........ 33
Flustres dans une roche cristalline. 141
Foisonnement; son rôle possible dans
la poussée des roches éruptives.. 218
Formation des météorites; hypothèses
dont elle a été l'objet............ 507
— du globe terrestre éclairée par
l'histoire des météorites......... 588
Forme sous laquelle s'isole le platine
extrait par coupellation de son alliage avec le fer.. 129
Forme cristalline du pyroxène, produit dans l'eau suréchauffée...... 175
— cristalline du quartz, produit dans
l'eau suréchauffée.............. 164
— cristalline de la chabasie contemporaine de Plombières.......... 183
— cristalline de la christianite contemporaine de Plombières........ 183
— cristalline de la calcite de Plombières 191
— anguleuse du sable produit par
la trituration du granite........ 253
— anguleuse du sable dû à la trituration du granite; sa cause....... 258
— des failles..................... 322
— pseudo-régulières des roches.... 528
— fragmentaire des météorites..... 481
— cristalline des minéraux des météorites identique avec celle des
mêmes minéraux terrestres...... 595
— polyédrique des météoriques, son
imitation...................... 614
— tourmentée de l'acier fondu par
les gaz de la poudre........... 637
Fouilles exécutées aux sources de
Bourbonne ont fait découvrir des
minéraux contemporains........ 72
Fossiles caractérisant les roches de
sédiment 151
— dans des roches cristallines..... 140
— déformés au voisinage des joints. 305
— leurs déformations témoignent
des étirements subis par les roches. 404
— leur abondance dans les couches
du globe...................... 589
Fossilisation de débris organiques par
les eaux de Bourbonne.......... 102
Foudre; vitrification qu'elle produit
sur les roches................. 481
Fourneaux métallurgiques. Silicates
cristallisés qu'ils produisent...... 16
Fractures du globe; leur rôle topo-

graphique considérable.......... 555
Fragments pierreux agglutinés par
les minéraux contemporains à Bourbonne....... 77
Fréquence des effets de torsion dans
la nature.................. 546
Frottement; détermine la décomposition chimique de certains minéraux........ 268
— mutuel des roches; chaleur qu'il
produit....... 457
— mécanique; peut rendre les solides
chondritiques 610
Fulmicoton; application des gaz provenant de son explosion à l'imitation des cupules des météorites... 664
Fumées développées lors de l'apparition des bolides................ 688
Fusibilité inégale des minéraux associés dans les roches métamorphiques........ 148
— du limon obtenu par la trituration
du feldspath dans l'eau.......... 252
Fusion des roches; expériences de
Spallanzani........ 15
— des roches; expériences de Hall. 16
— du platine en présence d'un alliage de fer et de chrome........ 129
— des météorites................. 510

Gabbro; sa tendance à la schistosité........................ 401
Gaïze des Ardennes; son origine.... 230
Galène; son gisement......... 24-116
— contemporaine de Bourbonne.... 84
— globulaire; analogue par la structure, aux météorites............ 607
Galeries romaines de Bourbonne.... 78
Galets incrustés de quartz cristallisé
dans les couches permiennes...... 226
— leur mode de formation.......... 248
— impressionnés................. 582
Gangues; ce que c'est.............. 25
Gauchissement du verre dans l'eau
suréchauffée................... 160
— subi par la croûte terrestre..... 547
Gaz comprimés; leur emploi à l'imitation de la forme fragmentaire
des météorites; leur origine...... 614
Gehlénite développée dans le calcaire
par le métamorphisme.......... 156
Général (métamorphisme).......... 158
Géodes quartzeuses des caillasses parisiennes...................... 229
Géologie expérimentale; son domaine. 1

— sidérale; ce que c'est........... II
— date de son ère................. 2
— recevant des lumières de la thermodynamique 470
Gerçures de retrait développées dans
   le verre par l'eau suréchauffée.... 160
Geysérite globuliforme de l'Islande.. 229
Gisement des minéraux; éclaire souvent leur mode de formation...... 11
— des minéraux contemporains dans
   les sources de Bourbonne..... 72
— des sources du nord-est de la Forêt-Noire..................... 73
— des sources de Bains 73
— des sources de Plombières...... 73
— des sources de Wildbad........ 73
Gîtes métallifères; notions générales. 25
— détermination de leur âge...... 27
— leur classification d'après Élie de
   Beaumont......... 28
— de titane se rapprochent des gîtes
   d'étain......... 29
— de fer dus à des sublimations
   analogues à celles des volcans.... 46
— sulfurés................... 71
— plombifères.................. 71
— de platine 119
Glaces employées à l'imitation des
   cassures terrestres par torsion ... 308
Glaciers; nature du sable qu'ils produisent...... 254
— leur énergie de démolition...... 355
— origine de leurs crevasses....... 373
— origine de leurs bandes bleues.. 433
Glands dans le puisard romain de
   Bourbonne.................... 74
Glissements obtenus par le choc.... 549
— comme cause efficace de la schistosité...................... 425
Globe terrestre; considérations fournies par les météorites en ce qui
   concerne son origine........... 588
Globules produits dans le verre par
   l'action de l'eau suréchauffée..... 167
— calcédonieux de précipitation chimique..................... 229
Gneiss; sa schistosité 399
— parallélisme linéaire qu'il présente.... 406
— il est regardé quelquefois comme
   métamorphique............... 429
Gonflement du verre soumis à l'eau
   suréchauffée.................. 159
Goldgründe; nom des bancs aurifères
   susceptibles d'exploitation dans le
   cours du Rhin.. 260
Gradins de certaines cassures; com-

ment ils se produisent............ 339
                                   354
Grain des roches; ce que c'est...... —
— cristallisés de certains grès et de
   certains sables................ 226
— de poudre offrant des cupules analogues à celles des météorites.... 630
Granite; reconnu vitrescible par Buffon........................... 15
                                    65
— transformé en kaolin...........
— éruptif en rapport avec les sources de Bourbonne.............. 72
— en filon au travers de couches
   stratifiées.................... 153
Graphite associé à des silicates de
   protoxyde de fer écarte l'idée d'une
   action calorifique, lors de son dépôt...... 147
— isolé de la fonte par refroidissement 147
                                   487
— contenu dans les holosidères....
— des holosidères, il renferme du
   soufre...................... 534
                                   595
— sa présence dans les météorites.
— conditions qui ont présidé à sa
   cristallisation 217
— forme anguleuse du sable quartzeux qu'il donne par trituration
   dans l'eau.................... 255
— joints orthogonaux qui le traversent souvent 357
— poussé sur le terrain crétacé... 343
— sa structure accusée par un grain
   ou un fil..................... 400
Granulation de l'anthracite produite
   dans l'eau suréchauffée.......... 177
Grauwacke feldspathisée fossilifère
   de Thann..................... 143
Greisen stannifère du département
   de l'Allier.... 69
Grenailles métalliques séparées des
   météorites par leur fusion....... 517
— favorisent la production des cupules des météorites............ 679
Grenat développé dans le calcaire par
   le métamorphisme.............. 135
                                   141
— remplaçant des polypiers.......
— dans le bornfels, près du granite. 156
— cristallisé dans les calcaires sédimentaires non modifiés......... 147
— cristallisé dans des couches régulières à peine modifiées......... 152
Grès bigarré; livre passage aux sources de Bourbonne.............. 72
— transformé en quartzite par le
   voisinage de roches éruptives.... 154
                                   216
— tertiaire avec chabasie ....
                                   226
— cristallisé.................

— galénifères de Commern; le quartz y est cristallisé ... 227

— vert; calcédoine globuliforme qu'on y recueille ... 229

— de Fontainebleau, son gisement dans les sables ... 707

Griffon ou point d'émergence des sources thermales ... 73

Griottes; actions auxquelles elles sont dues ... 406

Groupes de filons ... 26

Gypse cristallifère des terrains métamorphiques ... 139

Hœlleflinta; est souvent schisteuse ... 401

Halloysite contemporaine de Plombières ... 188

Harmotome produite dans des briques romaines par l'eau thermale de Plombières ... 182

— du béton romain d'Oran ... 200

Haussmanite; sa reproduction artificielle ... 119

Hémiédrie du quartz produit dans l'eau surchauffée ... 105

Hérissons; nom donné dans la Côte-d'Or aux ressauts du sol causés par les failles ... 554

Hêtre employé comme pilotis par les Romains à Bourbonne ... 104

Heulandite associée au titane des Alpes ... 41

Holosidères; leurs caractères généraux ... 486

— de Sainte Catherine; expérience synthétique à leur égard ... 525

Houille changée en anthracite, en graphite et en coke par les roches éruptives ... 156

— sa transformation en anthracite par la chaleur due à la pression des couches terrestres ... 403

Houiller (Terrain) recouvert par le terrain dévonien ... 542

Homogénéité physique; n'est pas incompatible avec le développement de la schistosité ... 423

Horizontalité de certaines roches devenues schisteuses ... 428

Hornfels cristallifère au voisinage du granite ... 136

Howardites; leurs caractères ... 499

Hyalite contemporaine de Plombières ... 189

Hyalomicte; sa présence exclusive dans les amas d'étain ... 36

— stannifère du département de l'Allier ... 6

Hyalophyre schistoïde; ses caractères ambigus ... 431

Hyalotourmalite; sa présence exclusive dans les amas d'étain ... 36

Hydratation du feldspath par sa trituration dans l'eau ... 252

Hydrogène, son emploi à la réduction des roches destinées à l'imitation des météorites ... 523

— sa présence dans les météorites ... 594

— sulfuré; s'exhale des sondages de Bourbonne ... 73

— produit de la pyrite en Islande ... 93

Hydrophilite; chlorure de calcium natif ... 574

Hypérite; est parfois imprégnée de terre verte et de chlorite ... 212

Hypersthénite; sa tendance à la schistosité ... 401

Hypothèses; leur rôle dans les progrès des sciences ... III

— relatives à la formation des amas stannifères ... 33-37

— relatives à la schistosité ... 407

Identité des météorites appartenant à des chutes différentes ... 506

Idocrase développé dans le calcaire par le métamorphisme ... 135

Incandescence des bolides; sa cause ... 482

Injection et consolidation du sable et de l'argile dans les fissures des prismes d'acier soumis à la dynamite ... 685

Imitation expérimentale des stries glaciaires ... 281

— des surfaces polies produites par écrasement dans l'intérieur des roches ... 375

— artificielle des galets impressionnés ... 383

— artificielle de la schistosité des roches ... 407

— de la structure en évantail des chaînes de montagnes ... 437

— des fers météoriques ... 510

— des cupules des météorites ... 629

— des zéolithes dans diverses roches ... 209

Importance des roches feuilletées en surface comme en épaisseur ... 403

Imprégnation des briques romaines

de Plombières par des minéraux variés 193
Incurvation de certains cristaux contenus dans les roches feuilletées... 443
Indépendance des silicates vis-à-vis de leur gangue... 148
— du feuilleté des roches et de la stratification.................... 395
Induction magnétique produite par la Terre sur l'alliage de platine et de fer 126
Infiltrations siliceuses dans les roches volcaniques 213
— capillaire de l'eau dans les profondeurs du globe 235
Inflexions artificielles de plaques de métal soumises à des pressions.. 292
— des bassins houillers comme preuve des torsions de l'écorce terrestre........................... 347
Influence des joints sur les érosions du sol......................... 560
Insuffisance de la chaleur comme cause de métamorphisme........ 146
Interstices des roches; leur volume. 242
Iode dans les eaux de Bourbonne... 73
Iridium; son rôle supposé dans les propriétés du platine magnétipolaire...................... 120
Irisation par la chaleur du platine magnéti-polaire préalablement poli 120
Isolement du quartz dans les roches silicatées 224
Isomorphisme du bore et de l'étain.. 151
Itabirite; sa schistosité............. 399
— parallélisme linéaire qu'il présente...................... 406
Itacolumite; sa schistosité......... 399
— parallélisme linéaire qu'il présente 406

Jas; nom de certains joints des marbres........................... 554
Jaspe accumulé au voisinage de roches éruptives.................. 156
— leur division en blocs pseudo-réguliers.................... 351
Jayet travaillé dans le puisard romain de Bourbonne.................. 77
Jets de vapeur de la Toscane; ce qu'ils indiquent................... 244
Joints congénères des failles imités par l'expérience............... 500
— leurs formes et leur disposition .. 324
— rudimentaires ou clivages 335
— orthogonaux de diverses roches. 337

— comment ils passent aux plans de schistosité.................. 427
— en long et joints en travers des grès de Fontainebleau.......... 709
Juxtaposition (Métamorphisme de).. 133

Kamacite citée.................... 487
Kaolin; dû à l'action de l'acide fluorhydrique, d'après de Buch...... 56
— sa connexion avec les amas stannifères......................... 64
— exploité dans le département de l'Allier; présence de la cassitérite. 65
— artificiel par l'attaque du granite par l'acide fluorhydrique........ 65
— abondance des alcalis dans ses eaux de lavage.............. 276
— devient chondritique dans l'eau surchauffée.................. 610

Lacs de l'Eifel établis dans des cratères d'explosion............... 245
Laiton antique; son analyse........ 113
Lames quartzeuses dans les roches schisteuses; leur formation...... 224
Laminage de l'argile; imitation de la schistosité qui en résulte........ 409
Lamination des roches............. 591
Laumonite associée au titane des Alpes........................... 41
Lavages naturels qui ont concentré l'étain dans le limon des Collettes (Allier)...................... 50
Laves; expériences sur leur fusion par Spallanzani................ 15
— volcaniques; leur tendance à la schistosité 401
Lawrencite; est spéciale aux météorites 596
— c'est le protochlorure de fer des holosidères................... 567
Lépidolite dans les gîtes d'étain..... 50
— sa présence dans le granite de Pénig........................... 54
— des amas stannifères et épigénique........................... 44
Leptynites; origine des veines quartzeuses qui les traversent......... 200
— sa schistosité................. 399
Lessive alcaline produite par la trituration du feldspath dans l'eau.... 272
Lèves; nom de certains joints des marbres 334

Lherzolithe; produit de sa fusion comparé aux météorites........ 518
Liaison du calcaire du Kaiserstuhl avec la roche doléritique voisine.. 231
— des ploiements aux failles....... 543
Lias inégalement modifié par des filons de basalte........ 134
— supérieur; calcédoine globulaire qu'on y recueille à Longwy....... 229
Lignes noires des météorites; leur origine 686
Lignite produit aux dépens des pilotis de Bourbonne................... 105
— changé en houille, en anthracite, en graphite et en coke par les roches éruptives................... 135
— avec miroirs de frottement dus à un écrasement................... 574
— groenlandais; leur rôle possible dans la formation des fers d'O-vifak 574
Lignes de fil d'eau; leur rapport avec les failles..................... 563
Limon sableux fouillé à une époque antique dans l'Allier............ 69
— son mode de formation......... 248
— quantité qui en est produite par l'usure de diverses roches...... 251
— feldspathique artificiel; son analogie avec certaines roches....... 277
Limonite contemporaine de Bourbonne..................... 94
— déposée sur les fragments d'holosidère de Sainte-Catherine.... 536
Liquation; n'explique pas la formation des silicates cristallisés dans les roches métamorphiques...... 148
Liquides inclus dans le quartz du kaolin de l'Allier............... 66
Litharge contemporaine de Bourbonne................... 84
— contemporaine de Plombières.. 85
Lithine; dans le mica du kaolin de l'Allier..................... 65
— dans les eaux de Bourbonne.... 75
Lithoclases; ce que c'est........... 352
Lithomarge; son association aux zéolithes..................... 210
Local (Métamorphisme)........... 155
Lœss, de la vallée du Rhin; il recouvre des graviers aurifères.... 267
Loi de Berthollet; paraît avoir présidé à la réduction des sulfates dans l'eau de Bourbonne............. 112
Longrain; nom de certains joints des phyllades.. 334
Lumière d'un canon profondément

corrodée par les gaz de la poudre. 645
Machine à aléser employée à l'étude des stries glaciaires............. 282
— à bruter employée à imiter les stries des carbonados............ 580
Macle produite dans les roches par voie de métamorphisme........ 135
— produites dans les phyllades après l'acquisition du feuilleté........ 442
Maclines; leur division en blocs pseudo-réguliers................ 530
Maçonneries zéolithiques; lumière qu'elles fournissent à l'histoire des amygdaloïdes. 215
— romaines établies autour des sources thermales................ 179
Macrilles; nom de certains joints des phyllades........................ 334
Magnésium; sa présence dans les météorites........................ 593
— sa présence dans le Soleil rapprochée de l'abondance des roches péridotiques sur la Terre.......... 540
Magnétisme terrestre; son rôle supposé dans le développement de la schistosité....................... 407
— polaire des fragments naturels de l'holosidère de Sainte-Catherine... 553
— terrestre; ses causes........... 546
Magnétite; son absence dans le platine magnéti-polaire............. 120
— titanifère développée dans le calcaire par métamorphisme....... 155
— cristallisée dans les joints de la météorite de Sainte-Catherine. 539-533
Malaxage de l'argile; chaleur qu'il produit. 449
Manganèse oxydé; dans le kaolin de l'Allier.................... 66-67
— dans les eaux de Bourbonne 73
— sa présence dans les météorites.. 594
Marbrures noirâtres des météorites; leur origine..................... 688
Marnes schisteuses restées horizontales. 428
Masse du globe; son augmentation par les chutes de météorites..... 485
— très faible des gaz qui suffisent à expliquer les faits caractéristiques des bolides..................... 698
Masses profondes du globe; elles ne sont connues que par les déjections volcaniques 152
Mastic à mouler employé pour imiter les cassures terrestres........... 515
Médailles romaines; dans le puisard

de Bourbonne ... 74

— d'argent de Bourbonne; comment elles se sont conservées ... 115

Mélanoconise contemporaine de Bourbonne ... 80

Mélaphyre; est parfois imprégné de terre verte et de chlorite ... 212

— parfois montre une tendance à la schistosité ... 401

Mercure; se présente dans les filons à l'état sulfuré ... 24

Mers de rochers; leur origine ... 355

Mésotype associée au titane des Alpes. 41

— produite dans les briques romaines par les eaux thermales de Plombières ... 184

— dans un calcaire fossilifère ... 216

Métamorphiques (roches); leur origine double ... 131

Métamorphisme de juxtaposition ... 145

— régional ... 138

— accidentel ... 145

— normal ... 145

— contemporain ... 179

— rôle qu'y joue l'eau, même en très faible quantité ... 219

Métaux natifs ... 24

Météores multiples observés à Athènes ... 614

Météorites; leur origine cosmique ... 473

— charbonneuses; leurs caractères. 501

— pulvérulentes ... 503

— gazeuses ... 505

— d'une même chute, leur répartition sur le terrain ... 672

Méthode expérimentale; son rôle en géologie ... 6

Meule circulaire en granite dans les exploitations antiques de l'étain de l'Allier ... 70

Meulières exploitées dans le trachyte. 215

Meurgers des environs de Plombières ... 306

Miascite à fixer du chlore originel ... 150

Mica associé au titane des Alpes ... 14

— des filons stannifères; est épigénique ... 44

— argentin dans le kaolin de l'Allier ... 65

— produit dans les roches par voie de métamorphisme ... 135

— dans le hornfels près du granite ... 136

— développé dans le schiste par les agents volcaniques ... 153

— magnésien développé dans le calcaire par les agents volcaniques ... 155

— potassique; son inaltérabilité dans l'eau suréchauffée ... 174

— dans le calcaire de la Somma ... 225

— des gites d'étain ... 30

Micaschiste: origine des veines quartzeuses qui e traversent ... 224

— sa schistosité ... 599

— parallélisme linéaire qu'il présente ... 406

Microlithes développées dans le verre par l'action de l'eau suréchauffée. 167

Minerai d'étain exploité antiquement dans l'Allier ... 70

— de fer pisolithique d'Alsace contenant des conifères ... 106

— ce que c'est ... 24

— de fer; présence fréquente du nickel ... 577

— métalliques; rapport de leur arrivée avec la formation de certains sables cristallisés ... 228

Minéralisateurs contenus dans les exhalaisons volcaniques ... 149

Minéralisation de débris organiques par les eaux de Bourbonne ... 102

Minéraux contemporains formés dans les sources de Bourbonne-les-Bains ... 71

— formés à Bourbonne aux dépens du bronze ... 79

— sulfurés; leur mode de formation dans le puisard romain de Bourbonne ... 111

— variés, développés dans le calcaire par les agents volcaniques ... 153

— spéciaux aux météorites ... 595

Mines; lumières qu'elles ont jetées sur l'histoire des minéraux ... 26

— de plomb du Wisconsin; leur disposition générale ... 557

Minette; sa tendance à la schistosité. 401

Miroirs des failles; indiquent le sens de la pression d'où résultent ces dernières ... 541

— produits par écrasement dans l'intérieur des roches ... 574

— de frottement des météorites ... 586

Mispickel dans les gîtes d'étain ... 30

Mode de formation des zéolithes dans le bassin des sources thermales ... 205

— de formation possible des fers d'Ovifak ... 574

— de dispersion des météorites lors de leur arrivée sur le sol ... 672

Modifications fréquentes des couches au voisinage des roches éruptives. 153

— des roches par les vapeurs qui les traversent ... 41
— des roches éruptives par les masses encaissantes ... 157
— allotropiques de la silice ... 254
— incessantes du lit du Rhin ... 259
— des calcaires sous l'action de la chaleur due à des actions mécaniques ... 466
Mollasse ; son plongement vers l'intérieur de la chaîne des Alpes ... 298
Monnaie déformée par le laminage ... 422
Montagnes ; leur structure en éventail ... 435
Mortiers hydrauliques ; silicates qu'ils contiennent ... 186
— leur nature éclairée par le métamorphisme contemporain ... 207
Mouvement d'ascension ; paraît avoir favorisé l'action chimique de l'eau de Bourbonne ... 108
— des galets dans la nature ; leur reproduction artificielle ... 249
— ondulatoire employé pour briser une croûte mince ... 506
— brusques qui ont pu résulter de déformations lentes ... 348
— intérieurs des roches ; chaleur qu'ils produisent ... 448
Mur romain établi sur les sources de Bourbonne ... 78

Nagelfluhe ; son plongement vers l'intérieur de la chaîne des Alpes ... 298
— renferme souvent des cailloux impressionnés ... 382
Nature détritique des globules de beaucoup de météorites ... 530
Naye ; nom de certains joints des phyllades ... 554
Neiges ; leur énergie de démolition ... 555
Nickel ; sa proportion dans les fers météoriques ... 488
— sa présence dans le platine natif ... 554
— sa présence avec beaucoup de minerais de fer ... 577
— sa présence dans les météorites ... 595
Niobium dans l'étain oxydé de l'Allier ... 67
Nitroglycérine ; application des gaz provenant de son explosion à l'imitation des cupules des météorites ... 661
Noisettes dans le puisard romain de Bourbonne ... 74
Nombre des météorites d'une même chute ... 477

— des chutes de météorites constaté ... 485
Normal (métamorphisme) ... 158
Noyau interne métallique de la terre ... 546
— de fruits dans le puisard romain de Bourbonne ... 74
Nuages de poussière qui suivent l'explosion des bolides ... 689

Observation ; guide qu'elle fournit au géologue ... 2
— son insuffisance ... 4-15
— distinction entre l'O. active et l'O. passive ... 7
Obsidienne transformée dans l'eau surchauffée ... 175
— limon qu'elle produit par sa trituration dans l'eau ... 255
— n'est que faiblement décomposée par trituration dans l'eau ... 275
Océan ; température de son fond ... 145
Oldhamite ; est spéciale aux météorites ... 596
Oligiste ; son gisement ... 24
— associé au titane des Alpes ... 41
— accompagne parfois l'apatite ... 57
— accumulé au voisinage de roches éruptives ... 156
Oligoklase ; son inaltérabilité dans l'eau surchauffée ... 175
Oligosidères ; leurs caractères généraux ... 494
Opale produite dans des briques romaines par l'eau thermale de l'Iombières ... 187
— déposée à Saint-Nectaire par des sources thermales ... 189
— son association aux zéolithes ... 210
— noble ; exploitée dans le trachyte ... 215
Or ; se présente à l'état natif ... 24
— sa distribution dans le lit du Rhin ... 259
Orientation constante des joints dans une région donnée ... 504
Origine double des masses dites métamorphiques ... 131
— de l'eau des volcans ... 241
— des cassures terrestres ; hypothèses à cet égard ... 502
— des bandes bleues des glaciers ... 435
— des météorites ; hypothèses dont elle a été l'objet ... 482
— du fer natif du Groënland ; hypothèse à cet égard ... 556
— des diaclases ... 716
Orthis dans les schistes maclifères ... 141

Orthose produit dans les roches par voie de métamorphisme......... 155
— son inaltérabilité dans l'eau surchauffée.................. 207
— sa décomposition chimique par les actions mécaniques....... 269-271
Osmiure d'iridium; son association aux roches magnésiennes....... 551
Outremer (Bleu d'), fabriqué avec le kaolin de l'Allier..... 67
Oxychlorure de cuivre contemporain de Bourbonne.................. 83
Oxydes métalliques des filons...... 24
— d'étain sous la forme du feldspath........................... 56
— d'étain artificiel................ 57
— de titane artificiel............. 57
— de titane; leur reproduction artificielle à l'aide du fluorure...... 62
— d'étain formé aux dépens du bronze à Bourbonne............. 83
— de carbone; réaction qu'il éprouve à chaud de la part du fer....... 575
Oxygène des eaux de Bourbonne.... 74
— sa présence dans les météorites. 593

Paillettes d'or du Rhin; leur association avec les cailloux........... 262
— développées dans les schistes triasiques du Queyras............... 465
Palagonite; en Islande elle rend l'eau minérale..................... 209
Panabase contemporaine de Bourbonne 82
Papier fabriqué avec le kaolin de l'Allier........................... 67
Papierporphyr; sa structure...... 401
Paraclases; ce que c'est........... 352
— leur influence sur le relief du sol............................. 353
Parallélépipèdes dans lesquels se divisent certaines roches.......... 501
Parallélisme de certaines vallées dues à des failles.................. 559
— accidentel du feuilleté des roches et de la stratification........... 395
— linéaire présenté par diverses roches schisteuses.... 496
— du feuilleté et des plans de division des roches cristallines....... 429
— des failles d'une même région.. 523
Paranthine développée dans le calcaire par le métamorphisme..... 156
Parcours nécessaire à la transformation de fragments rocheux en galets........................... 250

Part à faire dans la formation des roches cristallisées à l'action aqueuse et à l'action ignée........... 151
Passage des schistes métamorphiques aux roches cristallines.......... 157
— graduel des roches cristallines aux roches stratifiées fossilifères.. 140
Pâte des briques zéolithiques de Plombières...................... 192
Pegmatite d'où dérive le kaolin de l'Allier.................. 65
Pénétrabilité des roches par les liquides.................... 220
— des roches par l'eau........... 243
Pénétration des météorites dans le sol 478
Pépites de platine magnéti-polaires.. 119
Perchlorure d'étain; sa décomposition par la vapeur d'eau......... 58
— de titane décomposé par l'eau.... 43
— de phosphore employé à la reproduction artificielle de l'apatite.... 50
Perforation des tuyaux de plomb par les eaux thermales de Bourbonne.. 101
— produites sur du calcaire par les eaux de Bourbonne...... 108
Périclase; son imitation artificielle.. 149
Péricline associée au titane des Alpes.......................... 41
Péridot cristallisé des scories d'usines ;.................. 17
— sa présence dans les syssidères. 491
— produit par la fusion des météorites 512
— son produit de fusion.......... 517
— obtenu par l'oxydation partielle des siliciures 524
— son importance dans les régions profondes du globe....... 538
— sa présence dans les météorites.. 595
— rendu globulaire par fusion dans le charbon................... 607
Perlite transformée dans l'eau suréchauffée..................... 175
Perowskite développée dans le calcaire par les agents volcaniques.. 155
Peroxyde de fer; indique la température de certaines précipitations quartzeuses.................. 228
Perte par kilomètre des fragments rocheux qui se transforment en galets............................ 250
Pesanteur; son influence sur les rejets.................... 541
Pétoncles dans les calcaires transformés de la Somma............. 112
Phanérolithes; qualification des bo-

lides qui apportent des pierres... 695
Phases successives qu'on peut reconnaître dans l'histoire des météorites 587
Phénomènes actuels; souvent comparables à des expériences........ 7
— volcaniques; leur étude expérimentale..... 235
— qui accompagnent la chute des météorites..... 475
Philippsite contemporaine de Bourbonne..... 81
Phonolithe; sa tendance à la schistosité..... 402
Phosgénite contemporaine de Bourbonne 84
— de formation contemporaine dans les tuyaux de plomb de Bourbonne. 116
Phosphates métalliques dans les filons..... 24
Phosphore; son rôle minéralisateur appliqué à la cristallisation du granite..... 61
— sa présence dans les météorites. 594
Phosphure de fer et de nickel spécial aux météorites..... 596
Phyllades; origine des veines quartzeuses qui les traversent..... 224
— leur analogie avec les limons feldspathiques artificiels..... 277
— leur division en blocs pseudo-réguliers..... 529
— de divers âges propres à être exploités comme ardoises..... 598
— déformation des fossiles qu'ils contiennent 404
Picnite; en relation avec l'étain à Altenberg 55
Pierres de taille corrodées par les eaux de Bourbonne..... 107
Pierre cariée des bords de la Loire.. 145
Piézoglyptes; ce qu'il faut entendre sous ce nom..... 685
Pilotis fossilisés par les eaux de Bourbonne 103
Pisolithes pyriteuses de Hammam Meskoutine..... 90
Planchers; nom donné aux joints horizontaux des grès de Fontainebleau. 710
Plans de schistosité; comment ils dérivent des joints..... 427
Plantes fossiles dans des roches cristallines 142
Plaquis; nom donné aux plaques limitées par les diaclases très rapprochées dans les calcaires de Souppes..... 715

Plasticité favorable au développement de la schistosité 406
Platine; ses gîtes..... 119
— magnéti-polaire; son imitation artificielle..... 119
— magnéti-polaire; hypothèse sur son mode de formation..... 124
— natif; ses relations avec le fer chromé..... 128
— son association à des roches péridotiques 547
Plattières; nom donné aux plateaux constitués par les grès de Fontainebleau..... 707
Plessite; citée..... 487
Plis des couches imités par l'expérience..... 297
— leur passage graduel aux failles.. 544
Ploiements de divers types par actions exercées dans plusieurs sens.. 289
— leur liaison avec les failles..... 545
— se rattachent à la schistosité... 428
Plomb; son sulfure existe dans les filons..... 24
— sulfure contemporain de Bourbonne..... 84
— antique de Bourbonne; il contient de l'étain 115
— son analyse..... 114
— rendu schisteux par le laminage. 418
— présentant artificiellement la structure en éventail..... 439
Plombiérite; sa composition 186
Plongement de la molasse vers l'intérieur de la chaîne des Alpes.... 298
Pluies de poussières..... 503
Poids des météorites..... 478
Pointements granitiques en rapport avec les sources de Bourbonne ... 72
Pôles d'un aimant de platine; leur position..... 127
Polyèdres circonscrits par les systèmes de joints qui traversent les roches..... 527
— dans lesquels la pression réduit les roches 550
Polypiers remplacés, sans déformation, par des espèces cristallisées. 141
Polysidères; leur caractères généraux 493
Porosité des roches..... 219
— son rôle dans l'infiltration profonde de l'eau..... 256
Porphyre; c'est l'eau qui y a fait cristalliser le quartz..... 217
— terreux du terrain permien; son lien avec les sables cristallisés... 272

— sa schistosité.................. 401

— schistoïde; ses caractères ambigus...................... 451

Postériorité des filons stannifères et titanifères par rapport à la roche encaissante.................... 42

Potasse; sa faible proportion dans les briques zéolithiques......... 148

Potassium; sa présence dans les météorites...................... 594

Poteries grossières recueillies dans les exploitations antiques de l'Allier......................... 68

Poudingues quartzeux renfermant des galets impressionnés........ 383

Poudre; application des gaz provenant de son explosion à l'imitation des cupules des météorites....... 650

Poussée des roches éruptives; peut être due au foisonnement........ 218

— subie par les roches qui constituent l'axe des Alpes; effets qu'elle a dû produire................. 457

Poussières tombées en même temps que des météorites............. 503

— cosmiques; leur mode de formation....................... 689

— d'origine cosmique............ 697

Pouzzolane; son action hydraulique éclairée par le métamorphisme contemporain..................... 207

Précipitation du quartz cristallisé dans la mer permienne au voisinage du porphyre............... 227

Prehnite associée au titane des Alpes. 41

— associée au cuivre gris......... 215

Presse hydraulique employée pour imiter les cassures terrestres..... 316

— à balanciers utilisée à la reproduction de la schistosité.......... 409

Présence des silicates cristallisés dans les roches stratifiées métamorphiques; ce qu'elles indiquent....... 252

Pression; permet à Hall de faire cristalliser la craie................ 19

— son rôle dans la cristallisation des silicates................... 154

— nécessaire à la production des stries glaciaires............... 284

— employée pour imiter les cassures terrestres............... 515

— productrice des failles; son influence sur les rejets............ 341

— mécanique comme cause de la schistosité................... 404

— que supporte un bolide en traversant l'atmosphère................ 612

— qui fait monter la lave au sommet de l'Etna.................. 645

— des gaz qui agissent sur le bolide; elle est comparable à celle des expériences...................... 698

Prisme de mastic à mouler, fissuré par l'action de la presse hydraulique....................... 518

— prismes d'acier affouillés par les gaz de la dynamite............ 651

Production de la schistosité dans l'argile soumise à la pression........ 411

— des surfaces émaillées dans les roches malaxées................. 469

Propagation de la chaleur du globe, comme agent de métamorphisme. 145

— de l'action métamorphique de l'eau sur les roches.............. 220

Proportion relative du péridot et de l'enstatite, dans le produit de fusion des météorites................. 514

Protochlorure de fer des holosidères. 567

— de fer spécial aux météorites... 596

Protogine; sa schistosité........... 40

— sa liaison dans les Alpes avec les roches schisteuses qui l'enveloppent 456

Puisard romain découvert à Bourbonne....................... 74

Puissance mécanique des gaz comprimés...................... 666

Puits romain de Bourbonne........ 74

— naturels analogues aux érosions des calcaires par l'eau de Bourbonne....................... 109

— dans lequel une sphère est soumise l'action de la dynamite, corrosion sphéroïdale de ses parois par la dynamite............... 659

Pulvérisation des liquides dans l'air. 609

— de l'acier par l'action subite des gaz de la poudre............... 640

— de certaines météorites à la surface du sol................... 478

Pycnite des gîtes d'étain.......... 50

Pyrite obtenue par M. Becquerel.... 19

— son gisement................. 24

— arsenicale dans les gîtes d'étain. 50

— cuivreuse contemporaine de Bagnères-de-Bigorre.............. 81

— contemporaine de diverses localités 86

— développée dans le calcaire par les agents volcaniques........... 155

— cristaux déformés dans les phyllades des Ardennes............... 445

— magnétique; sa présence dans les météorites 595

Pyrochlore développé dans le calcaire par les agents volcaniques....... 153
Pyroxène; sa production artificielle par Berthier.................... 17
— cristallisé dans des calcaires sédimentaires non modifiés.......... 147
— produit dans le verre par l'action de l'eau suréchauffée............. 167
— augite; son inaltérabilité dans l'eau suréchauffée................ 207
— transformé en substance chloritique avec persistance de sa forme. 212
— cristaux empâtés dans les cristaux d'amphigène.................... 217
— sa présence dans les calcaires secondaires........................ 223
Pyroxène dans des roches chloritiques........ 225
— étymologie de son nom.......... 235
— de la Somma; son produit de réduction comparé aux météorites.. 519
— sahlite associé au platine....... 548
— sa présence dans les météorites.. 598
Pyrrhotine; comparée à la troïlite.. 487
— son abondance dans l'holosidère de Sainte-Catherine............. 526

Quadersandstein caractérisé par la régularité de ses joints.......... 557
Quartz reproduit par Sénarmont... 21
— gangue des filons.............. 24
— son existence constante dans les gîtes d'étain.................... 29
— ses amas stannifères; est épigénique au moins en partie......... 44
— avec indice de cristallisation obtenu par la décomposition du chlorure silicique............... 63
— fibreux obtenu par la décomposition du fluorure silicique....... 64
— sa proportion dans le kaolin de l'Allier........................ 66
— stannifère des gîtes de kaolin.... 67
— stannifère d'un limon de l'Allier...................... 69
— accumulé au voisinage des roches éruptives.................... 136
— développé dans le calcaire par les agents volcaniques.............. 155
— cristallisé, obtenu par l'action de l'eau suréchauffée sur le verre 159. 163
— son association aux zéolithes.... 210
— en grains cristallisés de certains grès et de certains sables........ 226
— rose, accompagne l'or dans le

lit du Rhin..................... 262
Quartz cristallisé dans les intervalles des bélemnites tronçonnées..... 443
Quartzite; est parfois feuilleté.... 399
— parallélisme linéaire qu'il présente........................ 406
— perforé par l'application d'une chaleur brusque................ 629

Rail affouillé par les gaz de la dynamite............................ 652
Rareté des fossiles dans les calcaires tourmentés...................... 468
— des météorites dans certaines contrées 484
Réaction exercée sur un sphéroïde qui se contracte par une enveloppe non contractile.................. 385
Réduction des roches silicatées comme méthode d'imitation des météorites............................. 517
Refroidissement de blocs sphériques variés; expériences de Buffon.... 15
— expérience de Bischof.......... 15
Régime du cours du Rhin.......... 260
Régional (Métamorphisme)........ 138
Règle de Schmidt relative au sens des rejets dus aux failles; ses exceptions 341
Régularité des fissures produites par torsion dans une plaque de glace. 509
Rejets mutuels des lignes noires des météorites...................... 687
— leur origine................... 340
Relation des gîtes métallifères et des auréoles métamorphiques avec les masses encaissantes............. 157
— entre les vitesses et les pressions nécessaires pour qu'un caillou commence à buriner des stries........ 284
— de la schistosité avec les lignes de dislocation du sol............. 408
— entre la schistosité et les reliefs du sol......................... 453
Relief du sol; comment il est influencé par les paraclases.............. 355
Remplis de l'écorce terrestre, leur cause 385
Renflements des couches de houille dus à des effets de torsion........ 347
Renversements de couches imités par l'expérience..................... 296
— de l'ordre stratigraphique causé par des failles.................. 542
Répartition géographique des météo-

rites............................ 483
— sur le terrain des pierres d'une même chute.................... 672
Reproduction artificielle de l'apatite........................ 49-57
—artificielle de la schistosité....... 407
Ressauts de joints visible sur les falaises du Tréport................ 524
— de vallées correspondant à des fractures..................... 567
Ressauts produits à la surface du sol par les failles.................. 355
Ressemblance de la minéralisation contemporaine avec celle des anciennes périodes.............. 111
Réticulation dendritique du platine extrait de son alliage avec le fer 130
Retrait observé dans des feuilles de plomb........................ 101
— invoqué comme cause des joints et des failles.................. 503
Rhabdite; sa composition.......... 487
Richesse en étain des roches voisines des filons stannifères........... 40
—inégale du Rhin en or suivant les localités.................... 260
Rides développées sur un enduit non contractile par la diminution de volume d'un sphéroïde élastique sur lequel on l'avait appliqué... 588
— présentées par la croûte des météorites alumineuses........ 480-481
Riflot; nom de certains joints des ardoises de Fumay.............. 334
Robinets de bronze recouverts de cuivre sulfuré à Plombières et à Bourbonne..................... 81
— corrodé par les gaz de la poudre. 641
Roche verte; variété d'hyalomycte de Montebras..................... 69
— mère du platine comparée aux météorites...................... 533
— à fer natif du Groenland; ses caractères...................... 556
Rochers isolés; leur origine........ 355
— nom donné aux accumulations de blocs de grès dans la forêt de Fontainebleau..................... 708
Roches éruptives; leurs caractères.. 131
— stratifiées; leurs caractères...... 113
— éruptives; ont déterminé souvent un métamorphisme accidentel.... 145
— propres au développement des zéolithes...................... 207
—amygdaloïdes; leur histoire éclairée par la formation contemporaine des zéolithes..................... 208

— volcaniques imprégnées de silice. 215
— éruptives; leur poussée due peut-être au foisonnement.......... 218
— chloritiques; servent souvent de gangue à des silicates anhydres.. 223
— schisteuses; formes sous lesquelles le quartz s'y est isolé......... 224
— éruptives; leur analogie de composition avec les roches métamorphiques.................... 231
Roches métamorphiques; leur analogie de composition avec les roches érupti 231
— vitrificati que la foudre y produit....................... 481
— à base de péridot; leur abondance dans les régions profondes...... 538
— à base du péridot; leurs caractères généraux................ 545
— cristallines; leurs dispositions générales.................... 589
— feuilletées; leurs caractères.... 591
— feuilletées; leur abondance et leur diversité................. 598
— schisteuses, déformation des fossiles qu'elles contiennent....... 404
— à graphite; leur parallélisme linéaire fréquent............... 406
— schisteuses restées horizontales.. 428
Rognons de pyrrhotine qui traversent le fer de Caille................ 619
Rôle considérable des fractures dans la topographie.............. 555
Rotation des météorites démontrée par l'extension des cupules sur une partie de la surface.............. 685
Rubidium, dans les eaux de Bourbonne......................... 75
Rupture de l'holosidère de Sainte-Catherine; sa cause............... 555
— de prismes d'acier par l'explosion de la dynamite.................. 622
— des bolides; n'est point une explosion........................ 676
Ruptures opérées parallèlement à d'anciens équateurs invoquées comme causes des failles........ 502
Rutile de l'Oisans................. 42
— diversité de ses gisements...... 45
— sa reproduction artificielle...... 62

Sable; son mode de formation 248
— au travers duquel jaillit la source principale de Bourbonne......... 109
—caractérisent les roches de sédiment........................ 151

— cristallisés.... 226
— anguleux; leur mode de formation 258
Saillies du sol dues à des paraclases 555
Saponite contemporaine de Plombières.................... 188
Savon à la glycérine rempli de miroirs de frottement à la suite d'un
écrasement.................. 575
Schistes de transition inégalement
modifiés par les filons de granite 154
— verts; forment dans les Alpes un
passage entre les roches cristallines et les roches stratifiées....... 140
— chloritiques; origine des veines
quartzeuses qui les traversent.... 224
— amphiboliques; parallélisme linéaire qu'ils présentent........... 406
Schistosité; conditions dans lesquelles elle peut se produire...... 422
— développée dans le verre par
l'eau suréchauffée............. 159
— des roches.................. 591
Schreibersite; sa composition...... 487
— est spéciale aux météorites...... 596
Scories d'usines; cristaux qu'elles
contiennent 17
— contribuent à rendre le fer schisteux 417
Scorification partielle, comme cause
de l'isolement du platine dans la
nature.................... 150
— universelle; confirmation de cette
hypothèse 596
Sédiments des anciennes mers; leurs
caractères.................. 134
Séléniures métalliques des filons.... 24
Sel marin; empêche la décomposition
du feldspath par la trituration
dans l'eau.................. 273
Sels déliquescents dans les calcaires
de la Somma 571
Sens; noms de certains joints des
marbres................... 334
Sens des feuillets des roches, par rapport au sens de la pression suppor-
tée..................... 422
Serpentine développée dans les calcaires par le métamorphisme.... 136
— limon qu'elle produit par sa trituration dans l'eau............ 251
— avec miroirs de frottement dus à
un écrasement............... 574
— sa tendance à la schistosité...... 401
— sa transformation en péridot.... 541
— son association avec le platine natif.... 549

Shalkite; ses caractères........... 501
Sidérose; gangue de filons........
— contemporaine à Bourbon l'Archambault...................
— son association aux zéolithes..... 210
Silex de la craie; limon qu'il produit par sa trituration dans l'eau 251
Silicates cristallisés fournis par les
fourneaux métallurgiques....... 16
— hydratés des amas stannifères;
témoignent du rôle de l'eau dans
leur formation.................. 48
— alcalins dans les eaux de Bourbonne.................... 73
— de fer contemporain de Bourbonne 95
— de Plombières.................. 96
— cristallisés, leur indépendance
vis-à-vis de leurs gangues...... 148
— incandescents des laves; retien-
nent des quantités d'eau considérables 152
— hydratés dérivés du verre par l'action de l'eau suréchauffée........ 158
— contenus dans les mortiers hydrauliques.................. 186
— alumineux contemporains de Saint-
Honoré.................... 202
— cristallisés des roches stratifiées
métamorphiques: ce qu'ils indiquent.................... 232
— de potasse donné par le feldspath
trituré dans l'eau.............. 252
— leur décomposition chimique par
les actions mécaniques.......... 268
— de potasse; existent en dissolution
dans les eaux qui coulent sur le
granite.................... 276
— associés au fer natif dans le basalte d'Ovifak.................. 559
— de magnésie; ils peuvent prendre
par solidification la structure chondritique.................. 609
Silice; son abondance dans les roches
volcaniques................. 215
— gélatineuse fournie à l'eau par les
caillasses parisiennes.......... 230
— ses modifications allotropiques.... 254
en dissolution dans les eaux de la
baie de Rio-de-Janeiro.......... 266
Silicification des roches volcaniques. 213
Silicium; sa fréquence dans les météorites................... 593
Siliciures; leur oxydation partielle
comme méthode d'imitation des météorites........... 524
Sillons et stries glaciaires, leur des-

cription 279
Sinuosités des vallées en rapport avec les failles.................. 363
Situation relative des roches cristallines des Ardennes et des massifs encaissants............. 430
— relative du fer et du sulfure dans l'holosidère de Sainte-Catherine... 531
Sodium ; sa présence dans les météorites..... 594
Soies ; nom donné à certains joints des grès de Fontainebleau 710
Solides ; leur écoulement les rend schisteux...................... 409
Solidification première des météorites. 587
Sondages ; ont provoqué des sources nouvelles à Bourbonne.......... 75
Soudure adoptée par les Romains pour réunir les tuyaux de plomb. 100 et 102
Soufre sublimé dans un sondage de Bourbonne.................... 74
— sa présence dans le graphite des holosidères.................... 554
— sa présence dans les météorites.. 594
Sources thermales ; il s'y fait des minéraux contemporains........ 22
— de Bourbonne-les-Bains ; productrices de minéraux contemporains. 71
— thermales ; productrices de zéolithes......................... 791
— bouillantes de l'Islande ; elles déposent de la geysérite globuliforme................................ 229
Spath fluor. gangue de filons....... 24
— fluor, sa présence dans le kaolin de Halle...................... 37
— associé au titane des Alpes.... 41
Sphène associé au titane des Alpes.. 41
Sphère de fer doux soumise à l'action des gaz de la dynamite.......... 654
Sphéroïdes de zinc corrodés par les gaz de la poudre............... 635
Sphérolithes fibreux des briques zéolithiques........................ 195
Spilites imprégnées de calcaire,..... 212
Spinelle développé dans le calcaire par le métamorphisme.......... 156
Spirifères dans les schistes maclifères. 141
Sporadosidères ; leurs caractères généraux......................... 492
Stagmate ; protochlorure de fer des holosidères.................... 567
Statistique des chutes de météorites. 484
Statuettes en bronze dans le puisard romain de Bourbonne.......... 76
Staurotide produite dans les roches par voie de métamorphisme...... 135
Stibine ; son gisement............ 24
Stéatite ; association aux zéolithes.. 210
Stilbite associée au titane des Alpes. 41
— contemporaine de Plombières.... 192
—son abondance dans les roches amygdaloïdes.... 211
— dans un calcaire fossilifère 216
— imprégnant des cristaux de feldspath..... 224
Stratification ; son indépendance par rapport au feuilleté des roches... 393
Stratifiées (Roches), leurs caractères. 151
Striage des roches 179
Stries parallèles des carbonados.... 378
Sulfure de fer caractéristique des holosidères 487
— de fer et de chrome spécial aux météorites.................. 566
— de calcium spécial aux météorites. 590
— métalliques, leur mode de formation dans le puisard romain de Bourbonne.......... 111
Surfaces polies produites dans les roches par écrasement 374
— sur laquelle les solides sont visibles 476
—de frottement produites artificiellement dans les roches réduites par le charbon.................... 523
— polies et striées des météorites, leur imitation.................. 669
Syénite zirconienne ; a fixé du chlore originel...................... 150
— sa schistosité................ 400
Synchronisme de failles constituant un réseau 557
Synthèse des minéraux. Comment elle doit être conduite........... 8
— son importance................ 15
— chimique des météorites....... 509
— de la pyrrhotine associée au carbone comme dans les holosidères. 555
Syssidères ; leurs caractères généraux 491
Systèmes de filons................ 26
Systèmes conjugués dans lesquels se groupent les cassures produites simultanément par la torsion d'une glace............................ 311
— de failles produites artificiellement, à la suite d'un ploiement.... 522
Strontiane dans les eaux de Bourbonne................... 75
Structure non porphyroïde du verre ordinaire...................... 172
— fluidale des briques romaines de Plombières.................. 193

— entrelacée de certains calcaires.. 406
— en éventail des chaines de monta-
  gnes . . . . , 435
— globulaire des roches réduites par
  le charbon. 522
— bréchoïde de beaucoup de météo-
  rites. 584
— globulaire des météorites, son imi-
  tation. 505
— chondritique des silicates de ma-
  gnésie fondus. 609
— globulaire favorise la production
  des cupules des météorites. 679
Substances pierreuses; leur action sur
  les dissolutions qui les traversent. 106
— organique des sables de Bour-
  bonne. 110
Succin dans le puisard romain de
  Bourbonne. 77
Suintement de chlorure de fer à la
  surface des fers natifs d'Ovifak... 557
Sulfate d'alumine fabriqué avec le
  kaolin de l'Allier. 67
— alcalin dans le kaolin de l'Allier... 76
— de magnésie dans les eaux de
  Bourbonne. 73
— de chaux dans les eaux de Bour-
  bonne. 73
— alcalins dans les eaux de Bour-
  bonne. 73
Sulfuration de l'acier soumis à l'ac-
  tion des gaz de la poudre. 658
Sulfures métalliques des filons. 4
— n'existent pas en quantité sensible dans les eaux de Bourbonne.. 73
Sulfure de fer contemporain de di-
  verses localités. 86

Tables constituées par les grès de Fontainebleau. 707
Talc contemporain de Saint-Honoré. 205
— développé dans le calcaire par le
  métamorphisme. 156
Talcschiste; sa schistosité. 599
Tantale dans l'étain oxydé de l'Allier. 67
Tellurures métalliques des filons.. . . 24
Température des sources de Bour-
  bonne. 73
— qui a accompagné les phéno-
  mènes métamorphiques. 144
— nécessaire à la cristallisation des
  silicates dans les eaux thermales. 206
— favorable au métamorphisme. . . . 250
— acquise par l'argile malaxée 450-454-456
— des météorites au moment de leur
  entrée dans l'atmosphère. 502

— de formation des météorites 582
Temps; supposition sur son influence
  dans la synthèse des minéraux. . . . 14
Tendance des joints aux groupe-
  ments orthogonaux 336
Teneur en or des graviers du Rhin.. 261
Terrains schisteux riches en tourmaline près des filons d'étain. 53
— de transition. 140
— stratifiés zéolithiques. 216
— stratifiés leurs caractères géné-
  raux. 589
Terre verte, son association aux zéo-
  lithes. 240
— développée dans les calcaires par
  le métamorphisme. 156
Tests de crustacés artificiellement
  déformés par le laminage dans le
  plomb. 419
Tête mobile d'un canon corrodée par
  les gaz de la poudre. 646
Tétraédrite contemporaine de Bour-
  bonne. 82
Texture globulaire des météorites.. 497
Thalweg, leur rapport avec les failles. 565
Thermes d'Oran; leur béton zéolithi-
  que. 201
Thermo-dynamique; son rôle futur
  en géologie. 470
Théorie des amas stannifères, ses con-
  firmations expérimentales. 61
— de la schistosité. 409
Thonporphyr, son lien avec les sables
  cristallisés. 277
Tissus organiques, leur action sur les
  dissolutions qui les traversent. . . . 106
Titane mis en évidence par la fusion
  des météorites. 516
— sa présence dans les météorites.. 594
Tænite; citée. 487
Tôle; feuilles affouillées par les gaz de
  la dynamite 654
Tonneaux malaxeurs employés dans
  des expériences sur l'échauffement
  de l'argile 451
Topaze des gîtes d'étain. 30
— sa connexion avec les gîtes d'étain. 33
— des amas stannifères est épigéni-
  que 44
— sa présence dans les gîtes d'é-
  tain 60
Topographie éclairée par l'expéri-
  mentation. 508
— de la forêt de Fontainebleau, or-
  donnée d'après les directions des
  diaclases des grès 747
Torsion des fossiles au voisinage des

joints...................................... 505

Torsion employée pour produire des cassures dans une plaque mince.. 307

— qui a produit certaines failles... 345

Tourbillons gazeux qui produisent les cupules des météorites.......... 679

Tourmaline des gîtes d'étain........ 30

— sa connexion avec les amas stannifères.......................35- 34

— substituée au feldspath.......... 56

— des amas stannifères est épigénique.......................... ... 44

— sa présence dans le kaolin...... 84

— dans les roches kaolinisées d'Angleterre........................ 65

— produite dans les roches par voie de métamorphisme.............. 135

— dans le hornfels près du granite. 136

— dans des roches chloritiques.... 522

Tourne-à-gauche employé pour imiter les failles par torsion....... 307

Trachytes silicifiés............... 213

— leur porosité explique comment les volcans sont alimentés d'eau.. 242

— leur tendance à la schistosité.. 401

Traînées de vapeur qui accompagnent les bolides...................... 476

— de cupules produites par la dynamite sur des prismes d'acier..... 651

Trajectoire des bolides............ 476

Tranchées d'exploitation antique du département de l'Allier......... 68

Transformation des roches stratifiées au voisinage des masses éruptives. 133

— du verre par l'eau suréchauffée.. 159

— de briques romaines par l'eau thermale de Plombières.......... 198

— de la houille en anthracite par la chaleur due à la pression des couches.......................... 465

Transition (Terrain de)............ 140

Transition des failles aux joints..... 335

— ménagées entre le granite et le gneiss......................... 400

Transition des roches grenues aux roches schisteuses............... 427

Transparence du quartz du granite quand il est pulvérisé........... 255

Trémolite stannifère des gîtes de kaolin............................... 67

Triage par ordre de grosseur réalisé par les fleuves parmi les galets qu'ils charrient 250

— naturel entre les grains de sable de diverses grosseurs........... 258

Tridymite des briques zéolithiques de Plombières 195

Trilobites ; leurs déformations dans les roches schisteuses 404

Trituration détermine la décomposition de certains minéraux....... 268

Troïlite ; sulfure de fer des holosidères......................... 587

Tronçonnement des bélemnites dans les roches schisteuses.......... 404

— artificiel des bélemnites........ 419

Tubes de cuivre rouge attaqués par l'eau thermale de Bourbonne..... 97

— de formes diverses employés dans les expériences dans l'eau suréchauffée................... 155

Tuf ; nom donné au conglomérat qui surmonte le calcaire de Souppes. 715 245

— trachytiques silicifiés........... 213

— porphyriques associés au béton a des sables cristallisés........... 228 50

Turquoise des gîtes d'étain........

Tuyau de bronze attaqué par les eaux de Bourbonne.............. 80

— de plomb immergés dans l'eau thermale de Bourbonne.......... 98

Type commun des météorites ; ses caractères... 494

Types qu'on peut distinguer parmi les météorites.................... 485

— à distinguer parmi les roches à fer natif du Groenland............ 556

Ubiquité du péridot, elle en fait la scorie universelle.............. 598

Uniformité des grains sableux des calcaires ; ses causes........... 257

Unité de constitution de l'univers, attestée par les météorites....... 595

Vacuoles cristallifères des briques zéolithiques de Plombière....... 194 554

Vallées de failles, leurs caractères.

Vapeurs comme auxiliaires de la chaleur dans le métamorphisme 148

— d'eau très chaude comme agent de production des silicates cristallisés......................... 154

— d'eau au rouge se comporte comme l'eau liquide................... 169

Veines isolées dans les roches métamorphiques.................... 159

— quartzeuses dans les roches schisteuses ; leur formation.......... 224

Veines noires des météorites leur imitation 669

Vernis brillant qui enveloppe les mé-

téorites alumineuses............ 500
Verre, base des pierres d'après Leibnitz............................ 15
— sa transformation par l'eau suréchauffée...................158- 161
Verre soumis à l'action simultanée
  de la chaleur et de la pression pour
  le rendre schisteux............. 414
— sa dévitrification lui donne souvent une structure chondritique.. 610
Vestiges qui permettent de prévoir
  l'origine des amas stannifères.... 47
— organisés signalés dans le gneiss 589
Vivianite contemporaine de Bourbonne...... 95
— son association aux zéolithes.... 210
Vitesse nécessaire à la transformation de fragments rocheux en
  galets.......................... 250
— nécessaire à la production des
  stries glaciaires................ 284
Vitesse des bolides................ 476
Vitrifications produites sur les roches par la foudre.............. 481
Voie sèche........................ 16
— humide......................... 16
— hydrothermale ; explique l'origine des silicates de beaucoup de
  roches..... 233
Volcans ; leur mécanisme.......... 235
— origine de l'eau qu'ils vomis-
  sent............................ 41
— lunaires considérés comme comme
  source des météorites........... 482
— matériaux variés qu'ils apportent
  à la surface du globe........... 590
Volume du sable charrié chaque jour
  par les glaciers................ 254

— comparé des sables produits par
  la trituration des roches dans l'eau
  et par l'action des glaciers........ 254
Vue de Descartes sur l'origine solaire de la Terre 555

Warwickite ; sa présence dans le
  calcaire........................ 43
Wawellite des gîtes d'étain 50
Wolfram dans les gîtes d'étain... 30-42
Wollastonite développée dans le cal-
  caire par voie de métamorphisme. 135

Zéolithes associées au titane des
  Alpes.......................... 41
— développées dans le calcaire par
  le métamorphisme.............. 136
— développées dans le granite près
  du basalte...................... 136
— formées par des sources thermales.......................... 179
— contemporaines de Luxeuil, de
  Bourbonne-les-Bains, d'Oran...... 199
— leur importance dans diverses
  roches......................... 209
— leur association aux gîtes métallifères......................... 215
Zinc recouvert de dépressions cupuliformes par l'action des gaz de la
  poudre...................... .. 633
Zône modifiée autour des roches
  éruptives....................... 135
— développées dans le verre, encore
  vitreux par l'eau surchauffée..... 169

ERRATA

Page 17, ligne 1 (à partir d'en bas), au lieu de : *Académie française*, lisez : *Académie des sciences.*

Page 49, ligne 4 (à partir d'en bas), au lieu de : 1851, lisez : 1859.

Page 53, ligne 8 (à partir d'en bas), au lieu de : chaux carbonate naturelle, lisez : chaux carbonatée naturelle.

Page 65, ligne 5 (à partir du haut), au lieu de : Colins, lisez : Collins.

Page 81, ligne 4 (à partir d'en bas), au lieu de : 1859, lisez : 1857.

Page 119, ligne 5 (à partir d'en bas), au lieu de : Leuchteuverg, lisez : Leuchtenberg.

Page 126, ligne 8 (à partir d'en bas), au lieu de : parallèlement. — L'aiguille magnétique, lisez : parallèlement à l'aiguille magnétique.

Page 146, ligne 12 (à partir d'en bas), au lieu de dépts, lisez : dépôts.

Page 244, ligne 5 (à partir d'en bas), au lieu de : Seynhausen, lisez : Oeynhausen.

Page 284, ligne 1 (à partir d'en bas), au lieu de : t. LXXX, lisez : t. LXXXVI.

Page 284, ligne 1 (à partir d'en bas), au lieu de : p. 718, lisez : 428.

Page 294, ligne 6 (à partir d'en bas), au lieu de : pression moindre, lisez : pression verticale moindre.

Page 308, ligne 6 (à partir d'en bas), au lieu de : échelle de 1/6, lisez : échelle de 1/12.

Page 316, ligne 10 (à partir d'en bas), au lieu de : Sorgnies, lisez : Soignies.

Page 467, ligne 8 (à partir du haut), au lieu de : calorifique, lisez : mécanique.

TABLE DES FIGURES

INTERCALÉES DANS LE TEXTE

PREMIÈRE PARTIE

Fig. 1. — Expérience réalisant la production artificielle de la cassitérite, par la réaction mutuelle du bichlorure d'étain et de la vapeur d'eau. . 58

Fig. 2. — Autre disposition de l'expérience précédente 59

Fig. 3. — Expérience réalisant la production artificielle de l'apatite, par la réaction du perchlorure de phosphore sur la chaux caustique 50

Fig. 4. — Puits établi sur les principaux griffons de la source de Bourbonne. — Le puisard romain, auquel a été superposé le puits actuel, repose sur un pilotis, enfoncé dans des couches argileuses, et sur une couche horizontale de béton. Les parois verticales du puits antique sont formées de quatre enceintes de pierre de taille, de béton et de moellons ; parois du puits moderne, en grès bigarré ; couches sableuses ou argileuses, dans lesquelles ont été découvertes les principales minéralisations contemporaines ; colonne de sable dont un sondage a fait connaître l'existence. — Échelle 1/120. 75

Fig. 5. — Agglutination de fragments de roche et de grains de sable par des minéraux de formation contemporaine ; elle rappelle grossièrement la forme de la médaille, en partie dissoute, qui en a formé le centre. — Grandeur naturelle 77

Fig. 6, 7 et 8. — Cristaux de chalkosine contemporaine, rencontrés à Bourbonne et à Plombières. — Échelle d'environ 40 fois 80

Fig. 9. — Forme cristalline, dominante dans le cuivre gris formé à Bourbonne. 82

Fig. 10. — Tuyau de plomb sur lequel s'est déposée la phosgénite en cristaux. Ce tuyau, enchâssé dans du béton, présente des érosions profondes, tant à l'intérieur qu'à l'extérieur. — Grandeur naturelle . . 84

Fig. 11. — Production de pyrite cristallisée dans un carrelage romain à Bourbonne. Ce carrelage, superposé à du béton, est au-dessous d'un ancien canal de conduite d'eau. — Échelle de 1/25. 89

Fig. 12. — Pisolithe contemporaine, à couches concentriques de pyrite et de carbonate de chaux; Hamman-Meskoutine. — Deux fois grandeur naturelle 91

Fig. 13. — Corrosion d'un tuyau de cuivre soumis, d'une manière intermittente, à l'eau minérale, dont le niveau oscille. La partie du tuyau située au-dessous du niveau supérieur, se dissout graduellement. — Échelle de 1/25. 98

Fig. 14. — Coupes transversales de tuyaux en plomb de l'époque romaine, faisant voir leur mode de fabrication. — Échelle 1/4 99

Fig. 15. — Tuyau horizontal de plomb enchâssé dans du béton, lui-même compris entre deux blocs de grès bigarré : constructions romaines de Bourbonne-les-Bains. — Échelle de 5/100. 99

Fig. 16. — Embranchement en bronze, servant à l'assemblage des tuyaux de plomb verticaux, dans les constructions romaines; soudure; bague intérieure en plomb. — Échelle de 1/4 100

Fig. 17. — Tuyau de plomb de fabrication romaine, ayant servi pour la conduite de l'eau thermale, qui y a produit de fortes érosions. — Échelle de 1/2 101

Fig. 18. — Pilotis romains, dont le tissu est incrusté par de la calcite : ils servaient de fondation à un canal. 103

Fig. 19. — Érosions produites par l'eau thermale, sur le calcaire du revêtement intérieur du puits : aspect de la paroi intérieure du puits pour un observateur placé dans l'axe; vue transversale de la paroi. — Échelle de 1/120 108

Fig. 20. — Coulée d'un barreau de platine dans une lingotière prismatique, orientée parallèlement à l'aiguille magnétique. 126

Fig. 21. — Tube en fer, employé aux expériences dans l'eau suréchauffée. Section longitudinale montrant le bouchon à vis, au moyen duquel la fermeture hermétique est obtenue : rondelle de cuivre. — Échelle de 1/5. 155

Fig. 22. — Autre mode de fermeture du tube de fer, obtenue par un bouchon uni et cylindrique, soudé à la forge. — Échelle de 1/5. 156

Fig. 23. — Résultat de l'explosion d'un tube à vis. Ampoule. — Déchirure. — Échelle de 1/5 157

Fig. 24. — Résultat de l'explosion d'un tube fermé à la forge. Ampoule. — Déchirure. — Échelle de 1/5. 157

Fig. 25. — Aspect extérieur et coupe longitudinale de l'ampoule qui précède l'explosion du tube de fer employé aux expériences dans l'eau suréchauffée. 157

Fig. 26. — Mode de fermeture d'un tube de cuivre rouge, construit pour l'exécution d'expériences dans l'eau suréchauffée. — Tube de cuivre très résistant. — Bouchon de cuivre fermant à vis. — Bride de fer. — Vis de pression. — Échelle de 1/8 158

Fig. 27. — Coupe longitudinale de l'appareil. 158

Fig. 28. — Vue en dessus de l'appareil. 158

Fig. 29. — Vue en dessous de l'appareil 159

Fig. 50. — Résultats de l'action de l'eau suréchauffée sur un tube de verre, à la surface intérieure duquel il s'est formé une série d'ampoules de formes diverses. — Grandeur naturelle.   159

Fig. 51. — Résultat de l'action de l'eau suréchauffée sur un tube de verre cylindrique avant l'expérience ; il est gauchi et gercé. — Grandeur naturelle. . . . . '.   160

Fig. 52. — Résultat de l'action de l'eau suréchauffée sur l'extrémité d'un tube en verre, qui s'est divisé en couches concentriques. L'une d'elles présente des gerçures de retrait. — Grandeur naturelle.   160

Fig. 53. — Résultat de l'action de l'eau suréchauffée sur un tube de verre, qui s'est divisé en feuillets concentriques, dont les plus minces se sont enroulés, à la manière d'une feuille de papier. — Grandeur naturelle   161

Fig. 54. — Résultat de l'action de l'eau suréchauffée sur un tube de verre, à la surface intérieure duquel il s'est appliqué une incrustation de quartz cristallisé. — Grandeur naturelle   163

Fig. 55. — Résultat de l'action de l'eau suréchauffée sur un tube de verre, dans la cassure transversale duquel se montrent plusieurs couches minces et concentriques, reconnaissables à leur différence de couleur. La texture fibreuse y est parfaitement reconnaissable à l'œil nu. — Grandeur naturelle   163

Fig. 56. — Cristal de quartz, obtenu dans la décomposition du verre par l'eau suréchauffée ; les faces du rhomboèdre primitif p sont beaucoup plus développées que celles du rhomboèdre e 1/2. — Grossissement de 80 diamètres.   164

Fig. 57. — Cristal de quartz, obtenu dans la décomposition du verre, par l'eau suréchauffée. Le rhomboèdre primitif y prédomine considérablement ; de plus, il présente une face plagièdre droite, accompagnée d'une série de stries appartenant à la même zone. — Grossissement de 120 diamètres   164

Fig. 58. — Cristal de quartz, obtenu dans la décomposition du verre, par l'eau suréchauffée. Il montre nettement deux faces plagièdres distinctes xy et toutes deux droites. — Grossissement de 120 diamètres   165

Fig. 59. — Cristal de quartz, obtenu dans la décomposition du verre, par l'eau suréchauffée. Il se distingue des deux précédents par la situation à gauche de la face plagièdre ; il présente une série de stries appartenant à la même zone. — Grossissement de 120 diamètres   166

Fig. 40, 41 et 42. — Cristaux de quartz implantés et comme piqués sur les parois de tubes de verre, soumis à l'action de l'eau suréchauffée, et formant, tant à l'intérieur qu'à l'extérieur, des géodes et des druses. — cristaux de quartz isolés ; ampoules ; excoriations. Dans la fig. 40, on voit sur la tranche du verre la structure à la fois fibreuse et concentrique du verre transformé. — Grossissement : 2 à 1   166

Fig. 43. — Verre transformé ; plaque mince observée à la lumière polarisée et montrant : 1° Une série de petits cristaux incolores (microlithes), la plupart avec une disposition rayonnée, quelques-uns isolés ;

2° des cristaux verdâtres de pyroxène. On y voit, en outre, des globules qui correspondent, peut-être, à ceux qu'isole l'acide, plans de polarisation principaux des nicols. — Grossissement 180 diamètres 168

Fig. 44. — Verre transformé, observé à la lumière polarisée et montrant des globules et des concrétions irrégulières, à peu près opaques, disséminés au milieu de la pâte translucide. Sur le bord de la figure, on voit des globules, à croix noire, que la figure suivante montre plus complètement; plans de polarisation principaux des nicols. — Grossissement de 100 diamètres. 169

Fig. 45. — Verre transformé, observé à la lumière polarisée. Il se compose, de globules juxtaposés présentant la croix noire et dont la surface est hérissée d'aspérités. — plans de polarisation principaux des nicols. — Grossissement de 100 diamètres. 170

Fig. 46. — Verre transformé, observé à la lumière polarisée; coupe transversale présentant une structure à la fois concentrique et fibreuse, normale aux parois, avec des portions de globules, en forme de secteurs sphériques; enduit de quartz hyalin cristallisé, appliqué sur sa surface interne; plans de polarisation principaux des nicols. — Grossissement de 80 diamètres 171

Fig. 47 et 48. — Cristal de pyroxène et fragment de feldspath, à la surface desquels est venu se déposer du quartz cristallisé. — Grossissement de 5 fois pour la fig. 47; grandeur naturelle pour la figure 48 174

Fig. 49 et 50. — Forme des cristaux de pyroxène diopside, obtenus dans la décomposition du verre par l'eau suréchauffée. La figure 49 le montre de profil, comme il se présente fréquemment. La figure 50 le donne en perspective. — Grossissement : 250 diamètres. 175

Fig. 51. — Anthracite, obtenu dans la décomposition du bois, et granulé par l'eau suréchauffée; la forme de ces globules annonce, que la substance a nécessairement passé par un état de ramollissement. Grandeurs naturelles 177

Fig. 52. — Disposition de la maçonnerie à zéolithes sous le sol de Plombières. Coupe transversale. Granite du fond de la vallée, duquel jaillissent les sources thermales; béton romain qui a servi à les isoler de la rivière voisine; remblai. — Échelle de 1/1000 181

Fig. 53. — Coupe longitudinale de la ville de Plombières, sous laquelle les anciens ont étendu une nappe de béton, dans le but d'isoler les sources thermales de la rivière; même échelle que dans la figure précédente 182

Fig. 54 et 55. — Formes de la chabasie, produite par les sources thermales, dans la maçonnerie de Plombières. On y voit les stries (fig. 54) et la mâcle (fig. 55) qui sont habituelles dans la chabasie des époques géologiques. — Grossissement : environ 50 fois 183

Fig. 56. — Forme de la christianite, produite par les sources thermales, dans la maçonnerie de Plombières. Comme dans les cristaux des époques

géologiques, on y voit les stries, indice de la mâcle. — Grossissement :
environ 40 fois   183

Fig. 57. — Brique zéolithique, réduite en tranche mince, et montrant
la chabasie et la mésotype déposées en géode dans l'une des cavités,
par l'eau thermale de Plombières. — Grossissement : 150 diamètres . .   184

Fig. 58. — Mamelons d'opale hyalite, déposés par les sources thermales, dans une fissure de la maçonnerie de Plombières. — Échelle
de 1/3.   18

Fig. 59. — Brique zéolithique coupée en tranche mince, et montrant l'opale
ordinaire et l'hyalite déposées dans les pores, par les eaux thermales de
Plombières. — Grossissement de 180 diamètres   188

Fig. 60. — Portion de la même brique vue à un grossissement de 600 diamètres.   189

Fig. 61. — Brique zéolithique réduite en tranche mince, montrant l'opale
et une zéolithe de forme rhomboèdrique (chabasie ?) déposées dans les
cavités par l'eau thermale de Plombières. — Grossissement de 600 diamètres.   190

Fig. 62. — Brique zéolithique réduite en tranche mince, et montrant la
calcédoine et l'hyalite, déposées dans l'une des cavités qui en est remplie, par l'eau thermale de Plombières. — Grossissement de 150 diamètres   191

Fig. 63. — Scalénoèdre de calcite, déposé par l'eau thermale, dans la maçonnerie romaine de Plombières. — Échelle d'environ 50 fois.   192

Fig. 64. — Brique romaine de Plombières réduite en tranche mince, ne
présentant aucun minéral déposé par l'eau thermale. La structure fluidale
y est caractérisée. — Grossissement de 150 diamètres.   195

Fig. 65. — Quartz en veines à structure symétrique, et en géodes,
secrété dans les joints d'un quartzite phylladifère noirâtre et schistoïde,
avec taches vraisemblablement anthraciteuses; de Fumay (Ardennes). —
Échelle de 1/2   224

Fig. 66. — Quartz secrété en veines, dans les joints d'un phyllade de
Charleville (Ardennes), appartenant au terrain dévonien. — Échelle
de 1/2   225

Fig. 67. — Appareil pour démontrer l'infiltration capillaire de l'eau, à
travers les pores des roches, malgré une forte contre-pression de vapeur.
— Plaque circulaire de grès, constituant le fond d'un récipient en
partie rempli d'eau ; chambre close où pénètre la vapeur, et communiquant par un tube avec la chambre d'un manomètre à mercure et à
air libre ; robinet qui permet d'établir la communication avec l'air
extérieur ; boulons qui maintiennent les fermetures hermétiques ;
caisse rectangulaire en tôle, où l'appareil est renfermé, et munie
d'un thermomètre; supports en charbon. — Échelle de 1/6.   238

Fig. 68. — Mode de distribution de l'or, dans un banc de gravier du Rhin.
— Berge corrodée; banc de gravier qui reçoit une partie des matériaux provenant de la partie qui a été emportée; graviers
les plus riches; gravier de richesse moyenne; gravier trop pauvre

pour être lavé; la flèche indique le sens du courant. — Échelle de 1/5000 260

Fig. 69. — Profil d'un banc de gravier du Rhin, terminé par un attérissement dû à un remaniement local. — Niveau moyen du fleuve; attérissement riche. La flèche indique le sens du courant. — Échelle de 1/3000. . . . . , ... 261

Fig. 70. — Appareil de rotation pour la formation des galets, du sable et du limon, et pour la décomposition des silicates par les actions mécaniques. — Vases cylindriques en grès et en fer, fixés solidement sur un arbre tournant, au moyen d'une monture en bois, de clavettes et de courroies; — Fermeture des vases, obtenue par une bonde en liège, que maintient une feuille de caoutchouc; Courroie qui transmet le mouvement à l'arbre. — Échelle de 1/12. 270

Fig. 71. — Appareil pour étudier le mode de formation des stries sur les roches. — Table servant de support à la plaque de roche, qu'il s'agit de strier; bloc de bois, à la face inférieure duquel sont enchâssés des fragments pierreux destinés à agir comme burin; plateau fixé au bloc par un double étrier et déterminant, à l'aide des poids dont on le charge, la pression plus ou moins grande que le bloc doit exercer sur la roche dans le plateau relié au bloc mobile, par une corde enroulée sur la poulie et l'entraînant avec une vitesse réglée par des poids. — Échelle de 1/25 281

Fig. 72. — Courbe représentant la relation entre les vitesses et les pressions nécessaires, pour qu'un caillou commence à buriner des stries bien distinctes sur une surface pierreuse, contre laquelle il frotte 284

Fig. 73. — Appareil vu de face, employé pour exercer des pressions sur des couches de nature variée. — Châssis rectangulaire en fer; vis de pression verticales; vis de pression horizontales; plaques de pression, dites verticales; plaque de pression dite horizontale. — Échelle de 1/5 290

Fig. 74. — Le même appareil vu en dessus. — Même échelle 290

Fig. 75 à 77. — Inflexions d'une couche soumise à des pressions horizontales et verticales. 293

Fig. 75. — Inflexion simple résultant, au début de l'expérience, de pressions relativement faibles 293

Fig. 76. — Inflexion à trois plis, résultant de pressions plus fortes et reproduisant la disposition anticlinale et synclinale si fréquente dans les couches naturelles. 293

Fig. 77. — Inflexion à cinq plis, montrant un terme plus avancé de l'expérience, obtenu par des pressions plus fortes. 293

Fig. 78 à 80. — Inflexions dissymétriques d'une couche, soumise à des pressions verticales inégalement réparties dans ses différents points. — Même échelle que dans la fig. 75 294

Fig. 78. — État initial de l'expérience 294

Fig. 79. — Formation d'un double pli, sans surplomb, par une pression relativement faible 294

Fig. 80. — Formation de deux plis très prononcés, dans la région où la pression est moindre ; analogie de forme, avec certaines coupes naturelles où l'on observe le surplomb et le renversement complet des couches.   294

Fig. 81 à 83. — Inflexions dissymétriques d'une couche soumise à des pressions verticales, également réparties dans tous les points, mais dont l'épaisseur augmente progressivement de l'une de ses extrémités à l'autre. — Même échelle que dans la fig. 75.   295

Fig. 81. — État initial de l'expérience   295

Fig. 82. — Formation de trois plis, dont un très brusque, dans les régions relativement minces.   295

Fig. 83. — Formation de quatre plis, par une pression relativement forte. .   295

Fig. 84 et 85. — Inflexions inégales d'une couche soumise à des pressions verticales, également réparties dans ses différents points, mais offrant un minimum d'épaisseur dans sa partie centrale. — Même échelle que dans la fig. 75.   296

Fig. 84. — État initial de l'expérience.   296

Fig. 85. — Formation, dans la région la moins résistante, de deux plis offrant un double renversement et imitant la double boucle de Glärner (glärner doppelfalte.)   296

Fig. 86. — Disposition d'une lame de glace, destinée à subir la rupture par torsion. — Plaque de glace ; étau qui maintient l'extrémité fixe ; tourne-à-gauche dans lequel est maintenue l'autre extrémité de la glace. — Échelle de 1/6   308

Fig. 87. — Disposition de la même lame vue par sa tranche: même échelle que pour la fig. précédente   308

Fig. 88. — Résultat de l'expérience réalisée avec l'appareil précédent. On aperçoit le double système de fissures, dont la glace est comme hachée. — Même échelle que pour la fig. 86   310

Fig. 89. — Section transversale de l'une des plaques de verre, brisées par torsion. — On y voit les plongements, en sens inverse des cassures ; on n'a pu y représenter convenablement leurs inflexions. — Grandeur naturelle.   510

Fig. 90. — Fragment d'une plaque de glace brisée par torsion, et montrant des fêlures rudimentaires, qui rappellent le clivage des cristaux naturels. L'ellipse représente, en l'exagérant, la différence de conductibilité thermique, dans le sens des fêlures et dans le sens perpendiculaire. — Grandeur naturelle.   313

Fig. 91. — Disposition des fissures traversant une glace de grande dimension ($1^m,80$ sur $0^m,72$), rompue par accident et probablement par torsion. Comme dans les résultats d'expérience directs, on y reconnaît l'existence de deux systèmes conjugués, celle d'éventails aigus et l'arrêt brusque de certaines fissures par des fissures plus développées. — Échelle de 1/20.   315

Fig. 92. — Parallélipipède de calcaire réduit, par la pression, en une série de prismes allongés et de plaques minces dont les faces sont parallèles au sens de la pression. L'échantillon représenté appartient au calcaire carbonifère de Soignies (Belgique). — Échelle du 1/2.   516

Fig. 93. — Prisme de cire à mouler, soumis à l'action de la presse hydraulique suivant le sens vertical. — plaques de pression en fer de même
section que le prisme ; fente principale avec rejets ; fentes conjuguées avec la précédente ; réseau des fissures fines, à peu près rectangulaires entre elles, développées sur les portions bombées des quatre
faces du prisme. — Échelle de 1/5.   318

Fig. 94. — Autre prisme de cire à mouler, soumis, comme le précédent,
à l'action de la presse hydraulique, suivant le sens vertical. — Même
échelle que pour la fig. précédente.   519

Fig. 95. — Prisme composé d'une série de couches de cire, différemment
colorées et soumises à des pressions indiquées par les flèches. État initial
d'une expériences, destinée à mettre en évidence la liaison des failles
avec le ploiement des couches, telle qu'on l'observe dans la nature. —
Échelle de 1/2.   321

Fig. 96. — Effet d'une pression relativement modérée, sur le prisme
précédent ; production d'une fracture avec glissement consécutive à l'inflexion ; elle est inclinée d'environ 45 degrés sur le sens de la pression.
— Échelle de 1/2.   321

Fig. 97. — Effet d'une pression plus forte, sur un prisme semblable ; la
fracture a été précédée d'une inflexion plus grande que dans le cas
précédent. — Échelle de 1/2.   522

Fig. 98. — Production sur le prisme de la fig. 95, d'un système de deux
failles, parallèles entre elles, également consécutives à l'inflexion. Dans
ce cas, le sens du rejet est contraire à l'action de la pesanteur. Échelle
de 1/2.   522

Fig. 99. — Falaises du Tréport, atteignant 100 mètres de hauteur, où l'on
voit les effets des joints qui traversent, en grand nombre, les couches
crayeuses et prennent deux directions principales ; les joints déterminent
l'existence d'accidents comparés, dans le texte, à des redans de fortifications   522

Fig. 100. — Détail en plan de la disposition des joints qui traversent,
suivant deux directions principales, la falaise du Tréport, et qui, en servant
de guides aux actions érosives, ont déterminé la formation des cavernes.
— Échelle de 1/2000.   526

Fig. 101. — Détail en coupe des joints représentés dans la figure précédente.
Entrée des cavernes. — Même échelle que pour la figure précédente.   526

Fig. 102. — Division de roches en polyèdres par quatre systèmes de joints
parallèles. Exemple fourni par la carrière de calcaire carbonifère de
Ballinure, comté de Cork (Irlande), d'après M. Harkness.   527

Fig. 103. — Division de roches suivant trois systèmes de joints ; exemple
du calcaire carbonifère, près de Cork (d'après M. Harkness).   528

Fig. 104. — Division de roches suivant deux systèmes de joints ; exemple
du calcaire carbonifère, près de Cork (d'après M. Harkness).   528

Fig. 105. — Fragment pseudo-régulier de phyllade vert, à feuillets inégaux,
des environs de Fumay (Ardennes). — Échelle de 1/3.   529

Fig. 106. — Fragment pseudo-régulier en forme de prisme droit à base de parallélogramme, de schiste micacé de Pont-Ferron, environs de Vire (Calvados). — Échelle de 1/4. 529

Fig. 107. — Fragment pseudo-régulier de macline feuilletée, environs de la gorge de Héas (Pyrénées). — Échelle de 1/4. 550

Fig. 108. — Fragment pseudo-régulier, en forme de parallélipède oblique, de grès anagénite. — Échelle de 1/2. 550

Fig. 109. — Jaspe rouge des environs de Palerme, en prismes obliques juxtaposés, enveloppés en partie et cimentés par des veinules de calcite — Échelle de 1/2. 551

Fig. 110. — Série de failles très rapprochées, parallèles entre elles, recoupées par le canal de la Marne au Rhin, à la traversée de la chaîne des Vosges, près du souterrain d'Arschwiller et de Hommarting (à 260 mètres au-dessus du niveau de la mer). L'alternance des couches de marne et de grès, qui constituent l'étage de grès bigarré dans cette localité, fait nettement ressortir les innombrables rejets produits par les failles, tout faibles qu'ils soient. — Échelle des distances horizontales 1/40,000; échelle des hauteurs 1/8,000, c'est-à-dire, 5 fois la précédente. 552

Fig. 111. — Série de failles, très rapprochées, hachant les couches jurassiques (oolithe inférieure et lias), recoupées par le tunnel du chemin de fer de Blaisy (Côte-d'Or), et par 19 puits forés pour l'exécution de ce tunnel. — Échelle des longueurs 1/50,000; échelle des hauteurs 1/6,000, c'est-à-dire 5 fois plus grandes que les hauteurs. L'inclinaison des couches est de 2 à 5 millimètres par mètre 552

Fig. 112. — Forme constante des blocs, que déterminent les systèmes de joints naturels ou délits, qui traversent les ardoises de Pierka, à Rimogne (Ardennes). Plan du feuillet; joint dit riflot plongeant du N. O. au S. E.; joint dit naye; joint dit longrain; joints dits macrilles. Les longrains et les macrilles sont sensiblement perpendiculaires au plan du feuillet. 554

Fig. 113. — Forme constante des blocs, que déterminent les quatre systèmes de joints naturels ou délits, qui traversent les ardoises des environs d'Angers. Joints dits assereaux, horizontaux et par conséquent perpendiculaires à la fissilité qui est verticale; joints dits érusses, atteignant jusqu'à 50 ou 60 mètres, et inclinés à 45 degrés; ces joints plongent vers l'Ouest et donnent lieu, dans les exploitations, à de fréquents accidents causés par les glissements qu'ils provoquent. — joints dits chefs, verticaux, souvent très rapprochés les uns des autres (quelques mètres) et ayant des dimensions comparables à celles des érusses; joints dits chauves, presque verticaux et très voisins du plan de fissilité. 555

Fig. 114 et 115. — Formes des fragments polyédriques, isolés les uns des autres par les joints naturels qui traversent, dans trois directions principales, perpendiculaires entre elles, le fer météorique de Sainte-Catherine (Brésil). — Échelle de 1/2 540

800　　　　　　　　　　　TABLE DES FIGURES.

Fig. 116. — Liaisons des ploiements aux failles : Exemple fourni par le renversement des couches du terrain houiller, du calcaire carbonifère et du terrain dévonien, à Auchy-aux-Bois (Pas-de-Calais). — Coupe verticale, en travers du bassin, par les fosses 1 et 3, à l'échelle de 1/80,000, d'après M. Breton. 343

Fig. 117. — Sections orientées parallèlement les unes aux autres et montrant, comment un pli, passe progressivement à une faille, conformément aux résultats de l'expérience représentée par les fig. 96 à 98, p. 321 et 322, — Échelle de 200/1 à 1/100,000, d'après M. Heim. 344

Fig. 118. — Rochers isolés, déterminés par des joints verticaux qui traversent les couches de grès des Vosges, et simulant des ruines de châteaux forts. — Ochsenstein près Reinhardsmünster, chaîne des Vosges 556

Fig. 119. — Rochers isolés et épars, déterminés par les systèmes de joints qui traversent le grès des Vosges, suivant deux directions principales, perpendiculaires entre elles et à la stratification. — Prancey (chaîne des Vosges) 556

Fig. 120. — Rochers isolés les uns des autres, et déterminés par des joints verticaux, qui traversent les couches de grès crétacé (Quadersandstein) suivant deux directions principales, rectangulaires entre elles. — La Basley (Suisse saxonne.). 557

Fig. 121. — Escarpements divers, déterminés par les lithoclases, qui ont dirigé et facilité les actions érosives, sur les couches à peu près horizontales du grès crétacé (Quadersandstein) Au grand Winterberg (Suisse saxonne) 557

Fig. 122. — Rochers isolés, déterminés par trois systèmes de joints qui traversent le granite, l'un horizontal, les deux autres verticaux et dirigés perpendiculairement entre eux. — Carlsbad 558

Fig. 123. — Disposition, sur les rives d'un glacier, de deux systèmes de crevases, également inclinés sur la ligne médiane, et convergeant vers l'amont du glacier. — Échelle de 1/000. 373

Fig. 124. — Production, par écrasement, de surfaces courbes, polies et striées, à l'intérieur d'un pain de savon à la glycérine. — Coupe transversale. — Contour primitif du pain ; contour final ; surfaces courbes polies et striées. — Échelle de 1/2. 376

Fig. 125. — Production, par écrasement, de surfaces courbes polies et striées à l'intérieur, d'un pain de savon à la glycérine. — Plan. — Traces délimitant les trois prismes, dans lesquels le parallélipipède se trouve réduit — Échelle de 1/2 376

Fig. 126. — Détail de l'une des surfaces courbes polies et striées, produite par écrasement à l'intérieur d'un pain de savon à la glycérine. — Grandeur naturelle. 376

Fig. 127. — Machine à bruter le diamant. Vue en projection horizontale. Échelle de 1/25. 580

Fig. 128 à 131. — Dispositions des rides développées sur un enduit non contractile, par la diminution de volume d'un sphéroïde élastique sur lequel on l'avait appliqué. — Échelle de 1/3 . . . .

Fig. 128. — Cas où la matière non contractile est disposée en fuseau méridien; production de rides suivant des parallèles. 588

Fig. 129. — Cas où la matière non contractile est disposée en zone. Production de rides suivant des méridiens perpendiculaires aux deux bases. 588

Fig. 130. — Cas où la matière non contractile est disposée sous une forme quelconque. Production de rides constamment perpendiculaires à la courbe du contour. 588

Fig. 131. — Cas où la matière non contractile est disposée sous forme de lettres majuscules. Production de rides constamment perpendiculaires aux contours, quels qu'ils soient 588

Fig. 132. — Coupe transversale, du nord au sud, de la bande ardoisière de Fumay (Ardennes), relevée d'après les travaux souterrains. Elle montre l'indépendance du feuilleté par rapport à la stratification et la constance de sa direction, en présence d'inflexions diverses. La stratification est ici décelée, avec certitude, par la présence de bancs puissants de quartz, entre lesquels la couche de phyllade est enclavée et dans lesquels le feuilleté se poursuit avec moins de netteté. — Échelle de 1/24. . . . 593

Fig. 133. — Plan souterrain de la bande ardoisière de Fumay, complétant la démonstration déjà fournie par la coupe verticale précédente. — Même échelle 593

Fig. 134. — Plan souterrain relevé d'après les travaux de mines, montrant combien les inflexions des couches du terrain ardoisier sont brusques et multipliées, aux environs de Fumay (Ardennes); on le reconnaît dans les ardoisières de l'Espérance, Lumery, Belle-Rose, Sainte-Anne et Saint-Gilbert. — Échelle de 1/20000. 594

Fig. 135. — Coupe verticale, servant à compléter la figure précédente, en montrant que les inflexions des terrains à ardoise des environs de Fumay ne sont pas moins brusques dans le sens vertical que dans le sens horizontal. — Échelle de 1/20000. 595

Fig. 136. — Indépendance du feuilleté par rapport à la stratification. Malgré l'apparence de parallélisme, l'angle des feuillets avec les couches est de 5 degrés dans la partie représentée, qui appartient à l'ardoisière de Pierka à Rimogne (Ardennes). — Le feuilleté est représenté par des hachures, pleines dans le schiste, ponctuées dans le quarzite, et qui ne sont pas tout à fait parallèles aux plans de jonction des couches. — Échelle de 1/120. 595

Fig. 137. — Profil de la rive gauche de la vallée de la Romanche, en aval du bourg d'Oisans, d'après M. Lory, montrant l'indépendance du clivage ardoisier par rapport à la stratification, qui est extrêmement contournée et passe par toutes les inclinaisons possibles. — Échelle de 1/1500. . . . 596

Fig. 158. — Détail de l'ardoisière de la Paute montrant comment des systèmes de joints très nombreux, indépendants de la stratification, sont perpendiculaires aux directions des feuillets. — Échelle de 1/20. 596

Fig. 159. — Bélemnite étirée et tronçonnée des couches jurassiques du mont Lachat (contre-fort du Mont-Blanc). Intervalles compris entre les tronçons et incrustés de calcite et de quartz. — Grandeur naturelle 405

Fig. 140. — Production de la structure schisteuse dans une argile de Villy-en-Trode (Aube), soumise à l'action de la machine à emboutir. — Grandeur naturelle. 409

Fig. 141. — Production de la schistosité dans de l'argile soumise à l'action de la presse hydraulique. — Piston compresseur; argile à comprimer; matrice en acier; un orifice ménagé dans le sommier supérieur permet le passage du jet d'argile; la schistosité de celui-ci estparallèle au sens du mouvement. — Échelle de 1/10. 411

Fig. 142. — Production de la structure, à la fois schisteuse et concentrique, dans de l'argile forcée à s'écouler, par un orifice circulaire. Vue d'un échantillon montrant deux sections, l'une suivant l'axe, et l'autre dans le sens perpendiculaire. Deux fois la grandeur naturelle. 412

Fig. 143. — Développement de la structure schisteuse dans une argile mélangée de mica et soumise à un écoulement; cassure parallèle au plan des feuillets. — Grandeur naturelle 413

Fig. 144. — Développement de la structure schisteuse, dans une argile mélangée de mica et soumise à un écoulement; le feuilleté est ici parallèle au sens de la pression. Cassure perpendiculaire aux feuillets. — Grandeur naturelle. 413

Fig. 145. — Fragment de tuile, offrant une structure schisteuse ordonnée par rapport aux surfaces du moule, parallèlement auxquelles s'est produit l'écoulement de l'argile. — Grandeur naturelle 413

Fig. 146. — Structure schisteuse très contournée développée dans une brique, par l'écoulement, accompagné de rebroussements, auquel l'argile a été soumise pendant la fabrication. — Échelle de 1/2 416

Fig. 147. — Structure schisteuse développée dans la stéarine, par la pression exercée dans un sac de crin, en vue d'en éliminer les matières étrangères. — Grandeur naturelle. 416

Fig. 148. — Développement de la structure schisteuse dans le fer, par l'action du laminoir. — Échelle de 1/2. 417

Fig. 149. — Développement de la même structure à un plus haut degré, dans un fer particulièrement impur. — Échelle de 2/5. 417

Fig. 150. — Structure schisteuse développée dans l'épaisseur d'un tuyau de plomb, lors de sa fabrication, par un étirage à froid; c'est un déchirement accidentel qui a rendu cette structure particulièrement visible. — Échelle de 1/2. 418

Fig. 151. — Imitation de bélemnite en craie, placée dans une masse d'argile que l'on force à s'écouler sous le piston de la presse hydraulique, et destinée à subir un étirement et un tronçonnement. — Échelle de 1/3. 420

Fig. 152. — Résultat de l'expérience précédente; tronçons fortement écartés les uns des autres, dans lesquels la bélemnite de craie a été réduite par l'écoulement de l'argile. — Échelle de 1/6. 420

Fig. 152. — Fragment de craie cylindro-conique, imitant une bélemnite
    naturelle, tronçonné par le laminage de l'argile où il était empâté. —
    Échelle de 1/2. . . . ·   420
Fig. 154. — *Belemnites niger* exactement encastrée par moulage, au centre
    d'un prisme en plomb, formé de deux parties, dont une seule est re-
    présentée. Ce prisme est destiné à subir, perpendiculairement à ses plus
    grandes faces, l'action de la presse hydraulique. — Échelle de 1/2. . .   421
Fig. 155. — Étirement et tronçonnement de la bélemnite de la fig. précé-
    dente, par l'action de la presse hydraulique, sur le prisme de plomb où elle
    était encastrée. Même échelle que pour la figure précédente.   421
Fig. 156. — Déformation subie par une pièce de cuivre, à l'effigie de Geor-
    ges III, sous l'action du laminoir, et rappelant certaines anamorphoses. —
    Grandeur naturelle.   420
Fig. 157. — Courbe elliptique montrant comment varie la conductibilité ther-
    mique suivant la direction, dans de l'argile rendue artificiellement schis-
    teuse par écoulement; c'est la reproduction d'un caractère essentiel des
    roches schisteuses naturelles. — Grandeur naturelle..   421
Fig. 158. — Profil géologique de la gorge de Breda, près Allevard (Isère)
    d'après M. Lory, montrant l'existence, à travers les couches calcaires
    du lias, d'un système de joints très rapprochés, obliques à la stratifi-
    cation et représentant comme une ébauche de feuilleté. — Échelle de
    1/3000. . . . . ·   427
Fig. 159. — Coupe verticale donnant le détail des joints qui traversent, près
    d'Allevard, les couches calcaires du lias. — Échelle de 1/1000.   427
Fig. 160. — Coupe générale, d'après M. Alp. Favre, du massif du Mont-Blanc,
    faisant voir la structure en *éventail* des roches cristallisées et stratifiées qui
    le composent. — Échelle de 1/200000   456
Fig. 161. — Production de la structure en éventail dans une masse d'argile,
    forcée à s'écouler entre deux plaques parallèles et peu distantes. La pres-
    sion horizontale de la plaque lui fait acquérir d'abord la structure feuil-
    letée, qui s'épanouit en éventail, au delà des limites des plaques. — Échelle
    de 1/3.   458
Fig. 162. — Production de la structure en éventail obtenue sur deux plaques
    rectangulaires de plomb soumises à une pression de 500 atmosphères,
    entre deux pièces de fer destinées à faire écouler le métal, à la manière de
    l'argile de l'expérience précédente; vue en plan. — Échelle de 1/3. . .   459
Fig. 163. — Production de la structure en éventail dans le plomb, confor-
    mément à l'expérience de la fig. 164, coupe verticale. — Échelle de 1/3.   459
Fig. 164. — Résultat de l'expérience relative à la production de la structure
    en éventail dans le plomb (Voir les fig. 163 et 164); des portions minces
    se sont insinuées entre les plaques de serrage et la monture, en se lami-
    nant et en s'épanouissant en éventail, et en subissant des déchirures. —
    Échelle de 4/5. . . . . , ...   440
Fig. 165. — Cristal de pyrite, ordinairement cubique et fortement déformé,
    des couches d'ardoise de Pierka, près Rimogne. — Grandeur naturelle. .   443
Fig. 166. — Système de diaclases parallèles, développées par étirement, dans

les schistes lustrés de la Madeleine (Tarentaise) et attribués au trias ; ces diaclases sont incrustées de calcite, dont la structure fibreuse et les inclusions de fragments schisteux, annoncent que leur ouverture et leur remplissage ont été graduels et simultanés. — Échelle de 1/3 411

Fig. 167. — Cônes cannelés, employés à la préparation de la terre à briques qui y est non seulement laminée, mais aussi déchirée, à cause de la différence de vitesse des surfaces opposées l'une à l'autre. — Échelle de 1/40. 450

Fig. 168. — Tonneau malaxeur utilisé pour les expériences relatives au développement de la chaleur dans les roches, par les actions mécaniques, section du cylindre destiné à recevoir l'argile à malaxer ; arbre vertical, animé d'un mouvement autour de son axe; il porte une lame héliçoïdale, qui force l'argile à descendre pour subir l'action triturante; palettes courbes, qui triturent l'argile et la font frotter sur les deux couches, également argileuses, qui recouvrent, l'une les parois verticales, l'autre le fond du tonneau ; orifice ou buse, par où l'argile sort, après le malaxage. — Échelle de 1/50 452

Fig. 169. — Vue, en projection horizontale, de la palette, dont la tangente extrême fait un angle de 25 à 35 degrés avec l'élément voisin du cylindre. Même échelle que la figure précédente. 453

Fig. 170. — Courbe représentant les températures prises successivement par de l'argile *ferme*, triturée sur elle-même, dans le tonneau malaxeur de M. Boulet. 454

Fig. 171. — Courbes représentant les températures prises successivement par de l'argile *ferme*, triturée sur elle-même, dans le tonneau malaxeur de MM. Tiphine. 456

Fig. 172. — Courbe représentant les températures prises successivement par de l'argile *molle*, triturée sur elle-même, dans le tonneau malaxeur de MM. Tiphine. 456

Fig. 173. — Appareil destiné à provoquer un développement de chaleur par le frottement mutuel de deux plaques de marbre. Tour de lapidaire, à axe vertical, entraînant dans son mouvement, qu'on peut rendre plus ou moins rapide, une plaque circulaire de marbre; autre plaque de marbre, maintenue immobile à la main et pressée sur la première, par un poids, variable à volonté. — Échelle de 1/4 459

Fig. 174. — Vue en plan de l'appareil précédent; même signification des lettres. — Même échelle. 459

Fig. 175. — Thermomètre à fond plat, dont le réservoir est volumineux et la tige très fine, destiné à mesurer, par application, les températures successivement prises par la plaque de marbre, des deux figures précédentes. — Échelle de 1/5 460

Fig. 176. — Tableau des températures acquises, après des temps variant de 1 à 60 secondes, par une plaque de marbre pressée contre une autre plaque de marbre, qui est animée d'un mouvement circulaire. 461

Fig. 177. — Ammonite déformée, des couches calcaires fortement redressées de l'étage exfordien du grand Moveran. Les deux lignes rectangulaires indiquent la direction des axes de conductibilité thermique maxima

INTERCALÉES DANS LE TEXTE.   805

et minima. — Échelle de 1/5.   467
Fig. 178. — Vue perspective d'une carrière, (carrière de la Ravine) où le
    grès de Fontainebleau, exploité pour pavés, montre nettement, sur une
    hauteur de 7 mètres et sur un front de taille de 55 mètres, 2 systèmes de
    de diaclases orthogonaux entr'eux. — Échelle d'environ $\frac{1}{500}$.   711
Fig. 179. — Plan de la carrière précédente. — Échelle de $\frac{5}{100}$.   711
Fig. 180. — Bloc de grès (Roche du Calvaire), limité par des diaclases or-
    thogonales entre elles; la surface mamelonnée supérieure appartient à la
    surface primitive du banc de grès. — Échelle de $\frac{1}{200}$.   712
Fig. 181. — Rocher isolé de grès (roche du Calvaire) montrant la part qui
    revient, dans sa forme, aux diaclases rectangulaires. Comme pour le pré-
    cédent, la surface mamelonnée appartient à celle du banc d'où le rocher
    a été détaché. — Échelle de $\frac{1}{100}$.   712

DEUXIÈME PARTIE.

Fig. 178. — Croûte luisante caractéristique des météorites alumineuses,
    présentant des bourrelets et des rides, dont le ruissellement s'est pro-
    duit au moment de l'incandescence. — Grandeur naturelle.   481
Fig. 179. — Holosidère de Caille (Alpes-Maritimes), dont les surfaces po-
    lies, traitées par un acide, laissent voir les figures dites de Widmanns-
    tætten. On voit, à droite, une cavité cylindroïde, due à la disparition
    d'un rognon de troïlite (sulfure double de fer et de nickel). — Grandeur
    naturelle.   489
Fig. 180. — Holosidère de Caille, taillée en cube, et soumise à l'action
    d'un acide. Grossi une fois et demie.   490
Fig. 181. — Holosidère de Caille, taillée en sphère, et soumise à l'action
    d'un acide. Grossi une fois et demie.   490
Fig. 182. — Syssidère de Brahin (Russie), dont une surface polie montre
    la disposition relative de la portion métallique et de la portion pier-
    reuse. — Grandeur naturelle.   492
Fig. 183. — Sporadosidère-polysidère de la Sierra de Chaco, Chili. Une
    surface polie y montre l'existence de grosses grenailles métalliques, dis-
    séminées dans une gangue pierreuse. — Grandeur naturelle.   495
Fig. 184. — Sporadosidère oligosidère tombée à Knyahinya (Hongrie), le
    9 juin 1868. Surface polie montrant la situation relative des éléments
    pierreux et des grains métalliques. — Grandeur naturelle.   495
Fig. 185. — Sporadosidère - oligosidère, tombée à Parnallee (Inde), le

28 février 1857. Surface polie, montrant la situation relative des grenailles de fer nikelé, représentées en blanc, et des autres éléments de la roche. On observe, vers la gauche de la figure, un gros globule de pyrrhotine, en partie bordé d'un dépôt très mince de fer nikelé. — Grossi deux fois. 495

Fig. 186. — Fer fondu avec addition des éléments des holosidères, et manifestant, par l'action d'un acide sur une surface polie, la structure même des fers météoriques. — Grandeur naturelle. 511

Fig. 187. — Péridot basé obtenu dans la fusion des météorites, avec la base P, le prisme g^5 et la troncature g^1. — Grossissement d'environ 25 fois. 512

Fig. 188. — Péridot cristallisé obtenu dans la fusion des météorites : grossissement d'environ 25 fois. 512

Fig. 189. — Péridot cristallisé obtenu dans la fusion des météorites, et montrant la disposition en trémie. — Grossissement 20 fois. 515

Fig. 190 et 191. — Produit de fusion de la sporadosidère oligosidère de Favars. La face inférieure du culot (fig. 190) montre des grenailles métalliques disséminées dans une gangue pierreuse; la face supérieure (fig. 191) laisse voir l'état entièrement cristallin de cette dernière. — Grossissement une fois et demie. 514

Fig. 192 et 193. — Produit de fusion de la sporadosidère cryptosidère de Chassigny. La face inférieure du culot (fig. 192) montre des grenailles métalliques disséminées dans une gangue pierreuse; la face supérieure (fig. 193) laisse voir l'état entièrement cristallin de cette dernière. — Grossissement une fois et demie. 515

Fig. 194. — Produit de la réduction de la chlorite du Saint-Gothard, fondue dans le charbon. Comme le produit de fusion des sporadosidères qu'il reproduit, il consiste en une gangue pierreuse, éminemment cristalline, où sont disséminées des grenailles métalliques. — Grossissement, une fois et demie. 519

Fig. 195. — Produit de la réduction du pyroxène de la Somma, fondu dans le charbon. Comme le produit de fusion des sporadosidères qu'il reproduit, il consiste dans une gangue pierreuse, éminemment cristalline, où sont disséminées des grenailles métalliques. — Grossissement, 6 fois et demie. 519

Fig. 196. — Produit de la réduction du péridot par sa fusion, dans un creuset de graphite. Échantillon scié et poli perpendiculairement à l'axe. Des grenailles métalliques s'y montrent, de toutes parts, disséminées dans une gangue pierreuse, et celle-ci laisse voir d'innombrables aiguilles d'enstatite. — Échelle de 1/3. 521

Fig. 197. — Imitation artificielle des météorites du type commun, par l'oxydation partielle du siliciure de fer, dans une brasque de magnésie. — Grossi deux fois. 524

Fig. 198. — Holosidère, trouvée, en 1875, dans la province de Sainte-Catherine, au Brésil. Coupe polie au travers d'un échantillon d'un premier type, caractérisé par l'existence de larges veines de pyrrhotine tra-

versant une brèche, à éléments métalliques corrodés et arrondis. On y
remarque des fissures qui traversent, sans déviation, les parties métalliques et les parties sulfurées. — Échelle de 2/5.   526

Fig. 199. — Holosidère trouvée en 1875, dans la province de Sainte-
Catherine, au Brésil. Second type, montrant, sur une surface polie, sa
nature essentiellement bréchiforme. On y distingue des fragments métalliques, reliés par une substance jaune de laiton, dans laquelle prédomine
la pyrrhotine et qui contient aussi du graphite, de la schreibersite et de
la magnétite. Les fragments métalliques sont eux-mêmes traversés par
d'innombrables fissures orthogonales, qui traversent également le sulfure.
Une écorce ocracée se voit sur diverses parties du pourtour de l'échantillon. — Échelle de 2/5.   527

Fig. 200. — Production artificielle de la pyrrhotine associée au graphite,
sur une barre de fer soumise au rouge, à l'action des vapeurs de sulfure
de carbone. — Grossissement de deux fois.   555

Fig. 201. — Roche d'Ovifak, appartenant au premier type (syssidère gris-
clair). Surface polie montrant, à l'état de dissémination dans le métal,
d'innombrables parcelles charbonneuses, de forme vermiculée, ainsi que
des fragments anguleux, empâtés çà et là et consistant en silicates. —
Échelle de 1/3.   558

Fig. 202. — Roche d'Ovifak appartenant au second type (syssidère gris-
foncé); surface polie montrant la situation relative des filaments métalliques, du sulfure de fer et des silicates qui, outre la pâte, constituent
des grains très noirs disséminés çà et là. — Grossissement de deux fois.   561

Fig. 203. — Roche d'Ovifak appartenant au troisième type (sporadosidère).
Surface polie montrant l'état de dissémination dans la pâte silicatée, des
grenailles constituées, les unes par du fer carburé ou sorte de fonte
nikelifère, les autres par du sulfure. — Grossissement de deux fois. . .   564

Fig. 204. — Sporadosidère tombée à Quenggouk, Pegou (Inde), le 27 décembre 1857. — Surface de cassure montrant la structure éminemment
globulaire de cette roche météoritique. — Grandeur naturelle.   605

Fig. 205. — Imitation de la structure chondritique des météorites par la
solidification du péridot fondu dans du charbon pulvérisé. — Grossi
une fois et demie.   608

Fig. 206. — Structure chondritique prise par des silicates de magnésie
soumis à l'action d'une haute température. — Grossi une fois et demie.   609

Fig. 207. — Sporadosidère tombée à Tourinnes-la-Grosse (Belgique), le
7 décembre 1864, et montrant une forme essentiellement polyédrique et
fragmentaire, avec des arêtes remarquablement peu émoussées. — Échelle
de moitié.   615

Fig. 208. — Sporadosidère cryptosidère (howardite), tombée au Teilleul
(Manche), le 14 juillet 1845, et montrant, par la juxtaposition des trois
échantillons qu'on en possède, sa forme essentiellement polyédrique et
fragmentaire. — Grandeur naturelle.   616

Fig. 209. — Météorite sporadosidère, tombée à Knyahinya (Hongrie), le
9 juin 1868: elle est entièrement recouverte de sa croûte noire, et re-

marquable par sa forme tabulaire et anguleuse. On observe à sa surface
un grand nombre de cupules de différentes grandeurs. — Échelle de 2/3.   617
Fig. 210 et 211. — Holosidère découverte à San-Francisco del Mesquital
(Mexique), et remarquable par sa forme essentiellement fragmentaire et
anguleuse et par les cupules de divers ordres dont sa surface est couverte. — Échelle du tiers.   618
Fig. 210. — Vue sur le plat.   618
Fig. 211. — Vue de profil.   618
Fig. 212. — Holosidère de Caille (Alpes-Maritimes), vue de face. La figure
montre une forme essentiellement fragmentaire, en partie due à un
arrachement, ainsi que l'exprime la saillie de la partie gauche de l'échantillon. En outre, une grande partie de sa surface est recouverte d'innombrables cupules, qu'il faut bien distinguer de cavités cylindroïdes,
plus noires, dues à la décomposition et à la disposition de canons de
sulfure de fer. La partie droite inférieure contraste avec le reste de la
surface, non seulement par le clivage octaédrique qu'elle représente,
mais par sa régularité plane et par l'absence de cupules ; circonstance
que l'on explique page 677. Quant à la surface plane supérieure, qui est
vue de perspective, elle est d'origine artificielle et a subi, après le polissage, l'action d'un acide qui y a fait apparaître les figures de Widmanstaetten. — Échelle d'environ un dixième.   619
Fig. 213. — Holosidère de Caille (Alpes-Maritimes), vue de profil. La forme
essentiellement fragmentaire, due à un arrachement, ressort nettement
de la saillie visible à gauche. La face de droite, invisible dans la figure
précédente, montre également de nombreuses cupules. Quant à la face
plane, de clivage, elle se montre très nettement, près de la coupure artificielle représentée de face, avec les figures de Widmanstaetten. —
Échelle d'environ un dixième.   620
Fig. 214. — Cupules nombreuses que présente la surface d'une météorite de Knyahinya. Grandeur naturelle.   625
Fig. 215. — Cupules de divers ordres, sur l'une des faces naturelles de la
syssidère, trouvée, en 1866, dans la Cordillère de Deesa, au Chili. On
remarque, vers la gauche de la figure, une portion de cupule de grande
dimension, avec un diamètre de 110ᵐᵐ. Elle a une profondeur de 31ᵐᵐ.
Comme contraste, on voit, à droite, une traînée de petites cupules, dont
le diamètre ne dépasse pas 4 millimètres. — Échelle de moitié.   626
Fig. 206. — Cupules accumulées sur la seconde face naturelle de la syssidère, trouvée en 1866, dans la Cordillère de Deesa. Remarquables par
l'uniformité de leur diamètre, moyennement de 5ᵐᵐ, elles sont tellement rapprochées les unes des autres que la surface en est absolument couverte. — Échelle de moitié.   627
Fig. 217. — Grain de poudre à tirer, en partie comburé et présentant des
séries de cupules dues à l'action d'affouillement exercée par les gaz
développés pendant la combustion. — Grossissement de 4 fois.   634
Fig. 218. — Grain de poudre à tirer en partie comburé et présentant des
séries de cupules, dues à l'action d'affouillement exercée par les gaz dé-

veloppés, pendant la combustion. — Grossissement de 4 fois.   632

Fig. 219. — Sphéroïde de zinc, destiné à subir l'action érosive des gaz développés lors de la combustion de la poudre. — Grossissement de 4 fois.   634

Fig. 220. — Sphéroïde de zinc, semblable à celui de la figure 219 et
ayant subi l'action érosive des gaz développés lors de la combustion de
la poudre. On y observe un grand nombre de sillons sinueux, ainsi que
des cupules, analogues à celles qui recouvrent les surfaces des météorites. — Grossissement de 4 fois.   635

Fig. 221. — Lingot provenant de la fusion d'une lame d'acier soumise à
l'action des gaz comprimés de la poudre. Sa forme scoriacée, due à une
sorte de pétrissage par les gaz, rappelle la forme du squelette métallique
des météorites syssidères. — Grossi deux fois.   637

Fig. 222. — Lame d'acier primitivement contournée en cylindre et soumise à l'action des gaz comprimés de la poudre. Érosions produites sur
les bords, par suite d'une fusion partielle de la lame, d'où sont résultées
également des petites grenailles; portions où la sulfuration est particulièrement reconnaissable, à leur teinte jaune de bronze. — Grandeur
naturelle, ...   639

Fig. 223. — Pulvérisation de l'acier sous l'action subite des gaz développés
par l'explosion de la poudre, dans une éprouvette. Chambre de combustion; éprouvette en fer doux; cuirasse en bronze; robinet sur le
canal de l'éprouvette; il est traversé par un canal coudé servant à la
sortie des gaz; poussière métallique qui, lors d'un défaut d'obturation,
jaillit violemment, et s'incruste, en partie, sur l'écran recouvrant la
muraille, puis se répand dans tout le laboratoire. — Échelle de un quart.   640

Fig. 225. — Robinet en acier adapté à la chambre où s'opère la combustion de la poudre. — Échelle de 1/4.   642

Fig. 226. — État du robinet après la fuite des gaz qui est résulté de la
déflagration.   642

Fig. 227. — Vue du robinet corrodé et tourné de 90 degrés sur la position
précédente : sillons creusés par les gaz; et cavité perforée par les mêmes
gaz.   642

Fig. 228. — Pièce d'obturation d'une éprouvette à poudre, corrodée instantanément, par la sortie accidentelle des gaz qu'elle devait retenir. On
remarquera un sillon profond, présentant des sillons secondaires et des
cupules d'affouillement. Des traînées sulfurées, jaune de laiton, se montrent sur une partie des arêtes du grand sillon. — Grossissement une
fois et demie.   644

Fig. 229. — Lumière d'un canon, profondément corrodée, présentant une
série d'affouillements allongés, dus à l'action des gaz de la poudre. Le
double trait pointillé représente le diamètre primitif. — Grandeur naturelle.   645

Fig. 250. — Coupe longitudinale de la tête mobile d'un canon, dont le
canal de mise à feu a subi, par l'action des gaz de la poudre, des érosions profondes, remarquables par leurs caractères d'affouillements
allongés. Le double trait pointillé représente le diamètre primitif. —

810   TABLE DES FIGURES

Échelle 1/2. 646

Fig. 231. — Croquis donnant la coupe longitudinale de la culasse d'un canon, pour montrer la situation relative de la tête mobile et de l'âme de la pièce, dans laquelle les gaz prennent naissance. 647

Fig. 232. — État particulier de l'acier, à proximité des surfaces exposées à l'action de la poudre qui l'a fondu. — Grossissement de deux fois. . 648

Fig. 233. — Prisme d'acier, brisé et affouillé par l'explosion de la dynamite. — Une portion du prisme sur laquelle avaient été disposées les cartouches de dynamite, a été nettement séparée, en même temps qu'elle a été réduite en fragments et affouillée par de nombreuses cupules; des cassures à peu près orthogonales et sensiblement équidistantes offrent des traits de symétrie remarquables. L'énorme pression due à l'explosion a aussi déterminé un aplatissement de la barre, auquel correspond l'élargissement visible sur la figure qui en donne le plan. — Échelle de 1/5. 630

Fig. 234. — Détail de la moitié supérieure de la portion du prisme d'acier, brisé et affouillé par l'explosion de la dynamite. — Cupules isolées profondément excavées, qui sont entourées d'un bourrelet faisant fortement saillie sur la face primitive, et qui attestent l'énergie surprenante avec laquelle le métal a été refoulé par les gaz. — Traînées de nombreuses cupules rappelant les effets d'un outil qui serait animé d'un double mouvement de gyration et de translation. — Des indices de traînées analogues se montrent dans l'intérieur des grandes cupules elles-mêmes. — Grandeur naturelle. 651

Fig. 235. — Coupe faite suivant la figure 234. — Cupules affouillées et entourées d'un bourrelet faisant fortement saillie sur la face primitive du prisme; traînées de cupules, moins visibles que sur le plan. — Grandeur naturelle. 652

Fig. 236, 237, 238 et 239. — Prisme d'acier brisé et affouillé par l'explosion de la dynamite. — Échelle de 1/5. 652

Fig. 236. — Vue en plan de la face supérieure du prisme après la rupture. — La portion sur laquelle les cartouches de dynamite avaient été disposées, a subi un élargissement, un fractionnement et un affouillement : les crevasses sont sensiblement orthogonales, celles qui sont parallèles à la longueur sont à peu près équidistantes. Les principales cupules d'affouillement sont alignées sur l'une de ces crevasses, ce qui montre que, malgré son instantanéité, la rupture a été précédée par un énergique travail d'affouillement. 652

Fig. 237. — Vue d'une des deux faces latérales du prisme, face bas de la figure 236. — On y voit le mode de rupture, ainsi que l'existence de traînées de cupules, remarquablement allongées et perpendiculaires aux arêtes du prisme. 652

Fig. 238. — Vue de la deuxième face latérale du prisme de la figure 236. — Elle montre des faits analogues à la figure 237. 652

Fig. 239. — Vue en plan de la façade inférieure du prisme qui présente des cupules, produites dans une expérience précédente, où la dynamite était directement appliquée sur cette face. Outre les traînées de cupules, semblables à celles des figures précédentes, on y observe des cupules isolées, dont la formation a également précédé la rupture. . . 652

Fig. 240. — Détail d'une portion de la figure 238. — Longue traînée de cupules, disposée perpendiculairement aux arêtes du prisme, et qui, dans ce cas particulier, est de moins en moins accidentée de haut en bas, comme si l'agent d'érosion avait faibli dans son trajet. Outre ces accidents principaux, la surface est semée de petites érosions ou cupules rudimentaires. — Grandeur naturelle. 653

Fig. 241. — Détail d'une portion de la figure 239. — Les traînées de cupules y sont nombreuses, orientées de différentes manières, et quelques-unes font suite l'une à l'autre. — Grandeur naturelle. 654

Fig. 242. — Cupules produites sur un rail de fer par les gaz de la dynamite; traînées de cupules; cupules isolées. — Échelle de une demie. . 655

Fig. 243. — Feuille de tôle, soumise à l'action des gaz développés par l'explosion de la dynamite, et perforée de trous innombrables, qui en font une sorte d'écumoire très fine. — Grandeur naturelle. 656

Fig. 244. — Action des gaz de la dynamite sur une grosse masse de fer de forme sphérique, ainsi que sur les parois du puits au fond duquel elle était installée. Masse de fer dont l'hémisphère supérieure est recouverte de cartouches, maintenues par un cylindre en tôle; piquets sur lesquels la sphère est maintenue à 0,10 du fond du puits; position de la sphère après l'explosion; cavités hémisphériques serrées les unes contre les autres qui ont été affouillées par les gaz, dans la paroi verticale du puits jusqu'à environ 0,60 de la surface du sol. La sphère s'étant retournée à la suite de l'explosion, les cupules creusées se trouvent, dans cette dernière position, sur l'hémisphère inférieure. — Échelle de 1/5. 657

Fig. 245. — Masse de fer sphérique, dont la figure précédente montre la disposition, lors de l'expérience. On y voit des cupules nombreuses et surtout développées vers le centre de l'hémisphère, qui a été lui-même affouillé. — Échelle de 1/5. 659

Fig. 246. — Capsule de fer, destinée à subir l'action érosive des gaz développés par l'explosion de la nitroglycérine. Dans le liquide, qui remplit aux 2/5 la capsule, est plongée la cartouche de fulminate, en rapport avec les fils d'une pile. La capsule repose sur une épaisse plaque de fer. — Échelle de 1/5. 662

Fig. 247. — Effets de l'explosion de la nitroglycérine sur la capsule de fer, représentée par la figure précédente. Cette plaque, parfaitement aplatie sur la lame de fer et crevassée, est devenue schisteuse. On y remarque d'innombrables capsules, dont beaucoup sont réunies en traînées. — Grandeur naturelle. 663

Fig. 248. — Fragment d'une capsule de plomb, soumise dans les mêmes conditions que la précédente, à l'explosion de la nitroglycérine. Le métal, parfaitement aplati, présente, à sa surface, des stries parallèles qui témoignent d'une friction énergique des lambeaux dans lesquels la capsule s'est déchirée. — Grandeur naturelle.   663

Fig. 249. — Fragment d'une capsule de plomb soumise à l'explosion de la
     nitroglycérine et montrant, outre les stries de l'échantillon précédent,
     la torsion et le renversement que les bords ont subis. — Grandeur natu-
     relle   664

Fig. 250. — Plaque en fer de forme cylindrique destinée à subir l'action
     érosive des gaz développés par l'explosion du fulmi-coton. Coupe ver-
     ticale de cette plaque. Sur la plaque est placé un petit cylindre de fulmi-
     coton, avec la cartouche de fulminate qui doit provoquer l'explosion.
     — Échelle de une demie.   665

Fig. 252. — Météorite sporadosidère de Pultusk dont la surface présente,
     outre les cupules ordinaires, une profonde cavité en forme d'encoche,
     qui résulte évidemment de la réunion de cupules disposées en traînées.
     — Grandeur naturelle   681

Fig. 253. — Bloc de ciment hydraulique soumis au rouge blanc, à l'action
     d'un violent courant d'air froid. Les érosions subies par la surface pa-
     raissent tout à fait comparables à celles que présentent les météorites. —
     Échelle de une demie.   682

Fig. 254. — Sporadosidère tombée à Girgenti (Sicile), le 10 février 1853.
     Cassure artificielle montrant les veinules noires qui traversent la pâte
     blanchâtre de la météorite et qui se rejettent parfois les unes les autres.
     Grandeur naturelle   686

Fig. 255. — Marbrures noirâtres, ramifiées au travers de la pâte de la
     météorite sporadosidère de Mexico (Iles Philippines).   688

Fig. 256. — Nuage de poussière formant une traînée lumineuse et persis-
     tante à la suite du bolide observé à Quenggouk (Pegou), le 27 dé-
     cembre 1857, d'après le dessin d'un témoin oculaire, le lieutenant
     Aylesbury : le phénomène est représenté au moment de l'explosion. . .   689

Fig. 257. — Aspect successif de la traînée lumineuse laissée par une
     étoile filante, observée à Athènes, le 12 août 1861, par M. Julius Schmidt.
     Elle devint invisible au bout d'une minute. Des lettres servent de points
     de repère pour apprécier les transformations de la traînée.   695

PLANCHES.

Pl. I. Fig. 1, 2, 3, 4, 5. — Production par torsion d'un système régulier de cassures. Échelle de $\frac{1}{3}$. 511

Pl. II. Fig. 1, 2, 5. — Production par une simple pression, d'un réseau de cassures à peu près rectangulaires. Échelle de $\frac{1}{3}$. 516

Pl. III. Fig. 1, 2, 3. — Rôle des lithoclases, comme cassures initiales des vallées. Exemple pris, l'un sur une partie du littoral français de la Manche, l'autre aux environs de Joigny (Yonne). 559

— Esquisse des lignes de fil d'eau (Thalweg) devant être superposée à la planche III, pour faire ressortir le réseau de cassures qui ont préparé les vallées. 559

Pl. IV. Rôle des lithoclases comme cassures initiales de la formation des vallées. Exemple pris dans le plateau situé au N.-E de Briey (Meurthe-et-Moselle). . . . .

— Esquisse des lignes de fil d'eau (Thalweg) devant être superposée à la planche IV, pour faire ressortir le réseau de cassures qui ont préparé les vallées. 563

Pl. V. Rôle des lithoclases comme cassures initiales de la formation des vallées. Exemple pris dans la vallée de la Charente au S. de Ruffec. (Charente). 564

— Esquisse des lignes de fil d'eau (Thalweg), devant être superposée à la planche V, pour faire ressortir le réseau de fissures qui ont préparé les vallées. 564

Pl. VI. Rôle des lithoclases comme cassures initiales de la formation des vallées. Exemple pris dans la région au N. de la Rochefoucauld (Charente). 566

— Esquisse des lignes de fil d'eau (Thalweg) devant être superposée à la planche VI, pour faire ressortir le réseau de cassures qui ont préparé les vallées. 566

Pl. VII. Cupules de plusieurs ordres à la surface de la météorite holosidère de Charcas (Mexique). — Remarquable aussi par sa forme évidemment fragmentaire 614

TABLE DES MATIÈRES

INTRODUCTION 1

PREMIÈRE PARTIE

APPLICATION DE LA MÉTHODE EXPÉRIMENTALE A L'ÉTUDE DE DIVERS PHÉNOMÈNES GÉOLOGIQUES

PREMIÈRE SECTION

PHÉNOMÈNES CHIMIQUES ET PHYSIQUES.

Aperçu historique 11

CHAPITRE PREMIER

APPLICATION DE LA MÉTHODE EXPÉRIMENTALE A L'HISTOIRE DES DÉPOTS MÉTALLIFÈRES

Aperçu sur les gîtes métallifères. 23

1. — AMAS STANNIFÈRES. 28

Caractères généraux des amas stannifères; hypothèse relative à leur mode de formation. 29

La production artificielle de l'oxyde d'étain vient appuyer expérimentalement l'hypothèse émise sur son mode de formation . . 37

Caractères de gisement des oxydes de titane, particulièrement dans les Alpes; hypothèse sur leur mode de formation. 41

816   TABLE DES MATIÈRES.

La production artificielle de l'oxyde de titane cristallisé vient appuyer expérimentalement l'hypothèse émise sur son mode de formation 43

Production artificielle de l'apatite et d'une combinaison analogue à la topaze. 48

Produit de l'action du fluorure de silicium sur l'alumine 57

Application du rôle minéralisateur du fluor, du bore et du phosphore, par M. Élie de Beaumont, pour expliquer la cristallisation du granite 61

Propriétés minéralisatrices de l'acide fluorhydrique, clairement démontrées plus tard, par les expériences de M. Henri Sainte-Claire-Deville et de M. Hautefeuille. 62

Procédé analogue tenté pour faire cristalliser l'acide silicique . . 63

APPENDICE : Connexion de certains gîtes de kaolin avec les amas stannifères ; exemple fourni par des exploitations antiques de l'Allier ; confirmation des vues précédemment exposées. . . . 64

2. — GÎTES SULFITÉS, DITS PLOMBIFÈRES 71

Gisement des minéraux de formation contemporaine dans le bassin des sources thermales de Bourbonne et autres 72

Disposition du puisard romain de Bourbonne ; conditions dans lesquelles les minéraux de nouvelle formation y ont été rencontrés. 74

Espèces minérales reconnues dans les sources de Bourbonne-les-Bains et de quelques autres localités. 79

Minéraux formés aux dépens du bronze 79

Minéraux auxquels l'attaque du plomb a donné naissance. 84

Minéraux fournis par le fer 86

Minéraux à base de chaux. 96

Mode d'attaque de cuivre rouge par l'eau thermale. 97

Tuyaux de plomb immergés dans l'eau thermale. 98

Minéralisation ou fossilisation des débris organiques végétaux et animaux. 102

Érosions remarquables produites dans le fond du puisard sur des pierres de taille en calcaire 107

Nature des sables au travers desquels jaillit la source principale . . 109

Observation. 110

Ressemblance frappante de la minéralisation contemporaine avec celle des anciennes périodes 111

Mode de formation des minéraux qui précèdent 111

APPENDICE : Production artificielle de la haussmanite 119

5. — GÎTES DE PLATINE 119

Expériences sur l'imitation artificielle du platine magnéti-polaire. 119

Expériences tendant à rendre compte de la relation du platine natif avec le fer chromé qui l'enveloppe 128

CHAPITRE II

APPLICATION DE LA MÉTHODE EXPÉRIMENTALE A L'ÉTUDE DES ROCHES MÉTAMORPHIQUES ET DES ROCHES ÉRUPTIVES

§ 1. — Faits acquis dont l'ensemble constitue le métamorphisme.   155

Métamorphisme de juxta-position   155
Métamorphisme régional.   158

§ 2. — Chaleur interne considérée comme cause du métamorphisme ; ses auxiliaires et particulièrement l'eau . . . .   144 —

Les effets de la chaleur ne suffisent pas pour expliquer tous les phénomènes du métamorphisme.   144
L'action de certaines vapeurs, auxiliaires de la chaleur, est encore insuffisante   148
L'eau doit être considérée comme un agent important du métamorphisme.   152

§ 3. — Expériences sur l'action exercée par l'eau suréchauffée dans la formation des silicates.   154

Procédé d'expérimentation.   155
Principaux résultats des expériences.   158
Transformation du verre en un silicate hydraté, avec production de quartz cristallisé.   158
Production de silicates anhydres, à l'état cristallisé.   175
Transformation du bois en anthracite.   177

§ 4. — Métamorphisme contemporain ; zéolithes formées par des sources thermales.   179

Conditions dans lesquelles se sont produits, à Plombières, les zéolithes, l'opale, le quartz calcédoine et d'autres minéraux. . . .   180
Description des espèces contemporaines recueillies à Plombières . .   181
Examen microscopique et chimique de la pâte des briques zéolithiques.   192
Faits analogues obtenus à Luxeuil, à Bourbonne-les-Bains et aux environs d'Oran (Algérie).   199
Silicate d'alumine hydraté, de formation contemporaine, observé à Saint-Honoré (Nièvre)   202
Mode de formation des zéolithes contemporaines, dans le bassin des sources thermales   205

§ 5. — Déductions concernant les incrustations zéolithiques et siliceuses qui se sont produites, fréquemment et en abondance, dans les

818   TABLE DES MATIÈRES.

ROCHES AMYGDALOIDES ET DANS LA PLUPART DES ROCHES VOLCANIQUES
ALTÉRÉES. 208

Importance dans diverses roches, des zéolithes et des minéraux
connexes. 209

Lumière jetée sur l'histoire de ces roches par l'étude des maçonneries zéolithiques. 213

Faits actuels imitant l'association des zéolithes aux gîtes métallifères. 215

Zéolithes dans les terrains stratifiés 216

6. — DÉDUCTIONS DES EXPÉRIENCES ET DES OBSERVATIONS QUI PRÉCÈDENT EN CE QUI
CONCERNE LES ROCHES ÉRUPTIVES ET LES ROCHES MÉTAMORPHIQUES. . . 216

Cristallisation des roches éruptives 217

Rôle possible du foisonnement dans la poussée des roches éruptives 218

Mode d'action possible de l'eau, même en très-faible quantité, dans
les phénomènes métamorphiques. 219

Rapprochement des données acquises à Plombières avec différents
faits du métamorphisme 220

Développement de silicates anhydres dans les calcaires, les phyllades, etc 222

Isolement du quartz dans les roches silicatées diverses et particulièrement dans les phyllades et dans les quartzites 224

Sables cristallisés 226

Observations générales. 250

CHAPITRE III

APPLICATION DE LA MÉTHODE EXPÉRIMENTALE A L'HISTOIRE DES PHÉNOMÈNES VOLCANIQUES.

EXPÉRIENCES SUR LA POSSIBILITÉ D'UNE INFILTRATION CAPILLAIRE AU TRAVERS
DES MATIÈRES POREUSES, MALGRÉ UNE FORTE CONTREPRESSION DE VA-
PEUR . . . .

Considérations géologiques qui ont conduit à faire ces recherches
expérimentales 255

Expériences. 236

Applications géologiques possibles. 241

DEUXIÈME SECTION

PHÉNOMÈNES MÉCANIQUES

CHAPITRE PREMIER

APPLICATION DE LA MÉTHODE EXPÉRIMENTALE A L'HISTOIRE DES PHÉNOMÈNES DE TRITURATION ET DE TRANSPORT.

§ 1. — Formation des galets du sable et du limon. 248

Mode d'expérimentation. 249
Résultats des expériences. *Galets*. 250
Limon. 251
Sables détritiques 252

§ 2 — Application des phénomènes de triage par les cours d'eau a la distribution de l'or dans le lit du Rhin. 259

§ 3. — Décompositions chimiques des silicates, tels que le feldspath, par les
actions mécaniques. 268

Procédé d'expérimentation. 269
Résultat des expériences 271
Feldspath et eau pure 271
Feldspath et eau salée 273
Feldspath et eau chargée d'acide carbonique. 274
Feldspath et eau de chaux. 275
Feldspath étonné et eau pure. 275
Obsidienne et amphigène dans l'eau pure 275
Faits analogues dus à divers observateurs. 275
Ressemblance du limon feldspathique artificiel avec certaines ro-
ches réputées argileuses, telles que les argilolithes et les phyl-
lades. 277
Observation générale. 278

§ 4. — Striage des roches ; application au phénomène erratique. 279

Disposition des expériences. 281

CHAPITRE II

APPLICATION DE LA MÉTHODE EXPÉRIMENTALE A L'ÉTUDE DES DÉFORMATIONS ET DES CASSURES TERRESTRES

§ 1. — Ploiements de divers types, par actions exercées dans plusieurs sens. 289

Appareil employé ; nature des couches soumises aux pressions . . 290
Résultats d'expériences ; principaux ploiements et contournements naturels pris comme exemples. Déductions géologiques. . . . 292

§ 2. — CASSURES IMITANT LES FAILLES ET LES JOINTS CONGÉNÈRES, DANS LEURS FORMES, LEUR PARALLÉLISME ET LEUR RÉPARTITION EN SYSTÈMES ORTHOGONAUX OU CONJUGUÉS. 500

Aperçu sommaire sur les failles et les joints. 500
Expériences 506
Cassures produites sur une croûte mince par un mouvement ondulatoire 506
Cassures obtenues par torsion 507
Cassures obtenues par une simple pression. 515
Cassures consécutives des ploiements. 521
Déductions des expériences, en ce qui concerne les cassures souterraines 522
Formes et dispositions des failles. 522
Formes et dispositions des joints 524
Liaison des failles de divers ordres, entre elles et avec les joints . . 529
Joints rudimentaires, désignés sous le nom de clivages 533
Tendances des cassures de divers ordres à se grouper en systèmes, dont l'inclinaison mutuelle se rapproche de l'angle droit. . . . 536
Intérêt de la bissectrice des cassures conjuguées. 538
Cassures orthogonales dans les corps extra-terrestres. 539
Cassures en échelons ou en gradins. 539
Rejets 540
Influence dans les rejets, non-seulement de la pesanteur, mais de la pression même qui a produit les failles 541
Connexion des efforts qui ont produit des ploiements de couches et des failles 543
Failles et cassures diverses dans des couches très-faiblement déformées. 545
Fréquence probable des effets de torsion dans la nature. 546
Mouvements brusques qui ont pu résulter des déformations lentes. . . 548
Fissures et glissements obtenus par le choc. 549
Observation générale 550
Convenance de dénominations spéciales pour les divers ordres de cassures 551
Conséquences des expériences, en ce qui concerne les caractères de divers ordres que présente le relief du sol. 552
Influence bien connue, des paraclases sur le relief du sol. . . . 553
Rôle qu'il convient d'attribuer aux diaclases, dans le relief du sol, soit en petit (rochers isolés, mers de rochers, cavernes), soit en grand (traits fondamentaux des dessins des vallées). . . 554
Lumière jetée par l'expérimentation, sur la cause de ces divers traits topographiques 568

§ 3. — Surfaces polies et striées, par un simple écrasement, dans l'intérieur des roches 374
Surfaces polies et striées observées dans diverses roches, en dehors des failles 374
Expériences. 375
Déductions. 376
§ 4. — Stries parallèles, que présente fréquemment la surface des diamants noirs, de la variété *carbonado*. 378
§ 5. — Cailloux impressionnés . . . : 382
§ 6. — Expériences sur l'action et la réaction exercées sur un sphéroïde
qui se contracte par une enveloppe adhérente et non contractile. 385
Expériences 385

CHAPITRE III

APPLICATION DE LA MÉTHODE EXPÉRIMENTALE A L'ÉTUDE DE LA SCHISTOSITÉ DES ROCHES, AUX DÉFORMATIONS DES FOSSILES ET A CERTAINS TRAITS DE LA STRUCTURE DES CHAÎNES DE MONTAGNES 391

§ 1. — Faits acquis par l'observation relativement a la schistosité. . 392
Clivage dans les roches stratifiées. 392
Foliation ou lamination dans les roches cristallines. 397
Diversité et abondance des roches feuilletées 398
Étirement et déformation (distorsion) manifestés par les fossiles. 404
Autres caractères en rapport avec la schistosité. 405

§ 2. — Expériences faites pour imiter et expliquer la schistosité des
roches 407

§ 3. — Expériences sur la déformation des fossiles en corrélation avec
la schistosité des roches. 418

§ 4. — Observations théoriques et déductions relatives aux roches schisteuses 422
Conditions dans lesquelles peut se produire la schistosité. . . 422
Déductions à tirer des expériences pour l'intelligence de la texture des roches schisteuses. 426

§ 5. — Bandes bleues des glaciers 433

§ 6. — Relation de la schistosité avec les grands accidents de la structure du sol, et du relief, particulièrement dans les chaînes de
montagne ; structure dite *en éventail* 433
Caractères de la structure dite *en éventail* 435
Expériences. 437

Effets dus à la prolongation de mouvements graduels postérieurement à ceux qui ont produit le feuilleté 442

CHAPITRE IV

APPLICATION DE LA MÉTHODE EXPÉRIMENTALE A L'ÉTUDE DE LA CHALEUR DÉVELOPPÉE, DANS LES ROCHES PAR LES ACTIONS MÉCANIQUES.

§ 1. — EXPÉRIENCES. 448
    Chaleur produite dans les roches par des mouvements intérieurs 448
    Écoulement sous la pression de cylindres unis et de cônes.
    cannelés 449
    Mouvement dans des tonneaux malaxeurs. 451
    Chaleur développée dans le frottement mutuel des roches. . . . 457

§ 2. — DÉDUCTIONS GÉOLOGIQUES, PARTICULIÈREMENT EN CE QUI CONCERNE LE
    MÉTAMORPHISME 461

DEUXIÈME PARTIE

APPLICATION DE LA MÉTHODE EXPÉRIMENTALE A L'ÉTUDE DE DIVERS PHÉNOMÈNES COSMOLOGIQUES

INTRODUCTION

CHAPITRE PREMIER

NOTIONS GÉNÉRALES SUR LES MÉTÉORITES ET LES BOLIDES; ORIGINE EXTRATERRESTRE DES MÉTÉORITES.

NOTIONS GÉNÉRALES SUR LES MÉTÉORITES ET LES BOLIDES; ORIGINE EXTRA
TERRESTRE DES MÉTÉORITES. 475

§ 1. — ORIGINE EXTRATERRESTRE DES MÉTÉORITES. 475
    Phénomènes qui accompagnent leur chute 475

§ 2. — CONSTITUTION DES MÉTÉORITES. 485
    Types qu'on peut distinguer parmi les météorites 485
    1° *Météorites du premier groupe ou holosidères* 486
    2° *Météorites du second groupe ou syssidères.* 491

5° *Météorites du troisième groupe ou sporadosidères*. 492
Premier sous-groupe ou polysidères. 493
Deuxième sous-groupe ou oligosidères (type commun) 494
Troisième sous-groupe ou cryptosidères. 498
Howardites. 499
Eukrites. 499
Chassignites. 500
4° *Météorites du quatrième groupe ou asidères*. 501
Météorites pulvérulentes; appendice aux groupes précédents. . . 505
Météorites gazeuses. 505
Classification 506
Identité des météorites appartenant à des chutes différentes 506

PREMIÈRE SECTION

PHÉNOMÈNES CHIMIQUES

CHAPITRE PREMIER

SYNTHÈSE CHIMIQUE DES MÉTÉORITES 509

§ 1. — FUSION DES MÉTÉORITES 510
Fers : *fusion*. 510
Imitation 510
Pierres : *fusion simple*. 511

§ 2. — IMITATION DES MÉTÉORITES DU TYPE COMMUN PAR RÉDUCTION DE ROCHES
SILICATÉES TERRESTRES 517

§ 3. — IMITATION DES MÉTÉORITES DU TYPE COMMUN PAR OXYDATION PARTIELLE
DES SILICIURES 524

§ 4. — EXPÉRIENCES SYNTHÉTIQUES RELATIVES A L'HOLOSIDÈRE DE SAINTE-
CATHERINE 525

Constitution bréchiforme du fer; application à l'histoire des tufs
météoritiques. 528
Constitution minéralogique 551
Cause possible de l'association habituelle de carbone au sulfure de
fer, dans les météorites; production expérimentale de la pyrrhotine associée au graphite. 554
Écorce de limonite et autres produits d'altération. 556

CHAPITRE II

COMPARAISON DES MÉTÉORITES AVEC LES ROCHES PROFONDES DE NOTRE GLOBE.

§ 1. — IMPORTANCE DU PÉRIDOT DANS LES RÉGIONS PROFONDES DU GLOBE TERRESTRE. 559

§ 2. — TRANSFORMATION DE LA SERPENTINE EN LHERZOLITE ET EN PÉRIDOT; CONSÉQUENCES THÉORIQUES. 541

§ 3. — CARACTÈRES QUI DISTINGUENT LES ROCHES PÉRIDOTIQUES. 543

§ 4. — DENSITÉS COMPARÉES DES MÉTÉORITES ET DES ROCHES TERRESTRES . . 544

§ 5. — ASSOCIATION DU PLATINE NATIF A DES ROCHES A BASE DE PÉRIDOT 547

Roche de pyroxène sahlite, avec péridot, serpentine et fer chromé, intimement associée au platine. 548
Roche de péridot et de serpentine avec fer chromé, dans laquelle le platine est encore fixé. 549
Roches analogues contenant de l'osmiure d'iridium. 551
Gisement analogue à la Nouvelle-Zélande 551
Gisement analogue à Bornéo. 552
Traits multiples de ressemblance de la roche-mère du platine avec certaines roches météoritiques 553

§ 6. — MASSES DE FER NATIF NICKELÉ D'OVIFAK 555
Examen de la roche d'Ovifak appartenant au premier type (*syssidère gris clair*) 557

Examen de la roche d'Ovifak appartenant au deuxième type (*syssidère gris foncé*) 560
Examen des roches d'Ovifak appartenant au troisième type (*sporadosidère*). 565
Proportion de carbone, libre et combiné. 565
Déductions relatives à l'origine possible des masses de fer nickelé d'Ovifak 565
Sels solubles dans l'alcool et dans l'eau; présence dans tous du chlorure de calcium. 568
Comparaison des roches d'Ovifak, d'une part, avec les météorites, d'autre part, avec les roches terrestres les plus analogues . . . 572
Circonstances dans lesquelles les roches à fer natif d'Ovifak et les météorites charbonneuses peuvent avoir été formées : essai d'imitation synthétique. 574
Déductions relatives à la constitution possible des masses internes du globe. 576

§ 7. — PRÉSENCE DU NICKEL DANS BEAUCOUP DE MINERAIS DE FER. 577

§ 8. — Différences qui séparent des météorites les masses péridotiques terrestres. 578

§ 9. — Observations sur les corps cosmiques dont dérivent les météorites. 579

Constitution chimique et mode de formation. 579
Température. 582
Actions mécaniques subies depuis la solidification première. . . 584

§ 10. — Conséquences a déduire des expériences qui précèdent en ce qui concerne la formation du globe terrestre. 588

§ 11. — Unité de constitution de l'univers, attestée par les météorites. 595
Corps simples. 595
Combinaisons communes aux météorites et au globe terrestre. . 595
Identité de forme cristalline dans ces minéraux 595
Minéraux spéciaux aux météorites. 595
Confirmation de l'hypothèse de la scorification universelle. . . . 596
Observation générale. 598

DEUXIÈME SECTION

PHÉNOMÈNES MÉCANIQUES

PREMIÈRE SOUS-SECTION

PHÉNOMÈNES MÉCANIQUES RÉALISÉS DANS LES RÉGIONS EXTRA-TERRESTRES. 604

CHAPITRE UNIQUE

STRUCTURE GLOBULAIRE OU CHONDRITIQUE DES MÉTÉORITES; SON IMITATION

Structure globulaire ou chondritique des météorites. 605
Structure analogue de diverses roches terrestres. 606
Expériences. 607
Structure globulaire prise par des corps solides.. 607
Structure globulaire prise par des corps fluides, par exemple lors d'une dévitrification. 610
Structure globulaire prise par des corps solides, sous l'action de frottements mécaniques 610
Observation générale. 611

DEUXIÈME SOUS-SECTION

PHÉNOMÈNES RÉALISÉS DANS L'ATMOSPHÈRE TERRESTRE. 622

CHAPITRE PREMIER

FORMES POLYÉDRIQUES CARACTÉRISTIQUES DES MÉTÉORITES; LEUR IMITATION EXPÉRIMENTALE A L'AIDE DES GAZ COMPRIMÉS 614

Expériences 621

CHAPITRE II

CUPULES CARACTÉRISTIQUES DES MÉTÉORITES; LEUR IMITATION, SOIT PAR L'APPLICATION D'UNE CHALEUR BRUSQUE, SOIT A L'AIDE DES GAZ COMPRIMÉS. 624

§ 1. — Essais d'imitation des cupules des météorites par l'application d'une chaleur brusque. . . . . : 629

§ 2. — Expériences faites avec les gaz provenant de l'explosion de la poudre. 650

Cupules produites sur des grains de poudre. 650
Explication de ce fait, d'après ce qui se passe lors de la combustion de la poudre dans le vide, au moyen de l'appareil Bianchi. . . 652
Cupules produites également sur des sphéroïdes de zinc par affouillement. 655
Expériences en vases clos sur des feuilles d'acier. 655
Actions exercées par les gaz chauds et comprimés, lorsqu'ils s'échappent avec une grande vitesse 659
État particulier de l'acier, à proximité des surfaces exposées à l'action des gaz. 648

§ 3. — Expériences faites avec les gaz provenant de l'explosion de la dynamite. 649

Cupules produites sur des prismes d'acier 649
Cupules produites sur d'autres pièces de fer. 655
Cas d'un rail. 655
Cas de feuilles de tôle 654
Cas d'une grosse sphère. 654
Affouillements sphéroïdaux subis par les parois du puits 658
Bavures produites par écrasement. 661

§ 4. — Expériences faites avec les gaz produits par l'explosion de la nitroglycérine 661

§ 5. — Expériences faites avec les gaz produits par l'explosion du fulmicoton 664

§ 6. — Observations sur la puissance mécanique des gaz et sur les érosions, poinçonnements et refoulements qui la révèlent 664

CHAPITRE III

VEINES NOIRES ET SURFACES POLIES ET STRIÉES QUI TRAVERSENT LA MATIÈRE DES MÉTÉORITES. — LEUR IMITATION EXPÉRIMENTALE A L'AIDE DES GAZ COMPRIMÉS 669

Surfaces polies et striées 669

CHAPITRE IV

APPLICATION DES FAITS QUI PRÉCÈDENT A CERTAINS CARACTÈRES DES MÉTÉORITES ET DES BOLIDES 670

§ 1. — Application a la forme fragmentaire des météorites 670
Faiblesse ordinaire des érosions subies par les météorites, depuis leur rupture en fragments polyédriques; il en résulte que ces corps n'étaient pas séparés, lors de leur entrée dans l'atmosphère terrestre 670

§ 2. — Application a la répartition sur le terrain des pierres d'une même chute 672

Mode de dispersion des météorites, lors de leur arrivée à la surface du sol; il ne correspond pas à des trajectoires qui auraient été séparées dès l'apparition du bolide 672
Documents tirés de la vue même du bolide 675
Le mot *explosion*, souvent employé pour la rupture du bolide, n'est aucunement justifié 676
Résumé 677

§ 5. — Application aux cupules de la surface des météorites 678

Application des résultats d'expériences à l'origine des cupules des météorites 678
L'extension des cupules, sur une grande partie ou la totalité de la surface d'une même météorite, correspond à une rotation de ce corps 685
Successions d'effets; action instantanément érosive des gaz comprimés et fortement échauffés 685

Convenance d'une dénomination spéciale pour désiguer les cupules
des météorites piéroglyptes.   684

§ 4. — APPLICATION AUX VEINES NOIRES ET AUX MARBRURES QUI TRAVERSENT
LES MÉTÉORITES   685

Injection et consolidation du sable et de l'argile dans de nom-
breuses fissures.   685
Analogie avec les veinules noires qui traversent les météorites. .   684
Marbrures noirâtres de certaines météorites.   688

§ 5. — APPLICATION A LA FORMATION DES POUSSIÈRES COSMIQUES.   689

Nuages et fumées développés lors de l'apparition des bolides   689
Poussières atmosphériques d'origine extraterrestre ou cosmique.   697

§ 6. — OBSERVATIONS GÉNÉRALES   698

Les gaz qui agissent sur le bolide, après son entrée dans notre atmosphère, paraissent avoir une pression comparable à celle des
gaz que l'expérience met en jeu, et peuvent avoir produit des
ruptures analogues   698
Les faits caractéristiques des bolides peuvent s'expliquer par l'action d'une très-faible masse gazeuse, conformément aux expériences.   701
Analogie des deux milieux, au point de vue de la composition chimique.   701
REMARQUE. — *Dans les météorites elles-mêmes, il y a tout un ensemble de caractères, qui se trouvent imités simultanément par
l'expérience.*   701

ADDITION RELATIVE AUX DEUX ARTICLES INTITULÉS : formes des joints, page 524,
lumières fournies par l'expérimentation sur certains traits du
relief du sol p. 567   707
INDICATION DES PUBLICATIONS ORIGINALES DE M. DAUBRÉE, relatives aux sujets
traités dans cet ouvrage   720
TABLE ALPHABÉTIQUE DES NOMS PROPRES CITÉS   731
TABLE ALPHABÉTIQUE DES LOCALITÉS CITÉES.   743
TABLE ALPHABÉTIQUE DES MATIÈRES.   761
ERRATA   790
TABLE DES FIGURES INTERCALÉES DANS LE TEXTE.   791
TABLE DES PLANCHES HORS TEXTE   815
TABLE DES MATIÈRES.   814

20 251. — Typographie A. Lahure, rue de Fleurus, 9, à Paris.